KRASNOSELSKI u. a.

NÄHERUNGSVERFAHREN ZUR LÖSUNG VON OPERATORGLEICHUNGEN

MATHEMATISCHE LEHRBÜCHER UND MONOGRAPHIEN

HERAUSGEGEBEN VON DER
AKADEMIE DER WISSENSCHAFTEN DER DDR
ZENTRALINSTITUT FÜR MATHEMATIK UND MECHANIK

II. ABTEILUNG
MATHEMATISCHE MONOGRAPHIEN

BAND 33

NÄHERUNGSVERFAHREN ZUR LÖSUNG VON OPERATORGLEICHUNGEN

VON

M. A. KRASNOSELSKI · G. M. WAINIKKO
P. P. SABREIKO · J. B. RUTIZKI
W. J. STEZENKO

AKADEMIE-VERLAG · BERLIN
1973

M. A. KRASNOSELSKI u. a.

NÄHERUNGSVERFAHREN ZUR LÖSUNG VON OPERATORGLEICHUNGEN

In deutscher Sprache herausgegeben
von
Prof. Dr. rer. nat. REINHARD KLUGE

Mit 10 Abbildungen

AKADEMIE-VERLAG · BERLIN
1973

М. А. Красносельский и др.
Приближенное решение операторных уравнений

Erschienen im Verlag Nauka, Moskau

Deutsche Übersetzung: Dr. JURGIS SZLAZA

Erschienen im Akademie-Verlag, 108 Berlin, Leipziger Straße 3—4

Lizenznummer: 202 · 100/409/73
Gesamtherstellung: VEB Druckerei „Thomas Müntzer", 582 Bad Langensalza
Bestellnummer: 761 576 6 (5924) · ES 19 B 4
Printed in GDR
EVP 55,—

VORWORT

Die Theorie der Näherungsverfahren zur Lösung verschiedener mathematischer Probleme ist heute zu einem der wichtigsten Kapitel der Funktionalanalysis geworden. Die Ideen der Funktionalanalysis erlauben nicht nur, unsere Vorstellungen über viele numerische Verfahren wesentlich zu vereinfachen, sondern führen auch zur Ausarbeitung prinzipiell neuer Rechenschemata für Probleme der linearen Algebra, der Differential- und Integralgleichungen, der nichtlinearen Analysis u. a.

In der allgemeinen Theorie der Näherungsverfahren sind viele fundamentale Ergebnisse bekannt. Wir meinen damit insbesondere die klassischen Arbeiten von L. W. KANTOROWITSCH; die Untersuchungen zu Projektionsverfahren, die auf N. N. BOGOLJUBOW, N. M. KRYLOW, M. W. KELDYSCH und G. I. PETROW zurückzuführen sind und die von S. G. MICHLIN und N. I. POLSKI wesentlich weiterentwickelt wurden; die von A. N. TYCHONOW entwickelten Näherungsverfahren zur Lösung von nichtkorrekten Problemen, die allgemeine Theorie der Differenzenverfahren u. a.

Im Verlauf der letzten zehn Jahre sind im Seminar für Funktionalanalysis in Woronesh systematisch Fragen behandelt worden, die numerische Verfahren betreffen. In der Woronesher Universität ist eine Reihe von Spezialvorlesungen zur Anwendung der Funktionalanalysis in der numerischen Mathematik gehalten worden. Ein Teil der durchgeführten Arbeiten ist in die vorliegende Monographie eingeflossen. Die Autoren beabsichtigten keine erschöpfende Darstellung der Ergebnisse über numerische Verfahren, nicht einmal der bekannten grundlegenden Fakten.

Das Buch besteht aus fünf Kapiteln. Im ersten Kapitel werden Iterationsverfahren untersucht: Konvergenzbedingungen, Abschätzungen der Konvergenzgeschwindigkeit, der Einfluß von Rundungsfehlern, Fehlerverteilung usw. In diesem Kapitel wird der Konvergenz von Iterationsverfahren große Aufmerksamkeit geschenkt und zwar unter Bedingungen, unter denen das Kontraktionsprinzip nicht anwendbar ist (es wird die Theorie der konkaven Operatoren dargelegt, die Rolle der gleichmäßigen Konvexität der Norm herausgearbeitet usw.). Im zweiten Kapitel werden lineare Probleme untersucht: Näherungsverfahren zur Lösung linearer Gleichungen, Abschätzungen für Spektralradien linearer Operatoren, das näherungsweise Auffinden von Eigenwerten usw. Eine wichtige Rolle spielen dabei die Ideen der Theorie der halbgeordneten Räume. Im dritten Kapitel werden Gleichungen mit nichtlinearen glatten Operatoren untersucht. Dieses Kapitel steht seinen Ideen nach den Arbeiten von L. W. KANTOROWITSCH nahe. Große Aufmerksamkeit wird im dritten Kapitel der Untersuchung solcher Fälle geschenkt, die dann auftreten, wenn die Anwendung der Näherungsverfahren nach verschiedenen vereinfachten Formeln erfolgt. Es werden Methoden für aposteriori-Fehlerabschätzungen angegeben, die sich auf topologische Überlegungen gründen. Einen beträchtlichen Teil der Kapitel I—III lieferte der Inhalt einer Spezialvorlesung, die abwechselnd von M. A. KRASNOSELSKI und J. B. RUTIZKI gehalten wurde; eine Reihe von Paragraphen des ersten und zweiten Kapitels sind von M. A. KRASNOSELSKI und W. J. STEZENKO verfaßt worden.

Das vierte Kapitel ist der systematischen Theorie der Projektionsverfahren (Methode der kleinsten Quadrate, GALERKIN-Verfahren, Verfahren von GALERKIN-PETROW u. a.) und ihren Anwendungen zur näherungsweisen Lösung linearer und nichtlinearer Gleichungen und zur näherungsweisen Bestimmung der Eigenwerte gewidmet. Dieses Kapitel ist hauptsächlich von G. M. WAINIKKO verfaßt worden.

Im letzten, im fünften Kapitel, werden Näherungsverfahren für das schwierige Gebiet der nichtlinearen Analysis — der Verzweigungstheorie kleiner Lösungen — behandelt. Die Autoren erachteten es als zweckmäßig, kurz die wichtigsten Ergebnisse der Theorie der formalen Potenzreihen darzulegen. Dieses Kapitel ist von P. P. SABREIKO und M. A. KRASNOSELSKI geschrieben worden.

Das Buch enthält eine große Anzahl von Übungen. Unter ihnen sind sowohl ganz einfache als auch sehr komplizierte.

Bei der Erörterung einzelner Teile des Buches sind von G. A. BESSMERTNYCH, N. N. GUDOWITSCH, A. J. LEWIN, E. A. LIFSCHIZ, W. B. MELAMED und A. I. PEROW interessante Überlegungen und Ratschläge geäußert worden. Eine Reihe von wichtigen Bemerkungen stammen von L. W. KANTOROWITSCH und G. P. AKILOW, die sich mit dem Manuskript des Buches vertraut gemacht hatten. Die Autoren sind allen genannten Personen zu aufrichtigem Dank verpflichtet.

INHALTSVERZEICHNIS

Kapitel I

Iterationsverfahren

Kapitel II

Lineare Gleichungen

Kapitel III

Gleichungen mit glatten Operatoren

Kapitel IV

Projektionsverfahren

Kapitel V

Kleine Lösungen von Operatorgleichungen

KAPITEL I

ITERATIONSVERFAHREN

§ 1. Zur Existenz eines Fixpunktes für den Kontraktionsoperator

1.1. Der Kontraktionsoperator. Der Operator A sei auf einer gewissen Menge $\mathfrak{M}$ des BANACH-Raumes E definiert und genüge der LIPSCHITZ-Bedingung

$$||A x - A y|| \leqq q \, ||x - y|| \qquad (x, y \in \mathfrak{M}) . \tag{1.1}$$

Wenn $q < 1$ ist, dann sagt man, daß A ein *Kontraktionsoperator* (oder ein kontrahierender Operator) ist.

Satz 1.1 (Das Prinzip der kontrahierenden Abbildungen). *Die Menge $\mathfrak{M}$ sei abgeschlossen. Der Kontraktionsoperator A möge diese Menge in sich selbst abbilden: $A \mathfrak{M} \subset \mathfrak{M}$.*

Dann besitzt der Operator A in $\mathfrak{M}$ genau einen Fixpunkt x^*. Mit anderen Worten, die Gleichung

$$x = A x \tag{1.2}$$

hat in $\mathfrak{M}$ genau eine Lösung x^*.

Beweis. Wir betrachten auf $\mathfrak{M}$ das nichtnegative Funktional

$$\Phi(x) = ||x - A x|| . \tag{1.3}$$

Es sei x_n eine gewisse Folge, die $\Phi(x)$ minimisiert:

$$\lim_{n \to \infty} \Phi(x_n) = \inf_{x \in \mathfrak{M}} \Phi(x) = \alpha .$$

Offensichtlich ist

$$\alpha \leqq \Phi(A x_n) = ||A x_n - A^2 x_n|| \leqq q \, ||x_n - A x_n|| = q \, \Phi(x_n) ,$$

woraus folgt, daß $\alpha \leqq q \alpha$ und damit $\alpha = 0$.

Da

$$||x_n - x_m|| \leqq ||x_n - A x_n|| + ||A x_n - A x_m|| + ||A x_m - x_m||$$
$$\leqq \Phi(x_n) + q \, ||x_n - x_m|| + \Phi(x_m)$$

ist, gilt

$$||x_n - x_m|| \leqq \frac{\Phi(x_n) + \Phi(x_m)}{1 - q} \to 0 \qquad (n, m \to \infty) ,$$

d. h., die Folge x_n ist fundamental. Ihr Grenzwert x^* gehört zu $\mathfrak{M}$ ($\mathfrak{M}$ ist abgeschlossen!). Das Funktional $\Phi(x)$ ist stetig, da wegen (1.1)

$$|\Phi(x) - \Phi(y)| = | ||x - A\,x|| - ||y - A\,y|| |$$
$$\leqq ||x - y|| + ||A\,x - A\,y|| \leqq (1 + q)\,||x - y||$$

ist. Deshalb haben wir

$$\Phi(x^*) = \lim_{n \to \infty} \Phi(x_n) = 0\,,$$

und das bedeutet, daß x^* Lösung der Gleichung (1.2) ist.

Es sei y^* ebenfalls eine Lösung der Gleichung (1.2), die zu $\mathfrak{M}$ gehört. Dann ist

$$||x^* - y^*|| = ||A\,x^* - A\,y^*|| \leqq q\,||x^* - y^*||$$

und folglich $||x^* - y^*|| = 0$, d. h. $x^* = y^*$.

Der Satz ist bewiesen.

Am häufigsten werden Kontraktionsoperatoren betrachtet, die im gesamten Raum E oder auf einer gewissen Kugel T definiert sind. Im letzten Fall läßt sich der Satz 1.1 in folgender Form anwenden.

Satz 1.2. *Es sei A ein Kontraktionsoperator auf der abgeschlossenen Kugel $T = \{x: ||x - x_0|| \leqq r\}$ des* BANACH-*Raumes E, und es sei*

$$||A\,x_0 - x_0|| \leqq (1 - q)\,r\,. \tag{1.4}$$

Dann besitzt der Operator A in der Kugel T genau einen Fixpunkt.

Für den Beweis genügt es, die Inklusion $A\,T \subset T$ zu überprüfen. Sie ist offensichtlich: Ist $||x - x_0|| \leqq r$, dann folgt aus (1.1) und (1.4) die Ungleichung

$$||A\,x - x_0|| \leqq ||A\,x - A\,x_0|| + ||A\,x_0 - x_0|| \leqq q\,||x - x_0|| + (1 - q)\,r \leqq r\,.$$

Übung 1.1. Die Funktion $K(t, s; u)$ sei stetig in allen Variablen $t, s \in [a, b]$ ($-\infty < u < +\infty$) und genüge der Bedingung

$$|K(t, s; u) - K(t, s; v)| \leqq M(\varrho)\,|u - v| \qquad (|u|, |v| \leqq \varrho)\,.$$

Es ist zu zeigen, daß der Operator

$$A\,x(t) = \int_a^b K[t, s; x(s)]\,ds$$

im Raum C der auf $[a, b]$ stetigen Funktionen wirkt und auf jeder Kugel des Raumes C der LIPSCHITZ-Bedingung (1.1) genügt. Unter welchen Bedingungen ist er ein Kontraktionsoperator auf der Kugel $||x|| \leqq \varrho_0$?

Übung 1.2. Es seien die Bedingungen des Satzes 1.1 erfüllt. Es ist zu zeigen, daß die Folge $A\,x_n = x_{n+1}$ ($n = 0, 1, 2, \ldots$) für ein beliebiges $x_0 \in \mathfrak{M}$ das Funktional (1.3) minimisiert.

1.2. Zur Anwendung der Äquivalenznorm. Im Raum E sei neben der Hauptnorm $||\cdot||$ eine zweite Norm definiert, die wir mit $||\cdot||_*$ bezeichnen. Wir erinnern, daß die Normen $||\cdot||$ und $||\cdot||_*$ *äquivalent* sind, wenn

$$m||x|| \leqq ||x||_* \leqq M||x|| \qquad (x \in E)$$

ist, wobei $m, M > 0$ sind. Beim Übergang zu Äquivalenznormen bleiben konvergierende Folgen von Raumelementen konvergierend, abgeschlossene Mengen bleiben abgeschlossen, offene Mengen offen usw.

Wenn der Operator A in einer gewissen Norm der LIPSCHITZ-Bedingung genügt, dann genügt er natürlich beim Übergang zu einer äquivalenten Norm ebenfalls dieser Bedingung. Oft ist folgende Situation anzutreffen. Der Operator A genügt in der anfänglich gegebenen Norm der LIPSCHITZ-Bedingung, ist aber kein Kontraktionsoperator. Beim Übergang zu einer anderen speziell konstruierten Äquivalenznorm wird jedoch A zu einem Kontraktionsoperator. In der Regel bestehen bei der Untersuchung konkreter Gleichungen in der Konstruktion einer solchen Spezialnorm die Hauptschwierigkeiten.

Wir betrachten als Beispiel das System von gewöhnlichen Differentialgleichungen

$$\frac{d\xi_i}{dt} = f_i(t, \xi_1, \ldots, \xi_n) \qquad (i = 1, \ldots, n),$$

das wir in der Vektorform

$$\frac{dx}{dt} = f(t, x) \tag{1.5}$$

schreiben, wobei $x(t) = \{\xi_1(t), \ldots, \xi_n(t)\}$ eine Vektorfunktion mit den Werten im n-dimensionalen Raum R^n ist. Wie bekannt, ist die Aufgabe über die Lösbarkeit des Systems (1.5) bei gegebener Anfangsbedingung

$$x(0) = 0 \tag{1.6}$$

der Aufgabe über die Lösbarkeit der vektoriellen Integralgleichung

$$x(t) = \int_0^t f[s, x(s)]\, ds \tag{1.7}$$

äquivalent.

Wir nehmen an, daß $f(t, x)$ in allen Variablen stetig ist und bezüglich x der LIPSCHITZ-Bedingung

$$|f(t, x) - f(t, y)| \leqq L\, |x - y| \qquad (x, y \in R^n; 0 \leqq t \leqq T) \tag{1.8}$$

genügt. Hier und auch überall im weiteren werden wir mit $|x|$ die Länge des Vektors x im Raum R^n bezeichnen.

Wir betrachten den Operator A, der durch die rechte Seite der Gleichung (1.7) definiert ist:

$$A\, x(t) = \int_0^t f[s, x(s)]\, ds\,. \tag{1.9}$$

Wie leicht zu sehen ist, wirkt dieser Operator in jedem Raum C_τ $(0 < \tau \leqq T)$ der im Intervall $[0, \tau]$ stetigen Vektorfunktionen mit der Norm

$$\|x\|_\tau = \max_{0 \leqq t \leqq \tau} |x(t)|\,. \tag{1.10}$$

Aus (1.8) folgt, daß

$$\|A\, x - A\, y\|_\tau \leqq L\, \tau\, \|x - y\|_\tau \qquad (x, y \in C_\tau)$$

ist. Deshalb genügt der Operator A für

$$L\tau < 1$$

den Bedingungen des Satzes 1.1. Das heißt, die Aufgabe (1.5)—(1.6) besitzt genau eine Lösung $x_*(t)$, die auf dem Intervall $0 \leqq t < \min\{T, 1/L\}$ definiert ist.

Die Aufgabe (1.5)—(1.6) besitzt faktisch eine Lösung, die auf dem gesamten Intervall $[0, T]$ definiert ist. Für den Beweis kann man wiederum den Satz 1.1 anwenden, wenn man im Raum C_T eine spezielle Norm einführt. Wir setzen

$$\|x\|_* = \max_{0 \leqq t \leqq T} e^{-L_1 t} |x(t)| \qquad (x \in C_T) \tag{1.11}$$

mit $L_1 > 0$. Offensichtlich haben wir

$$e^{-L_1 T} \|x\|_T \leqq \|x\|_* \leqq \|x\|_T \qquad (x \in C_T),$$

d. h., die Normen $\|x\|_*$ und $\|x\|_T$ sind äquivalent. Dabei ist wegen (1.8)

$$\|A x - A y\|_* = \max_{0 \leqq t \leqq T} \left| e^{-L_1 t} \int_0^t \{f[s, x(s)] - f[s, y(s)]\}\, ds \right|$$

$$\leqq L \max_{0 \leqq t \leqq T} \int_0^t e^{L_1(s-t)}\, e^{-L_1 s} |x(s) - y(s)|\, ds$$

$$\leqq L \|x - y\|_* \max_{0 \leqq t \leqq T} \int_0^t e^{L_1(s-t)}\, ds = \frac{L}{L_1}(1 - e^{-L_1 T}) \|x - y\|_* .$$

Indem wir $L_1 = L$ setzen, können wir uns davon überzeugen, daß der Operator (1.9) in der Norm (1.11) ein Kontraktionsoperator mit der Konstanten

$$q = 1 - e^{-L_1 T} < 1$$

ist. Folglich hat die Aufgabe (1.5)—(1.6) genau eine Lösung $x_*(t)$, die für alle $t \in [0, T]$ definiert ist.

Als zweites Beispiel betrachten wir die Gleichung

$$x(t) = \int_0^t K(t, s)\, f[s, x(s)]\, ds + \varphi(t) . \tag{1.12}$$

Hier sind $x(t)$ die gesuchte Funktion, $\varphi(t)$ eine auf $[0, T]$ gegebene stetige Funktion und $K(t, s)$, $f(s, x)$ in allen Variablen $0 \leqq t, s \leqq T$, $-\infty < x < \infty$ stetige Funktionen, wobei die letztere der Bedingung

$$|f(t, x) - f(t, y)| \leqq L |x - y| \qquad (-\infty < x, y < \infty) \tag{1.13}$$

genügt.

Offensichtlich ist der Operator A, der durch die rechte Seite der Gleichung (1.12) definiert ist, im Raum C der auf $[0, T]$ stetigen Funktionen gelegen. Er genügt der Ungleichung

$$\|A x - A y\|_* \leqq \frac{K L}{L_1}(1 - e^{-L_1 T}) \|x - y\|_* \qquad (x, y \in C),$$

wobei $\|\cdot\|_*$ die Norm (1.11) und

$$K = \max_{0 \leqq t, s \leqq T} |K(t, s)|$$

sind. Für $L_1 \geqq K\, L$ ist A in der Norm (1.11) ein Kontraktionsoperator. Aus dem Satz 1.1 folgt, daß die Gleichung (1.12) genau eine Lösung besitzt, die auf $[0, T]$ definiert ist.

Übung 1.3. Es ist zu zeigen, daß man in den Ausführungen des Punktes 1.2 anstelle der Norm (1.11) die Norm

$$\|x\|_{**} = \max_{0 \leqq t \leqq T} e^{-L_2 t^2} |x(t)|$$

anwenden kann (für welche L_2?).

Übung 1.4. Es ist zu beweisen, daß die lineare Volterrasche Integralgleichung

$$x(t) = \int_0^t K(t, s)\, x(s)\, ds + \varphi(t)$$

mit dem stetigen Kern $K(t, s)$ (und stetiger Funktion $\varphi(t)$) genau eine summierbare Lösung besitzt.

1.3. Die relative Einzigkeit der Lösung. Konkrete Aufgaben führen in der Regel auf Gleichungen, die nicht an irgendeinen bestimmten Funktionalraum gebunden sind. Ein und dieselbe Gleichung kann man als Gleichung mit einem Operator betrachten, der in verschiedenen Mengen $\mathfrak{M}$ unterschiedlicher Räume E gelegen sein kann. Wir nehmen an, daß man mit irgendeiner Methode (zum Beispiel mit Hilfe des Satzes 1.1) die Einzigkeit der Lösung der betrachteten Gleichung in der Menge $\mathfrak{M}$ eines gewissen Raumes E nachweist. Hieraus folgt natürlich nicht, daß diese Gleichung keine anderen Lösungen im Raum E besitzt und daß sie keine Lösungen hat, die nicht zu E gehören.

Als Beispiel betrachten wir die Gleichung

$$x(t) = \int_0^1 x^2(s)\, ds\,. \tag{1.14}$$

Der Operator A, der durch die rechte Seite dieser Gleichung definiert ist, genügt in jeder Kugel $\|x\| \leqq \varrho$ ($\varrho < 1/2$) des Raumes C der auf $[0, 1]$ stetigen Funktionen den Bedingungen des Satzes 1.1. Deshalb ist identisch Null die einzige Lösung der Gleichung (1.14) in der Kugel $\|x\| < 1/2$. Jedoch hat diese Gleichung eine zweite stetige Lösung $x(t) \equiv 1$.

Anstelle von (1.14) könnte man die skalare Gleichung $x = x^2$ betrachten, die auf einem beliebigen Intervall $[-\varrho, \varrho]$ ($\varrho < 1/2$) den Bedingungen des Satzes 1.1 genügt, aber zwei Lösungen $x = 0$ und $x = 1$ besitzt. Die skalare Gleichung $x = -x^3$ hat im Raum der reellen Zahlen nur die Nullösung und im Raum der komplexen Zahlen drei Lösungen.

Wir betrachten nun die homogene Volterrasche Integralgleichung

$$x(t) = \int_0^t K(t, s)\, x(s)\, ds \tag{1.15}$$

mit dem Kern

$$K(t, s) = \begin{cases} s\, e^{1/t^2 - 1} & \text{für} \quad 0 \leqq s \leqq t\, e^{1 - 1/t^2}\,, \\ t & \text{für} \quad t\, e^{1 - 1/t^2} \leqq s \leqq 1\,. \end{cases}$$

Der Kern $K(t, s)$ ist auf dem Quadrat $0 \leqq t, s \leqq 1$ stetig (überprüfen sie es!). Deshalb besitzt die Gleichung (1.15) keine summierbaren Nichtnullösungen (siehe Übung 1.4). Jedoch besitzt diese Gleichung die nichtsummierbare Lösung

$$x(t) = \begin{cases} 0 & \text{für} \quad t = 0\,, \\ 1/t & \text{für} \quad 0 < t \leqq 1\,. \end{cases}$$

Dieses Beispiel ist von P. S. Uryson konstruiert worden.

1.4. Der Spektralradius eines linearen Operators. Wenn A ein linearer Operator ist, dann ist die Kontraktionsbedingung äquivalent mit der Aussage, daß die Norm des Operators A kleiner 1 ist. Im Zusammenhang damit ergibt sich die Frage der Konstruktion solcher äquivalenter Normen, für die die Norm des gegebenen linearen Operators A nach Möglichkeit kleiner wird.

In der Theorie der linearen Operatoren (siehe z. B. L. W. KANTOROWITSCH und G. P. AKILOW [1]) wird die Existenz des endlichen Grenzwertes

$$\varrho_0 = \lim_{n\to\infty} \sqrt[n]{\|A^n\|} \tag{1.16}$$

bewiesen. Die Zahl ϱ_0 nennt man *Spektralradius* des linearen beschränkten Operators A. Offensichtlich ist

$$\varrho_0 \leqq \|A\| .$$

Der Spektralradius ϱ_0 wird dadurch charakterisiert, daß aus der Ungleichung

$$|\lambda| > \varrho_0$$

die Existenz des beschränkten Operators $(A - \lambda I)^{-1}$ folgt. Ist A unter anderem ein vollstetiger linearer Operator, dann ist $\varrho_0 = |\lambda_0|$, wobei λ_0 der dem Betrag nach größte Eigenwert des Operators A ist. Hier sind die reellen und komplexen Eigenwerte des Operators A zu betrachten; wir erinnern, daß man die Zahl $\lambda = \sigma + i\tau$ *Eigenwert* des im reellen BANACH-Raum E gelegenen Operators A nennt, wenn sich derartige $x, y \in E$ finden lassen, daß

$$A x = \sigma x - \tau y , \qquad A y = \tau x + \sigma y \qquad (\|x\| + \|y\| > 0)$$

sind.

Übung 1.5. Es ist zu zeigen, daß sich beim Übergang zu einer äquivalenten Norm der Spektralradius eines linearen Operators nicht verändert.

Übung 1.6. Es sei

$$A x(t) = \int_a^t K(t, s)\, x(s)\, ds$$

ein VOLTERRAscher Integraloperator mit dem stetigen Kern $K(t, s)$ $(a \leqq t, s \leqq b)$. Es ist zu zeigen, daß der Spektralradius des in C gelegenen Operators A gleich Null ist.

Hinweis. Zuerst ist die Ungleichung

$$\|A^n\| \leqq \frac{K^n (b - a)^n}{n!}$$

zu beweisen, wobei $K = \max\limits_{a \leq t, s \leq b} |K(t, s)|$ ist.

Übung 1.7. Es sei β_n $(n = 1, 2, \ldots)$ eine gegebene monoton fallende Zahlenfolge, die gegen Null strebt. Es ist ein solcher linearer Operator A zu finden, daß $\sqrt[n]{|A^n|} = \beta_n$ $(n = 1, 2, \ldots)$ erfüllt ist.

Wir zeigen nun, wie man im Raum E eine derartige äquivalente Norm konstruieren kann, für die die Norm des linearen Operators A beliebig nahe an seinem Spektralradius liegt. Es sei $\varepsilon > 0$ gegeben. Wir bestimmen ein solches n, daß

$$\sqrt[n]{\|A^n\|} \leqq \varrho_0 + \varepsilon$$

ist und setzen

$$||x||_* = (\varrho_0 + \varepsilon)^{n-1} \, ||x|| + (\varrho_0 + \varepsilon)^{n-2} \, ||A\,x|| + \cdots + ||A^{n-1}\,x|| \,. \quad (1.17)$$

Offensichtlich ist

$$(\varrho_0 + \varepsilon)^{n-1} \, ||x|| \leqq ||x||_* \leqq [(\varrho_0 + \varepsilon)^{n-1} + (\varrho_0 + \varepsilon)^{n-2} \, ||A|| + \cdots + ||A^{n-1}||] \, ||x|| \,,$$

d. h., die Normen $|| \cdot ||$ und $|| \cdot ||_*$ sind äquivalent. Eine einfache Berechnung zeigt, daß

$$||A||_* = \sup_{||x||_* \leqq 1} ||A\,x||_* \leqq \varrho_0 + \varepsilon$$

ist. Da in jeder Norm $\varrho_0 \leqq ||A||_*$ ist, gilt

$$\varrho_0 \leqq ||A||_* \leqq \varrho_0 + \varepsilon \,,$$

was auch zu beweisen war.

Für einen linearen VOLTERRAschen Integraloperator, dessen Spektralradius gleich Null ist (siehe Übung 1.6), kann man insbesondere im Raum C für jedes $\varepsilon > 0$ eine derartige äquivalente Norm konstruieren, für die die Norm des Operators kleiner ε wird.

Für einen selbstadjungierten linearen Operator A, der den HILBERT-Raum in sich abbildet, ist die Norm gleich dem Spektralradius. Im allgemeinen Falle kann man nicht für alle linearen Operatoren eine solche äquivalente Norm konstruieren, für die $||A||_* = \varrho_0$ ist. Das kann man zum Beispiel nicht für den VOLTERRAschen Nichtnull-Integraloperator.

Übung 1.8. Es sei A ein linearer vollstetiger Operator, der den Raum E in sich abbildet. Jedem Eigenwert des Operators A, dessen Betrag gleich dem Spektralradius ist, mögen invariante Unterräume entsprechen, die nur aus den Eigenvektoren bestehen. Es ist in E eine äquivalente Norm zu konstruieren, für die $||A||_* = \varrho_0$ gilt.

Übung 1.9. Es sei A ein linearer vollstetiger Operator, der den Raum E in sich abbildet. Es möge wenigstens einem Eigenwert λ, dessen Betrag gleich dem Spektralradius ϱ_0 ist, nicht nur die Eigenvektoren sondern auch die adjungierten Vektoren[1]) entsprechen. Es ist zu zeigen, daß beim Übergang zu einer beliebigen äquivalenten Norm im Raum E die Ungleichung $||A||_* > \varrho_0$ erfüllt ist.

1.5. Über Operatoren, die mit Kontraktionsoperatoren kommutieren. Manchmal ist folgende einfache Überlegung von Nutzen: Wenn der Operator B, der die abgeschlossene Menge $\mathfrak{M}$ des BANACH-Raumes E in sich abbildet, mit dem Operator A kommutiert ($A\,B = B\,A$), der auf $\mathfrak{M}$ den Bedingungen des Kontraktionsprinzips genügt, dann ist der Fixpunkt des Operators A gleichzeitig ein Fixpunkt des Operators B.

In der Tat, ist $A\,x^* = x^*$, dann ist

$$A\,B\,x^* = B\,A\,x^* = B\,x^* \,,$$

d. h., $B\,x^*$ ist ein Fixpunkt des Operators A, und demzufolge gilt $B\,x^* = x^*$.

---

[1]) Der Vektor g_0 heißt *adjungierter* Vektor für den Operator A, der dem Eigenwert λ_0 entspricht, wenn $A\,g_0 \neq \lambda_0\,g_0$ ist, aber für ein gewisses $n > 1$ die Gleichung $(A - \lambda_0\,I)^n\,g_0 = 0$ gilt.

Der Operator B möge zum Beispiel die abgeschlossene Menge $\mathfrak{M}$ in sich abbilden, und eine gewisse Potenz von ihm $A = B^n$ sei ein Kontraktionsoperator. Dann ist $A\,B = B^{n+1} = B\,A$, und folglich hat der Operator B in $\mathfrak{M}$ einen Fixpunkt. In diesem Falle hat der Operator B in $\mathfrak{M}$ einen einzigen Fixpunkt, da alle Fixpunkte des Operators B gleichzeitig Fixpunkte des Operators $A = B^n$ sind.

Die oben dargelegten Überlegungen berücksichtigten nur die Tatsache, daß die Gleichung $x = A\,x$ in $\mathfrak{M}$ genau eine Lösung besitzt. Deshalb gilt der folgende

Satz 1.3. *Die Gleichung $x = A\,x$ besitze in der Menge $\mathfrak{M}$ genau eine Lösung. Es sei $B\,\mathfrak{M} \subset \mathfrak{M}$, und der Operator B möge auf $\mathfrak{M}$ mit dem Operator A kommutieren.*

Dann hat die Gleichung $x = B\,x$ in $\mathfrak{M}$ wenigstens eine Lösung.

Übung 1.10. Es ist zu zeigen, daß gewisse Potenzen des Integraloperators

$$A\,x(t) = \int_0^t K(t, s)\,x(s)\,ds + \varphi(t)$$

mit dem stetigen Kern $K(t, s)$ (und der stetigen Funktion $\varphi(t)$) Kontraktionsoperatoren im Raum C der auf $[0, 1]$ stetigen Funktionen sind.

Die Verwendung der Potenzen A^n des linearen Operators A beim Beweis von Existenzsätzen, der auf der Anwendung des Kontraktionsprinzips basiert, ist in einem gewissen Sinne gleichbedeutend mit dem Übergang zu einer äquivalenten Norm. Wir nehmen an, daß in einer gewissen äquivalenten Norm $\|\cdot\|_*$ der Operator A der Kontraktionsbedingung genügt. Das bedeutet, daß $\|A\,x - A\,y\|_* \leqq q\,\|x - y\|_*$ ist, wobei $q < 1$ und

$$m\,\|x\| \leqq \|x\|_* \leqq M\,\|x\| \qquad (x \in E)$$

sind. Dann ist für solche n, für die

$$\frac{M\,q^n}{m} \leqq q_0 < 1$$

gilt, die Ungleichung

$$\|A^n\,x - A^n\,y\| \leqq \frac{1}{m}\,\|A^n\,x - A^n\,y\|_* \leqq \frac{q^n}{m}\,\|x - y\|_* \leqq \frac{M\,q^n}{m}\,\|x - y\| \leqq q_0\,\|x - y\|$$

erfüllt, d. h., der Operator A in der n-ten Potenz ist in der alten Norm ein Kontraktionsoperator.

Es sei umgekehrt der Operator A in einer gewissen Potenz ein Kontraktionsoperator auf $\mathfrak{M}$:

$$\|A^n\,x - A^n\,y\| \leqq q_0\,\|x - y\| \qquad (q_0 < 1;\ x, y \in \mathfrak{M})\,.$$

Wir bestimmen in E die neue Norm

$$\|x\|_* = q_0^{\frac{n-1}{n}}\,\|x\| + q_0^{\frac{n-2}{n}}\,\|A\,x\| + \cdots + \|A^{n-1}\,x\|\,.$$

Nun läßt sich ohne Schwierigkeiten zeigen, daß

$$\|A\,x - A\,y\|_* \leqq q_0^{1/n}\,\|x - y\|_* \qquad (x, y \in \mathfrak{M})$$

ist.

1.6. Der Fall der kompakten Menge. Die Behauptung des Kontraktionsprinzips verliert im allgemeinen ihre Gültigkeit, wenn A auf $\mathfrak{M}$ kein Kontraktionsoperator ist, aber

$$\|A\,x - A\,y\| < \|x - y\| \qquad (x, y \in \mathfrak{M};\, x \neq y) \tag{1.18}$$

gilt. So zum Beispiel transformiert die Abbildung

$$A\,x = x + \frac{1}{x}$$

die Halbgerade $[1, \infty)$ in sich selbst und genügt der Bedingung (1.18), hat aber in dieser Menge keinen Fixpunkt.

Ist jedoch die Menge $\mathfrak{M}$ kompakt, dann bleibt auch in diesem Falle die Behauptung des Kontraktionsprinzips erhalten.

Für den Beweis betrachten wir wieder das Funktional (1.3)

$$\Phi(x) = \|x - A\,x\|\,.$$

Dieses Funktional ist stetig (da der Operator A stetig ist). Deshalb nimmt es in einem gewissen Punkt x^* der kompakten Menge $\mathfrak{M}$ einen minimalen Wert an. Dieser Minimalwert ist gleich Null, da im entgegengesetzten Fall aus (1.18) die widersprüchliche Ungleichung

$$\Phi(A\,x^*) = \|A\,x^* - A^2\,x^*\| < \|x^* - A\,x^*\| = \min_{x \in \mathfrak{M}} \Phi(x)$$

folgen würde.

Somit ist $\Phi(x^*) = 0$, und das bedeutet auch, daß x^* ein Fixpunkt des Operators A ist. Seine Einzigkeit folgt unmittelbar aus (1.1). Aus den dargelegten Überlegungen resultiert der

Satz 1.4. *Der Operator A möge die abgeschlossene Menge $\mathfrak{M}$ in ihren kompakten Teil abbilden und genüge auf ihm der Bedingung* (1.18).

Dann besitzt A in $\mathfrak{M}$ genau einen Fixpunkt.

Es sei bemerkt, daß der Operator A, der den Bedingungen dieses Satzes genügt, nicht unbedingt ein Kontraktionsoperator ist (weder auf $\mathfrak{M}$, noch auf der Menge $A\,\mathfrak{M}$). Als Beispiel kann man die Abbildung

$$A\,x = x - \frac{x^2}{2}$$

des Intervalls $[0, 1]$ in sich selbst betrachten.

Übung 1.11. Die Bedingung (1.18) werde durch die schwächere Bedingung

$$\|A\,x - A\,y\| \leqq \|x - y\| \qquad (x, y \in \mathfrak{M})$$

ersetzt. Es sei $\mathfrak{M}$ entweder das Intervall $[a, b]$ oder der Kreis $x^2 + y^2 \leqq R^2$ oder der Kreisring $r^2 \leqq x^2 + y^2 \leqq R^2$. Für welchen der drei Fälle kann man die Existenz eines Fixpunktes für den Operator A garantieren?

Übung 1.12. Es sei c_0 der Raum der gegen Null konvergierenden Folgen $x = \{\xi_1, \ldots, \xi_n, \ldots\}$ $(\xi_n \to 0)$ mit der Norm $\|x\| = \max\limits_n |\xi_n|$. Der Operator A möge in diesem Raum durch die Gleichung

$$A\,x = \left\{\frac{1}{2}(1 + \|x\|),\ \frac{3}{4}\xi_1,\ \frac{7}{8}\xi_2, \ldots, \left(1 - \frac{1}{2^{n+1}}\right)\xi_n, \ldots\right\}$$

definiert sein. Es ist zu zeigen, daß A die Kugel $||x|| \leqq 1$ in sich selbst abbildet, auf dieser Kugel der Bedingung (1.18) genügt, aber keine Fixpunkte besitzt.

Übung 1.13. Das gleiche ist zu beweisen für den Operator A, der im Raum c_0 durch die Gleichung $A x = \{\eta_1, \ldots, \eta_n, \ldots\}$ definiert ist, wobei $\eta_n = \frac{n-1}{n} \xi_n + \frac{1}{n} \sin n \; (n = 1, \ldots)$ gilt.

Übung 1.14. Dasgleiche ist zu beweisen für den Operator A, der im Raum $C[0, 1]$ durch die Gleichung $A x(t) = (1 - t) x(t) + t \sin \frac{1}{t}$ definiert ist.

1.7. Zur Abschätzung des Koeffizienten in der Lipschitz-Bedingung. Aus dem Mittelwertsatz

$$f(x) - f(y) = f'(c)(x - y)$$

folgt, daß die skalare differenzierbare Funktion $f(x)$ auf dem Intervall $[a, b]$ der Lipschitz-Bedingung (1.1) mit der Konstanten

$$q = \sup_{a \leqq x \leqq b} |f'(x)|$$

genügt. Eine analoge Aussage über den Koeffizienten in der Lipschitz-Bedingung kann man auch für differenzierbare Operatoren machen, obgleich für diese der Mittelwertsatz nicht gilt.

Der nichtlineare Operator A sei auf der Menge $\mathfrak{M} \subset E$ definiert. Wir erinnern, daß A ein im Punkt $x_0 \in \mathfrak{M}$ *(nach* Frechet*) differenzierbarer* Operator ist, wenn sich ein solcher linearer beschränkter Operator B finden läßt, daß

$$\lim_{||h|| \to 0} \frac{||A(x_0 + h) - A x_0 - B h||}{||h||} = 0 \tag{1.19}$$

gilt. Den Operator B nennt man die *Ableitung des Operators A im Punkt x_0* und bezeichnet ihn mit $A'(x_0)$.

Die Funktionen $K(t, s; u)$ und $K'_u(t, s; u)$ seien zum Beispiel stetig in allen Variablen $a \leqq t, s \leqq b$; $|u| \leqq R$. Dann ist der Integraloperator

$$A x(t) = \int_a^b K[t, s; x(s)] \, ds \tag{1.20}$$

auf der Kugel $||x|| \leqq R$ des Raumes C der auf $[a, b]$ stetigen Funktionen definiert und auf dieser Kugel als ein Operator mit Werten in C differenzierbar. Wie leicht zu sehen ist, ist die Ableitung des Operators (1.20) durch die Gleichung

$$A'(x_0) h(t) = \int_a^b K'_u[t, s; x_0(s)] \, h(s) \, ds \tag{1.21}$$

gegeben.

Übung 1.15. Wenn für jedes feste $h \in E$ die Relation $\frac{1}{t}[A(x_0 + t h) - A x_0]$ für $t \to 0$ schwach gegen $B h$ konvergiert, wobei B ein gewisser linearer beschränkter Operator ist, dann sagt man, daß A im Punkt x_0 schwach differenzierbar nach Gateaux ist. Den Operator B nennt man in diesem Fall die *schwache Gateauxsche Ableitung*. Für die Bezeichnung verwendet man gewöhnlich das gleiche Symbol $A'(x_0)$ wie bei der Frechetschen Ableitung.

Die GATEAUXsche Ableitung $A'(x)$ existiere im Punkt x_0 und in einer gewissen Umgebung von ihm, wobei $||A'(x) - A'(x_0)|| \to 0$ für $||x - x_0|| \to 0$. Es ist zu zeigen, daß der Operator A im Punkt x_0 nach FRECHET differenzierbar ist.

Wir nehmen an, daß die Menge $\mathfrak{M}$, auf der der Operator A gegeben ist, konvex ist. Es sei

$$q_0 = \sup_{x \in \mathfrak{M}} ||A'(x)|| . \tag{1.22}$$

Dann gilt für zwei beliebige $x, y \in \mathfrak{M}$ und für ein beliebiges lineares Funktional l

$$l(A x - A y) = l[A'(y + \theta(x - y))(x - y)] \leqq ||l|| \cdot q_0 \cdot ||x - y|| .$$

Hieraus ergibt sich

$$||A x - A y|| \leqq q_0 ||x - y|| \qquad (x, y \in \mathfrak{M}) . \tag{1.23}$$

Aus der letzten Ungleichung folgt eine allgemeine Methode zur Abschätzung des Koeffizienten q in der LIPSCHITZ-Bedingung (1.1): Als eine derartige Abschätzung kann eine beliebige Abschätzung für die Normen der Ableitung des Operators dienen.

Als Beispiel betrachten wir wiederum den Operator (1.20). Er genügt auf der Kugel $||x|| \leqq R$ der LIPSCHITZ-Bedingung mit dem Koeffizienten q, wenn

$$|K'_u(t, s; u)| \leqq \frac{q}{b - a} \qquad (a \leqq t,\ s \leqq b;\ |u| \leqq R) \tag{1.24}$$

ist.

Übung 1.16. Es ist zu zeigen, daß der kleinste Koeffizient q in der LIPSCHITZ-Bedingung (1.1) für den auf einer konvexen Menge differenzierbaren Operator A mit der Zahl (1.22) übereinstimmt.

Übung 1.17. Die Abschätzung (1.23), wobei q_0 durch die Gleichung (1.22) definiert ist, gilt nicht, wenn die Menge $\mathfrak{M}$ nicht konvex ist. Es ist ein Beispiel zu konstruieren.

Übung 1.18. Der Operator A sei auf der Strecke, die die Punkte x und y verbindet, nach GATEAUX differenzierbar (siehe Übung 1.15). Es ist zu überprüfen, ob die Formel

$$||A x - A y|| = ||A'[(1 - \theta) x + \theta y](x - y)||$$

richtig ist, wobei $\theta = \theta(x, y)$ eine gewisse Zahl aus dem Intervall (0, 1) ist.

1.8. Gleichungen mit gleichmäßig kontrahierendem Operator. Es seien T die Kugel $||x - x_0|| \leqq \beta$ des BANACH-Raumes E und S die Kugel $||z - z_0|| \leqq \alpha$ des BANACH-Raumes E_1. Den Operator $F(x; z)$, der vom Parameter $z \in S$ abhängt und den Raum E in sich abbildet, nennen wir *Operator gleichmäßiger Kontraktion* (oder *gleichmäßig kontrahierenden Operator*), wenn für alle $z \in S$

$$||F(x; z) - F(y; z)|| \leqq q\, ||x - y|| \qquad (x, y \in T) \tag{1.25}$$

gilt, wobei $q < 1$ und unabhängig von z ist.

In diesem Punkt werden wir voraussetzen, daß der gleichmäßig kontrahierende Operator $F(x; z)$ für jedes $z \in S$ die Kugel T in sich abbildet. Aus dem

Satz 1.1 folgt dann, daß in der Kugel T genau eine Lösung $x_* = x_*(z)$ $(z \in S)$ der Gleichung

$$x = F(x; z) \tag{1.26}$$

existiert. Uns interessieren die Eigenschaften der Lösung $x_*(z)$.

Satz 1.5. *Der Operator $F(x; z)$ sei stetig in z für jedes feste x. Dann ist die Lösung $x_*(z)$ stetig.*

Beweis. Wegen (1.25) ist

$$\begin{aligned} \|x_*(z_0) - x_*(z)\| &= \|F[x_*(z_0); z_0] - F[x_*(z); z]\| \\ &\leqq \|F[x_*(z_0); z_0] - F[x_*(z_0); z]\| + \|F[x_*(z_0); z] - F[x_*(z); z]\| \\ &\leqq \|F[x_*(z_0); z_0] - F[x_*(z_0); z]\| + q\,\|x_*(z_0) - x_*(z)\|\,, \end{aligned}$$

woraus wir

$$\|x_*(z_0) - x_*(z)\| \leqq \frac{1}{1-q}\,\|F[x_*(z_0); z_0] - F[x_*(z_0); z]\|$$

erhalten. Aus der Stetigkeit des Operators $F(x; z)$ folgt demzufolge die Stetigkeit der Funktion $x_*(z)$ im Punkt z_0.

Der Satz ist bewiesen.

Wir beschreiben nun ein Schema, mit dessen Hilfe man die Eigenschaften der Lösung $x_*(z)$ der Gleichung (1.26) untersuchen kann.

Wir nehmen an, daß die Funktionen $x(z)$ $(z \in S)$ mit den Werten in T, die eine uns interessierende Eigenschaft (I) haben, in einer gewissen Metrik den vollständigen Raum R bilden. Der Operator $F(x; z)$ erzeugt auf der Menge aller Funktionen $x(z)$ mit den Werten in T den Superpositionsoperator

$$F\,x(z) = F[x(z); z]\,. \tag{1.27}$$

Wenn sich herausstellt, daß dieser Operator den Raum R in sich abbildet, dann kann man versuchen für ihn die Existenz eines Fixpunktes zu beweisen. Existiert ein solcher Fixpunkt, dann fällt er mit $x_*(z)$ zusammen (wegen der Einzigkeit der Lösung!). Folglich gehört $x_*(z)$ zu R oder mit anderen Worten, $x_*(z)$ besitzt die Eigenschaft (I).

Wir erläutern nun dieses Schema.

Der Operator $F(x; z)$ $(x \in T;\ z \in S)$ heißt *schwach stetiger Operator*, wenn aus $x_n \xrightarrow{\text{schwach}} x_0$, $z_n \xrightarrow{\text{schwach}} z_0$

$$F(x_n; z_n) \xrightarrow{\text{schwach}} F(x_0, z_0)$$

folgt.

Satz 1.6. *Ist der Operator $F(x; z)$ schwach stetig, dann ist die Lösung $x_*(z)$ der Gleichung* (1.26) *schwach stetig.*

Beweis. Wir bezeichnen mit R die Menge der beschränkten schwach stetigen Funktionen $x(z)$ mit Werten in T. Es ist leicht zu sehen, daß R eine abgeschlossene Menge im vollständigen Raum aller auf S beschränkten Funktionen mit der Norm

$$\|x\| = \sup_{z \in S} \|x(z)\|$$

ist.

Aus den Bedingungen des Satzes und (1.25) folgt, daß der Operator (1.27) R invariant läßt und auf R ein Kontraktionsoperator ist. Deshalb ergibt sich aus dem Satz 1.1, daß dieser Operator in R einen Fixpunkt hat, der mit der Lösung $x(z)$ der Gleichung (1.26) zusammenfällt. Als Element der Menge R ist die Lösung $x^*(z)$ schwach stetig.

Der Satz ist bewiesen.

Übung 1.19. Der Operator $F(x; z)$ möge folgender Bedingung genügen: Aus $z_n \xrightarrow{\text{schwach}} z$, $\|x_n - x\| \to 0$ folgt $\|F(x_n; z_n) - F(x; z)\| \to 0$. Es ist zu zeigen, daß die Lösung $x_*(z)$ der Gleichung (1.26) eine verstärkt stetige Funktion ist, d. h., aus $z_n \xrightarrow{\text{schwach}} z$ folgt $\|x_*(z_n) - x_*(z)\| \to 0$.

Übung 1.20. Aus $\|z_n - z\| \to 0$, $x_n \xrightarrow{\text{schwach}} x$ folge $F(x_n; z_n) \xrightarrow{\text{schwach}} F(x; z)$. Es ist zu zeigen, daß die Lösung $x_*(z)$ der Gleichung (1.26) eine abgeschwächt stetige Funktion ist, d. h., aus $\|z_n - z\| \to 0$ folgt $x_*(z_n) \xrightarrow{\text{schwach}} x_*(z)$.

Übung 1.21. Mit Hilfe der Methode, die für den Beweis des Satzes 1.6 angewendet wurde, sind die klassischen Sätze über die Stetigkeit und Differenzierbarkeit nach den Anfangswerten der Lösungen für gewöhnliche Differentialgleichungen zu beweisen.

1.9. Der lokale Satz über implizite Funktionen. Es seien E, E_1, E_2 BANACH-Räume und $f(x; z)$ ein Operator, der für $\|z - z_0\| \leqq a$ ($z, z_0 \in E_1$) auf der Kugel $\|x - x_0\| \leqq b$ des Raumes E mit Werten im Raum E_2 definiert ist. Es möge

$$f(x_0; z_0) = 0 \tag{1.28}$$

sein; d. h., x_0 sei für $z = z_0$ Lösung der Gleichung

$$f(x, z) = 0\,. \tag{1.29}$$

Wenn für alle z nahe an z_0 nahe an x_0 Lösungen $x(z)$ der Gleichung (1.29) existieren, dann sagt man, daß die Gleichung (1.29) die implizite Funktion $x(z)$ definiert.

Die Frage der Existenz und der Eigenschaften einer impliziten Funktion, die durch die Gleichung (1.29) definiert ist, tritt in verschiedenen Aufgaben der Analysis auf. Eine der Methoden zum Beweis der Existenzsätze für implizite Funktionen ist eine Methode, die sich auf die Anwendung des Kontraktionsprinzips stützt. Wir formulieren hier einen derartigen

Satz 1.7. *Der Operator $f(x; z)$ genüge folgenden Bedingungen:*

a) *$f(x; z)$ ist stetig in allen Variablen x, z für $\|z - z_0\| \leqq a$; $\|x - x_0\| \leqq b$, und es ist $f(x_0; z_0) = 0$.*

b) *Der Operator $f(x; z)$ besitzt für die gleichen Werte der Argumente die* FRECHET*sche Ableitung $f'_x(x; z)$, die in der Norm der Operatoren im Punkt $\{x_0; z_0\}$ stetig ist.*

c) *Der lineare Operator $f'_x(x_0; z_0)$ ist stetig umkehrbar.*

Dann existieren Zahlen $\alpha, \beta > 0$ derart, daß für jedes z aus der Kugel $||z - z_0|| \leqq \alpha$ die Gleichung (1.29) in der Kugel $||x - x_0|| \leqq \beta$ genau eine Lösung $x_*(z)$ besitzt. Die Funktion $x_*(z)$ ist stetig.

Beweis. Die Gleichung

$$x = x - [f'_x(x_0; z_0)]^{-1} f(x, z)$$

ist äquivalent mit der Gleichung (1.29). Wir zeigen, daß der in allen Variablen stetige Operator

$$F(x; z) = x - [f'_x(x_0; z_0)]^{-1} f(x, z)$$

für gewisse α, β ein gleichmäßig kontrahierender Operator für $||x - x_0|| \leqq \beta$, $||z - z_0|| \leqq \alpha$ ist. Hieraus folgt die Existenz und Stetigkeit der impliziten Funktion $x_*(z)$.

Aus der Bedingung b) ergibt sich, daß der Operator $F(x, z)$ in x nach FRECHET differenzierbar ist und die Ableitung

$$F'_x(x; z) = I - [f'_x(x_0; z_0)]^{-1} f'_x(x; z)$$

in allen Variablen (in der Norm der Operatoren) stetig ist. Da $F'_x(x_0; z_0) = 0$ ist, kann man ein derartiges $\beta > 0$ angeben, daß für $||x - x_0|| \leqq \beta$, $||z - z_0|| \leqq \beta$ die Ungleichung

$$||F'_x(x; z)|| \leqq q < 1 \tag{1.30}$$

erfüllt ist. Da $F(x_0; z_0) = x_0$ ist, kann man ein positives $\alpha \leqq \beta$ derart angeben, daß für $||z - z_0|| \leqq \alpha$

$$||F(x_0; z) - x_0|| \leqq (1 - q)\,\beta$$

gilt. Aus dieser Ungleichung folgt, daß für $||z - z_0|| \leqq \alpha$ der Operator $F(x; z)$ die Kugel $||x - x_0|| \leqq \beta$ in sich abbildet. Aus (1.30) ergibt sich, daß für die gleichen Werte z

$$||F(x; z) - F(y; z)|| \leqq q\, ||x - y|| \qquad (||x - x_0||,\ ||y - y_0|| \leqq \beta)$$

gilt.

Der Satz ist bewiesen.

Übung 1.22. Der nichtlineare Operator A, der im BANACH-Raum E definiert ist, genüge auf der Kugel $T = \{x\colon ||x|| \leqq \varrho\}$ der LIPSCHITZ-Bedingung (1.1). Es sei $A\,\theta = \theta$, wobei θ das Nullelement des Raumes E ist. Die Resolvente $R(\alpha)$ des nichtlinearen Operators A ist durch die Identität

$$R(\alpha)\, f = \alpha\, A\, R(\alpha)\, f + f$$

definiert.

a) Es ist zu zeigen, daß für $|\alpha| < 1/q$ die Resolvente $R(\alpha)$ auf der Kugel $||f|| \leqq (1 - |\alpha|\, q)\,\varrho$ definiert ist.

b) Es ist zu zeigen, daß die Resolvente den Ungleichungen

$$\frac{1}{1+|\alpha|\,q}\,\|f-g\| \leqq \|R(\alpha)f - R(\alpha)g\| \leqq \frac{1}{1-|\alpha|\,q}\,\|f-g\|$$

genügt.

c) Es ist zu zeigen

$$\|R(\alpha)f - R(\beta)f\| \leqq \frac{q\cdot\|f\|\cdot|\alpha-\beta|}{(1-|\alpha|\,q)\,(1-|\beta|\,q)}\,.$$

§ 2. Zur Konvergenz von Iterationsverfahren

2.1. Eine Iterationsvorschrift. Wir setzen die Untersuchung der Gleichung

$$x = A\,x \tag{2.1}$$

mit dem Operator A fort, der im BANACH-Raum E wirkt. Wir betrachten die Folge

$$x_n = A\,x_{n-1} \qquad (n = 1, 2, \ldots)\,, \tag{2.2}$$

wobei x_0 ein gewisses Startelement ist. Die Folge x_n kann natürlich nur in dem Falle konstruiert werden, wenn x_0 zu den Definitionsbereichen aller Operatoren A^n $(n = 1, 2, \ldots)$ gehört.

Wenn die Folge x_n gegen ein gewisses Element x^* konvergiert und der Operator A im Punkt x^* stetig ist, dann folgt aus (2.2), daß x^* eine Lösung der Gleichung (2.1) ist. Deshalb sind die Bedingungen, die die Konvergenz der Folge x_n garantieren, auch Existenzbedingungen für die Lösung der Gleichung (2.1). Die Folge x_n ist jedoch für uns aus anderen Gründen von Interesse — man kann sie als Quelle für immer genauere Näherungen an die Lösung der Gleichung (2.1) betrachten. Im Zusammenhang damit muß man wissen, für welche Gleichungen (2.1) die sukzessiven Näherungen (2.2) konvergieren.

2.2. Gleichungen mit Kontraktionsoperatoren. Die Iterationsverfahren (2.2) konvergieren zum Beispiel in den Bedingungen des Satzes 1.1.

Satz 2.1. *Der Operator A bilde die abgeschlossene Menge $\mathfrak{M} \subset E$ in sich ab und sei ein Kontraktionsoperator:*

$$\|A\,x - A\,y\| \leqq q\,\|x-y\| \qquad (x, y \in \mathfrak{M},\ q < 1)\,. \tag{2.3}$$

Dann konvergiert das Iterationsverfahren (2.2) *für ein beliebiges Startelement $x_0 \in \mathfrak{M}$ gegen die einzige (wegen des Satzes* 1.1) *Lösung x^* der Gleichung* (2.1).

Beweis. Aus (2.2), (2.3) und aus der Gleichung $x^* = A\,x^*$ folgt die Ungleichung

$$\|x_n - x^*\| = \|A\,x_{n-1} - A\,x^*\| \leqq q\,\|x_{n-1} - x^*\|\,,$$

also

$$\|x_n - x^*\| \leqq q^n\,\|x_0 - x^*\| \qquad (n = 1, 2, \ldots) \tag{2.4}$$

und folglich

$$\lim_{n\to\infty} \|x_n - x^*\| = 0 .$$

Der Satz ist bewiesen.

Die Ungleichung (2.4) charakterisiert die Konvergenzgeschwindigkeit. Es sei angemerkt, daß man mit der Ungleichung (2.4) nur dann bequem arbeiten kann, wenn die apriori-Abschätzung der Differenz $x_0 - x^*$ bekannt ist. Zur Erzielung einer solchen Abschätzung kann man die Ungleichung

$$\|x_0 - x^*\| \leqq \|x_0 - A\,x_0\| + \|A\,x_0 - A\,x^*\| \leqq \|x_0 - A\,x_0\| + q\,\|x_0 - x^*\|$$

verwenden, aus der folgt

$$\|x_0 - x^*\| \leqq \frac{1}{1-q}\,\|x_0 - A\,x_0\| . \tag{2.5}$$

Aus (2.4) und (2.5) ergibt sich die Ungleichung

$$\|x_n - x^*\| \leqq \frac{q^n}{1-q}\,\|x_0 - A\,x_0\| \qquad (n = 1, 2, \ldots) . \tag{2.6}$$

Mit Hilfe der Ungleichungen (2.4) und (2.6) kann man aussagen, wieviel sukzessive Näherungen man finden muß, um die Gleichung (2.1) mit einer vorgegebenen Genauigkeit zu lösen. Die Ungleichung $\|x_n - x^*\| < \delta$ ist zum Beispiel ganz bestimmt erfüllt, wenn

$$n > \frac{1}{\ln q}\ln\frac{\delta\,(1-q)}{\|x_0 - A\,x_0\|} \tag{2.7}$$

ist. Es sei hervorgehoben, daß (2.3) keine notwendige Bedingung für die Konvergenz der Iterationsverfahren (2.2) ist.

Übung 2.1. Eine gewisse Potenz A^k des Operators A, der die abgeschlossene Menge $\mathfrak{M}$ des vollständigen Raumes E in sich abbildet, sei ein Kontraktionsoperator. Es ist zu beweisen, daß die schrittweisen Näherungen (2.2) gegen den in $\mathfrak{M}$ einzigen Fixpunkt des Operators A konvergieren.

Übung 2.2. Der Operator A bilde die kompakte Menge $\mathfrak{M} \subset E$ in sich ab und genüge der Bedingung

$$\|A\,x - A\,y\| < \|x - y\| \qquad (x, y \in \mathfrak{M}, x \neq y) .$$

Es ist zu zeigen, daß die sukzessiven Näherungen (2.2) gegen die Lösung der Gleichung (2.1) konvergieren.

Übung 2.3. Die auf [0, 1] stetige Funktion $f(x)$ genüge der Bedingung $0 \leqq f(x) \leqq 1$ für $x \in [0, 1]$. Wir bestimmen die sukzessiven Näherungen x_n durch die Formel

$$x_n = x_{n-1} + \frac{1}{n}\,[f(x_{n-1}) - x_{n-1}] . \tag{2.8}$$

Es ist zu zeigen, daß für beliebiges $x_0 \in [0, 1]$ die Folge (2.8) gegen eine der Lösungen der Gleichung $x = f(x)$ konvergiert.

Die Formeln (2.8) haben einen Sinn auch für den Fall, wenn $f(x)$ die Abbildung der Kugel $\|x\| \leqq r$ eines gewissen Banach-Raumes E in sich ist. Es ist zu zeigen, daß die Näherungen (2.8) schon nicht mehr für den Fall konvergieren, daß E zweidimensional ist.

2.3. Lineare Gleichungen. Die Abschätzungen (2.4) und (2.6) können im allgemeinen Fall nicht verbessert werden, wie das an dem Beispiel der Gleichung (2.1) mit dem Operator $A\,x \equiv q\,x$ zu sehen ist. Unter zusätzlichen Voraussetzungen kann jedoch eine schnellere Konvergenz garantiert werden.

Beginnen wir mit der linearen Gleichung

$$x = B\,x + f\,. \tag{2.9}$$

Ist $||B|| < 1$, dann folgt aus Satz 2.1 die Konvergenz des Iterationsverfahrens

$$x_n = B\,x_{n-1} + f \qquad (n = 1, 2, \ldots) \tag{2.10}$$

gegen die Lösung x^* der Gleichung (2.9). Wir beweisen nun eine genauere Behauptung.

Satz 2.2. *Der Spektralradius $\varrho(B)$ des Operators B genüge der Ungleichung $\varrho(B) < 1$.*

Dann konvergiert das Iterationsverfahren (2.10) *gegen die Lösung x^* der Gleichung* (2.9), *und für jedes ε, $0 < \varepsilon < 1 - \varrho(B)$, gilt die Abschätzung*

$$||x_n - x^*|| \leqq c(\varepsilon)\,[\varrho(B) + \varepsilon]^n\,||x_0 - B\,x_0 - f||\,. \tag{2.11}$$

Beweis. Wir führen in E eine derartige Norm $||\cdot||_*$ (siehe Punkt 1.4) ein, daß

$$m(\varepsilon)\,||x|| \leqq ||x||_* \leqq M(\varepsilon)\,||x|| \qquad (x \in E) \tag{2.12}$$

und

$$||B\,x||_* \leqq [\varrho(B) + \varepsilon]\,||x||_* \qquad (x \in E) \tag{2.13}$$

gilt. Aus (2.13) folgt, daß man die Gleichung (2.9) als Gleichung (2.1) mit einem Kontraktionsoperator ansehen kann. Deshalb konvergieren die Näherungen (2.10) gegen x^*. Aus (2.13) und (2.6) ergibt sich die Abschätzung

$$||x_n - x^*||_* \leqq \frac{[\varrho(B) + \varepsilon]^n}{1 - \varrho(B) - \varepsilon}\,||x_0 - B\,x_0 - f||_*\,.$$

Aus dieser Abschätzung und aus (2.12) folgt (2.11).

Der Satz ist bewiesen.

Übung 2.4. Der Spektralradius $\varrho(B)$ des linearen Operators B sei kleiner 1. Es ist zu zeigen, daß man die Lösung x^* der Gleichung (2.9) als in der Norm konvergierende Reihe (Neumann-Reihe)

$$x^* = f + Bf + B^2 f + \cdots$$

darstellen kann.

Übung 2.5. Aus dem Beweis des Satzes 2.2 ist zu ersehen, daß man die Abschätzung (2.11) durch die genauere Abschätzung

$$||x_n - x^*|| \leqq c\,\varrho^n(B)\,||x_0 - B\,x_0 - f|| \tag{2.14}$$

ersetzen kann, wenn beim Übergang zu einer gewissen äquivalenten Norm der Spektralradius $\varrho(B)$ mit der Norm des Operators B zusammenfällt. Eine derartige äquivalente Norm kann nicht immer konstruiert werden (siehe Übung 1.9). Es ist zu zeigen, daß die Abschätzung (2.14) gilt, wenn der Operator B vollstetig und $\varrho(B) > 0$ sind. Ist diese Behauptung auch im allgemeinen Fall richtig, wenn der Operator B nicht vollstetig ist?

Gilt die Ungleichung

$$\|x_n - x^*\| \leqq c\, q^n \qquad (n = 1, 2, \ldots),$$

dann sagt man, daß die Näherungen x_n mit der Geschwindigkeit einer geometrischen Reihe mit dem Stufensprung q gegen x^* konvergieren. Der Satz 2.2 bedeutet, daß das Iterationsverfahren (2.10) gegen die Lösung konvergiert mit der Geschwindigkeit einer geometrischen Reihe, deren Stufensprung beliebig nahe an $\varrho(B)$ liegt. Wenn unter anderem $\varrho(B) = 0$ ist (derartige Operatoren nennt man quasinilpotente oder VOLTERRAsche Operatoren), dann konvergieren die Näherungen (2.10) mit der Geschwindigkeit einer geometrischen Reihe mit beliebig kleinem Stufensprung.

2.4. Die faktorielle Konvergenz. Wir betrachten die Integralgleichung

$$x(t) = \int_a^t K(t, s)\, x(s)\, ds + f(t) \tag{2.15}$$

mit dem stetigen Kern $K(t, s)$ $(a \leqq t, s \leqq b)$. Da der Spektralradius des Operators

$$B\, x(t) = \int_a^t K(t, s)\, x(s)\, ds$$

gleich Null ist, hat die Gleichung (2.15) genau eine stetige Lösung $x^*(t)$ für jede stetige Funktion $f(t)$. Diese Lösung ist der Limes des Iterationsverfahrens

$$x_n(t) = \int_a^t K(t, s)\, x_{n-1}(s)\, ds + f(t)\,. \tag{2.16}$$

Es sei $\delta_n(t) = |x_n(t) - x^*(t)|$. Dann ist

$$\delta_n(t) \leqq K \int_a^t \delta_{n-1}(s)\, ds \qquad \left(K = \max_{a \leqq t, s \leqq b} |K(t, s)|\right),$$

also

$$\delta_n(t) \leqq \frac{K^n\, (t-a)^n}{n!} \max_{a \leqq t \leqq b} \delta_0(t)\,,$$

und folglich haben wir

$$\|x_n - x^*\| = \max_{a \leqq t \leqq b} \delta_n(t) \leqq c\, \frac{K^n\, (b-a)^n}{n!} \qquad (n = 1, 2, \ldots)\,. \tag{2.17}$$

Aus der erhaltenen Abschätzung folgt insbesondere, daß das Iterationsverfahren (2.16) schneller gegen die Lösung $x^*(t)$ konvergiert als eine beliebige geometrische Reihe. Diese Tatsache ist weiter oben schon mit Hilfe anderer Überlegungen festgestellt worden. Die Ungleichung (2.17) verhilft uns jedoch zu einer vollständigeren Information über die Konvergenzgeschwindigkeit des Iterationsverfahrens. Gilt die Ungleichung (2.17), dann sagt man gewöhnlich, daß *faktorielle Konvergenz* vorliegt.

Wir möchten hervorheben, daß wir die faktorielle Konvergenz für Gleichungen spezieller Gestalt aufgezeigt haben.

Übung 2.6. Es ist das Beispiel eines derartigen VOLTERRAschen linearen Operators B zu konstruieren, daß die faktorielle Konvergenz für die schrittweisen Näherungen (2.10) nicht gilt.

Übung 2.7. Es sei c_n $(n = 1, 2, \ldots)$ eine Zahlenfolge, für die gilt:

$$\lim_{n\to\infty} \sqrt[n]{c_n} = 0\,.$$

Es ist ein VOLTERRAscher linearer Integraloperator so zu konstruieren, daß das Iterationsverfahren (2.10) der Bedingung

$$\lim_{n\to\infty} \frac{\|x_n - x^*\|}{c_n} = \infty$$

genügt.

2.5. Nichtlineare Gleichungen. Wir befassen uns nun mit der nichtlinearen Gleichung

$$x = A\,x\,. \tag{2.18}$$

Satz 2.3. *Der Operator A sei nach* FRECHET *differenzierbar im Punkt x^*, der Lösung der Gleichung* (2.18) *ist. Wir bezeichnen mit ϱ_0 den Spektralradius des linearen Operators $A'(x^*)$. Es sei $\varrho_0 < 1$.*

Dann konvergieren die sukzessiven Näherungen

$$x_n = A\,x_{n-1} \qquad (n = 1, 2, \ldots) \tag{2.19}$$

gegen x^*, wenn die Anfangsnäherung x_0 genügend nahe an x^* liegt. Dabei gilt die Abschätzung

$$\|x_n - x^*\| \leqq c(x_0; \varepsilon)\,(\varrho_0 + \varepsilon)^n\,, \tag{2.20}$$

wobei ε eine beliebige positive Zahl ist.

Beweis. Wir führen in E eine derartige äquivalente Norm $\|\cdot\|_*$

$$m(\varepsilon)\,\|x\| \leqq \|x\|_* \leqq M(\varepsilon)\,\|x\| \qquad (x \in E)$$

ein, daß gilt

$$\|A'(x^*)\,h\|_* \leqq \left(\varrho_0 + \frac{\varepsilon}{2}\right)\|h\|_* \qquad (h \in E)\,.$$

Aus der Definition der FRECHETschen Ableitung folgt die Existenz eines derartigen $\delta > 0$, daß sich aus $\|x - x^*\|_* < \delta$ die Ungleichung

$$\|A\,x - A\,x^* - A'(x^*)\,(x - x^*)\|_* \leqq \frac{\varepsilon}{2}\,\|x - x^*\|_*$$

ergibt. Deshalb folgt aus $\|x - x^*\|_* < \delta$ die Ungleichung

$$\begin{aligned}\|A\,x - x^*\|_* &\leqq \|A\,x - A\,x^* - A'(x^*)\,(x - x^*)\|_* + \|A'(x^*)\,(x - x^*)\|_* \\ &\leqq (\varrho_0 + \varepsilon)\,\|x - x^*\|_*\,. \end{aligned} \tag{2.21}$$

Ist $\varrho_0 + \varepsilon < 1$, dann bedeutet insbesondere die letzte Ungleichung, daß der Operator A die Kugel $\|x - x^*\|_* < \delta$ in sich abbildet. Wir nehmen an, daß eine gewisse Näherung x_{n_0} in die aufgezeigte Kugel fällt. Dann ergibt sich aus (2.21), daß für $n > n_0$ die Ungleichung

$$\|x_n - x^*\|_* \leqq (\varrho_0 + \varepsilon)^{n-n_0-1}\,\|x_{n_0} - x^*\|_*$$

erfüllt ist, woraus nach dem Übergang zur alten Norm (2.20) folgt.

Der Satz ist bewiesen.

Eine genauere Abschätzung als (2.20) kann ohne zusätzliche Voraussetzungen nicht gewonnen werden.

Aus (2.20) folgt, daß das Iterationsverfahren (2.19) schneller gegen x^* konvergiert als eine geometrische Reihe mit beliebig kleinem Stufensprung, wenn die Ableitung $A'(x^*)$ gleich Null ist. Diese Bemerkung kann verstärkt werden, wenn nicht nur

$$||A\,x - A\,x^*|| = o\,(||x - x^*||)$$

ist, sondern auch

$$||A\,x - A\,x^*|| \leqq L\,||x - x^*||^2 \tag{2.22}$$

gilt. Die letzte Bedingung ist zum Beispiel erfüllt, wenn der Operator A in der Umgebung des Punktes x^* nach FRECHET differenzierbar ist und die Ableitung $A'(x)$ der LIPSCHITZ-Bedingung

$$||A'(x) - A'(y)|| \leqq L\,||x - y|| \tag{2.23}$$

genügt. In der Tat, wir bezeichnen mit l ein normiertes lineares Funktional auf E, für das gilt:

$$l\,(A\,x - A\,x^*) = ||A\,x - A\,x^*||\,.$$

Dann erhält man aus dem Mittelwertsatz für skalare Funktionen die Ungleichung

$$\begin{aligned} ||A\,x - A\,x^*|| &= l\,\{A'\,[(1-\theta)\,x^* + \theta\,x]\,(x - x^*)\} \\ &\leqq ||A'\,[(1-\theta)\,x^* + \theta\,x]|| \cdot ||x - x^*|| \qquad (\theta \in (0,1))\,. \end{aligned}$$

Da $A'(x^*) = 0$ ist, gilt

$$||A'\,[(1-\theta)\,x^* + \theta\,x]|| = ||A'\,[(1-\theta)\,x^* + \theta\,x] - A'(x^*)|| \leqq L\,||x - x^*||\,.$$

Deshalb gilt die Ungleichung (2.22)[1]). Wir bezeichnen mit U die Umgebung $||x - x^*|| \leqq r$ $(L\,r < 1)$ des Punktes x^*, in der die Ungleichung (2.22) erfüllt ist. Wir setzen voraus, daß $x_{n_0} \in U$ ist. Dann gehören die sukzessiven Näherungen (2.19) für $n > n_0$ ebenfalls zu U. Dabei ergibt sich aus (2.22) die Kette von Ungleichungen

$$\begin{aligned} ||x_n - x^*|| &\leqq L\,||x_{n-1} - x^*||^2 \leqq L \cdot L^2\,||x_{n-2} - x^*||^4 \\ &\leqq \cdots \leqq L^{1+2+\cdots+2^{n-n_0-1}}\,||x_n - x^*||^{2^{n-n_0}}\,, \end{aligned}$$

d. h., es ist

$$||x_n - x^*|| \leqq \frac{1}{L}\,(L\,||x_{n_0} - x^*||)^{2^{n-n_0}}\,. \tag{2.24}$$

Unter den betrachteten Bedingungen konvergieren die sukzessiven Näherungen (2.19) gegen x^*, wenn die Anfangsnäherung genügend nahe an x^* liegt.

---

[1]) Aus (2.23) folgt die stärkere Ungleichung $||A\,x - A\,x^*|| \leqq \frac{L}{2}\,||x - x^*||^2$.

Deshalb kann man die Zahl

$$\delta = L \, ||x_{n_0} - x^*||$$

als beliebig klein ansehen. Folglich kann man die Konvergenzgeschwindigkeit des Iterationsverfahrens (2.19) durch die Ungleichung

$$||x_n - x^*|| \leqq c(\delta, x_0) \, \delta^{2^{n-n_0(\delta)}} \tag{2.25}$$

charakterisieren, wobei δ eine beliebig kleine positive Zahl ist.

Die Ungleichung (2.25) charakterisiert eine wesentlich schnellere Konvergenz sowohl bezüglich der Konvergenz einer geometrischen Reihe mit beliebig kleinem Stufensprung als auch bezüglich der faktoriellen Konvergenz.

Übung 2.8. Es ist zu überprüfen, ob sich aus (2.25) die Abschätzung

$$||x_n - x^*|| \leqq c_1(\delta_1, x_0) \, \delta_1^{2^n}$$

ergibt.

Übung 2.9. Wie verändert sich die Abschätzung (2.25), wenn man die Bedingung (2.22) durch die schwächere Voraussetzung

$$||A\,x - A\,x^*|| \leqq L \, ||x - x^*||^{1+\alpha}$$

ersetzt ($\alpha \in (0, 1)$)?

2.6. Der Einfluß des Startelements auf die Abschätzung der Konvergenzgeschwindigkeit. Oben haben wir verschiedene Abschätzungen des Fehlers $x_n - x^*$ angegeben. Diese Abschätzungen sind für gewisse Anfangsnäherungen überhöht. Für die lineare Gleichung

$$x = A\,x$$

zum Beispiel, wobei A eine symmetrische Matrix ist, deren Spektrum aus zwei Zahlen q_1, $q_2 \in (0, 1)$ besteht, konvergieren die sukzessiven Näherungen $x_n = A\,x_{n-1}$ gegen die Nullösung mit der Geschwindigkeit q_1^n bei einem Startelement x_0, für das $A\,x_0 = q_1\,x_0$ ist und mit der Geschwindigkeit q_2^n, wenn $A\,x_0 = q_2\,x_0$ gilt.

Bei einer „gelungenen“ Wahl der Anfangsnäherung kann man somit in einigen Fällen eine schnellere Konvergenz des Iterationsverfahrens erreichen, als die, die durch allgemeine Abschätzungen garantiert wird. Wenn sich erwiesen hätte, daß in der absoluten Mehrzahl der Fälle (hier sind natürlich genaue wahrscheinlichkeitstheoretische Formulierungen notwendig) die Konvergenz schneller ist, dann müßte man bei der näherungsweisen Lösung vieler Aufgaben die Konvergenzgeschwindigkeit durch Abschätzungen charakterisieren, die von (2.11) verschieden sind. Bedauerlicherweise tritt in der Regel eine solche Situation nicht ein. Als erstes Beispiel betrachten wir die Gleichung

$$x = B\,x \tag{2.26}$$

mit dem selbstadjungierten linearen Operator B, der im reellen Hilbert-Raum H wirkt. Wir nehmen an, daß B die Gestalt

$$B\,x = b_1\,P_1\,x + B_2\,P_2\,x \tag{2.27}$$

hat, wobei P_1 der Operator der orthogonalen Projektion auf einen gewissen Unterraum H_1, $P_2 = I - P_1$ der Projektionsoperator auf die orthogonale Ergänzung H_2 von H_1, $b_1 = ||B||$, B_2 ein selbstadjungierter Operator, der in H_2 gelegen ist und für den $||B_2|| = b_2 < b_1$ gilt, sind.

Die sukzessiven Näherungen $x_n = B\,x_{n-1}$ gegen die Nullösung der Gleichung $x = B\,x$ werden durch die Gleichung

$$x_n = b_1^n\,P_1\,x_0 + B_2^n\,P_2\,x_0 \qquad (n = 1, 2, \ldots)$$

bestimmt.

Mit $||P_1\,x_0|| > 0$ ist

$$b_1^n\,||P_1\,x_0|| \leqq ||x_n|| \leqq b_1^n\,||x_0||\,.$$

Das heißt, praktisch für alle Anfangsnäherungen (der Fall $P_1\,x_0 = 0$ wird ausgeklammert) ist die Konvergenz nicht langsamer als eine geometrische Reihe mit dem Stufensprung b_1, aber auch nicht schneller als eine Reihe mit dem gleichen Stufensprung.

Ein ähnliches Ergebnis erhält man auch für nichtlineare Gleichungen $x = A\,x$, wenn

$$A\,x = B\,x + D\,x \tag{2.28}$$

ist. Hierbei ist B durch die Gleichung (2.27) definiert, und der Operator D genügt der Bedingung

$$||D\,x|| \leqq \gamma(\varrho)\,||x|| \qquad (||x|| \leqq \varrho)\,, \tag{2.29}$$

wobei $\gamma(\varrho)$ eine monoton fallende und für $\varrho \to +0$ eine stetige nichtnegative Funktion ist, $\gamma(0) = 0$. Die schrittweisen Näherungen

$$x_n = B\,x_{n-1} + D\,x_{n-1} \tag{2.30}$$

genügen wegen (2.27) und (2.29) der Ungleichung

$$||x_n|| \leqq [b_1 + \gamma(||x_{n-1}||)]\,||x_{n-1}||\,. \tag{2.31}$$

Für ein genügend kleines x_0 gelten deshalb die Ungleichungen

$$||x_n|| \leqq (b_1 + \gamma_n)\,||x_{n-1}|| \qquad (n = 1, 2, \ldots)\,, \tag{2.32}$$

wobei gilt $\gamma_n \to 0$. Diese Ungleichungen sagen aus, daß die schrittweisen Näherungen schneller als eine geometrische Reihe mit beliebigem Stufensprung größer b_1 konvergieren. Wir zeigen, daß „für fast alle" hinreichend kleinen x_0 die Näherungen (2.30) langsamer konvergieren als eine geometrische Reihe mit beliebigem fixiertem Stufensprung $b_1 - \varepsilon$ $(\varepsilon > 0)$.

Es sei $\alpha(\varrho)$ eine derartige monoton fallende für $\varrho \to +0$ stetige Funktion, daß $\alpha(0) = 0$ und

$$\lim_{\varrho \to 0} \frac{\gamma(\varrho)}{\alpha(\varrho)} = 0 \tag{2.33}$$

sind (wir können zum Beispiel $\alpha(\varrho) = \sqrt{\gamma(\varrho)}$ setzen). Dann kann man ein solches $\varrho_0 > 0$ auswählen, daß für $\varrho \leqq \varrho_0$ die Ungleichung

$$\frac{b_1 - \left[\gamma(\varrho) + \dfrac{\gamma(\varrho)}{\alpha(\varrho)}\right]}{b_2 + \gamma(\varrho) + \alpha(\varrho)\,\gamma(\varrho)} > 1 \tag{2.34}$$

erfüllt ist. Wegen (2.29) kann man gleichzeitig annehmen, daß gilt

$$\|A\,x\| \leqq \frac{b_1+1}{2}\,\|x\| \qquad (\|x\| \leqq \varrho_0)\,. \tag{2.35}$$

Wir bezeichnen mit $\mathfrak{N}(\varrho_0)$ die Menge der Punkte $x \in H$, für die

$$\|P_1\,x\| \geqq \alpha(\|x\|)\,\|P_2\,x\|\,, \qquad \|x\| \leqq \varrho_0\,, \tag{2.36}$$

gilt. Wie leicht zu sehen ist, bildet die Menge $\mathfrak{N}(\varrho_0)$ für kleine ϱ_0 den „Hauptteil“ der Kugel $\|x\| \leqq \varrho_0$. Der Operator A bildet $\mathfrak{N}(\varrho_0)$ in sich ab. In der Tat, für $x \in \mathfrak{N}(\varrho_0)$ gilt

$$\begin{aligned}\|P_1\,A\,x\| &\geqq \|P_1\,B\,x\| - \|P_1\,D\,x\| \geqq b_1\,\|P_1\,x\| - \gamma\,(\|x\|)\,\|x\|\\ &\geqq b_1\,\|P_1\,x\| - \gamma(\|x\|)\left[1+\frac{1}{\alpha(\|x\|)}\right]\|P_1\,x\|\end{aligned} \tag{2.37}$$

und

$$\begin{aligned}\|P_2\,A\,x\| &\leqq \|P_2\,B\,x\| + \|P_2\,D\,x\| \leqq b_2\,\|P_2\,x\| + \gamma(\|x\|)\,\|x\|\\ &\leqq \frac{b_2}{\alpha(\|x\|)}\,\|P_1\,x\| + \gamma(\|x\|)\left[1+\frac{1}{\alpha(\|x\|)}\right]\|P_1\,x\|\,.\end{aligned} \tag{2.38}$$

Deshalb folgt aus (2.34) die Relation

$$\|P_1\,A\,x\| \geqq \alpha(\|x\|)\,\|P_2\,A\,x\|\,,$$

und wegen (2.35) ist

$$\|P_1\,A\,x\| \geqq \alpha(\|A\,x\|)\,\|P_2\,A\,x\|\,.$$

Diese Ungleichung bedeutet, daß der Punkt $A\,x$ der ersten Ungleichung in (2.36) genügt. Die zweite Ungleichung folgt unmittelbar aus (2.35).

Ist somit $x_0 \in \mathfrak{N}(\varrho_0)$, dann gehören alle Näherungen (2.30) zu $\mathfrak{N}(\varrho_0)$. Aus der Ungleichung (2.37) ergibt sich, daß bei einem beliebigen von Null verschiedenen $x_0 \in \mathfrak{N}(\varrho_0)$ für alle Näherungen (2.30) die Projektionen $P_1\,x_n$ verschieden von Null sind, wobei

$$\|P_1\,x_n\| \geqq (b_1 - \gamma_n)\,\|P_1\,x_{n-1}\| \qquad (n = 1, 2, \ldots) \tag{2.39}$$

ist und γ_n gegen Null strebt. Für ein beliebiges $\varepsilon > 0$ kann man insbesondere ein solches n_0 finden, daß für $n > n_0$

$$\|P_1\,x_n\| \geqq (b_1 - \varepsilon)\,\|P_1\,x_{n-1}\|$$

gilt, woraus wir

$$\|x_n\| \geqq \|P_1\,x_n\| \geqq (b_1 - \varepsilon)^n\,\frac{\|P_1\,x_{n_0}\|}{(b_1-\varepsilon)^{n_0}} \qquad (n = 1, 2, \ldots) \tag{2.40}$$

erhalten.

Wir überlassen dem Leser, folgende Gleichung zu beweisen, die wir im weiteren benutzen werden: Ist $x_0 \in \mathfrak{N}(\varrho_0)$, dann gilt

$$\lim_{n\to\infty} \frac{\|P_2\,x_n\|}{\|P_1\,x_n\|} = 0\,. \tag{2.41}$$

Es sei angemerkt, daß man analog zu den oben angegebenen Überlegungen auch solche für Gleichungen im Banach-Raum anstellen kann.

2.7. Zur Erhöhung der Konvergenzgeschwindigkeit. Wir führen die Untersuchung der Gleichung $x = A\,x$ mit dem Operator (2.28) im HILBERT-Raum H fort. Wir werden voraussetzen, daß D ($D\,\theta = \theta$) die stärkere Beschränkung

$$||D\,x - D\,y|| \leqq \gamma(\varrho)\,||x - y|| \qquad (||x||, ||y|| \leqq \varrho) \tag{2.42}$$

auferlegt wird als (2.29).

Die Gleichung (2.41) hat eine einfache geometrische Deutung: Die Folge x_n ist „tangential" zum Unterraum H_1. Es erweist sich, daß der Winkel zwischen den Vektoren $x_{n+1} - x_n$ und dem Unterraum H_1 ebenfalls gegen Null strebt.

Der Einfachheit halber werden wir den Unterraum H_1 als eindimensional annehmen; mit e bezeichnen wir den Einheitsvektor aus H_1. Der Winkel φ zwischen dem Vektor x und dem Unterraum H_1 läßt sich dann aus der Gleichung

$$\cos\varphi = \frac{(x, e)}{||x||} \tag{2.43}$$

bestimmen.

Es sei $x \in \mathfrak{N}(\varrho_0)$ (siehe Punkt 2.6) und $(x, e) > 0$. Dann ist

$$(A\,x, e) = b_1(x, e) + (D\,x, e) \geqq b_1\,||P_1\,x|| - \gamma(||x||)\,||x|| > 0\,.$$

Folglich genügen für $x_0 \in \mathfrak{N}(\varrho_0)$ und $(x_0, e) > 0$ alle Näherungen (2.30) der Un gleichung $(x_n, e_0) > 0$.

Offensichtlich ist

$$(x_n - x_{n+1}, e) = (1 - b_1)\,(P_1\,x_n, e) - (D x_n, e) \geqq (1 - b_1)\,||P_1 x_n|| - \gamma(||x_n||)\,||x_n||$$

und

$$\begin{aligned} ||x_n - x_{n+1}|| &\leqq ||P_1\,x_n - P_1\,x_{n+1}|| + ||P_2\,x_n|| + ||P_2\,x_{n+1}|| \\ &\leqq (1 - b_1)\,||P_1\,x_n|| + ||P_2\,x_n|| + b_2\,||P_2\,x_n|| + \gamma(||x_n||)\,||x_n||\,, \end{aligned}$$

woraus wir

$$1 \geqq \frac{(x_n - x_{n+1}, e)}{||x_n - x_{n+1}||} \geqq \frac{1 - b_1 - \gamma(||x_n||)\dfrac{||x_n||}{||P_1\,x_n||}}{1 - b_1 + (1 + b_2)\dfrac{||P_2\,x_n||}{||P_1\,x_n||} + \gamma(||x_n||)\dfrac{||x_n||}{||P_1\,x_n||}}$$

erhalten. Die rechte Seite der letzten Ungleichung strebt gegen 1; demzufolge ist

$$\lim_{n\to\infty} \frac{(x_n - x_{n+1}, e)}{||x_n - x_{n+1}||} = 1\,. \tag{2.44}$$

Diese Gleichung bedeutet, daß der Winkel zwischen $x_n - x_{n+1}$ und dem Unterraum H_1 gegen Null konvergiert.

Wir zeigen, daß die Gleichung

$$\lim_{n\to\infty} \frac{(x_{n+1} - x_n, x_n - x_{n-1})}{||x_n - x_{n-1}||^2} = b_1 \tag{2.45}$$

gilt. Offensichtlich ist (hier benutzen wir erstmalig die Bedingung (2.42))

$$\begin{aligned} &\|x_{n+1} - x_n - b_1 (x_n - x_{n-1})\| \\ &\leqq \|B (x_n - x_{n-1}) - b_1 (x_n - x_{n-1})\| + \|D x_n - D x_{n-1}\| \\ &\leqq \|P_2 B (x_n - x_{n-1}) - b_1 P_2 (x_n - x_{n-1})\| + \gamma(\|x_{n-1}\|) \|x_n - x_{n-1}\| \\ &\leqq (b_1 + b_2) \|P_2 (x_n - x_{n-1})\| + \gamma(\|x_{n-1}\|) \|x_n - x_{n-1}\| , \end{aligned}$$

woraus

$$\begin{aligned} \left| \frac{(x_{n+1} - x_n, x_n - x_{n-1})}{\|x_n - x_{n-1}\|^2} - b_1 \right| &\leqq \frac{\|x_{n+1} - x_n - b_1 (x_n - x_{n-1})\|}{\|x_n - x_{n-1}\|} \\ &\leqq (b_1 + b_2) \frac{\|P_2 (x_n - x_{n-1})\|}{\|x_n - x_{n-1}\|} + \gamma(\|x_{n-1}\|) \end{aligned}$$

folgt.

Die rechte Seite der letzten Ungleichung strebt wegen (2.44) für $n \to \infty$ gegen Null, woraus auch (2.45) folgt.

Infolge von (2.44) und (2.45) gelten für große n die Näherungsgleichungen

$$x_{n+1} - x_n \approx b_1 (x_n - x_{n-1}) , \qquad x_{n+2} - x_{n+1} \approx b_1 (x_{n+1} - x_n) , \ldots .$$

Dann kann man aber die genaue Lösung x^* der Gleichung $x = A x$ näherungsweise in der Gestalt

$$\begin{aligned} x^* = x_n + (x_{n+1} - x_n) + (x_{n+2} - x_{n+1}) + \cdots &\approx x_n + (x_{n+1} - x_n) \\ &+ b_1 (x_{n+1} - x_n) + b_1^2 (x_{n+1} - x_n) + \cdots \end{aligned}$$

darstellen, woraus wir

$$x^* \approx x_n + \frac{x_{n+1} - x_n}{1 - b_1} \tag{2.46}$$

oder

$$x^* \approx x_n + \frac{x_{n+1} - x_n}{1 - b_1^2} + \frac{b_1 (x_{n+1} - x_n)}{1 - b_1^2}$$

erhalten. Aus der letzten Gleichung folgt

$$x^* \approx x_n + \frac{x_{n+2} - x_n}{1 - b_1^2} , \tag{2.47}$$

da $b_1 (x_{n+1} - x_n) \approx x_{n+2} - x_{n+1}$ gilt.

Die Zahl b_1 in (2.46) kann man wegen (2.45) durch ihren Näherungswert

$$b_1 \approx \frac{(x_{n+1} - x_n, x_n - x_{n-1})}{\|x_n - x_{n-1}\|^2} \tag{2.48}$$

ersetzen. Zur Bestimmung von x^* erhalten wir dann die Näherungsformel

$$x^* \approx x_n - \frac{(x_n - x_{n-1}, x_n - x_{n-1})}{(x_{n+1} - 2 x_n + x_{n-1}, x_n - x_{n-1})} (x_{n+1} - x_n) . \tag{2.49}$$

Diese Formel gibt uns eine bessere Näherung an die Lösung als x_{n+1} und zwar nicht nur unter den Voraussetzungen, unter denen wir unsere Überlegungen anstellten. In Spezialfällen kann die Zahl (2.48) negativ sein, die Ableitung B des

Operators A kein selbstadjungierter Operator sein usw. Die Formel (2.49) kann man für die allgemeinsten Fälle vorschlagen. Mehr noch, die Formel (2.49) liefert gute Näherungen an x^* auch für gewisse Fälle, wenn die gewöhnlichen Iterationsverfahren divergieren, zum Beispiel, wenn der Operator A „schwach nichtlinear" ist und das gesamte Spektrum der Ableitung $A'(x^*)$ außer einem Punkt innerhalb des Einheitskreises liegt.

Die angestellten Überlegungen kann man auch auf Gleichungen in BANACH-Räumen übertragen. Das Fehlen des Skalarproduktes führt zu einigen Komplikationen. Deshalb ist es im Fall von BANACH-Räumen manchmal vorteilhaft, nicht b_1 näherungsweise zu berechnen, sondern $|b_1|$. Offensichtlich ist

$$|b_1| \approx \frac{\|x_{n+2} - x_{n+1}\|}{\|x_{n+1} - x_n\|}.$$

Aus (2.47) folgt dann die Näherungsformel

$$x^* \approx x_n + \frac{x_{n+2} - x_n}{1 - \left(\frac{\|x_{n+2} - x_{n+1}\|}{\|x_{n+1} - x_n\|}\right)^2}. \tag{2.50}$$

Zur Bestimmung von b_1 kann man dann auf die Näherungsgleichung $b_1 \cdot (x_{n+1} - x_n) \approx x_{n+2} - x_{n+1}$ irgendein lineares Funktional $l(x)$ anwenden. Dann ist

$$b_1 \approx \frac{l\,(x_{n+2} - x_{n+1})}{l\,(x_{n+1} - x_n)},$$

und aus (2.46) ergibt sich die Näherungsformel

$$x^* \approx x_n - \frac{l\,(x_{n+1} - x_n)}{l\,(x_{n+2} - 2\,x_{n+1} + x_n)}(x_{n+1} - x_n). \tag{2.51}$$

Die „Qualität" dieser Formel hängt wesentlich davon ab, wie gut das Funktional $l(x)$ gewählt wurde.

Formeln der Art (2.49), (2.50) und (2.51) nennt man *Formeln für die Konvergenzbeschleunigung*[1]). Wenn sie nur einmal angewendet werden, dann nennt man sie gewöhnlich *Formeln zur Präzisierung der letzten gefundenen Näherung*. Man kann sie jedoch auch nach folgendem Schema anwenden: Es werden einige gewöhnliche Näherungen (2.2) gesucht, danach wird nach der Formel (2.49) oder (2.50) die letzte Näherung präzisiert, dann wird diese präzisierte Näherung als neue Anfangsnäherung genommen usw.

2.8. Zur Fehlerverteilung. Bei der Anwendung des Iterationsverfahrens (2.2) werden die Berechnungen gewöhnlich solange durchgeführt, wie die Korrektur $x_{n+1} - x_n$ eine gewisse vorgegebene Größe übertrifft. Dabei kann der Fehler $x_n - x^*$ der Größe nach verschieden sein. Es ergibt sich die Frage der wahrscheinlichen Verteilung der Fehlernormen.

---

[1]) Derartige Formeln für lineare Gleichungen sind wahrscheinlich zuerst von L. A. LJUSTERNIK [2] vorgeschlagen worden.

Werden nicht die mehr wahrscheinlicheren Fehler bedeutend kleiner sein als die maximalen? Es hat sich erwiesen, daß das nicht der Fall ist.

In diesem Punkt betrachten wir das System linearer algebraischer Gleichungen

$$x = A\,x + b\,. \tag{2.52}$$

Hierbei ist A eine positiv definite Matrix, für die alle Eigenwerte λ_i ($i = 1, \ldots, m$) kleiner Eins sind, b ist der gegebene und x der gesuchte Vektor des m-dimensionalen Raumes. Es wird gezeigt, daß die am meisten wahrscheinlichen Fehler die maximalen Fehler sind, wenn sich die sukzessiven Näherungen x_n nach der Rekursionsformel

$$x_{n+1} = A\,x_n + b \tag{2.53}$$

finden lassen.

Wir werden folgende Bezeichnungen benutzen:

$$\delta_n = A\,x_n + b - x_n\,, \qquad \varepsilon_n = x^* - x_n\,.$$

Offensichtlich ist

$$\varepsilon_n = (I - A)^{-1}\,\delta_n \qquad (n = 1, 2, \ldots)\,. \tag{2.54}$$

Indem wir (2.53) von (2.52) subtrahieren, erhalten wir

$$\varepsilon_{n+1} = A\,\varepsilon_n \qquad (n = 1, 2, \ldots)\,, \tag{2.55}$$

woraus die Gleichungen

$$\delta_n = x_{n+1} - x_n = (I - A)\,\varepsilon_n = (I - A)\,A^n\,\varepsilon_0 \tag{2.56}$$

folgen.

Der Iterationsprozeß werde im p-ten Schritt beendet, wenn der Vektordefekt $\delta_p = x_{p+1} - x_p$ in eine gewisse vorgegebene Umgebung G von Null (Kugel, Kubus usw.) fällt. Wegen (2.56) bedeutet das, daß der Fehler ε_p in die Menge $G_0 = (I - A)^{-1}\,G$ fällt. Wenn die Matrix A nahe an 1 liegende Eigenwerte λ besitzt, dann sind die entsprechenden Eigenwerte $(1 - \lambda)^{-1}$ der Matrix $(I - A)^{-1}$ groß, und das Gebiet G_0 ist in den Richtungen der entsprechenden Eigenwerte der Matrix A „stark ausgedehnt“. Somit kann sich herausstellen, daß der Fehler ε_p groß ist, obgleich der Durchmesser des Gebietes G klein ist. Wie wir weiter zeigen werden, ist die Wahrscheinlichkeit solcher großen Fehler unter natürlichen Voraussetzungen größer als die Wahrscheinlichkeit kleiner Fehler.

Wir benutzen die Bezeichnung $G_n = A^{-n}\,G_0$ ($n = 1, 2, \ldots$). Wenn der Iterationsprozeß nach dem p-ten Schritt beendet wird, dann befindet sich (wegen (2.56)) der Anfangsfehler ε_0 im Gebiet G_p mit $\varepsilon_0 \notin G_{p-1}$, da anderenfalls der Prozeß schon früher beendet wäre.

Wir beschränken uns auf den einfachsten Fall, wenn das Gebiet G eine Kugel mit dem Radius α ist (die qualitativen Schlußfolgerungen gelten natürlich auch für den allgemeinen Fall), d. h., wir setzen voraus, daß der Prozeß als abgeschlossen gilt, wenn die Länge des Vektors $\delta_p = x_{p+1} - x_p$ (die Quadratwurzel aus der Summe der Defektquadrate) kleiner α ist. In diesem Falle ist das Gebiet G_0 ein Ellipsoid, das die Kugel G enthält, mit den Halbachsen der Länge

$\frac{\alpha}{1-\lambda_i}$ $(i = 1, \ldots, m)$, die in den Richtungen der entsprechenden Eigenvektoren der Matrix A gelegen sind.

Wir bezeichnen mit G_{-1} das Ellipsoid $A\,G_0$. Seine Halbachsen haben die Länge $\frac{\alpha\lambda_i}{1-\lambda_i}$ $(i = 1, \ldots, m)$. Wie schon oben angegeben wurde, ist der Prozeß nach dem p-ten Schritt beendet, wenn $\varepsilon_0 \in G_p$ und $\varepsilon_0 \notin G_{p-1}$ sind, d. h., wenn sich der Vektor ε_0 in der Schicht $G_p \backslash G_{p-1}$ befindet. Dabei befindet sich der endgültige Fehler in der Schicht $A^p(G_p \backslash G_{p-1}) = G_0 \backslash G_{-1}$. Der endgültige Fehler ε_p gehört somit nur dann zu G_{-1}, wenn ε_0 zu G_0 gehört.

Die Wahrscheinlichkeit dafür, daß man den endgültigen Fehler im Volumen element Δ_0 der Schicht $G_0 \backslash G_{-1}$ findet, ist gleich der Summe der Wahrscheinlich keiten für das Auffinden des Anfangsfehlers in den Elementen $\Delta_n = A^{-n}\,\Delta_0$ $(n = 0, 1, 2, \ldots)$.

Wir nehmen an (ebenfalls der Einfachheit halber), daß der Anfangsfehler ε_0 gleichmäßig verteilt ist in der Kugel T mit einem genügend großen Radius R. In diesem Falle ist die Wahrscheinlichkeit $P(\Delta_n)$ dafür, daß man den Anfangsfehler im Element $\Delta_n \subset T$ auffindet, proportional dem Volumen dieses Elements. Offensichtlich ist

$$\text{Volumen } \Delta_n = \frac{\text{Volumen } \Delta_0}{\lambda_1^n \cdots \lambda_m^n}.$$

Somit ist die Wahrscheinlichkeit $P(\Delta_0)$ für das Enthaltensein des endgültigen Fehlers im Element Δ_0 durch die Formel

$$P(\Delta_0) = \frac{\text{Volumen } \Delta_0}{\text{Volumen } T} \sum_{k=0}^{n_0} \lambda_1^{-k}\,\lambda_2^{-k} \cdots \lambda_m^{-k}$$

gegeben, wobei n_0 die kleinste natürliche Zahl ist, die die Eigenschaft $\Delta_{n_0+1} \subseteq T$ besitzt. Aus der letzten Formel folgt, daß für den gegebenen Punkt die Wahrscheinlichkeitsdichte dafür, daß der endgültige Fehler in den Punkt der Schicht $G_0 \backslash G_{-1}$ fällt, umso größer ist, je später dieser Punkt aus der Kugel T herausfällt, indem man auf ihn sukzessiv die Operation A^{-1} anwendet.

Die Schicht $G_0 \backslash G_{-1}$ zerfällt in die Teile $F_1, F_2, \ldots$ (die ersten dieser Mengen können leer sein), die aus den Punkten bestehen, die aus der Kugel T herausfallen, nachdem man die Operation A^{-1} genau $(k+1)$-mal angewendet hat. Dabei ist die Menge F_k der Durchschnitt der Schicht $G_0 \backslash G_{-1}$ mit der Schicht $A^{k-1}\,T \backslash A^k\,T$. Die Dichte der Wahrscheinlichkeitsverteilung für den endgültigen Fehler ist auf jeder Menge F_k konstant und wächst mit wachsendem k.

Satz 2.4. *Nach Voraussetzung sei der Iterationsprozeß* (2.53) *dann beendet, wenn der Betrag des Vektor-Defektes kleiner* α *wird. Der Anfangsfehler sei in der Kugel* T *mit dem Radius* R *gleichmäßig verteilt. Die Wahrscheinlichkeit* P *dafür, daß die Länge des endgültigen Fehlers* ε *in den Grenzen*

$$\eta\,\frac{\alpha\lambda_m}{1-\lambda_m} \leqq \|\varepsilon\| \leqq \frac{\alpha}{1-\lambda_m} \tag{2.57}$$

mit dem größten Eigenwert λ_m der Matrix A eingeschlossen ist, strebt dann für $\eta < 1$ mit $R \to \infty$ gegen Eins.

Beweis. Wir bezeichnen mit e_i $(i = 1, \ldots, m)$ die Eigenvektoren der Matrix A, die den in der Reihenfolge des Anwachsens numerierten Eigenwerten λ_i $(i = 1, \ldots, m)$ entsprechen.

Wir schätzen die Wahrscheinlichkeit dafür ab, daß der endgültige Fehler

$$\varepsilon = \sum_{i=1}^{m} \xi_i e_i$$

nicht der Bedingung (2.57) genügt, d. h.

$$||\varepsilon||^2 = \sum_{i=1}^{m} \xi_i^2 < \left(\eta \frac{\alpha \lambda_m}{1 - \lambda_m}\right)^2. \tag{2.58}$$

Wir nehmen zunächst an, daß dieser Fehler in der Schicht $G_0 \backslash G_{-1}$ liegt, d. h.

$$\sum_{i=1}^{m} \xi_i^2 \frac{(1 - \lambda_i)^2}{\lambda_i^2} \geqq \alpha^2 . \tag{2.59}$$

Es sei

$$\eta < \eta_1 < 1 , \tag{2.60}$$

und wir bezeichnen mit $\lambda_1, \ldots, \lambda_s$ diejenigen Eigenwerte der Matrix A, die der Ungleichung

$$\frac{1 - \lambda_m}{\lambda_m} \leqq \eta_1 \frac{1 - \lambda_i}{\lambda_i} \qquad (i = 1, \ldots, s) \tag{2.61}$$

genügen. Für die Eigenwerte $\lambda_{s+1}, \ldots, \lambda_m$ gilt dabei die Ungleichung

$$\eta_1 \frac{1 - \lambda_i}{\lambda_i} < \frac{1 - \lambda_m}{\lambda_m} \qquad (i = s + 1, \ldots, m) . \tag{2.62}$$

Wegen (2.59) und (2.62) ist

$$\sum_{i=1}^{s} \xi_i^2 \frac{(1 - \lambda_i)^2}{\lambda_i^2} \geqq \alpha^2 - \sum_{i=s+1}^{m} \xi_i^2 \frac{(1 - \lambda_i)^2}{\lambda_i^2} \geqq \alpha^2 - \left(\frac{1 - \lambda_m}{\eta_1 \lambda_m}\right)^2 \sum_{i=s+1}^{m} \xi_i^2 ,$$

woraus wir infolge (2.58)

$$\sum_{i=1}^{s} \xi_i^2 \frac{(1 - \lambda_i)^2}{\lambda_i^2} \geqq \alpha^2 \left[1 - \left(\frac{\eta}{\eta_1}\right)^2\right] \tag{2.63}$$

erhalten, und da

$$\frac{1 - \lambda_i}{\lambda_i} \leqq \frac{1 - \lambda_1}{\lambda_1} \qquad (i = 1, \ldots, m)$$

gilt, ist

$$\sum_{i=1}^{s} \xi_i^2 \geqq \frac{\lambda_1^2 \alpha^2}{(1 - \lambda_1)^2} \left[1 - \left(\frac{\eta}{\eta_1}\right)^2\right]. \tag{2.64}$$

Aus (2.64) ergibt sich, daß für

$$k > \frac{\ln \frac{\lambda_1 \alpha}{(1 - \lambda_1) R} \sqrt{1 - \left(\frac{\eta}{\eta_1}\right)^2}}{\ln \lambda_s} \tag{2.65}$$

der Vektor $A^{-k}\varepsilon$ nicht zur Kugel T gehört. In der Tat, wenn k der Ungleichung (2.65) genügt, dann ist wegen (2.64)

$$||A^{-k}\varepsilon||^2 = \sum_{i=1}^{m} \frac{\xi_i^2}{\lambda_i^{2k}} \geqq \frac{1}{\lambda_s^{2k}} \sum_{i=1}^{s} \xi_i^2 \geqq \frac{1}{\lambda_s^{2k}} \cdot \frac{\lambda_1^2 \alpha^2}{(1-\lambda_1)^2}\left[1-\left(\frac{\eta}{\eta_1}\right)^2\right] > R^2 .$$

Somit kann der endgültige Fehler den Bedingungen (2.58) und (2.59) nur dann genügen, wenn der Anfangsfehler sich im Ellipsoid $G_k = A^{-k} G_0$ befindet, wobei $k = k(R)$ irgendeine feste natürliche Zahl ist, die der Bedingung (2.65) genügt. Aus (2.65) folgt dabei

$$\lim_{R\to\infty} k(R) = \infty . \tag{2.66}$$

Wie leicht zu sehen ist, kann man $k(R)$ so auswählen, daß die Ungleichung

$$\lambda_s^k R \geqq \frac{\alpha \lambda_1 \lambda_s}{1-\lambda_1} \sqrt{1-\left(\frac{\eta}{\eta_1}\right)^2} \tag{2.67}$$

ebenfalls erfüllt ist.

Liegt der endgültige Fehler in G_{-1}, dann liegt der Anfangsfehler in G_0 und folglich auch in G_k. Demzufolge ist die Wahrscheinlichkeit P_1 für das Auffinden des Anfangsfehlers im Ellipsoid G_k größer als die Wahrscheinlichkeit dafür, daß der endgültige Fehler der Bedingung (2.57) genügt.

Andererseits kann sich der Anfangsfehler nur in der Kugel T befinden. Dadurch ist das Verhältnis des Volumens des Durchschnitts $G_k \cap T$ zum Volumen der Kugel T größer als die Wahrscheinlichkeit, daß der endgültige Fehler der Bedingung (2.57) nicht genügt.

Wir bezeichnen mit E_1 einen linearen Unterraum, der von den Eigenvektoren $e_1, \ldots, e_s$ aufgespannt wird, und mit E_2 den Unterraum, der von den Eigenvektoren $e_{s+1}, \ldots, e_m$ aufgespannt wird. Offensichtlich ist das Volumen des Durchschnitts $G_k \cap T$ kleiner als das Produkt des Volumens der s-dimensionalen Kugel $T_1 = T \cap E_1$ und des Volumens des $(n-s)$-dimensionalen Ellipsoids $G_k^* = G_k \cap E_2$. Wegen

$$\text{Volumen } T_1 = c_s R^s ,$$

$$\text{Volumen } G_k^* = \frac{c_{n-s}\alpha^{n-s}}{(1-\lambda_{s+1})\cdots(1-\lambda_m)} \cdot \frac{1}{\lambda_{s+1}^k \cdots \lambda_m^k}$$

ist

$$\text{Volumen } G_k \cap T < \frac{M R^s}{\lambda_{s+1}^k \cdots \lambda_m^k} \leqq \frac{M R^s}{\lambda_{s+1}^{(m-s)k}} = \frac{M R^m}{(\lambda_s^k R)^{m-s}}\left(\frac{\lambda_s}{\lambda_{s+1}}\right)^{(m-s)k} ,$$

wobei

$$M = \frac{c_s c_{n-s}\alpha^{n-s}}{(1-\lambda_{s+1})\cdots(1-\lambda_m)}, \qquad j!!\cdot c_j = \begin{cases} (2\pi)^{\frac{j}{2}} & \text{für gerade } j ,\\ 2^{\frac{j+1}{2}}\pi^{\frac{j-1}{2}} & \text{für ungerade } j \end{cases}$$

und wegen (2.67)

$$\text{Volumen } G_k \cap T < M R^m \left\{ \frac{1-\lambda_1}{\alpha \lambda_1 \lambda_s \sqrt{1-\left(\frac{\eta}{\eta_1}\right)^2}} \right\}^{m-s} \left(\frac{\lambda_s}{\lambda_s+1}\right)^{(m-s)k} \tag{2.68}$$

gilt. Andererseits haben wir

$$\text{Volumen } T = c_m R^m,$$

und folglich ist wegen (2.68)

$$P_1 < \frac{M}{c_m} \left\{ \frac{1-\lambda_1}{\alpha \lambda_1 \lambda_s \sqrt{1-\left(\frac{\eta}{\eta_1}\right)^2}} \right\}^{m-s} \left(\frac{\lambda_s}{\lambda_s+1}\right)^{(m-s)k} = M_1 \left(\frac{\lambda_s}{\lambda_s+1}\right)^{(m-s)k(R)}. \tag{2.69}$$

Indem wir für $R \to \infty$ in (2.69) zum Grenzwert übergehen, erhalten wir, daß die Wahrscheinlichkeit für die Nichterfüllung der Bedingung (2.57) für $R \to \infty$ gegen Null konvergiert.

Der Satz ist bewiesen.

Der Satz 2.4 widerspiegelt die gleiche Eigenschaft der Iterationsfehler $x_n - x^*$, die schon im Punkt 2.6 aufgezeigt wurde. Diese Fehler sind für große n der Richtung nach nahe dem Eigenvektor, der dem größten Eigenwert entspricht.

In der Arbeit von D. G. Peradse „Über die Fehlerverteilung bei der Lösung eines Systems linearer algebraischer Gleichungen mit Hilfe des Iterationsverfahrens" (Mitteilungen der Akademie der Wissenschaften der Grusinischen SSR **50**, Nr. 2 (1968)) ist die Fehlerverteilung ausführlich für den Fall untersucht worden, daß die Matrix A in der Gleichung (2.52) nicht die Symmetrieeigenschaft besitzt.

2.9. Der Einfluß von Rundungsfehlern. Wir betrachten nun wieder die Gleichung

$$x = A x \tag{2.70}$$

in einem beliebigen Banach-Raum E. Wir setzen voraus, daß der Operator A die abgeschlossene Menge $\mathfrak{M} \subset E$ in sich abbildet und auf $\mathfrak{M}$ ein Kontraktionsoperator ist:

$$\|A x - A y\| \leqq q \|x - y\| \quad (x, y \in \mathfrak{M}; q < 1). \tag{2.71}$$

Bei der praktischen Berechnung der schrittweisen Näherungen

$$x_n = A x_{n-1} \qquad (n = 1, 2, \ldots)$$

ist in der Regel die exakte Bestimmung von x_n nach dem vorher gefundenen x_{n-1} nicht möglich, da man bei der Berechnung der Werte des Operators A Näherungsformeln anwenden muß (zum Beispiel muß man bestimmte Integrale durch Formeln der mechanischen Quadraturen ersetzen u. a.) und bei der numerischen Rechnung Rundungsfehler auftreten. Gewöhnlich kann man nur annehmen, daß der vollständige Fehler bei der Anwendung des Operators A in der Norm des Raumes E eine gewisse Zahl δ nicht übertrifft.

Deshalb gelten bei der praktischen Konstruktion des Iterationsverfahrens die Gleichungen

$$x_n = A\,x_{n-1} + h_n \qquad (n = 1, 2, \ldots)\,, \tag{2.72}$$

wobei das zufällige Element $h_n \in E$ unbekannt, die Abschätzung

$$\|h_n\| \leqq \delta \qquad (n = 1, 2, \ldots) \tag{2.73}$$

aber bekannt ist.

Die sukzessiven Näherungen (2.72) können schon nicht mehr gegen die Lösung x^* der Gleichung (2.70) konvergieren. Im allgemeinen gilt für diese sukzessiven Näherungen jedoch

$$\overline{\lim_{n\to\infty}}\, \|x_n - x^*\| \leqq \frac{\delta}{1-q}\,. \tag{2.74}$$

Diese Formel erlaubt, die Lösung näherungsweise zu finden, wenn keine höhere Genauigkeit als $\frac{\delta}{1-q}$ gefordert wird.

Wir nehmen an, daß alle sukzessiven Näherungen (2.72) zur Menge $\mathfrak{M}$ gehören, auf der A ein Kontraktionsoperator ist. Aus (2.71) und (2.72) folgt die Abschätzung

$$\|x_{n+1} - x^*\| \leqq q\,\|x_n - x^*\| + \delta\,.$$

Hieraus erhalten wir

$$\begin{aligned}\|x_{n+1} - x^*\| &\leqq q^2\,\|x_{n-1} - x^*\| + q\,\delta + \delta \leqq \cdots \\ &\leqq q^{n+1}\,\|x_0 - x^*\| + q^n\,\delta + q^{n-1}\,\delta + \cdots + \delta\,,\end{aligned}$$

und folglich ist

$$\|x_{n+1} - x^*\| < q^{n+1}\,\|x_0 - x^*\| + \frac{\delta}{1-q}\,, \tag{2.75}$$

woraus sich auch (2.74) ergibt.

§ 3. Gleichungen mit monotonen Operatoren

3.1. Die Aufgabenstellung. In den vorangegangenen Paragraphen war die Konvergenz des Iterationsverfahrens

$$x_n = A\,x_{n-1} \tag{3.1}$$

gegen die Lösung x^* der Gleichung

$$x = A\,x \tag{3.2}$$

eine Folgerung der Tatsache, daß A ein Kontraktionsoperator war. Das Iterationsverfahren (3.1) kann jedoch auch in anderen Fällen konvergieren. Es können insbesondere gewisse Klassen von Operatoren A beschrieben werden, die auf einer Menge $\mathfrak{M}$ des Banach-Raumes E gegeben sind und die Eigenschaft haben, daß für $x_0 \in \mathfrak{M}$ die sukzessiven Näherungen (3.1) bei hinreichend großen n zu einer anderen Menge $\mathfrak{M}_0 \subset \mathfrak{M}$ gehören, auf der A ein Kontraktionsoperator ist.

Wir betrachten ein einfaches Beispiel. Es sei $f(x)$ eine im Intervall $[a, b]$ nichtnegative, stetige, konkave und monoton wachsende Funktion, $a < f(x) < b$. Weiter sei x^* die Lösung der Gleichung $x = f(x)$ (Abb. 3.1). Aus der Konkavität von $f(x)$ folgt, daß die sukzessiven Näherungen $x_n = f(x_{n-1})$ für beliebiges $x_0 \in [a, b]$ gegen x^* konvergieren. Dabei muß die Funktion $f(x)$ nicht auf dem gesamten Intervall $[a, b]$ der LIPSCHITZ-Bedingung mit einer Konstanten kleiner Eins genügen. Jedoch in einer gewissen Umgebung des Punktes x^* genügt die Funktion $f(x)$ einer solchen LIPSCHITZ-Bedingung.

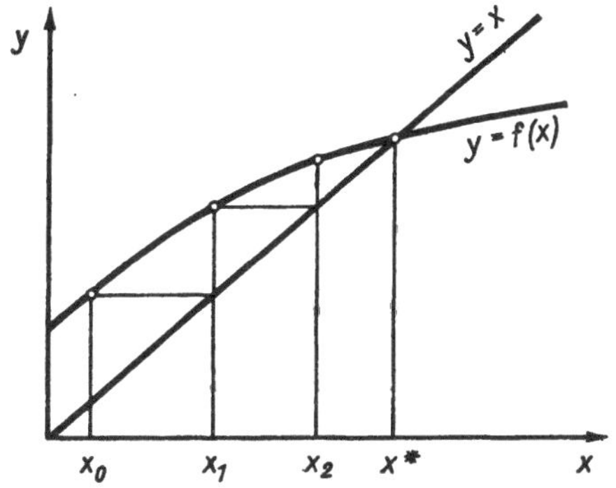

Abb. 3.1

Wir nehmen nun an, daß die nichtnegative für $0 \leqq a \leqq x \leqq b$ stetige Funktion $f(x)$ monoton wächst, und daß $\frac{f(x)}{x}$ monoton fällt. Die letzte Bedingung hat einen einfachen geometrischen Sinn: Der Strahl $y = k\,x$, der durch den Koordinatenursprung geht, schneidet die Kurve der Funktion $y = f(x)$ nicht mehr als in einem Punkt $x(k)$, wobei die Kurve der Funktion für $x > x(k)$ unter dem Strahl liegt (Abb. 3.2). Zu der beschriebenen Klasse von Funktionen (wir werden sie *quasikonkave* Funktionen nennen) gehören insbesondere die konkaven Funktionen. Wie leicht zu sehen ist, konvergieren für quasikonkave Funktionen $f(x)$ die sukzessiven Näherungen $x_n = f(x_{n-1})$ ebenfalls gegen die Lösung x^* der Gleichung $x = f(x)$, wenn diese Lösung existiert (siehe Abb. 3.2). Ist dabei $f'(x^*) = 1$, dann ist in keiner Umgebung des Punktes x^* die Funktion $f(x)$ ein Kontraktionsoperator, und die sukzessiven Näherungen x_n konvergieren langsamer als eine beliebige konvergierende geometrische Reihe.

Später zeigen wir, wie man die Begriffe der Konkavität und der Quasikonkavität auf Operatoren verallgemeinern kann.

Der Operator A, der die Menge $\mathfrak{M}$ invariant läßt, habe auf $\mathfrak{M}$ einen einzigen Fixpunkt x^*. Wir nehmen an, daß für den Operator $B = A^k$ die schrittweisen Näherungen $x_n = B\,x_{n-1}$ für eine beliebige Anfangsnäherung $x_0 \in \mathfrak{M}$ gegen x^* konvergieren. Wie sich leicht zeigen läßt, konvergieren dann die Näherungen $x_n = A\,x_{n-1}$ ebenfalls gegen x^*. Die Konvergenzbedingungen für das Iterationsverfahren kann man deshalb in der Terminologie der Zugehörigkeit des Operators A^k für ein gewisses k zu der Klasse der konkaven oder der quasikonkaven Operatoren formulieren.

3.2. Kegel im Banach-Raum.[1]) Als Strecke $[x, y]$, die die Punkte x und y des Banach-Raumes verbindet, bezeichnet man die Gesamtheit der Elemente von der Gestalt $t\,x + (1 - t)\,y$ $(0 \leqq t \leqq 1)$. Eine Menge heißt *konvex*, wenn sie gemeinsam mit zwei Punkten auch vollständig die Strecke enthält, die diese beiden Punkte verbindet. Als *Strahl*, der durch den Punkt $x \in E$ $(x \neq 0)$ verläuft, bezeichnen wir die Gesamtheit der Punkte $t\,x$ $(t \geqq 0)$.

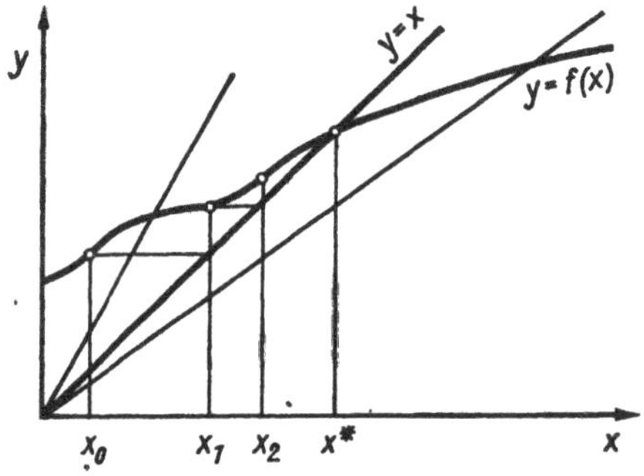

Abb. 3.2

Die abgeschlossene konvexe Menge $K \subset E$ heißt *Kegel*, wenn sie gemeinsam mit dem Punkt x den Strahl enthält, der durch x geht, und wenn aus $x, -x \in K$ folgt, daß $x = 0$ ist. Als wichtigste Beispiele für Kegel dienen uns die Gesamtheit der nichtnegativen Funktionen in verschiedenen Funktionenräumen (C, L_p u. a.) und die Menge der Vektoren mit nichtnegativen Komponenten.

Mit Hilfe des Kegels K führt man im Raum E eine Halbordnung ein. Man schreibt $x \lesssim y$, wenn $y - x \in K$ ist. Das Zeichen $\lesssim$ hat die gewöhnlichen Eigenschaften des Zeichens $\leqq$: Ungleichungen kann man mit einer positiven Zahl multiplizieren; aus $x \lesssim y$ und $y \lesssim z$ folgt die Ungleichung $x \lesssim z$; aus $x \lesssim y$ und $y \lesssim x$ folgt die Gleichung $x = y$; in Ungleichungen kann man zum Grenzwert übergehen.

Die Menge der Elemente x, die den Ungleichungen $v_0 \lesssim x \lesssim w_0$ genügen, heißt *Kegelstrecke* und wird mit $\langle v_0, w_0\rangle$ bezeichnet.

Die Folge x_n heißt *monoton wachsende Folge*, wenn $x_1 \lesssim x_2 \lesssim \cdots \lesssim x_n \lesssim \cdots$ gilt. Die Folge x_n nennt man *beschränkt* (*nach oben*), wenn $x_n \lesssim z$ $(n = 1, 2, \ldots)$ für ein festes Element z. Die Folge x_n heißt *beschränkt in der Norm*, wenn

---

[1]) Hier werden elementare Begriffe angegeben, die sich auf Räume beziehen, die mit Hilfe eines gewissen Kegels halbgeordnet sind (siehe L. W. Kantorowitsch, B. S. Wulich und A. G. Pinsker [1], M. G. Krein und M. A. Rutman [1], B. S. Wulich [1], M. A. Krasnoselski [8, 11]). Alle in diesem Buch benutzten Begriffe und Behauptungen der Theorie der Kegel und der Theorie der positiven Operatoren sind ausführlich in der Monographie von M. A. Krasnoselski [11] behandelt worden.

$||x_n|| \leqq M$ $(n = 1, 2, \ldots)$ ist. Der Kegel K ist regulär, wenn jede beschränkte monotone Folge in der Norm konvergiert. Der Kegel K ist *vollregulär*, wenn jede in der Norm beschränkte monotone Folge in der Norm konvergiert. Wie sich zeigt, ist *jeder vollreguläre Kegel regulär*. In einem endlichdimensionalen Raum ist jeder Kegel vollregulär. Der Kegel der nichtnegativen Funktionen im Raum L_p $(1 \leqq p < \infty)$ ist vollregulär. Der Kegel der nichtnegativen Funktionen im Raum C hat noch nicht einmal die Eigenschaft der Regularität. Jeder Kegel K_α $(0 < \alpha < 1)$ der Funktionen $x(t)$, für die

$$\alpha \max_\tau |x(\tau)| \leqq x(t)$$

gilt, ist im Raum C vollregulär (dies ist zu beweisen!).

Der Operator A, der den Kegel K invariant läßt ($A\,K \subset K$), heißt *positiver Operator*. Wenn aus $x \lesssim y$ folgt, daß $A\,x \lesssim A\,y$, dann heißt A *monotoner Operator*. Im Punkt 3.3 wird eine Klasse derartiger positiver Operatoren A herausgestellt, für die die Lösung der Gleichung $x = A\,x$ mit Hilfe des Iterationsverfahrens gefunden werden kann.

Es sei E ein n-dimensionaler Raum mit dem Kegel K der Vektoren mit nichtnegativen Koordinaten. In diesem Falle definiert die Matrix $A = (a_{ij})$ einen positiven Operator dann und nur dann, wenn alle ihre Elemente nichtnegativ sind[1]).

Übung 3.1. Die Matrix A mit nichtnegativen Elementen sei nicht ausgeartet, und die Elemente der reziproken Matrix seien ebenfalls nichtnegativ. Es ist zu zeigen, daß es in jeder Zeile und in jeder Spalte der Matrix A ein und nur ein Element gibt, das von Null verschieden ist.

Als zweites Beispiel betrachten wir den linearen Integraloperator

$$A\,x(t) = \int_\Omega G(t, s)\,x(s)\,ds \tag{3.3}$$

mit nichtnegativem Kern $G(t, s)$. Dieser Operator ist offensichtlich positiv auf dem Kegel der nichtnegativen Funktionen in dem Raum, in dem er gelegen ist.

Übung 3.2. Es ist zu zeigen, daß für lineare Operatoren die Begriffe der Positivität und Monotonie gleichbedeutend sind.

Als Beispiel für einen nichtlinearen positiven Operator betrachten wir den Hammersteinschen Integraloperator

$$A\,x(t) = \int_\Omega G(t, s)\,f[s, x(s)]\,ds\,, \tag{3.4}$$

wobei Ω eine beschränkte abgeschlossene Menge eines endlichdimensionalen Raumes ist. Der Kern $G(t, s)$ sei auf $\Omega \times \Omega$ nichtnegativ, und für $x \geqq 0$ sei $f(t, x) \geqq 0$. In diesem Falle ist der Operator A positiv auf dem Kegel K der

[1]) Die Matrizen mit nichtnegativen Elementen sind ausführlich in dem Buch von F. R. Gantmacher [1] untersucht worden.

nichtnegativen Funktionen des Raumes, in dem er gelegen ist[1]). Dabei ist A monoton, wenn $f(t, x)$ in x nicht fällt.

Übung 3.3. Der Kern $G(t, s)$ des Operators (3.4) sei stetig und genüge der Bedingung

$$0 < m \leqq G(t, s) \leqq M \qquad (t, s \in \Omega)\,. \tag{3.5}$$

Die Funktion $f(t, x)$ sei nichtnegativ und stetig in der Gesamtheit der Variablen $t \in \Omega$, $x \geqq 0$.

Es ist zu zeigen, daß der Operator (3.4) für $M\alpha \leqq m$ positiv ist auf jedem Kegel K_α des Raumes C der auf Ω stetigen Funktionen. Weiterhin ist zu zeigen, daß dieser Operator auf K_α monoton ist, wenn die Funktion $f(t, x)$ in x nicht fällt.

Übung 3.4. Wir betrachten das System von gewöhnlichen Differentialgleichungen

$$\frac{dx}{dt} = A\,x\,, \tag{3.6}$$

mit einer konstanten Matrix $A = (a_{ij})$. Die Lösung der Gleichung (3.6), die der Anfangsbedingung

$$x(0) = x_0 \tag{3.7}$$

genügt, findet man nach der Formel

$$x(t) = e^{At}\,x_0\,. \tag{3.8}$$

Es ist zu zeigen, daß die linearen Operatoren e^{At} $(t > 0)$ auf dem Kegel der Vektoren mit nichtnegativen Koordinaten positiv sind, wenn die außerdiagonalen Elemente der Matrix A nichtnegativ sind: $a_{ij} \geqq 0$ für $i \neq j$.

Übung 3.5. Wir betrachten das nichtlineare System von Differentialgleichungen

$$\frac{dx_i}{dt} = f_i(t, x_1, \ldots, x_n) \qquad (i = 1, \ldots, n) \tag{3.9}$$

mit stetigen rechten Seiten. Die Lösung dieses Gleichungssystems sei durch die Anfangsbedingungen (3.7) eindeutig bestimmt und für alle $t > 0$ definiert. Die Lösung kann man in der Gestalt

$$x(t) = U(t)\,x_0 \tag{3.10}$$

schreiben. Den Operator $U(t)$ nennt man *Verschiebungsoperator* längs der Trajektorien der Differentialgleichung.

Es ist zu zeigen, daß die Operatoren $U(t)$ $(t > 0)$ auf dem Kegel der Vektoren mit nichtnegativen Koordinaten positiv sind, wenn für jedes $i = 1, 2, \ldots, n$

$$f_i(t, x_1, \ldots, x_{i-1}, 0, x_{i+1}, \ldots, x_n) \geqq 0 \qquad (x_j \geqq 0,\ t \geqq 0) \tag{3.11}$$

gilt.

Übung 3.6. Es ist zu zeigen, daß die Operatoren $U(t)$ $(t > 0)$ auf dem Kegel der Vektoren mit nichtnegativen Koordinaten monoton sind, wenn die rechten Seiten des Systems (3.9) die Eigenschaft der außerdiagonalen Monotonie besitzen, d. h., wenn für jedes

---

[1]) Die Bedingungen, unter denen verschiedene nichtlineare Integraloperatoren in unterschiedlichen Funktionalräumen gelegen sind und gute Eigenschaften (Stetigkeit, Vollstetigkeit u. a.) besitzen, sind von mehreren Autoren untersucht worden (die einfachsten Sätze sind bei L. W. Kantorowitsch und G. P. Akilow [1] angegeben; allgemeinere Resultate werden in den Monographien von M. A. Krasnoselski, P. P. Sabreiko, E. I. Pustylnik, P. E. Sobolewski [1], M. A. Krasnoselski und J. B. Rutizki [1], A. Zaanen [1], P. P. Sabreiko [2] dargelegt; zur Untersuchung positiver Integraloperatoren vgl. M. A. Krasnoselski [8, 11]).

$i = 1, 2, \ldots, n$, und für jedes feste $z \geqq 0$ aus den Ungleichungen

$$0 \leqq x_1 \leqq y_1, \ldots, 0 \leqq x_{i-1} \leqq y_{i-1}, 0 \leqq x_{i+1} \leqq y_{i+1}, \ldots, 0 \leqq x_n \leqq y_n$$

die Ungleichungen

$$f_i(t, x_1, \ldots, x_{i-1}, z, x_{i+1}, \ldots, x_n) \leqq f_i(t, y_1, \ldots, y_{i-1}, z, y_{i+1}, \ldots, y_n)$$

folgen.

3.3. Zur Lösbarkeit von Gleichungen mit monotonen Operatoren. Wir beginnen mit einer einfachen Bemerkung.

Für den positiven monotonen Operator A möge man derartige Elemente v_0 und w_0 angeben können, daß $v_0 \lesssim w_0$ und

$$A\, v_0 \gtrsim v_0\,, \qquad A\, w_0 \lesssim w_0 \tag{3.12}$$

gilt. Der Operator A läßt dann die Kegelstrecke $\langle v_0, w_0 \rangle$ invariant. Wir bilden die Folgen

$$v_n = A\, v_{n-1}\,, \qquad w_n = A\, w_{n-1} \qquad (n = 1, 2, \ldots)\,. \tag{3.13}$$

Wegen (3.12) wächst die erste Folge monoton und ist nach oben beschränkt, und die zweite fällt monoton und ist nach unten beschränkt. Deshalb konvergieren die angegebenen Folgen, wenn der Kegel K regulär ist.

Ist der Operator A stetig, dann kann man in den Gleichungen (3.13) zum Grenzwert übergehen. Das heißt,

$$v^* = A\, v^*\,, \qquad w^* = A\, w^*\,, \tag{3.14}$$

wobei v^* der Grenzwert der Folge v_n und w^* der Grenzwert der Folge w_n sind. Dabei können die Elemente v^* und w^* unterschiedlich sein.

Die angestellten Überlegungen zeigen, daß es für den Beweis der Existenz von Lösungen für die Gleichung (3.2) mit stetigem monotonem Operator A und für die Konstruktion von konvergierenden sukzessiven Näherungen genügt, die Existenz der Elemente v_0 und w_0 aufzuzeigen, die den Beziehungen (3.12) genügen, und eines dieser Elemente aufzufinden.

Mit anderen Worten, es ist folgender Satz bewiesen:

Satz 3.1. *Der Kegel K sei regulär. Der auf der Kegelstrecke $\langle v_0, w_0 \rangle$ stetige und monotone Operator A bilde diese Strecke in sich ab.*

Dann hat der Operator A in $\langle v_0, w_0 \rangle$ wenigstens einen Fixpunkt. Dabei konvergieren die Folgen (3.13) *gegen Fixpunkte des Operators A.*

Die Regularität des Kegels K ist im Satz 3.1 nur für den Beweis der Konvergenz der Folgen (3.13) benutzt worden. Man braucht deshalb die Voraussetzung der Regularität des Kegels K nicht zu machen, wenn die Konvergenz der Folgen (3.13) aus irgendwelchen anderen Überlegungen folgt. Zum Beispiel läßt sich leicht zeigen, daß beschränkte monotone Folgen konvergieren, wenn sie kompakt sind. Deshalb gilt der

Satz 3.2. *Der auf der Kegelstrecke $\langle v_0, w_0 \rangle$ stetige und monotone Operator A bilde diese Strecke in ihren kompakten Teil ab.*

Dann hat der Operator A in $\langle v_0, w_0 \rangle$ wenigstens einen Fixpunkt. Dabei konvergieren die Folgen (3.13) *gegen die Fixpunkte des Operators A.*

In den Bedingungen dieses Satzes kann man die Voraussetzung über die Kompaktheit der Menge $A\langle v_0, w_0\rangle$ durch die weniger einschränkende Voraussetzung über die Kompaktheit einer der Mengen $A^k\langle v_0, w_0\rangle$ ersetzen.

Als anderes Kriterium für die Konvergenz der Folgen (3.13) kann die Existenz eines auf $\langle v_0, w_0\rangle$ definierten Operators F dienen, der der Bedingung

$$F(x+y) \gtrsim Fx + \alpha(||y||)\, z_0 \qquad (x, x+y \in \langle v_0, w_0\rangle, y \in K) \tag{3.15}$$

genügt, wobei $\alpha(r)$ eine nichtfallende und für $r > 0$ positive Funktion und z_0 ein von Null verschiedenes Element des Kegels K sind.

In der Tat, wir nehmen an, daß die erste Folge (3.13) nicht konvergiert. Dann sind für eine gewisse Teilfolge

$$v_0 \lesssim v_{n_1} \lesssim v_{n_2} \lesssim \cdots \lesssim v_{n_k} \lesssim \cdots \lesssim w_0$$

und ein gewisses $\varepsilon > 0$ die Ungleichungen

$$||v_{n_{k+1}} - v_{n_k}|| > \varepsilon \qquad (k = 1, 2, \ldots)$$

erfüllt. Deshalb ist

$$F v_{n_{k+1}} \gtrsim F v_{n_k} + \alpha(\varepsilon)\, z_0 \gtrsim \cdots \gtrsim F v_{n_1} + k\,\alpha(\varepsilon)\, z_0 \qquad (k = 1, 2, \ldots),$$

woraus

$$\frac{1}{k\,\alpha(\varepsilon)}(F w_0 - F v_0) \gtrsim z_0 \qquad (k = 1, 2, \ldots)$$

folgt. Indem wir in dieser Ungleichung für $k \to \infty$ zum Grenzwert übergehen, erhalten wir die Beziehung $z_0 \lesssim 0$. Wir sind zu einem Widerspruch gelangt.

Analog wird auch der Fall behandelt, wenn die zweite Folge in (3.13) divergiert.

Wir möchten die Aufmerksamkeit der Leser darauf lenken, daß die Kegelstrecken $\langle v_0, w_0\rangle$ (in der Norm) unbeschränkte Mengen sein können. Sind diese Strecken für beliebige v_0, w_0 in der Norm beschränkt, dann nennt man den Kegel *normal*[1]). Der Kegel der nichtnegativen Funktionen in den Räumen C, L_p ist normal. Das einfachste Kriterium der Normalität ist durch folgende Behauptung gegeben[2]): *Folgt aus $0 \lesssim x \lesssim y$ die Ungleichung $||x|| \leqq M||y||$ (wobei M eine Konstante ist), dann ist der Kegel K normal.* Es gilt auch die umgekehrte Behauptung.

Als Element v_0 im Kegelabschnitt $\langle v_0, w_0\rangle$ kann man häufig das Nullelement des Raumes nehmen. Zur Konstruktion des Elements w_0 (oder zur Bestätigung seiner Existenz) kann man die Majoranten des Operators A benutzen, d. h. solche Operatoren B, für die

$$Ax \lesssim Bx \qquad (x \in K) \tag{3.16}$$

gilt. Wenn man für die Majorante B ein derartiges Element w_0 konstruieren kann, daß $B w_0 \lesssim w_0$ ist, dann ist erst recht die Ungleichung $A w_0 \lesssim w_0$ erfüllt.

---

[1]) M. G. Krein nennt den Kegel K normal, wenn ein derartiges $\delta > 0$ existiert, daß $||x + y|| \geqq \delta$ für $x, y \in K$ und $||x|| = ||y|| = 1$ sind. Wir haben eine äquivalente Definition gegeben.

[2]) I. A. Bachtin [2].

Als Majorante lassen sich gut Operatoren der Gestalt

$$B\,x = D\,x + f \tag{3.17}$$

nehmen, wobei D ein linearer positiver Operator und f ein gewisses Element aus K sind. Wir nehmen an, daß der Spektralradius des Operators D kleiner 1 ist. Wie wir wissen, kann man dann die Lösung z^* der Gleichung

$$z = D\,z + f$$

als eine in der Norm konvergierende Reihe

$$z^* = f + D\,f + \cdots + D^n f + \cdots \tag{3.18}$$

darstellen. Offensichtlich ist $z^* \in K$. Dabei folgt aus (3.16) die Beziehung $A\,z^* \lesssim z^*$.

Wir möchten noch eine Bemerkung machen. Für die Anwendung des Satzes 3.1 oder des Satzes 3.2 genügt es, daß der Operator (3.17) die Majorante des Operators A auf der Kegelstrecke $\langle \theta, z^* \rangle$ ist.

Als Beispiel betrachten wir die Integralgleichung

$$x(t) = \int\limits_{\Omega} G(t, s)\, f[s, x(s)]\, ds \tag{3.19}$$

mit dem stetigen nichtnegativen Kern $G(t, s)$ und der für $x \geqq 0$ stetigen in x nichtfallenden Funktion $f(t, x)$. Wir nehmen an, daß die Funktion $f(t, x)$ die Abschätzung

$$0 \leqq f(t, x) \leqq a\,x + b \qquad (x \geqq 0) \tag{3.20}$$

zuläßt, wobei

$$a\,\varrho_0 < 1 \tag{3.21}$$

ist und ϱ_0 den Spektralradius des linearen Integraloperators mit dem Kern $G(t, s)$ bezeichnet. Wir definieren den Operator B durch die Gleichung

$$B\,x(t) = a \int\limits_{\Omega} G(t, s)\, x(s)\, ds + M\, b \operatorname{mes} \Omega\,,$$

mit $M \geqq G(t, s)$ für alle $t, s \in \Omega$. Offensichtlich ist B die Majorante des Operators A, der durch die rechte Seite der Gleichung (3.19) auf dem Kegel K der nichtnegativen Funktionen des Raumes C definiert ist. Aus den oben angestellten Überlegungen folgt, daß der Operator A den Kegelabschnitt invariant läßt, der aus den Funktionen besteht, die der Ungleichung

$$0 \leqq x(t) \leqq z^*(t) \qquad (t \in \Omega)$$

genügen, wobei z^* ein Fixpunkt des Operators B ist.

Offensichtlich sind die Monotonie und die Vollstetigkeit des Operators A. Deshalb folgt aus dem Satz 3.2, daß die Gleichung (3.19) wenigstens eine nichtnegative Lösung hat und daß die sukzessiven Näherungen

$$x_n(t) = \int\limits_{\Omega} G(t, s)\, f[s, x_{n-1}(s)]\, ds \qquad (n = 1, 2, \ldots;\ x_0(t) \equiv 0)$$

gleichmäßig gegen eine dieser Lösungen konvergieren.

Übung 3.7. Wir betrachten das Randwertproblem

$$L\,x = f(t, x)\,, \tag{3.22}$$

wobei L ein elliptischer Differentialoperator in einem beschränkten Gebiet ist mit Randbedingungen, die gewährleisten, daß die GREENsche Funktion nichtnegativ ist. Die Funktion $f(t, x)$ möge stetig sein und in x ($x \geqq 0$) nicht fallen. Es seien die Bedingungen

$$f(t, 0) \geqq 0\,, \qquad \lim_{x\to\infty} \frac{f(t, x)}{x} = 0 \tag{3.23}$$

erfüllt.

Dann ist zu zeigen, daß das Randwertproblem (3.22) wenigstens eine nichtnegative Lösung besitzt, wobei die aus den linearen Gleichungen

$$L\,x_n(t) = f[t, x_{n-1}(t)] \qquad (n = 1, 2, \ldots;\ x_0(t) \equiv 0)$$

bestimmten sukzessiven Näherungen $x_n(t)$ gegen eine dieser Lösungen konvergieren.

3.4. Positive Nichtnullösungen. Wir setzen nun voraus, daß die Gleichung (3.2) mit positivem Operator A eine Nullösung hat, und befassen uns mit der Frage, ob für diese Gleichung im Kegel K Nichtnullösungen existieren und die sukzessiven Näherungen (3.1) gegen diese Nichtnullösungen konvergieren. Damit man die Überlegungen aus dem Punkt 3.3 anwenden kann, muß man das Nichtnullelement v_0 finden, das der Ungleichung $v_0 \lesssim A\,v_0$ genügt. Wenn wir die Elemente v_0 suchen, die eine genügend kleine Norm haben, dann muß man natürlich erwarten, daß die Werte $A\,v_0$ hauptsächlich durch die Elemente $A'(\theta)\,v_0$ bestimmt werden, wenn $A'(\theta)$ existiert. Auf diesem Wege können verschiedene Ergebnisse erzielt werden. Man kann ebenfalls die Minoranten des Operators benutzen.

Der Operator F heißt *Minorante* des Operators A auf der Menge $\mathfrak{M}$, wenn

$$F\,x \lesssim A\,x \qquad (x \in \mathfrak{M}) \tag{3.24}$$

gilt. Ist $v_0 \lesssim F\,v_0$, dann ist erst recht $v_0 \lesssim A\,v_0$. Folglich kann man das Element v_0 für die Minorante F suchen.

Als Beispiel behandeln wir wiederum die Gleichung (3.19), wobei wir annehmen werden, daß die Bedingungen (3.20) und (3.21) erfüllt sind. Zusätzlich nehmen wir an, daß $f(t, 0) \equiv 0$ ist. Dann hat die Gleichung eine Nullösung.

Es sei

$$f(t, x) \geqq \alpha\,x \qquad (0 \leqq x \leqq \delta;\ \alpha, \delta > 0)\,. \tag{3.25}$$

Aus (3.25) folgt, daß der lineare Operator

$$F\,x(t) = \alpha \int_\Omega G(t, s)\,x(s)\,ds$$

die Minorante des Operators A ist, der durch die rechte Seite der Gleichung (3.19) auf dem Durchschnitt des Kegels K der nichtnegativen Funktionen des Raumes C mit der Kugel $\|x\| \leqq \delta$ definiert ist. Aus der allgemeinen Theorie der Integraloperatoren mit positiven Kernen folgt die Existenz einer derartigen von Null verschiedenen nichtnegativen Funktion $h(t)$, daß

$$F\,h(t) = \varrho(F)\,h(t)$$

gilt. Wir nehmen an, daß $\varrho(F) > 1$ ist. Dann genügt die Minorante F auf allen Elementen $v_0 = \lambda h$ der Beziehung $F v \gtrsim v_0$. Deshalb braucht man für den Beweis der Existenz einer nichtnegativen Nichtnullösung für die Gleichung (3.19) und für den Beweis der Konvergenz des Iterationsverfahrens

$$x_n(t) = \int_\Omega G(t, s) f[s, x_{n-1}(s)] ds \qquad (n = 1, 2, \ldots) \tag{3.26}$$

gegen eine dieser Lösungen für $x_0 = \lambda h(t)$ (λ ist eine kleine positive Zahl) nur die Funktion $w_0(t)$ zu finden, die zwei Bedingungen genügt: $w_0(t) \geqq x_0(t)$ und $A w_0(t) \leqq w_0(t)$. Als eine solche Funktion kann man die Lösung der Gleichung

$$z(t) = a \int_\Omega G(t, s) z(s) ds + M b \operatorname{mes} \Omega + x_0(t)$$

auswählen.

Übung 3.8. Es sei A ein auf dem Kegel K monotoner stetiger Operator. Es seien die Bedingungen

$$A x \lesssim B x + f \qquad (x \in K),$$
$$A x \gtrsim B_1 x \qquad (x \in K, \|x\| \leqq \delta)$$

erfüllt, wobei $f \in K$, die Operatoren B und B_1 linear sind und ihre Spektralradien den Ungleichungen

$$\varrho(B) < 1 < \varrho(B_1)$$

genügen. Der Operator B_1 möge in K den Eigenvektor h besitzen, der dem Eigenwert $\varrho(B_1)$ entspricht.

Schließlich sei eine der folgenden Bedingungen erfüllt: K ist normal und A vollstetig, oder K ist regulär und A stetig.

Es ist zu beweisen, daß die Gleichung $x = A x$ in K wenigstens eine Nichtnullösung besitzt, gegen die bei entsprechenden Anfangsnäherungen das Iterationsverfahren $x_n = A x_{n-1}$ konvergiert. Wie kann man mit Hilfe der Operatoren B und B_1 die Anfangsnäherungen konstruieren?

3.5. Gleichungen mit konkaven Operatoren. Es sei u_0 ein gewisses festes Element aus dem Kegel K. Der positive monotone Operator A heißt *u_0-konkav*, wenn er zwei Bedingungen genügt:

1. Für jedes von Null verschiedene $x \in K$ gelten die Ungleichungen

$$\alpha u_0 \lesssim A x \lesssim \beta u_0, \tag{3.27}$$

mit $\alpha = \alpha(x) > 0$ und $\beta = \beta(x) > 0$.

2. Jedem x, für das $\alpha u_0 \lesssim x \lesssim \beta u_0$ $(\alpha, \beta > 0)$ gilt, und jedem $t \in (0, 1)$ entspricht ein positives $\eta = \eta(x, t)$, für das die Ungleichung

$$A(t, x) \gtrsim (1 + \eta) t A x \tag{3.28}$$

erfüllt ist.

Als Beispiel eines u_0-konkaven Operators ($u_0(t) \equiv 1$) auf dem Kegel K der nichtnegativen Funktionen im Raum C kann man den Operator

$$A x(t) = \int_\Omega G(t, s) f[x(s)] ds \tag{3.29}$$

ansehen, wenn die Funktion $f(x)$ quasikonkav (siehe Punkt 3.1) und der Kern $G(t, s)$ stetig und positiv sind.

Die Gleichungen mit u_0-konkaven Operatoren besitzen eine Reihe von interessanten Eigenschaften. Derartige Gleichungen haben insbesondere im Kegel K nicht mehr als eine Nichtnullösung. Wir formulieren nun den Satz über die Konvergenz des Iterationsverfahrens, ohne ihn zu beweisen.

Satz 3.3[1]. *Der Operator A sei stetig und u_0-konkav. Der Kegel K sei regulär. Die Gleichung* (3.2) *habe im Kegel K die Nichtnullösung x^*.*

Dann konvergiert das Iterationsverfahren (3.1) *gegen x^* für eine beliebige von Null verschiedene Anfangsnäherung $x_0 \in K$.*

Wenn A vollstetig ist[2], dann braucht man nur vorauszusetzen, daß der Kegel K normal ist. Wir betrachten die Gleichung

$$x(t) = \int_{\Omega} G(t, s)\, f[x(s)]\, ds \tag{3.30}$$

mit einer stetigen konkaven auf $[0, \infty)$ nichtnegativen Funktion $f(x)$ und einem stetigen positiven Kern $G(t, s)$. Es seien die im Punkt 3.4 angegebenen Bedingungen für die Existenz einer nichtnegativen Nichtnullösung $x^*(t)$ der Gleichung (3.30) erfüllt. Diese Lösung ist einzig, da der Operator (3.29) u_0-konkav ist.

Aus dem Satz 3.3 folgt, daß man $x^*(t)$ als Grenzwert der gleichmäßig konvergierenden Folge

$$x_n(t) = \int_{\Omega} G(t, s)\, f[x_{n-1}(s)]\, ds$$

erhalten kann, wobei die Anfangsnäherung $x_0(t)$ eine beliebige nichtnegative Funktion sein kann, die nicht identisch Null ist.

Unter den Bedingungen des Satzes 3.3 wird vorausgesetzt, daß die Gleichung (3.2) in K eine Nichtnullösung hat. Für den Beweis der Existenz einer solchen Lösung lassen sich gut die Sätze 3.1 und 3.2 anwenden. In diesen Sätzen muß man die Kegelstrecke $\langle v_0, w_0\rangle$ konstruieren können, die der monotone Operator A invariant läßt. Hier kann folgende einfache Bemerkung von Nutzen sein.

Der Operator A sei u_0-konkav, und es seien

$$A\, v \gtrsim v\,, \qquad A\, w \lesssim w\,, \tag{3.31}$$

wobei v, w gewisse Nichtnullelemente aus K sind. Aus den Ungleichungen

$$A\, v \lesssim \beta(v)\, u_0\,, \qquad \alpha(w)\, u_0 \lesssim A\, w$$

folgt dann die Beziehung

$$w \gtrsim \frac{\alpha(w)}{\beta(v)}\, v\,.$$

[1] Siehe M. A. Krasnoselski [11]. Allgemeinere Ergebnisse kann man in der Arbeit von I. A. Bachtin und M. A. Krasnoselski [3] finden. Den Ausgangspunkt für den Satz 3.3 findet man bei P. S. Uryson [1], der bei der Lösung von Integralgleichungen Anfangsnäherungen besonderer Art verwendete.

[2] Der nichtlineare Operator A heißt *vollstetig*, wenn er stetig ist und wenn die Menge seiner Werte auf jeder beschränkten Menge kompakt ist.

Das heißt, es existiert ein positives maximales t, für das die Ungleichung $w \gtrsim t\, v$ erfüllt ist; wir bezeichnen es mit t_0. Wir nehmen an, daß $t_0 < 1$ ist. Aus den Eigenschaften des u_0-konkaven Operators ergibt sich dann die Ungleichung $A(t_0\, v) \gtrsim t_0\, A\, v$. Deshalb ist

$$w \gtrsim A\, w \gtrsim A(t_0\, v) \gtrsim t_0\, (1 + \eta)\, v\,,$$

was der Maximaleigenschaft von t_0 widerspricht. Folglich ist $t_0 \geqq 1$. Wir haben gezeigt, daß aus (3.31) die Beziehung $v \lesssim w$ folgt.

Somit braucht man für die Konstruktion eines für den u_0-konkaven Operator invarianten Kegelabschnitts nur ein solches Element v zu finden, das bei der Anwendung des Operators A „vorwärtsgeht" ($A\, v \gtrsim v$), und ein derartiges Element w, das „zurückgeht" ($A\, w \lesssim w$)[1].

Übung 3.9. In der Definition des u_0-konkaven Operators A sei die Bedingung (3.28) durch die weniger einschränkende Bedingung $A(t\, x) \gtrsim t\, A\, x$ $(0 \leqq t \leqq 1)$ ersetzt. Weiter seien $v \lesssim A\, v$, $w \gtrsim A\, w$ $(v, w \in K;\ v \neq 0)$. Es ist der für A invariante Kegelabschnitt anzugeben.

3.6. Zur Anwendung von Operatorpotenzen. Die im Punkt 1.5 angestellten Überlegungen zur Anwendung der Operatorpotenzen beziehen sich auch auf Operatoren, die einen gewissen Kegel invariant lassen.

Eine gewisse Potenz A^p des stetigen Operators A habe die Eigenschaft der u_0-Konkavität. Aus dem Satz 3.3 folgt dann, daß für $n \to \infty$ die Folgen $A^{p\,n}(A^i\, x_0)$ $(i = 0, 1, \ldots, p-1)$ gegen den Fixpunkt x^* des Operators A^p konvergieren. Hieraus ergibt sich, daß auch die Folge $x_n = A^n\, x_0$ $(n = 1, 2, \ldots)$ gegen x^* konvergiert. Indem wir in der Gleichung $x_n = A\, x_{n-1}$ $(n = 1, 2, \ldots)$ zum Grenzwert übergehen, erhalten wir die Gleichung $x^* = A\, x^*$. Somit ist x^* Lösung der Gleichung (3.2), und diese Lösung kann man mit dem Iterationsverfahren bestimmen.

Man kann verschiedene Klassen von Operatoren beschreiben, von denen gewisse Potenzen u_0-konkav sind (siehe I. A. Bachtin [4], M. A. Krasnoselski [11]). Wir möchten auf die Tatsache hinweisen, daß die Potenz A^p des Operators A auch in dem Fall monoton sein kann, wenn A nicht die Eigenschaft der Monotonität besitzt. Zum Beispiel, wenn aus $x \lesssim y$ folgt, daß $A\, x \gtrsim A\, y$ ist, dann sind die Operatoren A^p für gerade p monoton.

Als Beispiel betrachten wir die Integralgleichung[2])

$$x(t) = \int_\Omega G(t, s)\, x^\nu(s)\, ds\,, \tag{3.32}$$

wobei $G(t, s)$ ein stetiger positiver Kern ist. Es sei $\nu \in (-1, 0)$. Wir zeigen, daß *die Gleichung* (3.32) *eine positive Lösung besitzt, daß diese positive Lösung einzig*

---

[1]) Methoden zur Auffindung derartiger Elemente sind in dem Buch von M. A. Krasnoselski [11] angegeben. Siehe ebenfalls J. W. Pokorny [1, 3].

[2]) Derartige Gleichungen sind von N. W. Martschenko [1] mit anderen Methoden untersucht worden.

ist und den Grenzwert des Iterationsverfahrens

$$x_{n+1}(t) = \int_\Omega G(t, s)\, x_n^\nu(s)\, ds \tag{3.33}$$

für eine beliebige positive Anfangsnäherung $x_0(t)$ darstellt.

Zum Beweis betrachten wir den Operator

$$A\, x(t) = \int_\Omega G(t, s)\, x^\nu(s)\, ds\,. \tag{3.34}$$

Es sei

$$0 < m \leqq G(t, s) \leqq M \qquad (t, s \in \Omega)\,.$$

Der Operator A bildet jede positive stetige Funktion in eine Funktion aus $K_{m/M}$ ab (siehe Punkt 3.2). Der Operator A bildet insbesondere alle Nichtnullelemente des Kegels $K_{m/(2M)}$ in Nichtnullelemente des Kegels $K_{m/M}$ ab.

Jede von Null verschiedene Funktion $z(t)$ aus $K_{m/M}$ ist ein innerer Punkt des Kegels $K_{m/(2M)}$. Hieraus folgt, daß

$$\alpha\, u_0 \lesssim z(t) \lesssim \beta\, u_0$$

ist, wobei α, β positive Zahlen sind, $u_0(t) \equiv 1$ ist, und die Halbordnung durch den Kegel $K_{m/(2M)}$ definiert wird. Für jede von Null verschiedene Funktion $x(t) \in K_{m(/2M)}$ sind insbesondere die Ungleichungen

$$\alpha(x)\, u_0 \lesssim A^2\, x \lesssim \beta(x)\, u_0 \tag{3.35}$$

mit $\alpha(x), \beta(x) > 0$ erfüllt.

Es seien x ein Nichtnullelement aus $K_{m/(2M)}$ und $t \in (0, 1)$. Da

$$A(t, x) = t^\nu\, A\, x$$

ist, gilt

$$A^2(t\, x) = t^{\nu^2}\, A^2\, x = t\,(1 + \eta)\, A^2\, x\,, \tag{3.36}$$

wobei $\eta > 0$ ist. Der Operator A^2 ist monoton, da aus $x(t) \lesssim y(t)$ folgt $A\, x(t) \gtrsim A\, y(t)$. Der Operator A^2 ist somit u_0-konkav.

Der Kegel $K_{m/(2M)}$ ist regulär. Wir zeigen, daß die Kegelabschnitte $\left\langle \varepsilon\, u_0, \frac{1}{\varepsilon}\, u_0 \right\rangle$ für genügend kleine ε für den Operator A^2 invariant sind. Hiermit wird der Beweis unserer Behauptung abgeschlossen, da für eine beliebige von Null verschiedene positive Anfangsnäherung $x_0(t)$ die Funktion $A\, x_0(t)$ zu einem dieser Kegelabschnitte gehört.

Wir setzen

$$\psi(t) = A^2\, u_0 = \int_\Omega \int_\Omega G(t, s)\, G(s, s_1)\, ds_1\, ds\,.$$

Offensichtlich ist $\psi(t) \in K_{m/M}$. Deshalb haben wir

$$\alpha_0\, u_0 \lesssim \psi(t) \lesssim \beta_0\, u_0\,,$$

wobei $\alpha_0, \beta_0 > 0$ sind und die Halbordnung durch den Kegel $K_{m/(2M)}$ definiert wird. Es sei

$$\varepsilon^{1-\nu^2} \leqq \min\left\{\alpha_0, \frac{1}{\beta_0}\right\}.$$

Für derartige ε sind die Ungleichungen

$$A^2(\varepsilon\, u_0) = \varepsilon^{\nu^2}\, \psi(t) \gtrsim \alpha_0\, \varepsilon^{\nu^2}\, u_0 \gtrsim \varepsilon\, u_0$$

und

$$A^2\left(\frac{1}{\varepsilon}\, u_0\right) = \varepsilon^{-\nu^2}\, \psi(t) \lesssim \beta_0\, \varepsilon^{-\nu^2}\, u_0 \lesssim \frac{1}{\varepsilon}\, u_0$$

erfüllt. Folglich bildet der Operator A^2 den Kegelabschnitt $\left\langle \varepsilon\, u_0, \frac{1}{\varepsilon}\, u_0 \right\rangle$ in sich ab. Es reicht nun, auf die Sätze 3.1 und 3.3 zu verweisen.

3.7. Das Kontraktionsprinzip in metrischen Räumen.[1]) In den vorangegangenen Paragraphen sind kontrahierende Operatoren in Banach-Räumen (oder auf Mengen in Banach-Räumen) behandelt worden. Alle bewiesenen Sätze (außer denen, die sich auf lineare Operatoren bezogen) lassen sich auf metrische Räume übertragen. Wir beweisen eine allgemeinere Behauptung.

Es sei R ein metrischer Raum mit der Metrik $\varrho(x, y)$. Wir nennen den Operator A *verallgemeinerte Kontraktion,* wenn gilt

$$\varrho(A\, x, A\, y) \leqq q(\alpha, \beta)\, \varrho(x, y) \qquad (\alpha \leqq \varrho(x, y) \leqq \beta)\,, \tag{3.37}$$

wobei für $\beta \geqq \alpha > 0$

$$q(\alpha, \beta) < 1 \tag{3.38}$$

ist.

Der Operator A stellt eine verallgemeinerte Kontraktion dar, wenn zum Beispiel

$$\varrho(A\, x, A\, y) \leqq \varrho(x, y) - \gamma[\varrho(x, y)] \tag{3.39}$$

gilt, wobei $\gamma(u)$ eine für $u > 0$ stetige positive Funktion ist.

Übung 3.10. Es ist ein Beispiel für einen Operator A zu konstruieren, der der Bedingung (3.37) genügt und der Bedingung (3.39) nicht genügt.

Satz 3.4. *Der Operator A möge den vollständigen metrischen Raum R in sich abbilden und eine verallgemeinerte Kontraktion sein.*

Dann hat die Gleichung

$$x = A\, x \tag{3.40}$$

in R genau eine Lösung x^*. Für eine beliebige Anfangsnäherung $x_0 \in R$ konvergieren die sukzessiven Näherungen

$$x_n = A\, x_{n-1} \qquad (n = 1, 2, \ldots) \tag{3.41}$$

gegen diese Lösung.

Beweis. Wir betrachten die Zahlenfolge

$$\alpha_n = \varrho(x_n, x_{n-1}) \qquad (n = 1, 2, \ldots)\,.$$

Sie wächst wegen (3.37) nicht an; sei α^* ihr Grenzwert. Ist $\alpha^* > 0$, dann ist für hinreichend große N und alle $m = 1, 2, \ldots$ wegen (3.37) die Ungleichung

$$\alpha_{N+m} \leqq [q\,(\alpha^*, \alpha^* + 1)]^m\, (\alpha^* + 1)$$

[1]) Der Satz 3.4 ist von M. A. Krasnoselski angegeben worden.

erfüllt, und wir sind zu einem Widerspruch gelangt. Demzufolge konvergiert $\alpha_n \to 0$.

Es sei $\varepsilon > 0$ gegeben. Wir wählen ein derartiges N aus, daß

$$\alpha_N \leqq \frac{\varepsilon}{2}\left[1 - q\left(\frac{\varepsilon}{2}, \varepsilon\right)\right]$$

gilt, und zeigen, daß der Operator A die Kugel $\varrho(x, x_N) \leqq \varepsilon$ in sich abbildet. Hieraus wird folgen, daß die Folge (3.41) fundamental ist. In der Tat, ist $\varrho(x, x_N) \leqq \varepsilon/2$, dann gilt

$$\varrho(A\,x, x_N) \leqq \varrho(A\,x, A\,x_N) + \alpha_N \leqq \varrho(x, x_N) + \alpha_N < \varepsilon\,.$$

Ist aber $\varepsilon/2 \leqq \varrho(x, x_N) \leqq \varepsilon$, dann gilt wiederum

$$\varrho(A\,x, x_N) \leqq \varrho(A\,x, A\,x_N) + \alpha_N \leqq q\left(\frac{\varepsilon}{2}, \varepsilon\right)\varepsilon + \alpha_N < \varepsilon\,.$$

Der Grenzwert x^* der Folge (3.41) ist ein Fixpunkt des Operators A. Die Einzigkeit dieses Fixpunktes ist offensichtlich.

Der Satz ist bewiesen.

Übung 3.11. Es ist zu zeigen, daß für Gleichungen mit verallgemeinerten Kontraktionsoperatoren die Behauptung gilt, daß sich analog zu der Behauptung im Punkt 2.7 Fehler nicht anhäufen.

Im Satz 3.4 werden allgemeinere Bedingungen für die Existenz einer einzigen Lösung und die Konvergenz der sukzessiven Näherungen gegen diese Lösung angegeben, als beim gewöhnlichen Kontraktionsprinzip. Es läßt sich insbesondere leicht zeigen, daß der Satz 3.4 die Behauptung des Satzes 1.4 einschließt.

Im weiteren werden wir den Satz 3.4 für den Aufbau einer Theorie der Gleichungen mit konkaven Operatoren benutzen.

Es sei angemerkt, daß die Näherungen (3.41) gleichmäßig konvergieren bezüglich der Anfangsnäherungen aus jeder Kugel

$$\varrho(x, x^*) \leqq r\,.$$

Ohne Beweis formulieren wir nun einen Satz, der die Umkehrung des Kontraktionsprinzips enthält.

Zwei Metriken $\varrho(x, y)$ und $\varrho_1(x, y)$ im Raum R nennt man *äquivalent*, wenn jede bezüglich einer der Metriken fundamentale Folge fundamental auch bezüglich der zweiten Metrik ist.

Satz 3.5. *Der stetige Operator A bilde den vollständigen metrischen Raum R endlichen Diameters mit der Metrik $\varrho_0(x, y)$ in sich ab. Der Operator A habe in R genau einen Fixpunkt, gegen den die sukzessiven Näherungen* (3.41) *gleichmäßig bezüglich der Anfangsnäherungen $x_0 \in R$ konvergieren.*

Dann kann man in R eine derartige äquivalente Metrik $\varrho(x, y)$ einführen, daß A beim Übergang zu dieser Metrik ein Kontraktionsoperator ist:

$$\varrho(A\,x, A\,y) \leqq q\,\varrho(x, y) \qquad (0 < q < 1)\,. \tag{3.42}$$

Insbesondere sind verallgemeinerte Kontraktionsoperatoren in gewissen äquivalenten Metriken Kontraktionsoperatoren.

Der Satz 3.5 ist von prinzipiellem Charakter. Wenn man bei der Untersuchung irgendeiner Gleichung erwarten kann, daß man die Lösung dieser Gleichung mit Hilfe des Iterationsverfahrens erhalten kann, dann kann man versuchen eine äquivalente Metrik zu finden, deren Anwendung es erlaubt, das Kontraktionsprinzip zu benutzen. Der Satz 3.5 gibt natürlich kein Rezept zur Konstruktion der erforderlichen äquivalenten Metrik — das mindert in keinem Maße seine Bedeutung!

Die Behauptung des Satzes 3.5 ist in abgeschwächter Form zuerst von A. J. Lewin und E. A. Lifschiz [1] formuliert worden. Sie haben gezeigt, daß unter den Bedingungen des Satzes 3.5 der Operator A in einer gewissen äquivalenten Metrik eine verallgemeinerte Kontraktion darstellt. In der vollständigen Form ist der Satz 3.5 von W. M. Gerstein und B. N. Sadowski erhalten worden, die sich wesentlich auf die erwähnte Arbeit von A. J. Lewin und E. A. Lifschiz gestützt haben.

Der Satz 3.5 ist in einem bestimmten Sinne analog zu den bekannten Behauptungen über die Existenz einer Ljapunowschen Funktion in der Stabilitätstheorie der Lösungen von Differentialgleichungen (siehe z. B. N. N. Krassowski [1]).

Wir nehmen an, daß der stetige Operator A den beschränkten vollständigen metrischen Raum R in sich abbildet und in R genau einen Fixpunkt x^* besitzt. Das Iterationsverfahren $x_n = A^n x_0$ konvergiere gegen x^* für eine beliebige Anfangsnäherung $x_0 \in R$. Im Zusammenhang mit den Überlegungen des vorliegenden Punktes ergibt sich die natürliche Frage, ob diese Näherungen immer gleichmäßig bezüglich $x_0 \in R$ gegen x^* konvergieren. Die Antwort ist negativ, sogar für den Fall, daß R kompakt ist. Als Beispiel kann man den Einheitskreis R betrachten, auf dem der Polarwinkel φ $(0 \leqq \varphi \leqq 2\pi)$ die Koordinate darstellt, mit dem Operator A, der jedem Punkt φ_0 den Wert (für $t = 1$) der Lösung der Differentialgleichung

$$\frac{d\varphi}{dt} = (2\pi - \varphi)\,\varphi$$

zuordnet, die der Anfangsbedingung $\varphi(0) = \varphi_0$ genügt.

3.8. Über eine spezielle Metrik.[1]) Wir befassen uns nun wieder mit der Untersuchung nichtlinearer positiver Operatoren, die im Banach-Raum E mit dem ausgezeichneten Kegel K gelegen sind.

Es sei x_0 irgendein festes Nichtnullelement aus K. Als Komponente $K(x_0)$ des Kegels K, die durch das Element x_0 erzeugt wird, bezeichnen wir die Gesamtheit der Elemente $y \in K$, so daß für ein gewisses $\alpha > 0$ die Ungleichungen

$$x_0 \lesssim \alpha\, y\,, \qquad y \lesssim \alpha\, x_0 \tag{3.43}$$

[1]) Die hier betrachtete Metrik ist wahrscheinlich zuerst von G. Birkhoff eingeführt worden.

erfüllt sind. Aus $y \in K(x)$ folgt offensichtlich $x \in K(y)$. Deshalb zerfällt der Kegel K in sich nichtüberschneidende Komponenten, die durch ein beliebiges ihrer Elemente erzeugt werden.

Übung 3.12. Welche minimale Anzahl von Komponenten kann ein räumlicher Kegel (der die inneren Punkte enthält) im n-dimensionalen Raum haben? Im n-dimensionalen Raum ist ein Kegel mit einer abzählbaren Anzahl von Komponenten bzw. mit einem Kontinuum von Komponenten zu konstruieren.

Wir bezeichnen mit $\alpha(x, y)$ das minimale α, für das die Ungleichungen (3.43) erfüllt sind. Offensichtlich ist $\alpha(x, y) \geqq 1$. Wir setzen

$$\varrho(x, y) = \ln \alpha(x, y) \qquad \big(x, y \in K(x_0)\big) . \tag{3.44}$$

Es ist $\varrho(x, y) \geqq 0$, wobei $\varrho(x, y) = 0$ nur für $x = y$ gilt. Aus der Symmetrie der Ungleichungen (3.43) folgt die Gleichung $\varrho(x, y) = \varrho(y, x)$. Aus

$$x \lesssim \alpha(x, y)\, y , \qquad y \lesssim \alpha(x, y)\, x ,$$

$$y \lesssim \alpha(y, z)\, z , \qquad z \lesssim \alpha(y, z)\, y$$

ergeben sich schließlich die Ungleichungen

$$x \lesssim \alpha(x, y)\, \alpha(y, z)\, z , \qquad z \lesssim \alpha(y, z)\, \alpha(x, y)\, x ,$$

woraus

$$\alpha(x, z) \leqq \alpha(x, y)\, \alpha(y, z)$$

folgt. Demzufolge ist

$$\varrho(x, z) \leqq \varrho(x, y) + \varrho(y, z) \qquad \big(x, y, z \in K(x_0)\big) .$$

Somit genügt $\varrho(x, y)$ allen Axiomen der Metrik, und folglich kann man jede Komponente als einen metrischen Raum ansehen.

Als Beispiel betrachten wir den Raum C der auf $[a, b]$ stetigen Funktionen mit dem Kegel K der nichtnegativen Funktionen. Die Komponente $K(x_0)$ sei durch eine gewisse streng positive Funktion $x_0(t)$ ausgezeichnet. Dann besteht $K(x_0)$ aus allen streng positiven Funktionen. Die Metrik (3.44) wird in diesem Fall durch die Gleichung

$$\varrho(x, y) = \max_{a \leqq t \leqq b} |\ln x(t) - \ln y(t)|$$

definiert.

Wir kehren nun zum abstrakten Banach-Raum E zurück. Es sei x_0 wiederum ein festes Nichtnullelement aus K. Mit E_{x_0} bezeichnen wir die Menge der Elemente $y \in E$, für die bei einem gewissen $\alpha = \alpha(y) \geqq 0$ die Ungleichungen

$$-\alpha\, x_0 \lesssim y \lesssim \alpha\, x_0 \tag{3.45}$$

erfüllt sind. Das minimale α, für das (3.45) erfüllt ist, heißt x_0-*Norm* des Elements y und wird mit $||y||_{x_0}$ bezeichnet. Wie leicht zu sehen ist, ist E_{x_0} ein linearer Raum; $||y||_{x_0}$ genügt allen Axiomen einer Norm. Eine wichtige Eigenschaft der x_0-Norm ist ihre Monotonie: Aus $-x \lesssim y \lesssim x$ $(x, y \in E_{x_0})$ folgt die Ungleichung $||y||_{x_0} \leqq ||x||_{x_0}$.

Die Komponente $K(x_0)$ ist natürlich in E_{x_0} enthalten.

Lemma 3.1. *Die Folge z_n sei fundamental in $K(x_0)$ bezüglich der Metrik* (3.44). *Dann ist sie fundamental bezüglich der x_0-Norm.*

Beweis. Aus der Fundamentalität der Folge z_n folgt ihre Beschränktheit: Es existiert ein solches $\mu > 0$, daß gilt

$$\varrho(z_n, x_0) \leqq \mu \qquad (n = 1, 2, \ldots) .$$

Das bedeutet, daß

$$e^{-\mu} x_0 \lesssim z_n \lesssim e^{\mu} x_0 \qquad (n = 1, 2, \ldots)$$

gilt, d. h., es ist

$$||z_n||_{x_0} \leqq e^{\mu} \qquad (n = 1, 2, \ldots) . \tag{3.46}$$

Für zwei beliebige Elemente $x, y \in K(x_0)$ folgen aus den Ungleichungen

$$x \lesssim e^{\varrho(x,y)} y , \qquad y \lesssim e^{\varrho(x,y)} x$$

die Beziehungen

$$[e^{-\varrho(x,y)} - 1] y \lesssim x - y \lesssim [e^{\varrho(x,y)} - 1] y ,$$

$$- [e^{\varrho(x,y)} - 1] x \lesssim x - y \lesssim - [e^{-\varrho(x,y)} - 1] x .$$

Deshalb ist

$$||x - y||_{x_0} \leqq [e^{\varrho(x,y)} - 1] \min \{||x||_{x_0}, ||y||_{x_0}\} . \tag{3.47}$$

Aus (3.46) und (3.47) ergibt sich die Ungleichung

$$||z_n - z_m||_{x_0} \leqq e^{\mu} [e^{\varrho(z_n, z_m)} - 1] \qquad (n, m = 1, 2, \ldots) .$$

Wegen $\lim_{\varrho \to 0} (e^{\varrho} - 1) = 0$ folgt aus der letzten Ungleichung die Behauptung des Lemmas.

Das Lemma ist bewiesen.

Übung 3.13. Es seien $x, y \in K(x_0)$. Es ist die Ungleichung

$$\varrho(x, y) \leqq \ln [1 + ||x - y||_{x_0} \max \{||x_0||_x, ||x_0||_y\}] \tag{3.48}$$

zu beweisen.

Übung 3.14. In $K(x_0)$ ist eine Folge zu konstruieren, die bezüglich der x_0-Norm fundamental ist, aber in bezug auf die Metrik (3.44) nicht fundamental ist.

Der Raum E_{x_0} braucht nicht die Eigenschaft der Vollständigkeit haben, dann hat nicht jede fundamentale Folge in diesem Raum einen Grenzwert. Er ist jedoch vollständig (siehe M. A. Krasnoselski [11], S. 22), wenn der Kegel K normal ist.

Übung 3.15. Es sei E der Raum der auf [0, 1] stetig differenzierbaren Funktionen mit der Norm

$$||x|| = \max_{0 \leqq t \leqq 1} \{|x(t)| + |x'(t)|\} .$$

Es ist zu zeigen, daß E_{x_0} nicht vollständig ist, wenn K der Kegel der nichtnegativen Funktionen und $x_0(t) \equiv 1$ sind.

Satz 3.6. *Der Kegel K sei normal.*

Dann ist jede seiner Komponenten $K(x_0)$ ein vollständiger Raum in der Metrik (3.44).

Beweis. Es sei z_n $(n = 1, 2, \ldots)$ eine fundamentale Folge in $K(x_0)$. Wegen Lemma 3.1 ist diese Folge fundamental bezüglich der x_0-Norm. Aus der Normalität des Kegels K folgt die Vollständigkeit von E_{x_0}. Folglich läßt sich ein derartiges Element $z^* \in E_{x_0}$ finden, daß gilt

$$\lim_{n\to\infty} ||z_n - z^*||_{x_0} = 0 . \tag{3.49}$$

Die Normalität des Kegels bedeutet nach Definition, daß jeder Kegelabschnitt in der Norm beschränkt ist. Aus den Ungleichungen

$$- x_0 \lesssim x \lesssim x_0$$

folgt insbesondere, daß $||x|| \leqq a$ ist, wobei a eine gewisse konstante Zahl darstellt. Dann aber ergibt sich aus

$$- ||x||_{x_0} x_0 \lesssim x \lesssim ||x||_{x_0} x_0$$

die Ungleichung

$$||x|| \leqq a||x||_{x_0} \qquad (x \in E_{x_0}) . \tag{3.50}$$

Deshalb folgt aus (3.49)

$$\lim_{n\to\infty} ||z_n - z^*|| = 0 . \tag{3.51}$$

Es sei $\varepsilon > 0$ gegeben. Wir wählen ein derartiges $N(\varepsilon)$ aus, daß für $n, n + m > N(\varepsilon)$ die Ungleichung $\varrho(z_n, z_{n+m}) < \varepsilon$ erfüllt ist, d. h., es gilt

$$z_n \lesssim e^\varepsilon z_{n+m} , \qquad z_{n+m} \lesssim e^\varepsilon z_n .$$

Wegen (3.51) kann man für $m \to \infty$ in diesen Ungleichungen zum Grenzwert übergehen. Die Ungleichungen haben im Grenzwert die Gestalt

$$z_n \lesssim e^\varepsilon z^* , \qquad z^* \lesssim e^\varepsilon z_n .$$

Folglich sind $z^* \in K(x_0)$ und $\varrho(z_n, z^*) < \varepsilon$ für $n > N(\varepsilon)$. Das bedeutet, daß die Folge z_n bezüglich der Metrik (3.44) gegen z^* konvergiert.

Der Satz ist bewiesen.

3.9. Nichtlineare Gleichungen mit potentiellem Wachstum. Die Metrik (3.44) kann man bei der Untersuchung von Gleichungen mit konkaven Operatoren anwenden.

Als einfachstes Beispiel betrachten wir die Gleichung

$$x = A\, x \tag{3,52}$$

mit dem monotonen Operator A, der der Bedingung[1])

$$A(\lambda\, x) \gtrsim \lambda^\nu A\, x \qquad (x \in K, 0 \leqq \lambda \leqq 1) \tag{3.53}$$

[1]) Derartige Gleichungen sind in der Arbeit von W. J. Stezenko und B. Imomnasarow [1] behandelt worden.

genügt, wobei $\nu \in (0, 1)$ ist. Wir werden voraussetzen, daß der Kegel K normal ist und der Operator A eine gewisse Komponente $K(x_0)$ invariant läßt. Indem wir auf die Ungleichungen

$$x \gtrsim e^{-\varrho(x,y)}\, y\,, \qquad y \gtrsim e^{-\varrho(x,y)}\, x$$

den Operator A anwenden, erhalten wir infolge der Monotonie von A und wegen (3.53) die Ungleichungen

$$A\,x \gtrsim e^{-\nu\,\varrho(x,y)}\, A\,y\,, \qquad A\,y \gtrsim e^{-\nu\,\varrho(x,y)}\, A\,x\,.$$

Deshalb ist

$$\varrho(A\,x, A\,y) \leqq \nu\, \varrho(x, y) \qquad \bigl(x, y \in K(x_0)\bigr)\,.$$

Somit sind die Bedingungen des Kontraktionsprinzips erfüllt; die Gleichung (3.52) hat in $K(x_0)$ genau eine Lösung; diese Lösung kann man mit Hilfe des Iterationsverfahrens erhalten, wobei die sukzessiven Näherungen sowohl bezüglich der Metrik (3.44) als auch in bezug auf die Hauptnorm des Raumes E (wegen Lemma 3.1) konvergieren.

Spezielle Klassen von Operatoren, die die Eigenschaft (3.53) besitzen, sind schon im Punkt 3.6 behandelt worden. Hier werden allgemeinere Beispiele angegeben.

Der Kern $K(t, s)$ ($t, s \in \Omega$; Ω ist eine beschränkte abgeschlossene Menge des euklidischen Raumes) heißt *gleichmäßig*, wenn er nichtnegativ ist und wenn für jede Menge $\Omega_1 \subset \Omega$, die ein von Null verschiedenes Maß hat,

$$\int_\Omega K(t, s)\, ds \leqq \beta(\Omega_1) \int_{\Omega_1} K(t, s)\, ds \qquad (t \in \Omega) \tag{3.54}$$

gilt. Die Gleichmäßigkeit des Kerns ist offensichtlich, wenn er den Ungleichungen

$$0 < m \leqq K(t, s) \leqq M < \infty \qquad (t, s \in \Omega) \tag{3.55}$$

genügt, da in diesem Fall

$$\int_\Omega K(t, s)\, ds \leqq M \operatorname{mes} \Omega \leqq \frac{M}{m} \frac{\operatorname{mes} \Omega}{\operatorname{mes} \Omega_1} \int_{\Omega_1} K(t, s)\, ds$$

gilt. Andere Beispiele für gleichmäßige Kerne sind in dem Buch von M. A. Krasnoselski [11] enthalten (es sei angemerkt, daß die Greensche Funktion des ersten Randwertproblems für elliptische Operatoren zweiter Ordnung einen gleichmäßigen Kern darstellt; siehe M. A. Krasnoselski und P. E. Sobolewski [1]).

Der gleichmäßige Kern $K(t, s)$ definiere einen Integraloperator, der im Raum C der auf Ω stetigen Funktionen gelegen ist (zum Beispiel sei $K(t, s)$ in allen Variablen stetig). Dann ist die nichtnegative Funktion

$$u_0(t) = \int_\Omega K(t, s)\, ds \tag{3.56}$$

stetig. Wir werden voraussetzen, daß $u_0(t)$ nicht identisch Null ist.

Wir betrachten nun den nichtlinearen Integraloperator

$$A\,x(t) = \int_{\Omega} K(t, s)\, f[s, x(s)]\, ds\,, \tag{3.57}$$

wobei die Funktion $f(s, x)$ über die Gesamtheit der Variablen stetig, für $x \geqq 0$ nichtnegativ und für $x > 0$ und fast alle s streng positiv ist. Bezüglich des Kerns $K(t, s)$ nehmen wir an, daß er gleichmäßig ist und einen stetigen linearen Operator definiert, der in C gelegen ist.

Wir kennzeichnen in C den Kegel K der nichtnegativen Funktionen und seine Komponente $K(u_0)$, wobei $u_0(t)$ die Funktion (3.56) ist. Es seien $x(t) \in K$ und $x(t) \not\equiv 0$. Dann ist die Funktion $f[s, x(s)]$ positiv auf einer Menge positiven Maßes. Deshalb lassen sich ein solches $\delta > 0$ und eine derartige Menge $\Omega_1 \subset \Omega$ finden, daß mes $\Omega_1 > 0$ und

$$f[s, x(s)] \geqq \delta \qquad (s \in \Omega_1)$$

sind. Aus (3.54) folgt dann die Ungleichung

$$A\,x(t) \geqq \delta \int_{\Omega_1} K(t, s)\, ds \geqq \frac{\delta}{\beta(\Omega_1)}\, u_0(t) \qquad (t \in \Omega)\,.$$

Andererseits ist offensichtlich die Ungleichung

$$A\,x(t) \leqq \max_{s \in \Omega} f[s, x(s)]\, u_0(t) \qquad (t \in \Omega)$$

erfüllt. Folglich ist $A\,x(t) \in K(u_0)$. Wir haben gezeigt, daß der Operator A alle von Null verschiedenen Funktionen aus K in Elemente der Komponente $K(u_0)$ überführt. Es ist insbesondere $A\,K(u_0) \subset K(u_0)$.

Die nichtnegative Funktion $f(s, x)$ $(s \in \Omega,\ x \geqq 0)$ nennen wir *ν-quasikonkav* $(0 < \nu < 1)$, wenn sie in x nicht fällt und wenn die Funktion

$$h(s, x) = \frac{f(s, x)}{x^\nu} \qquad (s \in \Omega,\ x \geqq 0) \tag{3.58}$$

in x nicht wächst. Wenn $f(s, x)$ ν-quasikonkav ist, dann ist der Operator (3.57) offensichtlich monoton auf K. Er genügt der Bedingung (3.53). In der Tat, es sei $x(t) \in K$, $0 \leqq \lambda \leqq 1$. Mit Ω_0 bezeichnen wir den Träger der Funktion $\lambda\, x(s)$. Dann haben wir

$$A[\lambda\, x(t)] = \int_{\Omega_0} K(t, s)\, \frac{f[s, \lambda\, x(s)]}{[\lambda\, x(s)]^\nu}\, [\lambda\, x(s)]^\nu\, ds + \int_{\Omega \setminus \Omega_0} K(t, s)\, f(s, 0)\, ds$$

$$\geqq \lambda^\nu \int_{\Omega_0} K(t, s)\, f[s, x(s)]\, ds + \int_{\Omega \setminus \Omega_0} K(t, s)\, f(s, 0)\, ds \geqq \lambda^\nu\, A\,x(t)\,.$$

Aus den oben angestellten Überlegungen folgt, daß die Gleichung

$$x(t) = \int_{\Omega} K(t, s)\, f[s, x(s)]\, ds \tag{3.59}$$

mit gleichmäßigem Kern und der ν-quasikonkaven Nichtlinearität $f(s, x)$ genau eine nichtnegative Nichtnullösung besitzt. Diese Lösung ist der gleichmäßige Grenzwert der Näherungen

$$x_n(t) = \int_\Omega K(t, s)\, f[s, x_{n-1}(s)]\, ds \tag{3.60}$$

für eine beliebige von Null verschiedene nichtnegative Anfangsnäherung $x_0(t)$.

Übung 3.16. Der Kern $K(t, s)$ des Operators (3.57) sei stetig und positiv. Die Funktion $f(s, x)$ ($s \in \Omega$, $0 < x < \infty$) sei in allen Variablen stetig, positiv und für wachsende x nicht wachsend. Schließlich sei die Funktion $x^\nu f(s, x)$ wachsend für wachsende x, wobei ν irgendeine Zahl aus $(0, 1)$ ist. Es ist zu zeigen, daß der Operator A^2 die Komponente $K(u_0)$ ($u_0(t) \equiv 1$) des Kegels K der nichtnegativen Funktionen des Raumes C in sich abbildet, monoton ist und der Bedingung (3.53) genügt.

Übung 3.17. $K(t, s)$ und $f(s, x)$ mögen den Bedingungen der Übung 3.16 genügen. Es ist zu zeigen, daß die Gleichung (3.59) genau eine positive Lösung besitzt, gegen die die sukzessiven Näherungen (3.60) bei einer beliebigen positiven Anfangsnäherung gleichmäßig konvergieren.

Übung 3.18. Es sei $u_0(t)$ eine fast überall von Null verschiedene beschränkte nichtnegative Funktion. Für fast alle $t \in \Omega$ sei

$$a\, u_0(t) \leqq \int_\Omega K(t, s)\, f[s, u_0(s)]\, ds \leqq b\, u_0(t)\,,$$

wobei $a, b > 0$ sind. Schließlich seien der stetige Kern $K(t, s)$ nichtnegativ, die Funktion $f(s, x)$ ($s \in \Omega$, $x < 0$) in allen Variablen stetig, nichtnegativ und für wachsende x nicht wachsend, und die Funktion $x^\nu f(s, x)$ ($\gamma \in (0, 1)$) wachse an. Es ist zu zeigen, daß die Gleichung (3.59) genau eine Lösung in der Komponente $K(u_0)$ des Kegels der nichtnegativen Funktionen hat und daß man diese Lösung als gleichmäßigen Grenzwert der sukzessiven Näherungen (3.60) erhalten kann.

3.10. Gleichungen mit gleichmäßig konkaven Operatoren. Es sei A ein positiver monotoner Operator, der im BANACH-Raum E mit dem Kegel K gelegen ist. Es sei u_0 ein festes Nichtnullelement aus K. Den Operator A nennen wir *gleichmäßig u_0-konkav*, wenn jedem Kegelabschnitt $\langle \mu\, u_0, \nu\, u_0 \rangle$ ($\mu, \nu > 0$) und jedem Intervall $[a, b] \subset (0, 1)$ ein derartiges $\eta = \eta(\mu, \nu, a, b) > 0$ entspricht, daß

$$A(t\, x) \gtrsim (1 + \eta)\, t\, A\, x \tag{3.61}$$

gilt für alle $x \in \langle \mu\, u_0, \nu\, u_0 \rangle$, $t \in [a, b]$. Ohne Einschränkung der Allgemeinheit kann man annehmen, daß $\eta(\mu, \nu, a, b)$ nicht wächst bei wachsendem b.

Mit $\varrho(x, y)$ werden wir die Metrik (3.44) bezeichnen.

Lemma 3.2. *Der Operator A sei gleichmäßig u_0-konkav auf $\langle \mu\, u_0, \nu\, u_0 \rangle$. Dann gilt*

$$\varrho(A\, x, A\, y) \leqq \varrho(x, y) - \Delta[\varrho(x, y)] \qquad (x, y \in \langle \mu\, u_0, \nu\, u_0 \rangle) \tag{3.62}$$

mit

$$\Delta(u) = \ln\left[1 + \eta\left(\mu, \nu, \frac{\mu}{\nu}, e^{-u}\right)\right]. \tag{3.63}$$

Beweis. Aus

$$\mu u_0 \lesssim x \lesssim \nu u_0, \qquad \mu u_0 \lesssim y \lesssim \nu u_0$$

folgen die Ungleichungen

$$x \lesssim \frac{\nu}{\mu} y, \qquad y \lesssim \frac{\nu}{\mu} x.$$

Deshalb ist

$$\mu/\nu \leqq e^{-\varrho(x,y)} \qquad (x, y \in \langle \mu u_0, \nu u_0 \rangle).$$

Wir wenden auf die Ungleichungen

$$e^{-\varrho(x,y)} x \lesssim y, \qquad e^{-\varrho(x,y)} y \lesssim x$$

den Operator A an. Infolge der Monotonie von A und wegen (3.61) gelten die Beziehungen

$$A y \gtrsim \{1 + \eta[\mu, \nu, \mu/\nu, e^{-\varrho(x,y)}]\} e^{-\varrho(x,y)} A x,$$
$$A x \gtrsim \{1 + \eta[\mu, \nu, \mu/\nu, e^{-\varrho(x,y)}]\} e^{-\varrho(x,y)} A y,$$

woraus sich

$$\varrho(A x, A y) \leqq \varrho(x, y) - \ln \{1 + \eta[\mu, \nu, \nu/\mu, e^{-\varrho(x,y)}]\}$$

ergibt. Das Lemma ist bewiesen.

Aus dem Lemma 3.2 und dem Satz 3.4 folgt der

Satz 3.7[1]). *Der Operator A sei gleichmäßig u_0-konkav und bilde einen gewissen Kegelabschnitt $\langle \mu u_0, \nu u_0 \rangle$ $(\mu, \nu > 0)$ in sich ab.*

Dann hat die Gleichung $x = A x$ auf $\langle \mu u_0, \nu u_0 \rangle$ genau eine Lösung x^*, gegen die die sukzessiven Näherungen $x_n = A x_{n-1}$ fü eine beliebige Anfangsnäherung $x_0 \in \langle \mu u_0, \nu u_0 \rangle$ in der Norm konvergieren.

§ 4. Gleichungen mit nichtexpansiven Operatoren

4.1. Nichtexpansive Operatoren. Man sagt, daß der Operator A auf der Menge $\mathfrak{M}$ *nichtexpansiv* ist, wenn

$$||A x - A y|| \leqq ||x - y|| \qquad (x, y \in \mathfrak{M}) \tag{4.1}$$

gilt.

Die Gleichung

$$x = A x \tag{4.2}$$

mit dem nichtexpansiven Operator A kann keine, kann einige und kann unendlich viele Lösungen besitzen. Wenn die Gleichung (4.2) eine Lösung hat, dann ergibt sich die Frage, ob man diese Lösung näherungsweise konstruieren kann.

---

[1]) Mit einer wesentlich anderen Methode ist dieser Satz von I. A. Bachtin [7] bewiesen worden.

Die letzten Punkte von § 3 sind hauptsächlich in der Art des Artikels von M. A. Krasnoselski und W. J. Stezenko [2] geschrieben worden; in dieser Arbeit werden gewisse Klassen gleichmäßiger konkaver Integraloperatoren beschrieben.

Im weiteren werden wir zeigen, daß man in vielen Fällen die Lösung der Gleichung (4.2) als Grenzwert der sukzessiven Näherungen

$$x_{n+1} = \frac{1}{2}(A\,x_n + x_n) \qquad (n = 0, 1, 2, \ldots) \tag{4.3}$$

erhalten kann. Dabei können die sukzessiven Näherungen in Abhängigkeit von der Anfangsnäherung gegen verschiedene Lösungen der Gleichung (4.2) konvergieren.

Die Näherungen (4.3) sind die gewöhnlichen sukzessiven Näherungen

$$x_{n+1} = F\,x_n \qquad (n = 0, 1, 2, \ldots) \tag{4.4}$$

mit

$$F\,x = \frac{1}{2}(A\,x + x). \tag{4.5}$$

Offensichtlich ist F ebenfalls ein nichtexpansiver Operator.

Der BANACH-Raum E heißt *streng konvex*, wenn $||x + y|| < ||x|| + ||y||$ ist für $x \neq \alpha\,y$, $\alpha > 0$. Es läßt sich leicht nachprüfen, daß der HILBERT-Raum streng konvex ist: In der Tat, ist $x \neq \alpha\,y$, dann gilt

$$||x + y||^2 = ||x||^2 + 2(x, y) + ||y||^2 < (||x|| + ||y||)^2 .$$

Streng konvex sind die Räume L_p $(1 < p < \infty)$ (dies folgt aus den sogenannten CLARKSONschen Ungleichungen; siehe z. B. S. L. SOBOLEW [1]).

Übung 4.1. Es ist zu beweisen, daß der Raum C der auf $[a, b]$ stetigen Funktionen und der Raum L_1 der summierbaren Funktionen nicht die Eigenschaft der strengen Konvexität besitzen.

Übung 4.2. Es sei E ein separabler BANACH-Raum mit der Norm $||x||$. Es ist zu beweisen, daß man bezüglich eines beliebigen $\varepsilon > 0$ eine derartige Norm $||x||_*$ einführen kann, daß $||x|| \leqq ||x||_* \leqq (1 + \varepsilon)\,||x||$ $(x \in E)$ erfüllt und in dieser Norm der Raum E streng konvex ist.

Satz 4.1. *Der nichtexpansive Operator A bilde die abgeschlossene konvexe Menge T des streng konvexen* BANACH-*Raums E in ihren kompakten Teil ab.*

Für ein beliebiges $x_0 \in T$ konvergieren dann die sukzessiven Näherungen (4.3) *gegen eine gewisse Lösung der Gleichung* (4.2).

Beweis. Die Existenz von Lösungen für die Gleichung (4.2) folgt aus dem SCHAUDERschen Prinzip.

Wir bezeichnen mit T_0 die Abschließung der konvexen Hülle der Menge, die wir durch Hinzufügung des Punktes x_0 zu $A\,T$ erhalten. Aus dem bekannten Lemma von MAZUR (siehe z. B. N. DUNFORD und J. T. SCHWARTZ [1], S. 451) folgt, daß T_0 kompakt ist. Die Näherungen (4.3) gehören offensichtlich zu T_0.

Es sei x_{n_k} eine Teilfolge der Folge (4.3), die gegen einen gewissen Punkt z konvergiert. Wir nehmen an, daß z nicht Lösung der Gleichung (4.2) ist. Es sei x^* irgendeine Lösung dieser Gleichung. Aus der strengen Konvexität des Raumes E und aus (4.1) folgt dann

$$||x^* - F\,z|| = \frac{1}{2}\,||(x^* - z) + (A\,x^* - A\,z)|| < ||x^* - z|| .$$

Es sei $\|x^* - z\| - \|x^* - F z\| = 2\delta > 0$. Weiterhin sei $\|z - x_{n_{k_0}}\| < \delta$. Dann gilt für alle $m > 0$

$$\begin{aligned}\|x^* - x_{n_{k_0}+m}\| &\leqq \|x^* - x_{n_{k_0}+1}\| \leqq \|x^* - F z\| + \|F z - F x_{n_{k_0}}\| \\ &\leqq \|x^* - F z\| + \|z - x_{n_{k_0}}\| \leqq \|x^* - z\| - \delta .\end{aligned}$$

Aus diesen Ungleichungen folgt, daß die Teilfolge x_{n_k} nicht gegen z konvergieren kann. Der erhaltene Widerspruch beweist, daß z Lösung der Gleichung (4.2) ist. Aus (4.1) ergibt sich, daß auch die gesamte Folge x_n gegen diese Lösung konvergiert.

Der Satz ist bewiesen.

Übung 4.3. Der Raum E sei *gleichmäßig konvex* (jedem $\varepsilon > 0$ entspricht ein solches $\delta > 0$, daß aus $\|x\| = \|y\| = 1$, $\|x - y\| \geqq \varepsilon$ die Ungleichung $\|x + y\| \leqq 2 - \delta$ folgt). Die Menge $\mathfrak{M}$ der Lösungen der Gleichung (4.2) sei nicht leer. Schließlich genüge der nichtexpansive Operator A folgender Bedingung: Für ein beliebiges $\eta > 0$ folgt aus $\varrho(x, \mathfrak{M}) \equiv \inf_{y \in \mathfrak{M}} \|x - y\| \geqq \eta$ die Ungleichung $\|x - A x\| \geqq \xi$, wobei $\xi = \xi(\eta) > 0$ ist. Es ist zu beweisen, daß die Behauptung des Satzes 4.1 gilt.

Übung 4.4. Es ist zu beweisen, daß die Menge $\mathfrak{M}$ der Lösungen der Gleichung (4.2) mit dem nichtexpansiven Operator A konvex ist, falls der Raum E streng konvex ist.

Übung 4.5. Es ist zu beweisen, daß die Behauptungen des Satzes 4.1 und der Übung 4.3 ihre Gültigkeit behalten, wenn wir die sukzessiven Näherungen x_n nach der Formel

$$x_{n+1} = \theta x_n + (1 - \theta) A x_n \qquad (n = 0, 1, 2, \ldots) \tag{4.6}$$

bestimmen, die von (4.3) verschieden ist, wobei θ eine gewisse feste Zahl aus $(0, 1)$ ist.

Übung 4.6. Es ist ein Beispiel für den Operator A zu konstruieren, der der Bedingung des Satzes 4.1 genügt und einer solchen Bedingung, daß die sukzessiven Näherungen nur für den Fall konvergieren, in dem die Anfangsnäherung x_0 Lösung der Gleichung (4.2) ist.

Der Satz 4.1 ist für gleichmäßig konvexe Räume von M. A. Krasnoselski [5] und für streng konvexe Räume von M. Edelstein [1] bewiesen worden. Der Theorie der nichtexpansiven Operatoren ist eine Vielzahl von Arbeiten gewidmet (siehe z. B. F. E. Browder [1], F. E. Browder und W. V. Petryschyn [1, 2], W. Kirk [1], und besonders möchten wir die interessante Übersichtsarbeit von Z. Opial [2] erwähnen).

4.2. Ein Beispiel. Wir betrachten die Gleichung

$$x(t) = \int_{\Omega} R[t, s, x(s)]\, ds . \tag{4.7}$$

Wir werden voraussetzen, daß $R(t, s, x)$ stetig in x und

$$|R(t, s, x)| \leqq K(t, s)\,(a + b\,|x|) \qquad (t, s \in \Omega;\ -\infty < x < \infty) \tag{4.8}$$

ist, wobei $K(t, s)$ den vollstetigen linearen Operator K definiert, der im Raum L_2 gelegen ist. Dann ist (siehe z. B. M. A. Krasnoselski, P. P. Sabreiko, E. I. Pustylnik und P. E. Sobolewski [1]) der durch die rechte Seite der Gleichung (4.7) definierte Operator A in L_2 gelegen und vollstetig. Wir nehmen an, daß

$$b\,\varrho(K) < 1 \tag{4.9}$$

gilt, wobei $\varrho(K)$ der Spektralradius des linearen Operators K ist. Für jedes $\varepsilon > 0$ kann man (siehe Punkt 1.4) im Raum L_2 eine derartige äquivalente Norm $||x||_\varepsilon$ einführen, daß

$$||K\,x||_\varepsilon \leqq [\varrho(K) + \varepsilon]\,||x||_\varepsilon \qquad (x \in L_2)\,.$$

Wir setzen

$$\varepsilon = \frac{1 - b\,\varrho(K)}{2\,b}\,.$$

Aus (4.8) folgt dann die Ungleichung

$$||A\,x||_\varepsilon \leqq a_1 + \frac{1}{2}[1 + b\,\varrho(K)]\,||x||_\varepsilon \qquad (x \in L_2) \tag{4.10}$$

mit

$$a_1 = a\left\|\int_\Omega K(t, s)\,ds\right\|_\varepsilon .$$

Es sei T_R die Kugel $||x||_\varepsilon \leqq R$ mit dem Radius

$$R = \frac{2\,a_1}{1 - b\,\varrho(K)}\,.$$

Wegen (4.10) bildet der Operator A die Kugel T_R in sich ab.

Wir nehmen nun an, daß die Funktion $R(t, s, x)$ der LIPSCHITZ-Bedingung

$$|R(t, s, u) - R(t, s, v)| \leqq K_1(t, s)\,|u - v| \qquad (t, s \in \Omega;\ -\infty < u, v < \infty)$$

genügt, wobei $K_1(t, s)$ den in L_2 stetigen linearen Integraloperator K_1 definiert. Ist $\varrho(K_1) < 1$, dann ist der Operator A in einer gewissen äquivalenten Norm ein Kontraktionsoperator; in diesem Falle hat die Gleichung (4.7) im L_2 genau eine Lösung, gegen die die sukzessiven Näherungen

$$x_{n+1}(t) = \int_\Omega R[t, s, x_n(s)]\,ds$$

konvergieren (in der Metrik von L_2).

Ist aber $\varrho(K_1) = 1$, dann kann man versuchen, äquivalente Normen zu konstruieren, in denen der Operator A ein nichtexpansiver Operator ist (siehe Übung 1.8). Wir beschränken uns auf den Fall $||K_1|| = 1$ (zum Beispiel, wenn der Kern $K_1(t, s)$ symmetrisch und $\varrho(K_1) = 1$ ist). In diesem Fall kann die Lösung der Gleichung (4.7) nicht einzig sein. Aus dem Satz 4.1 folgt, daß für eine beliebige Anfangsnäherung $x_0 \in T_R$ die sukzessiven Näherungen

$$x_{n+1}(t) = \frac{1}{2}\left[x_n + \int_\Omega R[t, s, x_n(s)]\,ds\right]$$

gegen eine der Lösungen der Gleichung (4.7) konvergieren.

4.3. Selbstadjungierte nichtexpansive Operatoren. In diesem Punkt betrachten wir die Gleichung

$$x = A\,x + f \tag{4.11}$$

mit dem linearen selbstadjungierten Operator A, der im HILBERT-Raum H gelegen ist. Wir nehmen an, daß $||A|| = 1$ ist. Dann hat die Gleichung (4.11) nicht für alle $f \in H$ eine Lösung.

Satz 4.2[1]). *Es sei* (-1) *kein Eigenwert des Operators* A. *Die Gleichung* (4.11) *habe für ein gegebenes* f *eine Lösung (die möglicherweise nicht einzig ist).*

Für beliebiges $x_0 \in H$ *konvergiert dann das Iterationsverfahren*

$$x_{n+1} = A\,x_n + f \qquad (n = 0, 1, 2, \ldots) \tag{4.12}$$

gegen eine der Lösungen der Gleichung (4.11).

Beweis. Wir bezeichnen mit H_1 den Unterraum der Eigenvektoren des Operators A, die dem Eigenwert 1 entsprechen, und mit P_1 den Operator der orthogonalen Projektion auf H_1. Wenn die Gleichung (4.11) lösbar ist, dann existiert eine Lösung x^*, die orthogonal H_1 ist (wenn $\tilde{x}$ irgendeine Lösung dieser Gleichung ist, dann ist $x^* = \tilde{x} - P_1\,\tilde{x}$ die Lösung, die orthogonal zu H_1 ist).

Es sei x_0 eine beliebige Anfangsnäherung. Wir zeigen, daß die sukzessiven Näherungen (4.12) gegen die Lösung $x^* + P_1\,x_0$ der Gleichung (4.11) konvergieren. Dazu braucht man nur zu beweisen, daß man für gegebenes $\varepsilon > 0$ ein solches $N = N(\varepsilon)$ angeben kann, daß

$$||x_n - (x^* + P_1\,x_0)|| < \varepsilon$$

für $n > N$ gilt.

Es sei E_λ die Zerlegung der Einheit, die dem selbstadjungierten Operator A entspricht:

$$A = \int_{-1}^{1} \lambda\, dE_\lambda\,.$$

Es sei η weiter eine beliebige positive Zahl. Dann kann man den Raum H in eine orthogonale Summe von drei Unterräumen H_1, H_2 und H_3 zerlegen, wobei H_2 und H_3 die Mengen der Werte der Projektionsoperatoren

$$P_2\,x = \int_{-1+\eta}^{1-\eta} dE_\lambda\,x \tag{4.13}$$

und

$$P_3\,x = \int_{-1}^{-1+\eta} dE_\lambda\,x + \int_{1-\eta}^{1-0} dE_\lambda\,x$$

sind. Da

$$||P_3\,x||^2 = \int_{-1}^{-1+\eta} d(E_\lambda\,x, x) + \int_{1-\eta}^{1-0} d(E_\lambda\,x, x)$$

[1]) M. A. KRASNOSELSKI [10].

gilt und (-1) kein Sprungpunkt der Funktion $(E_\lambda x, x)$ ist, ist für jedes feste $x \in H$

$$\lim_{\eta \to 0} ||P_3 x|| = 0 .$$

Wir wählen $\eta > 0$ so, daß die Ungleichung

$$||P_3 (x_0 - x^*)|| < \varepsilon/2 \tag{4.14}$$

erfüllt ist. Die Projektoren P_1, P_2 und P_3 kommutieren mit A. Deshalb kann man die Gleichung (4.12) in der Gestalt von drei Gleichungen schreiben:

$$P_1 x_n = A P_1 x_{n-1} + P_1 f \qquad (n = 1, 2, \ldots), \tag{4.15}$$

$$P_2 x_n = A P_2 x_{n-1} + P_2 f \qquad (n = 1, 2, \ldots), \tag{4.16}$$

$$P_3 x_n = A P_3 x_{n-1} + P_3 f \qquad (n = 1, 2, \ldots). \tag{4.17}$$

Aus der Lösbarkeit der Gleichung (4.11) folgt, daß f orthogonal zu H_1 ist. Deshalb haben die Gleichungen (4.15) die Form

$$P_1 x_n = P_1 x_0 \qquad (n = 1, 2, \ldots). \tag{4.18}$$

Aus (4.13) folgt, daß die Norm des Operators A im Unterraum H_2 den Wert $1 - \eta$ nicht übertrifft. Deshalb konvergieren die sukzessiven Näherungen (4.16) gegen die Lösung $P_2 x^*$ der Gleichung $y = A y + P_2 f$. Folglich kann man ein solches N angeben, daß für $n > N$ die Ungleichung

$$||P_2 x_n - P_2 x^*|| < \varepsilon/2 \tag{4.19}$$

erfüllt ist.

Wegen (4.17) und (4.14) ist schließlich für alle n

$$||P_3 (x_n - x^*)|| = ||A (P_3 x_{n-1} - P_3 x^*)|| \leqq ||P_3 (x_{n-1} - x^*)|| \leqq \cdots$$
$$\leqq ||P_3 (x_0 - x^*)|| < \varepsilon/2 . \tag{4.20}$$

Für $n > N$ ist infolge von (4.18), (4.20) und (4.19)

$$||x_n - (x^* + P_1 x_0)|| \leqq ||P_1 (x_n - x^* - x_0)|| + ||P_2 (x_n - x^*)||$$
$$+ ||P_3 (x_n - x^*)|| < \varepsilon .$$

Der Satz ist bewiesen.

Jede Gleichung mit einem linearen beschränkten Operator, die eine Lösung im Hilbert-Raum besitzt, kann man in eine Gleichung der Gestalt (4.11) mit einem Operator A, der den Bedingungen des Satzes 4.2 genügt, überführen. In der Tat, betrachten wir die Gleichung

$$B x = f \tag{4.21}$$

mit dem beschränkten Operator B. Sie ist äquivalent der Gleichung

$$B_1 x = f_1 , \tag{4.22}$$

wobei $B_1 = B^* B$, $f_1 = B^* f$ und B^* der zu B adjungierte Operator sind. Zu überprüfen wäre nur die Tatsache, daß jede Lösung der Gleichung (4.22) gleichzeitig Lösung der Gleichung (4.21) ist; das ist aber offensichtlich, da einerseits die Gleichung $B_1 x^* = f_1$ bedeutet, daß das Element $B x^* - f$ zur Menge der Nullstellen des Operators B^* gehört, die orthogonal zur Menge der Werte des Operators B ist, und andererseits $B x^* - f$ zur Menge der Werte des Operators B gehört, da nach der Voraussetzung die Gleichung (4.21) lösbar ist.

Die Gleichung (4.22) ist äquivalent der Gleichung

$$x = (I - k B_1) x + k f_1 \tag{4.23}$$

für beliebiges von Null verschiedenes k. Mit

$$0 < k < \frac{2}{\|B_1\|} \tag{4.24}$$

ist die Gleichung (4.23) eine Gleichung der Gestalt (4.11) mit dem Operator

$$A = I - k B_1 , \tag{4.25}$$

der den Bedingungen des Satzes 4.2 genügt, da der Operator B_1 selbstadjungiert und nichtnegativ ist.

Wenn in der Gleichung (4.21) der Operator B selbstadjungiert und nichtnegativ ist, dann braucht man natürlich nicht den Zwischenschritt des Übergangs zur Gleichung (4.22).

Aus den angestellten Überlegungen und dem Satz 4.2 folgt der

Satz 4.3. *Für jede Gleichung* (4.21) *mit einem linearen beschränkten Operator* B, *die eine Lösung im* HILBERT-*Raum besitzt, kann man ein Iterationsverfahren der Gestalt* (4.12) *konstruieren, das gegen die Lösung konvergiert.*

Wenn der Operator B_1 in der Gleichung (4.22) positiv definit ist und wenn m und M die Grenzen seines Spektrums sind, dann ist (4.23) eine Gleichung mit einem Operator, dessen Norm kleiner 1 ist (diese Norm ist gleich $\max\{|1 - k m|, |1 - k M|\}$. Für den Beweis der Konvergenz des Iterationsverfahrens braucht man dann nicht den Satz 4.2; es genügt, auf das Kontraktionsprinzip zurückzugreifen.

Der Übergang zur Gleichung (4.23) ist für gewisse Fälle von I. P. NATANSON [1] vorgenommen worden. Für FREDHOLMsche Integralgleichungen zweiter Art ist er noch von G. WIARDA [1] angewandt worden. Für FREDHOLMsche Integralgleichungen erster Art ist er im wesentlichen in der Arbeit von W. M. FRIDMAN [1] betrachtet worden.

KAPITEL II

LINEARE GLEICHUNGEN

§ 5. Abschätzungen des Spektralradius eines linearen Operators

5.1. Der Spektralradius[1]). Der Begriff des Spektralradius ist schon im Kapitel 1 benutzt worden, und zwar bei den Abschätzungen zur Konvergenzgeschwindigkeit des Iterationsverfahrens, bei der Abschätzung der Konstanten in den LIPSCHITZ-Bedingungen für nichtlineare Operatoren usw.

Wir erinnern, daß der Spektralradius $\varrho(A)$ des linearen Operators A (sowohl im Falle eines reellen, als auch im Falle eines komplexen Raumes) durch die Formel

$$\varrho(A) = \lim_{n\to\infty} \sqrt[n]{\|A^n\|} \tag{5.1}$$

definiert ist.

Übung 5.1. Es sei A im reellen Raum E gelegen. Wir bezeichnen mit $\tilde{A}$ die natürliche Erweiterung des Operators A auf die komplexe Erweiterung $\tilde{E}$ des Raumes E ($\tilde{A}(x + i\,y) = A\,x + i\,A\,y$). Es ist zu beweisen, daß $\varrho(\tilde{A}) = \varrho(A)$ ist.

Übung 5.2. Es seien E_1, E_2 zwei BANACH-Räume, $E_1 \subset E_2$ und $\|x\|_{E_2} \leqq \|x\|_{E_1}$ ($x \in E_1$). Der lineare Operator A bilde E_2 in E_1 ab und sei stetig. Es ist zu zeigen, daß der Spektralradius von A als Operator in E_2 mit dem Spektralradius von A als Operator in E_1 zusammenfällt.

Für eine weite Klasse von Operatoren (zum Beispiel für die der vollstetigen, und insbesondere der endlichdimensionalen Operatoren) fällt der Spektralradius mit dem größten absoluten Wert der Eigenwerte zusammen.

Aus der Formel (5.1) folgt unmittelbar, daß $\varrho(\alpha\,A) = |\alpha|\,\varrho(A)$ ist; wenn die Operatoren A und B kommutieren, dann gilt die Ungleichung

$$\varrho(A + B) \leqq \varrho(A) + \varrho(B)\,. \tag{5.2}$$

Es muß berücksichtigt werden, daß für nichtkommutierende Operatoren die Formel (5.2) nicht gilt[2]); das einfachste Beispiel hierfür geben uns die Matrizen

$$A = \begin{pmatrix} 0 & 1 \\ 0 & 0 \end{pmatrix}, \qquad B = \begin{pmatrix} 0 & 0 \\ 1 & 0 \end{pmatrix}.$$

---

[1]) Eine ausführliche Darstellung kann man z. B. bei N. DUNFORD und J. T. SCHWARTZ [1] finden.

[2]) In den Arbeiten von W. J. STEZENKO und A. R. JESAJAN [1], A. R. JESAJAN [2], W. J. STEZENKO [5] sind Klassen von Operatoren beschrieben worden, für die die Formel (5.2) gilt, falls die Voraussetzung der Kommutierbarkeit durch die weniger einschränkende Voraussetzung der Halbkommutierbarkeit ersetzt wird: $A\,B\,x \lesssim B\,A\,x$ für Elemente x aus einem gewissen Kegel K.

Im weiteren werden wir die Formeln

$$\varrho(A^*) = \varrho(A) \tag{5.3}$$

und

$$\varrho(A^n) = [\varrho(A)]^n \qquad (n = 2, 3, \ldots) \tag{5.4}$$

benutzen, wobei A^* der zu A adjungierte Operator ist (der im adjungierten Raum e^* wirkt).

Vom Standpunkt der Theorie der linearen Gleichungen

$$\lambda x = A x + f \tag{5.5}$$

wird der Spektralradius hauptsächlich durch folgende Behauptungen erklärt:

Satz 5.1. *Ist*

$$|\lambda| > \varrho(A), \tag{5.6}$$

dann hat die Gleichung (5.5) *die einzige Lösung*

$$x^* = (\lambda I - A)^{-1} f, \tag{5.7}$$

die für beliebiges $x_0 \in E$ der Grenzwert der sukzessiven Näherungen

$$\lambda x_{n+1} = A x_n + f \qquad (n = 0, 1, 2, \ldots) \tag{5.8}$$

ist.

Die Konvergenz der Näherungen (5.8) ist gleichbedeutend mit der Tatsache, daß man die Lösung (5.7) als eine in der Norm konvergierende NEUMANNsche Reihe

$$x^* = \sum_{n=0}^{\infty} \lambda^{-(n+1)} A^n f \tag{5.9}$$

darstellen kann.

Satz 5.2. *Wenn die Reihe* (5.9) *für beliebiges $f \in E$ bei $|\lambda| > a$ konvergiert, dann ist $\varrho(A) \leqq a$.*

5.2. Positive lineare Operatoren. Für die Anwendung des Satzes 5.1 muß man entweder $\varrho(A)$ kennen, oder man muß hinreichend gute Abschätzungen für $\varrho(A)$ haben. Im weiteren werden Wege aufgezeigt, wie man zu solchen Abschätzungen für positive Operatoren gelangen kann, die in BANACH-Räumen mit einer durch einen gewissen Kegel K erzeugten Halbordnung gelegen sind. Die Grundbegriffe sind in § 3 angegeben worden.

In diesem Kapitel werden folgende Klassen von Kegeln eine Rolle spielen: *räumliche* (die innere Punkte besitzen), *reproduzierende* (deren lineare Hülle mit dem gesamten Raum übereinstimmt) und *normale* Kegel (für die aus $\theta \lesssim x \lesssim y$ die Ungleichung $||x|| \leqq N\, ||y||$ folgt, wobei N eine Konstante ist). Wir erinnern, daß die Kegel der nichtnegativen Funktionen und der nichtnegativen Vektorfunktionen in den gewöhnlichen Räumen (C, L_p usw.) reproduzierende und normale Kegel sind. In einem endlichdimensionalen Raum ist jeder Kegel normal.

Es werden verschiedene Klassen positiver linearer Operatoren (die den Kegel invariant lassen) untersucht.

Im weiteren benutzen wir folgende wichtige Behauptung (S. KARLIN [1], F. BONSALL [1]):

Lemma 5.1. *Der Spektralradius $\varrho(A)$ des bezüglich eines reproduzierenden und normalen Kegels K positiven Operators A ist ein Punkt des Spektrums des Operators A.*

Wir beschränken uns auf einen kurzen Beweis. Wir erhalten die Bezeichnung A für die natürliche Erweiterung des Operators A auf die komplexe Erweiterung $\tilde{E}$ des Raumes E. Wenn $\varrho(A)$ nicht zum Spektrum gehört, dann ist die Operatorfunktion $(\lambda I - A)^{-1}$ analytisch (siehe E. HILLE und R. PHILLIPS [1]) im Gebiet G, das alle λ mit $|\lambda| > \varrho(A)$ und einen gewissen Kreis S mit dem Radius r_0 und dem Zentrum im Punkt $\varrho(A)$ enthält (Abb. 5.1). Für feste $f \in K$, $l \in K^*$ (K^* ist der Kegel der nichtnegativen Funktionale) ist die skalare Funktion

$$\varphi(\lambda) = l\,[(\lambda I - A)^{-1} f]$$

ebenfalls analytisch in G und die Koeffizienten ihrer Zerlegung in die LAURENTsche Reihe

$$\varphi(\lambda) = \sum_{n=0}^{\infty} l(A^n f)\,\lambda^{-(n+1)} \tag{5.10}$$

sind nichtnegativ. Aus dem bekannten Satz von PRINSHEIM (siehe A. I. MARKUSCHEWITSCH [1]) folgt, daß die LAURENTsche Reihe für $|\lambda| > \varrho(A) - r_0$ konvergiert. Da K ein reproduzierender Kegel ist, konvergieren bei $|\lambda| > \varrho(A) - r_0$

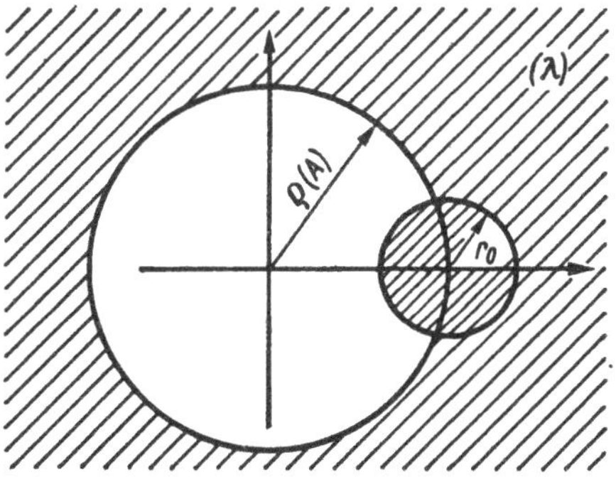

Abb. 5.1

die LAURENTschen Reihen für alle $f \in \tilde{E}$. Aus der Normalität von K folgt (M. G. KREIN und M. A. RUTMAN [1]), daß man jedes Funktional $l \in \tilde{E}^*$ in der Form einer Differenz zweier Funktionale aus K^* darstellen kann. Deshalb konvergieren die Reihen (5.10) für alle $f \in \tilde{E}$ und alle $l \in \tilde{E}^*$ im Gebiet $|\lambda| > \varrho(A) - r_0$. Mit anderen Worten, die Operatorfunktion $(\lambda I - A)^{-1}$ ist schwach analytisch für $|\lambda| > \varrho(A) - r_0$. Hieraus folgt (E. Hille und R. Phillips [1]) ihre starke Analytizität für $|\lambda| > \varrho(A) - r_0$. Das heißt, die Reihen (5.9) konvergieren in der Norm für $|\lambda| > \varrho(A) - r_0$. Das aber widerspricht der Definition von $\varrho(A)$.

Das Lemma ist bewiesen.

Der lineare Operator A heißt *quasivollstetig*, wenn man eine gewisse Potenz A^{n_0} von ihm in der Gestalt $A^{n_0} = B + C$ darstellen kann, wobei B vollstetig und $\|C\| < [\varrho(A)]^{n_0}$ sind. Für uns ist folgende Ergänzung (N. Dunford und J. T. Schwartz [1], S. Karlin [1]) zu Lemma 5.1 von Bedeutung.

Lemma 5.2. *Es sei A quasivollstetig und positiv bezüglich eines reproduzierenden und normalen Kegels K. Dann ist $\varrho(A)$ sowohl ein Eigenwert des Operators A, als auch des Operators A^*; dem Eigenwert $\varrho(A)$ entspricht wenigstens ein Eigenelement $x_0 \in K$ (für den Operator A) und ein Eigenfunktional $l_0 \in K^*$ (für den Operator A^*).*

Der Operator A heißt *stark positiv*, wenn K räumlich ist und A jeden von Null verschiedenen Punkt des Kegels K in einen seiner inneren Punkte überführt. Wenn K der Kegel der Vektoren

$$x = (\xi_1, \ldots, \xi_n)$$

mit nichtnegativen Koordinaten im n-dimensionalen reellen Raum R^n ist, dann definiert die Matrix

$$A = (a_{ij}) \qquad (i, j = 1, \ldots, n) \tag{5.11}$$

dann und nur dann einen stark positiven Operator, wenn alle ihre Elemente positiv sind. Wenn A ein Integraloperator

$$A\, x(t) = \int_\Omega K(t, s)\, x(s)\, ds \tag{5.12}$$

im Raum C der auf Ω stetigen reellen Funktionen mit dem Kegel K der nichtnegativen Funktionen ist, dann folgt z. B. die starke Positivität aus der Positivität des Kerns $K(t, s)$.

Der Operator A heißt u_0-positiv, wenn sich ein derartiges Nichtnullelement $u_0 \in K$ finden läßt, daß man für beliebige von Null verschiedene $x \in K$ die Zahlen $\alpha(x)$, $\beta(x) > 0$ angeben kann, für die

$$\alpha(x)\, u_0 \lesssim A\, x \lesssim \beta(x)\, u_0 \tag{5.13}$$

gilt. Wir beschränken uns auf ein Beispiel. Der Kern des Operators (5.12) genüge den Ungleichungen

$$u_0(t)\, b_1(s) \leqq K(t, s) \leqq u_0(t)\, b_2(s) \qquad (t, s \in \Omega)\,, \tag{5.14}$$

wobei $u_0(t)$, $b_1(t)$, $b_2(t)$ nichtnegative (von identisch Null verschiedene) stetige Funktionen sind. Dann ist (5.13) erfüllt, falls

$$\alpha(x) = \int_\Omega b_1(t)\, x(t)\, dt\,, \qquad \beta(x) = \int_\Omega b_2(t)\, x(t)\, dt$$

gilt.

Der Operator A heißt *u_0-beschränkt nach oben*, wenn jedem von Null verschiedenen $x \in K$ ein solches $\beta(x) \geqq 0$ entspricht, daß

$$A\,x \lesssim \beta(x)\,u_0 \tag{5.15}$$

erfüllt ist.

In dem Buch von M. A. Krasnoselski [11] (siehe ebenfalls M. G. Krein und M. A. Rutman [1], M. A. Krasnoselski und L. A. Ladyshenski [1]) sind allgemeinere Klassen stark positiver, u_0-positiver und u_0-beschränkter Operatoren untersucht worden.

Übung 5.3. Der nichtnegative stetige Kern $K(t, s)$ $(a \leqq t, s \leqq b)$ sei positiv für $|t - s| < \varepsilon_0 (\varepsilon_0 > 0)$. Es ist zu zeigen, daß eine gewisse Potenz des Operators (5.12) ein stark positiver Operator im Raum C der Funktionen mit dem Kegel K der nichtnegativen Funktionen ist.

Übung 5.4. Es ist zu beweisen, daß der Operator (5.12) mit einem Kern, der die Greensche Funktion für die Aufgabe $-\ddot{x} = \lambda\,x$, $x(a) = x(b) = 0$ darstellt, u_0-positiv ist.

5.3. Unzerlegbare Operatoren. Wir befassen uns nun ausführlicher mit dem Begriff des unzerlegbaren Operators, der die direkte Verallgemeinerung des Begriffs der unzerlegbaren Matrix darstellt. Eine vollständige Darlegung der Theorie der unzerlegbaren Matrizen kann man bei F. R. Gantmacher [1] finden (siehe ebenfalls M. A. Krasnoselski [11]). Der Begriff der unzerlegbaren Operatoren ist unabhängig voneinander von H. H. Schaefer [1], F. Niiro [1, 2] und W. J. Stezenko [4] eingeführt worden. Wir folgen dem Schema von W. J. Stezenko.

Das Element x nennt man *quasiinneres Element* des Kegels K, falls $l(x) > 0$ ist für jedes Nichtnullfunktional $l \in K^*$. Wir erinnern, daß K^* die Menge der linearen Funktionale ist, die auf K nichtnegative Werte annehmen. Im weiteren schreiben wir $x \gg 0$, wenn x ein quasiinneres Element des Kegels K ist.

Im Falle eines räumlichen Kegels stimmt der Begriff des quasiinneren Elements mit dem Begriff des inneren Elements überein.

Übung 5.5. Es sei K ein reproduzierender Kegel im separablen Banach-Raum. Es ist zu zeigen, daß K quasiinnere Elemente besitzt.

Übung 5.6. Es ist ein Banach-Raum mit einem reproduzierenden Kegel zu konstruieren, der kein quasiinneres Element besitzt.

Übung 5.7. Es ist zu zeigen, daß die nichtnegativen Funktionen aus dem Raum L_p, die Nullwerte nur auf einer Menge vom Maße Null annehmen, quasiinnere Elemente des Kegels der nichtnegativen Funktionen des Raumes L_p $(1 \leqq p < \infty)$ sind.

Der lineare positive Operator A heißt *unzerlegbar* wenn aus

$$x \gtrsim \alpha\,A\,x \tag{5.16}$$

folgt, daß x ein quasiinneres Element von K ist, wobei $\alpha > 0$, $x \in K$, $x \neq 0$ sind.

Es ist leicht zu sehen, daß jeder stark positive Operator unzerlegbar ist.

Übung 5.8. a) Es ist zu zeigen, daß die nichtnegative Matrix A dann und nur dann unzerlegbar ist, wenn der Operator A in bezug auf den Kegel der Vektoren mit nichtnegativen Komponenten unzerlegbar ist.

b) Die Folge der Elemente $a_{i_1 i_2}, a_{i_2 i_3}, \ldots, a_{i_m i_1}$ der Matrix (5.11) nennt man Spur der Nichtausgeartetheit, wenn alle diese Elemente verschieden von Null sind, wenn unter den Indizes $i_1, \ldots, i_m$ alle Zahlen $1, 2, \ldots, n$ sind und wenn $i_1 \neq i_2, i_2 \neq i_3, \ldots, i_m \neq i_1$ sind. Es ist zu beweisen, daß eine Matrix aus nichtnegativen Elementen, die wenigstens eine Spur der Nichtausgeartetheit besitzt, unzerlegbar ist.

Übung 5.9. Der BANACH-Raum E sei reflexiv. Es ist zu zeigen, daß der bezüglich des Kegels K positive Operator A dann und nur dann unzerlegbar ist, wenn der adjungierte Operator A unzerlegbar ist.

Wir betrachten als Beispiel den Integraloperator (5.12), wobei Ω eine beschränkte abgeschlossene Menge des euklidischen Raumes mit einem gewissen stetigen (zum Beispiel LEBESGUEschen) Maß ist. Wir nehmen an, daß der Kern $K(t, s)$ nichtnegativ ist. Uns interessieren die Bedingungen, unter denen der Operator (5.12) unzerlegbar ist in bezug auf den Kegel K der nichtnegativen Funktionen in einem entsprechenden BANACH-Raum.

Zunächst sei der Kern $K(t, s)$ stetig in der Gesamtheit der Variablen $t, s \in \Omega$, wobei Ω eine beschränkte, abgeschlossene und zusammenhängende Menge aus R^n ist. In diesem Falle bildet der Operator (5.12) den Raum C in sich ab (und ist sogar vollstetig). Man kann zeigen, daß er dann und nur dann unzerlegbar ist, wenn man für jede nichtleere abgeschlossene Teilmenge $\Omega_0 \subset \Omega$ ($\Omega_0 \neq \Omega$) solche Punkte $t_0 \in \Omega_0$, $s_0 \in \Omega \setminus \Omega_0$ finden kann, daß $K(t_0, s_0) > 0$ ist.

Der Operator (5.12) sei nun im Raum L_p gelegen und dort stetig (siehe M. A. KRASNOSELSKI, P. P. SABREIKO, E. I. PUSTYLNIK, P. E. SOBOLEWSKI [1]). Der Operator (5.12) ist dann und nur dann unzerlegbar, wenn man für jede meßbare Menge $\Omega_1 \subset \Omega$ ($0 < \operatorname{mes} \Omega_1 < \operatorname{mes} \Omega$) zwei abgeschlossene Mengen F_1 und F_2 ($F_1 \subset \Omega_1$, $F_2 \subset \Omega \setminus \Omega_1$, $\operatorname{mes} F_1 > 0$, $\operatorname{mes} F_2 > 0$) der Gestalt angeben kann, daß $K(t, s) > 0$ für $t \in F_1$, $s \in F_2$ ist. Den Beweis beider formulierter Kriterien für die Unzerlegbarkeit überlassen wir dem Leser.

5.4. Zum Vergleich der Spektralradien verschiedener Operatoren.

Satz 5.3[1]. *Der lineare Operator A sei positiv in bezug auf den normalen reproduzierenden Kegel K. Der lineare Operator B genüge der Bedingung*

$$-A x \lesssim B x \lesssim A x \qquad (x \in K). \tag{5.17}$$

Dann ist

$$\varrho(B) \leqq \varrho(A). \tag{5.18}$$

Beweis. Zunächst zeigen wir induktiv, daß gilt

$$-A^n x \lesssim B^n x \lesssim A^n x \qquad (x \in K, n = 1, 2, \ldots). \tag{5.19}$$

In der Tat, diese Ungleichung gilt für $n = 1$. Sie sei für $n = k$ erfüllt:

$$-A^k x \lesssim B^k x \lesssim A^k x \qquad (x \in K).$$

[1]) W. J. STEZENKO [1].

Indem wir auf die letzten Ungleichungen die positiven (und folglich auch monotonen) Operatoren $A - B$ und $A + B$ anwenden, erhalten wir die Ungleichungen

$$- A^{k+1} x + B A^k x \lesssim A B^k x - B^{k+1} x \lesssim A^{k+1} x - B A^k x ,$$

$$- A^{k+1} x - B A^k x \lesssim A B^k x + B^{k+1} x \lesssim A^{k+1} x + B A^k x ,$$

aus denen folgt, daß (5.19) für $n = k + 1$ erfüllt ist (da wegen (5.17) die Ungleichung $- A^{k+1} x \lesssim B A^k x \lesssim A^{k+1} x$ gilt).

Aus (5.19) und der Normalität des Kegels ergibt sich die Ungleichung

$$||B^n x|| - ||A^n x|| \leqq ||B^n x + A^n x|| \leqq 2 N ||A^n x|| \qquad (x \in K) ,$$

woraus

$$||B^n x|| \leqq (2 N + 1) ||A^n x|| \qquad (x \in K; n = 1, 2, \ldots) \tag{5.20}$$

folgt. Da der Kegel K reproduzierend ist, wird er nicht zusammengedrückt (M. A. Krasnoselski [11]): Jedes Element $f \in E$ kann man in der Gestalt $f = x_1 - x_2$ darstellen, wobei $x_1, x_2 \in K$, $||x_1||, ||x_2|| \leqq M||f||$ und M eine Konstante sind. Deshalb folgt aus (5.20) die Ungleichung

$$||B^n f|| \leqq (2 N + 1) 2 M ||A^n|| \cdot ||f|| \qquad (f \in E, n = 1, 2, \ldots) ,$$

d. h., es ist

$$||B^n|| \leqq 2 (2 N + 1) M ||A^n|| \qquad (n = 1, 2, \ldots) .$$

Zum Abschluß des Beweises braucht man nur noch die Formel (5.1) anzuwenden.

Der Satz ist bewiesen.

In vielen Fällen erlaubt der Satz 5.3, die Abschätzung des Spektralradius eines beliebigen linearen Operators auf die Abschätzung des Spektralradius eines positiven Operators zurückzuführen. Wie sich zeigt, kann man unter sehr allgemeinen Bedingungen die Abschätzung des Spektralradius eines positiven Operators A über seinen Wert auf einem festen Kegelelement gewinnen. Derartige Abschätzungen für Matrizen sind von O. Perron und L. Collatz erhalten worden; für Integraloperatoren von P. S. Uryson. Für vollstetige und andere Operatoren sind Abschätzungen (manchmal in impliziter Form) von M. G. Krein und M. A. Rutman [1], M. A. Krasnoselski [11], W. J. Stezenko [1—3, 5], P. P. Sabreiko, M. A. Krasnoselski, W. J. Stezenko [1], A. R. Jesajan [1, 2] und anderen angegeben worden. Für gewisse Klassen von Operatoren sind die Abschätzungen für das Spektrum in den sogenannten Sätzen über unlösbare Ungleichungen (M. A. Krasnoselski [11], A. R. Jesajan und T. Sabirow [1], W. J. Stezenko [6]) enthalten.

5.5. Abschätzungen des Spektralradius nach unten.

Satz 5.4[1]). *Es sei die Ungleichung*

$$A x_0 \gtrsim \gamma x_0 \tag{5.21}$$

[1]) W. J. Stezenko [4].

erfüllt, wobei A ein linearer positiver Operator, $-x_0 \notin K$ und K ein reproduzierender Kegel sind.

Dann gilt

$$\varrho(A) \geqq \gamma . \tag{5.22}$$

Beweis. Es sei f ein Element aus K dergestalt, daß $x_0 \lesssim f$ ist. Aus dem Satz 5.1 folgt, daß die Gleichung

$$[\varrho(A) + \varepsilon]\, x = A\, x + f$$

für beliebiges $\varepsilon > 0$ eine Lösung x_ε besitzt, die man als Reihe (5.9) darstellen kann. Da alle Elemente $A^n f$ $(n = 1, 2, \ldots)$ positiv sind, ist $x_\varepsilon \in K$. Die Lösungen x_ε genügen offensichtlich den Ungleichungen

$$[\varrho(A) + \varepsilon]\, x_\varepsilon \gtrsim A\, x_\varepsilon\,, \qquad [\varrho(A) + \varepsilon]\, x_\varepsilon \gtrsim f \gtrsim x_0 .$$

Aus diesen Ungleichungen folgt weiter

$$x_\varepsilon \gtrsim \gamma^{n-1}\, [\varrho(A) + \varepsilon]^{-n}\, x_0 \qquad (n = 1, 2, \ldots) . \tag{5.23}$$

Für den Beweis von (5.23) braucht man nur den Induktionsschritt zu vollziehen. Aus (5.23) ergibt sich, daß für jedes $\varepsilon > 0$ die Folge

$$\gamma^{n-1}\, [\varrho(A) + \varepsilon]^{-n} \qquad (n = 1, 2, \ldots)$$

beschränkt ist. Hieraus folgt die Ungleichung (5.22).

Der Satz ist damit bewiesen.

Wie aus dem Beweis zu ersehen ist, kann man die Voraussetzung, daß K ein reproduzierender Kegel ist, durch die Bedingung ersetzen, daß x_0 zur linearen Hülle des Kegels gehört.

Wir machen noch eine Bemerkung. Die Bedingung (5.21) kann man durch die Ungleichung

$$A^k\, x_0 \gtrsim \gamma^k\, x_0 \tag{5.24}$$

ersetzen; das folgt aus (5.4).

Als Beispiel betrachten wir den Integraloperator (5.12) mit dem stetigen positiven Kern $K(t, s)$. Mit $x_0(t) \equiv 1$ erhalten wir

$$\varrho(A) \geqq \min_{t \in \Omega} \int_\Omega K(t, s)\, ds . \tag{5.25}$$

Setzen wir aber

$$x_0(t) = \int_\Omega K(t, s)\, ds\,,$$

dann folgt aus (5.22) die Abschätzung

$$\varrho(A) \geqq \min_{t \in \Omega} \frac{\int_\Omega \int_\Omega K(t, s)\, K(s, \tau)\, ds\, d\tau}{\int_\Omega K(t, s)\, ds} .$$

Offensichtlich ist

$$\min_{t \in \Omega} \frac{\int_\Omega \int_\Omega K(t, s)\, K(s, \tau)\, ds\, d\tau}{\int_\Omega K(t, s)\, ds} \geqq \min_{t \in \Omega} \int_\Omega K(t, s)\, ds .$$

Übung 5.10. Es ist zu zeigen, daß der Spektralradius des Operators (5.12) der Ungleichung

$$\varrho(A) \geqq \sqrt{\min_{t \in \Omega} \int_\Omega \int_\Omega K(t,s)\, K(s,\tau)\, ds\, d\tau}$$

genügt.

Übung 5.11. Der Spektralradius des Operators (5.12) ist nach unten abzuschätzen. Hierbei soll der Kern des Operators die GREENsche Funktion der Aufgabe aus der Übung 5.4 sein und als $x_0(t)$ die Funktion $x_0(t) = (t - a)\,(b - t)$ gewählt werden.

5.6. Abschätzungen des Spektralradius nach oben. Das Hauptziel des vorliegenden Punktes besteht darin, verschiedene hinreichende Bedingungen anzugeben, unter denen aus der Ungleichung

$$A\, x_0 \lesssim \delta\, x_0 \qquad (x_0 \in K,\ x_0 \neq 0) \tag{5.26}$$

sich folgende Abschätzung für den Spektralradius $\varrho(A)$ des linearen positiven Operators A ergibt:

$$\varrho(A) \leqq \delta\,. \tag{5.27}$$

Es sei sogleich angemerkt, daß ohne zusätzliche Voraussetzungen die Ungleichung (5.27) nicht aus (5.26) folgt. Für die diagonale Matrix

$$A = \begin{pmatrix} 1/2 & 0 \\ 0 & 1 \end{pmatrix}$$

ist zum Beispiel die Ungleichung (5.26) erfüllt für $x_0 = \{1, 0\}$, $\delta = 1/2$ und $\varrho(A) = 1$.

Wir nehmen zunächst an, daß K ein reproduzierender (z. B. räumlicher) und normaler Kegel und der Operator A x_0-beschränkt nach oben ist. Aus (5.26) folgt, daß der Operator

$$B\, x = \frac{1}{\delta} A\, x \tag{5.28}$$

den Kegelabschnitt $\langle -x_0, x_0\rangle$ (die Menge der Elemente x, für die $-x_0 \lesssim x \lesssim x_0$ ist) in sich abbildet. Deshalb sind für jedes $f \in \langle -x_0, x_0\rangle$ die Normen der Elemente $B^n f$ in der Gesamtheit beschränkt, woraus die Konvergenz der NEUMANNschen Reihen (5.9) für $|\lambda| > \delta$ folgt. Da der Operator A nach oben x_0-beschränkt ist, sind die Elemente $B^n f$ für jedes $f \in E$ in der Norm beschränkt. Folglich konvergieren die Reihen (5.9) bei $|\lambda| > \delta$ für alle $f \in E$, und die Ungleichung (5.27) ergibt sich aus dem Satz 5.2.

Wenn der Operator A vollstetig ist, dann gelingt der Beweis der Ungleichung (5.27) nur unter der Voraussetzung, daß x_0 ein quasiinneres Element des Kegels ist. Man braucht nur den Fall $\varrho(A) > 0$ zu behandeln. Aus der allgemeinen Theorie der linearen vollstetigen Operatoren folgt, daß $\varrho(A)$ der größte absolute Wert sowohl der Eigenwerte des Operators A, als auch der Eigenwerte des adjungierten Operators A^* ist. Nach Lemmas 5.2 gilt für positive Operatoren A die genauere Aussage: $\varrho(A)$ ist ein Eigenwert der Operatoren A und A^*, dem Eigenvektoren in K und K^* entsprechend zugeordnet sind. Deshalb kann man für den Beweis von (5.27) folgendes Lemma benutzen.

Lemma 5.3. *Es sei die Ungleichung* (5.26) *erfüllt, und es existiere ein Funktional* $l_0 \in K^*$, $l_0 \neq \theta$ *dergestalt, daß*

$$A^* l_0 = \varrho(A)\, l_0 \qquad (5.29)$$

gilt, wobei $l_0(x_0) \neq 0$ *ist.*

Dann gilt die Ungleichung (5.27).

Der Beweis folgt aus

$$\varrho(A) = \frac{A^* l_0(x_0)}{l_0(x_0)} = \frac{l_0(A\, x_0)}{l_0(x_0)} \leqq \frac{l_0(\delta\, x_0)}{l_0(x_0)} = \delta\,.$$

Wir gehen nun zu dem komplizierteren Fall über, in dem K ein reproduzierender und normaler Kegel, x_0 ein quasiinneres Element von K und A nach oben u_0-beschränkt ist, mit $u_0 \in K$ und u_0 möglicherweise verschieden von x_0.

Wir werden wiederum $\varrho(A) > 0$ voraussetzen. Wir bezeichnen mit E_{u_0} die Menge der $x \in E$, für die die u_0-Norm

$$\|x\|_{u_0} = \inf_{-t\,u_0 \lesssim x \lesssim t\,u_0} t \qquad (5.30)$$

endlich ist.

Aus der Normalität des Kegels K folgt (M. A. Krasnoselski [11], S. 22) die Vollständigkeit von E_{u_0} bezüglich der u_0-Norm. Der Kegel $K_{u_0} = K \cap E_{u_0}$ ist räumlich und normal in E_{u_0}. Man kann leicht nachprüfen, daß die Spektralradien des Operators A in E und E_{u_0} gleich sind (für den Beweis kann man den Satz 5.2 und die Tatsache benutzen, daß die gewöhnliche Norm schwächer als die Norm (5.30) ist).

Wir bezeichnen mit G die Gesamtheit der Elemente $y \in E$ der Gestalt $y = A\,x - \varrho(A)\,x$, $x \in E_{u_0}$. Aus der u_0-Beschränktheit des Operators A nach oben folgt $G \subset E_{u_0}$. Wir zeigen, daß die lineare Menge G keine inneren Elemente des Kegels K_{u_0} enthält. Setzen wir das Gegenteil voraus, dann läßt sich ein Punkt $x_0 \in E_{u_0}$ dergestalt finden, daß

$$v_0 = A\,x_0 - \varrho(A)\,x_0 \gg \theta\,,$$

und folglich, für ein hinreichend kleines $\varepsilon > 0$ die Ungleichungen

$$A\,x_0 \gtrsim [\varrho(A) + \varepsilon]\,x_0\,, \qquad A\,x_0 \gtrsim [\varrho(A) - \varepsilon]\,x_0 \qquad (5.31)$$

erfüllt sind. Ist $-x_0 \notin K_{u_0}$, dann widerspricht die erste Beziehung in (5.31) dem Satz 5.4. Ist $-x_0 \in K_{u_0}$, dann ist $A\,(-x_0) \in K_{u_0}$, und demzufolge haben wir

$$-x_0 = \frac{1}{\varrho(A)}\,[v_0 + A(-x_0)] \gtrsim \frac{1}{\varrho(A)}\,v_0 \gg \theta\,.$$

Die zweite Beziehung in (5.31) kann man in der Form

$$A(-x_0) \lesssim [\varrho(A) - \varepsilon]\,(-x_0)$$

schreiben. Diese Beziehung ist aber widersprüchlich, da aus ihr nach dem schon zu Beginn des Punktes behandelten Fall die Ungleichung $\varrho(A) \leqq \varrho(A) - \varepsilon$ folgt.

Nach dem Satz von M. G. KREIN über die Fortsetzung eines linearen positiven Funktionals (siehe M. G. KREIN, M. A. RUTMAN [1]) kann man auf E_{u_0} ein derartiges lineares auf K_{u_0} positives Funktional l_1 definieren, das für $y \in G$ der Bedingung $l_1(y) = 0$ genügt. Wir setzen

$$l_0(x) = \frac{1}{\varrho(A)} l_1(A\,x) \qquad (x \in E)\,. \tag{5.32}$$

Offensichtlich ist

$$A^*\,l_0(x) = l_0(A\,x) = \frac{1}{\varrho(A)} l_1(A^2\,x) = \frac{1}{\varrho(A)} l_1\,[A^2\,x - \varrho(A)\,A\,x] + l_1(A\,x)$$
$$= \varrho(A)\,l_0(x) \qquad (x \in E)\,.$$

Aus dem Lemma 5.3 folgt deshalb die Ungleichung (5.27).

Wir nehmen nun an, daß man den positiven Operator A in der Gestalt

$$A = B + C \tag{5.33}$$

darstellen kann, wobei B vollstetig, $||C|| < \gamma$ und γ eine Zahl dergestalt ist, daß für ein gewisses z_0 ($-\,z_0 \notin K$) die Ungleichung

$$A\,z_0 \gtrsim \gamma\,z_0 \tag{5.34}$$

erfüllt ist. Aus dem Satz 5.4 folgt dann, daß $\varrho(A) \geqq \gamma$ ist und deshalb $||C|| < \varrho(A)$ gilt. Der Operator A ist somit quasivollstetig (siehe Punkt 5.2). Aus Lemma 5.2 ergibt sich, daß man auf den Operator (5.33) das Lemma 5.3 anwenden kann. Das heißt, für die Operatoren (5.33) folgt aus (5.26) die Ungleichung (5.27).

Die in diesem Punkt erhaltenen Ergebnisse fassen wir in einem Satz zusammen.

Satz 5.5[1]). *Es sei A ein positiver linearer Operator, für den die Beziehung* (5.26) *gilt. Weiter sei eine der folgenden Bedingungen erfüllt:*

a) *A ist vollstetig, x_0 ist ein quasiinneres Element von K;*

b) *der Kegel K ist räumlich und normal, x_0 ist ein inneres Element von K;*

c) *der Operator A ist nach oben x_0-beschränkt, K ist ein reproduzierender und normaler Kegel;*

d) *der Operator A ist nach oben u_0-beschränkt, K ist ein reproduzierender und normaler Kegel, x_0 ist ein quasiinneres Element von K;*

e) *der Operator A läßt die Darstellung*

$$A = B + C$$

zu, wobei B vollstetig, $||C|| < \gamma$, K ein reproduzierender und normaler Kegel und x_0 ein quasiinneres Element von K sind; es existiert ein Element z_0 ($-\,z_0 \notin K$) dergestalt, daß $A\,z_0 \gtrsim \gamma\,z_0$ ist.

Dann gilt die Ungleichung $\varrho(A) \leqq \delta$.

---

1) P. P. SABREIKO, M. A. KRASNOSELSKI, W. J. STEZENKO [1].

Die Gleichung (5.4) erweitert die Möglichkeiten zur Auffindung von Abschätzungen für den Spektralradius: Falls eine gewisse Potenz A^{n_0} den Bedingungen des Satzes 5.5 genügt, dann ergibt sich aus der Ungleichung

$$A^{n_0} x_0 \lesssim \beta x_0 \tag{5.35}$$

die Abschätzung

$$\varrho(A) \leqq \sqrt[n_0]{\beta}. \tag{5.36}$$

Zum Abschluß des Punktes sei angemerkt, daß die Voraussetzung der Normalität des Kegels wesentlich für den Fall ist, wenn die Bedingung b) des Satzes 5.5 erfüllt ist. Wir geben ein entsprechendes Beispiel an. Es sei E der Raum der im Kreis $|z| < 1$ analytischen und im Kreis $|z| \leqq 1$ stetigen Funktionen $f(z)$, die für reelle z reelle Werte annehmen. Den Raum E kann man als einen reellen BANACH-Raum mit der Norm

$$||f|| = \max_{|z| \leq 1} |f(z)|$$

betrachten. Mit K bezeichnen wir die Menge der Funktionen $f(z) \in E$, die für reelle $z \in [-1, -1/2]$ nichtnegative Werte annehmen. Wie leicht zu sehen ist, ist K ein räumlicher Kegel, der nicht die Eigenschaft der Normalität besitzt. Wir definieren auf E den linearen positiven Operator

$$A\, f(z) = -(z + 1/2)\, f(z)\,.$$

Eine einfache Rechnung zeigt, daß das Spektrum dieses Operators mit dem Kreis $|\lambda + 1/2| \leqq 1$ zusammenfällt, und deshalb ist $\varrho(A) = 3/2$. Auf dem inneren Element $v_0(z) \equiv 1$ des Kegels K ist andererseits die Ungleichung $A\, v_0 \lesssim 1/2\, v_0$ erfüllt. Für den betrachteten Operator folgt somit aus (5.26) nicht die Ungleichung (5.27).

Übung 5.12. Es ist zu zeigen, daß der Satz 5.5 seine Gültigkeit behält, wenn man die Ungleichung (5.26) durch die weniger einschränkende Bedingung

$$\sum_{n=0}^{2k-1} (-1)^n \delta^{-n} A^n x_0 \gtrsim \theta$$

ersetzt.

5.7. Strenge Ungleichungen.

Satz 5.6. *Es seien die Bedingungen des Satzes 5.5 erfüllt, und der Punkt $\delta x_0 - A x_0$ sei ein quasiinneres Element des Kegels K.*

Dann gilt die strenge Ungleichung

$$\varrho(A) < \delta\,. \tag{5.37}$$

Beweis. In den Bedingungen des Satzes 5.5 existiert ein Nichtnullfunktional $l_0 \in K^*$ dergestalt, daß $A^* l_0 = \varrho(A)\, l_0$ ist. Indem wir dieses Funktional auf das Element $\delta x_0 - A x_0$ anwenden, erhalten wir die Ungleichung

$$l_0\,(\delta x_0 - A x_0) = \delta\, l_0(x_0) - \varrho(A)\, l_0(x_0) > 0\,,$$

woraus (5.37) folgt.

Der Satz ist bewiesen.

Wie aus dem durchgeführten Beweis zu ersehen ist, kann man die Voraussetzung, daß $\delta x_0 - A x_0$ ein quasiinneres Element ist, durch die Beziehungen, daß dieses Element verschieden von Null und positiv ist, ersetzen, falls aus irgendwelchen zusätzlichen Überlegungen bekannt ist, daß das Eigenfunktional l_0 auf $\delta x_0 - A x_0$ (oder auf allen Nichtnullelementen aus K) positive Werte annimmt.

Es sei (5.26) erfüllt und $\delta x_0 \neq A x_0$. Die Gleichung

$$[\varrho(A) + 1]\, x = A x + \delta x_0 - A x_0$$

hat wegen Satz 5.1 die Lösung

$$x = \sum_{n=0}^{\infty} [\varrho(A) + 1]^{-(n+1)} A^n (\delta x_0 - A x_0)\,. \tag{5.38}$$

Diese Lösung genügt offensichtlich der Ungleichung

$$x \gtrsim \frac{1}{\varrho(A) + 1} A x\,. \tag{5.39}$$

Wir setzen voraus, daß A unzerlegbar ist (siehe Punkt 5.3). Aus (5.39) folgt dann, daß x ein quasiinneres Element von K ist. Deshalb ist für jedes von Null verschiedenes $l_0 \in K^*$ die Ungleichung

$$l_0(x) = \sum_{n=0}^{\infty} [\varrho(A) + 1]^{-(n+1)} l_0 [A^n (\delta x_0 - A x_0)] > 0 \tag{5.40}$$

erfüllt. Es sei l_0 ein Eigenelement des Operators A^*, das dem Eigenwert $\varrho(A) > 0$ entspricht. Dann haben wir

$$l_0 [A^n (\delta x_0 - A x_0)] = (A^*)^n l_0 (\delta x_0 - A x_0) = [\varrho(A)]^n l_0 (\delta x_0 - A x_0)\,,$$

und aus (5.40) folgt

$$[\delta - \varrho(A)]\, l_0(x_0) = l_0 (\delta x_0 - A x_0) > 0\,.$$

Demzufolge gilt $\varrho(A) < \delta$. Somit haben wir folgenden Satz bewiesen:

Satz 5.7. *Es seien die Bedingungen des Satzes* 5.5 *erfüllt, A sei unzerlegbar und $A x_0 \neq \delta x_0$.*

Dann gilt die strenge Ungleichung (5.37).

Übung 5.13. Es ist zu beweisen, daß der positive lineare Operator A dann und nur dann unzerlegbar ist, wenn jedem von Null verschiedenen $x \in K$ und $l \in K^*$ ein $n = n(x, l)$ dergestalt entspricht, daß $l(A^n x) > 0$ ist.

Wir formulieren noch eine Aussage über die strenge Abschätzung des Spektralradius.

Satz 5.8. *Es sei K ein reproduzierender und normaler Kegel; der lineare Operator A sei u_0-positiv; schließlich seien die Beziehungen*

$$A y_0 \lesssim \delta y_0\,, \qquad A y_0 \neq \delta y_0 \tag{5.41}$$

erfüllt, wobei y_0 ein Nichtnullelement aus K ist.

Dann gilt

$$\varrho(A) < \delta\,. \tag{5.42}$$

Beweis. Aus der u_0-Positivität des Operators A folgt die Existenz derartiger positiver Zahlen α, β, daß gilt

$$A\,(\delta\, y_0 - A\, y_0) \gtrsim \alpha\, u_0\,, \qquad A\, y_0 \lesssim \beta\, u_0\,.$$

Deshalb ist

$$A(A\, y_0) = \delta\, A\, y_0 - A\,(\delta\, y_0 - A\, y_0) \lesssim \delta\, A\, y_0 - \alpha\, u_0$$

und ferner

$$A(A\, y_0) \lesssim \left(\delta - \frac{\alpha}{\beta}\right) A\, y_0\,. \tag{5.43}$$

Aus der u_0-Positivität des Operators A folgt offensichtlich seine x_0-Positivität, wobei $x_0 = A\, y_0$ ist. Die Beziehung (5.43) kann man als Bedingung (5.26) des Satzes 5.5 ansehen. Indem wir diesen Satz anwenden (die Bedingung c) ist erfüllt), gelangen wir zu der Ungleichung

$$\varrho(A) \leqq \delta - \frac{\alpha}{\beta}\,.$$

Der Satz ist bewiesen.

5.8. Beispiele. Als erstes Beispiel betrachten wir den linearen Integraloperator

$$A\, x(t) = \int_\Omega K(t, s)\, x(s)\, ds\,, \tag{5.44}$$

wobei Ω eine beschränkte abgeschlossene Menge des endlichdimensionalen euklidischen Raumes ist. Wir werden voraussetzen, daß dieser Operator im Raum $C = C(\Omega)$ wirkt und dort stetig ist. Aus Satz 5.3 folgt, daß der Spektralradius des Operators (5.44) durch den Spektralradius des Integraloperators mit nichtnegativem Kern $|K(t, s)|$ (falls natürlich dieser Operator in C wirkt) majorisiert wird. Wir beschränken uns auf nichtnegative Kerne.

Es sei K der Kegel der nichtnegativen Funktionen. Dieser Kegel ist räumlich und normal. Aus dem Satz 5.5 (Fall b)) ergibt sich die Abschätzung

$$\varrho(A) \leqq \max_{t \in \Omega} \frac{1}{x_0(t)} \int_\Omega K(t, s)\, x_0(s)\, ds\,, \tag{5.45}$$

wobei $x_0(t)$ eine beliebige auf Ω positive Funktion ist. Die Genauigkeit der Abschätzung (5.45) hängt natürlich davon ab, wie „gut“ die Funktion $x_0(t)$ gewählt wurde. Wenn wir insbesondere $x_0(t) \equiv 1$ setzen, dann gelangen wir zu der offenkundig groben Abschätzung

$$\varrho(A) \leqq \max_{t \in \Omega} \int_\Omega K(t, s)\, ds\,.$$

Die rechte Seite dieser Ungleichung stimmt mit der Norm $||A||$ des Operators A im Raum C überein. Es läßt sich leicht nachprüfen, daß der Operator (5.44) nach oben u_0-beschränkt ist, wobei

$$u_0(t) = \int_\Omega K(t, s)\, ds \tag{5.46}$$

ist. Deshalb folgt aus dem Satz 5.5 (Fall c)) die Abschätzung

$$\varrho(A) \leqq \sup_{t \in \Omega} \frac{\int_\Omega \int_\Omega K(t, s)\, K(s, \tau)\, ds\, d\tau}{\int_\Omega K(t, s)\, ds}. \tag{5.47}$$

Übung 5.14. Es ist zu beweisen, daß die Abschätzung

$$\varrho(A) \leqq \max_{t \in \Omega} \left\{ \frac{1}{x_0(t)} \int_\Omega K_m(t, s)\, x_0(s)\, ds \right\}^{1/m}$$

gilt, wobei

$$K_m(t, s) = \int_\Omega \cdots \int_\Omega K(t, \tau_1)\, K(\tau_1, \tau_2) \cdots K(\tau_{m-1}, s)\, d\tau_1\, d\tau_2 \cdots d\tau_{m-1} \tag{5.48}$$

und $x_0(t)$ eine beliebige positive stetige Funktion ist.

Übung 5.15. Es ist zu beweisen, daß die Abschätzung

$$\varrho(A) \leqq \sup_{t \in \Omega} \left\{ \frac{\int_\Omega K_m(t, s)\, ds}{\int_\Omega K(t, s)\, ds} \right\}^{\frac{1}{m-1}} \tag{5.49}$$

gilt.

Ausführlicher betrachten wir den Fall, daß $K(t, s)$ die Greensche Funktion des Problems $-\ddot{x} = \lambda\, x$, $x(0) = x(1) = 0$ ist:

$$K(t, s) = \begin{cases} t\,(1 - s) & \text{für} \quad t \leqq s\,, \\ s\,(1 - t) & \text{für} \quad s \leqq t\,. \end{cases} \tag{5.50}$$

Dieser Operator ist u_0-positiv, wobei $u_0(t) = t\,(1 - t)$ ist. Eine einfache Rechnung ergibt

$$A\, u_0(t) \leqq 0{,}1041\, u_0(t)\,, \qquad A^2\, u_0(t) \leqq 0{,}1016\, A\, u_0(t)\,.$$

Deshalb folgt aus dem Satz 5.5 eine Serie von Abschätzungen des Spektralradius

$$\varrho(A) \leqq 0{,}1041; \qquad \varrho(A) \leqq 0{,}1016\,.$$

In diesem Fall ist der exakte Wert des Spektralradius gleich $1/\pi^2 \approx 0{,}10132$.

Wenn der Kern des Operators (5.44) wesentliche Singularitäten enthält, dann muß man ihn in von C verschiedenen Räumen betrachten.

Als zweites Beispiel betrachten wir nun die unendliche Matrix

$$A = (a_{ij}) \tag{5.51}$$

mit nichtnegativen Elementen, die der Bedingung

$$\sum_{i=1}^{\infty}\left(\sum_{j=1}^{\infty} a_{ij}^{\frac{p}{p-1}}\right)^{p-1} < \infty \tag{5.52}$$

genügen, wobei $p > 1$ ist. Wie bekannt (siehe z. B., L. W. KANTOROWITSCH und G. P. AKILOW [1]) erzeugt die Matrix A einen linearen vollstetigen Operator im Raum l_p. Dieser Operator ist bezüglich des Kegels K der Elemente x mit nichtnegativen Koordinaten positiv und nach oben u_0-beschränkt, wobei gilt

$$u_0 = \left\{\left(\sum_{j=1}^{\infty} a_{1j}^{\frac{p}{p-1}}\right)^{\frac{p-1}{p}}, \ldots, \left(\sum_{j=1}^{\infty} a_{nj}^{\frac{p}{p-1}}\right)^{\frac{p-1}{p}}, \ldots\right\}.$$

Aus Satz 5.5 (Fall c)) folgt die Abschätzung

$$\varrho(A) \leqq \sup_{i=1,2,\ldots} \frac{\sum_{j=1}^{\infty} a_{ij}\left(\sum_{k=1}^{\infty} a_{jk}^{\frac{p}{p-1}}\right)^{\frac{p-1}{p}}}{\left(\sum_{j=1}^{\infty} a_{ij}^{\frac{p}{p-1}}\right)^{\frac{p-1}{p}}}. \tag{5.53}$$

In der letzten Beziehung gilt wegen Satz 5.6 das Zeichen der strengen Ungleichung, wenn in der rechten Seite für kein einziges i das Supremum erreicht wird. Man kann behaupten (wegen Satz 5.7), daß das Zeichen der strengen Ungleichung auch dann gilt, wenn die Matrix A unzerlegbar ist und für gewisse $i = i_1, i_2$ die Ungleichung

$$\frac{\sum_{j=1}^{\infty} a_{i_1 j}\left(\sum_{k=1}^{\infty} a_{jk}^{\frac{p}{p-1}}\right)^{\frac{p-1}{p}}}{\left(\sum_{j=1}^{\infty} a_{i_1 j}^{\frac{p}{p-1}}\right)^{\frac{p-1}{p}}} < \frac{\sum_{j=1}^{\infty} a_{i_2 j}\left(\sum_{k=1}^{\infty} a_{jk}^{\frac{p}{p-1}}\right)^{\frac{p-1}{p}}}{\left(\sum_{j=1}^{\infty} a_{i_2 j}^{\frac{p}{p-1}}\right)^{\frac{p-1}{p}}}$$

erfüllt ist.

Übung 5.16. Es ist zu zeigen, daß der durch die Matrix (5.51) definierte Operator A dann und nur dann unzerlegbar ist, wenn für eine beliebige Zerlegung der natürlichen Reihe in zwei Teilfolgen n_i, k_j (ohne gemeinsame Elemente) sich derartige n_{i_0} und k_{j_0} finden lassen, daß $a_{n_{i_0} k_{j_0}} > 0$ ist.

§ 6. Die Blockmethode zur Abschätzung des Spektralradius

6.1. Der Hauptsatz. Es seien E_1 und E_2 BANACH-Räume mit den Kegeln K_1 bzw. K_2. Im gesamten Paragraphen werden wir voraussetzen, daß K_1 ein reproduzierender und K_2 ein normaler Kegel ist.

Wir nehmen an, daß die Abbildung T des Kegels K_1 in den Kegel K_2 definiert ist, die der Ungleichung

$$\|T x\|_{E_2} \geqq c\,\|x\|_{E_1} \qquad (x \in K_1) \tag{6.1}$$

genügt, wobei c eine positive Konstante ist. Sowohl die Linearität, als auch die Stetigkeit der Abbildung T werden nicht vorausgesetzt.

Satz 6.1[1]). *Es seien A und B lineare positive Operatoren, die entsprechend in den Räumen E_1 bzw. E_2 wirken. Es sei*

$$T\,A\,x \lesssim B\,T\,x \qquad (x \in K_1)\,. \tag{6.2}$$

Dann gilt die Abschätzung

$$\varrho(A) \leqq \varrho(B)\,. \tag{6.3}$$

Beweis. Es sei $f \in K_1$. Wegen (6.2) ist

$$T\,A^n f \lesssim B^n\,T\,f \qquad (n = 1, 2, \ldots)\,, \tag{6.4}$$

und da der Kegel K_2 normal ist, gelten die Ungleichungen

$$\|T\,A^n f\|_{E_2} \leqq N\,\|B^n\,T\,f\|_{E_2} \qquad (n = 1, 2, \ldots)\,.$$

Aus (6.1) ergeben sich die Ungleichungen

$$c\,\|A^n f\|_{E_1} \leqq \|T\,A^n f\|_{E_2} \qquad (n = 1, 2, \ldots)\,.$$

Deshalb ist

$$\overline{\lim_{n\to\infty}}\,\|A^n f\|_{E_1}^{1/n} \leqq \overline{\lim_{n\to\infty}}\,\|B^n\|^{1/n}\left\{\frac{N}{c}\,\|T\,f\|_{E_2}\right\}^{1/n} = \overline{\lim_{n\to\infty}}\,\|B^n\|^{1/n}\,.$$

Hieraus und aus (5.1) folgt die Ungleichung

$$\overline{\lim_{n\to\infty}}\,\|A^n f\|_{E_1}^{1/n} \leqq \varrho(B) \qquad (f \in K_1)\,. \tag{6.5}$$

Das beliebig gewählte Element $g \in E_1$ kann man in der Gestalt $g = f_1 - f_2$ mit $f_1, f_2 \in K_1$ darstellen. Offensichtlich ist

$$\overline{\lim_{n\to\infty}}\,\|A^n (f_1 - f_2)\|_{E_1}^{1/n} \leqq \overline{\lim_{n\to\infty}}\,(\|A^n f_1\|_{E_1} + \|A^n f_2\|_{E_1})^{1/n}$$

$$\leqq \overline{\lim_{n\to\infty}}\,\{2^{1/n} \max\,[\|A^n f_1\|_{E_1}^{1/n}, \|A^n f_2\|_{E_1}^{1/n}]\}\,.$$

Deshalb folgt aus (6.5) die Ungleichung

$$\overline{\lim_{n\to\infty}}\,\|A^n g\|_{E_1}^{1/n} \leqq \varrho(B) \qquad (g \in E_1)\,,$$

wegen der die lineare Gleichung

$$\lambda\,x = A\,x + g$$

für $|\lambda| > \varrho(B)$ und beliebiges freies Glied $g \in E_1$ eine Lösung hat, die sich durch eine NEUMANNsche Reihe darstellen läßt. Man braucht nur noch auf den Satz 5.2 zu verweisen.

Der Satz ist bewiesen.

---

[1]) P. P. SABREIKO, M. A. KRASNOSELSKI und W. J. STEZENKO [1]; ähnliche Behauptungen für Räume mit miniedralen Kegeln sind in dem Buch von L. W. KANTOROWITSCH, B. S. WULICH und A. G. PINSKER [1] aufgestellt worden.

6.2. Beispiele. Für Anwendungen ist es günstig, Operatoren T mit Werten in endlichdimensionalen Räumen zu benutzen, da in diesem Fall die Operatoren B Matrizen sind, deren Spektralradius mit dem größten nichtnegativen Eigenwert zusammenfällt.

Es sei E_1 der Raum C der auf der abgeschlossenen beschränkten Menge Ω stetigen Funktionen. Es sei $\omega_1, \omega_2, \ldots, \omega_m$ die abgeschlossene Überdeckung von Ω. Wir definieren die Abbildung T des Raumes C in den m-dimensionalen Raum R^m durch die Gleichung

$$T\,x = \{\xi_1(x), \xi_2(x), \ldots, \xi_m(x)\} \tag{6.6}$$

mit

$$\xi_i(x) = \max_{t \in \omega_i} |x(t)| \qquad (i = 1, \ldots, m)\,. \tag{6.7}$$

Die Bedingung (6.1) ist offensichtlich erfüllt. Wir betrachten den Integraloperator

$$A\,x(t) = \int_\Omega K(t, s)\, x(s)\, ds \tag{6.8}$$

mit stetigem nichtnegativem Kern. Es läßt sich leicht nachprüfen, daß der Operator (6.8) den Bedingungen des Satzes 6.1 genügt, falls man die Elemente der Matrix B durch die Formel

$$b_{ij} = \max_{t \in \omega_i} \int_{\omega_j} K(t, s)\, ds \qquad (i, j = 1, \ldots, m) \tag{6.9}$$

definiert.

Übung 6.1. Es sei A ein positiver Operator in $C(\Omega)$ und T durch die Formel (6.6) definiert. Es ist zu zeigen, daß die Matrix B die Bedingung (6.2) dann und nur dann erfüllt, wenn ihre Elemente b_{ij} den Ungleichungen

$$b_{ij} \geqq \lim_{\delta \to 0} \sup_{x(t) \in \mathfrak{N}_\delta^{(j)},\, \|x(t)\| \leqq 1} \max_{t \in \omega_i} A\,x(t)$$

genügen, wobei $\mathfrak{N}_\delta^{(j)}$ die Menge stetiger Funktionen ist, deren Träger in der δ-Umgebung der Menge ω_j liegen.

Wir gehen nun zum Raum $L_2(\Omega)$ über. Wie auch vorher werden wir voraussetzen, daß Ω durch die Mengen $\omega_1, \omega_2, \ldots, \omega_m$ überdeckt ist; wir nehmen an, daß die Elemente der Überdeckung ein von Null verschiedenes Maß besitzen. Den Operator T kann man durch die Gleichung (6.6) definieren, falls man

$$\xi_i(x) = \left[\int_{\omega_i} x^2(t)\, dt\right]^{1/2} \qquad (i = 1, \ldots, m) \tag{6.10}$$

setzt. Bei der Abschätzung des Spektralradius des in L_2 gelegenen Operators (6.8) kann man dann den Satz 6.1 anwenden, wenn die Elemente der Matrix B durch die Formel

$$b_{ij}^2 = \int_{\omega_i} \int_{\omega_j} K^2(t, s)\, ds\, dt$$

gegeben sind.

Als letztes Beispiel sei der einfachste Fall angemerkt, in dem A ein Operator im n-dimensionalen Raum E_1 ist. Die Konstruktion des Raumes E_2 erfolgt in diesem Fall nach folgendem Schema. Den Raum E_1 betrachtet man als direkte Summe von m Unterräumen F_i. Jedes Element $x \in E_1$ kann man dann eindeutig in der Gestalt

$$x = P_1 x + P_2 x + \cdots + P_m x$$

darstellen, wobei P_i ein linearer Projektionsoperator auf F_i ist, der auf allen F_j für $j \neq i$ verschwindet. In jedem Unterraum F_i wird eine gewisse Norm $\|\cdot\|_i$ betrachtet. Danach definiert man den Operator T durch die Gleichung

$$T x = \{\|P_1 x\|_1, \|P_2 x\|_2, \ldots, \|P_m x\|_m\} \,. \tag{6.11}$$

Die Matrix B genügt dann der Bedingung (6.2), wenn man ihre Elemente durch die Formel

$$b_{ij} = \max_{\|P_j x\|_j \leq 1} \|P_i A P_j x\|_i$$

definiert. Wenn man die Basis im Raum E_1 so wählt, daß man aus ihren Elementen die Basen in allen Unterräumen F_i bilden kann, dann werden die Matrizen der Operatoren $P_i A P_j$ als Blöcke definiert, in die sich die Matrix A aufspaltet.

Durch das beschriebene Schema erklärt sich die Bezeichnung dieses Paragraphen.

Wir befassen uns hier nicht mit konkreten Beispielen. Es sei nur angemerkt, daß eine Reihe derartiger Beispiele in dem Buch von L. W. Kantorowitsch, B. S. Wulich und A. G. Pinsker [1] behandelt worden ist. Siehe ebenfalls den Artikel von W. J. Stezenko [2].

6.3. Die Kegelnorm. Den Satz 6.1 kann man als Satz über die Anwendung spezieller verallgemeinerter Metriken[1]) ansehen. Verallgemeinerten Metriken sind dieser und der folgende Punkt des vorliegenden Paragraphen gewidmet.

Es sei K ein normaler Kegel des Banach-Raums E.

Man sagt, daß R ein *verallgemeinerter metrischer Raum* ist, wenn jedem Paar $x, y \in R$ ein Element $\varrho(x, y) \in K$ zugeordnet ist, wobei die gewöhnlichen Axiome erfüllt sind: $\varrho(x, y) = \theta$ dann und nur dann, wenn $x = y$ ist; $\varrho(x, y) = \varrho(y, x)$; es gilt die Dreiecksungleichung $\varrho(x, y) \lesssim \varrho(x, z) + \varrho(z, y)$.

---

[1]) Verallgemeinerte Metriken sind von verschiedenen Autoren untersucht und angewendet worden. Die ersten Resultate sind wahrscheinlich von G. Kurepa [1] erzielt worden; wichtige Ergebnisse kann man bei L. W. Kantorowitsch (L. W. Kantorowitsch, B. S. Wulich und A. G. Pinsker [1]) finden; derartige Metriken sind systematisch von L. Collatz [1] zur Untersuchung von Iterationsprozessen benutzt worden; besonders seien die Arbeiten von A. I. Perow [1], A. I. Perow und A. W. Kibenko [1], E. Muchamadijew und W. J. Stezenko [1] erwähnt, auf die wir uns im weiteren zum Teil stützen werden.

Eine neue Richtung in der Theorie der verallgemeinerten normierten Räume ist von M. J. Antonowski, W. G. Boltjanski und T. A. Sarymsakow (siehe z. B. ihre Monographien [1—4]) entwickelt worden.

Es sei R ein reelles lineares System; R heißt *verallgemeinerter normierter Raum*, wenn auf ihm die Funktion $p(x)$ mit den Werten in K gegeben ist, die folgenden Bedingungen genügt: $p(\theta) = \theta$ und $p(x) \neq \theta$ für $x \neq \theta$; $p(\alpha x) = |\alpha|\, p(x)$; $p\,(x + y) \lesssim p(x) + p(y)$.

Der verallgemeinerte normierte Raum wird zu einem verallgemeinerten metrischen Raum, wenn man

$$\varrho(x, y) = p\,(x - y) \tag{6.12}$$

setzt.

Als Beispiele einer verallgemeinerten Norm können die Werte der Operatoren (6.6) und (6.11) dienen, die im Punkt 6.2 behandelt worden sind.

Wir nehmen an, daß auf dem Kegel K das nichtnegative und sublineare Funktional $l(u)$ $\big($aus $u, v \gtrsim \theta$ resultiert $0 \leqq l\,(u + v) \leqq l(u) + l(v)\big)$ gegeben ist. Außerdem setzen wir voraus, daß $l(u)$ Nichtnullwerte auf den Nichtnullwerten $\varrho(x, y)$ oder $p(x)$ annimmt. Dann werden durch die Formeln

$$\varrho_*(x, y) = l[\varrho(x, y)] \tag{6.13}$$

und $\big($falls $l(t\,u) = t\,l(u)$ für $t \geqq 0$ ist$\big)$

$$\|x\|_* = l[p(x)] \tag{6.14}$$

der verallgemeinerte metrische bzw. der verallgemeinerte normierte Raum in den gewöhnlichen metrischen bzw. gewöhnlichen normierten Raum überführt.

Als $l(u)$ kann man zum Beispiel die Norm des Elements u oder das lineare Funktional nehmen, das auf Nichtnullelementen des Kegels K positive Werte annimmt (falls ein derartiges Funktional existiert).

6.4. Das verallgemeinerte Kontraktionsprinzip. Wir betrachten den Operator A, der im verallgemeinerten metrischen Raum R gelegen ist. Wir sagen, daß A der verallgemeinerten Lipschitz-Bedingung genügt, wenn

$$\varrho(A\,x, A\,y) \lesssim B\,\varrho(x, y) \qquad (x, y \in R) \tag{6.15}$$

ist, wobei B ein linearer positiver Operator im Raum E ist.

Satz 6.2. *Der Raum R sei vollständig in der Metrik* (6.13), *wobei $l(u) = \|u\|$ ist. A bilde R in sich ab und genüge der Bedingung* (6.15) *mit dem Operator B, dessen Spektralradius kleiner Eins ist.*

Dann hat die Gleichung

$$x = A\,x \tag{6.16}$$

in R genau eine Lösung, die der Grenzwert der sukzessiven Näherungen

$$x_{n+1} = A\,x_n \qquad (n = 0, 1, 2, \ldots) \tag{6.17}$$

für eine beliebige Anfangsnäherung $x_0 \in R$ ist.

Beweis. Wegen Satz 5.1 hat die Gleichung

$$u = B\,u + \varrho(A\,x_0, x_0) \tag{6.18}$$

in E die Lösung u_0, die sich durch die Reihe

$$u_0 = \sum_{m=0}^{\infty} B^m \varrho(A x_0, x_0) \tag{6.19}$$

darstellen läßt.

Wegen (6.15) ist für beliebige $n, m \geqq 0$

$$\varrho(A^{n+m} x_0, A^n x_0) \lesssim \varrho(A^{n+m} x_0, A^{n+m-1} x_0) + \cdots + \varrho(A^{n+1} x_0, A^n x_0)$$
$$\lesssim B^{n+m-1} \varrho(A x_0, x_0) + \cdots + B^n \varrho(A x_0, x_0),$$

und aus (6.19) folgt die Ungleichung

$$\varrho(A^{n+m} x_0, A^n x_0) \lesssim B^n u_0 . \tag{6.20}$$

Hieraus resultiert, da K normal ist,

$$||\varrho(A^{n+m} x_0, A^n x_0)|| \leqq N ||B^n u_0|| .$$

Die rechte Seite strebt gegen Null für $n \to \infty$; deshalb ist die Folge $A^n x_0$ fundamental. Der Grenzwert x^* der Folge $A^n x_0$ genügt der Ungleichung

$$\varrho(A^* x^*, x^*) \lesssim \varrho(A x^*, A^n x_0) + \varrho(A^n x_0, x^*) \lesssim B \varrho(x^*, A^{n-1} x_0) + \varrho(A^n x_0, x^*),$$

woraus

$$||\varrho(A x^*, x^*)|| \leqq N(||B|| \cdot ||\varrho(x^*, A^{n-1} x_0)|| + ||\varrho(A^n x_0, x^*)||$$

folgt. Da die rechte Seite gegen Null konvergiert, ist $A x^* = x^*$.

Der Satz ist bewiesen.

Übung 6.2. Es ist zu zeigen, daß man unter den Bedingungen des Satzes 6.2 in E eine bezüglich der Anfangsnorm äquivalente Norm $|| \cdot ||_1$ dergestalt einführen kann, daß in bezug auf die Metrik $\varrho_1(x, y) = ||\varrho(x, y)||_1$ der Operator A den Bedingungen des gewöhnlichen Kontraktionsprinzips genügt.

Es sei $l(u)$ ein sublineares Funktional, das auf den Nichtnullelementen des Kegels K positive Werte annimmt. Der lineare positive Operator B heißt *l-nichtexpansiv*, wenn gilt

$$l(B x) \leqq l(x) \qquad (x \in K) . \tag{6.21}$$

Satz 6.3. *Es sei R vollständig in der Metrik* (6.13). *Der Operator A bilde R in seinen bezüglich der Metrik* (6.13) *kompakten Teil ab und genüge der Bedingung* (6.15) *mit dem l-nichtexpansiven Operator B, wobei in der Beziehung* (6.15) *die Gleichheit nur für $x = y$ gilt.*

Dann gelten die Behauptungen des Satzes 6.2.

Für den Beweis genügt es zu bemerken, daß in der Metrik (6.13) der Operator A der Bedingung $\varrho_*(A x, A y) < \varrho_*(x, y)$ für $x \neq y$ genügt. Dann braucht man nur noch auf den Satz 1.4 zu verweisen.

Übung 6.3. Es ist zu zeigen, daß der Satz 6.3 auch dann gilt, wenn man die Voraussetzung der Kompaktheit von $A R$ durch die Voraussetzung ersetzt, daß jede Folge $A^n x_0$ für $x_0 \in R$ kompakt ist.

Übung 6.4. Es ist ein Beispiel eines vollständigen metrischen Raumes R und eines in ihm gelegenen stetigen Operators A zu konstruieren, so daß $A\,R$ nicht kompakt und die Folge $A^n y_0$ für ein gewisses y_0 in R dicht ist und jede Folge $A^n x_0$ $(x_0 \in R)$ eine konvergierende Teilfolge enthält.

Von selbständigem Interesse sind die Kriterien für die Existenz eines Funktionals l, unter denen die Bedingung (6.21) erfüllt ist. Für den adjungierten Operator B^* entspreche zum Beispiel dem Eigenwert $\varrho(B)$ das Funktional l_0, das auf den Nichtnullelementen aus K positive Werte annimmt. Diese Bedingung ist natürlich erfüllt, wenn K ein Kegel der nichtnegativen Vektoren in einem endlichdimensionalen Raum und B eine unzerlegbare Matrix ist; sie ist erfüllt, wenn B ein Integraloperator mit stetigem positivem Kern ist, der im Raum C mit dem Kegel nichtnegativer Funktionen betrachtet wird. An andere Fälle erinnerten wir beim Beweis des Satzes 5.5; siehe ebenfalls M. G. KREIN und M. A. RUTMAN [1], M. A. KRASNOSELSKI [11], A. I. PEROW [1], E. MUCHAMADIJEW und W. J. STEZENKO [1]. Ist dabei $\varrho(B) \leqq 1$, dann ist B l_0-nichtexpansiv bezüglich des Funktionals l_0.

§ 7. Die Transformation linearer Gleichungen

7.1. Das allgemeine Schema. Im vorliegenden Paragraphen werden einige Methoden zur Transformation der linearen Gleichung

$$B\,x = b \tag{7.1}$$

in die äquivalente Gleichung

$$x = S\,x + f \tag{7.2}$$

mit einem linearen Operator S betrachtet, dessen Spektralradius der Ungleichung

$$\varrho(S) < 1 \tag{7.3}$$

genügt. Nach dem Übergang zu der Gleichung (7.2) kann man die Lösung der Gleichung (7.1) mit dem Iterationsverfahren finden.

Wir nehmen an, daß der Operator B den stetigen inversen Operator B^{-1} besitzt.

Die Gleichung (7.1) ist äquivalent der Gleichung

$$B\,x + B_1\,x = B_1\,x + b\,, \tag{7.4}$$

wobei B_1 ein beliebiger linearer Operator ist. Wir setzen voraus, daß $B + B_1$ einen beschränkten inversen Operator besitzt; dann ist die Gleichung (7.4) (und folglich auch die Gleichung (7.1)) äquivalent der Gleichung

$$x = (B + B_1)^{-1}\,B_1\,x + (B + B_1)^{-1}\,b\,. \tag{7.5}$$

Die Gleichung (7.5) ist eine Gleichung der Gestalt (7.2). Wenn es gelingt, den Operator B_1 so zu wählen, daß die Bedingung

$$\varrho\,[(B + B_1)^{-1}\,B_1] < 1 \tag{7.6}$$

erfüllt ist, dann haben wir die gestellte Aufgabe gelöst.

Das oben beschriebene Schema des Übergangs von der Gleichung (7.1) zu der Gleichung (7.2) hat trotz seiner Offensichtlichkeit und Trivialität allgemeinen Charakter. In der Tat, wir nehmen an, daß die Gleichung (7.2) äquivalent der Gleichung (7.1) ist und daß ein stetiger Operator $(I - S)^{-1}$ existiert. Wir setzen

$$B_1 = B\,S\,(I - S)^{-1}.$$

Die Gleichung (7.5) läßt sich dann in der Form

$$x = [B + B\,S\,(I - S)^{-1}]^{-1}\,B\,S\,(I - S)^{-1}\,x + [B + B\,S\,(I - S)^{-1}]^{-1}\,b$$

schreiben, oder, da $B + B\,S\,(I - S)^{-1} = B\,(I - S)^{-1}$ ist, in der Form

$$x = S\,x + (I - S)\,B^{-1}\,b\,. \tag{7.7}$$

Die Gleichung (7.7) ist äquivalent der Gleichung (7.2), deshalb müssen sie die gleichen Lösungen haben. Das Element f wird folglich durch die Formel

$$f = (I - S)\,B^{-1}\,b = (B + B_1)^{-1}\,b$$

bestimmt.

Die Auswahl des Operators B_1 ist natürlich eine komplizierte Aufgabe. Die Hauptforderungen an B_1 bestehen darin, daß die Berechnung des Operators $(B + B_1)^{-1}$ hinreichend einfach wird.

7.2. Tschebyschewsche Polynome[1]). Im weiteren werden wir die Tschebyschewschen Polynome

$$T_n(t) = \cos\,(n \arccos t) \qquad (n = 0, 1, 2, \ldots) \tag{7.8}$$

brauchen.

Es ist insbesondere

$$T_0(t) = 1\,, \quad T_1(t) = t\,, \quad T_2(t) = 2\,t^2 - 1\,, \quad T_3(t) = 4\,t^3 - 3\,t\,, \ldots. \tag{7.9}$$

Das Tschebyschewsche Polynom $T_n(t)$ hat die Potenz n; alle seine Wurzeln sind reell und liegen im Intervall $[-1, 1]$; es gelten die Beziehungen

$$|T_n(t)| > 1 \qquad (t \notin [-1, 1]) \tag{7.10}$$

und

$$\max_{-1 \leq t \leq 1} T_n(t) = 1\,, \qquad \min_{-1 \leq t \leq 1} T_n(t) = -1\,. \tag{7.11}$$

Eine wichtige Eigenschaft des Tschebyschewschen Polynoms ist die Tatsache, daß für ein beliebiges Polynom $P_n(t)$ der Potenz n, das für ein gewisses $t_0 \notin [-1, 1]$ den Wert $T_n(t_0)$ annimmt, die Ungleichung

$$\max_{-1 \leq t \leq 1} |P_n(t)| \geq \max_{-1 \leq t \leq 1} |T_n(t)| \tag{7.12}$$

[1]) Siehe W. L. Gontscharow [1].

erfüllt ist. Die Gleichheit gilt hier nur für $P_n(t) = T_n(t)$. Nach der Substitution

$$\lambda = \frac{M+m}{2} + \frac{M-m}{2} t \qquad (0 < m < M < \infty)$$

folgt aus (7.12) das

Lemma 7.1. *Von allen Polynomen $P_n(\lambda)$ der Potenz n, für die $P_n(0) = 1$ ist, weicht das Polynom*

$$R_n(\lambda; m, M) = \frac{T_n\left(\frac{2\lambda - M - m}{M - m}\right)}{T_n\left(-\frac{M+m}{M-m}\right)} \tag{7.13}$$

auf dem Intervall $[m, M]$ am wenigsten von Null ab:

$$\max_{m \le \lambda \le M} |P_n(\lambda)| \geqq \max_{m \le \lambda \le M} |R_n(\lambda; m, M)| \,. \tag{7.14}$$

Aus (7.10) und (7.11) folgt

$$\max_{m \le \lambda \le M} |R_n(\lambda; m, M)| = \frac{1}{T_n\left(-\frac{M+m}{M-m}\right)} < 1 \,. \tag{7.15}$$

7.3. Gleichungen im Hilbert-Raum mit selbstadjungierten Operatoren[1]). Wir kehren nun zur Untersuchung der Gleichung (7.1) zurück. Wir nehmen an, daß B ein positiv definiter selbstadjungierter Operator ist:

$$B = \int_m^M \lambda \, dE_\lambda \,. \tag{7.16}$$

Es sei $Q_n(\lambda)$ ein Polynom der Gestalt

$$Q_n(\lambda) = 1 + a_1 \lambda + \cdots + a_n \lambda^n \,.$$

Mit $Q_n(B)$ bezeichnet man dann den Operator

$$Q_n(B) = I + a_1 B + \cdots + a_n B^n \,.$$

Offensichtlich ist

$$Q_n(B) = \int_m^M Q_n(\lambda) \, dE_\lambda \,.$$

Gilt $\varrho[Q_n(B)] < 1$, dann ist die Gleichung (7.1) äquivalent der Gleichung

$$x = Q_n(B)\, x + f \tag{7.17}$$

mit

$$f = -a_1 b - a_2 B b - \cdots - a_n B^{n-1} b \tag{7.18}$$

[1]) A. A. Abramow [1], M. S. Birnman [1, 2], M. K. Gawurin [1], G. Wiarda [1], I. P. Natanson [1], M. A. Krasnoselski [10].

(für den Beweis genügt es zu bemerken, daß jede Lösung der Gleichung (7.1) Lösung der Gleichung (7.17) ist und daß die Lösung der Gleichung (7.17) einzig ist).

Übung 7.1. Es ist der Operator B_1 zu finden, für den die Gleichung (7.5) mit der Gleichung (7.17) übereinstimmt.

Der Spektralradius eines selbstadjungierten Operators fällt mit seiner Norm zusammen und ist durch die Gleichung

$$\varrho[Q_n(B)] = ||Q_n(B)|| = \max_{\lambda \in \sigma} |Q_n(\lambda)|$$

definiert (siehe N. I. Achieser und I. M. Glasman [1]), wobei σ das Spektrum des Operators B ist. Deshalb ist

$$\varrho[Q_n(B)] \leqq \max_{m \leqq \lambda \leqq M} |Q_n(\lambda)| .$$

Aus der erhaltenen Ungleichung und Lemma 7.1 folgt, daß man als $Q_n(\lambda)$ am besten das Polynom (7.13) nimmt.

Wir haben insbesondere folgenden Satz bewiesen:

Satz 7.1. *Die Lösung der Gleichung* (7.1) *mit dem positiv definiten Operator* (7.16) *kann man als Grenzwert der sukzessiven Näherungen*

$$x_{k+1} = R_n(B; m, M)\, x_k + f \qquad (k = 1, 2, \ldots) \tag{7.19}$$

erhalten, wobei f durch die Formel (7.18) (a_i *sind die Koeffizienten des Polynoms* (7.13)) *definiert ist. Die sukzessiven Näherungen konvergieren wie eine geometrische Reihe mit dem Stufensprung*

$$||R_n(B; m, M)|| \leqq \frac{1}{\left|T_n\left(-\frac{M+m}{M-m}\right)\right|} . \tag{7.20}$$

Aus (7.9) resultieren die Gleichungen

$$R_1(B) = I - \frac{2}{M+m} B ,$$

$$R_2(B) = I - \frac{8\,(M+m)}{M^2 + 6\,M\,m + m^2} B + \frac{8}{M^2 + 6\,M\,m + m^2} B^2 .$$

Zur Lösung der Gleichung (7.1) kann man somit die schrittweisen Näherungen durch die Gleichungen

$$x_{k+1} = x_k - \frac{2}{M+m} B\, x_k + \frac{2}{M+m} f \tag{7.21}$$

oder die Gleichungen

$$x_{k+1} = x_k - \frac{8\,(M+m)}{M^2 + 6\,M\,m + m^2} B\, x_k + \frac{8}{M^2 + 6\,M\,m + m^2} B^2\, x_k$$
$$- \frac{8\,(M+m)}{M^2 + 6\,M\,m + m^2} f + \frac{8}{M^2 + 6\,M\,m + m^2} f \tag{7.22}$$

bestimmen.

Übung 7.2. Es ist zu zeigen, daß das Verfahren (7.22) im allgemeinen Fall schneller konvergiert als das Verfahren (7.21).

Übung 7.3. Es ist zu zeigen, daß das Verfahren (7.22) im allgemeinen Fall schneller konvergiert als das Verfahren, bei dem jeder Schritt in der Auffindung zweier sukzessiver Näherungen nach den Formeln (7.21) besteht.

Zum Schluß sei angemerkt, daß man das beschriebene Schema bei der Lösung gewisser Klassen von Gleichungen in BANACH-Räumen (zum Beispiel für Gleichungen mit Oszillationsoperatoren im Sinne von M. G. KREIN, für die alle Eigenwerte reell sind, — siehe F. R. GANTMACHER und M. G. KREIN [1]) und gewisser Gleichungen mit nichtselbstadjungierten Operatoren im HILBERT-Raum anwenden kann. In einigen Fällen gibt es eine vollständigere Information über die Lage des Spektrums des Operators B als die oben benutzte. Wenn das Spektrum in einer gewissen Menge F lokalisiert ist, die von dem Intervall $[m, M]$ verschieden ist, dann ist es zweckmäßig, von der Gleichung (7.1) zu der Gleichung (7.2) mit dem Operator S überzugehen, der ein solches Polynom $P_n(B)$ darstellt, daß $P_n(0) = 1$ ist und $P_n(\lambda)$ auf F am wenigsten von Null abweicht. Leider ist die Theorie der Polynome, die auf verschiedenen von Intervallen verschiedenen Mengen am wenigsten von Null abweichen, wesentlich komplizierter als die Theorie der TSCHEBYSCHEWschen Polynome.

7.4. Gleichungen mit vollstetigen Operatoren. Wir nehmen an, daß die Gleichung (7.1) die Gestalt

$$x = A x + f_0 \tag{7.23}$$

hat. Existiert der stetige Operator $(I - A_1)^{-1}$, dann ist (7.23) äquivalent der Gleichung (7.2) mit

$$S = (I - A_1)^{-1} (A - A_1) \tag{7.24}$$

und

$$f = (I - A_1)^{-1} f_0 \,. \tag{7.25}$$

Übung 7.4. Es ist ein derartiger Operator B_1 zu konstruieren, daß der Übergang von (7.23) zu (7.24) mit dem Übergang von der Gleichung (7.1) zu der Gleichung (7.5) übereinstimmt.

Gelingt es, den Operator A_1 so auszuwählen, daß $\varrho(S) < 1$ ist, dann hat die Gleichung (7.23) genau eine Lösung, die man mit Hilfe des Iterationsverfahrens gewinnen kann.

Wir werden Operatoren A_1 der Gestalt

$$A_1 = P A \tag{7.26}$$

betrachten, wobei P ein Projektionsoperator auf einen gewissen Unterraum $E_0 \subset E$ ist. In diesem Fall müssen zur Auffindung der Werte des Operators $(I - A_1)^{-1}$ Gleichungen im Unterraum E_0 gelöst werden. In der Tat, das Element

$$u = (I - A_1)^{-1} f = (I - P A)^{-1} f \tag{7.27}$$

ist Lösung der Gleichung

$$u = P A u + f,$$

woraus die Gleichungen

$$(I - P) u = (I - P) f, \quad P u = P A P u + P A (I - P) f + P f \tag{7.28}$$

folgen. Diese Bemerkung ist besonders wichtig, wenn P auf einen endlichdimensionalen Unterraum projeziert: In diesem Fall muß man zur Konstruktion des Operators $(I - P A)^{-1}$ endliche Systeme linearer algebraischer Gleichungen lösen (oder, was dasselbe ist, die Inversion der Matrix des Operators $I - P A$ im Raum E_0 durchführen).

Ist A_1 durch die Formel (7.26) definiert, dann läßt sich die Gleichung (7.2) in der Form

$$x = (I - P A)^{-1} (I - P) A x + (I - P A)^{-1} f \tag{7.29}$$

schreiben. Wird A_1 durch die Formel $A_1 = A P$ definiert, dann hat die Gleichung (7.2) die Gestalt

$$x = (I - A P)^{-1} A (I - P) x + (I - A P)^{-1} f. \tag{7.30}$$

Übung 7.5. Es ist zu zeigen, daß die Konstruktion des Operators $(I - A P)^{-1}$ auf die Inversion einer Matrix führt, falls P ein Projektionsoperator auf einen endlichdimensionalen Unterraum ist.

Wenn A vollstetig ist, dann kann man ihn in Räumen mit einer Basis mit beliebiger Genauigkeit (in der Norm) durch die Operatoren $P A$ approximieren, wobei die P auf endlichdimensionale Unterräume projezieren. Ist 1 kein Eigenwert des Operators A, dann existieren die Operatoren $(I - P A)^{-1}$ und unterscheiden sich wenig vom Operator $(I - A)^{-1}$. Aus der Tatsache, daß sich $P A$ und A wenig voneinander unterscheiden, folgt deshalb, daß der Operator $(I - P A)^{-1} (A - P A)$ eine kleine Norm hat.

In zahlreichen Arbeiten J. D. Sokolows und seiner Mitarbeiter (siehe die Monographien von J. D. Sokolow [1], A. J. Lutschki [1], N. S. Kurpel [1] und in ihnen die Literaturangaben) wird detailliert ein Näherungsverfahren untersucht, das genau genommen darin besteht, daß man nach einer der Gleichungen (7.29) oder (7.30) die gewöhnlichen Iterationen konstruiert:

$$x_{n+1} = (I - P A)^{-1} (A - P A) x_n + (I - P A)^{-1} f \tag{7.31}$$

oder

$$x_{n+1} = (I - A P)^{-1} (A - A P) x_n + (I - A P)^{-1} f, \tag{7.32}$$

und zwar bei einer speziellen Wahl des Operators P (in der Regel eindimensional).

Übung 7.6. Es sei P ein Projektionsoperator im Banach-Raum E und A ein beschränkter linearer Operator. Es ist zu zeigen, daß die Operatoren $P A$, $A P$ und $P A P$ gleiche Spektralradien besitzen.

Übung 7.7. Es ist zu zeigen, daß der Spektralradius des Operators $(I - A P)^{-1} A (I - P)$ aus (7.30) gleich dem Spektralradius des Operators $(I - P) (I - A P)^{-1} A (I - P)$ ist.

Übung 7.8. Es sei A ein selbstadjungierter Operator, der im HILBERT-Raum H gelegen ist. Weiter sei P ein Operator der orthogonalen Projektion. Es ist zu zeigen, daß der Operator

$$L = (I - P)(I - A P)^{-1} A (I - P)$$

ebenfalls selbstadjungiert ist.

Übung 7.9. Es ist zu zeigen, daß die Invertierbarkeit einer der Operatoren $I - A P$, $I - P A$, $I - P A P$ die Invertierbarkeit der anderen beiden nach sich zieht. Es sind Formeln herzuleiten, in denen jeder Operator $(I - A P)^{-1}$, $(I - P A)^{-1}$, $(I - P A P)^{-1}$ sich durch einen beliebigen anderen von ihnen ausdrücken läßt.

Übung 7.10. Es ist zu zeigen, daß die Auffindung der sukzessiven Näherungen (7.32) äquivalent ist der Bestimmung von $P x_n$ und $Q x_n = x_n - P x_n$ aus den rekurrenten Gleichungen

$$P x_n = P A P x_n + P A Q x_{n-1} + P f, \qquad Q x_n = Q A P x_n + Q A Q x_{n-1} + Q f. \tag{7.33}$$

Die oben dargelegten Überlegungen über die Möglichkeit des Übergangs von der Gleichung (7.2) zu der Gleichung (7.29) oder (7.30) enthalten keine konkreten Hinweise für die Auswahl des Projektionsoperators P.

Wir nehmen an, daß λ_0 dem Betrag nach der größte Eigenwert des Operators A ist, dem der Eigenvektor e_0 entspricht. Es sei l_0 ein Eigenelement des adjungierten Operators A^*, das dem gleichen Eigenwert λ_0 entspricht. Wir bezeichnen mit ϱ_0 den Radius des Kreises, in dem das gesamte Spektrum des Operators A liegt mit Ausnahme des Punktes λ_0. Eine einfache Rechnung zeigt, daß der Spektralradius der Operatoren $(I - PA)^{-1}(A - PA)$ und $(I - AP)^{-1}(A - AP)$ die Größe ϱ_0 nicht übertrifft, falls

$$P x = l_0(x)\, e_0 \qquad (x \in E) \tag{7.34}$$

ist (in diesem Falle stimmen beide genannten Operatoren überein). Ist $\varrho_0 < 1$, dann kann man als Projektionsoperator entweder den Operator (7.34) oder einen anderen sich wenig von ihm unterscheidenden Operator nehmen.

Analoge Überlegungen kann man auch für den Fall anstellen, daß außerhalb des Kreises mit dem Radius $\varrho_0 < 1$ einige Eigenwerte liegen. In diesem Falle werden Projektionsoperatoren auf solchen Unterräumen benutzt, deren Dimension nicht kleiner ist als die Summe der Vielfachheiten der Eigenwerte des Operators A, die außerhalb des Kreises $|\lambda| \leqq \varrho_0$ liegen.

Übung 7.11. Die Summe der Vielfachheiten der außerhalb des Kreises $|\lambda| \leqq \varrho_0$ gelegenen Eigenwerte des Operators A sei größer n. Es sei P ein Projektionsoperator auf einen n-dimensionalen Raum. Es ist zu zeigen, daß $\varrho(A - P A) > \varrho_0$ ist.

Die oben in diesem Paragraphen dargelegten Überlegungen können auch für derartige Fälle benutzt werden, in denen man die betrachtete Gleichung ohne irgendwelche zusätzlichen Transformationen mit Hilfe des Iterationsverfahrens lösen kann. Sie erlauben die Konstruktion eines schneller konvergierenden Iterationsverfahrens.

7.5. Das Verfahren von Seidel. Für die näherungsweise Lösung von Systemen linearer Gleichungen

$$\sum_{k=1}^{m} b_{ik}\,\xi_k = b_i \qquad (i = 1, \ldots, m)$$

wird häufig das Verfahren von Seidel (siehe z. B. D. K. Faddejew und W. N. Faddejewa) benutzt, das in folgendem besteht. Das System wird in der Gestalt

$$\sum_{k=1}^{i} b_{ik}\,\xi_k = -\sum_{k=i+1}^{m} b_{ik}\,\xi_k + b_i \qquad (i = 1, \ldots, m)$$

geschrieben, und die sukzessiven Näherungen sucht man nach den Formeln

$$\sum_{k=1}^{i} b_{ik}\,\xi_k^{(n)} = -\sum_{k=i+1}^{m} b_{ik}\,\xi_k^{(n-1)} + b_i \qquad (i = 1, \ldots, m;\, n = 1, 2, \ldots).$$

Es ist bekannt, daß diese sukzessiven Näherungen konvergieren, wenn die Matrix (b_{ik}) symmetrisch und positiv definit ist.

Das Verfahren von Seidel erlaubt die Verallgemeinerung auf Operatorgleichungen (S. G. Krein und O. I. Prosorowskaja [1]). Es werde die Gleichung

$$B\,x = b \tag{7.35}$$

betrachtet, wobei B ein selbstadjungierter beschränkter Operator ist, der im Hilbert-Raum H wirkt. Es sei

$$B = B_1 + B_2 + B_2^*. \tag{7.36}$$

Dann kann man die Gleichung (7.35) in der Form

$$(B_1 + B_2)\,x = -B_2^*\,x + b$$

schreiben oder, falls $(B_1 + B_2)^{-1}$ existiert, in der Gestalt

$$x = -(B_1 + B_2)^{-1} B_2^*\,x + (B_1 + B_2)^{-1}\,b. \tag{7.37}$$

Die Gleichung (7.37) ist äquivalent der Gleichung (7.35). Wenn der Spektralradius des Operators

$$C = (B_1 + B_2)^{-1} B_2^* \tag{7.38}$$

kleiner 1 ist, dann läßt sich auf die Gleichung (7.37) das Iterationsverfahren anwenden.

Wir setzen

$$\gamma_0 = \inf_{\|x\|=1} \{|((B_1 + B_2)\,x, x)| - |(B_2^*\,x, x)|\} \tag{7.39}$$

und zeigen, daß diese Zahl positiv ist, wenn die Operatoren B und B_1 positiv definit sind, d. h. wenn gilt

$$(B\,x, x) \geqq m(x, x), \qquad (B_1\,x, x) \geqq m_1(x, x) \qquad (x \in H;\, m, m_1 > 0). \tag{7.40}$$

Zunächst sei bemerkt, daß man die offensichtliche Ungleichung

$$(B_1\,x, x)\,\big((B_1 + B_2 + B_2^*)\,x, x\big) \geqq m\,m_1(x, x)^2$$

in der Form

$$\big((B_1 + B_2^*)\,x, x\big)\,\big((B_1 + B_2)\,x, x\big) \geqq (B_2\,x, x)\,\big(B_2^*\,x, x\big) + m\,m_1(x, x)^2$$

schreiben kann oder, was das gleiche ist, in der Gestalt

$$\big|\big((B_1 + B_2)\,x, x\big)\big|^2 - \big|(B_2^*\,x, x)\big|^2 \geqq m\,m_1(x, x)^2\,. \tag{7.41}$$

Es sei

$$\sup_{\|x\|=1} \big|\big((B_1 + B_2)\,x, x\big)\big| = \beta_0\,.$$

Dann ist

$$\gamma_0 \geqq \inf\,\{\beta - \alpha : \beta^2 - \alpha^2 \geqq m\,m_1, \beta \leqq \beta_0\}\,.$$

Deshalb erhalten wir (siehe Abb. 7.1)

$$\gamma_0 \geqq \beta_0 - \sqrt{\beta_0^2 - m\,m_1}\,.$$

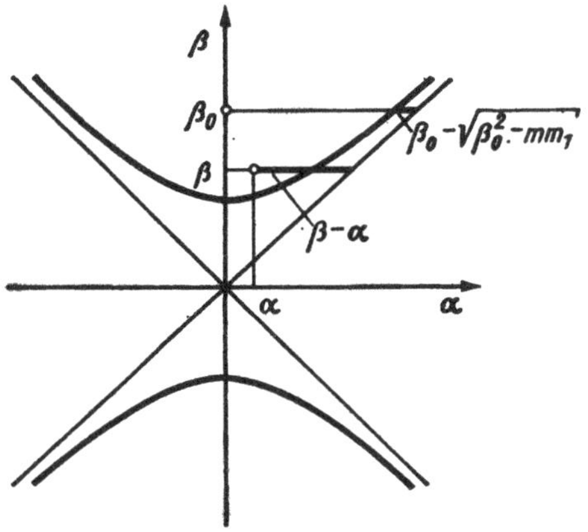

Abb. 7.1

Satz 7.2[1]). *B und* B_1 *seien positiv definit.*
Dann genügt der Spektralradius $\varrho(C)$ *des Operators* (7.38) *der Ungleichung*

$$\varrho(C) \leqq \varrho_0 = 1 - \frac{\gamma_0}{\|B_1 + B_2\|}\,, \tag{7.42}$$

wobei γ_0 *die Zahl* (7.39) *ist.*

Beweis. Wegen

$$C\,x - \lambda\,x = (B_1 + B_2)^{-1}\,[B_2^*\,x - \lambda\,(B_1 + B_2)\,x]$$

[1]) M. A. Krasnoselski und W. J. Stezenko [1]. In der erwähnten Arbeit von S. G. Krein und O. I. Prosorowskaja ist mit einer anderen Methode gezeigt worden, daß unter den Voraussetzungen des Satzes 7.2 $\varrho(c) < 1$ gilt.

haben wir für $||x|| \neq 0$

$$||C x - \lambda x|| \geqq \frac{1}{||B_1 + B_2||} ||B_2^* x - \lambda (B_1 + B_2) x||$$

$$\geqq \frac{1}{||B_1 + B_2|| \cdot ||x||} |(B_2^* x - \lambda (B_1 + B_2) x, x)|$$

$$\geqq \frac{1}{||B_1 + B_2|| \cdot ||x||} \{|\lambda| \cdot |((B_1 + B_2) x, x)| - |(B_2^* x, x)|\}$$

und für $|\lambda| \geqq 1$ wegen (7.39)

$$||C x - \lambda x|| \geqq \frac{\gamma_0}{||B_1 + B_2||} ||x|| . \tag{7.43}$$

Diese Ungleichung bedeutet, daß alle Zahlen $|\lambda| \geqq 1$ Punkte vom regulären Typ für den Operator C sind.

Es sei nun $\varrho_0 < |\lambda| \leqq 1$. Aus (7.43) folgt dann die Ungleichung

$$||C x - \lambda x|| \geqq \left\| C x - \frac{\lambda}{|\lambda|} x \right\| - \left| \lambda - \frac{\lambda}{|\lambda|} \right| \cdot ||x||$$

$$\geqq \left\{ \frac{\gamma_0}{||B_1 + B_2||} - (1 - |\lambda|) \right\} ||x|| > 0 .$$

Folglich sind auch alle λ aus dem Ring $\varrho_0 < |\lambda| \leqq 1$ von regulärer Art. Somit sind die Mengen $\mathfrak{R}_\lambda$ der Werte der Operatoren $C - \lambda I$ für $|\lambda| > \varrho_0$ abgeschlossen, und auf $\mathfrak{R}_\lambda$ ist der inverse Operator $(C - \lambda I)^{-1}$ definiert. Für den vollständigen Beweis braucht man nur noch zu zeigen, daß $\mathfrak{R}_\lambda$ für $|\lambda| > \varrho_0$ mit H übereinstimmt. Wir bezeichnen mit d_λ die Dimension der orthogonalen Ergänzung zu $\mathfrak{R}_\lambda$. Diese Dimension nennt man *Defektzahl* des Operators C. Die grundlegende Idee der Theorie der Defektzahlen besteht in dem Satz über seine Invarianz: Wenn G ein zusammenhängendes Gebiet (der komplexen Ebene) ist, das aus Punkten regulärer Art für den Operator C besteht, dann sind für alle $\lambda \in G$ die Defektzahlen d_λ gleich (M. A. Krasnoselski [1], siehe ebenfalls N. I. Achieser und I. M. Glasman [1]). Deshalb braucht man zur Vollendung des Beweises des Satzes nur zu zeigen, daß $d_\lambda = 0$ ist für große Werte von λ. Das ist aber offensichtlich, da für große Werte von λ der Operator $C - \lambda I$ einen auf dem gesamten Raum H definierten stetigen inversen Operator

$$(C - \lambda I)^{-1} = -\frac{1}{\lambda} \sum_{n=0}^{\infty} \lambda^{-n} C^n$$

besitzt.

Der Satz ist bewiesen.

7.6. Eine Bemerkung zur Konvergenz bezüglich anderer Normen. Der Operator A bilde den Raum E in sich ab, und es sei $\varrho(A) < 1$. Außerdem sei bekannt, daß eine gewisse Potenz A^k des Operators A als stetiger Operator aus dem Raum E in den engeren Raum E_1 abbildet. Es erweist sich, daß in diesem Falle die sukzessiven Näherungen

$$x_{n+1} = A x_n + f \qquad (f, x_0 \in E) \tag{7.44}$$

nicht nur in der Norm des Raumes E, sondern auch in der Norm des Raumes E_1 (für große n gehören die Differenzen $x_n - x^*$ zu E_1 und die Norm $||x_n - x^*||_{E_1} \to 0$) gegen die Lösung $x^* \in E$ der Gleichung

$$x = A x + f \tag{7.45}$$

konvergieren. Für den Beweis sei nur angemerkt, daß man $x^* - x_n$ in der Gestalt

$$x^* - x_n = \sum_{k=n}^{\infty} A^k f - A^n x_0 = A^n (x^* - x_0)$$

darstellen kann, woraus

$$||x^* - x_n||_{E_1} \leqq ||A^k||_{E \to E_1} ||A^{n-k} (x^* - x_0)|| = O[\varrho^n(A)]$$

resultiert.

Diese Bemerkung ist von Bedeutung, wenn die Gleichung (7.45) im Raum C oder in einem gewissen Raum L_p gelöst wird und falls bekannt ist, daß A^k in irgendeinem Raum differenzierbarer Funktionen gelegen ist (zum Beispiel, daß A ein Integraloperator von der Art eines Potentials ist): In diesem Falle kann man eine Aussage über die gleichmäßige Konvergenz des Iterationsverfahrens zusammen mit den Ableitungen bis zu einer bestimmten Ordnung machen.

Übung 7.12. Der lineare Operator B kommutiere in E mit dem Operator A und sei ein stetiger Operator aus E in E_1. Weiter sei $\varrho(A) < 1$. Es ist zu zeigen, daß die sukzessiven Näherungen $y_{n+1} = A y_n + B f$ in der Norm des Raumes E_1 gegen die Lösung der Gleichung $y = A y + B f$ konvergieren, falls die Anfangsnäherung die Gestalt $y_0 = B x_0$ ($x_0 \in E$) hat.

Übung 7.13. Es sei P ein linearer Projektionsoperator des Banach-Raumes E auf den Unterraum E_0, A und A_0 lineare Operatoren, die entsprechend in E und E_0 gelegen sind; $I - \lambda A$ habe den inversen Operator $R(\lambda)$. Es sei $||P A x_0 - A x_0|| \leqq \varepsilon ||x_0||$ ($x_0 \in E_0$), und für jedes $x \in E$ möge man ein derartiges Element $x_0 \in E_0$ angeben können, daß $||A x - x_0|| \leqq \varepsilon_1 ||x||$ ist. Es ist zu zeigen, daß die Gleichung $x - \lambda A_0 x = P y$ für beliebiges $y \in E$ genau eine Lösung $x \in E_0$ besitzt, falls

$$q = |\lambda| \cdot ||R(\lambda)|| \, (||P|| \cdot ||I - \lambda A|| \, \varepsilon_1 + \varepsilon + |\lambda| \, \varepsilon \, \varepsilon_1) < 1 \tag{7.46}$$

ist. Dabei genügt die Lösung der Ungleichung

$$||x|| \leqq \frac{1}{1 - q} (1 + |\lambda| \, \varepsilon_1) \, ||R(\lambda)|| \cdot ||P|| \cdot ||P y||$$

(L. W. Kantorowitsch [2]).

Übung 7.14. Es ist zu zeigen, daß die Behauptung der Übung 7.13 auch dann gilt, wenn man (7.46) durch die Bedingung

$$r = |\lambda| \cdot ||R(\lambda)|| \qquad (||P|| \, \varepsilon_1 + \varepsilon_1 + \varepsilon) < 1$$

ersetzt. Dabei hat die Gleichung $x - \lambda A_0 x = P y$ genau eine Lösung x für jedes y, und es ist

$$||x|| \leqq \frac{1}{1 - r} \, ||R(\lambda)|| \cdot ||P y||$$

(M. A. Krasnoselski und W. A. Tschetschik [1]).

§ 8. Das Verfahren der minimalen Defekte[1])

8.1. Die Aufgabenstellung. Der Hauptteil des Paragraphen ist den Näherungsverfahren zur Lösung der Gleichung

$$B x = b \tag{8.1}$$

mit positiv definitem beschränktem Operator

$$B x = \int_m^M \lambda \, dE_\lambda x \qquad (0 < m < M < \infty) \tag{8.2}$$

im reellen Hilbert-Raum H gewidmet. Die Lösung dieser Gleichung werden wir mit x^* bezeichnen. Ist x_0 irgendeine Näherungslösung, dann bezeichnen wir den Defekt $B x_0 - f$ mit Δ_0 und den Fehler $x_0 - x^*$ mit δ_0; offensichtlich ist

$$\Delta_0 = B \delta_0 \,. \tag{8.3}$$

Wir werden nach der Näherung x_0 die neue Näherung x_1 über die Formel

$$x_1 = x_0 - c_1 \Delta_0 \tag{8.4}$$

suchen, wobei c_1 ein gewisser Koeffizient ist. Im weiteren werden wir diesen Koeffizienten aus gewissen Extremalüberlegungen bestimmen (zum Beispiel, aus den Bedingungen des Minimums der Norm für den Defekt $\Delta_1 = B x_1 - b$ oder des Minimums der Norm für den Fehler $\delta_1 = x_1 - x^*$ u. a.). Nach x_1 bestimmen wir dann auf ähnliche Weise x_2 usw. Im Ergebnis gelangen wir zu dem Iterationsprozeß

$$x_{n+1} = x_n - c_{n+1} \Delta_n \qquad (n = 0, 1, 2, \ldots)\,, \tag{8.5}$$

wobei

$$\Delta_n = B x_n - b = B \delta_n \,, \qquad \delta_n = x_n - x^* \tag{8.6}$$

ist.

Wenn man in den Formeln (8.5) $c_{n+1} = k$ setzt, wobei k irgendeine von Null verschiedene Zahl ist, dann kann man sie in der Gestalt

$$x_{n+1} = (I - k B) x_n + k b \qquad (n = 0, 1, 2, \ldots) \tag{8.7}$$

schreiben. Die Zahl k muß man natürlich so auswählen, daß die Norm des Operators $I - k B$ so klein wie möglich ist. Es ist leicht zu sehen (vgl. Punkt 7.3), daß für $k = \dfrac{2}{M + m}$ gilt

$$\begin{aligned} \|I - k B\| &= \left\| \int_m^M \left(1 - \frac{2\lambda}{M + m}\right) dE_\lambda \right\| \\ &\leq \max \left\{ \left|1 - \frac{2M}{M + m}\right|, \left|1 - \frac{2m}{M + m}\right| \right\} = \frac{M - m}{M + m}\,. \end{aligned} \tag{8.8}$$

---

[1]) Dieser Paragraph hält sich hauptsächlich an den Artikel von M. A. Krasnoselski und S. G. Krein [1]. Die Ideen des Verfahrens der minimalen Defekte haben ihre wesentlichen Anwendungen und Weiterentwicklungen in den Arbeiten von G. I. Martschuk, A. A. Samarski und ihrer Schüler gefunden.

Aus dieser Abschätzung folgt, daß bei der Auffindung der sukzessiven Näherungen nach den Formeln (8.7) (für $k = \frac{2}{M + m}$) die aufeinanderfolgenden Defekte und Fehler durch die Ungleichungen

$$\|\Delta_{n+1}\| \leqq \frac{M - m}{M + m} \|\Delta_n\| \qquad (n = 0, 1, 2, \ldots) \tag{8.9}$$

und

$$\|\delta_{n+1}\| \leqq \frac{M - m}{M + m} \|\delta_n\| \qquad (n = 0, 1, 2, \ldots) \tag{8.10}$$

verknüpft sind. Für den Beweis der letzten Ungleichungen braucht man nur zu bemerken, daß gilt

$$\delta_{n+1} = (I - k\,B)\,\delta_n\,, \qquad \Delta_{n+1} = (I - k\,B)\,\Delta_n\,. \tag{8.11}$$

8.2. Zur Konvergenz des Verfahrens der minimalen Defekte. Die Näherung x_1 werden wir in der Form (8.4) suchen, wobei wir den Koeffizienten c_1 aus der Bedingung des Minimums der Norm für den Defekt $\Delta_1 = B\,x_1 - b$ bestimmen werden. Offensichtlich ist

$$\Delta_1 = B\,x_0 - b - c_1\,B\,\Delta_0 = \Delta_0 - c_1\,B\,\Delta_0\,,$$

woraus

$$\|\Delta_1\|^2 = (\Delta_1, \Delta_1) = \|\Delta_0\|^2 - 2\,c_1(B\,\Delta_0, \Delta_0) + c_1^2(B\,\Delta_0, B\,\Delta_0) \tag{8.12}$$

folgt. Dieser Ausdruck nimmt den kleinsten Wert an für

$$c_1 = \frac{(B\,\Delta_0, \Delta_0)}{(B\,\Delta_0, B\,\Delta_0)}\,. \tag{8.13}$$

Daraus, daß der Operator B positiv definit ist, folgt, daß der Nenner und der Zähler der rechten Seite von (8.13) positiv sind (falls natürlich $\Delta_0 \neq 0$, d. h. $x_0 \neq x^*$ ist).

Nach der ersten Näherung x_1 finden wir auf die gleiche Weise die zweite Näherung x_2 usw. Wir gelangen somit zu dem Iterationsverfahren

$$x_{n+1} = x_n - \frac{(\Delta_n, B\,\Delta_n)}{(B\,\Delta_n, B\,\Delta_n)}\,\Delta_n \qquad (n = 0, 1, 2, \ldots)\,, \tag{8.14}$$

wobei $\Delta_n = B\,x_n - b$ ist. Diesen Prozeß nennen wir *Verfahren der minimalen Defekte.*

Satz 8.1. *Die sukzessiven Näherungen* (8.14) *des Verfahrens der minimalen Defekte konvergieren gegen die Lösung x^* der Gleichung* (8.1). *Die Konvergenzgeschwindigkeit wird durch die Ungleichung*

$$\|x_n - x^*\| \leqq \frac{1}{m}\left(\frac{M - m}{M + m}\right)^n \|\Delta_0\| \tag{8.15}$$

charakterisiert.

Beweis. Aus der Definition des Verfahrens der minimalen Defekte folgt unmittelbar, daß für jedes c

$$\|\Delta_{n+1}\| \leqq \|\Delta_n - c\,B\,\Delta_n\|$$

ist. Indem wir $c = \frac{2}{M+m}$ setzen, gelangen wir wegen (8.8) zu der Ungleichung

$$\|\Delta_{n+1}\| \leqq \frac{M-m}{M+m}\|\Delta_n\| \qquad (n = 0, 1, 2, \ldots). \tag{8.16}$$

Deshalb ist

$$\|\Delta_n\| \leqq \left(\frac{M-m}{M+m}\right)^n \|\Delta_0\|. \tag{8.17}$$

Aus (8.17) ergibt sich (8.15), da $\|x_n - x^*\| \leqq \frac{1}{m}\|\Delta_n\|$ gilt.

Der Satz ist bewiesen.

Wir setzen

$$L\,y = y - \frac{(B\,y, y)}{(B\,y, B\,y)} B\,y \qquad (y \in H, y \neq \theta). \tag{8.18}$$

Aus (8.6) und (8.14) folgt

$$\Delta_{n+1} = L\,\Delta_n \qquad (n = 0, 1, 2, \ldots). \tag{8.19}$$

Eine einfache Rechnung ergibt

$$L\left(\sqrt{M}\,e_m \pm \sqrt{m}\,e_M\right) = \frac{M-m}{M+m}\left(\sqrt{M}\,e_m \mp \sqrt{m}\,e_M\right),$$

wobei e_m, e_M normierte Eigenvektoren des Operators B sind, die den Eigenwerten m und M entsprechen. Deshalb hat für

$$\Delta_0 = \sqrt{M}\,e_m + \sqrt{m}\,e_M$$

der Defekt Δ_n die Gestalt

$$\Delta_n = L^n\,\Delta_0 = \left(\frac{M-m}{M+m}\right)^n \left[\sqrt{M}\,e_m + (-1)^{n+1}\sqrt{m}\,e_M\right],$$

woraus

$$\|\Delta_n\| = \left(\frac{M-m}{M+m}\right)^n \|\Delta_0\|.$$

resultiert. Die erzielte Gleichung zeigt, daß die Abschätzung (8.17) nicht verbessert werden kann, falls m und M Eigenwerte des Operators B sind.

Übung 8.1. Es ist zu beweisen, daß die Abschätzung (8.17) auch dann nicht verbessert werden kann, wenn m und M keine Eigenwerte des Operators B sind, sondern die Grenzen seines Spektrums darstellen.

8.3. Die Momentenungleichung[1]**.** Die Ausdrücke

$$b_s = (B^s\,x, x) = \int_m^M \lambda^s\,d(E_\lambda\,x, x)$$

heißen *Momente des Operators* (8.2).

[1]) Die Ungleichungen in diesem Punkt sind zuerst im Zusammenhang mit einigen Aufgaben der Theorie der nichtlinearen Integralgleichungen (siehe M. A. Krasnoselski [8]) aufgestellt worden.

Lemma 8.1. *Es seien s eine beliebige und p und q positive Zahlen. Dann gilt die Ungleichung*

$$b_s^{p+q} \leqq b_{s+q}^p \, b_{s-p}^q \, . \tag{8.20}$$

Beweis. Es seien $p_1 > 1$, $p_1' = \frac{p_1}{p_1 - 1}$. Für beliebige Funktionen $\alpha(\lambda)$ und $\beta(\lambda)$ gilt dann die HÖLDERsche Ungleichung

$$\int_m^M \alpha(\lambda)\, \beta(\lambda)\, d(E_\lambda x, x) \leqq \left\{\int_m^M |\alpha(\lambda)|^{p_1} d(E_\lambda x, x)\right\}^{1/p_1} \left\{\int_m^M |\beta(\lambda)|^{p_1'} d(E_\lambda x\, x)\right\}^{1/p_1'} .$$

Wir setzen in dieser Ungleichung

$$\alpha(\lambda) = \lambda^{\frac{p(s+q)}{p+q}}, \qquad \beta(\lambda) = \lambda^{\frac{q(s-p)}{p+q}} \qquad (m \leqq \lambda \leqq M) .$$

Da

$$\frac{p\,(s+q)}{p+q} + \frac{q\,(s-p)}{p+q} = s$$

gilt, ist

$$\int_m^M \lambda^s\, d(E_\lambda x, x) \leqq \left\{\int_m^M \lambda^{\frac{p\, p_1 (s+q)}{p+q}} d(E_\lambda x, x)\right\}^{1/p_1} \left\{\int_m^M \lambda^{\frac{q p_1' (s-p)}{p+q}} d(E_\lambda x, x)\right\}^{1/p_1'} .$$

Indem wir nun $p_1 = \frac{p+q}{p}$ setzen, erhalten wir

$$b_s \leqq \left\{\int_m^M \lambda^{s+q}\, d(E_\lambda x, x)\right\}^{\frac{p}{p+q}} \left\{\int_m^M \lambda^{s-p}\, d(E_\lambda x, x)\right\}^{\frac{q}{p+q}} .$$

Wenn wir beide Seiten der letzten Ungleichung in die $(p+q)$-te Potenz erheben, dann erhalten wir (8.20).

Das Lemma ist bewiesen.

Wir führen die Bezeichnungen

$$b_{s_1, \ldots, s_k}^{\alpha_1, \ldots, \alpha_k} = b_{s_1}^{\alpha_1}\, b_{s_2}^{\alpha_2} \cdots b_{s_k}^{\alpha_k} \tag{8.21}$$

ein, wobei $s_1, \ldots, s_k$ beliebige und $\alpha_1, \ldots, \alpha_k$ positive Zahlen sind. Das Zahlenpaar $\{\omega, \tau\}$ mit

$$\omega = \alpha_1 + \cdots + \alpha_k , \qquad \tau = \alpha_1 s_1 + \cdots + \alpha_k s_k$$

nennen wir *Dimension* von $b_{s_1, \ldots, s_k}^{\alpha_1, \ldots, \alpha_k}$.

Die Ungleichung (8.20) kann man in der Gestalt

$$b_s^{p+q} \leqq b_{s+q, s-p}^{p, q}$$

schreiben. Aus Homogenitätsgründen ist klar, daß allgemeine Ungleichungen nur zwischen Ausdrücken (8.21) gleicher Dimension existieren können.

Lemma 8.2. *Es sei $s_1 < s < s_2$.*
Für jedes $\beta > 0$ lassen sich dann derartige positive β_1 und β_2 finden, daß

$$b_s^{\beta} \leqq b_{s_1}^{\beta_1} b_{s_2}^{\beta_2} \tag{8.22}$$

gilt, wobei $\beta_1 + \beta_2 = \beta$ und $\beta_1 s_1 + \beta_2 s_2 = \beta s$ ist.

Zum Beweis braucht man nur auf das Lemma 8.1 zu verweisen, wobei wir

$$p = s - s_1, \qquad q = s_2 - s, \qquad \beta_1 = \beta \frac{s_2 - s}{s_2 - s_1}, \qquad \beta_2 = \beta \frac{s - s_1}{s_2 - s_1}$$

setzen.

Satz 8.2. *Es gilt die Ungleichung*

$$b_{p_1,\ldots,p_k}^{\alpha_1,\ldots,\alpha_k} \leqq b_{s_1,s_2}^{\beta_1,\beta_2} = b_{s_1}^{\beta_1} b_{s_2}^{\beta_2}, \tag{8.23}$$

wenn die Dimensionen beider Seiten gleich sind und wenn

$$s_1 < p_1, \ldots, p_k < s_2$$

gilt.

Beweis. Wegen Lemma 8.2 läßt sich jeder Faktor $b_{p_i}^{\alpha_i}$ auf der linken Seite von (8.23) auf folgende Weise abschätzen:

$$b_{p_i}^{\alpha_i} \leqq b_{s_1}^{\beta_{1i}} b_{s_2}^{\beta_{2i}} \qquad (\beta_{1i}, \beta_{2i} > 0).$$

Indem wir diese Ungleichungen miteinander multiplizieren, erhalten wir

$$b_{p_1,\ldots,p_k}^{\alpha_1,\ldots,\alpha_k} \leqq b_{s_1}^{\beta_{11}+\cdots+\beta_{1k}} b_{s_2}^{\beta_{21}+\cdots+\beta_{2k}}. \tag{8.24}$$

Da die Dimension der rechten Seite mit der Dimension der linken übereinstimmt, ist

$$(\beta_{11} + \cdots + \beta_{1k}) + (\beta_{21} + \cdots + \beta_{2k}) = \beta_1 + \beta_2,$$
$$s_1 (\beta_{11} + \cdots + \beta_{1k}) + s_2 (\beta_{21} + \cdots + \beta_{2k}) = s_1 \beta_1 + s_2 \beta_2,$$

woraus

$$\beta_{11} + \cdots + \beta_{1k} = \beta_1, \qquad \beta_{21} + \cdots + \beta_{2k} = \beta_2$$

folgt. Deshalb stimmt (8.24) mit (8.23) überein.
Der Satz ist bewiesen.

8.4. α-Prozesse. Es sei α eine gewisse feste reelle Zahl. Wir bestimmen die Folge $x_n^{(\alpha)}$ mit Hilfe der rekurrenten Formel

$$x_{n+1}^{(\alpha)} = x_n^{(\alpha)} - \frac{(B^\alpha \Delta_n, \Delta_n)}{(B^{\alpha+1} \Delta_n, \Delta_n)} \Delta_n, \tag{8.25}$$

wobei $x_0^{(\alpha)}$ ein beliebiges Element aus H und

$$\Delta_n = B x_n^{(\alpha)} - b \tag{8.26}$$

ist. Die Konstruktion der Folge (8.25) nennen wir *α-Prozeß*.

Für $\alpha = 1$ gelangen wir zu dem Verfahren der minimalen Defekte (8.15). Für $\alpha = 0$ geht der Prozeß (8.25) in das bekannte *Verfahren des steilsten Abstieges*

$$x_{n+1}^{(0)} = x_n^{(0)} - \frac{(\Delta_n, \Delta_n)}{(B\,\Delta_n, \Delta_n)}\,\Delta_n \tag{8.27}$$

über (siehe z. B. L. W. Kantorowitsch und G. P. Akilow [1]).

Besonders sei der (-1)-Prozeß

$$x_{n+1}^{(-1)} = x_n^{(-1)} - \frac{(B^{-1}\,\Delta_n, \Delta_n)}{(\Delta_n, \Delta_n)}\,\Delta_n \tag{8.28}$$

angemerkt, den wir *Verfahren der minimalen Fehler* nennen werden. Aus den Formeln (8.28) ist klar, daß das Verfahren der minimalen Fehler im allgemeinen Fall nicht effektiv ist; die Durchführung der Rechnungen nach den Formeln (8.28) ist mit der Anwendung des Operators B^{-1} verbunden. Wie im Punkt 8.6 gezeigt wird, ist jedoch für gewisse Spezialklassen von Gleichungen das Verfahren der minimalen Fehler recht effektiv (wie ungewöhnlich das auch erscheinen mag). Es werden nun einige allgemeine Eigenschaften der α-Prozesse angegeben.

Satz 8.3. *Alle α-Prozesse ($\alpha \geqq -1$) sind in dem Sinne monoton, daß gilt*

$$\|x_{n+1}^{(\alpha)} - x^*\| \leqq \|x_n^{(\alpha)} - x^*\|\,. \tag{8.29}$$

Beweis. Aus

$$\Delta_n = B\,x_n^{(\alpha)} - b = B\,x_n^{(\alpha)} - B\,x^* = B\,(x_n^{(\alpha)} - x^*)$$

folgt, daß

$$x_n^{(\alpha)} - x^* = B^{-1}\,\Delta_n$$

ist. Hieraus resultiert die Gleichung

$$\begin{aligned} &\|x_{n+1}^{(\alpha)} - x^*\|^2 \\ &= \|x_n^{(\alpha)} - x^*\|^2 - \frac{2\,(B^\alpha\,\Delta_n, \Delta_n)}{(B^{\alpha+1}\,\Delta_n, \Delta_n)}\,(x_n^{(\alpha)} - x^*, \Delta_n) + \frac{(B^\alpha\,\Delta_n, \Delta_n)^2}{(B^{\alpha+1}\,\Delta_n, \Delta_n)^2}\,\|\Delta_n\|^2 \\ &= \|x_n^{(\alpha)} - x^*\|^2 - \frac{(B^\alpha\,\Delta_n, \Delta_n)}{(B^{\alpha+1}\,\Delta_n, \Delta_n)}\left[2\,(B^{-1}\,\Delta_n, \Delta_n) - \frac{(B^\alpha\,\Delta_n, \Delta_n)\,(\Delta_n, \Delta_n)}{(B^{\alpha+1}\,\Delta_n, \Delta_n)}\right]. \end{aligned} \tag{8.30}$$

Wegen Satz 8.2 ist

$$(B^\alpha\,\Delta_n, \Delta_n)\,(\Delta_n, \Delta_n) \leqq (B^{\alpha+1}\,\Delta_n, \Delta_n)\,(B^{-1}\,\Delta_n, \Delta_n)$$

und um so mehr

$$\frac{(B^\alpha\,\Delta_n, \Delta_n)\,(\Delta_n, \Delta_n)}{(B^{\alpha+1}\,\Delta_n, \Delta_n)} \leqq 2(B^{-1}\,\Delta_n, \Delta_n)\,.$$

Aus (8.30) ergibt sich demzufolge (8.29).

Damit ist der Satz bewiesen.

Es sei γ eine gewisse reelle Zahl. Mit Hilfe der Gleichungen

$$(x, y)_\gamma = (B^\gamma\,x, y)\,, \qquad \|x\|_\gamma = \sqrt{(x, x)_\gamma} \tag{8.31}$$

führen wir in H ein neues Skalarprodukt und eine neue Norm ein. Die Norm $||x||_\gamma$ ist äquivalent der Ausgangsnorm in H: Für $\gamma \geqq 0$ gilt

$$m^{\gamma/2}\,||x|| \leqq ||x||_\gamma \leqq M^{\gamma/2}\,||x|| \qquad (x \in H)$$

und für $\gamma < 0$

$$M^{-\gamma/2}\,||x|| \leqq ||x||_\gamma \leqq m^{-\gamma/2}\,||x|| \qquad (x \in H)\,.$$

Es ist leicht zu sehen, daß jeder α-Prozeß ein β-Prozeß ist im Raum H mit dem Skalarprodukt (8.31) für $\gamma = \alpha - \beta$, das folgt aus der Gleichung

$$\frac{(B^\alpha \varDelta, \varDelta)}{(B^{\alpha+1} \varDelta, \varDelta)} = \frac{(B^{\alpha-\beta}\, B^\beta \varDelta, \varDelta)}{(B^{\alpha-\beta}\, B^{\beta+1} \varDelta, \varDelta)} = \frac{(B^\beta \varDelta, \varDelta)_{\alpha-\beta}}{(B^{\beta+1} \varDelta, \varDelta)_{\alpha-\beta}}\,.$$

Jeder α-Prozeß ist insbesondere ein Verfahren der minimalen Defekte im Falle des Skalarprodukts $(x, y)_{\alpha-1}$. Hieraus und aus dem Satz 8.1 ergibt sich der

Satz 8.4. *Alle α-Prozesse konvergieren mit der Geschwindigkeit einer geometrischen Reihe mit dem Stufensprung* $\dfrac{M-m}{M+m}$.

Übung 8.2. Es ist zu zeigen, daß der Koeffizient $c = \dfrac{(B^\alpha \varDelta, \varDelta)}{(B^{\alpha+1} \varDelta, \varDelta)}$ in den Formeln (8.25) eine nichtwachsende Funktion des Arguments α ist (für festes $\varDelta$).

Übung 8.3. Es sei $x_n^{(\alpha)} = x_n^{(\beta)}$, wobei $-1 \leqq \alpha < \beta$ ist. Es ist die Ungleichung

$$||x_{n+1}^{(\alpha)} - x^*|| \leqq ||x_{n+1}^{(\beta)} - x^*|| \tag{8.32}$$

zu beweisen.

8.5. Ein Berechnungsschema. Aus (8.25) und (8.26) folgt, daß für einen beliebigen α-Prozeß

$$\varDelta_{n+1} = L_\alpha \varDelta_n \qquad (n = 0, 1, 2, \ldots) \tag{8.33}$$

gilt mit

$$L_\alpha \varDelta = \varDelta - \frac{(B^\alpha \varDelta, \varDelta)}{(B^{\alpha+1} \varDelta, \varDelta)} B \varDelta\,. \tag{8.34}$$

Die Eigenschaften des Operators L_α sind in der zitierten Arbeit von M. A. Krasnoselski und S. G. Krein [1] (S. 321–328) ausführlich untersucht worden.

Mit Hilfe der Formel (8.33) kann man sukzessiv die Elemente $\varDelta_i$ bestimmen, ohne bei jedem Schritt die Elemente x_i zu berechnen. Deshalb kann man bei der Bestimmung der Näherung x_n die Formel

$$x_n = x_0 - c_1 \varDelta_0 - \cdots - c_n \varDelta_{n-1} \tag{8.35}$$

benutzen, in der

$$c_i = \frac{(B^\alpha \varDelta_{i-1}, \varDelta_{i-1})}{(B^{\alpha+1} \varDelta_{i-1}, \varDelta_{i-1})}$$

ist. Dieses Rechenschema hat einen wesentlichen Nachteil, da sich bei den Berechnungen nach der Formel (8.35) die Fehler bei der Bestimmung der Elemente $c_i \varDelta_{i-1}$ summieren, dagegen bei der Durchführung des Iterationsprozesses (8.25) sich nicht anhäufen.

8.6. Zur Anwendung auf Gleichungen mit nichtselbstadjungierten Operatoren. Wir werden die Gleichung

$$A\,x = a \tag{8.36}$$

behandeln und dabei voraussetzen, daß A und A^{-1} stetig sind. Die Gleichung (8.36) ist äquivalent der Gleichung

$$A^*\,A\,x = A^*\,a\,. \tag{8.37}$$

Der Operator $B = A^*\,A$ ist selbstadjungiert und positiv definit:

$$(A^*\,A\,x, y) = (A\,x, A\,y) = (x, A^*\,A\,y)$$

und

$$(A^*\,A\,x, x) = (A\,x, A\,x) = \|A\,x\|^2 \geqq \frac{1}{\|A^{-1}\|^2}\,(x, x)\,.$$

Deshalb kann man zur näherungsweisen Lösung der Gleichung (8.37) das Verfahren der minimalen Defekte und andere α-Prozesse anwenden.

Wie schon erwähnt, kann man zur Lösung der Gleichung (8.1) für ganze nichtnegative α wirklich α-Prozesse benutzen. Es erweist sich, daß man zur Lösung der Gleichung (8.37) auch den (-1)-Prozeß (Verfahren der minimalen Fehler) verwenden kann. In der Tat, für die Gleichung (8.37) haben die Formeln (8.28) die Gestalt

$$x_{n+1} = x_n - \frac{((A^*\,A)^{-1}\,A^*\,(A\,x_n - a), A^*\,(A\,x_n - a))}{(A^*\,(A\,x_n - a), A^*\,(A\,x_n - a))}\,A^*\,(A\,x_n - a)$$

oder, da

$$\big((A^*\,A)^{-1}\,A^*\,z, A^*\,z\big) \equiv (z, z) \qquad (z \in H)$$

ist, die Gestalt (siehe W. M. Fridman [3—5])

$$x_{n+1} = x_n - \frac{(A\,x_n - a, A\,x_n - a)}{(A^*\,(A\,x_n - a), A^*\,(A\,x_n - a))}\,A^*\,(A\,x_n - a)\,. \tag{8.38}$$

§ 9. Die näherungsweise Berechnung des Spektralradius

9.1. Zur Verwendung der iterierten Operatoren. In § 5 und § 6 sind einige Methoden angegeben worden, mit deren Hilfe man Abschätzungen für den Spektralradius $\varrho(A)$ eines linearen im Banach-Raum E wirkenden Operators A erhalten kann. Diese Abschätzungen sind häufig übermäßig überhöht. Für die Anwendungen ist es wichtig, $\varrho(A)$ mit einer hohen Genauigkeit zu finden.

Die Formel von I. M. Gelfand

$$\varrho(A) = \lim_{n \to \infty} \varrho_n(A) \tag{9.1}$$

mit

$$\varrho_n(A) = \|A^n\|^{1/n} \qquad (n = 1, 2, \ldots) \tag{9.2}$$

bedeutet, daß man die Zahlen $\varrho_n(A)$ für feste hinreichend große n als Näherungswerte für $\varrho(A)$ ansehen kann. Die faktische Berechnung der Zahlen (9.2) ist jedoch nur in seltenen Fällen möglich, und deshalb muß man zur Auffindung von $\varrho(A)$ andere Methoden benutzen.

In vielen Fällen kann man die Näherungswerte von $\varrho(A)$ nach einer bezüglich (9.1) einfacheren Formel

$$\varrho(A) = \lim_{n\to\infty} ||A^n f||^{1/n} \tag{9.3}$$

bestimmen, wobei f ein „willkürlich ausgewähltes“ Element aus E ist. Die Formel (9.3) gilt natürlich nicht für beliebige $f \in E$. In der Tat, gehört f zu dem für A invarianten Unterraum E_0, dann ist wegen der Formel von I. M. Gelfand

$$\overline{\lim_{n\to\infty}} ||A^n f||^{1/n} \leqq \varrho_0(A),$$

wobei $\varrho_0(A)$ der Spektralradius der Einschränkung A_0 des Operators A auf den Unterraum E_0 ist; $\varrho_0(A)$ kann natürlich kleiner $\varrho(A)$ sein. Deshalb sind die Worte „willkürlich ausgewählt“ wesentlich.

Es sei zunächst A ein selbstadjungierter Operator

$$A = \int_a^b \lambda\, dE_\lambda,$$

wobei a und b die exakten unteren und oberen Grenzen des Spektrums sind. Der Einfachheit halber sei $b = ||A||$ und $|a| < b$. Die Gleichung (9.3) gilt dann, falls $f - E_{b-\varepsilon} f \neq 0$ ist, für beliebiges $\varepsilon > 0$, da für derartige Elemente f

$$b^{2n} ||f||^2 = ||A^n||^2\, ||f||^2 \geqq ||A^n f||^2 = \int_a^b \lambda^{2n}\, d(E_\lambda f, f) \geqq \int_{b-\varepsilon}^b \lambda^{2n}\, d(E_\lambda f, f)$$

$$\geqq (b-\varepsilon)^{2n} \int_{b-\varepsilon}^b d(E_\lambda f, f) = (b-\varepsilon)^{2n}\, ||f - E_{b-\varepsilon} f||^2$$

ist, woraus folgt

$$b - \varepsilon \leqq \underline{\lim_{n\to\infty}} ||A^n f||^{1/n} \leqq \overline{\lim_{n\to\infty}} ||A^n f||^{1/n} \leqq b\,.$$

Man braucht nun nur noch darauf hinzuweisen, daß ε beliebig gewählt wurde. Die Elemente f, für die für kleine ε die Differenz $f - E_{b-\varepsilon} f$ gleich Null ist, bilden eine lineare Menge, die im gesamten Raum nicht dicht ist, — nur für diese Elemente gilt die Formel (9.3) nicht.

Als zweite wichtige Klasse von Operatoren betrachten wir die vollstetigen Operatoren. Wenn A vollstetig und sein Spektralradius $\varrho(A)$ verschieden von Null ist, dann fällt $\varrho(A)$ mit dem größten absoluten Wert der Eigenwerte zusammen. Es seien $\lambda_1, \lambda_2, \ldots, \lambda_k$ die Eigenwerte des Operators A, deren absolute Werte mit $\varrho(A)$ übereinstimmen und denen die Unterräume $E_1, E_2, \ldots, E_k$ entsprechen. Dann kann man E in Form der direkten Summe

$$E = E_1 \oplus E_2 \oplus \cdots \oplus E_k \oplus E_0 \tag{9.4}$$

darstellen, wobei E_0 ein bezüglich A invarianter Unterraum ist und die Einengung des Operators A auf ihn den Spektralradius ϱ besitzt, der kleiner als

$\varrho(A)$ ist. Der Aufspaltung (9.4) des Raumes E in eine direkte Summe von Unterräumen entspricht die Darstellung jedes $f \in E$ in Gestalt der Summe

$$f = P_1 f + P_2 f + \cdots + P_k f + P_0 f \qquad (P_i f \in E_i)\,, \tag{9.5}$$

wobei die P_i Projektionsoperatoren auf die entsprechenden Unterräume sind. Wir führen in E eine neue Norm ein

$$\|f\|_* = \|P_1 f\| + \cdots + \|P_k f\| + \|P_0 f\| \qquad (f \in E)\,, \tag{9.6}$$

die äquivalent ist der Ausgangsnorm:

$$\alpha\, \|f\| \leqq \|f\|_* \leqq \beta\, \|f\| \qquad (f \in E; \alpha, \beta > 0)\,. \tag{9.7}$$

Wir zeigen, daß die Formel (9.3) gilt, wenn $f \neq P_0 f$ ist oder, was dasselbe ist, wenn eine der Projektionen $P_1 f, \ldots, P_k f$ verschieden von Null ist. Der Einfachheit halber werden wir voraussetzen, daß $P_1 f \neq 0$ ist.

Es sei $e_1, e_2, \ldots, e_s$ eine Basis in E_1, in der sich die Einschränkung A_1 des Operators A auf E_1 als Matrix in der Jordan-Form schreiben läßt. Dann läßt sich in der Darstellung

$$P_1 f = \xi_1 e_1 + \cdots + \xi_s e_s \tag{9.8}$$

des Vektors $P_1 f$ eine solche Nichtnullkomponente ξ_{i_0} finden, daß die Darstel lungen aller Vektoren $P_1 A^n P_1 f = A_1^n P_1 f$ die Gestalt

$$A_1^n P_1 f = \xi_1^{(n)} e_1 + \cdots + \xi_{i_0-1}^{(n)} e_{i_0-1} + \lambda_1^n \xi_{i_0} e_{i_0} + \xi_{i_0+1}^{(n)} e_{i_0+1} + \cdots + \xi_s^{(n)} e_s \tag{9.9}$$

besitzen (den Beweis überlassen wir dem Leser). Jeder Koeffizient in der Darstellung (9.8) ist ein stetiges lineares Funktional auf E_1; deshalb ist

$$|\xi_{i_0}|\, \varrho^n(A) = |\xi_{i_0} \lambda_1^n| \leqq c\, \|A^n P_1 f\| \qquad (n = 1, 2, \ldots)\,. \tag{9.10}$$

Wir gehen nun zum Beweis von (9.3) über. Aus (9.6) und (9.10) folgt die Kette von Beziehungen

$$\|A^n f\|_* \geqq \|P_1 A^n f\| = \|A^n P_1 f\| \geqq \frac{1}{c} |\xi_{i_0}|\, [\varrho(A)]^n = c_1 [\varrho(A)]^n\,,$$

woraus wegen (9.7)

$$\|A^n f\| \geqq \alpha\, c_1 [\varrho(A)]^n$$

und deshalb

$$\varliminf_{n\to\infty} \|A^n f\|^{1/n} \geqq \varrho(A)$$

resultiert. Andererseits liefert die Formel von I. M. Gelfand die Ungleichung

$$\varlimsup_{n\to\infty} \|A^n f\|^{1/n} \leqq \varrho(A)\,.$$

Demzufolge gilt (9.3).

Übung 9.1. Der Operator A sei quasivollstetig. Es ist zu zeigen, daß die Formel (9.3) für alle f gilt, die nicht in einem gewissen Unterraum liegen.

Es lassen sich leicht andere Klassen von Operatoren beschreiben, für die die Formel (9.3) für „fast alle" f gilt.

9.2. Positive Operatoren[1]). Für positive Operatoren A (im Raum E mit dem Kegel K) lassen sich leicht Klassen von Elementen beschreiben, für die die Formel (9.3) gilt.

Der Kegel K sei räumlich und f sei irgendeins seiner Nichtnullelemente. Wir erinnern, daß die f-Norm $\|\cdot\|_f$ in E durch die Formel

$$\|x\|_f = \min\{t: -tf \lesssim x \lesssim tf\}\,. \tag{9.11}$$

definiert ist. Für positive x ist die Norm $\|x\|_f$ das Minimum derjenigen t, für die $x \lesssim tf$ ist.

Satz 9.1. *Der Kegel K sei räumlich und normal. Es sei f ein inneres Element von K.*

Dann gilt die Gleichung (9.3).

Beweis. Wegen Satz 5.5 folgt aus

$$A^n f \lesssim \|A^n f\|_f \cdot f$$

die Ungleichung

$$[\varrho(A)]^n \leqq \|A^n f\|_f\,, \tag{9.12}$$

woraus

$$\varliminf_{n\to\infty} \|A^n f\|_f^{1/n} \geqq \varrho(A)$$

resultiert. Andererseits gilt wegen der Formel von I. M. Gelfand

$$\varlimsup_{n\to\infty} \|A^n f\|_f^{1/n} \leqq \varrho(A)\,.$$

Demzufolge haben wir

$$\lim_{n\to\infty} \|A^n f\|_f^{1/n} = \varrho(A)\,. \tag{9.13}$$

Aus (9.13) folgt (9.3), da die Normen $\|x\|$ und $\|x\|_f$ äquivalent sind.

Der Satz ist bewiesen.

Aus der Ungleichung (9.12) resultiert eine wichtige Ergänzung zu Satz 9.1.

Satz 9.2. *Es seien die Bedingungen des Satzes* 9.1 *erfüllt.*

Dann konvergieren die Zahlen $\|A^n f\|_f^{1/n}$ von oben gegen $\varrho(A)$:

$$\|A^n f\|_f^{1/n} \geqq \varrho(A) \qquad (n = 1, 2, \ldots)\,.$$

Übung 9.2. Es ist zu zeigen, daß die Folge $\|A^n f\|_{A^{n-1}f}$ monoton ist.

Übung 9.3. Es ist zu zeigen, daß die Folge $\{\|A^{2^k} f\|_f\}^{2^{-k}}$ monoton ist.

Der Satz 9.2 gilt auch für den Fall nichträumlicher Kegel K, falls der Operator A zusätzlichen Bedingungen genügt.

Der Satz 9.2 gibt ein Rezept zur näherungsweisen Berechnung von $\varrho(A)$ nach dem „Überfluß". Für genügend weite Klassen von Operatoren kann man durch ähnliche Überlegungen Näherungen für $\varrho(A)$ nach dem „Fehlbetrag" erhalten.

---

[1]) W. J. Stezenko [3]; an dieser Stelle werden die einfachsten Sätze dargelegt.

Satz 9.3. *Der Kegel K sei räumlich und normal. Der Operator A habe den Eigenvektor u_0, der ein innerer Punkt von K ist und dem der Eigenwert $\varrho(A)$ entspricht. Es sei f ein inneres Element des Kegels.*

Dann gilt die Gleichung

$$\varrho(A) = \lim_{n\to\infty} \sqrt[n]{\alpha_n} \tag{9.14}$$

mit

$$\alpha_n = \sup \{\alpha : A^n f \gtrsim \alpha f\} . \tag{9.15}$$

Dabei konvergieren die Zahlen $\sqrt[n]{\alpha_n}$ gegen $\varrho(A)$ nach dem „Fehlbetrag".

Beweis. Da f ein inneres Element von K ist, lassen sich derartige positive c_1 und c_2 finden, daß gilt

$$c_1 u_0 \lesssim f \lesssim c_2 u_0 .$$

Deshalb haben wir

$$c_1[\varrho(A)]^n u_0 \lesssim A^n f \lesssim c_2[\varrho(A)]^n u_0$$

und

$$A^n f \gtrsim \frac{c_1}{c_2} [\varrho(A)]^n f .$$

Aus dieser Beziehung folgt die Ungleichung

$$\alpha_n \geqq \frac{c_1}{c_2} [\varrho(A)]^n ,$$

woraus

$$\varliminf_{n\to\infty} \sqrt[n]{\alpha_n} \geqq \varrho(A) . \tag{9.16}$$

resultiert.

Andererseits ist wegen Satz 5.4

$$\sqrt[n]{\alpha_n} \leqq \varrho(A) \qquad (n = 1, 2, \ldots) . \tag{9.17}$$

Aus den Ungleichungen (9.16) und (9.17) resultiert (9.14). Die zweite zu beweisende Behauptung folgt aus (9.17).

Der Satz ist bewiesen.

Den Bedingungen des Satzes 9.3 genügen zum Beispiel die vollstetigen stark positiven und, noch allgemeiner, die quasivollstetigen unzerlegbaren Operatoren.

9.3. Die Berechnung des größten Eigenwertes. Wie wir schon mehrmals hingewiesen haben, ist der Spektralradius für viele Operatoren (zum Beispiel, die vollstetigen) der größte Absolutbetrag der Eigenwerte. Deshalb ist jedes Näherungsverfahren zur Berechnung der Eigenwerte gleichzeitig ein Näherungsverfahren zur Bestimmung des Spektralradius.

Für die Anwendung des Galerkin-Verfahrens, des Verfahrens von Galerkin-Petrow sind oft ihre verschiedenartigen Ergänzungen und Modifikationen von Bedeutung. Diese Verfahren sind zum Beispiel detailliert in den Monographien von S. G. Michlin [3, 8] untersucht worden. Eine Reihe von Aspekten der Theorie dieser Verfahren wird in ihrer allgemeinen Problemstellung im Kapitel 4 behandelt werden.

Wir werden uns auch nicht mit der Untersuchung des von L. W. KANTOROWITSCH ausgearbeiteten Verfahrens des steilsten Abstieges im Eigenwertproblem selbstadjungierter Operatoren befassen. Die sich auf diese Problematik beziehenden Hauptergebnisse sind bei L. W. KANTOROWITSCH und G. P. AKILOW [1] dargelegt.

Schließlich möchten wir noch auf die fundamentale Monographie von D. K. FADDEJEW und W. N. FADDEJEWA [1] hinweisen, die sich mit numerischen Methoden der linearen Algebra befaßt. Zahlreiche in diesem Buch dargelegten Verfahren lassen sich unmittelbar auf Operatoren im HILBERT-Raum und im BANACH-Raum übertragen.

9.4. Zur näherungsweisen Bestimmung der Eigenwerte selbstadjungierter Operatoren. In diesem und in den nachfolgenden Punkten des vorliegenden Paragraphen wird vorausgesetzt, daß A ein positiv definiter selbstadjungierter Operator im reellen HILBERT-Raum H ist. Wir beschreiben eine Reihe von Näherungsverfahren zur Auffindung der Grenzen m, M des Spektrums des Operators A.

Zur Herleitung der entsprechenden Näherungsformeln (wir halten uns hier an die Arbeit von M. A. KRASNOSELSKI [7]) nehmen wir zunächst an, daß H n-dimensional ist und alle Eigenwerte der Matrix A einfach und verschieden sind. Der Einfachheit halber seien

$$M = \lambda_1 > \lambda_2 > \cdots > \lambda_n = m\,. \tag{9.18}$$

Mit $e_1, \ldots, e_n$ werden wir die Einheitseigenvektoren der Matrix A bezeichnen, die den Eigenwerten $\lambda_1, \ldots, \lambda_n$ entsprechen.

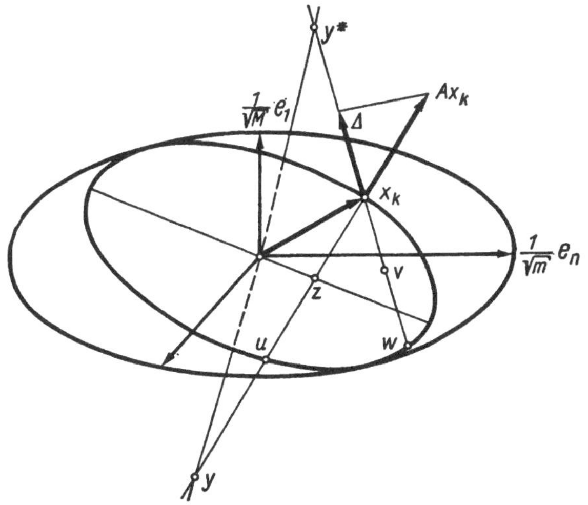

Abb. 9.1

Die einfachsten Methoden zur Konstruktion der $(k+1)$-ten Näherung x_{k+1}, falls die k-te Näherung x_k bekannt ist, basieren auf der Darstellung des Vektors x_{k+1} in der Form einer linearen Kombination zweier Vektoren x_k und $A\,x_k$ und auf der Auswahl der Zahlenkoeffizienten in dieser linearen Kombination. Mit anderen Worten, die folgende Näherung x_{k+1} wird als ein gewisser Punkt der Ebene Π gesucht, die durch die Vektoren x_k und $A\,x_k$ geht. In der Abb. 9.1 ist das Ellipsoid $(A\,x, x) = 1$ dargestellt; seine kleinste Halbachse ist $e_1/\sqrt{M}$, seine größte Halbachse der Vektor $e_n/\sqrt{m}$; die punktierten Linien sind die Halbachsen der Ellipse, die durch den Schnitt des Ellipsoiden mit der Ebene Π entsteht.

Wir bestimmen zunächst näherungsweise den Vektor e_1 (ist $x \approx e_1$, dann gibt uns die Zahl $\frac{(A\,x, x)}{(x, x)}$ den Näherungswert für M).

Wir bezeichnen mit y den Schnittpunkt der Geraden, die durch x_k in Richtung $A\,x_k$ geht, mit der Verlängerung der kleinen Halbachse des Ellipsen-Schnitts (oder mit der Halbachse selbst). Die Näherung x_{k+1} erhalten wir, wenn wir y so normieren, daß der Punkt x_{k+1} auf dem Ellipsoid $(A\,x, x) = 1$ liegt; dazu braucht man nur

$$x_{k+1} = \frac{1}{\sqrt{(A\,y, y)}}\, y\,. \tag{9.19}$$

zu setzen.

Wir werden den Punkt y in der Form

$$y = x_k - \varepsilon\, A\, x_k \tag{9.20}$$

darstellen. Zur Bestimmung von ε kann man die Tatsache benutzen, daß y ein Eigenvektor des Operators $P\,A$ ist, wobei P ein Operator der orthogonalen Projektion auf die Ebene Π ist. Deshalb gilt $P\,A\,y = \lambda^*\,y$ und damit

$$(A\,y - \lambda^*\,y, x_k) = 0\,, \qquad (A\,y - \lambda^*\,y, A\,x_k) = 0\,.$$

Indem wir aus den letzten Gleichungen λ^* eliminieren, erhalten wir zur Bestimmung der Zahl ε die quadratische Gleichung

$$\varepsilon^2\,(a_2^2 - a_1\,a_3) - \varepsilon\,(a_1\,a_2 - a_0\,a_3) + (a_1^2 - a_0\,a_2) = 0 \tag{9.21}$$

mit

$$a_i = (A^i\,x_k, x_k)\,.$$

Aus geometrischen Überlegungen (siehe Abb. 9.1) ist klar, daß beide Wurzeln ε_1 und ε_2 der quadratischen Gleichung reell und positiv sind. Man kann dies auch leicht analytisch nachweisen. Der Bestimmtheit halber nehmen wir an, daß $\varepsilon_1 < \varepsilon_2$ ist. Zur Bestimmung von y muß man dann in der Formel (9.20) $\varepsilon = \varepsilon_2$ setzen. Die Folge x_k konvergiert in diesem Fall gegen $e_1/\sqrt{M}$. Die beschriebene Methode stimmt mit dem Verfahren des steilsten Abstieges von L. W. Kantorowitsch [1, 2] überein (hier ist es aus anderen Überlegungen gewonnen worden).

Wenn man anstelle des Punktes y den Schnittpunkt z der oben betrachteten Geraden mit der großen Halbachse des Ellipsen-Schnitts wählt, dann gelangen wir bei der Bestimmung von z zu einer bezüglich (9.20) analogen Formel

$$z = x_k - \varepsilon A x_k, \tag{9.22}$$

wobei man als ε die kleinere Wurzel ε_1 der quadratischen Gleichung (9.21) nehmen muß. Die Näherung x_{k+1} wird dann durch die Gleichung

$$x_{k+1} = \frac{z}{\sqrt{(A z, z)}}. \tag{9.23}$$

bestimmt. Die Folge (9.23) konvergiert gegen $e_n/\sqrt{m}$. Deshalb konvergiert die Zahlenfolge

$$\frac{(A x_k, x_k)}{(x_k, x_k)} \qquad (k = 1, 2, \ldots) \tag{9.24}$$

gegen m.

Übung 9.4. Es ist zu zeigen, daß die Diskriminante der Gleichung (9.21) nichtnegativ ist.

Übung 9.5. Es ist zu zeigen, daß die Zahlenfolge (9.24) auch dann gegen m konvergiert, wenn A ein beliebiger positiv definiter selbstadjungierter Operator im Hilbert-Raum ist und wenn die Anfangsnäherung x_0 nicht zu einem gewissen festen Unterraum H_0 gehört. Es ist der Unterraum H_0 zu beschreiben.

Die weiteren Überlegungen werden sich auf Iterationsprozesse beziehen, bei denen kein Schritt die Lösung quadratischer Gleichungen erfordert. Zunächst kehren wir zur Aufgabe der näherungsweisen Bestimmung des Vektors e_1 zurück. Aus geometrischen Überlegungen ist klar (siehe Abb. 9.1), daß man den Punkt y mit einem „kleinen Fehler" ersetzen kann durch den Schnittpunkt u der Geraden, die durch x_k in Richtung $A x_k$ geht, mit dem Ellipsen-Schnitt. In diesem Falle haben wir $x_{k+1} = x_k - \varepsilon A x_k$ und ε wird aus der Gleichung

$$(A x_{k+1}, x_{k+1}) = 1$$

bestimmt oder, was dasselbe ist, aus der Gleichung

$$(A x_k - \varepsilon A^2 x_k, x_k - \varepsilon A x_k) = (A x_k, A x_k).$$

Diese Gleichung hat eine von Null verschiedene Wurzel. Nachdem wir sie gefunden haben, erhalten wir den rekurrenten Prozeß

$$x_{k+1} = x_k - 2\frac{(A^2 x_k, x_k)}{(A^3 x_k, x_k)} A x_k \qquad (k = 0, 1, 2, \ldots). \tag{9.25}$$

Dieses Verfahren ist von W. N. Kostartschuk [1] vorgeschlagen worden, der es *Normalsehnenverfahren* nannte.

Wenn man im Raum das Hilfsskalarprodukt

$$(x, y)_\gamma = (A^\gamma x, y)$$

betrachtet und für dieses Skalarprodukt die Formeln für das Normalsehnenverfahren herleitet, dann gelangen wir zu den rekurrenten Formeln

$$x_{k+1} = x_k - 2\frac{(A^{2+\gamma} x_k, x_k)}{(A^{3+\gamma} x_k, x_k)} A x_k \qquad (k = 0, 1, 2, \ldots). \tag{9.26}$$

Am effektivsten ist das Verfahren (9.26) für $\gamma = -2$; es hat die Gestalt

$$x_{k+1} = x_k - 2\frac{(x_k, x_k)}{(A\,x_k, x_k)} A\,x_k \qquad (k = 0, 1, 2, \ldots)\,. \tag{9.27}$$

Wir bezeichnen mit h_k die Projektion des Vektors $A\,x_k$ auf die Gerade in der Ebene Π, die orthogonal zu x_k ist (siehe Abb. 9.1). Es ist offensichtlich

$$h_k = A\,x_k - \frac{(A\,x_k, x_k)}{(x_k, x_k)} x_k \qquad (k = 0, 1, 2, \ldots)\,. \tag{9.28}$$

Es sei w der Schnittpunkt der durch x_k in Richtung h_k verlaufenden Geraden mit dem Ellipsen-Schnitt. Dieser Punkt $w = x_k - \varepsilon\,h_k$ kann aus der Bedingung $(A\,w, w) = 1$ bestimmt werden. Den Punkt w kann man als die nächste Näherung x_{k+1} ansehen, falls wir näherungsweise den Eigenvektor e_n bestimmen wollen. Die entsprechende rekurrente Formel hat die Gestalt

$$x_{k+1} = x_k - 2\frac{(h_k, h_k)}{(A\,h_k, h_k)} h_k \qquad (k = 0, 1, 2, \ldots)\,, \tag{9.29}$$

wobei sich h_k aus der Formel (9.28) finden läßt. Die Konvergenz des Prozesses (9.29) gegen e_n ist geometrisch klar.

Der letzte Prozeß, den wir in diesem Punkt beschreiben, basiert auf dem Übergang vom Punkt x_k zur Mitte v des Abschnitts, der x_k und w verbindet. Ein derartiger Prozeß der näherungsweisen Auffindung von e_n wird durch die Formeln

$$x_{k+1} = x_k - \frac{(h_k, h_k)}{(A\,h_k, h_k)} h_k \qquad (k = 0, 1, 2, \ldots)\,. \tag{9.30}$$

verwirklicht. Es sei angemerkt, daß die Näherungen (9.30) schon nicht mehr auf einem Ellipsoiden $(A\,x, x) = c$ liegen. Die Norm dieser Näherungen fällt nicht, da der Übergang von x_k zur nächsten Näherung durch den Zusatz eines orthogonalen Vektors verwirklicht wird.

9.5. Das Normalsehnenverfahren. Das Normalsehnenverfahren ist detailliert von W. N. Kostartschuk [2] und B. P. Pugatschow [3] untersucht worden.

Die Formeln (9.25), (9.26) und (9.27), die verschiedene Varianten des Normalsehnenverfahrens beschreiben, gelten für beliebige positiv definite selbstadjungierte Operatoren, und nicht nur für positiv definite Matrizen. Es ist klar, daß man für einen beliebigen positiv definiten Operator A die Eigenvektoren nicht nach diesen Formeln finden kann — der Operator A kann auch überhaupt keine Eigenvektoren besitzen. Für beliebige Operatoren A kann man jedoch erwarten, daß die Zahlen

$$c_k = \frac{(A^{2+\gamma}\,x_k, x_k)}{(A^{3+\gamma}\,x_k, x_k)} \qquad (k = 0, 1, 2, \ldots) \tag{9.31}$$

für „fast alle" x_0 gegen $1/M$ konvergieren. Diese Tatsache gilt wirklich. Wir werden nun hierzu den Beweis führen.

Lemma 9.1. *Für beliebiges x_0 und beliebiges $\varkappa$ hat die Zahlenfolge*

$$(A^\varkappa\,x_0, x_0),\ (A^\varkappa\,x_1, x_1), \ldots, (A^\varkappa\,x_k, x_k), \ldots \tag{9.32}$$

einen endlichen Grenzwert, wobei die x_k durch die rekurrenten Formeln (9.26) *bestimmt sind.*

Beweis. Eine einfache Rechnung zeigt

$$(A^\varkappa x_{k+1}, x_{k+1}) = (A^\varkappa x_k, x_k) - \frac{4\,(A^{2+\gamma} x_k, x_k)}{(A^{3+\gamma} x_k, x_k)} (A^{\varkappa+1} x_k, x_k) + \frac{4\,(A^{2+\gamma} x_k, x_k)^2}{(A^{3+\gamma} x_k, x_k)^2} (A^{\varkappa+2} x_k, x_k)\,. \tag{9.33}$$

Aus (9.33) folgt, daß für $\varkappa = \gamma + 1$ die Folge (9.32) stationär ist:

$$(A^\varkappa x_k, x_k) = (A^\varkappa x_0, x_0) \qquad (k = 1, 2, \ldots)\,.$$

Es sei $\varkappa > \gamma + 1$. Dann resultiert aus Satz 8.2 die Ungleichung

$$(A^{\varkappa+1} x_k, x_k)\,(A^{3+\gamma} x_k, x_k) \leqq (A^{2+\gamma} x_k, x_k)\,(A^{2+\varkappa} x_k, x_k)\,.$$

Deshalb folgt aus (9.33), daß die Folge (9.32) nichtfallend ist. Sie ist offensichtlich nach oben beschränkt.

Es sei schließlich $\varkappa < \gamma + 1$. Wegen des gleichen Satzes 8.2 ist

$$(A^{2+\gamma} x_k, x_k)\,(A^{\varkappa+2} x_k, x_k) \leqq (A^{\varkappa+1} x_k, x_k)\,(A^{3+\gamma} x_k, x_k)\,,$$

und deshalb wächst die Folge (9.32) nicht.

Das Lemma ist bewiesen.

Aus diesem Lemma folgt unmittelbar, daß die Folge (9.31) einen Grenzwert hat, den wir mit c^* bezeichnen.

Bei der Anwendung der Formeln (9.31) zur näherungsweisen Berechnung von c^* ist das folgende Lemma nützlich:

Lemma 9.2. *Die Folge* (9.31) *wächst nicht.*

Beweis. Wegen (9.33) kann man die Differenz $c_k - c_{k+1}$ in der Form

$$c_k - c_{k+1} = \frac{a_{2+\gamma}}{a_{3+\gamma}} - \frac{a_{2+\gamma} - \dfrac{4\,a_{2+\gamma}}{a_{3+\gamma}^2}(a_{3+\gamma}^2 - a_{2+\gamma}\,a_{4+\gamma})}{a_{3+\gamma} - \dfrac{4\,a_{2+\gamma}}{a_{3+\gamma}^2}(a_{4+\gamma}\,a_{3+\gamma} - a_{2+\gamma}\,a_{5+\gamma})}$$

schreiben, wobei $a_i = (A^i x_k, x_k)$ ist. Das Vorzeichen der Differenz stimmt mit dem Vorzeichen des Zählers überein:

$$\operatorname{sign}(c_k - c_{k+1}) = \operatorname{sign}\left\{a_{2+\gamma}\,a_{5+\gamma} - a_{4+\gamma}\,a_{3+\gamma} + \frac{a_{3+\gamma}}{a_{2+\gamma}}(a_{3+\gamma}^2 - a_{2+\gamma}\,a_{4+\gamma})\right\}.$$

Wegen Satz 8.2 ist

$$a_{3+\gamma}^2 \leqq a_{2+\gamma}\,a_{4+\gamma}$$

und

$$a_{2+\gamma}\,a_{5+\gamma} - a_{4+\gamma}\,a_{3+\gamma} + \frac{a_{3+\gamma}}{a_{2+\gamma}}(a_{3+\gamma}^2 - a_{2+\gamma}\,a_{4+\gamma}) \geqq a_{2+\gamma}\,a_{5+\gamma} - a_{4+\gamma}\,a_{3+\gamma} + \frac{a_{4+\gamma}}{a_{3+\gamma}}(a_{3+\gamma}^2 - a_{2+\gamma}\,a_{4+\gamma}) = a_{2+\gamma}\,a_{5+\gamma} - \frac{a_{4+\gamma}^2\,a_{2+\gamma}}{a_{3+\gamma}}\,.$$

Die rechte Seite ist nichtnegativ (wiederum wegen Satz 8.2). Deshalb ist

$$a_{2+\gamma}\, a_{5+\gamma} - a_{4+\gamma}\, a_{3+\gamma} + \frac{a_{3+\gamma}}{a_{2+\gamma}} (a_{3+\gamma}^2 - a_{2+\gamma}\, a_{4+\gamma}) \geqq 0 ,$$

und folglich erhalten wir $c_k \geqq c_{k+1}$.

Das Lemma ist bewiesen.

Wir befassen uns nun mit dem Hauptsatz.

Satz 9.4. *Es sei*

$$A = \int_m^M \lambda\, dE_\lambda .$$

Die Anfangsnäherung x_0 genüge für $\lambda < M$ der Bedingung $x_0 \neq E_\lambda x_0$.

Dann ist $c^* = 1/M$, wobei c^* der Grenzwert der Folge (9.31) ist.

Beweis. Setzen wir das Gegenteil voraus, dann läßt sich ein solches λ_0 finden, daß $1/c^* < \lambda_0 < M$ ist. Wegen Lemma 9.2 ist für alle n die Ungleichung

$$|1 - 2\, c_n \lambda| = 2\, c_n \lambda - 1 \geqq 2\, c^* \lambda_0 - 1 = 1 + \varepsilon \qquad (\lambda_0 \leqq \lambda \leqq M) \quad (9.34)$$

mit $\varepsilon > 0$ erfüllt. Wir wenden auf die Gleichung (9.26) den Operator $I - E_{\lambda_0}$ an. Dieser Operator kommutiert mit A, und demzufolge ist

$$(I - E_{\lambda_0})\, x_{k+1} = (I - 2\, c_k A)\, (I - E_{\lambda_0})\, x_k = \int_{\lambda_0}^M (1 - 2\, c_k \lambda)\, dE_\lambda\, x_k .$$

Aus (9.34) ergibt sich dann die Ungleichung

$$||(I - E_{\lambda_0})\, x_{k+1}|| \geqq (1 + \varepsilon) \left\| \int_{\lambda_0}^M dE_\lambda\, x_k \right\| = (1 + \varepsilon)\, ||(I - E_{\lambda_0})\, x_k|| .$$

Folglich haben wir

$$||x_k|| \geqq ||(I - E_{\lambda_0})\, x_k|| \geqq (1 + \varepsilon)^k\, ||x_0 - E_{\lambda_0} x_0|| \qquad (k = 1, 2, \ldots) .$$

Nach der Voraussetzung ist $x_0 \neq E_{\lambda_0} x_0$; deshalb konvergiert $||x_k|| \to \infty$. Die letzte Beziehung widerspricht der Gleichung $(A\, x_k, x_k) = 1$.

Der Satz ist bewiesen.

Übung 9.6. Es ist zu zeigen, daß für vollstetige Operatoren die Elemente der Folge (9.26) mit geraden (oder nur mit ungeraden) Nummern gegen einen der Eigenvektoren des Operators A konvergieren. Es ist zu zeigen, daß diesem Eigenvektor der größte Eigenwert der Einschränkung des Operators A auf den seiner minimalen invarianten Unterräume entspricht, der die Anfangsnäherung x_0 enthält.

9.6. Das Orthogonalsehnenverfahren. Wir kehren zu den Iterationsprozessen (9.29) und (9.30) zurück. Den ersten von ihnen werden wir *Orthogonalsehnenverfahren* nennen. Wir erinnern, daß sich in diesem Verfahren die sukzessiven Näherungen über die Formeln

$$x_{k+1} = x_k - 2\, \frac{(h_k, h_k)}{(A\, h_k, h_k)}\, h_k \qquad (k = 0, 1, 2, \ldots) \qquad (9.35)$$

finden lassen, dabei ist

$$h_k = A\,x_k - \frac{(A\,x_k,\,x_k)}{(x_k,\,x_k)}\,x_k \qquad (k = 0, 1, 2, \ldots)\,. \tag{9.36}$$

Das zweite Verfahren, in dem die sukzessiven Näherungen aus den Gleichungen

$$x_{k+1} = x_k - \frac{(h_k,\,h_k)}{(A\,h_k,\,h_k)}\,h_k \tag{9.37}$$

bestimmt werden, nennen wir *Orthogonalhalbsehnenverfahren.*

Die Orthogonalsehnen- und Orthogonalhalbsehnenverfahren (vorgeschlagen von M. A. Krasnoselski [7]) sind detailliert von B. P. Pugatschow [1, 2] und G. A. Besmertnych [1—3] untersucht worden. Das Hauptergebnis besteht darin, daß für „fast alle" Anfangsnäherungen x_0 die Zahlenfolge

$$d_k = \frac{(h_k,\,h_k)}{(A\,h_k,\,h_k)} \qquad (k = 0, 1, 2, \ldots) \tag{9.38}$$

gegen die Zahl $1/m$ konvergiert. Mit dem Beweis der entsprechenden Sätze werden wir uns hier nicht befassen.

W. M. Fridman hat die Verfahren (9.35) und (9.37) zur Berechnung der sogenannten Resonanzausschaltung angewendet.

G. A. Besmertnych führte eine tiefgründige Analyse der Lage der normierten Vektoren (9.36) im Raum H durch. Es hat sich gezeigt, daß für hinreichend allgemeine Bedingungen diese normierten Vektoren gegen einen Eigenvektor konvergieren, der entweder dem Eigenwert M oder dem der Größe nach zweiten Eigenwert λ_2 entspricht.

9.7. Zur gleichzeitigen Anwendung von mehreren Iterationen. Wir kehren nun wieder zu dem Fall zurück, daß A eine positiv definite Matrix ist (es sei sofort angemerkt, daß die beschriebenen Methoden nicht mit der Endlichdimensionalität des Raumes H verknüpft sind und die hergeleiteten Formeln für den allgemeinen Fall gültig sind). Zur Konstruktion der Näherung x_{k+1} nach der vorhergehenden Näherung x_k versuchen wir gleichzeitig mehrere Iterationen

$$x_k,\, A\,x_k,\, \ldots,\, A^s\,x_k \tag{9.39}$$

anzuwenden.

Wir bezeichnen mit Π_k die lineare Hülle der Vektoren (9.39) und mit P_k den Operator der orthogonalen Projektion auf Π_k. Als Näherung x_{k+1} werden wir den normierten Eigenvektor des Operators $P_k\,A$ suchen, der dem größten Eigenwert dieses Operators entspricht (siehe K. Lanczos [1], L. A. Ljusternik [2], M. S. Birman [2], J. W. Worobjow [1—3]). Es sei

$$x_{k+1} = \alpha_0\,x_k + \alpha_1\,A\,x_k + \cdots + \alpha_s\,A^s\,x_k\,. \tag{9.40}$$

Es muß offensichtlich die Gleichung

$$P_k\,(A\,x_{k+1} - \nu\,x_{k+1}) = 0$$

erfüllt sein, woraus

$$(A\,x_{k+1} - \nu\,x_{k+1},\, A^i\,x_k) = 0 \qquad (i = 0, 1, \ldots, s)$$

folgt oder, was dasselbe ist,

$$(x_{k+1}, A^{i+1} x_k - \nu A^i x_k) = 0 \qquad (i = 0, 1, \ldots, s) .$$

Die letzten Gleichungen kann man in der Gestalt

$$\left.\begin{array}{r} \alpha_0 (a_1 - \nu a_0) + \alpha_1 (a_2 - \nu a_1) + \cdots + \alpha_s (a_{s+1} - \nu a_s) = 0 , \\ \alpha_0 (a_2 - \nu a_1) + \alpha_1 (a_3 - \nu a_2) + \cdots + \alpha_1 (a_{s+2} - \nu a_{s+1}) = 0 , \\ \cdots\cdots\cdots\cdots\cdots\cdots\cdots\cdots\cdots\cdots \\ \alpha_0 (a_{s+1} - \nu a_s) + \alpha_1 (a_{s+2} - \nu a_{s+1}) + \cdots + \alpha_s (a_{2s+1} - \nu a_{2s}) = 0 \end{array}\right\} \tag{9.41}$$

schreiben.

Die Zahl ν ist die größte Wurzel der charakteristischen Gleichung

$$\begin{vmatrix} a_1 - \nu a_0 & a_2 - \nu a_1 & \cdots & a_{s+1} - \nu a_s \\ a_2 - \nu a_1 & a_3 - \nu a_2 & \cdots & a_{s+2} - \nu a_{s+1} \\ \cdots & \cdots & \cdots & \cdots \\ a_{s+1} - \nu a_s & a_{s+2} - \nu a_{s+1} & \cdots & a_{2s+1} - \nu a_{2s} \end{vmatrix} = 0 . \tag{9.42}$$

Ist ν gefunden, dann kann man aus den Gleichungen (9.41) die Zahlen $\alpha_0, \alpha_1, \ldots, \alpha_s$ mit der Genauigkeit bis auf einen Zahlenfaktor finden, der aus der Normierungsbedingung bestimmt wird.

Ohne Veränderung des Rechenschemas kann man die sukzessiven Näherungen für den Vektor e_n konstruieren. Dazu muß man wieder die Formel (9.40) benutzen, in der die Zahlen α_i aus dem System (9.41) bestimmt werden, die Zahl ν aber die kleinste Wurzel der charakteristischen Gleichung (9.42) ist. Geometrisch ist klar, daß der Unterraum Π_k sich hinreichend schnell dem gesuchten Eigenvektor annähert.

Die Lösung der charakteristischen Gleichung stellt eine unangenehme Etappe beim Übergang von einer Näherung zur nächstfolgenden dar. Deshalb versucht man natürlich das beschriebene Schema so abzuändern, daß man die charakteristische Gleichung nicht zu lösen braucht.

Wir legen durch den Punkt x_k die Hyperebene Π^*, die zum Vektor x_k orthogonal ist. Wir bezeichnen mit R_k den Schnitt von Π^* mit der $(s + 1)$-dimensionalen linearen Hülle der Vektoren (9.39). Den Operator der orthogonalen Projektion auf Π^* bezeichnen wir mit P^*; die Vektoren $P^* A x_k, \ldots, P^* A^s x_k$ bezeichnen wir entsprechend mit $h_1, \ldots, h_s$. Offensichtlich ist

$$h_i = A^i x_k - \frac{(A^i x_k, x_k)}{(x_k, x_k)} x_k \qquad (i = 1, \ldots, s) . \tag{9.43}$$

Als nächstfolgende Näherung x_{k+1} werden wir das Zentrum des s-dimensionalen Ellipsoides nehmen, der durch den Schnitt von R_k mit dem Ellipsoid $(A x, x) = 1$ (Abb. 9.2) gebildet wird. Die Formeln zur Bestimmung des Vektors

$$x_{k+1} = x_k - \beta_1 h_1 - \cdots - \beta_s h_s \tag{9.44}$$

erhalten wir aus folgenden Überlegungen. Der Vektor $A\,x_{k+1}$ muß orthogonal zu R_k sein. Demzufolge lassen sich die Zahlen $\beta_1, \ldots, \beta_s$ aus dem System

$$(A\,x_{k+1}, h_i) = 0 \qquad (i = 1, \ldots, s)$$

bestimmen, das man günstiger in der Gestalt

$$\left.\begin{array}{l} \beta_1(h_1, h_1) + \beta_2(h_2, h_1) + \cdots + \beta_s(h_s, h_1) = (x_k, h_1)\,, \\ \beta_1(h_1, h_2) + \beta_2(h_2, h_2) + \cdots + \beta_s(h_s, h_2) = (x_k, h_2)\,, \\ \cdots\cdots\cdots\cdots\cdots\cdots\cdots\cdots \\ \beta_1(h_1, h_s) + \beta_2(h_2, h_s) + \cdots + \beta_s(h_s, h_s) = (x_k, h_s) \end{array}\right\} \tag{9.45}$$

schreibt.

Der beschriebene Prozeß ist die direkte Verallgemeinerung des Orthogonalhalbsehnenverfahrens. Das Analogon zum Orthogonalsehnenverfahren ist der Iterationsprozeß

$$x_{k+1} = x_k - 2\,\beta_1\,h_1 - \cdots - 2\,\beta_s\,h_s\,, \tag{9.46}$$

wobei die Zahlen $\beta_1, \ldots, \beta_s$ wieder aus dem System (9.45) bestimmt werden.

Die Iterationsprozesse (9.44) und (9.46) sind genau genommen nicht untersucht worden.

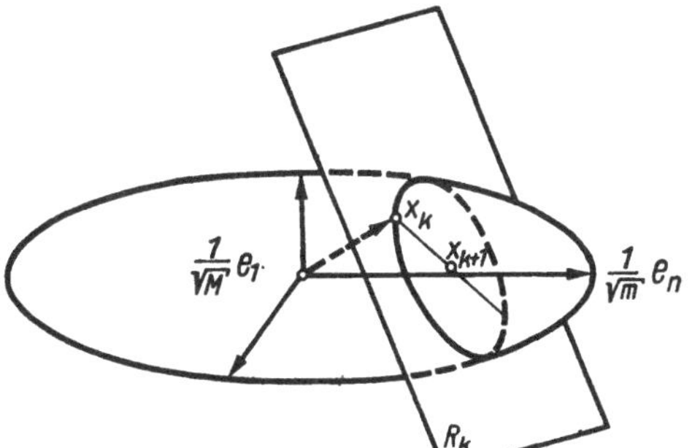

Abb. 9.2

§ 10. Monotone Iterationsprozesse¹)

10.1. Die Aufgabenstellung. Im § 3 sind gewisse Klassen von Gleichungen mit positiven (linearen und nichtlinearen) Operatoren untersucht worden, deren iterativer Lösungsprozeß zu monotonen Folgen von Näherungen führt.

Wir werden hier detaillierter die lineare Gleichung

$$x = A\,x + f \tag{10.1}$$

behandeln, wobei A ein linearer positiver Operator bezüglich des räumlichen normalen Kegels K im BANACH-Raum E ist, $f \in E$. Es wird vorausgesetzt, daß

¹) W. J. STEZENKO [7].

$\varrho(A) < 1$ ist; deshalb hat die Gleichung (10.1) genau eine Lösung x^*, die der Grenzwert der sukzessiven Näherungen

$$x_{n+1} = A\, x_n + f \qquad (n = 0, 1, 2, \ldots) \tag{10.2}$$

für eine beliebige Anfangsnäherung $x_0 \in E$ ist. Wir nehmen an, daß die Anfangsnäherung $x_0 = u_0$ so gewählt wird, daß gilt

$$u_0 \lesssim A\, u_0 + f\,. \tag{10.3}$$

Die sukzessiven Näherungen (10.3) (der Einfachheit halber werden wir sie mit u_n bezeichnen) genügen dann den Beziehungen

$$u_0 \lesssim u_1 \lesssim \cdots \lesssim u_n \lesssim \cdots \lesssim x^*\,. \tag{10.4}$$

Wenn für die Anfangsnäherung $x_0 = v_0$

$$v_0 \gtrsim A\, v_0 + f \tag{10.5}$$

gilt, dann genügen die sukzessiven Näherungen v_n den Beziehungen

$$v_0 \gtrsim v_1 \gtrsim \cdots \gtrsim v_n \gtrsim \cdots \gtrsim x^*\,. \tag{10.6}$$

Gelingt es uns also, die Elemente u_0 und v_0 zu finden, die entsprechend den Beziehungen (10.3) und (10.5) genügen, dann erhalten wir monotone Näherungen für x^*. Das Vorhandensein zweiseitiger monotoner Näherungen gibt uns gleichzeitig eine Abschätzung für den Fehler: Wenn man als Näherungswert für die Lösung x^* das Element $\frac{1}{2}(u_n + v_n)$ nimmt, dann folgt aus (10.4) und (10.6) die Abschätzung

$$-\frac{1}{2}(v_n - u_n) \lesssim \frac{1}{2}(u_n + v_n) - x^* \lesssim \frac{1}{2}(v_n - u_n)\,. \tag{10.7}$$

Die Hauptschwierigkeit besteht im Auffinden der Anfangsnäherungen u_0 und v_0. Im weiteren werden wir Methoden zum Auffinden dieser Elemente angeben.

In diesem Paragraphen wird ebenfalls die Möglichkeit der Konstruktion monotoner Näherungen für x^* untersucht, die schneller konvergieren, als die Folgen (10.4) und (10.6). Schließlich werden wir die Frage der Konstruktion monotoner Näherungen für gewisse Fälle betrachten, in denen der Operator A nicht die Eigenschaft der Positivität besitzt.

10.2. Zur Auswahl der Startelemente. Es sei z_0 ein innerer Punkt des Kegels K. Aus Satz 9.2 folgt, daß für ein gewisses r die Ungleichung

$$A^r\, z_0 \lesssim \varkappa\, z_0 \tag{10.8}$$

mit $\varkappa < 1$ erfüllt ist. Das Element

$$z_1 = \varkappa^{1-1/r}\, z_0 + \varkappa^{1-2/r}\, A\, z_0 + \cdots + A^{r-1}\, z_0 \tag{10.9}$$

genügt dann der Ungleichung

$$A\, z_1 \lesssim \varkappa^{1/r}\, z_1\,. \tag{10.10}$$

Das Element (10.9) ist ein innerer Punkt des Kegels K. Deshalb läßt sich ein $b > 0$ finden mit

$$-b(1 - \varkappa^{1/r})z_1 \lesssim f \lesssim b(1 - \varkappa^{1/r})z_1. \tag{10.11}$$

Wir setzen dann

$$u_0 = -b z_1, \qquad v_0 = b z_1. \tag{10.12}$$

Diese Elemente genügen den Beziehungen (10.3) und (10.5). In der Tat, wegen (10.10) haben wir

$$A u_0 + f = -b A z_1 + f \gtrsim -b \varkappa^{1/r} z_1 + f,$$

und (10.3) resultiert aus der linken Seite der Ungleichungen (10.11). Analog ist

$$A v_0 + f = b A z_1 + f \lesssim b \varkappa^{1/r} z_1 + f \lesssim b \varkappa^{1/r} z_1 + b(1 - \varkappa^{1/r}) z_1 = v_0.$$

In verschiedenen Spezialfällen kann man natürlich die Elemente u_0 und v_0 auf eine einfachere Weise auswählen. Ist z. B. $f \in K$, dann kann man natürlich als u_0 das Element f nehmen.

Übung 10.1. Es sei $A = (a_{ij})$ $(i, j = 1, \ldots, n)$ eine Matrix mit nichtnegativen Elementen. Es seien die Ungleichungen

$$a_{i1} + a_{i2} + \cdots + a_{in} \leqq \alpha_i < 1 \qquad (i = 1, \ldots, n)$$

erfüllt. Weiter sei f ein Vektor mit nichtnegativen Koordinaten $f_1, \ldots, f_n$. Es ist zu zeigen, daß die Elemente

$$u_0 = w_0 \cdot \min_i \frac{f_i}{1 - \alpha_i}, \qquad v_0 = w_0 \cdot \max_i \frac{f_i}{1 - \alpha_i}$$

den Beziehungen (10.3), (10.5) genügen, wobei $w_0 = \{1, \ldots, 1\}$ ist.

Übung 10.2. Es sei

$$A x(t) = \int_\Omega K(t, s) x(s)\, ds \tag{10.13}$$

mit nichtnegativem stetigem Kern $K(t, s)$. Die Funktion

$$\alpha(t) = \int_\Omega K(t, s)\, ds$$

genüge der Ungleichung $\alpha(t) < 1$ $(t \in \Omega)$. Schließlich sei $f(t) \geqq 0$. Es ist zu zeigen, daß bei Halbordnung bezüglich des Kegels nichtnegativer Funktionen die konstanten Funktionen

$$u_0(t) \equiv \min_{s \in \Omega} \frac{f(s)}{1 - \alpha(s)}, \qquad v_0(t) \equiv \max_{s \in \Omega} \frac{f(s)}{1 - \alpha(s)}$$

den Beziehungen (10.3) und (10.5) genügen.

10.3. Zur Konvergenzbeschleunigung. Die Elemente u_0 und v_0 mögen entsprechend den Beziehungen (10.3) und (10.5) genügen. Zusätzlich werden wir voraussetzen, daß die Ungleichungen

$$A u_0 + f - u_0 \gtrsim p_1 (v_0 - A v_0 - f), \tag{10.14}$$

$$v_0 - A v_0 - f \gtrsim q_1 (A u_0 + f - u_0) \tag{10.15}$$

erfüllt sind, wobei eine der Zahlen p_1 und q_1 positiv ist (für $p_1 = q_1 = 0$ fallen diese Ungleichungen mit (10.3) und (10.5) zusammen). Wir bestimmen dann die Elemente

$$u_1^* = \frac{A\,u_0 + f + p_1\,(A\,v_0 + f)}{1 + p_1}, \tag{10.16}$$

$$v_1^* = \frac{A\,v_0 + f + q_1\,(A\,u_0 + f)}{1 + q_1}. \tag{10.17}$$

Satz 10.1. *Es gelten die Relationen*

$$A\,u_0 + f \lesssim u_1^* \lesssim x^* \lesssim v_1^* \lesssim A\,v_0 + f. \tag{10.18}$$

Beweis. Die äußeren Ungleichungen in (10.18) resultieren unmittelbar aus (10.16), (10.17) und aus der Ungleichung $A\,u_0 + f \lesssim A\,v_0 + f$. Offensichtlich ist

$$A\,u_1^* + f - u_1^* = \frac{1}{1 + p_1}[A\,(A\,u_0 + f - u_0) + p_1\,A\,(A\,v_0 + f - v_0)]$$

und wegen (10.14)

$$A\,u_1^* + f - u_1^* \gtrsim \theta\,.$$

Das bedeutet, daß das Element u_1^* der Bedingung (10.3) genügt. Wie uns schon bekannt ist, folgt aus dieser Bedingung $u_1^* \lesssim x^*$. Analog erhalten wir

$$v_1^* - (A\,v_1^* + f) = \frac{1}{1 + q_1}[A\,(v_0 - A\,v_0 - f) + q_1\,(u_0 - A\,u_0 - f)] \gtrsim \theta\,.$$

Das heißt, v_1^* genügt (10.5), und deshalb ist $v_1^* \gtrsim x^*$.

Der Satz ist bewiesen.

Die Formeln (10.16) und (10.17) kann man als rekurrenten Prozeß zur Konstruktion der Folgen u_n^*, v_n^* betrachten. Der Satz 10.1 sagt aus, daß dieser rekurrente Prozeß nicht langsamer als die Folgen (10.4) und (10.6) konvergiert und die Monotonie der sukzessiven Näherungen erhält.

Beispiele zeigen, daß unter recht allgemeinen Bedingungen der Prozeß (10.16), (10.17) wesentlich schneller konvergiert als das gewöhnliche Iterationsverfahren.

Betrachten wir zum Beispiel das System

$$\xi = 0{,}68\,\xi + 0{,}40\,\eta + 1\,, \qquad \eta = 0{,}30\,\xi + 0{,}60\,\eta + 1{,}5\,.$$

Seine exakte Lösung ist $\xi = 125$, $\eta = 97{,}5$; der Spektralradius der Matrix $\begin{pmatrix} 0{,}68 & 0{,}40 \\ 0{,}30 & 0{,}60 \end{pmatrix}$ ist gleich 0,9887. Wir suchen zunächst die sukzessiven Näherungen nach den Formeln (10.2) für $\xi_0 = \eta_0 = 10$. Es ergeben sich die Werte

$$\xi_{307} = 121{,}20\,, \qquad \eta_{307} = 94{,}59\,,$$
$$\xi_{616} = 124{,}88\,, \qquad \eta_{616} = 97{,}41\,,$$
$$\xi_{998} = 124{,}99\,, \qquad \eta_{998} = 97{,}49\,.$$

Suchen wir aber die Näherungen nach den Formeln (10.16) und (10.17), indem wir $u_0 = \{10, 10\}$, $v_0 = \{260, 200\}$ setzen, dann erhalten wir nach sechs Schritten für die Lösung ξ^*, η^* die Abschätzungen

$$124{,}99 \leqq \xi^* \leqq 125{,}01\,, \qquad 97{,}499 \leqq \eta^* \leqq 97{,}506\,.$$

Für das System (10.1) mit der Matrix

$$A = \begin{Vmatrix} 0{,}40 & 0{,}16 & 0{,}12 & 0{,}07 & 0{,}03 \\ 0{,}16 & 0{,}26 & 0{,}31 & 0{,}19 & 0{,}07 \\ 0{,}12 & 0{,}31 & 0{,}34 & 0{,}31 & 0{,}12 \\ 0{,}07 & 0{,}19 & 0{,}31 & 0{,}26 & 0{,}16 \\ 0{,}03 & 0{,}07 & 0{,}12 & 0{,}16 & 0{,}04 \end{Vmatrix}$$

und dem freien Glied $f = \{1; 0{,}1; 0{,}1; 0{,}1; 1\}$ bei $u_0 = f$ und $v_0 = \{10; 14; 17; 14; 10\}$ hat uns die fünfte Iteration nach der Formel (10.16) das gleiche Resultat geliefert, wie die Iteration mit der Nummer 167 nach der Formel (10.2).

Zum Abschluß sei angemerkt, daß die Räumlichkeit des Kegels K nur bei der Konstruktion der Elemente u_0 und v_0 benützt wurde, die den Bedingungen (10.3) und (10.5) genügen. Alle oben angestellten Überlegungen gelten auch für den Fall eines nichträumlichen Kegels K, falls es gelingt u_0 und v_0 zu finden. Die Normalität des Kegels wird nur im Punkt 10.4 benutzt.

10.4. Gleichungen mit nichtpositiven Operatoren. Wir betrachten eine Gleichung der Gestalt

$$x = A_1 x - A_2 x + f \tag{10.19}$$

mit den positiven Operatoren A_1 und A_2. Wir werden voraussetzen

$$\varrho\,(A_1 + A_2) < 1\,. \tag{10.20}$$

Als Beispiel kann die Integralgleichung

$$x(t) = \int_\Omega K(t, s)\, x(s)\, ds + f(t)$$

mit einem derartigen stetigen Kern $K(t, s)$ dienen, daß der Spektralradius des Integraloperators mit dem Kern $|K(t, s)|$ kleiner 1 ist. In diesem Falle genügt es, als A_1 den Integraloperator mit dem Kern

$$K_1(t, s) = \max\,\{K(t, s), 0\}$$

zu betrachten und als A_2 den Operator mit dem Kern

$$K_2(t, s) = |K(t, s)| - K_1(t, s)\,.$$

Wir zeigen, daß man für die näherungsweise Lösung der Gleichung (10.19) die monotonen Näherungen bezüglich des „Fehlbetrags“ und des „Überflusses“

$$u_{n+1} = A_1 u_n - A_2 v_n + f \qquad (n = 0, 1, 2, \ldots)\,, \tag{10.21}$$

$$v_{n+1} = A_1 v_n - A_2 u_n + f \qquad (n = 0, 1, 2, \ldots) \tag{10.22}$$

konstruieren kann, falls man auf entsprechende Weise u_0 und v_0 auswählt.

Indem man wieder die Überlegungen aus dem Punkt 10.2 anstellt, kann man ein Element z_1 konstruieren, das ein innerer Punkt des Kegels K ist und das der Ungleichung

$$(A_1 + A_2)\, z_1 \lesssim q\, z_1 \tag{10.23}$$

mit $q < 1$ genügt. Ferner kann man ein $b > 0$ auswählen, für das

$$-b\,(1-q)\, z_1 \lesssim f \lesssim b\,(1-q)\, z_1 \tag{10.24}$$

gilt. Wir definieren die Elemente u_0 und v_0 durch die Gleichungen (10.12):

$$u_0 = -b\, z_1\,, \qquad v_0 = b\, z_1\,.$$

Eine einfache Rechnung zeigt, daß in diesem Falle die Folgen (10.21) und (10.22) den Ungleichungen

$$u_0 \lesssim u_1 \lesssim \cdots \lesssim u_n \lesssim \cdots \lesssim v_n \lesssim \cdots \lesssim v_1 \lesssim v_0 \tag{10.25}$$

genügen.

Da

$$v_{n+1} - u_{n+1} = (A_1 + A_2)\,(v_n - u_n)$$

ist, gilt wegen (10.20)

$$\lim_{n\to\infty} \|v_n - u_n\| = 0\,. \tag{10.26}$$

Aus (10.25) folgt für beliebiges $m > 0$

$$\theta \lesssim u_{n+m} - u_n \lesssim v_n - u_n$$

und infolge der Normalität des Kegels K

$$\|u_{n+m} - u_n\| \leqq N\, \|v_n - u_n\|\,.$$

Folglich resultiert aus (10.26), daß die Folge u_n fundamental ist. Ihr Grenzwert x^* ist (wieder wegen (10.26)) gleichzeitig der Grenzwert der Folge v_n. Somit können die Beziehungen (10.25) durch die Ungleichungen $u_n \lesssim x^* \lesssim v_n$ ergänzt werden.

Indem wir in (10.21) zum Grenzwert übergehen, können wir uns davon überzeugen, daß x^* Lösung der Gleichung (10.19) ist. Somit gilt der

Satz 10.2. *Die sukzessiven Näherungen* (10.21) *und* (10.22) *konvergieren monoton gegen die Lösung x^* der Gleichung* (10.19).

Übung 10.3. Es ist zu zeigen, daß die Behauptungen des Satzes 10.2 auch dann gelten, wenn u_0 und v_0 ($u_0 \lesssim v_0$) beliebige Elemente sind, für die gilt

$$u_0 \lesssim A_1 u_0 - A_2 v_0 + f\,, \tag{10.27}$$

$$v_0 \gtrsim A_1 v_0 - A_2 u_0 + f\,. \tag{10.28}$$

Übung 10.4. Die Elemente u_0, v_0 genügen den Bedingungen (10.27) und (10.28). Außerdem seien

$$v_0 - A_1 v_0 + A_2 u_0 - f \gtrsim m\,(A_1 u_0 - A_2 v_0 + f - u_0)\,,$$

$$A_1 u_0 - A_2 v_0 + f - u_0 \gtrsim m\,(v_0 - A_1 v_0 + A_2 u_0 + f)$$

mit $m = m(u_0, v_0) > 0$. Wir definieren die Elemente

$$u_1^* = \frac{1}{1+m}\,[A_1 u_0 - A_2 v_0 + f + m\,(A_1 v_0 - A_2 u_0 + f)]\,, \qquad (10.29)$$

$$v_1^* = \frac{1}{1+m}\,[A_1 v_0 - A_2 u_0 + f + m\,(A_1 u_0 - A_2 v_0 + f)]\,. \qquad (10.30)$$

Es ist zu zeigen, daß

$$u_1 \lesssim u_1^* \lesssim x^* \lesssim v_1^* \lesssim v_1 \qquad (10.31)$$

gilt, wobei u_1 und v_1 nach den Formeln (10.21) und (10.22) bestimmt werden.

Übung 10.5. Die Formeln (10.29) und (10.30) kann man als rekurrenten Prozeß zur Konstruktion der Folgen u_n^* und v_n^* betrachten. Es ist zu zeigen, daß die erhaltenen Näherungen monoton (bezüglich des „Fehlbetrages“ und des „Überflusses“) gegen x^* konvergieren.

KAPITEL III

GLEICHUNGEN MIT GLATTEN OPERATOREN

§ 11. Das Verfahren von Newton-Kantorowitsch

11.1. Die Linearisierung der Gleichungen. Wir betrachten die Gleichung

$$F x = 0 , \tag{11.1}$$

wobei F ein nach Fréchet differenzierbarer nichtlinearer Operator ist, der eine gewisse Menge $\mathfrak{M}$ des Banach-Raumes E_1 in den Banach-Raum E_2 abbildet. Im weiteren werden wir zweckmäßigerweise voraussetzen, daß $\mathfrak{M}$ eine gewisse Kugel ist. Das Hauptverfahren zur Konstruktion der sukzessiven Näherungen x_n für die Lösung x^* (falls sie existiert) der Gleichung (11.1) basiert auf der nacheinanderfolgenden Linearisierung der Gleichung.

Wir nehmen an, daß die Näherung x_n gefunden ist. Zur Auffindung der nächsten Näherung x_{n+1} ersetzt man die Gleichung (11.1) durch die im Punkte x_n linearisierte Gleichung

$$F x_n + F'(x_n) (x - x_n) = 0 . \tag{11.2}$$

Ist der E_2 in E_1 abbildende lineare Operator $[F'(x_n)]^{-1}$ erklärt, dann gelangen wir zu folgendem Ausdruck für x_{n+1}:

$$x_{n+1} = x_n - [F'(x_n)]^{-1} F x_n \qquad (n = 0, 1, 2, \ldots) . \tag{11.3}$$

Das durch die Formel (11.3) definierte Näherungsverfahren nennt man *Verfahren von* Newton-Kantorowitsch. Der Untersuchung dieses Verfahrens sind zahlreiche Arbeiten gewidmet; wir möchten hier auf die Arbeit von L. W. Kantorowitsch [2], das Buch von L. W. Kantorowitsch und G. P. Akilow [1], die Artikel von L. W. Kantorowitsch [3—7], I. P. Mysowskich [1, 2], B. A. Wertgeim [1—3], M. K. Gawurin [3], L. A. Kiwistik [1—3], B. T. Poljak [1] hinweisen.

Die Untersuchung des Verfahrens von Newton-Kantorowitsch enthält einige Aspekte. Interessant sind erstens die effektiv überprüfbaren Bedingungen der Anwendbarkeit dieses Verfahrens. Wichtig sind zweitens sowohl die Abschätzungen für die Konvergenzgeschwindigkeit, als auch apriori-Fehlerabschätzungen. Von Bedeutung ist drittens, Startelemente x_0 zu finden, für die das Verfahren von Newton-Kantorowitsch konvergiert. Schließlich ist es wichtig zu wissen, wie „stabil" das Verfahren von Newton-Kantorowitsch ist sowohl in bezug auf zufällige Fehler in den Rechnungen, als auch bezüglich der Methoden, die in der Ersetzung der Formel (11.3) durch irgendein Näherungsverfahren zur Lösung der Gleichung (11.2) bestehen.

11.2. Zur Konvergenz. Wir führen in die Betrachtung den Operator

$$A\,x = x - \Gamma(x)\,F\,x \tag{11.4}$$

ein mit

$$\Gamma(x) = [F'(x)]^{-1}\,. \tag{11.5}$$

Das Verfahren von Newton-Kantorowitsch kann man dann als gewöhnliches Iterationsverfahren

$$x_{n+1} = A\,x_n \qquad (n = 0, 1, 2, \ldots) \tag{11.6}$$

zur näherungsweisen Lösung der Gleichung

$$x = A\,x \tag{11.7}$$

ansehen. Deshalb können zur Untersuchung der Konvergenz und der Konvergenzgeschwindigkeit des Verfahrens von Newton-Kantorowitsch die Ergebnisse des Kapitels 1 angewendet werden. Wie wir im weiteren zeigen werden, ist die Ableitung $A'(x^*)$ in der Lösung x^* der Gleichung (11.7) unter natürlichen Voraussetzungen gleich Null. Demzufolge kann man die Abschätzungen des Punktes 2.5 benutzen.

Wir nehmen an, daß der lineare Operator $F'(x^*)$ einen beschränkten inversen Operator besitzt und

$$\lim_{\|x-x^*\|\to 0} \|F'(x) - F'(x^*)\| = 0 \tag{11.8}$$

gilt. Wie leicht zu sehen ist, haben dann auch die linearen Operatoren $F'(x)$ in den nahe an x^* gelegenen Punkten x ebenfalls beschränkte inverse Operatoren $\Gamma(x)$, und es ist

$$\lim_{\|x-x^*\|\to 0} \|\Gamma(x) - \Gamma(x^*)\| = 0\,. \tag{11.9}$$

Aus der Identität

$$\begin{aligned} A\,x - A\,x^* = {} & \Gamma(x)\,[F'(x^*)\,(x - x^*) - F\,x + F\,x^*] \\ & + \Gamma(x)\,[F'(x) - F'(x^*)]\,(x - x^*) \end{aligned} \tag{11.10}$$

folgt

$$\frac{\|A\,x - A\,x^*\|}{\|x - x^*\|} \leqq \|\Gamma(x)\| \left[\frac{\|F\,x - F\,x^* - F'(x^*)\,(x - x^*)\|}{\|x - x^*\|} + \|F'(x) - F'(x^*)\|\right].$$

Deshalb gilt

$$\lim_{\|x-x^*\|\to 0} \frac{\|A\,x - A\,x^*\|}{\|x - x^*\|} = 0\,,$$

d. h. $A'(x^*) = 0$. Aus dem Satz 2.3 ergibt sich der

Satz 11.1. *Es sei x^* Lösung der Gleichung* (11.1). *Der lineare Operator $F'(x^*)$ besitze einen beschränkten inversen, wobei die Bedingung* (11.8) *erfüllt sei.*

Die sukzessiven Näherungen (11.3) *konvergieren dann gegen x^*, falls das Startelement x_0 genügend nahe an x^* liegt. Dabei wird die Konvergenzgeschwindigkeit durch die Ungleichung*

$$\|x_n - x^*\| \leqq c(x_0; \varepsilon)\,\varepsilon^n \tag{11.11}$$

charakterisiert, wobei ε eine beliebige positive Zahl ist.

Die Behauptung dieses Satzes kann im allgemeinen Fall nicht in dem Sinne verstärkt werden, daß man für jede Folge positiver Zahlen α_n, die der Bedingung

$$\lim_{n\to\infty} \frac{\alpha_{n+1}}{\alpha_n} = 0 \tag{11.12}$$

genügen, eine derartige Gleichung angeben kann, für die das Verfahren von NEWTON-KANTOROWITSCH langsamer konvergiert als die Folge α_n. Das folgende Beispiel haben wir der Arbeit von A. J. LEWIN und W. W. STRYGIN [1] entnommen.

Wir setzen

$$t_n = \begin{cases} \alpha_{n/2}, & \text{für gerade } n, \\ \sqrt{\alpha_{\frac{n-1}{2}}\,\alpha_{\frac{n+1}{2}}}, & \text{für ungerade } n. \end{cases}$$

Offensichtlich gilt $t_n \to 0$, $\frac{t_{n+1}}{t_n} \to 0$, und es ist

$$\lim_{n\to\infty} \frac{\alpha_n}{t_{n+k}} = 0 \qquad (k = 1, 2, \ldots). \tag{11.13}$$

Wir definieren die skalare Funktion $F(t)$ durch die Gleichung

$$F(t) = \begin{cases} 0, & \text{für } t = 0, \\ t_{n+1} - t_{n+2} + \left(1 - \dfrac{t_{n+1} - t_{n+2}}{t_n - t_{n+1}}\right)(t - t_{n+1}) & \\ \quad + \dfrac{t_{n+1} - t_{n+2}}{2\pi} \sin\left(2\pi \dfrac{t - t_{n+1}}{t_n - t_{n+1}}\right), & \text{für } t_{n+1} \leqq t \leqq t_n, \\ -F(-t), & \text{für } t < 0. \end{cases}$$

Es läßt sich leicht nachprüfen, daß die Funktion $F(t)$ stetig und auf dem Intervall $[-t_1, t_1]$ stetig differenzierbar ist, wobei $F'(0) = 1$ gilt. Wir konstruieren die sukzessiven Näherungen x_n nach den Formeln (11.3) für das Startelement $x_0 = t_k$, wobei k fest ist. Die direkte Rechnung zeigt, daß $x_n = t_{n+k}$ ist (man muß die Tatsache berücksichtigen, daß $F'(t_n) = 1$ gilt). Aus (11.13) resultiert, daß für beliebiges m

$$\lim_{n\to\infty} \frac{x_{n+m}}{\alpha_n} = \infty$$

ist. Folglich konvergieren die Näherungen x_n gegen die Nullösung der Gleichung $F(t) = 0$ langsamer als die Folge α_n.

11.3. Zur weiteren Untersuchung der Konvergenzgeschwindigkeit. Der Satz 11.1 kann wesentlich verschärft werden, falls irgendeine Glattheitscharakteristik von $F'(x)$ als Funktion von x (mit Werten im Raum linearer Operatoren) bekannt ist. Wir beschränken uns auf den einfachsten Fall.

In einer gewissen Umgebung der Lösung x^* der Gleichung (11.1) sei die LIPSCHITZ-Bedingung

$$\|F'(x) - F'(y)\| \leqq L\,\|x - y\|\,. \tag{11.14}$$

erfüllt. Aus der Identität

$$F\,x - F\,y - F'(y)\,(x - y) = \int_0^1 \{F'\,[y + t\,(x - y)] - F'(y)\}\,(x - y)\,dt$$

folgt dann die Ungleichung

$$\|F\,x - F\,y - F'(y)\,(x - y)\| \leqq \frac{L}{2}\,\|x - y\|^2\,. \tag{11.15}$$

Übung 11.1. Der Operator F genüge auf einer gewissen konvexen Menge der HÖLDER-Bedingung

$$\|F'(x) - F'(y)\| \leqq L\,\|x - y\|^\alpha\,, \tag{11.16}$$

wobei $0 < \alpha < 1$ ist. Es ist zu zeigen, daß für beliebige x und y aus dieser Menge die Ungleichung

$$\|F\,x - F\,y - F'(y)\,(x - y)\| \leqq \frac{L}{1 + \alpha}\,\|x - y\|^{1+\alpha} \tag{11.17}$$

gilt.

Setzen wir $y = x_n$, $x = x^*$, dann kann man die Ungleichung (11.15) in der Gestalt

$$\|F'(x_n)\,(x_{n+1} - x^*)\| \leqq \frac{L}{2}\,\|x_n - x^*\|^2 \tag{11.18}$$

schreiben. Deshalb (siehe (2.25)) gilt

Satz 11.2. *Es seien die Voraussetzungen des Satzes* 11.1 *erfüllt, und in einer gewissen Umgebung der Lösung x^* der Gleichung* (11.1) *gelte die Bedingung* (11.14). *Dann gilt die Abschätzung*

$$\|x_n - x^*\| \leqq c(\delta; x_0)\,\delta^{2^{n - n_0(\delta)}}\,, \tag{11.19}$$

wobei δ eine beliebig kleine positive Zahl ist.

Es ist klar, daß man für ein festes δ die Zahl $n_0(\delta)$ gleich Null annehmen kann, falls x_0 genügend nahe an x^* liegt.

Übung 11.2. Es seien die Voraussetzungen des Satzes 11.1 erfüllt, und in der Umgebung des Punktes x^* gelte die Bedingung (11.16). Es ist zu zeigen, daß die Abschätzung

$$\|x_n - x^*\| \leqq c(\delta; x_0)\,\delta^{(1+\alpha)^{n - n_0(\delta)}} \tag{11.20}$$

gilt.

Aus der STIRLINGschen Formel und (11.19) folgt, daß für große n die Ungleichung

$$\|x_n - x^*\| \leqq (n!)^{-2^n n^{-1}} \tag{11.21}$$

gilt.

Übung 11.3. Es ist zu zeigen, daß unter den Bedingungen der Übung 11.2 für große n die Abschätzung

$$\|x_n - x^*\| \leqq (n!)^{-(1+\alpha)^n n^{-2}} \tag{11.22}$$

gilt.

11.4. Eine nichtlokale Konvergenzbedingung. Wir bezeichnen mit $S(x, r)$ die Kugel mit dem Zentrum im Punkte x und dem Radius r. Wir nehmen an, daß der Operator F auf einer gewissen Kugel $S(x_0, R)$ gegeben ist, wobei x_0 das Startelement für die Folge (11.3) ist.

Wir setzen voraus, daß der Operator F auf $S(x_0, R)$ differenzierbar ist und seine Ableitung $F'(x)$ auf dieser Kugel der Bedingung (11.14) genügt. Im weiteren wird überall vorausgesetzt, daß der Operator $\Gamma_0 = \Gamma(x_0)$ existiert (wobei $\Gamma(x)$ der Operator (11.5) ist).

Satz 11.3. *Es gelten die Abschätzungen*

$$\|\Gamma_0\| \leqq b_0, \qquad \|\Gamma_0 F x_0\| \leqq \eta_0, \qquad h_0 = b_0 L \eta_0 \leqq \frac{1}{2}, \tag{11.23}$$

Weiter sei

$$R \geqq r_0 = \frac{1 - \sqrt{1 - 2h_0}}{h_0} \eta_0 . \tag{11.24}$$

Dann konvergieren die sukzessiven Näherungen (11.3) *gegen die Lösung x^* der Gleichung* (11.1), *die in der Kugel $S(x_0, r_0)$ liegt.*

Der Beweis dieses Satzes ist in einer Reihe von Lehrbüchern dargelegt worden. Ungeachtet dessen führen wir hier den Beweis von L. W. KANTOROWITSCH an.

Wir definieren die Zahlenfolgen

$$b_{n+1} = \frac{b_n}{1 - h_n}, \qquad \eta_{n+1} = \frac{h_n}{2(1 - h_n)} \eta_n, \qquad h_{n+1} = b_{n+1} L \eta_{n+1},$$

$$r_{n+1} = \frac{1 - \sqrt{1 - 2h_{n+1}}}{h_{n+1}} \eta_{n+1}$$

und zeigen, daß unter den Bedingungen (11.23), (11.24) die sukzessiven Näherungen (11.3) existieren, wobei

$$\|\Gamma(x_n)\| \leqq b_n, \qquad \|\Gamma(x_n) F x_n\| \leqq \eta_n, \qquad h_n \leqq \frac{1}{2} \tag{11.25}$$

und

$$S(x_n, r_n) \subset S(x_{n-1}, r_{n-1}) \tag{11.26}$$

gilt.

Für den Beweis genügt es, den Induktionsschritt zu vollziehen. Es seien (11.25) und (11.26) für $n = m$ erfüllt. Da $\|x_{m+1} - x_m\| = \|\Gamma(x_m) F x_m\| \leqq \eta_m$ ist, folgt aus der Definition der Zahl r_m, daß $x_{m+1} \in S(x_m, r_m)$ und um so mehr $x_{m+1} \in S(x_0, R)$ ist. Deshalb existiert die Ableitung $F'(x_{m+1})$. Wegen (11.14) ist

$$\|\Gamma(x_m)[F'(x_{m+1}) - F'(x_m)]\| \leqq b_m L \|x_{m+1} - x_m\| \leqq h_m \leqq \frac{1}{2};$$

demzufolge existiert der Operator $\Gamma(x_{m+1})$; ihn kann man in der Gestalt

$$\begin{aligned}\Gamma(x_{m+1}) &= \{I + \Gamma(x_m)\,[F'(x_{m+1}) - F'(x_m)]\}^{-1}\,\Gamma(x_m)\\ &= \sum_{i=0}^{\infty} (-1)^i\,\{\Gamma(x_m)\,[F'(x_{m+1}) - F'(x_m)]\}^i\,\Gamma(x_m)\end{aligned}$$

darstellen. Hieraus resultiert

$$\|\Gamma(x_{m+1})\| \leqq \sum_{i=0}^{\infty} \|\Gamma(x_m)\,[F'(x_{m+1}) - F'(x_m)]\|^i\,b_m \leqq \frac{b_m}{1 - h_m} = b_{m+1}\,. \tag{11.27}$$

Wir gehen nun zum Beweis der zweiten Ungleichung in (11.25) (für $n = m + 1$) über. Aus der Identität

$$F\,x_{m+1} = F\,x_{m+1} - F\,x_m - F'(x_m)\,(x_{m+1} - x_m)$$

und aus (11.15) ergibt sich die Ungleichung

$$\|F\,x_{m+1}\| \leqq \frac{L}{2}\,\|x_{m+1} - x_m\|^2 \leqq \frac{L}{2}\,\eta_m^2\,, \tag{11.28}$$

und wegen (11.27) ist

$$\|\Gamma(x_{m+1})\,F\,x_{m+1}\| \leqq \frac{b_m\,L\,\eta_n^2}{2\,(1 - h_m)} = \frac{h_m}{2\,(1 - h_m)}\,\eta_m = \eta_{m+1}\,.$$

Die dritte der Ungleichungen (11.25) läßt sich sehr einfach beweisen: Nach Definition ist

$$h_{m+1} = b_{m+1}\,L\,\eta_{m+1} = \frac{b_m}{1 - h_m}\,L\,\frac{h_m}{2\,(1 - h_m)}\,\eta_m = \frac{h_m^2}{2\,(1 - h_m)^2} \leqq \frac{1}{2}\,.$$

Für den Beweis der Inklusion (11.26) genügt es zu bemerken, daß aus $\|x - x_{k+1}\| \leqq r_{k+1}$ die Ungleichung

$$\|x - x_k\| \leqq \|x - x_{k+1}\| + \|x_{k+1} - x_k\| \leqq r_{k+1} + \eta_k$$

folgt, da die rechte Seite identisch gleich r_k ist (den nicht komplizierten Beweis überlassen wir dem Leser).

Alle sukzessiven Näherungen (11.3) können somit bestimmt werden.

Aus der dritten Ungleichung in (11.25) resultiert $\eta_{m+1} \leqq \frac{1}{2}\,\eta_m$; deshalb gilt $r_n \to 0$ für $n \to \infty$. Das heißt, die sukzessiven Näherungen konvergieren gegen einen gewissen Punkt $x^* \in S(x_0, r_0)$. Zur Vollendung des Beweises braucht man in der Ungleichung (11.28) nur noch zum Grenzwert überzugehen.

Der Satz ist bewiesen.

Aus dem Beweis ist ersichtlich, daß unter den Bedingungen des Satzes 11.3 die Abschätzung

$$\|x_n - x^*\| \leqq r_n \qquad (n = 1, 2, \ldots)$$

gilt.

Übung 11.4. Es sei die Bedingung des Satzes 11.3 erfüllt. Dann ist zu beweisen, daß

$$\|x_n - x^*\| \leqq \frac{1}{2^n}\,(2\,h_0)^{2^n-1}\,\eta_0$$

gilt.

Übung 11.5. Die Ableitung $F'(x)$ genüge auf der Kugel $S(x_0, R)$ der Hölder-Bedingung (11.16). Es sei $h_0 = b_0 L \eta_0^\alpha \leqq \beta_0$, wobei β_0 die Wurzel der Gleichung

$$\left(\frac{\beta}{1+\alpha}\right)^\alpha = (1-\beta)^{1+\alpha} \qquad (0 \leqq \beta \leqq 1) \tag{11.29}$$

ist, und $R \geqq r_0 = \frac{\eta_0}{1-\gamma_0}$ mit $\gamma_0 = \frac{h_0}{(1+\alpha)(1-h_0)}$. Es ist zu beweisen, daß die sukzessiven Näherungen (11.3) gegen die Lösung x^* der Gleichung (11.1) konvergieren, die in der Kugel $S(x_0, r_0)$ liegt.

11.5. Einfache Nullstellen. Die Lösung x^* der Gleichung (11.1) heißt natürlicherweise *einfache Nullstelle* des Operators F, falls der stetige Operator $\Gamma(x^*)$ existiert.

Satz 11.4. *Es seien die Voraussetzungen des Satzes* 11.3 *erfüllt und* $h_0 < 1/2$. *Dann ist die Nullstelle x^* des Operators F, gegen die die sukzessiven Näherungen* (11.3) *konvergieren, einfach.*

Für den Beweis genügt es zu bemerken, daß $r_0 < (L\, b_0)^{-1}$ für $h_0 < 1/2$ ist und aus $||x - x_0|| < (L\, b_0)^{-1}$ weiter $||\Gamma_0 F'(x) - I|| < 1$ folgt und deshalb der Operator $\Gamma_0 F'(x)$ zusammen mit $F'(x)$ einen inversen Operator hat.

Es sei darauf hingewiesen, daß für $h_0 = 1/2$ die sukzessiven Näherungen gegen eine „mehrfache" Nullstelle konvergieren können. Als Beispiel kann die skalare Gleichung $x^2 = 0$ für beliebiges $x_0 \neq 0$ dienen.

§ 12. Das modifizierte Verfahren von Newton-Kantorowitsch

12.1. Das modifizierte Verfahren. Die Hauptschwierigkeit des Verfahrens (11.3) besteht darin, daß seine Anwendung in jedem Schritt die Lösung einer linearen Gleichung mit dem linearen Operator $F'(x_n)$ erfordert. Zur Konstruktion der sukzessiven Näherungen benutzt man deshalb häufig der Gleichung (11.2) ähnliche, aber von ihr verschiedene lineare Gleichungen.

Am häufigsten verwendet man anstelle von (11.2) die Gleichung

$$F x_n + F'(x_0)(x - x_n) = 0 \tag{12.1}$$

mit x_0 als Startelement. Die sukzessiven Näherungen lassen sich dann durch die rekurrente Formel

$$x_{n+1} = x_n - \Gamma_0 F x_n \qquad (n = 0, 1, 2, \ldots) \tag{12.2}$$

bestimmen. Wir erinnern, daß $\Gamma_0 = [F'(x_0)]^{-1}$ ist.

Das durch die Formel (12.2) beschriebene Verfahren nennt man *modifiziertes Verfahren von* Newton-Kantorowitsch zur näherungsweisen Lösung der Gleichung

$$F x = 0\,. \tag{12.3}$$

Das Verfahren (12.2) ist das gewöhnliche Iterationsverfahren

$$x_{n+1} = A x_n \qquad (n = 0, 1, 2, \ldots) \tag{12.4}$$

zur näherungsweisen Lösung der Gleichung

$$x = A\,x \tag{12.5}$$

mit

$$A\,x = x - \Gamma_0\,F\,x\,. \tag{12.6}$$

12.2. Der Hauptsatz. Wir nehmen an, daß der Operator F auf der Kugel $S(x_0, R) = \{x\colon ||x - x_0|| < R\}$ definiert und dort Frechet-differenzierbar ist und daß seine Ableitung $F'(x)$ auf dieser Kugel der Lipschitz-Bedingung

$$||F'(x) - F'(y)|| \leqq L\,||x - y|| \tag{12.7}$$

genügt. Ferner existiere $\Gamma_0 = [F'(x_0)]^{-1}$, und es sei

$$||\Gamma_0|| \leqq b_0\,, \qquad ||\Gamma_0\,F\,x_0|| \leqq \eta_0\,. \tag{12.8}$$

Satz 12.1. *Sei*

$$h_0 = b_0\,L\,\eta_0 < 1/2 \tag{12.9}$$

und

$$r_0 = \frac{1 - \sqrt{1 - 2\,h_0}}{h_0}\,\eta_0 \leqq R\,. \tag{12.10}$$

Dann konvergieren die sukzessiven Näherungen (12.2) *gegen die Lösung* $x^* \in S(x_0, r_0)$ *der Gleichung* (12.3).

Beweis. Es sei in erster Linie angemerkt, daß die Gleichung (12.3) in der Kugel $S(x_0, r_0)$ eine Lösung besitzt. Das folgt aus Satz 11.3. Wir zeigen, daß der Operator (12.6) auf der Kugel $S(x_0, r_0)$ den Bedingungen des Kontraktionsprinzips genügt. Hieraus wird die Einzigkeit der Lösung x^* in der Kugel $S(x_0, r_0)$ und die Konvergenz der Näherungen (12.2) folgen.

Offensichtlich gilt für beliebige $x, y \in S(x_0, r)$ $(r \leqq R)$ die Identität

$$\begin{aligned} A\,x - A\,y &= x - y - \Gamma_0\,(F\,x - F\,y) \\ &= \Gamma_0 \int_0^1 \{F'(x_0) - F'\,[y + t\,(x - y)]\}\,(x - y)\,dt\,. \end{aligned} \tag{12.11}$$

Aus dieser Identität und aus (12.7) folgt die Abschätzung

$$||A\,x - A\,y|| \leqq b_0\,L\,r\,||x - y||\,. \tag{12.12}$$

Folglich ist A ein Kontraktionsoperator auf der Kugel $S(x_0, r_0)$. Zur Vollendung des Beweises braucht man nur noch zu zeigen

$$A\,S(x_0, r_0) \subset S(x_0, r_0)\,.$$

Es sei $||x - x_0|| \leqq R$. Dann ist wegen (12.11)

$$\begin{aligned} ||A\,x - x_0|| &\leqq ||A\,x - A\,x_0|| + ||A\,x_0 - x_0|| \\ &\leqq ||\Gamma_0 \int_0^1 \{F'(x_0) - F'\,[x_0 + t\,(x - x_0)]\}\,(x - x_0)\,dt|| + \eta_0 \end{aligned}$$

und wieder infolge (12.7)

$$\|A\,x - x_0\| \leqq b_0\,L \int_0^1 t\,dt\,\|x - x_0\|^2 + \eta_0 = \frac{b_0\,L\,\|x - x_0\|^2}{2} + \eta_0 .$$

Deshalb gilt für $\|x - x_0\| \leqq r_0$

$$\|A\,x - x_0\| \leqq \frac{b_0\,L\,r_0^2}{2} + \eta_0 = r_0 .$$

Der Satz ist bewiesen.

Es sei angemerkt, daß auf der Kugel $S(x_0, r_0)$ der Operator A wegen (12.12) der Lipschitz-Bedingung mit der Konstanten $q = 1 - \sqrt{1 - 2\,h_0}$ genügt. Deshalb konvergiert das modifizierte Verfahren mit der Geschwindigkeit einer geometrischen Reihe mit dem Stufensprung $1 - \sqrt{1 - 2\,h_0}$.

Wir haben das modifizierte Verfahren von Newton-Kantorowitsch unter der einfachsten Voraussetzung einer Analyse unterzogen. Etwas gründlichere Überlegungen (siehe zum Beispiel L. W. Kantorowitsch und G. P. Akilow [1]) zeigen, daß der Satz 12.1 auch dann gilt, wenn in der Bedingung (12.9) das Zeichen $<$ durch das Zeichen $\leqq$ ersetzt wird.

12.3. Die Einzigkeitskugel. Der Operator A sei durch die Gleichung (12.6) definiert. Es seien die Bedingungen des Satzes 12.1 erfüllt. Wir setzen

$$\alpha(r) = \sup_{\|x - x_0\| \leqq r} \|A\,x - x_0\| . \tag{12.13}$$

Die Funktion $\alpha(r)$ ist offensichtlich stetig und nicht fallend. Wie beim Beweis des Satzes 12.1 gezeigt wurde, ist

$$\|A\,x - x_0\| \leqq \frac{b_0\,L\,\|x - x_0\|^2}{2} + \eta_0 \qquad (\|x - x_0\| \leqq R) . \tag{12.14}$$

Deshalb gilt

Lemma 12.1. *Die Funktion $\alpha(r)$ genügt der Ungleichung*

$$\alpha(r) \leqq \frac{b_0\,L\,r^2}{2} + \eta_0 \qquad (r_0 \leqq r \leqq R) . \tag{12.15}$$

Satz 12.2. *Es seien die Voraussetzungen des Satzes* 11.1 *erfüllt und es gelte*

$$r_0 = \frac{1 - \sqrt{1 - 2\,h_0}}{h_0}\,\eta_0 \leqq R < \frac{1 + \sqrt{1 - 2\,h_0}}{h_0}\,\eta_0 . \tag{12.16}$$

Dann hat die Gleichung (12.3) *in der Kugel $S(x_0, R)$ genau eine Lösung.*

Für den Beweis genügt es zu bemerken, daß für $r < \|x - x_0\| < R$ wegen Lemma 12.1 die Ungleichung

$$\|A\,x - x_0\| \leqq \alpha\,(\|x - x_0\|) \leqq \frac{b_0\,L\,\|x - x_0\|^2}{2} + \eta_0 < \|x - x_0\| \tag{12.17}$$

erfüllt ist, da auf dem Intervall $\left(r_0, \frac{1+\sqrt{1-2h_0}}{h_0}\eta_0\right)$ der Ausdruck $\frac{b_0 L r^2}{2} - r + \eta_0$ negative Werte annimmt.

Übung 12.1. Es ist zu zeigen, daß unter den Bedingungen des Satzes 12.2 die sukzessiven Näherungen $\tilde{x}_{n+1} = A\,\tilde{x}_n$ für jedes Startelement $\tilde{x}_0 \in S(x_0, R)$ gegen die Lösung der Gleichung (12.3) konvergieren.

12.4. Das modifizierte Verfahren mit Störungen. Wir betrachten die Gleichung

$$x = A\,x + A_1\,x\,, \tag{12.18}$$

wobei A der Operator (12.6) und A_1 ein beliebiger nichtlinearer Operator ist, der auf der Kugel $S(x_0, R)$ $(R > r_0)$ definiert ist und den Bedingungen

$$||A_1\,x|| \leqq a_0 \qquad (x \in S(x_0, R)) \tag{12.19}$$

und

$$||A_1\,x - A_1\,y|| \leqq q_0\,||x - y|| \qquad (x, y \in S(x_0, R)) \tag{12.20}$$

genügt, wobei $0 < q_0 < 1$ ist. Sind a_0 und q_0 hinreichend klein, dann unterscheiden sich die Gleichungen (12.18) und (12.5) wenig voneinander.

Satz 12.3. *Die Zahlen a_0 und q_0 mögen der Ungleichung*

$$2\,b_0\,L\,a_0 + q_0^2 < 1 - 2\,b_0\,L\,\eta_0 \tag{12.21}$$

genügen. Es sei

$$r^{**} = \frac{1 - \sqrt{1 - 2\,b_0\,L\,(\eta_0 + a_0)}}{b_0\,L} \leqq R\,. \tag{12.22}$$

Die Gleichung (12.18) *hat dann die Lösung x^{**} in der Kugel $S(x_0, r^{**})$, die man als Grenzwert der sukzessiven Näherungen*

$$x_{n+1} = A\,x_n + A_1\,x_n \qquad (n = 0, 1, 2, \ldots) \tag{12.23}$$

erhalten kann. Die Näherungen (12.23) *konvergieren wie eine geometrische Reihe mit dem Stufensprung*

$$q = q_0 + b_0\,L\,r^{**}\,. \tag{12.24}$$

Beweis. Wegen (12.21) ist die Zahl r^{**} die kleinste reelle Wurzel der quadratischen Gleichung

$$\frac{b_0\,L\,r^2}{2} - r + (\eta_0 + a_0) = 0\,.$$

Deshalb folgt aus Lemma 12.1 für $||x - x_0|| \leqq r^{**}$ die Abschätzung

$$||(A + A_1)\,x - x_0|| \leqq ||A\,x - x_0|| + ||A_1\,x|| \leqq \frac{b_0\,L(r^{**})^2}{2} + \eta_0 + a_0 = r^{**}\,.$$

Das heißt, daß der Operator $D = A + A_1$ die Kugel $S(x_0, r^{**})$ in sich abbildet.

Aus (12.12) und (12.20) resultiert die Ungleichung

$$||D\,x - D\,y|| \leqq (b_0\,L\,r^{**} + q_0)\,||x - y|| \qquad (x, y \in S(x_0, r^{**}))\,.$$

Diese Ungleichung sagt aus, daß D auf der Kugel $S(x_0, r^{**})$ ein Kontraktionsoperator ist, da wegen (12.21)

$$b_0 L r^{**} + q_0 = 1 - \sqrt{1 - 2 b_0 L (\eta_0 + a_0)} + q_0 < 1$$

gilt.

Der Operator D genügt damit auf der Kugel $S(x_0, r^{**})$ den Bedingungen des Kontraktionsprinzips.

Der Satz ist bewiesen.

Übung 12.2. Es seien die Voraussetzungen des Satzes 12.3 erfüllt. Dann ist zu zeigen, daß die Lösung x^{**} der Gleichung (12.8) in jeder Kugel $S(x, r)$ einzig ist, wobei

$$r \leqq R \quad \text{und} \quad r < \frac{1 + \sqrt{1 - 2 b_0 L (\eta_0 + a_0)}}{b_0 L}$$

gilt.

Übung 12.3. Es ist zu zeigen, daß die sukzessiven Näherungen $\tilde{x}_{n+1} = (A + A_1) \tilde{x}_n$ für jedes Startelement $\tilde{x}_0 \in S(x_0, r)$ gegen die Lösung x^{**} der Gleichung (12.8) konvergieren, wobei r den Bedingungen der Übung 12.2 genügt.

12.5. Gleichungen mit vollstetigen Operatoren. Die Gleichung (12.3) habe die Gestalt

$$x = B x \,, \tag{12.25}$$

wobei B ein vollstetiger Operator im BANACH-Raum E ist. Die Formeln (12.2) nehmen im Fall der Gleichung (12.25) die Form

$$x_{n+1} = x_n - [I - B'(x_0)]^{-1} (x_n - B x_n) \qquad (n = 0, 1, 2, \ldots) \tag{12.26}$$

an. Manchmal ist es günstig, sie in der Gestalt

$$x_{n+1} = [I - B'(x_0)]^{-1} [B x_n - B'(x_0) x_n] \qquad (n = 0, 1, 2, \ldots) \tag{12.27}$$

zu schreiben.

Da der Operator B vollstetig ist, ist auch der lineare Operator $B'(x_0)$ vollstetig (siehe M. A. KRASNOSELSKI [8]). In „guten" BANACH-Räumen kann man einen linearen vollstetigen Operator mit einer beliebigen Genauigkeit durch einen endlichdimensionalen linearen Operator approximieren. Das heißt, daß man für beliebiges $\delta > 0$ einen endlichdimensionalen linearen Operator C_δ finden kann, für den gilt

$$\|B'(x_0) - C_\delta\| < \delta \,. \tag{12.28}$$

Im Raum E existiere die Basis $e_1, \ldots, e_n, \ldots$ Jedes Element $x \in E$ ist dann in der Gestalt

$$x = \sum_{i=1}^{\infty} \xi_i(x)\, e_i$$

darstellbar. Wir setzen

$$P_m x = \sum_{i=1}^{m} \xi_i(x)\, e_i \qquad (x \in E) \,. \tag{12.29}$$

Es ist gut bekannt (siehe z. B. L. A. LJUSTERNIK und W. I. SOBOLEW [1]), daß

$$\lim_{m\to\infty} ||B'(x_0) - P_m B'(x_0)|| = 0;$$

gilt, deshalb kann man den Operator C_δ durch die Gleichung $C_\delta = P_m B'(x_0)$ bestimmen, falls m hinreichend groß ist.

Indem wir in (12.26) und (12.27) den Operator $[I - B'(x_0)]^{-1}$ durch den Operator $(I - C_\delta)^{-1}$ ersetzen, gelangen wir zu den Iterationsprozessen

$$x_{n+1} = x_n - (I - C_\delta)^{-1} (x_n - B x_n) \qquad (n = 0, 1, 2, \ldots) \tag{12.30}$$

und

$$x_{n+1} = (I - C_\delta)^{-1} [B x_n - B'(x_0) x_n] \qquad (n = 0, 1, 2, \ldots). \tag{12.31}$$

Es ist natürlich zu erwarten, daß für kleine δ die Prozesse (12.30) und (12.31) gegen die Lösung x^* der Gleichung (12.25) konvergieren. Im weiteren werden wir den Prozeß (12.30) untersuchen.

Es sei in erster Linie angemerkt, daß die Rechnungen nach den Formeln (12.30) wesentlich einfacher sind als die Rechnungen nach den Formeln (12.26) des modifizierten Verfahrens von NEWTON-KANTOROWITSCH. Das hängt damit zusammen, daß die Bestimmung des Operators $(I - C_\delta)^{-1}$ äquivalent ist der Inversion einer gewissen Matrix endlicher Ordnung oder, was das gleiche ist, daß die Auffindung der Werte des Operators $(I - C_\delta)^{-1}$ äquivalent ist der Lösung eines endlichen Systems linearer algebraischer Gleichungen.

In der Tat, der Operator C_δ habe die Gestalt

$$C_\delta x = \sum_{i=1}^{m} \eta_i(x) e_i, \tag{12.32}$$

wobei $e_1, \ldots, e_m$ die Basis in der Menge der Werte des Operators C_δ ist, und $\eta_1(x), \ldots, \eta_m(x)$ die entsprechenden linearen Funktionale sind. Wir wählen in E solche Elemente $g_1, \ldots, g_m$ aus, daß $C_\delta g_i = e_i$ $(i = 1, \ldots, m)$ gilt. Wir setzen

$$P x = \sum_{i=1}^{m} \eta_i(x) g_i, \qquad Q x = x - P x. \tag{12.33}$$

Offensichtlich ist

$$C_\delta P x = C_\delta x \qquad (x \in E) \tag{12.34}$$

und deshalb

$$C_\delta Q x = 0 \qquad (x \in E). \tag{12.35}$$

Es sei 1 kein Eigenwert des Operators C_δ. Für jedes $f \in E$ ist dann das Element

$$z = (I - C_\delta)^{-1} f$$

definiert, das Lösung der Gleichung

$$z = C_\delta z + f \tag{12.36}$$

ist, oder, was (wegen (12.34)) dasselbe ist, der Gleichung

$$z = C_\delta P z + f. \tag{12.37}$$

Aus dieser Gleichung folgt, daß man $P z$ aus der Gleichung

$$P z = P C_\delta P z + P f \tag{12.38}$$

bestimmen kann. Die Gleichung (12.38) stellt ein endliches System linearer algebraischer Gleichungen dar: Ist

$$P z = \zeta_1 g_1 + \cdots + \zeta_m g_m ,$$

dann kann man die Koeffizienten $\zeta_1, \ldots, \zeta_m$ aus den Gleichungen

$$\left.\begin{array}{l} \zeta_1 = \eta_1(e_1)\,\zeta_1 + \eta_1(e_2)\,\zeta_2 + \cdots + \eta_1(e_m)\,\zeta_m + \eta_1(f)\,, \\ \zeta_2 = \eta_2(e_1)\,\zeta_1 + \eta_2(e_2)\,\zeta_2 + \cdots + \eta_2(e_m)\,\zeta_m + \eta_2(f)\,, \\ \cdots\cdots\cdots\cdots\cdots\cdots\cdots\cdots \\ \zeta_m = \eta_m(e_1)\,\zeta_1 + \eta_m(e_2)\,\zeta_2 + \cdots + \eta_m(e_m)\,\zeta_m + \eta_m(f) \end{array}\right\} \tag{12.39}$$

bestimmen. Das System (12.39) besitzt genau eine Lösung, da es für beliebige freie Glieder $\eta_i = \eta_i(f)$ lösbar ist. Nach der Bestimmung von Pz läßt sich das Element z aus (12.37) finden.

In einer Reihe von Fällen definiert man den Operator C_δ durch die Formel

$$C_\delta = P_m\, B'(x_0)\,, \tag{12.40}$$

wobei P_m ein Projektionsoperator auf einen gewissen endlichdimensionalen Unterraum $E_m \subset E$ ist. In diesem Falle ist $(I - P_m)\, C_\delta = 0$, und deshalb folgt aus (12.36), daß $z - P_m z = f - P_m f$ ist. Das Element $P_m z$ wird aber aus der Gleichung

$$P_m z = C_\delta\, P_m z + C_\delta\, (f - P_m f) + P_m f$$

bestimmt, die man günstig in der Gestalt

$$(P_m - C_\delta\, P_m)\,(P_m z - P_m f) = C_\delta f \tag{12.41}$$

schreibt. Die letzte Gleichung ist eine Gleichung in einem endlichdimensionalen Raum; die Auffindung ihrer Lösung besteht in der Lösung eines Systems linearer algebraischer Gleichungen oder in der Bestimmung des zu $I - C_\delta = I_m - P_m\, C_\delta\, P_m$ inversen Operators $(I_m - P_m\, C_\delta\, P_m)_{E_m}^{-1}$ im Unterraum E_m. Wegen (12.41) ist

$$P_m z = (I_m - P_m\, C_\delta\, P_m)_{E_m}^{-1}\, C_\delta f + P_m f\,,$$

und deshalb läßt sich das Element $(I - C_\delta)^{-1} f = z = P_m z + f - P_m f$ durch die einfache Formel

$$z = f + (I_m - P_m\, C_\delta\, P_m)_{E_m}^{-1}\, C_\delta f \tag{12.42}$$

bestimmen.

Der Iterationsprozeß (12.30) ist ein gewöhnlicher Iterationsprozeß für die Gleichung $x = D\,x$ mit dem Operator

$$D\,x = x - (I - C_\delta)^{-1}\,(x - B\,x)\,. \tag{12.43}$$

Für die Untersuchung des Prozesses (12.30) werden wir die Gleichung $x = D\,x$ als Gleichung (12.18) betrachten. Es sei sogleich angemerkt, daß die Lösungen der Gleichung $x = D\,x$ mit den Lösungen der Gleichung (12.25) übereinstimmen.

Ist $x = D\,x$ die Gleichung (12.18), dann ist

$$A_1\, x = \left\{[I - B'(x_0)]^{-1} - (I - C_\delta)^{-1}\right\}\,(x - B\,x)\,.$$

Es sei, wie gewöhnlich, $\|[I - B'(x_0)]^{-1}\| \leqq b_0$. Dann folgt aus (12.28), daß für $b_0\,\delta < 1$ der Operator $(I - C_\delta)^{-1}$ definiert und

$$\|(I - C_\delta)^{-1}\| \leqq \frac{b_0}{1 - b_0\,\delta} \tag{12.44}$$

ist. Aus der Identität

$$A_1 x = (I - C_\delta)^{-1} [B'(x_0) - C_\delta] [I - B'(x_0)]^{-1} (x - B x)$$

resultiert die Abschätzung

$$\|A_1 x\| \leqq \frac{b_0 \delta}{1 - b_0 \delta} \|[I - B'(x_0)]^{-1} (x - B x)\| \qquad (x \in S(x_0, R))$$

und da

$$\|[I - B'(x_0)]^{-1} (x - B x)\| \leqq \frac{b_0 L \|x - x_0\|^2}{2} + \|x - x_0\| + \eta_0$$

gilt, ist

$$\|A_1 x\| \leqq a_0 = \frac{b_0 \delta}{1 - b_0 \delta} \left(\frac{b_0 L R^2}{2} + R + \eta_0 \right). \tag{12.45}$$

Es läßt sich leicht nachprüfen, daß

$$\|A_1 x - A_1 y\| \leqq q_0 \|x - y\|$$

gilt, wobei

$$q_0 = \frac{b_0 + b_0^2 L R}{1 - b_0 \delta} \delta$$

ist. Die Zahlen a_0 und q_0 genügen deshalb für hinreichend kleine δ der Ungleichung (12.21) (falls $2 b_0 L \eta_0 < 1$ ist). Aus dem Satz 12.3 resultiert der

Satz 12.4. *Es sei δ so klein, daß die Bedingung* (12.21) *des Satzes* 12.3 *erfüllt ist.*

Dann konvergieren die sukzessiven Näherungen (12.30) *gegen die Lösung x^* der Gleichung* (12.25).

Übung 12.4. Es ist zu zeigen, daß unter den Voraussetzungen des Satzes 12.4 die sukzessiven Näherungen mit der Geschwindigkeit einer geometrischen Reihe konvergieren.

Übung 12.5. Es ist die Konvergenz des Verfahrens (12.31) zu untersuchen.

Übung 12.6. Es seien P ein Projektionsoperator auf einen endlichdimensionalen Unterraum, $u = P x$, $v = x - P x$ ($x \in E$). Dann kann man die Gleichung (12.25) in der Gestalt des Systems

$$u = P B (u + v), \qquad v = B (u + v) - P B (u + v)$$

schreiben. Es ist zu zeigen, daß für den Fall, daß der Operator $P B$ den Operator B „gut" an die Lösung x^* der Gleichung (12.25) annähert, die sukzessiven Näherungen $x_{n+1} = u_{n+1} + v_{n+1}$ konvergieren, wobei u_{n+1} und v_{n+1} durch die rekurrenten Formeln

$$\left.\begin{aligned} u_{n+1} &= u_n - [I - P B'(x_0)]^{-1} [u_n - P B (u_n + v_n)] && (n = 0, 1, 2, \ldots), \\ v_{n+1} &= B (u_n + v_n) - P B (u_n + v_n) && (n = 0, 1, 2, \ldots) \end{aligned}\right\} \tag{12.46}$$

bestimmt werden. Es ist für das Verfahren (12.46) ein Analogon zu Satz 12.4 zu formulieren.

12.6. Gleichungen mit nichtdifferenzierbaren Operatoren. Wir betrachten die Gleichung

$$G x = 0 \tag{12.47}$$

mit dem nichtdifferenzierbaren Operator G. Zur näherungsweisen Lösung dieser Gleichung gelingt es in verschiedenen Fällen, den Iterationsprozeß

$$x_{n+1} = x_n - [F'(x_0)]^{-1} G x_n \qquad (n = 0, 1, 2, \ldots) \tag{12.48}$$

anzuwenden, wobei F ein differenzierbarer Operator ist, der den Operator G bezüglich einer gleichmäßigen Metrik hinreichend gut approximiert.

Satz 12.5. *Der Operator F sei auf der Kugel $S(x_0, R)$ differenzierbar und seine Ableitung $F'(x)$ genüge der* Lipschitz-*Bedingung* (12.7). *Es sei $G = F + F_1$, wobei F_1 auf $S(x_0, R)$ der* Lipschitz-*Bedingung*

$$\|F_1 x - F_1 y\| \leqq L_1 \|x - y\| \tag{12.49}$$

genügt. Es existiere $\Gamma_0 = [F'(x_0)]^{-1}$ und es sei $\|\Gamma_0\| \leqq b_0$, $\|\Gamma_0 G x_0\| \leqq \eta_0$. Schließlich sei die Ungleichung

$$L_1 < \frac{1 - \sqrt{2 b_0 L \eta_0}}{b_0} \tag{12.50}$$

erfüllt und es gelte

$$R \geqq r^{**} = \frac{1 - b_0 L_1 - \sqrt{(1 - b_0 L_1)^2 - 2 b_0 L \eta_0}}{b_0 L}. \tag{12.51}$$

Dann hat die Gleichung (12.47) *in der Kugel $S(x_0, r^{**})$ genau eine Lösung x^{**}, gegen die die sukzessiven Näherungen* (12.48) *konvergieren.*

Die zu beweisende Behauptung folgt aus Satz 12.3, falls wir

$$A_1 x = \Gamma_0 (G x - F x)$$

setzen.

Da in die Formel (12.48) nur die Ableitung $F'(x_0)$ des Operators F eingeht, kann man ohne Beschränkung der Allgemeinheit annehmen, daß $F x_0 = G x_0$ ist. Eine einfache Überprüfung zeigt, daß die Bedingungen (12.19) und (12.20) mit den Konstanten

$$a_0 = b_0 L_1 r^{**}, \qquad q_0 = b_0 L_1$$

erfüllt sind. Deshalb braucht man nur die Ungleichung (12.21) nachzuprüfen — die entsprechenden Herleitungen überlassen wir dem Leser.

Die Methode zur Konstruktion der sukzessiven Näherungen (12.48) ist von M. A. Krasnoselski angegeben worden. Das Verfahren (12.48) ist von A. I. Sintschenko und I. A. Kussakiny untersucht worden.

Es sei bemerkt, daß der Satz 12.5 auch dann gilt, wenn in der Bedingung (12.50) das Zeichen $<$ durch das Zeichen $\leqq$ ersetzt wird.

12.7. Eine Bemerkung zum Verfahren von Newton-Kantorowitsch. Bei der Konstruktion der Iterationsprozesse (12.30), (12.31), (12.46), (12.48) sind wir vom modifizierten Verfahren von Newton-Kantorowitsch ausgegangen. Man kann analoge Prozesse konstruieren, indem man vom Hauptverfahren von Newton-Kantorowitsch (11.3) ausgeht. Wir betrachten ein Beispiel.

Es sei P ein derartiger Projektionsoperator in E, daß $P\,F'(x)$ für alle $x \in S(x_0, R)$ hinreichend gut $F'(x)$ approximiert. Zur näherungsweisen Lösung der Gleichung $x = B\,x$ kann dann der Iterationsprozeß

$$x_{n+1} = x_n - [I - P\,B'(x_n)]^{-1}\,(x_n - B\,x_n) \qquad (n = 0, 1, 2, \ldots) \quad (12.52)$$

benutzt werden. Der Vorzug dieses Verfahrens gegenüber dem gewöhnlichen Verfahren von NEWTON-KANTOROWITSCH besteht darin, daß die Inversion der Operatoren $I - P\,B'(x_n)$ sich auf die Inversion von Matrizen zurückführen läßt.

§ 13. Zur approximativen Lösung linearisierter Gleichungen

13.1. Die Aufgabenstellung. Wir fahren mit der Untersuchung des Verfahrens von NEWTON-KANTOROWITSCH (siehe § 11) zur approximativen Lösung der Gleichung

$$F\,x = 0 \quad (13.1)$$

mit dem differenzierbaren Operator F fort. Wir erinnern, daß dieses Verfahren in der Konstruktion der sukzessiven Näherungen x_n besteht, die alle die exakte Lösung der linearisierten Gleichung

$$F\,x_{n-1} + F'(x_{n-1})\,(x - x_{n-1}) = 0 \quad (13.2)$$

darstellen.

Gewöhnlich gelingt es nicht, die Gleichung (13.2) exakt zu lösen, und man muß deshalb zur approximativen Lösung dieser Gleichung übergehen. Das heißt, man muß praktisch Näherungsverfahren anwenden, die sich von dem Verfahren von NEWTON-KANTOROWITSCH unterscheiden.

Wir nehmen an, daß wir die approximative Lösung der linearen Gleichung

$$B\,x = b \quad (13.3)$$

auf eine ganz bestimmte Weise suchen. Das können zum Beispiel ein oder mehrere Schritte des Verfahrens der minimalen Defekte, des gewöhnlichen Iterationsverfahrens, des Verfahrens des steilsten Abstieges, des Verfahrens von Seidel usw. sein (siehe §§ 7, 8). In allen diesen Fällen definiert der Übergang von der Näherung x_0 zur „besseren" Näherung x_1 einen gewissen nichtlinearen Operator

$$x_1 = V(x_0;\, B, b)\,. \quad (13.4)$$

Wenn man die Methode (13.4) sukzessiv auf die approximative Lösung der linearisierten Gleichung (13.2) anwendet, dann erhalten wir einen Iterationsprozeß, der sich durch die Formel

$$x_{n+1} = V\,[x_n;\, F'(x_n);\, F'(x_n)\,x_n - F\,x_n] \quad (13.5)$$

beschreiben läßt.

Wenn wir analog im modifizierten Verfahren von NEWTON-KANTOROWITSCH die Gleichung

$$F\,x_{n-1} + F'(x_0)\,(x - x_{n-1}) = 0 \quad (13.6)$$

mit Hilfe der Methode (13.4) approximativ lösen, dann erhalten wir den Iterationsprozeß

$$x_{n+1} = V\,[x_n;\, F'(x_0);\, F'(x_0)\,x_n - F\,x_n]\,. \tag{13.7}$$

Es sei $\tilde{x}$ die exakte Lösung der Gleichung (13.3). In allen weiteren Überlegungen wird

$$\|V(x;\, B,\, b) - \tilde{x}\| \leqq q\,\|x - \tilde{x}\| \tag{13.8}$$

mit $0 < q < 1$ vorausgesetzt. Noch präziser, es wird vorausgesetzt, daß die Abschätzung (13.8) für alle B aus einer gewissen Klasse linearer Operatoren gilt, die die Operatoren $F'(x)$ enthält. Wie aus dem vorhergehenden Kapitel zu ersehen ist, kann man das Verfahren (13.4) immer so aufbauen, daß die Zahl q in (13.8) hinreichend klein ist.

Wir beschränken uns auf einen Satz über die Konvergenz des Verfahrens (13.5). Eine Reihe anderer Sätze über das Verfahren (13.5), Sätze über die Konvergenz des Verfahrens (13.7) und über den Einfluß von Rundungsfehlern auf die Konvergenz sind in den Arbeiten von M. A. Krasnoselski und J. B. Rutizki [2—4] angegeben worden.

13.2. Ein Satz über die Konvergenz. Wir möchten an die wesentlichen Bezeichnungen der zwei vorangegangenen Paragraphen erinnern.

Es wird angenommen, daß der Operator F auf der Kugel $S(x_0, R)$ definiert und dort differenzierbar ist. Es wird vorausgesetzt, daß der Operator $\Gamma(x_0)$ existiert, wobei $\Gamma(x) = [F'(x)]^{-1}$ und $\|\Gamma(x_0)\| \leqq b_0$, $\|\Gamma(x_0)\,F\,x_0\| \leqq \eta_0$ sind. Schließlich wird vorausgesetzt, daß auf der Kugel $S(x_0, R)$ die Bedingung

$$\|F'(x) - F'(y)\| \leqq L\,\|x - y\| \tag{13.9}$$

erfüllt ist.

In den weiteren Überlegungen wird die kleinste Wurzel

$$\beta(q) = \frac{5 + q - \sqrt{9 + 26\,q + q^2}}{4} \tag{13.10}$$

der quadratischen Gleichung

$$q + \frac{\beta\,(1 + q)}{2} = (1 - \beta)^2 \tag{13.11}$$

benutzt.

Satz 13.1. *Es seien die Bedingungen*

$$h_0 = b_0\,L\,\eta_0 \leqq \frac{\beta(q)}{1 + q}, \tag{13.12}$$

$$r^* = \frac{1 + q}{\beta(q)}\,\eta_0 \leqq R \tag{13.13}$$

erfüllt.

Dann konvergieren die sukzessiven Näherungen (13.5) *gegen die Lösung* x^* *der Gleichung* (13.1).

Beweis. Wir setzen

$$b_{n+1} = \frac{b_n}{1-\beta(q)}, \qquad \eta_{n+1} = \bigl(1-\beta(q)\bigr)\,\eta_n \qquad (n = 0, 1, 2, \ldots) \quad (13.14)$$

und zeigen, daß unter den Bedingungen des Satzes die sukzessiven Näherungen (13.5) bestimmt sind (alle Operatoren $F'(x_n)$ haben stetige inverse Operatoren Γ_n) und daß gilt

$$\|\Gamma_n\| \leqq b_n, \qquad \|\Gamma_n F\, x_n\| \leqq \eta_n, \qquad h_n = b_n L\, \eta_n \leqq \frac{\beta(q)}{1+q}. \quad (13.15)$$

Die letzte der Ungleichungen (13.15) ist offensichtlich, da für alle n $h_n = h_0$ ist. Die ersten beiden Ungleichungen (13.15) beweisen wir induktiv. Für $n \leqq m$ seien alle diese Ungleichungen erfüllt.

Aus der Ungleichung (13.8) folgt

$$\|x_{m+1} - x_m\| \leqq \|x_{m+1} - \tilde{x}_{m+1}\| + \|\tilde{x}_{m+1} - x_m\| \leqq (1+q)\,\|\tilde{x}_{m+1} - x_m\|$$

mit $\tilde{x}_{m+1} = x_m - \Gamma_m F\, x_m$ Deshalb haben wir

$$\|x_{m+1} - x_m\| \leqq (1+q)\,\eta_m = (1+q)\,[1-\beta(q)]^m\, \eta_0. \quad (13.16)$$

Folglich ist

$$\begin{aligned}\|x_{m+1} - x_0\| &\leqq \|x_{m+1} - x_m\| + \|x_m - x_{m-1}\| + \cdots + \|x_1 - x_0\| \\ &\leqq (1+q)\,\{[1-\beta(q)]^m + [1-\beta(q)]^{m-1} + \cdots + 1\}\,\eta_0 \\ &\leqq \frac{1+q}{\beta(q)}\,\eta_0 = r^*.\end{aligned}$$

Hieraus ergibt sich, daß der Operator $F'(x_{m+1})$ bestimmt ist.

Aus der Identität

$$F'(x_{m+1}) = F'(x_m)\,\{I - \Gamma_m\,[F'(x_m) - F'(x_{m+1})]\}$$

resultiert die Existenz von Γ_{m+1} und die Ungleichung

$$\|\Gamma_{m+1}\| \leqq \frac{b_m}{1 - b_m L\,\|x_{m+1} - x_m\|} \leqq \frac{b_m}{1 - b_m L\,\eta_m\,(1+q)} \leqq \frac{b_m}{1-\beta(q)} = b_{m+1}. \quad (13.17)$$

Die erste der Ungleichungen (13.15) ist bewiesen.

Wir befassen uns nun mit dem Beweis der zweiten dieser Ungleichungen. Es ist offensichtlich

$$\Gamma_{m+1} F\, x_{m+1} = \{I - \Gamma_m\,[F'(x_m) - F'(x_{m+1})]\}^{-1}\,\Gamma_m F\, x_{m+1}.$$

Deshalb gilt

$$\|\Gamma_{m+1} F\, x_{m+1}\| \leqq \frac{1}{1-\beta(q)}\,\|\Gamma_m F\, x_{m+1}\|.$$

Weiter ist

$$\begin{aligned}\Gamma_m F\, x_{m+1} = \Gamma_m F\, x_m + (x_{m+1} - x_m) + \Gamma_m\,[F\, x_{m+1} - F\, x_m \\ - F'(x_m)\,(x_{m+1} - x_m)]\end{aligned}$$

und wegen (11.15)

$$\|\Gamma_m F x_{m+1}\| \leqq \|x_{m+1} - \tilde{x}_{m+1}\| + \frac{b_m L \|x_{m+1} - x_m\|^2}{2} \leqq q\,\eta_m + \frac{b_m L (1+q)^2 \eta_m^2}{2}$$
$$\leqq q\,\eta_m + \frac{\beta(q)\,(1+q)}{2}\eta_m = [1 - \beta(q)]^2\,\eta_m\,.$$

Wir erhalten demzufolge

$$\|\Gamma_{m+1} F x_{m+1}\| \leqq [1 - \beta(q)]\,\eta_m = \eta_{m+1}\,.$$

Aus (13.16) resultiert, daß die Folge x_n fundamental ist. Sie möge gegen den Punkt x^* konvergieren. Aus der Kette von Ungleichungen

$$\|\tilde{x}_{n+1} - x^*\| \leqq \|\tilde{x}_{n+1} - x_{n+1}\| + \|x_{n+1} - x^*\| \leqq q\,\|\tilde{x}_{n+1} - x_n\|$$
$$+ \|x_{n+1} - x^*\| \leqq q\,\|\tilde{x}_{n+1} - x^*\|$$
$$+ q\,\|x_n - x^*\| + \|x_{n+1} - x^*\|$$

folgt

$$\|\tilde{x}_{n+1} - x^*\| \leqq \frac{q}{1-q}\|x_n - x^*\| + \frac{1}{1-q}\|x_{n+1} - x^*\|\,.$$

Deshalb konvergiert die Folge $\tilde{x}_n$ ebenfalls gegen x^*. Indem wir in der Identität

$$F'(x_n)\,(\tilde{x}_{n+1} - x_n) + F x_n = 0$$

zum Grenzwert übergehen, gelangen wir zu der Gleichung $F x^* = 0$.

Der Satz ist bewiesen.

Für $q = 0$ folgt aus Satz 13.1 der Satz 11.3 über die Konvergenz des Verfahrens von Newton-Kantorowitsch.

Übung 13.1. Es seien die Bedingungen des Satzes 13.1 erfüllt, wobei in der Bedingung (13.12) die strenge Ungleichheit gilt. Es ist zu zeigen, daß

$$\|x_n - x^*\| \leqq (q + \varepsilon_n)\,\|x_{n-1} - x^*\| \tag{13.18}$$

ist mit $\varepsilon_n \to 0$.

Übung 13.2. Die Ableitung $F'(x)$ genüge auf der Kugel $S(x_0, R)$ der Hölder-Bedingung

$$\|F'(x) - F'(y)\| \leqq L\,\|x - y\|^\alpha$$

mit $0 < \alpha < 1$. Es sei der Operator $\Gamma_0 = [F'(x_0)]^{-1}$ definiert, wobei $\|\Gamma_0\| \leqq b_0$, $\|\Gamma_0 F x_0\| \leqq \eta_0$ und

$$h_0 = b_0 L\,\eta_0^\alpha \leqq \frac{\beta(q;\alpha)}{(1+q)^\alpha} \tag{13.19}$$

ist und $\beta(q;\alpha)$ die kleinste positive Wurzel der Gleichung

$$\frac{1}{(1-\beta)^{1+\alpha}}\left[q + \frac{\beta\,(1+q)}{1+\alpha}\right]^\alpha = 1$$

bezeichnet. Schließlich sei

$$r^* = \frac{1+q}{1 - [1 - \beta(q;\alpha)]^{1/\alpha}}\,\eta_0 \leqq R\,.$$

Es ist zu zeigen, daß die sukzessiven Näherungen (13.5) gegen die Lösung x^* der Gleichung (13.1) konvergieren.

Übung 13.3. Es seien die Bedingungen der Übung 13.2 erfüllt, wobei in (13.19) die strenge Ungleichheit gilt. Es ist zu zeigen, daß dann die Abschätzung (13.18) gilt.

13.3. Zur Anwendung des Verfahrens der minimalen Defekte. In diesem Punkt beschrieben wir einige Iterationsprozesse (13.5) für Gleichungen im HILBERT-Raum H. Ist F ein Potentialoperator (d. h. F der Gradient eines gewissen Funktionals), dann sind infolge des bekannten Satzes von L. A. LJUSTERNIK seine Ableitungen $F'(x)$ selbstadjungierte Operatoren. Wenn dabei $F(x)$ der Gradient eines streng konvexen Funktionals $\Phi(x)$ ist, dann sind die Operatoren $F'(x)$ positiv definit. In der beschriebenen Situation kann man zur approximativen Lösung der Gleichung (13.2) einen der α-Prozesse anwenden, die im § 8 untersucht worden sind.

Der Operator (13.4) sei zum Beispiel im Ergebnis der Anwendung eines Schrittes des Verfahrens der minimalen Defekte erzielt worden. Der Iterationsprozeß (13.5) wird dann durch die Formel

$$x_{n+1} = x_n - \frac{(F'(x_n)\, F x_n,\, F x_n)}{\|F'(x_n)\, F x_n\|^2}\, F x_n \qquad (n = 0, 1, 2, \ldots) \tag{13.20}$$

bestimmt.

Im allgemeinen Fall (wenn F kein Potentialoperator ist) kann man zur approximativen Lösung der Gleichung (13.2) das im Punkt 8.6 untersuchte Verfahren anwenden (siehe Formel (8.38)). Wenn man zur Konstruktion des Operators (13.4) einen Schritt dieses Verfahrens anwendet, dann erhält man den Iterationsprozeß

$$x_{n+1} = x_n - \frac{\|F x_n\|^2}{\|[F'(x_n)]^* F x_n\|^2}\, [F'(x_n)]^* F x_n\,, \tag{13.21}$$

wobei $[F'(x_n)]^*$ der zu $F'(x_n)$ adjungierte lineare Operator ist. Den Prozeß (13.20) kann man ebenfalls für nicht selbstadjungierte $F'(x_n)$ betrachten. Dieses und andere zu ihm analoge Verfahren sind von mehreren Autoren untersucht worden (M. ALTMAN, L. A. KIWISTIK, B. P. PUGATSCHOW, B. T. POLJAK, I. A. KUSSAKIN u. a.), die bei der Konstruktion dieser Operatoren in der Regel von Überlegungen der Variationsrechnung ausgingen.

Die Anwendung des Satzes 13.1 auf die oben angegebenen Prozesse führt zu keinen befriedigenden Ergebnissen. Derartige Verfahren untersucht man günstiger unmittelbar. Als Beispiel einer solchen Untersuchung führen wir einen Satz an, der von L. A. KIWISTIK aufgestellt wurde.

Wie auch früher setzen wir voraus, daß auf einer gewissen Kugel $S(x_0, R)$ die Ableitung $F'(x)$ des Operators F der LIPSCHITZ-Bedingung (13.9) genügt.

Satz 13.2. *Es seien*

$$\|F x_0\| \leqq \delta_0\,, \tag{13.22}$$

für jedes $x \in S(x_0, R)$

$$|(F'(x)\, h, h)| \geqq \frac{1}{c}\, \|h\|^2 \qquad (h \in H;\, c > 0)\,, \qquad \|F'(x)\| \leqq a\,, \tag{13.23}$$

weiter

$$q = \sqrt{1 - \frac{1}{a^2 c^2}} + \frac{c^2 L \delta_0}{2} < 1 \tag{13.24}$$

und

$$r_0 = \frac{c\,\delta_0}{1-q} \leqq R\,. \tag{13.25}$$

Dann hat die Gleichung (13.1) *in der Kugel* $S(x_0, r_0)$ *eine Lösung, gegen die die sukzessiven Näherungen* (13.20) *konvergieren.*

Beweis. Wir beweisen zunächst induktiv, daß alle Näherungen (13.20) definiert sind (in der Kugel $S(x_0, r_0)$ liegen) und die Ungleichungen

$$\|F\,x_n\| \leqq q^n\,\delta_0 \qquad (n = 0, 1, 2, \ldots) \tag{13.26}$$

gelten. Für $n = 0$ ist diese Behauptung offensichtlich. Sie sei für $n \leqq m$ erfüllt. Wir zeigen, daß sie auch für $n = m + 1$ gilt.

Wegen der ersten Ungleichung in (13.23) ist

$$\|F'(x_m)\,F\,x_m\| \geqq \frac{1}{c}\,\|F\,x_m\|\,.$$

Deshalb folgt aus der Formel (13.20) (für $n = m$)

$$\|x_{m+1} - x_m\| = \frac{|(F'(x_m)\,F\,x_m, F\,x_m)|}{\|F'(x_m)\,F\,x_m\|^2}\,\|F\,x_m\| \leqq \frac{\|F\,x_m\|^2}{\|F'(x_m)\,F\,x_m\|}$$
$$\leqq c\,\|F\,x_m\| \leqq c\,q^m\,\delta_0\,. \tag{13.27}$$

Hieraus finden wir

$$\|x_{m+1} - x_0\| \leqq \|x_{m+1} - x_m\| + \|x_m - x_{m-1}\| + \cdots + \|x_1 - x_0\|$$
$$\leqq c\,\delta_0\,(q^m + q^{m-1} + \cdots + 1) < \frac{c\,\delta_0}{1-q},$$

d. h. $x_{m+1} \in S(x_0, r_0)$.

Aus der Identität

$$F\,x_{m+1} = F\,x_{m+1} - F\,x_m - F'(x_m)\,(x_{m+1} - x_m) + F\,x_m + F'(x_m)\,(x_{m+1} - x_m)$$

und aus den Ungleichungen (11.15) und (13.27) resultiert

$$\|F\,x_{m+1}\| \leqq \frac{L\,\|x_{m+1} - x_m\|^2}{2} + \|F\,x_m + F'(x_m)\,(x_{m+1} - x_m)\|$$
$$\leqq \frac{c^2 L}{2}\,\|F\,x_m\|^2 + \|F\,x_m + F'(x_m)\,(x_{m+1} - x_m)\|\,. \tag{13.28}$$

Wir schätzen den zweiten Summanden auf der rechten Seite von (13.28) ab. Wegen

$$F\,x_m + F'(x_m)\,(x_{m+1} - x_m) = F\,x_m - \frac{(F'(x_m)\,F\,x_m, F\,x_m)}{\|F'(x_m)\,F\,x_m\|^2}\,F'(x_m)\,F\,x_m$$

gilt infolge der Ungleichungen (13.23)

$$\|F\,x_m + F'(x_m)\,(x_{m+1} - x_m)\|^2 = \|F\,x_m\|^2 - \frac{(F'(x_m)\,F\,x_m, F\,x_m)^2}{\|F'(x_m)\,F\,x_m\|^2}$$
$$\leqq \left(1 - \frac{1}{a^2\,c^2}\right)\|F\,x_m\|^2\,.$$

Hieraus und aus (13.28) ergibt sich die Ungleichung (13.26):

$$\|F x_{m+1}\| \leqq \left(\frac{c^2 L}{2} \|F x_m\| + \sqrt{1 - \frac{1}{a^2 c^2}}\right) \|F x_m\|$$
$$\leqq \left(\frac{c^2 L}{2} q^m \delta_0 + \sqrt{1 - \frac{1}{a^2 c^2}}\right) q^m \delta_0 \leqq q^{m+1} \delta_0 .$$

Aus (13.27) folgt, daß die Folge x_n fundamental ist. Wegen (13.26) ist der Grenzwert x^* dieser Folge Lösung der Gleichung (13.1).

Der Satz ist bewiesen.

Übung 13.4. Es ist zu beweisen, daß unter den Bedingungen des Satzes 13.2 die Lösung x^* in der Kugel $S(x_0, r_0)$ einzig ist.

Übung 13.5. Es ist zu beweisen, daß unter den Bedingungen des Satzes 13.2 die Konvergenzgeschwindigkeit der sukzessiven Näherungen x_n durch die Ungleichung

$$\|x_n - x^*\| \leqq \frac{c\,\delta_0}{1 - q} q^n$$

charakterisiert wird.

Übung 13.6. Es seien die Bedingungen (13.22), (13.23) und (13.25) des Satzes 13.2 erfüllt. Weiter sei

$$q = \sqrt{c^2 (a^2 + L\,\delta_0) - 1} < 1 . \tag{13.29}$$

Es ist zu zeigen, daß die sukzessiven Näherungen (13.21) gegen die Lösung der Gleichung (13.1) konvergieren.

Übung 13.7. Es seien die Bedingungen der Übung 13.6 erfüllt. Es ist zu zeigen, daß die sukzessiven Näherungen

$$x_{n+1} = x_n - \frac{\|F x_n\|^2}{(F'(x_n) F x_n, F x_n)} F x_n \tag{13.30}$$

gegen die Lösung der Gleichung (13.1) konvergieren.

13.4. Zur Auswahl der Startelemente. Eine der kompliziertesten Aufgaben bei der approximativen Lösung der Gleichung (13.1) mit Hilfe eines der oben beschriebenen Verfahren ist die Auswahl eines sich von der Lösung der Gleichung wenig unterscheidenden Startelements x_0. Häufig gelingt es, das Verfahren der zufälligen Auswahl anzuwenden. In vielen Fällen ersetzt man die Gleichung (13.1) durch eine „Näherungsgleichung" und betrachtet als Startelement x_0 die exakte Lösung dieser Näherungsgleichung. Für die Konstruktion annehmbarer Startelemente können natürlich keine allgemeinen Rezepte angegeben werden. Es können jedoch Methoden beschrieben werden, die bei der Lösung breiter Klassen von Gleichungen angewendet werden können (siehe in diesem Zusammenhang zum Beispiel das Buch von L. W. Kantorowitsch und G. P. Akilow [1]).

Wie gewöhnlich bilde F den Raum E_1 in den Raum E_2 ab. Der Einfachheit halber nehmen wir an, daß F auf dem gesamten E_1 definiert ist. Es sei $G(x; \lambda)$ $(x \in E_1,\ 0 \leqq \lambda \leqq 1)$ ein derartiger Operator mit Werten in E_2, daß

$$G(x; 1) \equiv F x \qquad (x \in E_1) \tag{13.31}$$

ist und die Gleichung

$$G(x; 0) = 0 \qquad (13.32)$$

die offensichtliche Lösung x^0 hat. Der Operator $G(x, \lambda)$ kann zum Beispiel durch die Vorschrift

$$G(x; \lambda) = F\,x - (1 - \lambda)\,F\,x^0 \qquad (13.33)$$

definiert werden.

Wir betrachten die Gleichung

$$G(x; \lambda) = 0\,. \qquad (13.34)$$

Wir nehmen an, daß die Gleichung (13.34) die stetige Lösung $x = x(\lambda)$ besitzt, die für $0 \leqq \lambda \leqq 1$ definiert ist und der Bedingung

$$x(0) = x^0 \qquad (13.35)$$

genügt. Wenn die Lösung $x(\lambda)$ bekannt wäre, dann wäre die Lösung der Gleichung (13.1) durch die Formel

$$x^* = x(1) \qquad (13.36)$$

gegeben. Zur Auffindung des sich von x^* wenig unterscheidenden Punktes x_0 genügt es, näherungsweise $x(\lambda)$ zu finden.

Wir haben es also mit der Aufgabe der näherungsweisen Konstruktion einer impliziten Funktion zu tun, die durch die Gleichung (13.34) und die Anfangsbedingung (13.35) definiert ist. Dabei sind die Sätze über eine auf dem gesamten Intervall [0, 1] definierte implizite Funktion wichtig. Die Theorie derartiger impliziter Funktionen ist gegenwärtig ungenügend entwickelt.

Es sei angemerkt, daß das Verfahren der Fortsetzung von Lösungen nach dem Parameter auf S. N. Bernstein zurückgeht; dieses Verfahren findet breite Anwendung in verschiedenen theoretischen und anwendungsbezogenen Fragestellungen.

Wir nehmen an, daß der Operator $G(x; \lambda)$ differenzierbar ist nach x und nach λ in dem Sinne, daß die linearen Operatoren $G'_x(x; \lambda)$, die E_1 in E_2 abbilden, und die Elemente $G'_\lambda(x; \lambda) \in E_2$ existieren, für die

$$\lim_{\|h\| + |\Delta\lambda| \to 0} \frac{\|G(x + h; \lambda + \Delta\lambda) - G(x; \lambda) - G'_x(x; \lambda)\,h - G'_\lambda(x, \lambda)\,\Delta\lambda\|}{\|h\| + |\Delta\lambda|} = 0$$

gilt. In diesem Falle kann man die implizite Funktion $x(\lambda)$ aus der Differentialgleichung

$$G'_x(x; \lambda)\frac{dx}{d\lambda} + G'_\lambda(x; \lambda) = 0 \qquad (13.37)$$

finden, die man für die Anfangsbedingung (13.35) lösen muß. Die Bedingungen für die Existenz der auf [0, 1] definierten Lösung des aufgezeigten Cauchyschen Anfangsproblems — das sind die Bedingungen für die Existenz einer impliziten Funktion. Falls der stetige Operator

$$\Gamma(x; \lambda) = [G'_x(x; \lambda)]^{-1} \qquad (13.38)$$

existiert, kann man die Gleichung (13.37) in der Gestalt

$$\frac{dx}{d\lambda} = -\Gamma(x;\lambda)\,G'_\lambda(x;\lambda) \tag{13.39}$$

schreiben.

Man muß berücksichtigen, daß für gewöhnliche Differentialgleichungen in Banach-Räumen der Satz von Peano (siehe N. Bourbaki [1]) nicht gilt. Deshalb muß man sogar für den lokalen Satz über die Existenz einer Lösung der Gleichung (13.39) unter der Bedingung (13.35) voraussetzen, daß die rechte Seite der Gleichung eine gewisse Glattheit besitzt. Jedoch garantiert keine Glattheit die globale Fortsetzbarkeit der Lösung auf das gesamte Intervall $0 \leqq \lambda \leqq 1$. Wir haben hier keine Möglichkeit, auf die Formulierungen verschiedener nichtlokaler Existenzsätze für Differentialgleichungen in Banach-Räumen (siehe zum Beispiel M. A. Krasnoselski [12]) einzugehen. Es sei nur ein trivialer Satz angemerkt: Wenn für die Gleichung

$$\frac{dx}{d\lambda} = f(x;\lambda) \tag{13.40}$$

im Banach-Raum der lokale Existenzsatz für eine beliebige Anfangsbedingung gilt und wenn

$$\|f(x;\lambda)\| \leqq a + b\,\|x\| \qquad (0 \leqq \lambda \leqq 1,\, x \in E_1) \tag{13.41}$$

ist, dann kann jede Lösung der Gleichung (13.40) auf das gesamte Intervall $0 \leqq \lambda \leqq 1$ fortgesetzt werden. Wenn also

$$\|\Gamma(x;\lambda)\,G'_\lambda(x;\lambda)\| \leqq a + b\|x\| \tag{13.42}$$

ist, dann bestimmt die Gleichung (13.34) eine implizite Funktion, die der Bedingung (13.35) genügt und für $0 \leqq \lambda \leqq 1$ definiert ist. Demnach garantiert die Bedingung (13.42) die Lösbarkeit der Gleichung (13.1) und die Möglichkeit der Konstruktion ihrer Lösung durch Integration der Differentialgleichung (13.39).

Zur näherungsweisen Bestimmung von $x(\lambda)$ der Gleichung (13.39) kann man zum Beispiel das Eulersche Polygonzugverfahren benutzen. Dazu muß man das Intervall [0, 1] durch die Punkte

$$\lambda_0 = 0 < \lambda_1 < \cdots < \lambda_m = 1 \tag{13.43}$$

in m Teile zerlegen. Die Näherungswerte $x(\lambda_i)$ der impliziten Funktion $x(\lambda)$ werden dann durch die Gleichungen $x(\lambda_0) = x^0$ und

$$x(\lambda_{i+1}) = x(\lambda_i) - \Gamma[x(\lambda_i);\lambda_i]\,G'_\lambda[x(\lambda_i);\lambda_i]\,(\lambda_{i+1} - \lambda_i) \tag{13.44}$$

bestimmt. Im allgemeinen Fall unterscheidet sich das Element $x(\lambda_m)$ wenig von der Lösung x^* der Gleichung (13.1), und deshalb kann man erwarten, daß es den Forderungen genügt, die den Startelementen in den Iterationsprozessen zur Lösung der Gleichung (13.1) auferlegt werden. Es sei hervorgehoben, daß die Formeln (13.44) keinen Iterationsprozeß beschreiben — sie geben uns nur eine endliche Folge von Operationen, die zu einem Element führt, das sich als günstiges Startelement für den Iterationsprozeß zur approximativen Lösung der Gleichung (13.1) erweisen kann (?!).

Zur näherungsweisen Konstruktion der Werte für die implizite Funktion $x(\lambda)$ kann man auch andere Methoden benutzen. Wir teilen wiederum das Intervall $[0, 1]$ mit Hilfe der Punkte (13.43) auf. Der Punkt $x(\lambda_1)$ ist die Lösung der Gleichung $G(x; \lambda_1) = 0$. Dabei ist es günstig, $x(\lambda_0) = x^0$ als Anfangsnäherung für $x(\lambda_1)$ anzusehen. Wir suchen $x(\lambda_1)$ mit Hilfe einer gewissen festen Zahl von Schritten irgendeines Iterationsverfahrens. Als Ergebnis erhalten wir ein gewisses Element x_1, das genügend nahe an $x(\lambda_1)$ liegt. Der Übergang von x^0 zu x_1 definiert einen gewissen Operator

$$x_1 = W[x^0; G(x; \lambda_1)] .$$

Den Punkt x_1 kann man als Anfangswert bei der approximativen Bestimmung der Lösung $x(\lambda_2)$ der Gleichung $G(x; \lambda_2) = 0$ betrachten. Der Punkt x_2 wird dann durch die Gleichung

$$x_2 = W[x_1; G(x; \lambda_2)]$$

bestimmt.

Analog erhalten wir den endlichen Punktesatz

$$x_{i+1} = W[x_i; G(x; \lambda_i)] \qquad (i = 0, 1, \ldots, m-1) , \tag{13.45}$$

der zu dem Element x_m führt, das man als Startelement bei der Lösung der Gleichung (13.1) mit Hilfe irgendeines Iterationsprozesses betrachten kann.

Falls der Operator W im Ergebnis der Anwendung eines Schrittes des Verfahrens (11.3) gewonnen wird, dann nimmt die Formel (13.45) die Gestalt

$$x_{i+1} = x_i - [G'_x(x_i; \lambda_{i+1})]^{-1} G(x_i; \lambda_{i+1}) \qquad (i = 1, \ldots, m-1) \tag{13.46}$$

an. Ist der Operator W ein gewisser Operator (13.4), dann kann man (13.45) in der folgenden Form schreiben:

$$x_{i+1} = V [x_i; G'_x(x_i; \lambda_{i+1}); G'_x(x_i; \lambda_{i+1}) x_i - G(x_i; \lambda_{i+1})] . \tag{13.47}$$

Die Einbeziehung eines Parameters in die Gleichung und die Benutzung seiner Variation zur Konstruktion von Näherungsverfahren ist von mehreren Autoren vorgenommen worden. Pionier hierbei war höchstwahrscheinlich D. F. Dawidenko.

§ 14. Aposteriori-Fehlerabschätzungen[1])

14.1. Fehlerabschätzungen und Existenzsätze. Wir betrachten die Gleichung

$$G x = 0 \tag{14.1}$$

mit einem hinreichend glatten Operator G, der den einen Banach-Raum E in einen anderen Raum F abbildet. Wir nehmen an, daß auf irgendeine Weise der Punkt x_0 gefunden wurde, den wir als Näherungslösung der Gleichung (14.1)

---

[1]) M. A. Krasnoselski [13].

ansehen. Der Punkt x_0 kann im Ergebnis der Rechnungen mit Hilfe eines der in diesem Kapitel dargelegten Iterationsverfahren, mif Hilfe eines der Projektionsverfahren (siehe Kapitel 4) usw. bestimmt worden sein. Häufig wird bei der Lösung der Gleichung (14.1) eine gewisse Schar von Punkten vorgegeben, dann berechnet man auf diesen Punkten die Werte des Operators G und denjenigen Punkt x_0, in dem der Wert des Operators G (zum Beispiel, in der Norm) „minimal" ist, nimmt man als Näherungslösung. Manchmal organisiert man zur Auffindung des Punktes x_0, in dem der Wert des Operators G „minimal" ist, einen Zufallsprozeß (wie man nichtwissenschaftlich sagt, man wendet die Methode des „wissenschaftlichen Einstechens" an). In all diesen Fällen sind möglichst genaue aposteriori-Fehlerabschätzungen von besonderem Interesse. In einigen Fällen kann man die Fehlerabschätzungen durch Linearisierung der Gleichungen erhalten — diese Fälle sind sehr einfach; in den anderen Fällen ist die Bestimmung von Fehlerabschätzungen eine komplizierte Aufgabe.

Da es sich um nichtlineare Gleichungen handelt, für die es (in der Regel) mehrere Lösungen gibt, muß der Begriff der Fehlerabschätzung noch definiert werden.

Als *Fehlerabschätzung* für die Näherungslösung x_0 der Gleichung (14.1) bezeichnen wir das beliebige Gebiet $\Omega \subset E$, in dem der Punkt x_0 liegt und in dem die Gleichung (14.1) wenigstens eine Lösung x^* besitzt. Es sei $\mathfrak{M}$ die Menge aller Lösungen der Gleichung (14.1). Als *Fehler in der Norm* $\|\cdot\|_0$ der Näherungslösung x_0 bezeichnet man dann die Zahl

$$\delta(x_0) = \inf_{x \in \mathfrak{M}} \|x_0 - x\|_0 , \tag{14.2}$$

wobei $\|\cdot\|_0$ eine gewisse Norm im Raum E ist, die zur Ausgangsnorm $\|\cdot\|$ äquivalent ist. Der Fehler hängt natürlich wesentlich von der Auswahl der Norm $\|\cdot\|_0$ ab. Wenn die Gleichung (14.1) im E keine Lösungen hat, dann setzt man natürlich voraus, daß $\delta(x_0) = \infty$ ist für jedes $x_0 \in E$ und jede Norm $\|\cdot\|_0$.

Den exakten Wert des Fehlers kann man nur dann finden, wenn die exakten Lösungen der Gleichung (14.1) bekannt sind. Deshalb müssen wir uns auf Fehlerabschätzungen beschränken. Aus der Definition folgt, daß $\delta(x_0) \leqq \delta_0$ ist, wenn die Kugel $\|x - x_0\|_0 \leqq \delta_0$ eine Fehlerabschätzung ist oder, was dasselbe ist, wenn in der Kugel $\|x - x_0\|_0 \leqq \delta_0$ wenigstens eine Lösung x^* der Gleichung (14.1) liegt. Das Auffinden der Abschätzung $\delta(x_0) \leqq \delta_0$ von $\delta(x_0)$ für die Näherungslösung x_0 ist also gleichbedeutend dem Beweis der Existenz wenigstens einer Lösung x^* der Gleichung (14.1) in der Kugel $\|x - x_0\|_0 \leqq \delta_0$. Das formulierte Prinzip verwandelt jede Beweismethode von Existenzsätzen (siehe z. B. L. W. Kantorowitsch und G. P. Akilow [1], M. A. Krasnoselski [8, 11]) in ein Verfahren zur Auffindung von Fehlerabschätzungen.

Den Fehler für die Lösung x_0 der Gleichung (14.1) abzuschätzen, ist dasselbe, wie den Fehler für die Nullösung θ der Gleichung $G(x_0 + x) = 0$ abzuschätzen. Demzufolge werden wir der Einfachheit halber im weiteren voraussetzen, daß $x_0 = \theta$ ist, und die Abschätzung für $\delta(\theta)$ suchen.

14.2. Die Linearisierung der Gleichung. Zunächst betrachten wir die Gleichung (14.1) in der speziellen Gestalt

$$x = A\,x \tag{14.3}$$

mit dem vollstetigen Operator A, der im Raum E wirkt. Wir nehmen an, daß A im Punkte θ differenzierbar ist; die Ableitung $A'(\theta) = A_1$ ist ebenfalls ein vollstetiger Operator. Die Gleichung (14.3) kann man in der Form

$$x = A_1\,x + T\,x + A\,\theta \tag{14.4}$$

schreiben; hier ist $A\,\theta$ der Defekt der nullten Näherungslösung, und der vollstetige Operator T genügt der Ungleichung

$$\|T\,x\| \leqq a_1(\|x\|) \qquad (\|x\| \leqq r_0)\,, \tag{14.5}$$

wobei r_0 irgendeine positive Zahl ist, die Funktion $a_1(r)$ $(0 \leqq r \leqq r_0)$ stetig ist und $a_1(r) = o(r)$ gilt. Ist der Operator A in der Umgebung des Punktes θ zweimal differenzierbar, dann gilt immer die Abschätzung (14.5), in der $a_1(r) = a\,r^2$ ist.

Der wesentliche Fall ist der, wenn 1 kein Eigenwert des Operators A_1 ist, d. h. wenn der Operator $\Gamma = (I - A_1)^{-1}$ erklärt ist. In diesem Falle ist die Gleichung (14.4) äquivalent der Gleichung $x = \Pi\,x$ mit

$$\Pi\,x = \Gamma\,T\,x + \Gamma\,A\,\theta\,.$$

Der vollstetige Operator Π genügt der offensichtlichen Ungleichung

$$\|\Pi\,x\| \leqq \|\Gamma\|\,a_1(\|x\|) + \|\Gamma\,A\,\theta\|\,.$$

Wenn also δ_0 eine Zahl aus dem Intervall $[0, r_0]$ ist, für die

$$\|\Gamma\|\,a_1(\delta_0) + \|\Gamma\,A\,\theta\| \leqq \delta_0$$

gilt, dann bildet der Operator Π den Rand $\|x\| = \delta_0$ der Kugel $\|x\| \leqq \delta_0$ in das Innere dieser Kugel ab, und aus dem SCHAUDERschen Prinzip folgt, daß für den Operator Π wenigstens ein Fixpunkt existiert. Somit haben wir den folgenden Satz bewiesen:

Satz 14.1. *Der vollstetige Operator A erlaube die Darstellung* (14.4), *wobei* 1 *kein Eigenwert des Operators $A_1 = A'(\theta)$ ist und T der Bedingung* (14.5) *genügt. Der Defekt $A\,\theta$ genüge der Ungleichung*

$$\|\Gamma\,A\,\theta\| \leqq \delta_0 - \|\Gamma\|\,a_1(\delta_0) \tag{14.6}$$

mit $\delta_0 \in [0, r_0]$.

Dann gilt $\delta(\theta) \leqq \delta_0$.

Übung 14.1. Anstelle von (14.5) sei die Ungleichung

$$\|\Gamma\,T\,x\| \leqq a_1^*(\|x\|) \qquad (0 \leqq \|x\| \leqq r_0)$$

erfüllt. Es ist zu zeigen, daß die Behauptung des Satzes 14.1 bestehen bleibt, wenn (14.6) durch die Ungleichung

$$\|\Gamma\,A\,\theta\| \leqq \delta_0 - a_1^*(\delta_0)$$

ersetzt wird.

Für den **Beweis** von Behauptungen der Art des Satzes 14.1 ist es häufig günstig, Fixpunktsätze zu benutzen, die sich vom SCHAUDERschen Prinzip unterscheiden. Als Beispiel führen wir einen Satz an, in dem anstelle von Normabschätzungen weniger einschränkende einseitige Abschätzungen verwendet werden.

Es sei E der HILBERT-Raum H. Für vollstetige Operatoren im HILBERT-Raum gilt (M. A. KRASNOSELSKI [8], S. 314) der folgende Fixpunktsatz.

Lemma 14.1. *Ist A vollstetig auf der Kugel $||x|| \leqq r$ und*

$$(A\,x, x) \leqq r^2 \qquad (||x|| = r) \tag{14.7}$$

dann besitzt A in der Kugel $||x|| \leqq r$ wenigstens einen Fixpunkt.

Aus diesem Lemma folgt unmittelbar der

Satz 14.2. *Der im HILBERT-Raum H gelegene, auf der Kugel $||x|| \leqq r_0$ vollstetige Operator A lasse die Darstellung (14.4) zu und $A_1 = A'(\theta)$ genüge der Abschätzung*

$$(A_1\,x, x) \leqq b(x, x) \qquad (x \in H)\,,$$

wobei $b < 1$ ist, und T der Abschätzung

$$(T\,x, x) \leqq a_2(||x||) \qquad (||x|| \leqq r_0)\,.$$

Der Defekt $A\,\theta$ genüge der Ungleichung

$$||A\,\theta|| \leqq (1 - b)\,\delta_0 - \delta_0^{-1}\,a_2(\delta_0)\,,$$

mit $\delta_0 \in [0, r_0]$.

Dann gilt $\delta(\theta) \leqq \delta_0$.

Der **Beweis** besteht in der Überprüfung der Bedingung (14.7) für $r = \delta_0$.

Übung 14.2. In expliziter Form sind die Werte für δ_0 in den Sätzen 14.1 und 14.2 für die Fälle zu finden, wenn $r_0 = \infty$ ist und die Funktionen $a_1(r)$ und $a_2(r)$ entsprechend die Gestalt $a\,r^2$, $a\,r^{1+\nu}$ haben.

Wir befassen uns nun wieder mit der allgemeinen Gleichung (14.1). Es lasse sich G in der Gestalt

$$G\,x = G\,\theta + G_1\,x + T_1\,x \tag{14.8}$$

darstellen, wobei $G_1 = G'(\theta)$ ist und T_1 den Bedingungen

$$||T_1\,x|| \leqq a_3(||x||) \qquad (||x|| \leqq r_0) \tag{14.9}$$

und

$$||T_1\,x - T_1\,y|| \leqq q(r)\,||x - y|| \qquad (||x||, ||y|| \leqq r,\ 0 \leqq r \leqq r_0) \tag{14.10}$$

genügt. Da $T_1\,\theta = \theta$ ist, folgt aus (14.10) die Ungleichung $||T_1\,x|| \leqq q(||x||)\,||x||$. Diese Abschätzung kann aber gröber sein, als die Ungleichung (14.9).

Satz 14.3. *Es lasse G die Darstellung* (14.8) *zu. Der Operator G_1 besitze den stetigen inversen Operator Γ. Es sei δ_0 eine Zahl dergestalt, daß $0 \leqq \delta_0 \leqq r_0$ und*

$$||\Gamma G\,\theta|| \leqq \delta_0 - ||\Gamma||\, a_3(\delta_0)\,, \qquad ||\Gamma||\, q(\delta_0) < 1 \tag{14.11}$$

gilt.

Dann gilt $\delta(\theta) = \delta_0$.

Beweis. Wir ersetzen die Gleichung (14.1) durch die äquivalente Gleichung $x = \Pi\, x$ mit

$$\Pi\, x = -\Gamma\, T_1\, x - \Gamma\, G\,\theta\,.$$

Aus (14.9) und aus der ersten Bedingung (14.11) folgt, daß Π die Kugel $||x|| \leqq \delta_0$ in sich abbildet:

$$||\Pi\, x|| \leqq ||\Gamma|| \cdot ||T_1\, x|| + ||\Gamma\, G\,\theta|| \leqq ||\Gamma||\, a_3(||x||) + ||\Gamma G\,\theta|| \leqq \delta_0 \qquad (||x|| \leqq \delta_0).$$

Aus der zweiten Bedingung (14.11) resultiert, daß Π auf der Kugel $||x|| \leqq \delta_0$ ein Kontraktionsoperator ist, da wegen (14.10)

$$||\Pi\, x - \Pi\, y|| \leqq ||\Gamma|| \cdot ||T_1\, x - T_1\, y|| \leqq ||\Gamma||\, q(\delta_0)\, ||x - y||$$

gilt. Deshalb ergibt sich aus dem Kontraktionsprinzip, daß Π auf der Kugel $||x|| \leqq \delta_0$ genau einen Fixpunkt besitzt.

Der Satz ist bewiesen.

Übung 14.3. Es sind die Fehlerabschätzungen aufzuschreiben, die aus den im § 12 angegebenen Sätzen über das modifizierte Verfahren von Newton-Kantorowitsch resultieren.

Die in diesem Punkt angegebenen Sätze sind gut bekannt; sie geben in der Regel völlig befriedigende Fehlerabschätzungen, wenn die Defekte ($A\,\theta$ im Falle der Gleichung (14.3) und $G\,\theta$ für die Gleichung (14.1)) klein sind und wenn die Norm des Operators Γ (des inversen Operators zu $I - A'(\theta)$ im Falle der Gleichung (14.3) und des inversen Operators zu $G'(\theta)$ für die Gleichung (14.1)) nicht allzu groß ist. Wenn der Operator Γ nicht existiert oder seine Norm groß ist, so müssen neue Überlegungen angestellt werden. Hiermit befaßt sich der übrige Teil des Paragraphen.

14.3. Die Rotation eines endlichdimensionalen Vektorfeldes. Die Rotation ist eine ganzzahlige topologische Charakteristik von Vektorfeldern auf den Rändern beschränkter Gebiete. Zur Vollständigkeit der Darlegung geben wir die vollständigen Formulierungen der im weiteren benutzten Behauptungen, die mit der Rotation im Zusammenhang stehen. Eine vollständige Darstellung ist zum Beispiel in den Lehrbüchern von P. S. Alexandrow [1] und L. S. Pontrjagin [1] enthalten. Der detaillierten Untersuchung der Rotation ebener Vektorfelder ist die Monographie von M. A. Krasnoselski, A. I. Petrow, A. I. Powolozki und P. P. Sabreiko [1] gewidmet. In der Monographie von M. A. Krasnoselski [8] wird der Rotation endlichdimensionaler Felder große Aufmerksamkeit geschenkt.

Es sei Ω ein beschränktes Gebiet im n-dimensionalen Raum R^n; S sei der Rand des Gebietes Ω. Auf S sei ein stetiges Vektorfeld $\Phi\, x$ ohne Nullvektoren gegeben. Dann ist die stetige Abbildung $\|\Phi\, x\|^{-1}\, \Phi\, x$ des Randes S des Gebietes Ω auf die Einheitssphäre $\|x\| = 1$ des Raumes R^n bestimmt. Der Grad dieser Abbildung heißt *Rotation des Feldes* Φ auf S und wird mit $\gamma(\Phi; S)$ bezeichnet.

Die Rotation kann eine beliebige ganze Zahl $0, \pm 1, \pm 2, \ldots$ sein. Für uns sind zwei Eigenschaften der Rotation wichtig.

Lemma 14.2. *Das stetige Vektorfeld* Φ *sei auf dem abgeschlossenen Gebiet* $\bar{\Omega} = \Omega \cup S$ *gegeben, und es sei* $\gamma(\Phi; S) \neq 0$. *Das Feld* Φ *verschwindet dann wenigstens in einem Punkt des Gebietes* Ω.

Zwei Vektorfelder Φ_0 und Φ_1 heißen *homotop auf* S, wenn eine derartige in allen Variablen stetige Vektorfunktion $\Phi(t; x)$ $(0 \leqq t \leqq 1;\ x \in S)$ mit Werten in R^n existiert, daß

$$\Phi(0; x) \equiv \Phi_0\, x\,, \qquad \Phi(1; x) \equiv \Phi_1\, x \qquad (x \in S)$$

und

$$\Phi(t; x) \neq 0 \qquad (0 \leqq t \leqq 1,\, x \in S)\,.$$

gilt.

Die Felder Φ_0 und Φ_1 sind zum Beispiel homotop auf S, wenn die Vektoren $\Phi_0\, x$ und $\Phi_1\, x$ für $x \in S$ verschieden von Null und nicht entgegengesetzt gerichtet sind.

Lemma 14.3. *Homotope Vektorfelder haben die gleiche Rotation*: $\gamma(\Phi_0; S) = \gamma(\Phi_1; S)$.

Das Lemma 14.3 gibt uns die Hauptmethode zur Berechnung der Rotation — man kann mit ihr die Berechnung der Rotation komplizierter Felder auf die Berechnung der Rotation einer geringen Anzahl einfacher Felder (Eichfelder) zurückführen. Die Rotation einfacher Felder aber läßt sich ohne Schwierigkeiten berechnen.

Wir beginnen mit eindimensionalen Räumen. Wir brauchen nur die Gebiete zu betrachten, die Intervalle darstellen. Die Rotation eines eindimensionalen Feldes Φ wird durch die Richtungen der Vektoren an den Enden des Intervalls bestimmt. Die Gerade R^1 werden wir als Menge der Punkte $t\, e$ $(-\infty < t < \infty)$ betrachten, wobei $e \in R^1$ und $e \neq 0$ ist. Das Feld Φ werde auf dem Intervall $a \leqq t \leqq b$ betrachtet. Es sei $\Phi(a\, e) = \alpha\, e$, $\Phi(b\, e) = \beta\, e$.

Abb. 14.1

Lemma 14.4. *Ist* $\alpha\, \beta > 0$, *dann ist* $\gamma(\Phi; S) = 0$. *Ist* $\alpha < 0$ *und* $\beta > 0$, *dann ist* $\gamma(\Phi; S) = 1$. *Ist* $\alpha > 0$ *und* $\beta < 0$, *dann ist* $\gamma(\Phi; S) = -1$.

Die Behauptung dieses Lemmas läßt sich leicht grafisch darstellen (siehe Abb. 14.1)

Wir gehen nun zu zweidimensionalen Vektorfeldern über. Wir beschränken uns nur auf homogene Felder.

Wir nehmen an, daß in R^2 ein Vektorkoordinatensystem $\{\xi, \eta\}$ gegeben ist. Das Feld Φ sei linear:

$$\Phi\{\xi, \eta\} = \{\alpha\,\xi + \beta\,\eta, \gamma\,\xi + \delta\,\eta\} \tag{14.12}$$

und $\alpha\,\delta - \beta\,\gamma \neq 0$. In diesem Falle verschwindet $\Phi\,x$ nur im Nullpunkt. Die Rotation des Feldes (14.12) auf dem Rand S eines beliebigen beschränkten Gebietes, das den Nullpunkt enthält, wird durch die Gleichung

$$\gamma(\Phi; S) = \operatorname{sign}(\alpha\,\delta - \beta\,\gamma) \tag{14.13}$$

bestimmt. Die Rotation des linearen Feldes (14.12) auf den Kreisen $\xi^2 + \eta^2 = r^2$ ist also entweder gleich 1 oder gleich -1.

Das Feld Φ sei quadratisch:

$$\Phi\{\xi, \eta\} = \{a_1\,\xi^2 + 2\,a_2\,\xi\,\eta + a_3\,\eta^2, b_1\,\xi^2 + 2\,b_2\,\xi\,\eta + b_3\,\eta^2\}\,. \tag{14.14}$$

Wir bilden die drei Determinanten:

$$D_1 = \begin{vmatrix} a_1 & a_2 \\ b_1 & b_2 \end{vmatrix}, \qquad D_2 = \begin{vmatrix} a_2 & a_3 \\ b_2 & b_3 \end{vmatrix}, \qquad D_3 = \begin{vmatrix} a_1 & a_3 \\ b_1 & b_3 \end{vmatrix}. \tag{14.15}$$

Wir nehmen an, daß

$$D = 4\,D_1\,D_2 - D_3^2 \neq 0 \tag{14.16}$$

ist.

Übung 14.4. Es ist zu zeigen, daß die Ungleichung (14.16) gleichbedeutend der Tatsache ist, daß das Feld (14.14) nur im Nullpunkt $\{0, 0\}$ verschwindet.

Lemma 14.5. *Die Rotation $\gamma(\Phi; S)$ des Feldes* (14.14) *auf den Kreisen $\xi^2 + \eta^2 = r^2$ wird nach folgender Regel berechnet:*

a) *ist $D < 0$, dann ist $\gamma(\Phi; S) = 0$;*

b) *ist $D > 0$ und $D_1 > 0$, dann ist $\gamma(\Phi; S) = 2$;*

c) *ist $D > 0$ und $D_1 < 0$, dann ist $\gamma(\Phi; S) = -2$.*

Das ebene Feld Φ habe die allgemeinere Gestalt:

$$\Phi\,\{\xi, \eta\} = \{a_0\,\xi^k + a_1\,\xi^{k-1}\,\eta + \cdots + a_k\,\eta^k, b_0\,\xi^k + b_1\,\xi^{k-1}\,\eta + \cdots + b_k\,\eta^k\}\,, \tag{14.17}$$

wobei $k \geqq 3$ ist. Der Einfachheit halber werden wir voraussetzen, daß $a_0 \neq 0$ ist (das kann man immer durch eine geeignete Auswahl des Koordinatensystems erreichen). Wir führen die Bezeichnungen

$$T_0(\mu) = a_0 + a_1\,\mu + \cdots + a_k\,\mu^k\,,$$

$$T_1(\mu) = b_0 + b_1\,\mu + \cdots + b_k\,\mu^k$$

ein. Ferner konstruieren wir mit Hilfe des Euklidischen Algorithmus Polynome

$$T_0(\mu), T_1(\mu), \ldots, T_l(\mu)\,, \tag{14.18}$$

für die gilt:

$$
\begin{aligned}
T_0(\mu) &= \varepsilon_1(\mu)\, T_1(\mu) - T_2(\mu)\,, \\
T_1(\mu) &= \varepsilon_2(\mu)\, T_2(\mu) - T_3(\mu)\,, \\
&\cdots\cdots\cdots\cdots\cdots \\
T_{i-1}(\mu) &= \varepsilon_i(\mu)\, T_i(\mu) - T_{i+1}(\mu)\,, \\
&\cdots\cdots\cdots\cdots\cdots \\
T_{l-1}(\mu) &= \varepsilon_l(\mu)\, T_l(\mu)\,.
\end{aligned}
$$

Die Polynome (14.18) bilden die sogenannte verallgemeinerte STURMsche Reihe. Mit $s(\infty)$ und $s(-\infty)$ bezeichnen wir die Anzahl der Vorzeichenwechsel in der Zahlenreihe (14.18) für große positive μ und für dem Betrag nach große negative Werte μ entsprechend.

Lemma 14.6. *Das Vektorfeld* (14.17) *verschwindet in den Nichtnullpunkten der Ebene dann und nur dann nicht, wenn die Gleichung*

$$T_l(\mu) = 0 \tag{14.19}$$

keine reellen Wurzeln hat.

Lemma 14.7. *Die Gleichung* (14.19) *habe keine reellen Wurzeln.*

Die Rotation $\gamma(\Phi; S)$ *des Feldes* (14.17) *auf den Kreisen* $\xi^2 + \eta^2 = r^2$ *wird dann durch die Formel*

$$\gamma(\Phi; S) = s(\infty) - s(-\infty)$$

definiert.

Wir befassen uns nun mit Vektorfeldern im Raum R^n mit $n \geqq 3$. Dabei beschränken wir uns hier auf einfachere Felder.

Das Feld Φ habe die Gestalt

$$\Phi\, x = B\, x\,, \tag{14.20}$$

wobei B eine Matrix ist. Das Feld (14.20) verschwindet nicht auf der Sphäre $\|x\| = r$, falls die Matrix B nicht ausgeartet ist. Die Rotation $\gamma(\Phi; S)$ des Feldes (14.20) auf der erwähnten Sphäre stimmt mit dem Vorzeichen von $\det B$ ($\det B$ ist die Determinante der Matrix B) überein. Das Vorzeichen von $\det B$ stimmt wiederum mit der Zahl $(-1)^\beta$ überein, wobei β die Summe der Vielfachheiten der reellen negativen Eigenwerte der Matrix B ist. Für das Feld (14.20) gilt deshalb

$$\gamma(\Phi; S) = (-1)^\beta\,. \tag{14.21}$$

Die Formel (14.21) zeichnet sich dadurch aus, daß sie sich einfach auf vollstetige Vektorfelder verallgemeinern läßt (siehe Punkt 14.4).

Es sei noch angemerkt, daß die *Rotation* $\gamma(\Phi; S)$ *des ungeraden* $(\Phi(-x) = -\Phi\, x)$ *Vektorfeldes* Φ *ohne Nullvektoren auf der Sphäre* S *eine ungerade Zahl ist.*

Die Rotation $\gamma(\Phi; S)$ *des auf der Sphäre* S *geraden Feldes* Φ *ist gerade, wobei* $\gamma(\Phi; S) = 0$ *ist, falls der Raum von ungerader Dimension ist* $(n = 2\,k + 1)$.

14.4. Die Rotation eines vollstetigen Vektorfeldes. Das Vektorfeld

$$\Phi x = x - A x \tag{14.22}$$

heißt *vollstetig*, wenn A ein vollstetiger Operator im BANACH-Raum E ist.

Es sei Ω ein beschränktes Gebiet in E und S der Rand von Ω. Das vollstetige Vektorfeld (14.22) sei auf S gegeben und habe auf S keine Nullvektoren; dann sagt man, daß das Feld (14.22) auf S *nicht ausgeartet* ist.

Übung 14.5. Das vollstetige Vektorfeld (14.22) sei auf S nicht ausgeartet. Es ist zu zeigen

$$\inf_{x \in S} \|x - A x\| = \alpha > 0 . \tag{14.23}$$

Wir bezeichnen mit E_ε einen endlichdimensionalen Teilraum des Raumes E, der ein gewisses ε-Netz $y_1, \ldots, y_k$ der kompakten Menge $A\,S$ enthält. Wir setzen nach SCHAUDER

$$P_\varepsilon y = \frac{\sum_{i=1}^{k} \mu_i(y)\, y_i}{\sum_{i=1}^{k} \mu_i(y)} \qquad (y \in A\,S)$$

mit

$$\mu_i(y) = \begin{cases} \varepsilon - \|y - y_i\|, & \text{für } \|y - y_i\| \leqq \varepsilon, \\ 0, & \text{für } \|y - y_i\| \geqq \varepsilon. \end{cases}$$

Der nichtlineare Operator P_ε ist auf $A\,S$ erklärt und projeziert diese kompakte Menge auf E_ε. Es ist leicht zu sehen, daß gilt

$$\|A x - P_\varepsilon A x\| \leqq \varepsilon \qquad (x \in S) .$$

Es seien S_ε der Rand des Durchschnitts $\Omega \cap E_\varepsilon$ und γ_ε die Rotation des endlichdimensionalen (im Raum E_ε) Feldes $x - P_\varepsilon A x$ auf S_ε. Falls E_ε keine gemeinsamen Punkte mit Ω besitzt, dann setzen wir $\gamma_\varepsilon = 0$.

Es zeigt sich, daß für hinreichend kleine ε (für $\varepsilon < \alpha$, wobei α durch die Gleichung (14.23) definiert ist) die Zahlen γ_ε gleich sind — sie sind unabhängig von ε, von der Auswahl des ε-Netzes und von der Auswahl des dieses Netz enthaltenden Unterraumes. Den gemeinsamen Wert der Zahlen γ_ε nennt man Rotation[1]) des vollstetigen Feldes (14.22) auf S und bezeichnet ihn (wie auch im endlichdimensionalen Fall) mit $\gamma(\Phi; S)$.

Die Rotation eines vollstetigen Vektorfeldes besitzt die gleichen Eigenschaften wie auch die Rotation stetiger Felder in endlichdimensionalen Räumen. Wir geben die wesentlichen Formulierungen.

Lemma 14.8. *Das vollstetige Vektorfeld* (14.22) *sei auf* $\Omega \cup S$ *erklärt, wobei* $\gamma(\Phi; S) \neq 0$ *ist.*

Dann hat der Operator A im Gebiet Ω wenigstens einen Fixpunkt.

---

[1]) M. A. KRASNOSELSKI [8]. Der Begriff der Rotation eines vollstetigen Vektorfeldes ist dem Begriff des LERAY-SCHAUDERschen Abbildungsgrades bezüglich des Nullelementes [1] äquivalent.

Der Operator $A(t, x)$ in zwei Variablen $0 \leqq t \leqq 1$, $x \in S$, mit Werten in E heißt *vollstetig*, wenn die Menge seiner Werte kompakt ist in E und er in allen Variablen stetig ist. Die vollstetigen Vektorfelder $x - A_0 x$ und $x - A_1 x$ nennt man *homotop* auf S, wenn ein vollstetiger Operator $A(t, x)$ $(0 \leqq t \leqq 1,$ $x \in S)$ existiert, mit

$$A(0, x) \equiv A_0 x\,, \qquad A(1, x) \equiv A_1 x \qquad (x \in S)$$

und

$$A(t, x) \neq x \qquad (0 \leqq t \leqq 1, x \in S)\,.$$

Lemma 14.9. *Auf S homotope Felder haben auf S die gleiche Rotation.*

Das Lemma 14.9 gestattet, bei der Bestimmung der Rotation zu einfacheren Feldern überzugehen.

Aus Lemma 14.9 folgt unmittelbar der sogenannte Satz von ROUCHE: *Wenn das vollstetige Vektorfeld* (14.22) *auf S nicht ausgeartet ist und der vollstetige Operator A_0 der Bedingung*

$$||A_0 x - A x|| < ||x - A x|| \qquad (x \in S) \tag{14.24}$$

genügt, dann ist das Feld $\Phi_0 x = x - A_0 x$ ebenfalls auf S nicht ausgeartet, und es gilt

$$\gamma(\Phi_0; S) = \gamma(\Phi; S)\,.$$

Oft ist die allgemeinere Behauptung nützlich: *Die vollstetigen Felder Φ_1 und Φ_0 sind auf S homotop, wenn in jedem Punkt $x \in S$ die Vektoren $\Phi_0 x$ und $\Phi_1 x$ nicht entgegengesetzt gerichtet sind.*

Das Feld (14.22) heißt *linear*, wenn der vollstetige Operator A linear ist. Es sei 1 kein Eigenwert des Operators A, dann verschwindet das Feld Φ nur im Nullpunkt und es ist

$$||x - A x|| > ||(I - A)^{-1}||^{-1}\, ||x|| \qquad (x \in E)\,. \tag{14.25}$$

Die Rotation $\gamma\,(I - A; S)$ eines linearen nichtausgearteten Feldes auf der Sphäre $||x|| = r$ wird durch die Formel

$$\gamma\,(I - A; S) = (-1)^\beta \tag{14.26}$$

bestimmt, die zu (14.21) analog ist, wobei β die Summe der Vielfachheiten der reellen Eigenwerte (die größer 1 sind) des Operators A ist.

Es sei noch bemerkt, daß die Rotation auf der Kugel eines beliebigen ungeraden vollstetigen Vektorfeldes eine ungerade Zahl ist.

Übung 14.6. Es ist zu zeigen, daß es in unendlichdimensionalen BANACH-Räumen keine geraden vollstetigen Vektorfelder gibt.

14.5. Der Index eines Fixpunktes. Der vollstetige Operator A sei in einer gewissen Umgebung des Punktes $x_0 \in E$ definiert. Wir nehmen an, daß x_0 ein isolierter Fixpunkt des Operators A ist. Das Feld (14.22) ist dann nicht ausgeartet auf allen Sphäre $||x - x_0|| = r$ mit hinreichend kleinem Radius r. Es zeigt sich, daß die Rotation des Feldes (14.22) auf all diesen Sphären gleich ist.

Diese gemeinsame Rotation heißt *Index des Fixpunktes* x_0 des Operators A und wird mit $\gamma(x_0; A)$ bezeichnet. Der Index $\gamma(x_0; A)$ stimmt mit der Rotation des Feldes (14.22) auf dem Rand eines beliebigen beschränkten Gebietes überein, in dem x_0 der einzige Fixpunkt des Operators A ist.

Die zweite (nach dem Index) wichtige Charakteristik des isolierten Fixpunktes x_0 ist die Skalarfunktion

$$\alpha(r; x_0) = \inf_{\|x\|=r} \|x_0 + x - A(x_0 + x)\| . \tag{14.27}$$

Da man nur in seltenen Fällen $\alpha(r; x_0)$ wirklich bestimmen kann, werden wir häufig die *Minoranten* der Funktion (14.27) benutzen, d. h. Funktionen $\alpha_0(r; x_0)$ dergestalt, daß gilt

$$\|x - A x\| \geqq \alpha_0(\|x - x_0\|, x_0) \qquad (\|x - x_0\| \leqq r_0) . \tag{14.28}$$

In diesem Paragraphen wird überall vorausgesetzt, daß $x_0 = \theta$ ist. In den Bezeichnungen der Funktion (14.27) und ihrer Minoranten $\alpha_0(r; x_0)$ werden wir deshalb das zweite Argument fortlassen. Wir schreiben entsprechend $\alpha(r)$ und $\alpha_0(r)$.

Satz 14.4. *Der in der Umgebung des Punktes θ vollstetige Operator A lasse die Darstellung*

$$A x = A_1 x + T x \qquad (\|x\| \leqq r_0) \tag{14.29}$$

zu, wobei $A_1 = A'(\theta)$, $T\theta = \theta$ ist und T der Ungleichung

$$\|T x\| \leqq a_1(\|x\|) \qquad (\|x\| \leqq r_0) \tag{14.30}$$

mit $a_1(r) = o(r)$ genügt. Es sei 1 kein Eigenwert des Operators A_1.

Dann ist θ ein isolierter Fixpunkt des Operators A; sein Index wird durch die Formel (14.26) *bestimmt, wobei β die Summe der Vielfachheiten der reellen Eigenwerte des Operators A_1 (die größer 1 sind) ist; die Funktion* (14.27) *hat die Minorante*

$$\alpha_0(r) = \frac{r}{\|(I - A_1)^{-1}\|} - a_1(r) \qquad (0 \leqq r \leqq r_0) . \tag{14.31}$$

Beweis. Die Abschätzung (14.31) folgt unmittelbar aus (14.30):

$$\|x - A x\| \geqq \|x - A_1 x\| - \|T x\| \geqq \frac{\|x\|}{\|(I - A_1)^{-1}\|} - a_1(\|x\|) .$$

Da $a_1(r) = o(r)$ ist, ergibt sich aus (14.31) für kleine von Null verschiedene $\|x\|$ die Ungleichung $\|x - A x\| > 0$. Deshalb ist der Punkt θ ein isolierter Fixpunkt des Operators A.

Da die Rotation des linearen Feldes $\Phi_0 = I - A_1$ auf den Sphären $\|x\| = r$ gleich $(-1)^\beta$ ist (siehe Formel (14.26)), braucht man für den Beweis der Gleichung

$$\gamma(\theta; A) = (-1)^\beta$$

nur zu zeigen, daß für kleine von Null verschiedene x die Ungleichung $\|A x - A_1 x\| < \|x - A_1 x\|$ erfüllt ist oder, was dasselbe ist, die Ungleichung

$||T x|| < ||x - A_1 x||$. Die letzte Ungleichung ist offensichtlich, da $||T x|| = o(||x||)$ und $||x - A_1 x|| \geqq ||(I - A_1)^{-1}||^{-1} \, ||x||$ gilt.

Der Satz ist bewiesen.

Die Funktion $a_1(r)$ in (14.30) hat in der Regel die Gestalt $a_1(r) = a\, r^2$.

Wenn 1 ein Eigenwert des Operators A_1 ist, dann wird die Berechnung des Index und die Auffindung der Funktionen $\alpha_0(r)$ zu einer sehr umfangreichen Aufgabe.

Es sei 1 ein Eigenwert des Operators A_1, dem der Unterraum E_1 entspricht, der nur aus Eigenvektoren besteht. Die letzte Voraussetzung ist keine Einschränkung — siehe P. P. Sabreiko und M. A. Krasnoselski [1, 2]. Aus der Vollstetigkeit von A_1 resultiert, daß E_1 endlichdimensional ist; die Dimension m des Unterraumes E_1 stimmt mit der Vielfachheit m des Eigenwertes 1 überein.

Wie aus der allgemeinen Theorie linearer vollstetiger Operatoren von Riesz-Schauder (siehe z. B. F. Riesz und B. Sz.-Nagy [1] oder L. W. Kantorowitsch und G. P. Akilow [1]) folgt, läßt sich der Raum E als direkte Summe

$$E = E_1 \oplus E^1$$

bezüglich A_1 invarianter Unterräume darstellen. Jedes Element $x \in E$ kann man dann eindeutig in der Gestalt

$$x = u + v \qquad (u \in E_1, v \in E^1)$$

darstellen. Diese Darstellung definiert die mit A_1 kommutierenden linearen Operatoren

$$P_1 x = u\,, \qquad P^1 x = v \tag{14.32}$$

der Projektion auf die Teilräume E_1 bzw. E^1; dabei gilt $P^1 = I - P_1$, $P_1 P^1 = P^1 P_1 = 0$.

Die Einschränkung von A_1 auf den Teilraum E^1 bezeichnen wir mit A_1^0. Da 1 kein Eigenwert des Operators A_1^0 ist, existiert ein auf E^1 definierter Operator

$$\Gamma^0 = (I - A_1^0)^{-1}\,. \tag{14.33}$$

Im weiteren werden wir mit β_0 die Summe der Vielfachheiten der reellen Eigenwerte des Operators A_1^0 bezeichnen, die größer 1 sind (β_0 stimmt mit der Summe der Vielfachheiten der reellen Eigenwerte des Operators A_1 überein, die größer 1 sind).

Es lasse sich A in der Umgebung des Punktes θ in der Form

$$A x = A_1 x + A_k x + T x \tag{14.34}$$

darstellen. Dabei sind $A_1 = A'(\theta)$, A_k eine homogene Form[1]) der Ordnung k:

$$A_k(t x) \equiv t^k A_k x\,,$$

$T \theta = \theta$,

$$||T x|| \leqq a_2(||x||) \qquad (||x|| \leqq r_0) \tag{14.35}$$

und $a_2(r) = o(r^k)$.

[1]) Siehe L. A. Ljusternik und W. I. Sobolew [1]; die wesentlichen Ergebnisse der Theorie der polylinearen und homogenen Operatoren werden im Kapitel 5 dargelegt.

Wir betrachten das Vektorfeld

$$\Phi_0 u = - P_1 A_k u \tag{14.36}$$

im Raum E_1. Wenn man in E_1 ein gewisses Koordinatensystem wählt, dann sind die Komponenten des Feldes (14.36) homogene Polynome k-ten Grades bezüglich der Punktkoordinaten. Als allgemeiner Fall ist der anzusehen, bei dem das homogene Feld (14.36) nur im Nullpunkt verschwindet. Gerade diesen Fall werden wir auch betrachten.

Wir formulieren zunächst ohne Beweis einen Satz über den Index (M. A. Krasnoselski [8], S. 219).

Satz 14.5. *Der vollstetige Operator A erlaube die Darstellung* (14.34). *Es sei* 1 *ein Eigenwert des Operators A_1, dem der nur aus den Eigenvektoren bestehende Wurzelraum E_1 entspricht; β_0 sei die Summe der Vielfachheiten der reellen Eigenwerte, die größer* 1 *sind. Schließlich verschwinde das endlichdimensionale homogene Feld* (14.36) *nur im Nullpunkt.*

Dann ist der Punkt θ ein isolierter Fixpunkt des Operators A und sein Index wird durch die Formel

$$\gamma(\theta; A) = (-1)^{\beta_0} \gamma_0 \tag{14.37}$$

gegeben, wobei γ_0 die Rotation des Feldes (14.36) *auf einer beliebigen Sphäre $||u|| = r$ des endlichdimensionalen Raumes E_1 darstellt.*

Dieser Satz ist nur dann effektiv, wenn es gelingt, γ_0 zu finden oder abzuschätzen. Für einen eindimensionalen oder zweidimensionalen Raum E_1 läßt sich die Rotation γ_0 nach einfachen Formeln (siehe Punkt 14.3) berechnen. Ist $\dim E_1 = 3$, dann muß man sich vorläufig auf Spezialfälle beschränken (im Prinzip gelingt es nur solche Überlegungen anzuwenden, die mit der Geradheit oder Ungeradheit des Feldes (14.36) im Zusammenhang stehen).

Wir beschäftigen uns nun mit der Bestimmung der Funktion $\alpha_0(r)$ unter den Bedingungen des Satzes 14.5.

Wir führen einige Bezeichnungen ein.

Da vorausgesetzt wird, daß das Feld (14.36) auf der Sphäre $||x|| = r$ nicht ausgeartet ist, läßt sich eine Konstante $b_1 > 0$ derart finden, daß gilt

$$||P_1 A_k u|| \geqq b_1 ||u||^k \qquad (u \in E_1). \tag{14.38}$$

Man kann zum Beispiel

$$b_1 = \min_{||u||=1} ||P_1 A_k u||$$

setzen. Da ferner der homogene Operator A_k stetig ist (er ist sogar vollstetig), gilt

$$||P^1 A_k x|| \leqq b_2 ||x||^k \qquad (x \in E), \tag{14.39}$$

wobei b_2 eine gewisse Konstante ist; man kann zum Beispiel

$$b_2 = \sup_{||x||=1} ||P^1 A_k x||$$

setzen. Der Operator A_k genügt schließlich auf jeder Kugel $||x|| \leqq r$ der LIPSCHITZ-Bedingung mit einer Konstanten der Ordnung r^{k-1}. Wir brauchen hier nur die Abschätzung

$$||P_1 A_k x - P_1 A_k P_1 x|| \leqq q_0 ||x||^{k-1} ||P^1 x|| \qquad (x \in E) \tag{14.40}$$

(wir erinnern daran, daß $P^1 = I - P_1$ ist).

Wir setzen

$$\Phi_1 x = x - (A_1 x + A_k x) \qquad (x \in E)\,. \tag{14.41}$$

Nach Voraussetzung ist $P_1 A_1 x = A_1 P_1 x = P_1 x$. Deshalb gilt

$$P_1 \Phi_1 x = - P_1 A_k x = - P_1 A_k P_1 x - (P_1 A_k x - P_1 A_k P_1 x)\,,$$

und aus (14.38) und (14.40) folgt die Abschätzung

$$||P_1 \Phi_1 x|| \geqq b_1 ||P_1 x||^k - q_0 ||x||^{k-1} ||P^1 x|| \qquad (x \in E)\,. \tag{14.42}$$

Offensichtlich gilt

$$||P^1 x - P^1 A_1 x|| = ||(I - A_1) P^1 x|| \geqq \frac{1}{\varkappa_0} ||P^1 x||$$

mit

$$\varkappa_0 = ||\Gamma^0|| = \sup_{||v||=1;\, v \in E^1} ||(I - A_1)^{-1} v||\,; \tag{14.43}$$

demzufolge resultiert aus (14.39) die Abschätzung

$$||P^1 \Phi_1 x|| \geqq \frac{1}{\varkappa_0} ||P^1 x|| - b_2 ||x||^k \qquad (x \in E)\,. \tag{14.44}$$

Es sei $\varphi(r)$ eine beliebige Funktion, die den Ungleichungen

$$0 \leqq \varphi(r) \leqq 1 \qquad (0 \leqq r \leqq r_0) \tag{14.45}$$

genügt. Aus (14.42) und (14.44) (und aus der offensichtlichen Ungleichung $||P_1 x|| \geqq ||x|| - ||P^1 x||$) ergeben sich dann die Abschätzungen

$$||P_1 \Phi_1 x|| \geqq b_1 [r - r\,\varphi(r)]^k - q_0 r^k \varphi(r) \qquad (||P^1 x|| \leqq r\,\varphi(r),\ ||x|| = r) \tag{14.46}$$

und

$$||P^1 \Phi_1 x|| \geqq \frac{1}{\varkappa_0} r\,\varphi(r) - b_2 r^k \qquad (||P^1 x|| \geqq r\,\varphi(r),\ ||x|| = r)\,. \tag{14.47}$$

Es ist deshalb

$$\max\{||P_1 \Phi_1 x||;\ ||P^1 \Phi_1 x||\}$$
$$\geqq \min\left\{b_1 [r - r\,\varphi(r)]^k - q_0 r^k \varphi(r);\ \frac{1}{\varkappa_0} r\,\varphi(r) - b_2 r^k\right\} \qquad (||x|| = r)$$

für eine beliebige Funktion $\varphi(r)$, die (14.45) genügt. Folglich erhalten wir

$$\max\{||P_1 \Phi_1 x||,\ ||P^1 \Phi_1 x||\} \geqq \psi(||x||) \qquad (x \in E) \tag{14.48}$$

mit

$$\psi(r) = \max_{0 \leqq \varphi \leqq 1} \min\left\{b_1 (r - r\,\varphi)^k - q_0 r^k \varphi;\ \frac{1}{\varkappa_0} r\,\varphi - b_2 r^k\right\}. \tag{14.49}$$

Die Untersuchung der Funktion (14.49) (und anderer uns im weiteren begegnender analoger Funktionen) kann man sehr einfach durchführen, wenn man berücksichtigt, daß der erste Ausdruck in den geschweiften Klammern für wachsende φ abnimmt und der zweite anwächst. Der Wert φ, für den das Maximum erreicht wird, ist als Wurzel der Gleichung

$$b_1 (r - r\varphi)^k - q_0 r^k \varphi = \frac{1}{\varkappa_0} r\varphi - b_2 r^k \tag{14.50}$$

definiert, falls natürlich diese Wurzel zu dem Intervall $[0, 1]$ gehört. Wenn man die Wurzel φ findet und sie in einen der Ausdrücke in den geschweiften Klammern einsetzt, dann erhält man eine explizite Formel für $\psi(r)$.

Übung 14.7. Es ist die explizite Formel für $\psi(r)$ im Fall $k = 2$ zu finden.

Im allgemeinen Fall läßt sich die Gleichung (14.50) in expliziter Form nicht lösen. Im Zusammenhang damit vergröbern wir die Abschätzung (14.48).

Es läßt sich elementar beweisen

$$(r - r\varphi)^k > r^k - k r^k \varphi \qquad (0 < \varphi < 1, r > 0).$$

Deshalb gilt

$$\psi(r) \geqq \psi_0(r) = \max_{0 \leqq \varphi \leqq 1} \min \left\{ b_1 r^k - k b_1 r^k \varphi - q_0 r^k \varphi, \frac{1}{\varkappa_0} r\varphi - b_2 r^k \right\}. \tag{14.51}$$

Zur Bestimmung von $\psi_0(r)$ lösen wir die Gleichung

$$b_1 r^k - (k b_1 + q_0) r^k \varphi = \frac{1}{\varkappa_0} r\varphi - b_2 r^k$$

bezüglich φ. Ihre Lösung φ_0 hat die Gestalt

$$\varphi_0 = \frac{(b_1 + b_2) r^{k-1}}{\frac{1}{\varkappa_0} + (k b_1 + q_0) r^{k-1}}.$$

Wir betrachten nur diejenigen Werte r, für die $\varphi_0 \leqq 1$ ist, d. h.

$$(b_1 + b_2) r^{k-1} \leqq \frac{1}{\varkappa_0} + (k b_1 + q_0) r^{k-1}$$

oder, was dasselbe ist,

$$[b_2 - (k-1) b_1 - q_0] r^{k-1} \leqq \frac{1}{\varkappa_0}.$$

Ist $b_2 > (k-1) b_1 + q_0$, dann werden wir annehmen, daß

$$r \leqq \left\{ \frac{1}{\varkappa_0 [b_2 - (k-1) b_1 - q_0]} \right\}^{\frac{1}{k-1}} = r^*$$

ist; im entgegengesetzten Fall werden wir r aus dem Intervall $[0, \infty)$ betrachten. Offensichtlich ist

$$\psi_0(r) = \min \left\{ b_1 r^k - k b_1 r^k \varphi_0 - q_0 r^k \varphi_0, \frac{1}{\varkappa_0} r\varphi_0 - b_2 r^k \right\},$$

woraus die Formel

$$\psi_0(r) = \frac{b_1 r^k - \varkappa_0 (k b_1 + q_0) b_2 r^{2k-1}}{1 + \varkappa_0 (k b_1 + q_0) r^{k-1}} \tag{14.52}$$

resultiert.

Aus (14.48), (14.51) und (14.52) ergibt sich die Hauptabschätzung

$$\max \{||P_1 \Phi_1 x||, ||P^1 \Phi_1 x||\} \geqq \frac{b_1 ||x||^k - \varkappa_0 (k b_1 + q_0) b_2 ||x||^{2k-1}}{1 + \varkappa_0 (k b_1 + q_0) ||x||^{k-1}} \qquad (||x|| \leqq r^*) . \tag{14.53}$$

Für gewisse konkrete Normen in E kann man die Abschätzung (14.53) verbessern und vereinfachen. Ist zum Beispiel

$$||x|| = ||x||_* = \max \{||P_1 x||, ||P^1 x||\} ,$$

dann folgt aus (14.42) eine bezüglich (14.46) exaktere Abschätzung

$$||P_1 \Phi_1 x|| \geqq b_1 r^k - q_0 r^k \varphi(r) \qquad (||P^1 x|| \leqq r \varphi(r); ||x|| = r) .$$

Aus dieser Abschätzung und aus (14.47) ergibt sich die Ungleichung

$$||\Phi_1 x||_* \geqq \max_{0 \leqq \varphi \leqq 1} \min \left\{ b_1 r^k - q_0 r^k \varphi, \frac{1}{\varkappa_0} r \varphi - b_2 r^k \right\} \qquad (||x|| = r) ,$$

woraus

$$||\Phi_1 x||_* \geqq \frac{b_1 ||x||_*^k - \varkappa_0 q_0 b_2 ||x||_*^{2k-1}}{1 + \varkappa_0 q_0 ||x||_*^{k-1}} \qquad (||x||_* \leqq r_*)$$

für

$$r_* = \left\{ \frac{1}{\varkappa_0 (b_1 + b_2 - q_0)} \right\}^{\frac{1}{k-1}}$$

folgt.

Aus (14.53) und (14.35) resultiert

Satz 14.6. *Es seien die Voraussetzungen des Satzes 14.5 erfüllt. Dann gilt die Ungleichung*

$$||x - A x||_* \geqq \frac{b_1 ||x||^k - \varkappa_0 (k b_1 + q_0) b_2 ||x||^{2k-1}}{1 + \varkappa_0 (k b_1 + q_0) ||x||^{k-1}} - a_2(||x||) \tag{14.54}$$

$$\left(\varkappa_0 (b_1 + b_2 - k b_1 - q_0) ||x||^{k-1} \leqq 1, ||x|| \leqq r_0\right) ,$$

wobei $||x||_* = \max \{||P_1 x||, ||P^1 x||\}$ *ist.*

Gewöhnlich gelingt es, für $a_2(r)$ die Abschätzung $a_2(r) \leqq b_3 r^{k+1}$ zu finden. Die Abschätzung (14.54) kann man dann in der Gestalt

$$||x - A x||_* \geqq \frac{b_1 ||x||^k - \varkappa_0 (k b_1 + q_0) b_2 ||x||^{2k-1}}{1 + \varkappa_0 (k b_1 + q_0) ||x||^{k-1}} - b_3 ||x||^{k+1} \tag{14.55}$$

schreiben.

Die wesentliche Einschränkung in den Bedingungen der Sätze 14.5 und 14.6 besteht darin, daß vorausgesetzt wird, daß das Feld (14.36) in allen von Null verschiedenen Punkten des Teilraumes E_1 nicht ausgeartet ist. Wenn dieses homogene Feld auf gewissen Geraden oder Kegeln verschwindet, dann erfordert die Untersuchung des Fixpunktes zusätzliche Überlegungen. Hier muß man auf einen möglichen Fehler hinweisen.

Wir nehmen an, daß

$$A x = A_1 x + A_k x + A_{k+1} x + \cdots + A_l x + T x$$

ist, wobei A_i homogene Operatoren der Ordnungen i sind und T die Glieder höherer Ordnung enthält. Es sei 1 ein Eigenwert des Operators A_1; P_1 und P^1 sind die Operatoren (14.32). Wenn das Feld (14.36) auf gewissen Geraden verschwindet, dann kann man in Analogie zum Satz 14.5 annehmen, daß der Index $\gamma(\theta; A)$ mit einer Genauigkeit bis auf das Vorzeichen durch die Rotation γ_0 des endlichdimensionalen Feldes

$$\Phi_0 u = - P (A_k u + A_{k+1} u + \cdots + A_l u) \qquad (u \in E_1)$$

auf den Sphäre $||u|| = r$ mit den kleinen Radien r bestimmt wird (falls dieses Feld auf den Sphären mit kleinem Radius nicht ausgeartet ist). Diese Annahme ist fehlerhaft. Mehr noch, es kann sich erweisen, daß das Feld Φ_0 nur für $u = \theta$ verschwindet und der Punkt θ ein nichtisolierter Fixpunkt des Operators A ist!

Für die Fälle, für die das Feld (14.36) auf gewissen Geraden oder Kegeln verschwindet, ist ein allgemeiner Algorithmus zur Untersuchung der Fixpunkte und zur Berechnung ihrer Indizes ausgearbeitet worden. Man findet ihn in der Arbeit von P. P. Sabreiko und M. A. Krasnoselski [2]. Die dort angegebenen Konstruktionen gestatten in vielen Fällen die Bestimmung der Funktion $\alpha_0(r)$.

14.6. Der Index eines Fixpunktes und die aposteriori-Fehlerabschätzung. Wir behandeln die Gleichung

$$x = B x \tag{14.56}$$

mit dem vollstetigen Operator B. Es sei θ eine Näherungslösung der Gleichung (14.56). Offensichtlich ist θ ein Fixpunkt des Operators

$$A x = B x - B \theta . \tag{14.57}$$

Es sei

$$||A x - x||_1 = ||B x - x - B \theta||_1 \geqq \alpha_0(||x||_2) \qquad (||x||_2 \leqq r_0) , \tag{14.58}$$

wobei $||\cdot||_1$, $||\cdot||_2$ gewisse Normen in E sind, die mit der gewöhnlichen Norm $||\cdot||$ übereinstimmen können. Der Defekt B genüge der Ungleichung

$$||B \theta||_1 \leqq \alpha_0(\delta_0) , \tag{14.59}$$

wobei $\delta_0 \leqq r_0$ ist. Dann ist das Vektorfeld $x - B x$ auf der Sphäre $||x||_2 = \delta_0$ homotop (falls es nicht ausgeartet ist) dem Feld $x - A x$. Zum Beweis braucht man nur darauf hinzuweisen, daß wegen (14.58) und (14.59) die Vektoren $x - A x$ und $x - B x$ für $||x||_2 = \delta_0$ nicht entgegengesetzt gerichtet sind. Aus dem Lemma 14.9 folgt dann, daß die Rotation des Feldes $x - B x$ auf der Sphäre $||x||_2 = \delta_0$ mit der Rotation des Feldes $x - A x$ auf dieser Sphäre oder, was dasselbe ist, mit dem Index $\gamma(\theta; A)$ des Fixpunktes θ des Operators A übereinstimmt. Folglich, ist $\gamma(\theta; A) \neq 0$, dann hat der Operator B auf der Kugel $||x||_2 \leqq \delta_0$ wenigstens einen Fixpunkt. Wir haben den folgenden Satz bewiesen:

Satz 14.7. *Es seien die Ungleichungen* (14.58) *und* (14.59) *erfüllt und* $\gamma(\theta; A) \neq 0$.

Dann gilt $\delta(\theta) \leqq \delta_0$.

Aus diesem allgemeinen Prinzip und Satz 14.6 resultiert der für Anwendungen geeignete

Satz 14.8. *Der Operator* (14.57) *genüge den Bedingungen des Satzes* 14.6, *wobei* $\gamma_0 \neq 0$ *ist. Der Defekt* $B\,\theta$ *genüge der Ungleichung*

$$||B\,\theta||_* \leqq \frac{b_1\,\delta_0^k - \varkappa_0\,(k\,b_1 + q_0)\,b_2\,\delta_0^{2k-1}}{1 + \varkappa_0\,(k\,b_1 + q_0)\,\delta_0^{k-1}} - a_2(\delta_0)\,, \tag{14.60}$$

wobei $\delta_0 \in [0, r_0]$ *ist.*

Dann gilt $\delta(\theta) \leqq \delta_0$.

In den wesentlichen Fällen sind derartige Näherungslösungen x_0 von Interesse, für die der Fehler $\delta(x_0)$ klein ist. Als erste Näherung für die Abschätzung kann man deshalb δ_0 aus der Gleichung

$$||B\,\theta||_* = b_1\,\delta_0^k$$

bestimmen oder, was dasselbe ist, man kann für kleine Defekte voraussetzen

$$\delta(\theta) \lessapprox \left\{\frac{||B\theta||_*}{b_1}\right\}^{1/k}. \tag{14.61}$$

Die Abschätzung (14.61) kann man natürlich nur dann benutzen, wenn $\gamma_0 \neq 0$ ist.

Übung 14.8. Es ist zu zeigen, daß die Behauptungen der Sätze 14.1 und 14.2 Folgerungen des Satzes 14.7 sind.

Ähnlich wie der Satz 14.7 läßt sich auch der folgende Satz beweisen:

Satz 14.9. *Es sei* θ *eine Näherungslösung der Gleichung* (14.56) *mit dem vollstetigen Operator* B, *der in der Umgebung des Punktes* θ *die Darstellung*

$$B\,x = B\,\theta + A\,x + D\,x$$

zuläßt, wobei θ *ein isolierter Fixpunkt des vollstetigen Operators* A *ist,* $\gamma(\theta; A) \neq 0$ *sowie*

$$||A\,x - x||_1 \geqq \alpha_0(||x||_2) \qquad (||x||_2 \leqq r_0)$$

gilt und $||\cdot||_1$, $||\cdot||_2$ *gewisse Normen in* E *darstellen. Für ein gewisses* $\delta_0 \in [0, r_0]$ *sei die Ungleichung*

$$||B\,\theta + D\,x||_1 \leqq \alpha_0(\delta_0) \qquad (||x||_2 = \delta_0)$$

erfüllt.

Dann gilt $\delta(\theta) \leqq \delta_0$.

In einer Reihe von Fällen führt der Satz 14.9 zu besseren Abschätzungen, als der Satz 14.7.

14.7. Ein Spezialfall. Die Behauptungen der Sätze 14.7 und 14.9 verlieren ihre Gültigkeit, falls $\gamma(\theta; A) = 0$ ist. Jedoch kann man auch in diesem Fall unter gewissen zusätzlichen Voraussetzungen Abschätzungen für die Größe $\delta(\theta)$ erhalten. Dabei besteht der Hauptunterschied zu den Sätzen 14.7 und 14.9 darin, daß die Richtung des Defektes $B\,\theta$ berücksichtigt werden muß und nicht nur seine Norm.

Wir beschränken uns auf den Fall, daß die Näherungslösung $x_0 = \theta$ der Gleichung

$$x = B\,\theta + A\,x \tag{14.62}$$

betrachtet wird, wobei sich A in der Gestalt (14.34) darstellen läßt. Wir setzen voraus, daß die Operatoren A_1, A_k, T allen Voraussetzungen der Sätze 14.5 und 14.6 genügen; wir werden die beim Beweis dieser Sätze eingeführten Bezeichnungen verwenden; die Bedingung (14.35) soll die Gestalt

$$||T\,x|| \leqq b_3\,||x||^{k+1} \qquad (||x|| \leqq r_0) \tag{14.63}$$

haben, wobei r_0 irgendeine Zahl ist.

Wir werden zusätzlich annehmen, daß E_1 eindimensional und k gerade ist. In diesem Fall resultiert aus Satz 14.5 und Lemma 14.4 die Gleichung $\gamma(\theta; A) = 0$. Man kann deshalb die Sätze 14.7 und 14.9 zur Bestimmung der Fehlerabschätzungen $\delta(\theta)$ nicht anwenden.

Zum Beweis des Satzes dieses Punktes werden wir die aus (14.42), (14.44) und (14.63) resultierenden Abschätzungen

$$||P_1\,(x - A\,x)|| \geqq b_1\,||P_1\,x||^k - q_0\,||x||^{k-1}\,||P^1\,x|| - ||P_1||\,b_3\,||x||^{k+1} \tag{14.64}$$

und

$$||P^1\,(x - A\,x)|| \geqq \frac{1}{\varkappa_0}\,||P^1\,x|| - b_2\,||x||^k - ||P^1||\,b_3\,||x||^{k+1}\,, \tag{14.65}$$

sowie die offensichtliche Ungleichung

$$||P_1\,(x - A\,x)|| \leqq q_0\,||x||^k + ||P_1||\,b_3\,||x||^{k+1} \qquad (P_1\,x = 0,\ ||x|| \leqq r_0) \tag{14.66}$$

benutzen.

Wir wählen im eindimensionalen Raum E_1 den Einheitsvektor e. Der Operator P_1 hat dann die Gestalt

$$P_1\,x = l(x)\,e \qquad (x \in E)\,,$$

wobei l ein gewisses lineares Funktional ist und $l(e) = 1$, $||l|| = ||P_1||$ gilt. Die Nichtausgeartetheit des Feldes (14.36) bedeutet, daß $l(A_k\,e) \neq 0$ ist. In dem von uns betrachteten Fall sind die Zahlen b_1 und b_2 aus den Ungleichungen (14.38) und (14.39) gleich:

$$b_1 = b_2 = |l(A_k\,e)|\,.$$

Satz 14.10. *Die positiven Zahlen ϱ_0 und δ_0 genügen den vier Ungleichungen:*

$$\left.\begin{aligned} \varrho_0 + \delta_0 &\leqq r_0\,, \\ b_1\,\delta_0^k - q_0\,(\varrho_0 + \delta_0)^{k-1}\,\varrho_0 - \|P_1\|\,b_3\,(\varrho_0 + \delta_0)^{k+1} &\geqq \|P_1\,B\,\theta\|\,, \\ \frac{1}{\varkappa_0}\varrho_0 - b_2\,(\varrho_0 + \delta_0)^k - \|P^1\|\,b_3\,(\varrho_0 + \delta_0)^{k+1} &\geqq \|P^1\,B\,\theta\|\,, \\ q_0\,\varrho_0^k + \|P_1\|\,b_3\,\varrho_0^{k+1} &\leqq \|P_1\,B\,\theta\|\,. \end{aligned}\right\} \tag{14.67}$$

Weiter sei

$$l(A_k\,e)\,l(B\,\theta) < 0\,. \tag{14.68}$$

Dann gilt $\delta(\theta) \leqq \varrho_0 + \delta_0$.

Beweis. Wir bezeichnen mit Ω_1, Ω_2 die Gebiete

$$\Omega_1 = \{x\colon \|P^1\,x\| \leqq \varrho_0;\ 0 \leqq l(x) \leqq \delta_0\}\,,$$
$$\Omega_2 = \{x\colon \|P^1\,x\| \leqq \varrho_0;\ -\delta_0 \leqq l(x) \leqq 0\}$$

und mit S_1, S_2 ihre Ränder. Wegen Lemma 14.8 ist der Satz bewiesen, falls wir zeigen, daß die Rotationen des vollstetigen Vektorfeldes $\Phi\,x = x - A\,x - B\,\theta$ auf S_1 und auf S_2 verschieden von Null sind.

Ohne Beschränkung der Allgemeinheit betrachten wir das Feld Φ auf S_1 (das Feld auf S_2 läßt sich analog untersuchen).

Wir definieren das Hilfsfeld

$$\Psi\,x = x - A_1\,P^1\,x - l(x)\,e - \left[l(x) - \frac{1}{2}\,\delta_0\right] l(A_k\,e)\,e\,.$$

Dieses Feld verschwindet in den Punkten x_0, in denen $P_1\,\Psi\,x_0 = 0$ und $P^1\,\Psi\,x_0 = 0$ gilt; die erste dieser Gleichungen kann man in der Form $\left[l(x_0) - \frac{1}{2}\,\delta_0\right] l(A_k\,e) = 0$ schreiben, woraus folgt $P_1\,x_0 = \frac{1}{2}\,\delta_0\,e$; die zweite wird dargestellt in der Gestalt $P^1\,x_0 - A_1\,P^1\,x_0 = 0$, woraus die Gleichung $P^1\,x_0 = 0$ resultiert. Das Feld Ψ verschwindet demzufolge nur im Punkt $x_0 = \frac{1}{2}\,\delta_0\,e \in \Omega_1$. Die Rotation $\gamma(\Psi;\,S_1)$ stimmt mit dem Index γ_0 des Fixpunktes x_0 des Operators $x - \Psi\,x$ überein; da das Feld Ψ linear ist, ist $|\gamma_0| = 1$. Es ist also $\gamma(\Psi;\,S_1) \neq 0$.

Wegen Lemma 14.9 ist der Satz bewiesen, wenn festgestellt wird, daß die Felder Φ und Ψ auf S_1 homotop sind.

Zum Beweis der Homotopie der Felder Φ und Ψ auf S_1 zeigen wir, daß für jedes $x \in S_1$ die Vektoren $\Phi\,x$ und $\Psi\,x$ nicht entgegengesetzt gerichtet sind. Wir nehmen an, daß das nicht so ist. Dann lassen sich ein Punkt $x_* \in S_1$ und $t > 0$ dergestalt finden, daß

$$\Phi\,x_* = -t\,\Psi\,x_* \tag{14.69}$$

ist. Ist $x_* \in S_1$, dann gehört x_* zu einer der drei Mengen

$$\Gamma_1 = \{x\colon \|P^1\,x\| = \varrho_0;\ 0 \leqq l(x) \leqq \delta_0\}\,,$$
$$\Gamma_2 = \{x\colon \|P^1\,x\| < \varrho_0;\ l(x) = 0\}\,,$$
$$\Gamma_3 = \{x\colon \|P^1\,x\| < \varrho_0;\ l(x) = \delta_0\}\,.$$

Es sei zunächst $x_* \in \Gamma_1$. Auf die Gleichung (14.69) wenden wir dann den Operator P^1 an und schreiben sie in der Gestalt

$$P^1 x_* - A_1 P^1 x_* - P^1 A_k x_* - P^1 T x_* - P^1 B \theta = -t (P^1 x_* - A_1 P^1 x_*),$$

woraus

$$P^1 x_* - A_1 P^1 x_* = \frac{1}{1+t} P^1 A_k x_* + \frac{1}{1+t} P^1 T x_* + \frac{1}{1+t} P^1 B \theta$$

folgt; ferner ist

$$||(I - A_1) P^1 x_*|| < ||P^1 A_k x_*|| + ||P^1 T x_*|| + ||P^1 B \theta|| .$$

Deshalb gilt

$$\frac{1}{\varkappa_0} ||P^1 x_*|| < b_2 ||x_*||^k + ||P^1|| \cdot b_3 ||x_*||^{k+1} + ||P^1 B \theta|| ,$$

und diese Ungleichung widerspricht der dritten Ungleichung in (14.67) (wegen $||x_*|| \leqq \varrho_0 + \delta_0$ und $||P^1 x|| = \varrho_0$).

Es sei nun $x_* \in \Gamma_2$. Auf (14.69) wenden wir das Funktional l an und erhalten die Gleichung

$$- l(A_k x_*) - l(T x_*) - l(B \theta) = - \frac{t \delta_0}{2} l(A_k e).$$

Aus dieser Gleichung ergibt sich wegen (14.68)

$$||P_1 B \theta|| = |l(B \theta)| < \left| l(B \theta) - \frac{t \delta_0}{2} l(A_k e) \right| \leqq |l(A_k x_*)| + |l(T x_*)| .$$

Infolge (14.40) und (14.63) finden wir

$$||P_1 B \theta|| < q_0 ||x_*||^k + ||P_1|| \cdot b_3 \cdot ||x_*||^{k+1}$$

und ferner

$$||P_1 B \theta|| < q_0 \varrho_0^k + ||P_1|| \, b_3 \varrho_0^{k+1} .$$

Wir haben einen Widerspruch zur vierten Ungleichung in (14.67) erhalten.

Es sei schließlich $x_* \in \Gamma_3$. Wir wenden wiederum auf (14.69) das Funktional l an. Die erhaltene Gleichung

$$- l(A_k x_*) - l(T x_*) - l(B \theta) = \frac{t \delta_0}{2} l(A_k e)$$

läßt sich in der Form

$$\left(\delta_0^k + \frac{t \delta_0}{2}\right) l(A_k e) = l(A_k P_1 x_* - A_k x_*) - l(T x_*) - l(B \theta)$$

schreiben, woraus

$$\begin{aligned} b_1 \delta_0^k = |\delta_0 l(A_k e)| &< \left| \left(\delta_0^k + \frac{t \delta_0}{2}\right) l(A_k e) \right| \\ &\leqq |l(A_k P_1 x_* - A_k x_*)| + |l(T x_*)| + |l(B \theta)| \\ &\leqq ||P_1 A_k P_1 x_* - P_1 A_k x_*|| + ||P_1|| \cdot ||T x_*|| + ||P_1 B \theta|| \end{aligned}$$

resultiert. Folglich ist

$$b_1 \delta_0^k < q_0 \|x_*\|^{k-1} \|P^1 x_*\| + \|P_1\| \cdot b_3 \|x_*\|^{k+1} + \|P_1 B \theta\|$$
$$< q_0 (\varrho_0 + \delta_0)^{k-1} \varrho_0 + \|P_1\| \cdot b_3 (\varrho_0 + \delta_0)^{k+1} + \|P_1 B \theta\| .$$

Wir sind zu einem Widerspruch mit der zweiten Ungleichung in (14.67) gelangt.

Der Satz ist bewiesen.

Die Auswahl der Zahlen ϱ_0 und δ_0, die den Ungleichungen (14.67) genügen, ist keine komplizierte Aufgabe, falls der Defekt $B\theta$ klein ist und die Normen $\|P_1 B \theta\|$, $\|P^1 B \theta\|$ des Defektes die gleiche Größenordnung besitzen.

Wir nehmen an, daß alle Koeffizienten b_1, q_0, $\|P_1\|\, b_3$, $1/\varkappa_0$, b_2, $\|P^1\|\, b_3$ in den Ungleichungen (14.67) die gleiche Ordnung besitzen und daß sie alle wesentlich größer als der Defekt $\|B\theta\|$ sind. Die Zahlen δ_0, ϱ_0 werden wir so auswählen, daß ϱ_0 wesentlich kleiner als δ_0 und wesentlich größer als δ_0^k ist in dem Sinne, daß

$$b_4 \delta_0^{k-\nu} < \varrho_0 < b_5 \delta_0^{1+\nu}$$

gilt, wobei $\nu > 0$ ist und b_4, b_5 die Ordnung der Koeffizienten der Ungleichungen (14.67) besitzen. Zur approximativen Bestimmung von δ_0 und ϱ_0 kann man dann die Ungleichungen (14.67) durch die einfacheren Ungleichungen

$$b_1 \delta_0^k \geqq \|P_1 B \theta\| , \qquad \frac{1}{\varkappa_0} \varrho_0 \geqq \|P^1 B \theta\| , \qquad q_0 \varrho_0^k \leqq \|P_1 B \theta\|$$

ersetzen, d. h., man kann

$$\varrho_0 = \varkappa_0 \|P^1 B \theta\| , \qquad \delta_0 = \left(\frac{\|P_1 B \theta\|}{b_1} \right)^{1/k}$$

setzen und annehmen, daß

$$\delta(\theta) \lessapprox \left(\frac{\|P_1 B \theta\|}{b_1} \right)^{1/k}$$

ist.

14.8. Der Verzicht auf die Vollstetigkeit. Die Sätze der vorangegangenen Punkte kann man auf den Fall übertragen, daß der Operator A nicht die Eigenschaft der Vollstetigkeit besitzt. In diesem Fall wird vorausgesetzt, daß der Operator T auf der Kugel $\|x\| \leqq r_0$ nicht nur einer Ungleichung der Form (14.35) genügt, sondern auch der LIPSCHITZ-Bedingung mit einer Konstanten, die auf bestimmte Weise von r_0 abhängt. Wir beschränken uns auf die Verallgemeinerung des Satzes 14.8. Die im weiteren verwendete Methode beruht im Grunde auf der Untersuchung der Verzweigungsgleichung von LJAPUNOW-SCHMIDT (siehe § 22) mit topologischen Mitteln.

Wir befassen uns wieder mit der allgemeinen Gleichung

$$G x = 0 \tag{14.70}$$

mit dem Operator G, der den BANACH-Raum E in den Raum F abbildet. Wir nehmen an, daß die nullte Näherungslösung $x_0 = \theta$ dieser Gleichung untersucht wird.

Der Operator G lasse sich in der Gestalt

$$G\,x = G\,\theta + G_1\,x + G_k\,x + T\,x \tag{14.71}$$

darstellen, wobei $G_1 = G'(\theta)$, G_k ein homogener Operator der Ordnung k und T die Glieder höherer Ordnung sind.

Wir werden voraussetzen, daß der lineare Operator G_1 normal lösbar ist (das heißt, daß $G_1\,E$ ein abgeschlossener Teilraum F^0 im Raum F ist). Wir bezeichnen mit E_0 den Unterraum der Nullstellen des Operators G_1. Wir nehmen an, daß die Dimension m des Unterraumes E_0 endlich ist und mit dem Defekt des Unterraumes F^0 im Raum F übereinstimmt. Den Raum E kann man als direkte Summe des Unterraumes E_0 und eines gewissen Unterraumes E^0 darstellen; jedes Element $x \in E$ kann man dann eindeutig in der Form

$$x = u + v \qquad (u \in E_0,\ v \in E^0)$$

schreiben; die letzte Gleichung definiert die Projektionsoperatoren

$$P_1\,x = u\,, \qquad P^1\,x = v \qquad (x \in E)\,;$$

es gelten die Gleichungen $P_1\,P^1 = P^1\,P_1 = 0$, $G_1\,P_1 = 0$, $G_1\,P^1 = G_1$. Den Raum F kann man als direkte Summe des Unterraumes F^0 und eines gewissen Unterraumes F_0 darstellen (die Dimension von F_0 stimmt mit der Dimension von E_0 überein); jedes Element $f \in F$ kann man dann eindeutig in der Gestalt

$$f = z + w \qquad (z \in F_0,\ w \in F^0)$$

schreiben; diese Gleichung erklärt die Projektionsoperatoren

$$Q_1\,f = z\,, \qquad Q^1\,f = w \qquad (f \in F)$$

im Raum F; es gelten die Gleichungen $Q_1\,Q^1 = Q^1\,Q_1 = 0$, $Q_1\,G_1 = 0$, $Q^1\,G_1 = G_1$. Mit der Konstruktion der Operatoren P_1, P^1, Q_1, Q^1 werden wir uns hier nicht beschäftigen (siehe § 22); wir nehmen an, daß sie uns bekannt sind.

Die Einschränkung des linearen Operators G_1 auf E^0 bezeichnen wir mit G_1^0, und mit Γ^0 bezeichnen wir den zu G_1^0 inversen Operator, der F^0 in E^0 abbildet; es sei

$$\|\Gamma^0\| = \|(G_1^0)^{-1}\| = \varkappa_0\,.$$

Die Gleichung (14.70) ist äquivalent dem System zweier Gleichungen

$$Q_1\,G\,\theta + Q_1\,G_k\,x + Q_1\,T\,x = 0\,, \tag{14.72}$$

$$Q^1\,x = -\,\Gamma^0\,Q^1\,G\,\theta - \Gamma^0\,Q^1\,G_k\,x - \Gamma^0\,Q^1\,T\,x\,. \tag{14.73}$$

Deshalb ist es günstig, die Charakteristiken der Operatoren G_k und T als Ungleichungen zu schreiben, denen die Operatoren $Q_1\,G_k$, $Q_1\,T$, $\Gamma^0\,Q^1\,G_k$, $\Gamma^0\,Q_1\,T$ genügen.

Wir schreiben zunächst die Beschränkungen für die Operatoren $\Gamma^0\,Q^1\,G_k$ und $\Gamma^0\,Q^1\,T$ auf:

$$\|\Gamma^0\,Q^1\,(G_k\,P_1\,x + T\,P_1\,x)\| \leqq b_1\|P_1\,x\|^k \qquad (\|P_1\,x\| \leqq r_1)\,, \tag{14.74}$$

$$\|\Gamma^0 Q^1 G_k (u + v_1) - \Gamma^0 Q^1 G_k (u + v_2) + \Gamma^0 Q^1 T (u + v_1) \\ - \Gamma^0 Q^1 T (u + v_2)\| \leqq q_1 (\delta + \varrho)^{k-1} \|v_1 - v_2\| \quad (14.75)$$

$$(u \in E_0, \|u\| \leqq \delta \leqq r_1; v_1, v_2 \in E^0; \|v_1\|, \|v_2\| \leqq \varrho \leqq r_2) .$$

Diese Beschränkungen gestatten im weiteren die Gleichung (14.73) nach $P^1 x$ aufzulösen, d. h. $P^1 x$ durch $P_1 x$ auszudrücken. Danach läßt sich das Problem der Lösbarkeit der Gleichung (14.70) auf die Untersuchung der endlichdimensionalen Gleichung (14.72) zurückführen, aus der man $P_1 x$ finden muß.

Bezüglich $Q_1 G_k$ und $Q_1 T$ werden wir voraussetzen

$$\|Q_1 G_k x - Q_1 G P_1 x\| \leqq q_2 (\delta + \varrho)^{k-1} \|P^1 x\| \\ (\|P_1 x\| \leqq \delta \leqq r_1, \|P^1 x\| \leqq \varrho \leqq r_2) \quad (14.76)$$

und

$$\|Q_1 T x\| \leqq b_2 (\delta + \varrho)^{k+1} \qquad (\|P_1 x\| \leqq \delta \leqq r_1, \|P^1 x\| \leqq \varrho \leqq r_2) . \quad (14.77)$$

In konkreten Fällen kann man die Koeffizienten b_1, q_1, b_2, q_2 recht einfach bestimmen oder abschätzen.

Wir betrachten den Operator $Q_1 G_k$, der E_0 in F_0 abbildet. Es wird vorausgesetzt, daß dieser Operator nicht ausgeartet ist: $Q_1 G_k u \neq 0$ für $u \in E_0$ und $u \neq 0$. Dann gilt die Abschätzung

$$\|Q_1 G_k u\|_F \geqq b_0 \|u\|_E^k \qquad (u \in E_0) , \quad (14.78)$$

wobei $b_0 > 0$ ist.

Die Räume E_0 und F_0 haben die gleiche Dimension. Deshalb kann man einen linearen stetig invertierbaren Operator D_0 konstruieren, der F_0 auf E_0 abbildet. Wir definieren auf E_0 das homogene Vektorfeld

$$\Phi_0 u = D_0 Q_1 G_k u \qquad (u \in E_0) . \quad (14.79)$$

Es verschwindet nur im Nullpunkt. Mit γ_0 bezeichnen wir die Rotation des Feldes (14.79) auf der Einheitssphäre $\|u\| = 1$ des Teilraums E_0.

Der Operator D_0 läßt sich natürlich nicht eindeutig bestimmen. Wir nehmen an, daß wir einen anderen Operator D_1 ausgewählt und auf E_0 das Feld

$$\Phi_1 u = D_1 Q_1 G_k u \qquad (u \in E_0)$$

betrachtet haben. Es sei γ_1 die Rotation des Feldes Φ_1 auf der Sphäre $\|u\| = 1$ des Unterraumes E_0. Das Feld Φ_1 kann man in der Gestalt

$$\Phi_1 u = (D_1 D_0^{-1}) \Phi_0 u \qquad (u \in E_0)$$

schreiben. Aus den allgemeinen Sätzen über Vektorfelder (siehe M. A. Krasnoselski [8], S. 100) folgt dann $\gamma_1 = \gamma_0 \varepsilon$. Hierbei ist ε das Vorzeichen der Determinante der Matrix des Operators $D_1 D_0^{-1}$ in irgendeiner Basis des Raumes E_0 oder, was dasselbe ist, $\varepsilon = (-1)^\beta$, wobei β die Summe der Vielfachheiten der reellen negativen Eigenwerte des Operators $D_1 D_0^{-1}$ ist. Für uns ist nur von Interesse, daß γ_0 verschieden von Null ist. Deshalb werden wir voraussetzen, daß der Operator D_0 ausgewählt und fixiert ist. Wir führen in E_0 eine zur Ausgangsnorm $\|\cdot\|_E$ äquivalente neue Norm ein:

$$\|u\| = \|D_0^{-1} u\|_{F_0} \qquad (u \in E_0)\,. \tag{14.80}$$

Satz 14.11. *Es seien die Bedingungen* (14.74)—(14.78) *erfüllt. Die Rotation* γ_0 *des Feldes* (14.79) *auf der Sphäre* $\|u\| = 1$ *des Raumes* E_0 *sei verschieden von Null. Schließlich genüge der Defekt* $G\,\theta$ *den Ungleichungen*

$$\|\Gamma^0 Q^1 G\,\theta\| \leqq \varrho_0 - b_1\,\delta_0^k - q_1\,(\delta_0 + \varrho_0)^{k-1}\,\varrho_0\,, \tag{14.81}$$

$$\|Q_1\,G\,\theta\| \leqq b_0\,\delta_0^k - q_2\,(\delta_0 + \varrho_0)^{k-1}\,\varrho_0 - b_2\,(\delta_0 + \varrho_0)^{k+1} \tag{14.82}$$

mit $\delta_0 \leqq r_1$, $\varrho_0 \leqq r_2$.

Dann gilt $\delta(\theta) \leqq \delta_0 + \varrho_0$.

Beweis. Wir zeigen, daß die Gleichung (14.70) wenigstens eine Lösung x^* derart besitzt, daß $\|P_1\,x^*\| \leqq \delta_0$ und $\|P^1\,x^*\| \leqq \varrho_0$ gilt. Dadurch wird der Satz bewiesen.

Es sei u ein fester Punkt des Unterraumes E_0, $\|u\| \leqq \delta_0$. Im Raum E^0 betrachten wir die Gleichung

$$v = A(v;\,u) \tag{14.83}$$

mit

$$A(v;\,u) = -\,\Gamma^0 Q^1 G\,\theta - \Gamma^0 Q^1 G_k\,(u+v) - \Gamma^0 Q^1\,T\,(u+v)\,.$$

Wegen (14.75) genügt dieser Operator auf der Kugel $\|v\| \leqq \varrho_0$ der Lipschitz-Bedingung

$$\|A(v_1;\,u) - A(v_2;\,u)\| \leqq q_1\,(\delta_0 + \varrho_0)^{k-1}\,\|v_1 - v_2\|\,,$$

wobei wegen (14.81)

$$q_1\,(\delta_0 + \varrho_0)^{k-1} < 1$$

ist. Der Operator $A(v;\,u)$ bildet die Kugel $\|v\| \leqq \varrho_0$ in sich ab, da wegen (14.75) für $\|v\| \leqq \varrho_0$

$$\begin{aligned}\|A(v;\,u)\| &\leqq \|A(\theta;\,u)\| + \|A(v;\,u) - A(\theta;\,u)\|\\ &\leqq \|A(\theta;\,u)\| + q_1\,(\delta_0 + \varrho_0)^{k-1}\,\varrho_0\end{aligned}$$

gilt, woraus infolge (14.74)

$$\|A(v;\,u)\| \leqq \|\Gamma^0 Q^1 G\,\theta\| + b_1\,\delta_0^k + q_1\,(\delta_0 + \varrho_0)^{k-1}\,\varrho_0$$

resultiert und sich wegen (14.81) die Ungleichung $\|A(v;\,u)\| \leqq \varrho_0$ ergibt. Die Gleichung (14.83) besitzt demzufolge in der Kugel $\|v\| \leqq \varrho_0$ genau eine Lösung $v = W(u)$ $(u \in E_0;\ \|u\| \leqq \delta_0)$. Es ist leicht zu sehen, daß diese Lösung stetig von u abhängt.

Die Gleichung (14.83) geht in die Gleichung (14.73) über, falls wir $u = P_1\,x$, $v = P^1\,x$ setzen. Die Lösung

$$P^1\,x = W(P_1\,x)$$

ist für $\|P_1\,x\| \leqq \delta_0$ definiert.

Die Gleichung (14.70) ist damit äquivalent der Gleichung (14.72), in der anstelle $P^1 x$ der Ausdruck $W(P_1 x)$ gesetzt wird. Der Satz ist folglich bewiesen, wenn wir zeigen, daß die Gleichung

$$Q_1 G \theta + Q_1 G_k [P_1 x + W(P_1 x)] + Q_1 T [P_1 x + W(P_1 x)] = 0 \quad (14.84)$$

in der Kugel $||P_1 x|| < \delta_0$ wenigstens eine Lösung besitzt. Wir betrachten auf der Kugel $||u|| \leqq \delta_0$ des Raumes E_0 das stetige Vektorfeld

$$\Psi u = D_0 \{Q_1 G \theta + Q_1 G_k [u + W(u)] + Q_1 T [u + W(u)]\} . \quad (14.85)$$

Falls wir zeigen, daß dieses Feld wenigstens in einem Punkt der Kugel $||u|| \leqq \delta_0$ verschwindet, dann bedeutet das, daß die Gleichung (14.84) in der Kugel $||P_1 x|| \leqq \delta_0$ eine Lösung besitzt.

Zur Vollendung des Beweises muß man zeigen, daß das Feld (14.85) in der Kugel $||u|| \leqq \delta_0$ Nullstellen besitzt. Dazu genügt es wegen Lemma 14.2 zu zeigen, daß die Rotation $\gamma(\Psi; S)$ des Feldes (14.85) auf der Sphäre $||u|| = \delta_0$ verschieden von Null ist. Aus dem Lemma 14.3 folgt, daß man nur die Homotopie des Feldes (14.85) zu dem Feld (14.79) auf der Sphäre $||u|| = \delta_0$ festzustellen braucht, da nach der Voraussetzung des Satzes die Rotation des zweiten Feldes verschieden von Null ist.

Zum Beweis der Homotopie der Felder (14.85) und (14.79) zeigen wir, daß die Vektoren Ψu und $\Phi_0 u$ für $||u|| = \delta_0$ nicht entgegengesetzt gerichtet sind.

Wir nehmen an, daß für gewisse $t > 0$ und $u_0 \in E_0$ mit $||u_0|| = \delta_0$

$$\Psi u_0 = - t \Phi_0 u_0$$

gilt, d. h.

$$D_0 \{Q_1 G \theta + Q_1 G_k [u_0 + W(u_0)] + Q_1 T [u_0 + W(u_0)] + t Q_1 G_k u_0\} = 0 .$$

Wir schreiben diese Gleichung in der Form

$$\begin{aligned} D_0 Q_1 G_k u_0 = -\frac{1}{1+t} D_0 \{&Q_1 G_k [u_0 + W(u_0)] - Q_1 G_k u_0 + Q_1 G \theta \\ &+ Q_1 T [u_0 + W(u_0)]\} . \end{aligned}$$

Indem wir die Normen (14.80) der linken und rechten Seite berechnen, gelangen wir wegen (14.76) und (14.77) zu der Kette von Ungleichungen

$$\begin{aligned} &||Q_1 G_k u_0||_F < ||Q_1 G_k [u_0 + W(u_0)] - Q_1 G_k u_0|| + ||Q_1 G \theta|| + ||Q_1 T [u_0 + W(u_0)]|| \\ &\leqq q_2 [||u_0|| + ||W(u_0)||]^{k-1} ||W(u_0)|| + ||Q_1 G \theta|| + b_2 [||u_0|| + ||W(u_0)||]^{k+1} \\ &\leqq q_2 (\delta_0 + \varrho_0)^{k-1} \varrho_0 + b_2 (\delta_0 + \varrho_0)^{k+1} + ||Q_1 G \theta|| . \end{aligned}$$

Aus (14.78) resultiert dann die Ungleichung

$$b_0 \delta_0^k < q_2 (\delta_0 + \varrho_0)^{k-1} \varrho_0 + b_2 (\delta_0 + \varrho_0)^{k+1} + ||Q_1 G \theta|| ,$$

die (14.82) widerspricht.

Der Satz ist bewiesen.

Zum Abschluß machen wir eine allgemeine Bemerkung über die Gleichung $x = B x$ mit vollstetigem Operator B (obwohl sich die Bemerkung auch auf die allgemeine Gleichung $G x = 0$ bezieht). Wir haben oben vorausgesetzt, daß die Nullstelle θ eine Näherungslösung ist, und haben angenommen, daß der Operator $B'(\theta)$ den Eigenwert 1 besitzt. Häufiger hat man es mit der Situation zu tun, daß $B'(\theta) = A_1 + D$ ist, wobei der lineare Operator A_1 den Eigenwert 1 besitzt, für den Operator A_1 die Zahl (14.43) nicht sehr groß ist und D eine kleine Norm hat (dabei kann D in der expliziten Form unbekannt sein. Es reicht, daß man die Abschätzung seiner Norm kennt). Beim Übergang zu einer solchen Situation müssen die Normen des Defektes $B\,\theta$ in allen Abschätzungen durch die Größen $\|B\,\theta + D\,x\|$ ersetzt werden (wie im Satz 14.9).

KAPITEL IV

PROJEKTIONSVERFAHREN

§ 15. Einige allgemeine Konvergenzsätze für Projektionsverfahren

15.1. Die Beschreibung der Projektionsverfahren. In den vorangegangenen Kapiteln ist eine Reihe von Iterationsverfahren zur approximativen Lösung von Operatorgleichungen untersucht worden. In diesem Kapitel werden Näherungsverfahren betrachtet, die auf einer prinzipiell neuen Idee basieren. Diese neue Idee besteht darin, daß zuerst die Gleichung „approximiert" wird und danach die „approximierte" Gleichung exakt gelöst wird. Die approximierende Gleichung wird in der Regel so konstruiert, daß ihre Lösung auf die Behandlung eines endlichen Systems von skalaren Gleichungen führt.

In diesem Kapitel wird die allgemeine Theorie der sogenannten Projektionsverfahren dargelegt und gezeigt, wie sich in diese Theorie verschiedene konkrete numerische Verfahren zur Lösung von Operator-, Differential- und Integralgleichungen usw. einordnen lassen.

Es seien E und F BANACH-Räume (komplexe oder reelle). Wir betrachten die Gleichung

$$L u = f\,, \tag{15.1}$$

wobei L ein linearer (im allgemeinen, unbeschränkter) Operator mit dem Definitionsbereich $D(L) \subset E$ und dem Wertebereich $R(L) \subset F$ ist. Ein *Projektionsverfahren* zur Lösung dieser Gleichung besteht im folgenden: Es werden zwei Folgen von Unterräumen $\{E_n\}$ und $\{F_n\}$ vorgegeben;

$$E_n \subset D(L) \subset E\,, \qquad F_n \subset F \qquad (n = 1, 2, \ldots)\,,$$

sowie die linearen Projektionsoperatoren (Projektoren) P_n, die F auf F_n projezieren, d. h. Operatoren, die den Bedingungen

$$P_n^2 = P_n\,, \qquad P_n F = F_n \qquad (n = 1, 2, \ldots)$$

genügen. Die Gleichung (15.1) wird danach durch die Näherungsgleichung

$$P_n (L u_n - f) = 0 \qquad (u_n \in E_n) \tag{15.2}$$

ersetzt; die letzten Klammern bedeuten, daß die Lösung in E_n gesucht wird.

Für den Fall $E = F$, $E_n = F_n$ $(n = 1, 2, \ldots)$ nennt man das Projektionsverfahren (15.2) GALERKIN-*Verfahren.*

Wir beschreiben die am häufigsten anzutreffenden Methoden zur Konstruktion der Unterräume E_n und F_n und der Operatoren P_n.

Die Räume E und F seien HILBERT-Räume. Es werden zwei vollständige Folgen $\{\varphi_j\}$ und $\{\psi_j\}$ vorgegeben,

$$\varphi_j \in D(L) \subset E\,, \qquad \psi_j \in F \qquad (j = 1, 2, \ldots)$$

(das sind die sogenannten Koordinatenfolgen). Die Näherungslösung wird in der Gestalt einer linearen Kombination

$$u_n = \sum_{j=1}^{n} \xi_j \varphi_j \tag{15.3}$$

gesucht und aus der Orthogonalitätsbedingung zwischen dem Defekt $L u_n - f$ und den ersten n Elementen der zweiten Koordinatenfolge bestimmt:

$$(L u_n - f, \psi_i) = 0 \qquad (i = 1, \ldots, n)\,.$$

Das führt auf ein lineares Gleichungssystem zur Bestimmung der Koeffizienten ξ_j:

$$\sum_{j=1}^{n} (L \varphi_j, \psi_i)\, \xi_j = (f, \psi_i) \qquad (i = 1, \ldots, n)\,. \tag{15.3'}$$

Es ist leicht zu sehen, daß die Bedingungen (15.3), (15.3′) äquivalent sind den Bedingungen (15.2), in denen E_n und F_n entsprechend die linearen Hüllen der Elemente $\varphi_1, \ldots, \varphi_n$ und $\psi_1, \ldots, \psi_n$ sind, und P_n der Operator der orthogonalen Projektion auf den Unterraum F_n ist (Orthoprojektor). Die Orthogonalität der Projektion von P_n ist auch die wesentlichste Forderung. Das beschriebene Verfahren nennt man gewöhnlich *Verfahren von* GALERKIN-PETROW. Es sei angemerkt, daß im Verfahren von GALERKIN-PETROW die Unterräume E_n und F_n endlichdimensional sind und

$$E_n \subset E_{n+1}\,, \; F_n \subset F_{n+1} \qquad (n = 1, 2, \ldots)$$

gilt. Manchmal versteht man unter dem Verfahren von GALERKIN-PETROW das Projektionsverfahren (15.2) mit den Orthoprojektoren P_n auch für den Fall, wenn die entsprechenden Unterräume unendlichdimensional und die angeführten Einbettungen nicht gegeben sind.

Bei der approximativen Lösung konkreter Gleichungen mit Hilfe des Verfahrens von GALERKIN-PETROW kann man die Koordinatenfolgen $\{\varphi_i\}$ und $\{\psi_i\}$ auf verschiedene Weise auswählen. Häufig wählt man zum Beispiel die Elemente ψ_i nach den Elementen φ_i mit Hilfe der Gleichungen

$$\psi_i = L \varphi_i \qquad (i = 1, 2, \ldots)\,.$$

In diesem Fall spricht man vom *Verfahren der kleinsten Quadrate.*

Wenn die HILBERT-Räume E und F zusammenfallen und beide Koordinatenfolgen gleich sind ($\psi_i = \varphi_i$), dann nennt man das Verfahren von GALERKIN-PETROW gewöhnlich *Verfahren von* BUBNOW-GALERKIN.

Übung 15.1. Es ist zu beweisen, daß das Element u_n das Funktional $\|L u_n - f\|^2$ auf dem Unterraum der Elemente der Gestalt (15.3) dann und nur dann minimisiert, wenn u_n nach dem Verfahren der kleinsten Quadrate bestimmt wird.

Übung 15.2. Es seien L ein selbstadjungierter positiv definiter Operator im HILBERT-Raum H und $\{\varphi_i\}$ ein vollständiges orthonormiertes System seiner Eigenelemente. Es ist zu zeigen, daß in diesem Fall die Verfahren von BUBNOW-GALERKIN und der kleinsten Quadrate mit der Auffindung von Teilsummen der Zerlegung der Lösung von Gleichung (15.1) in eine FOURIER-Reihe nach dem System $\{\varphi_i\}$ übereinstimmen.

Die Folge der Elemente $\{e_i\}$ nennt man *Basis* im BANACH-Raum F, falls man jedes Element $x \in F$ eindeutig in der Gestalt

$$x = \sum_{i=1}^{\infty} \eta_i(x)\, e_i$$

darstellen kann. Wie bekannt (siehe zum Beispiel L. A. LJUSTERNIK und W. I. SOBOLEW [1]), sind die Koeffizienten $\eta_i(x)$ lineare stetige Funktionale, deren Normen in der Gesamtheit beschränkt sind. Mehr noch, die Normen der linearen Projektionsoperatoren

$$P_n x = \sum_{i=1}^{n} \eta_i(x)\, e_i \qquad (x \in F) \tag{15.4}$$

sind in der Gesamtheit beschränkt. Jeder Operator P_n projeziert dabei auf den endlichdimensionalen Unterraum F_n mit der Basis $e_1, \ldots, e_n$. Die beschriebene Methode zur Einführung der Folge endlichdimensionaler Unterräume F_n und der Projektoren P_n kann als Grundlage zur Konstruktion des Projektionsverfahrens dienen.

Übung 15.3. Es sei F_n ein gewisser Unterraum des BANACH-Raumes F mit der Dimension n. Es ist zu zeigen, daß ein Projektor P_n ($P_n F = F_n$) existiert, dessen Norm n nicht übertrifft. Man sagt, daß der Unterraum F^n des BANACH-Raumes F den endlichen Defekt n besitzt, wenn der Unterraum der auf F^n verschwindenden linearen Funktionale die Dimension n hat. Es ist zu zeigen, daß ein Operator P^n der Projektion auf einen beliebigen Unterraum mit dem Defekt n existiert, dessen Norm $n + 1$ nicht übertrifft.

15.2. Der Hauptkonvergenzsatz. Wir sagen, daß die Folge der Unterräume $\{E_n\}$ *limitiert dicht* ist im (BANACH-)Raum E, wenn für jedes $z \in E$ die Beziehung

$$\varrho(z, E_n) \to 0 \quad \text{für} \quad n \to \infty$$

erfüllt ist, wobei

$$\varrho(z, E_n) = \inf_{z_n \in E_n} \|z - z_n\|$$

gilt.

Satz 15.1. *Der Definitionsbereich $D(L)$ des Operators L sei dicht in E, und der Wertebereich $R(L)$ dicht in F, und L bilde $D(L)$ eineindeutig auf $R(L)$ ab. Die Unterräume $L E_n$ und F_n seien abgeschlossen in F. Schließlich seien die Projektoren P_n gleichmäßig beschränkt bezüglich n:*

$$\|P_n\| \leq c \qquad (n = 1, 2, \ldots)\,. \tag{15.5}$$

Dafür, daß dann für ein beliebiges $f \in F$, beginnend mit einem gewissen $n = n_0$, genau eine Lösung u_n der Gleichung (15.2) *existiert und daß für $n \to \infty$ der Defekt*

$L u_n - f$ in der Norm gegen Null konvergiert, ist notwendig und hinreichend, daß folgende Bedingungen erfüllt sind:

(1) *die Folge der Unterräume $L E_n$ ist limitiert dicht in F;*

(2) *für $n \geqq n_0$ bildet der Operator P_n die Menge $L E_n$ eineindeutig auf F_n ab;*

(3) *es ist $\tau \equiv \varliminf_{n\to\infty} \tau_n > 0$, wobei*

$$\tau_n = \inf_{z_n \in L E_n,\, \|z_n\| = 1} \|P_n z_n\|$$

gilt.

Die Konvergenzgeschwindigkeit wird unter Berücksichtigung der Bedingungen (1)—(3) *durch die Ungleichung*

$$\varrho(f, L E_n) \leqq \|L u_n - f\| \leqq (1 + c/\tau_n)\, \varrho(f, L E_n) \tag{15.6}$$

charakterisiert.

Für den Fall, daß die Unterräume E_n und F_n endlichdimensional sind und $\dim E_n = \dim F_n$ gilt, ist die Bedingung (2) eine Folgerung der Bedingung (3).

Beweis des Satzes 15.1. Nach der Substitution

$$L u_n = x_n$$

schreiben wir (15.2) in der Gestalt

$$P_n x_n = P_n f \qquad (x_n \in L E_n)\,. \tag{15.7}$$

Hinlänglichkeit. Wir bezeichnen mit $\tilde{P}_n$ die Einschränkung des Projektors P_n auf den Unterraum $L E_n$. Nach Bedingung (2) bildet der Operator $\tilde{P}_n$ für $n \geqq n_0$ den Banach-Raum $L E_n$ eineindeutig auf den Banach-Raum F_n ab, und demzufolge existiert ein beschränkter inverser Operator $\tilde{P}_n^{-1}$, der F_n auf $L E_n$ abbildet. Damit existiert genau ein Element x_n, das den Bedingungen (15.7) genügt:

$$x_n = \tilde{P}_n^{-1} P_n f\,.$$

Dann ist aber $u_n = L^{-1} x_n$ das einzigste Element, das den Bedingungen (15.2) genügt.

Aus der Bedingung (3) folgt ferner, daß $\|\tilde{P}_n^{-1}\| = 1/\tau_n$ ist; hieraus und aus (15.5) resultiert, daß die Normen $\|\tilde{P}_n^{-1} P_n\|$ gleichmäßig beschränkt sind:

$$\|\tilde{P}_n^{-1} P_n\| \leqq c/\tau_n\,, \qquad \varlimsup_{n\to\infty} c/\tau_n = c/\tau < \infty\,.$$

Für $f_n \in L E_n$ haben wir $\tilde{P}_n^{-1} P_n f_n = f_n$, deshalb ist

$$L u_n - f = x_n - f = \tilde{P}_n^{-1} P_n f - f = \tilde{P}_n^{-1} P_n (f - f_n) - (f - f_n) \tag{15.8}$$

und

$$\|L u_n - f\| \leqq (c/\tau_n + 1)\, \|f - f_n\|\,.$$

Hieraus ergeben sich (da das Element $f_n \in L E_n$ beliebig ist) die Konvergenz des Defektes $L u_n - f$ gegen Null und die Abschätzung (15.6).

Notwendigkeit. Es ist gegeben, daß sich für beliebiges $f \in F$ für $n \geqq n_0$ die Näherung x_n eindeutig aus den Bedingungen (15.7) bestimmen läßt und daß $\|x_n - f\| \to 0$ konvergiert für $n \to \infty$. Wir müssen zeigen, daß die Behauptungen (1)—(3) gelten. Die Richtigkeit der Behauptungen (1) und (2) ist offensichtlich. Zum Beweis von (3) braucht man nur zu zeigen, daß die Normen $\|\tilde{P}_n^{-1}\| = 1/\tau_n$ $(n \geqq n_0)$ gleichmäßig beschränkt sind (der Operator $\tilde{P}_n$ ist beim Beweis der Hinlänglichkeit eingeführt worden; die Beschränktheit von $\tilde{P}_n^{-1}$ folgt aus (2)). Für $n \geqq n_0$ haben wir $x_n = \tilde{P}_n^{-1} P_n f$. Es ist damit klar, daß für beliebiges $f \in F$ die Beziehung

$$\tilde{P}_n^{-1} P_n f \to f \quad \text{für} \quad n \to \infty$$

gilt. Nach dem Satz von BANACH-STEINHAUS[1]) sind die Normen $\|\tilde{P}_n^{-1} P_n\|$ gleichmäßig beschränkt:

$$\|\tilde{P}_n^{-1} P_n\| \leqq c' \qquad (n \geqq n_0)\,.$$

Für $f_n \in F_n$ haben wir insbesondere

$$\|\tilde{P}_n^{-1} f_n\| = \|\tilde{P}_n^{-1} P_n f_n\| \leqq c' \|f_n\| \qquad (n \geqq n_0)$$

und deshalb ist $\|\tilde{P}_n^{-1}\| \leqq c'$ $(n \geqq n_0)$.

Der Satz ist bewiesen.

Der Satz 15.1 ist in dieser Form von G. M. WAINIKKO aufgestellt worden. Für einen ähnlichen Sachverhalt ist er von N. I. POLSKI bewiesen worden. Die Notwendigkeit der Bedingungen des Satzes ist früher für einen spezielleren Fall von M. A. KRASNOSELSKI angemerkt worden.

Wir unterstreichen, daß in den Voraussetzungen des Satzes 15.1 keine Voraussetzung über die Lösbarkeit der Gleichung (15.1) enthalten ist. Im allgemeinen Fall ist es deshalb unnatürlich, die Frage nach der Konvergenz der Näherungen u_n zu stellen. Wenn jedoch $f \in R(L)$ gilt und ein beschränkter inverser Operator L^{-1} existiert, dann folgt aus der Konvergenz des Defektes $L u_n - f$ gegen Null unmittelbar die Konvergenz der Näherungen u_n gegen die Lösung der Gleichung (15.1). Das resultiert aus der offensichtlichen Ungleichung

$$\|u_n - L^{-1} f\| \leqq \|L^{-1}\| \cdot \|L u_n - f\|\,.$$

Es sei angemerkt, daß die Voraussetzung (15.5) den Anwendungsbereich des Satzes 15.1 wesentlich einschränkt. Es handelt sich darum, daß in vielen Fällen sogar für endlichdimensionale Unterräume F_n keine Projektoren P_n mit gleichmäßig beschränkten Normen existieren. Ist zum Beispiel F der Raum C der auf [0, 1] stetigen Funktionen und F_n die Menge der algebraischen Polynome mit

[1]) Dieser Satz (siehe L. A. LJUSTERNIK und W. I. SOBOLEW [1]) sagt aus, daß die Normen einer auf jedem Element des BANACH-Raumes F konvergierenden Folge stetiger linearer Operatoren (die in F oder in einen anderen BANACH-Raum F' abbilden) gleichmäßig beschränkt sind.

der Potenz $\leqq n$, dann hat jeder Projektor P_n, der C auf den angegebenen Unterraum projeziert, die Norm (siehe I. P. NATANSON [2])

$$||P_n|| \geqq c \ln n \qquad (c = \text{const} > 0)\,.$$

In diesem Zusammenhang ergibt sich die Notwendigkeit, die Projektionsverfahren auch für den Fall zu betrachten, wenn gilt: $||P_n|| \to \infty$ für $n \to \infty$. Mehr noch, wie aus dem weiteren zu ersehen sein wird, führen gewisse Probleme in natürlicher Weise auf Projektionsverfahren mit unbeschränkten Projektoren.

Übung 15.4. Es sei die Bedingung (2) des Satzes 15.1 erfüllt und für ein gegebenes $f \in F$ gelte

$$\frac{||P_n||}{\tau_n} \varrho(f, L\,E_n) \to 0 \quad \text{für} \quad n \to \infty$$

(die Fälle $||P_n|| \to \infty, \tau_n \to 0$ sind nicht ausgeschlossen). Es ist zu zeigen, daß dann für das gegebene f der Defekt $L\,u_n - f$ gegen Null konvergiert.

Übung 15.5. Es sei $P_n F = F_n$ und nicht notwendig $P_n^2 = P_n$ (P_n ist dann kein Projektor). Es ist zu zeigen, daß der Satz 15.1 bestehen bleibt, wenn man die Bedingung (3) durch folgende Bedingung ersetzt:

$$(3') \qquad ||\tilde{P}_n^{-1} P_n|| \leqq c' \qquad (c' = \text{const}, n \geqq n_0)\,.$$

Es ist nachzuweisen, daß $\tilde{P}_n^{-1} P_n$ ein Projektor ist, der F auf $L\,E_n$ projeziert.

Zum Abschluß machen wir noch eine enttäuschende Bemerkung. Das Projektionsverfahren ist kein Iterationsverfahren in dem Sinne, daß bei der Auffindung jeder nächsten Näherung u_n die vorhergehenden Näherungen $u_1, \ldots, u_{n-1}$ nicht benutzt werden. Bei praktischen Rechnungen wird deshalb gewöhnlich nur irgendeine Näherung u_{n_0} gesucht. Von diesem Standpunkt aus kann jeder Satz über die Konvergenz von Projektionsverfahren nur als eine gewisse „tröstende" Überlegung angesehen werden. Es muß natürlich unterstrichen werden, daß die Rolle solcher tröstender Überlegungen außerordentlich groß ist: sie geben dem Rechnenden die Überzeugung, daß die Durchführung der Rechnungen nach dem einen oder anderen Schema möglich ist. Die Ergebnisse der konkreten Berechnungen müssen aber immer einer aposteriori-Analyse unterzogen werden.

Wichtig und interessant wären die verschiedenen apriori-Fehlerabschätzungen für jede Näherung. Leider können derartige Abschätzungen aus zur Zeit unüberwindlichen Schwierigkeiten nicht gewonnen werden. Mit diesen Abschätzungen werden wir uns nicht befassen. Es sei nur bemerkt, daß erste Ergebnisse auf diesem Gebiet in den bekannten Untersuchungen von N. N. BOGOLJUBOW und N. M. KRYLOW (siehe N. M. KRYLOW [1]) erzielt wurden. Eine Reihe anderer Resultate kann man in den Arbeiten von N. LEHMANN [1], A. W. DSHISCHKARIANI [2] und G. M. WAINIKKO [1—3] finden.

15.3. Die Öffnung von Unterräumen des HILBERT-Raumes. In diesem Punkt geben wir eine andere Formulierung des Satzes 15.1 für das Verfahren von GALERKIN-PETROW, in der der Begriff der Öffnung von Unterräumen verwendet wird.

Es sei H ein HILBERT-Raum, H_1 und H_2 seien Unterräume in H, P_1 und P_2 die ihnen entsprechenden Orthoprojektoren, $P^{(1)} = I - P_1$, $P^{(2)} = I - P_2$ (I ist der Einheitsoperator). Als *Öffnung* der Unterräume H_1 und H_2 bezeichnet man (M. G. KREIN und M. A. KRASNOSELSKI [1]) die Zahl

$$\Theta(H_1, H_2) = \max\left\{\sup_{x\in H_1, \|x\|=1} \|P^{(2)} x\|\,,\ \sup_{x\in H_2, \|x\|=1} \|P^{(1)} x\|\right\}. \tag{15.9}$$

Offensichtlich ist $0 \leqq \Theta(H_1, H_2) \leqq 1$, wobei $\Theta(H_1, H_2) = 0$ dann und nur dann, wenn $H_1 = H_2$ ist. Die Öffnung kann man auch anders (B. SZ.-NAGY [1]) definieren:

$$\Theta(H_1, H_2) = \|P_1 - P_2\|\,. \tag{15.10}$$

Wir beweisen, daß diese beiden Definitionen äquivalent sind. Zunächst schreiben wir (15.9) in der Gestalt

$$\Theta(H_1, H_2) = \max\,\{\|P^{(2)} P_1\|, \|P^{(1)} P_2\|\}\,; \tag{15.11}$$

deshalb braucht man nur zu zeigen, daß (15.10) und (15.11) äquivalent sind.

Wegen

$$P_1 (P_1 - P_2)\, x = P_1 P^{(2)} x\,, \qquad P^{(1)} (P_1 - P_2)\, x = - P^{(1)} P_2 x$$

und $P_2^2 = P_2$, $(P^{(2)})^2 = P^{(2)}$ gilt

$$(P_1 - P_2)\, x = (P_1 + P^{(1)}) (P_1 - P_2)\, x = P_1 P^{(2)} P^{(2)} x - P^{(1)} P_2 P_2 x\,,$$

woraus

$$\begin{aligned}\|(P_1 - P_2)\, x\|^2 &\leqq \|P_1 P^{(2)}\|^2 \|P^{(2)} x\|^2 + \|P^{(1)} P_2\|^2 \|P_2 x\|^2 \\ &\leqq \max\,\{\|P_1 P^{(2)}\|^2, \|P^{(1)} P_2\|^2\}\, \|x\|^2 \qquad (x \in H)\end{aligned}$$

resultiert. Es ist aber $\|P_1 P^{(2)}\| = \|(P_1 P^{(2)})^*\| = \|P^{(2)} P_1\|$ (P_1 und $P^{(2)}$ sind als Orthoprojektoren selbstadjungiert!), und wir gelangen zu der Ungleichung

$$\|P_1 - P_2\| \leqq \max\,\{\|P^{(2)} P_1\|, \|P^{(1)} P_2\|\}\,.$$

Die umgekehrte Ungleichung läßt sich einfacher nachprüfen: wir haben

$$\|P^{(1)} P_2\| = \|(I - P_1)\, P_2\| = \|(P_2 - P_1)\, P_2\| \leqq \|P_2 - P_1\|$$

und analog

$$\|P^{(2)} P_1\| \leqq \|P_1 - P_2\|\,.$$

Die Äquivalenz der beiden Definitionen für die Öffnung ist bewiesen.

Lemma 15.1. *Es seien G_n und H_n Unterräume des* HILBERT*-Raumes H und Q_n und P_n die ihnen entsprechenden Orthoprojektoren. Der Operator P_n bildet G_n genau dann eineindeutig auf H_n ab, wenn $\theta(H_n, G_n) < 1$ ist. Dabei sind die Zahlen $\theta_n = \Theta(H_n, G_n)$ und $\tau_n = \inf_{z\in G_n, \|z\|=1} \|P_n z\|$ durch die Beziehung*

$$\theta_n^2 + \tau_n^2 = 1 \tag{15.12}$$

miteinander verknüpft.

Beweis. Es sei $\theta_n < 1$. Wir zeigen, daß P_n den Unterraum G_n auf H_n eineindeutig abbildet. Nach (15.10) haben wir $\|Q_n - P_n\| = \theta_n < 1$; deshalb bildet der Operator $I + (Q_n - P_n)$ den Raum H auf den gesamten H ab:

$$(I + Q_n - P_n)\, H = H\,.$$

Indem wir auf beide Seiten der Gleichung den Operator P_n anwenden, erhalten wir $P_n Q_n H = P_n H$, oder $P_n G_n = H_n$, d. h., P_n bildet G_n auf dem gesamten H_n ab. Man kann auch leicht die Eineindeutigkeit dieser Abbildung feststellen. In der Tat, sind $P_n x_0 = 0$ und $x_0 \in G_n$, $x_0 \neq 0$, dann gelangen wir zu der widersprüchlichen Kette von Ungleichungen

$$\|x_0\| = \|P^{(n)} x_0\| \leqq \theta_n \|x_0\| < \|x_0\| \qquad (P^{(n)} = I - P_n)\,.$$

In einer Richtung ist damit die Behauptung des Lemmas bewiesen.

Der Projektor P_n bilde nun umgekehrt G_n eineindeutig auf H_n ab. Wir zeigen, daß dann $\theta_n < 1$ ist. Die Einschränkung $\tilde{P}_n$ des Operators P_n auf G_n ist umkehrbar, $\tilde{P}_n^{-1}$ bildet H_n auf G_n ab, ist beschränkt und es ist $\|\tilde{P}_n^{-1}\| = 1/\tau_n$ (vgl. mit dem Beweis der Hinlänglichkeit des Satzes 15.1). Wir haben

$$\|P_n x\| \geqq \tau_n \|x\| \qquad (x \in G_n)\,,$$

wobei für beliebiges $\varepsilon > 0$ sich ein Element $x_\varepsilon \in G_n$ finden läßt, für das

$$\|P_n x_\varepsilon\| \leqq (\tau_n + \varepsilon)\, \|x_\varepsilon\|$$

gilt. Demzufolge ist

$$\|P^{(n)} x\|^2 = \|x\|^2 - \|P_n x\|^2 \leqq (1 - \tau_n^2)\, \|x\|^2 \qquad (x \in G_n)\,,$$

$$\|P^{(n)} x_\varepsilon\| \geqq [1 - (\tau_n + \varepsilon)]^2\, \|x_\varepsilon\|^2\,,$$

d. h.

$$\sup_{x \in G_n,\, \|x\| = 1} \|P^{(n)} x\|^2 = 1 - \tau_n^2\,. \tag{15.13}$$

Der adjungierte Operator zu dem den Hilbert-Raum G_n in den Hilbert-Raum H_n abbildenden Operator $\tilde{P}_n$ ist $\tilde{Q}_n$ — die Einschränkung des Projektors Q_n auf H_n. In der Tat, für beliebige $x \in G_n$, $y \in H_n$ haben wir

$$(\tilde{P}_n x, y)_{H_n} = (P_n x, y) = (x, P_n y) = (x, y) = (Q_n x, y) = (x, Q_n y) = (x, \tilde{Q}_n y)_{G_n}\,.$$

Zusammen mit $\tilde{P}_n$ ist also auch der zu ihm adjungierte Operator $\tilde{Q}_n$ umkehrbar und es ist

$$\|\tilde{Q}_n^{-1}\| = \|\tilde{P}_n^{-1}\| = 1/\tau_n\,.$$

Die letzte Gleichung kann man wie folgt schreiben:

$$\inf_{z \in H_n,\, \|z\| = 1} \|Q_n z\| = \tau_n\,.$$

Indem wir die gleichen Überlegungen anstellen (wobei wir nur G_n und H_n vertauschen), gelangen wir zu einer zu (15.13) analogen Gleichung

$$\sup_{z \in H_n,\, \|z\| = 1} \|Q^{(n)} z\|^2 = 1 - \tau_n^2 \qquad (Q^{(n)} = I - Q_n)\,.$$

Zusammen mit (15.13) ergibt das

$$\Theta(G_n, H_n) = \sqrt{1 - \tau_n^2} < 1 .$$

Gleichzeitig folgt auch die Gleichung (15.12).

Das Lemma ist bewiesen.

Übung 15.6. Es sei $\Theta(G_n, H_n) = 1$. Es ist zu zeigen, daß dann entweder $P_n G_n \neq H_n$ oder $Q_n H_n \neq G_n$.

Übung 15.7. In einem der Unterräume G_n und H_n lasse sich ein Nichtnullelement finden, das orthogonal zum zweiten Unterraum ist. Es ist zu zeigen, daß dann $\Theta(G_n, H_n) = I$ ist. Es ist ein entsprechendes Beispiel zu konstruieren.

Wir kehren zu der Gleichung (15.1) und dem Projektionsverfahren (15.2) zu ihrer Lösung zurück. Wir werden nun voraussetzen, daß der Raum $F = H$ (indem der Operator L gelegen ist) ein Hilbert-Raum ist und daß die P_n $(n = 1, 2, \ldots)$ in die Unterräume $F_n = H_n$ orthogonal projezieren. Indem wir das Lemma 15.1 berücksichtigen, können wir auf folgende Weise den Satz 15.1 umformulieren.

Satz 15.2. *Der Definitionsbereich $D(L)$ des Operators L sei dicht im* Banach-*Raum E, und der Wertebereich $R(L)$ — dicht im* Hilbert-*Raum H. Die Teilräume $L E_n$ und H_n seien abgeschlossen in H, und Q_n und P_n seien die ihnen entsprechenden Orthoprojektoren.*

Dafür, daß dann für beliebiges $f \in H$, von $n = n_0$ an, ein einziges der Bedingung (15.2) genügendes Element u_n existiert und daß für $n \to \infty$ der Defekt $L u_n - f$ in der Norm gegen Null konvergiert, ist notwendig und hinreichend, daß folgende Bedingungen erfüllt sind:

(1) *für jedes $f \in H$ konvergiert $Q_n f \to f$ für $n \to \infty$ in der Norm;*

(2) $\lim\limits_{n\to\infty} \Theta(L E_n, H_n) < 1$.

Die Konvergenzgeschwindigkeit wird unter Berücksichtigung dieser Bedingungen durch die Ungleichungen

$$||Q^{(n)} f|| \leqq ||L u_n - f|| \leqq \frac{1}{\sqrt{1 - \theta_n^2}} ||Q^{(n)} f|| \tag{15.14}$$

charakterisiert, wobei $Q^{(n)} = I - Q_n$ und $\theta_n = \Theta(L E_n, H_n)$ sind.

Es braucht bloß die Abschätzung (15.14) bewiesen zu werden, die keine Folgerung der gröberen Abschätzung (15.6) ist. Grundlage bildet die Gleichung (15.8), in der wir $f_n = Q_n f$ setzen:

$$L u_n - f = \tilde{P}_n^{-1} P_n Q^{(n)} f - Q^{(n)} f .$$

Die Elemente $\tilde{P}_n^{-1} P_n Q^{(n)} f \in L E_n$ und $Q^{(n)} f \in H \ominus L E_n$ sind orthogonal, demzufolge ist

$$||L u_n - f||^2 = ||\tilde{P}_n^{-1} P_n Q^{(n)} f||^2 + ||Q^{(n)} f||^2 \leqq \left(\frac{1}{\tau_n^2} ||P_n Q^{(n)}||^2 + 1\right) ||Q^{(n)} f||^2$$

und da $\|P_n Q^{(n)}\| = \|Q^{(n)} P_n\| \leqq \theta_n$ (vgl. (15.11)) und $\tau_n^2 = 1 - \theta_n^2$ (siehe (15.12)) sind, so ergibt sich hieraus die Abschätzung (15.14).

Es sei angemerkt, daß die Bedingung (2) des Satzes 15.2 im Falle des Verfahrens der kleinsten Quadrate auf triviale Weise erfüllt ist wegen $H_n = L E_n$ und $\Theta(L E_n, H_n) = 0$ $(n = 1, 2, \ldots)$.

Übung 15.8. Beide Räume E und H seien Hilbert-Räume und der Operator L stetig und stetig umkehrbar (L bildet E auf H ab). Die Folge der Unterräume $\{E_n\}$ sei limitiert dicht in E. Es ist zu zeigen, daß dann die beiden folgenden Bedingungen äquivalent sind:

a) $\overline{\lim\limits_{n\to\infty}}\ \Theta(L E_n, H_n) < 1$; b) $\overline{\lim\limits_{n\to\infty}}\ \Theta(E_n, L^* H_n) < 1$.

Übung 15.9. Aus den Bedingungen (1) und (2) des Satzes 15.2 folgt nicht für jedes $f \in H$ die Beziehung $P_n f \to f$ für $n \to \infty$. Das ist an folgendem Beispiel nachzuweisen: $L E_n$ und H_n sind entsprechend die linearen Hüllen der Elemente $\varphi_1, \varphi_2, \ldots, \varphi_n$ und $\varphi_1 + \varphi_{n+1}, \varphi_2, \ldots, \varphi_n$, wobei $\{\varphi_i\}$ ein vollständiges orthonormiertes System in H ist.
In diesem Beispiel ist die Nichteinbettung der Unterräume H_n wesentlich.

Übung 15.10. Es seien $\{\chi_i\}$ und $\{\psi_i\}$ zwei Systeme von Elementen in H und $L E_n$ und H_n entsprechend die linearen Hüllen der Elemente $\chi_1, \ldots, \chi_n$ und $\psi_1, \ldots, \psi_n$. Es ist zu zeigen, daß in diesem Fall aus den Bedingungen (1) und (2) des Satzes 15.2. $P_n f \to f (f \in H)$ folgt.

Übung 15.11. Es seien $\{x_i\}$ und $\{y_i\}$ vollständige biorthogonale Systeme in H. Es ist zu zeigen, daß sie die Basen von H dann und nur dann bilden, wenn $\overline{\lim\limits_{n\to\infty}}\ \Theta(G_n, H_n) < 1$ ist, wobei G_n und H_n entsprechend die linearen Hüllen der Elemente $x_1, \ldots, x_n$ und $y_1, \ldots, y_n$ sind.

Aus dem Lemma 15.1 folgt insbesondere, daß die Dimensionen der Unterräume H_1 und H_2 des Hilbert-Raums H gleich sind, wenn $\Theta(H_1, H_2) < 1$ ist. Der Begriff der Öffnung läßt sich auf die Unterräume E_1 und E_2 des Banach-Raums E verallgemeinern (M. G. Krein, M. A. Krasnoselski, D. P. Milman [1]). Dabei wird die Formel (15.9) durch die analoge Gleichung

$$\Theta(E_1, E_2) = \max\left\{\sup_{x\in E_1,\ \|x\|=1} \varrho(x, E_2),\ \sup_{x\in E_2,\ \|x\|=1} \varrho(x, E_1)\right\}$$

ersetzt, wobei, wie gewöhnlich,

$$\varrho(x, E_i) = \inf_{z\in E_i} \|x - z\| \qquad (i = 1, 2)$$

bedeutet. Es ist bekannt, daß für den Banach-Raum E die Dimensionen von E_1 und E_2 übereinstimmen, falls $\Theta(E_1, E_2) < 1/2$ ist. Unbekannt ist aber, ob diese Behauptung auch dann gilt, wenn $\Theta(E_1, E_2) < 1$ ist.

15.4. Das Galerkin-Verfahren für Gleichungen zweiter Art. Die Untersuchung von Projektionsverfahren zur approximativen Lösung einer linearen Gleichung kann man in der Regel auf die Untersuchung eines gewissen anderen Projektionsverfahrens zur approximativen Lösung der Gleichung zweiter Art

$$x = T x + f \tag{15.15}$$

zurückführen, wobei T ein linearer stetiger Operator in einem gewissen Banach-Raum E ist.

Die spezielle Form der Gleichung (15.15) gestattet einfache Konvergenzkriterien für Projektionsverfahren sogar für die Fälle zu formulieren, für die die Projektoren P_n nicht beschränkt sind.

Es sei $\{E_n\}$ eine Folge abgeschlossener Unterräume des Raumes E, und für jedes n sei ein linearer (im allgemeinen unbeschränkter) Projektor P_n gegeben, der seinen Definitionsbereich $D(P_n) \subset E$ auf E_n $(E_n \subset D(P_n))$ projeziert. Im weiteren werden wir überall annehmen $f \in D(P_n)$ und $T\,E \subset D(P_n)$; die Lösungen der Gleichung (15.15), falls sie existieren, gehören dann ebenfalls zu $D(P_n)$. Es wird vorausgesetzt, daß jeder Operator $P_n\,T$ in E beschränkt ist.

Wegen $P_n\,x_n = x_n$ für $x_n \in E_n$ führt das GALERKIN-Verfahren

$$P_n\,(x_n - T\,x_n - f) = 0 \qquad (x_n \in E_n)$$

zu folgender Gleichung in E:

$$x_n = P_n\,T\,x_n + P_n\,f\,. \tag{15.16}$$

Die Bedingung $x_n \in E_n$ in (15.16) erübrigt sich, da die Lösungen der Gleichung (15.16), falls sie existieren, sofort zu E_n gehören würden.

Im weiteren werden wir wie gewöhnlich die Bezeichnung $P^{(n)} = I - P_n$ verwenden, wobei I der Einheitsoperator ist.

Satz 15.3. *Der Operator $I - T$ sei stetig invertierbar und es konvergiere $\|P^{(n)}\,T\| \to 0$ für $n \to \infty$.*

Für hinreichend große n hat dann die Gleichung (15.16) *genau eine Lösung x_n. Die Folge x_n konvergiert genau dann gegen die Lösung x_0 der Gleichung* (15.15), *wenn gilt: $P^{(n)}\,f \to 0$ für $n \to \infty$. Es gilt die Abschätzung*

$$c_1\,\|P^{(n)}\,x_0\| \leqq \|x_n - x_0\| \leqq c_2\,\|P^{(n)}\,x_0\| \qquad (c_1, c_2 = \text{const} > 0) \tag{15.17}$$

und unter der Bedingung, daß die Projektoren P_n beschränkt sind, die Abschätzung

$$\|x_n - x_0\| \leqq c\,\|P_n\|\,\varrho(x_0, E_n) \qquad (c = \text{const}) \tag{15.18}$$

mit

$$\varrho(z, E_n) = \inf_{z_n \in E_n} \|z - z_n\|\,.$$

Beim Beweis dieses Satzes sowie im weiteren werden wir uns auf folgende einfache Aussage stützen, deren Beweis wir dem Leser überlassen.

Lemma 15.2. *Es seien A und B lineare beschränkte Operatoren im BANACH-Raum F, wobei der Operator A umkehrbar ist und $\|B\| \cdot \|A^{-1}\| < 1$ gilt. Der Operator $A + B$ ist dann auch umkehrbar und es gilt*

$$\|(A + B)^{-1}\| \leqq \frac{\|A^{-1}\|}{1 - \|B\| \cdot \|A^{-1}\|}\,.$$

Beweis des Satzes 15.3. Für hinreichend große n (es sei dies für $n \geqq n_0$) haben wir $\|P^{(n)}\,T\| \cdot \|(I - T)^{-1}\| \leqq q < 1$, deshalb sind die Operatoren $I - P_n\,T$ für $n \geqq n_0$ umkehrbar und es gilt

$$\|(I - P_n\,T)^{-1}\| \leqq \frac{\|(I - T)^{-1}\|}{1 - q} = c_2 \qquad (n \geqq n_0) \tag{15.19}$$

Wir haben bewiesen, daß für $n \geqq n_0$ die Gleichung (15.16) eindeutig lösbar ist. Die Lösung x_0 der Gleichung (15.15) und die Lösung x_n der Gleichung (15.16) sind durch die offensichtliche Gleichung

$$(I - P_n T)(x_0 - x_n) = P^{(n)} x_0$$

miteinander verknüpft. Hieraus folgen die Abschätzungen (15.17), wenn wir (15.19) und die analogen Ungleichungen für die Operatoren $I - P_n T$ berücksichtigen:

$$\|I - P_n T\| \leqq 1/c_1 \qquad (c_1 = \text{const}, n \geqq n_0)\,.$$

Wegen $P^{(n)} x_0 = P^{(n)} T x_0 + P^{(n)} f$

$$\|P^{(n)} T x_0\| \leqq \|P^{(n)} T\| \cdot \|x_0\| \to 0 \quad \text{für} \quad n \to \infty$$

konvergiert $P^{(n)} x_0 \to 0$ dann und nur dann, wenn $P^{(n)} f \to 0$ gilt. Hieraus und aus der Abschätzung (15.17) resultiert die Behauptung des Satzes über die Konvergenz von x_n gegen x_0.

Schließlich ist die Abschätzung (15.18) eine Folgerung der Abschätzung (15.17). In der Tat, es ist $P^{(n)} z_n = 0$ für $z_n \in E_n$, und für beliebiges $z \in E$ haben wir

$$\|P^{(n)} z\| = \|P^{(n)} (z - z_n)\| \leqq (1 + \|P_n\|)\,\|z - z_n\|\,,$$

woraus (da $z_n \in E_n$ beliebig ist)

$$\|P^{(n)} z\| \leqq (1 + \|P_n\|)\,\varrho(z, E_n) \leqq 2\,\|P_n\|\,\varrho(z, E_n) \tag{15.20}$$

folgt. Indem wir gemäß (15.20) die Norm $\|P^{(n)} x_0\|$ abschätzen, erhalten wir aus (15.17) die Ungleichung (15.18).

Der Satz ist bewiesen.

Übung 15.12. Es ist zu beweisen, daß die Abschätzungen (15.17) und (15.18) auch dann gelten, wenn die Normen der Operatoren $P^{(n)} T$ nicht gegen Null streben, aber für $n \geqq n_0$

$$\|P^{(n)} T\| \cdot \|(I - T)^{-1}\| \leqq q < 1$$

ist (die Konvergenz $x_n \to x_0$ ist hier schon nicht mehr gleichbedeutend mit der Konvergenz $P^{(n)} f \to 0$).

Übung 15.13. Es seien die Voraussetzungen des Satzes 15.3 erfüllt, und außerdem konvergiere $\|T P^{(n)}\| \to 0$ für $n \to \infty$. Es ist zu beweisen, daß dann

$$(1 - \varepsilon_n)\,\|P^{(n)} x_0\| \leqq \|x_n - x_0\| \leqq (1 + \varepsilon_n)\,\|P^{(n)} x_0\|$$

mit $\varepsilon_n \to 0$ für $n \to \infty$ eine genauere Abschätzung ist als (15.17) (N. N. Bogoljubow, N. I. Polski).

Übung 15.14. Es seien die Bedingungen des Satzes 15.3 erfüllt und die Unterräume E_n endlichdimensional. Es sei B ein linearer unbeschränkter Operator, der E in einen gewissen Banach-Raum E' abbildet mit $x_0 \in D(B)$, $E_n \subset D(B)$ $(n = 1, 2, \ldots)$. Es ist zu zeigen, daß für die Konvergenz $\|B(x_n - x_0)\| \to 0$ hinreichend ist, daß eine beliebige der folgenden Bedingungen erfüllt ist:

a) $\|B P_n T\| \cdot \|P^{(n)} x_0\| + \|B P^{(n)} x_0\| \to 0$;

b) $\beta_n \|P^{(n)} x_0\| + \|B P^{(n)} x_0\| \to 0$,

wobei $\beta_n = \sup\limits_{x \in E_n,\, \|x\| = 1} \|B x\|$ ist;

c) $\|B Q_n\| \cdot \|P^{(n)} x_0\| + \|B Q^{(n)} x_0\| \to 0$,

wobei $Q^{(n)} = I - Q_n$ und Q_n ein beliebiger auf E_n projezierender Projektor ist.

Wie groß ist die Konvergenzgeschwindigkeit in jedem dieser drei Fälle?

15.5. Einige Ergänzungen zu Satz 15.3. Um die Anwendung des Satzes 15.3 zu vereinfachen, geben wir einige hinreichende Bedingungen dafür an, daß die Beziehung $\|P^{(n)} T\| \to 0$ erfüllt ist.

Lemma 15.3. *Für jedes $x \in E$ seien die Ungleichungen*

$$\varrho(T x, E_n) \leqq \eta_n \|x\| \qquad (n = 1, 2, \ldots) \tag{15.21}$$

erfüllt (η_n ist eine Konstante, die von n abhängt).

Wenn dann die Operatoren P_n in E beschränkt sind und

$$\|P_n\| \eta_n \to 0 \quad \text{für } n \to \infty$$

gilt, dann konvergiert $\|P^{(n)} T\| \to 0$ für $n \to \infty$.

Wegen der Ungleichungen (15.20) und (15.21) ist tatsächlich

$$\|P^{(n)} T x\| \leqq 2 \|P_n\| \varrho(T x, E_n) \leqq 2 \|P_n\| \eta_n \|x\| \qquad (x \in E) .$$

Lemma 15.4. *Der Operator T sei in E vollstetig, die Projektoren P_n in E beschränkt und es konvergiere stark $P_n \to I$, d. h., für jedes $x \in E$ sei*

$$\|P_n x - x\| \to 0 \quad \text{für } n \to \infty$$

erfüllt.

Dann konvergiert $\|P^{(n)} T\| \to 0$ für $n \to \infty$.

Zum Beweis braucht man nur zu bemerken, daß eine beliebige stark konvergierende Folge stetiger Operatoren auf jedem Kompakt gleichmäßig konvergiert. Den ausführlichen Beweis überlassen wir dem Leser.

Übung 15.15. In den Bedingungen des Lemmas 15.4 braucht nicht unbedingt $\|T P^{(n)}\| \to 0$ für $n \to \infty$ zu gelten. Es ist das folgende Beispiel zu untersuchen: E ist der Raum der auf [0, 1] summierbaren Funktionen, mit

$$\|x\| = \int_0^1 |x(s)| \, ds ,$$

E_n der Unterraum der Funktionen, die für $0 \leqq t \leqq 1/n$ verschwinden,

$$P_n x(t) = \begin{cases} 0 & \text{für} \quad 0 \leqq t \leqq 1/n , \\ x(t) & \text{für} \quad 1/n < t \leqq 1 , \end{cases}$$

$T x = f(x) x_0$, wobei $f(x) = \int_0^1 x(s) \, ds$ und $x_0(t)$ eine feste Funktion aus E ist.

Ähnlich wie das Lemma 15.4 läßt sich auch eine allgemeinere Behauptung beweisen.

Lemma 15.5. *Der* Banach-*Raum E' sei stetig in E eingebettet, d. h.*

$$E' \subset E , \qquad \|x\|_E \leqq c \|x\|_{E'} \qquad (x \in E') .$$

Es seien T vollstetig als Operator, der E in E' abbildet, und die Projektoren P_n beschränkt als Operatoren, die E' in E abbilden, wobei $P_n \to P$ stark konvergiert und P ein Operator der Einbettung des Raumes E' in den Raum E ist.

Dann konvergiert $\|P^{(n)} T\| \to 0$ für $n \to \infty$.

Die Folge beschränkter Projektoren P_n konvergiere stark gegen den Einheitsoperator I. In der Übung 15.15 ist bemerkt worden, daß für vollstetige Operatoren T die Beziehung $||T\,P^{(n)}|| \to 0$ nicht immer gilt. Sind jedoch die Projektoren über die Basis $\{e_k\}$ nach ähnlichen Formeln wie (15.4) konstruiert und ist der Raum E reflexiv, dann gilt die Beziehung $||T\,P^{(n)}|| \to 0$. In der Tat, in diesem Fall konvergieren die adjungierten Operatoren P_n^* stark gegen den Einheitsoperator im Raum E^*, in dem der Operator T^* vollstetig ist; wegen Lemma 15.4 haben wir

$$||P_n^*\,T^* - T^*|| \to 0 \quad \text{für } n \to \infty$$

und unsere Behauptung resultiert aus der Gleichung

$$||P_n^*\,T^* - T^*|| = ||T\,P_n - T||\,.$$

Übung 15.16. Es sei P_n eine Folge von Projektoren (15.4) im Raum E, dessen konjugierter Raum nicht separabel ist. Es ist ein linearer vollstetiger Operator T dergestalt zu konstruieren, daß $||T\,P^{(n)}|| \geqq 1$ $(n = 1, 2, \ldots)$ ist.

Wir machen noch eine wichtige Bemerkung über die Näherungslösung der Gleichung (15.15) mit dem vollstetigen Operator T.

Die Abschätzung (15.17) bedeutet, daß das Galerkin-Verfahren umso „besser" konvergiert, je schneller die Zahlenfolge $||P^{(n)}\,x_0||$ gegen Null konvergiert. Im Zusammenhang damit wäre es natürlich günstig, die zu untersuchende Gleichung (15.15) vor der Anwendung des Galerkin-Verfahrens so in die Gestalt

$$y = T_1\,y + f_1 \tag{15.22}$$

zu überführen, daß für die Lösung y_0 der neuen Gleichung die Zahlenfolge $||P^{(n)}\,y_0||$ wesentlich schneller gegen Null konvergiert, als die Folge $||P^{(n)}\,x_0||$. In vielen Fällen gelingt dies auf folgende einfache Weise. Die Lösung der Gleichung (15.15) sucht man in der Gestalt

$$x = y + f + T\,f + \cdots + T^{m-1}\,f \qquad (m \geqq 1)\,. \tag{15.23}$$

Dann läßt sich y aus der Gleichung

$$y = T\,y + T^m\,f \tag{15.24}$$

bestimmen, deren Lösung y_0 mit der Lösung x_0 der Gleichung (15.15) durch die Beziehung

$$y_0 = T^m\,x_0 \tag{15.25}$$

verknüpft ist. Der Übergang zu der Gleichung (15.24) ist zweckmäßig, wenn aus irgendwelchen Überlegungen bekannt ist, daß die Folge $||P^{(n)}\,T^m\,x_0||$ schneller gegen Null konvergiert, als die Folge $||P^{(n)}\,x_0||$.

Übung 15.17. Es sei $||P^{(n)}\,T|| = o(||P^{(n)}\,f||)$. Es ist zu zeigen, daß dann für beliebiges m $(m \geqq 1)$ gilt

$$||P^{(n)}\,T^m\,x_0|| = o(||P^{(n)}\,x_0||)\,.$$

15.6. Der Übergang zu einer Gleichung zweiter Art. Das Projektionsverfahren (15.2) kann man auch dann auf die Gleichung (15.1) anwenden, wenn die Projektoren P_n nicht beschränkt sind (natürlich unter der Bedingung, daß $L\,E_n \subset D(P_n)$ und $f \in D(P_n)$). Wir betrachten hier den Fall, daß die Gleichung (15.1) die Form

$$L\,u \equiv A\,u - K\,u = f \tag{15.26}$$

hat. Die Gleichung (15.2) des Projektionsverfahrens läßt sich dann in der Gestalt

$$P_n\,(A\,u_n - K\,u_n - f) = 0 \qquad (u_n \in E_n) \tag{15.27}$$

schreiben.

Wir nehmen an, daß der Operator A auf ganz F einen stetigen inversen Operator besitzt und daß $D(A) \subset D(K)$ ist. In der Gleichung (15.26) kann man dann die Substitution

$$x = A\,u \tag{15.28}$$

vornehmen. Zur Bestimmung von x erhalten wir folgende Gleichung in F:

$$x = K\,A^{-1}\,x + f\,. \tag{15.29}$$

Die Gleichung (15.27) nimmt die Gestalt

$$P_n\,(x_n - K\,A^{-1}\,x_n - f) = 0 \qquad (x_n \in A\,E_n) \tag{15.30}$$

an.

Wir setzen nun voraus, daß die Unterräume E_n und F_n durch die Beziehung

$$F_n = A\,E_n \qquad (n = 1, 2, \ldots) \tag{15.31}$$

verknüpft sind. Die Gleichungen (15.30) lassen sich dann vereinfachen. Sie nehmen die Gestalt

$$x_n = P_n\,K\,A^{-1}\,x_n + P_n\,f \tag{15.32}$$

an. Auf diese Gleichung kann man schon den Satz 15.3 anwenden. Aus ihm folgt unmittelbar der

Satz 15.4. *Der Operator $K\,A^{-1}$ sei stetig, der Operator $L = A - K$ stetig umkehrbar und es konvergiere $\|P^{(n)}\,K\,A^{-1}\| \to 0$ für $n \to \infty$. Die Unterräume E_n und F_n seien durch die Gleichungen* (15.31) *miteinander verknüpft.*

Für hinreichend große n existiert dann genau eine Lösung u_n der Gleichung (15.27). *Die Folge $A\,u_n$ konvergiert gegen $A\,u_0$ (u_0 ist die Lösung der Gleichung* (15.26)) *dann und nur dann, wenn gilt $P^{(n)}\,f \to 0$ für $n \to \infty$. Es gilt die Abschätzung*

$$c_1\,\|P^{(n)}\,A\,u_0\| \leqq \|A\,(u_n - u_0)\| \leqq c_2\,\|P^{(n)}\,A\,u_0\|\,. \tag{15.33}$$

Wir erinnern, daß die Bedingung $\|P^{(n)}\,K\,A^{-1}\| \to 0$ des Satzes 15.4 automatisch erfüllt ist, wenn $P_n \to I$ stark konvergiert und der Operator $K\,A^{-1}$ in F vollstetig ist.

Es sei bemerkt, daß es zur Anwendung auf konkrete Verfahren gewöhnlich günstiger ist, nicht den Satz 15.4 zu verwenden, sondern den Satz 15.3, wobei jedesmal die Variablensubstitution nach dem oben angegebenen Schema durchgeführt wird.

Aus (15.33) folgt, daß $\|u_n - u_0\| \leqq c_2 \|A^{-1}\| \cdot \|P^{(n)} A u_0\|$ ist. Diese Abschätzung kann sich als sehr grob erweisen.

Übung 15.18. Es seien die Projektoren P_n beschränkt und die Bedingungen des Satzes 15.4 erfüllt. Es sei B ein linearer Operator, der E in den BANACH-Raum E' abbildet, wobei $E_n \subset D(B)$ $(n = 1, 2, \ldots)$ und $B A^{-1}$ beschränkt ist. Es ist zu zeigen, daß für die Lösungen u_0 und u_n der Gleichungen (15.26) und (15.27) die Abschätzung

$$\|B(u_n - u_0)\| \leqq \|B L^{-1} P^{(n)} A u_0\| + \varepsilon_n \|B L^{-1} P^{(n)}\| \cdot \|P^{(n)} A u_0\|$$

$$\leqq (1 + \varepsilon_n) \|B L^{-1} P^{(n)}\| \cdot \|P^{(n)} A u_0\| \tag{15.34}$$

gilt mit

$$\varepsilon_n = c_2 \|P^{(n)} K A^{-1}\| \to 0 \quad \text{für} \quad n \to \infty\,. \tag{15.35}$$

Übung 15.19. Es sei A^{-1} stetig auf F. Weiter sei $D(B) \supset D(A)$ und die Einschränkung des Operators B auf $D(A)$ läßt die Abschließung zu (zum Beispiel ist B abgeschlossen). Es ist zu zeigen, daß der Operator $B A^{-1}$ stetig ist.

15.7. Die Kollokationsmethode[1]**.** Wir geben nun ein Beispiel für die Anwendung des Satzes 15.3 auf die Analyse eines konkreten Näherungsverfahrens zur Lösung von Randwertproblemen für gewöhnliche Differentialgleichungen an. Wir betrachten die lineare Differentialgleichung

$$L u \equiv u^{(m)} - \sum_{k=0}^{m-1} p_k(t)\, u^{(k)} = f(t) \tag{15.36}$$

mit den linearen homogenen Randbedingungen

$$\sum_{k=0}^{m-1} [\alpha_{ik}\, u^{(k)}(a) + \beta_{ik}\, u^{(k)}(b)] = 0 \qquad (i = 1, \ldots, m)\,. \tag{15.37}$$

Die homogene Gleichung $u^{(m)} = 0$ habe im Fall der Randbedingungen (15.37) nur die triviale Lösung $u(t) \equiv 0$. Wie leicht zu sehen ist, existiert dann die Folge von Polynomen

$$\varphi_j(t) = \sum_{k=0}^{m-1} c_{jk}\, t^k + t^{m+j} \qquad (j = 0, 1, 2, \ldots)$$

der Ordnung $m, m + 1, m + 2, \ldots$, die den Randbedingungen (15.37) genügen. Die Näherungslösung des Randwertproblems (15.36)—(15.37) werden wir in der Gestalt

$$u_n(t) = \sum_{j=0}^{n} \xi_j\, \varphi_j(t) \tag{15.38}$$

suchen.

---

[1]) Die *Kollokationsmethode* (oder das Übereinstimmungsverfahren) ist von L. W. KANTOROWITSCH zur approximativen Lösung von Integral- und Differentialgleichungen vorgeschlagen worden. Von ihm ist auch der Fall untersucht worden, in dem die Koordinatenfolge aus trigonometrischen Funktionen besteht. Algebraische Polynome sind in den Arbeiten von E. B. KARPILOWSKAJA [1, 2] (siehe ebenfalls L. W. KANTOROWITSCH und G. P. AKILOW [1]), O. KIS [1, 2], G. M. WAINIKKO [6, 9] untersucht worden. I. PETERSEN [1] hat verschiedene Abarten der Kollokationsmethode betrachtet.

Die Kollokationsmethode besteht darin, daß die Koeffizienten ξ_j aus der Bedingung bestimmt werden, daß die Defekte $L u_n - f$ in $n + 1$ festen Punkten $t_{0n}, t_{1n}, \ldots, t_{nn}$ (die man Interpolationsknoten nennt) verschwinden, d. h. aus den Gleichungen

$$u_n^{(m)}(t_{in}) - \sum_{k=0}^{m-1} p_k(t_{in}) \, u_n^{(k)}(t_{in}) - f(t_{in}) = 0 \qquad (i = 0, \ldots, n)\,. \tag{15.39}$$

Mit anderen Worten, zur Auffindung der Koeffizienten ξ_j muß man das Gleichungssystem

$$\sum_{j=0}^{n} \left[\varphi_j^{(n)}(t_{in}) - \sum_{k=0}^{m-1} p_k(t_{in}) \, \varphi_j^{(k)}(t_{in})\right] \xi_j = f(t_{in}) \qquad (i = 0, \ldots, n) \tag{15.40}$$

lösen.

Um die Lösung $u(t)$ des Randwertproblems (15.36)—(15.37) zu finden, kann man zuerst ihre Ableitung $x(t) = u^{(m)}(t)$ suchen. Danach läßt sich $u(t)$ durch die Formel

$$u(t) = \int_a^b G(t, s) \, x(s) \, ds \tag{15.41}$$

bestimmen, wobei $G(t, s)$ die Greensche Funktion des Differentialoperators $A u = u^{(m)}$ unter den Randbedingungen (15.37) ist. Zur Bestimmung der Funktion $x(t)$ erhalten wir die Gleichung

$$x = T x + f \tag{15.42}$$

mit dem Integraloperator

$$T x = \int_a^b K(t, s) \, x(s) \, ds\,,$$

wobei

$$K(t, s) = \sum_{j=0}^{m-1} p_j(t) \, \frac{\partial^j G(t, s)}{\partial t^j}$$

ist. Es ist leicht zu sehen, daß die Gleichung (15.42) dem Randwertproblem (15.36)—(15.37) äquivalent ist.

Die Auffindung der Näherungslösung $u_n(t)$ für die Aufgabe (15.36)—(15.37) in der Gestalt (15.38) ist äquivalent der Bestimmung der Näherungslösung $x_n(t)$ für die Gleichung (15.42) in der Form

$$x_n(t) = \sum_{j=0}^{n} \xi_j \, \varphi_j^{(m)}(t)\,.$$

Die Gleichungen (15.39) der Kollokationsmethode zur Bestimmung der Koeffizienten ξ_j kann man in der Gestalt

$$x_n = P_n T x_n + P_n f \tag{15.43}$$

schreiben, wobei P_n ein Projektor ist, der jeder stetigen Funktion ihr Interpolationspolynom vom Grade n bezüglich der Knoten $t_{0n}, t_{1n}, \ldots, t_{nn}$ zuordnet. Für jede Funktion $z(t)$ mit $z(t_{in}) = 0$ $(i = 0, \ldots, n)$, ist tatsächlich

$P_n z = 0$; die Bedingungen (15.39) bedeuten demzufolge, daß $P_n (x_n - T x_n - f) = 0$ ist. Es ist aber $x_n = u_n^{(m)}$ ein Polynom mit einem Grad $\leqq n$, folglich ist $P_n x_n = x_n$, und wir gelangen zu der Gleichung (15.43).

Die Konvergenz bzw. die Divergenz der Kollokationsmethode hängt wesentlich von der Auswahl der Interpolationsknoten ab. Im weiteren werden wir annehmen, daß die Interpolationsknoten die Nullstellen gewisser orthogonaler Polynome sind. Genauer ausgedrückt, auf dem Intervall $[a, b]$ sei eine nichtnegative summierbare Funktion $\varrho(t)$ dergestalt gegeben, daß

$$\int_a^b \frac{ds}{\varrho(s)} < \infty$$

ist, und es sei $\omega_n(t)$ $(n = 0, 1, 2, \ldots)$ ein System von Polynomen, das man durch Orthogonalisierung der Folge $1, t, t^2, \ldots$ bezüglich des Skalarprodukts

$$(x, y) = \int_a^b \varrho(s)\, x(s)\, y(s)\, ds$$

erhält. Als Interpolationsknoten $t_{0n}, t_{1n}, \ldots, t_{nn}$ nehmen wir die Nullstellen des Polynoms $\omega_{n+1}(t)$; es ist bekannt (siehe G. Szegö [1], S. 57), daß alle diese Nullstellen einfach sind und zu $[a, b]$ gehören.

Für praktische Rechnungen werden gewöhnlich die Tschebyschewschen Knoten benutzt. Für den Fall $a = -1$, $b = 1$ sind die Tschebyschewschen Interpolationsknoten durch die Formel

$$t_{in} = \cos \frac{2i + 1}{2(n + 1)} \pi \qquad (i = 0, 1, \ldots, n)$$

gegeben; sie entsprechen der Gewichtsfunktion $\varrho(t) = \frac{1}{\sqrt{1 - t^2}}$ (bei der theoretischen Untersuchung der Konvergenz der Kollokationsmethode werden wir annehmen, daß $\varrho(t)$ beliebig ist).

Über die Auswahl des Hauptraumes E, in dem die Gleichungen (15.42) und (15.43) betrachtet werden, können wir verfügen. Wir formulieren das Ergebnis, das man erhält, wenn man für E den Raum $L_{2,\varrho}$ der mit dem Gewicht $\varrho(t)$ quadratisch-summierbaren Funktionen $x(t)$ mit der Norm

$$\|x\|^2_{L_{2,\varrho}} = \int_a^b \varrho(s)\, |x(s)|^2\, ds$$

wählt.

Satz 15.5. *Die Koeffizienten* $p_j(t)$ $(j = 0, \ldots, m - 1)$ *und das freie Glied* $f(t)$ *der Gleichung* (15.36) *seien stetig auf* $[a, b]$, *und das Randwertproblem* (15.36) *bis* (15.37) *besitze genau eine Lösung* $u_0(t)$. *Für hinreichend große* n *ist dann das Gleichungssystem* (15.40) *eindeutig lösbar, die Folge der Näherungen* $u_n(t)$ *und ihrer Ableitungen bis zur Ordnung* $m - 1$ *einschließlich konvergieren für* $n \to \infty$ *gleichmäßig gegen die Lösung* $u_0(t)$ *und ihre Ableitungen der entsprechenden Ordnung und die Folge* $u_n^{(m)}(t)$ *konvergieren im quadratischen Mittel mit dem Gewicht*

$\varrho(t)$ gegen $u_0^{(m)}(t)$. Es gelten die Abschätzungen

$$||u_n^{(m)} - u_0^{(m)}||_{L_{2,\varrho}} \leqq c\, e_n(u_0^{(m)}) , \tag{15.44}$$

$$\max_{a \leqq t \leqq b} |u_n^{(k)}(t) - u_0^{(k)}(t)| \leqq c\, e_n(u_0^{(m)}) \qquad (k = 0, \ldots, m-1) , \tag{15.45}$$

wobei

$$e_n(z) = \min_{\gamma_0, \ldots, \gamma_n} \max_{a \leqq t \leqq b} \left| z(t) - \sum_{j=0}^{n} \gamma_j t^j \right|$$

die beste gleichmäßige Annäherung der Funktion $z(t)$ durch Polynome der Potenz $\leqq n$ ist.

Beweis. Es ist leicht zu sehen, daß T vollstetig ist als Operator, der L_2 in C abbildet, und umsomehr als Operator in $L_{2,\varrho}$. Nach dem Satz von ERDYSCH-TOURAU (siehe I. P. NATANSON [2]) konvergiert andererseits das LAGRANGEsche Interpolationspolynom einer beliebigen stetigen Funktion, das mit den von uns betrachteten Interpolationsknoten konstruiert wurde, im quadratischen Mittel mit dem Gewicht $\varrho(t)$ gegen die anzunähernde Funktion. Mit anderen Worten, es konvergiert stark $P_n \to P$, wobei P der Operator der Einbettung von C in $L_{2,\varrho}$ ist. Nach Lemma 15.5 ($E = L_{2,\varrho}$, $E' = C$) haben wir $||P^{(n)} T||_{L_{2,\varrho}} \to 0$ für $n \to \infty$. Ferner ist der Operator $I - T$ stetig umkehrbar in $L_{2,\varrho}$, weil nach der Bedingung des Satzes über die eindeutige Lösbarkeit des Randwertproblems (15.36)—(15.37) die homogene Gleichung $x = T x$ nur die Nullösung besitzt.

Nach Satz 15.3 hat die Gleichung (15.43) für hinreichend große n genau eine Lösung x_n, und das ist gleichbedeutend mit der eindeutigen Lösbarkeit des Gleichungssystems (15.40) der Kollokationsmethode. Für jedes Polynom z_n der Potenz $\leqq n$ haben wir

$$||P^{(n)} x_0||_{L_{2,\varrho}} = ||(x_0 - z_n) - P_n (x_0 - z_n)||_{L_{2,\varrho}} \leqq ||x_0 - z_n||_{L_{2,\varrho}}$$
$$+ ||P_n (x_0 - z_n)||_{L_{2,\varrho}} \leqq \left\{ \left[\int_a^b \varrho(t)\, dt \right]^{1/2} + ||P_n||_{C \to L_{2,\varrho}} \right\} ||x_0 - z_n||_C .$$

Da $P_n \to P$ stark konvergiert, sind die Normen $||P_n||_{C \to L_{2,\varrho}}$ gleichmäßig beschränkt. Da das Polynom z_n beliebig gewählt wird, gilt

$$||P^{(n)} x_0||_{L_{2,\varrho}} \leqq c\, e_n(x_0) \qquad (c = \text{const}) .$$

Indem wir nun berücksichtigen $x_n = u_n^{(m)}$ und $x_0 = u_0^{(m)}$, erhalten wir aus (15.17) die Abschätzung (15.44); die Abschätzungen (15.45) sind Folgerungen aus (15.44). Die Behauptung des Satzes über die Konvergenz der Näherungen $u_n(t)$ und ihrer Ableitungen folgt schließlich aus den Abschätzungen (15.44) und (15.45), weil $e_n(z) \to 0$ für eine beliebige stetige Funktion $z(t)$ gilt.

Der Satz ist bewiesen.

Es sei angemerkt, daß die Projektoren P_n in $L_{2\varrho}$ unbeschränkt sind.

Übung 15.20. Es ist zu zeigen, daß die Projektoren P_n in $L_{2,\varrho}$ nicht abgeschlossen sind und keine Abschließung zulassen.

Wenn man die Gleichungen (15.42) und (15.43) in C betrachtet, dann sind die Projektoren P_n beschränkt, jedoch konvergiert $\|P_n\|_C \to \infty$ für $n \to \infty$ nicht langsamer als $\ln n$ (siehe Punkt 15.2). Für die TSCHEBYSCHEWschen Interpolationsknoten wird dieses langsamere Wachstum der Normen $\|P_n\|_C$ erreicht (siehe I. P. NATANSON [2]):

$$\|P_n\|_C \leqq c_1 + c_2 \ln n \qquad (n = 1, 2, \ldots)\,. \tag{15.46}$$

Übung 15.21. Es seien

$$\omega\left(\frac{1}{n}; f\right) = o\left(\frac{1}{\ln n}\right), \qquad \omega\left(\frac{1}{n}; p_k\right) = o\left(\frac{1}{\ln n}\right) \qquad (k = 0, \ldots, m-1,$$

wobei

$$\omega(h; z) = \sup_{t_1, t_2 \in [-1,1],\, |t_1 - t_2| \leqq h} |z(t_1) - z(t_2)|$$

der Stetigkeitsmodul der Funktion $z(t)$ ist. Für den Fall der TSCHEBYSCHEWschen Interpolationsknoten ist die gleichmäßige Konvergenz von $u_n^{(m)}(t)$ gegen $u_0^{(m)}(t)$ zu beweisen.

Hinweis. Es sind das Lemma 15.3 ($E = C$), die Abschätzung (15.46) und die Ungleichung (siehe I. P. NATANSON [2])

$$e_n(z) \leqq c\,\omega(1/n; z) \qquad (n = 1, 2, \ldots)$$

anzuwenden, wobei die Konstante c von der Funktion $z(t)$ unabhängig ist.

15.8. Zum Faktorisierungsverfahren. Die Projektionsverfahren zur approximativen Lösung von Gleichungen gründen sich, wie bekannt, auf den Übergang von einer gegebenen Gleichung zu einer Gleichung in einem Unterraum. Die Faktorisierungsverfahren beruhen auf einer analogen Idee — von einer gegebenen Gleichung geht man zu einer Gleichung in einem Faktorraum über.

Wir erinnern an gewisse Begriffe, die mit Faktorräumen zusammenhängen. Es sei F' ein Unterraum des BANACH-Raumes F. Die Nebenklassen $\bar{x} = x + F'$ ($x \in F$) sind die Elemente des Faktorraums F/F'. Der Operator $p\,x = \bar{x}$ heißt *kanonische Abbildung* von F in F/F'. Wenn wir die Norm

$$\|\bar{x}\|_{F/F'} = \inf_{x \in \bar{x}} \|x\|_F$$

einführen, dann ist F/F' ein BANACH-Raum (wobei $\|p\| = 1$ ist). Im weiteren werden wir überall voraussetzen, daß die Faktorräume auf die angegebene Weise normiert sind.

Wir betrachten wiederum die Gleichung (15.1). Wir erinnern, daß der Operator L in der Gleichung (15.1) den BANACH-Raum E in den BANACH-Raum F abbildet; wir nehmen an, daß er auf $R(L)$ umkehrbar ist. Das *Faktorisierungsverfahren* zur Lösung der Gleichung (15.1) besteht im folgenden. Es werden zwei Folgen Unterräume

$$E^{(n)} \subset E\,, \qquad F^{(n)} \subset F \qquad (n = 1, 2, \ldots)$$

vorgegeben und (15.1) wird durch Gleichungen in Faktorräumen ersetzt:

$$\bar{L}_n \bar{u}_n = p_n f\,. \tag{15.47}$$

Hier sind $\bar{L}_n$ ein gewisser linearer Operator, der den Faktorraum $E/E^{(n)}$ in den Faktorraum $F/F^{(n)}$ abbildet, und p_n die kanonische Abbildung von F in $F/F^{(n)}$. Die kanonische Abbildung von E in $E/E^{(n)}$ bezeichnen wir mit r_n.

Die Nähe der Operatoren L und $\bar{L}_n$ läßt sich dadurch charakterisieren, daß die Normen $\|p_n L u - \bar{L}_n r_n u\|_{F/F^{(n)}}$ $(u \in D(L))$ klein sind. Man sagt, daß die Operatoren $\bar{L}_n$ $(n = 1, 2, \ldots)$ den Operator L auf $D(L)$ approximieren, wenn für jedes feste $u \in D(L)$ die *Approximationsbedingung*

$$\|p_n L u - \bar{L}_n r_n u\|_{F/F^{(n)}} \to 0 \quad \text{für} \quad n \to \infty \tag{A}$$

erfüllt ist. Die zweite wichtige Charakteristik des Faktorisierungsverfahrens (15.47) ist seine Stabilität oder Instabilität. Das Faktorisierungsverfahren (15.47) heißt *stabil*, wenn für hinreichend große n (für $n \geqq n_0$) die Operatoren $\bar{L}_n$ stetig umkehrbar sind und die Normen der inversen Operatoren gleichmäßig beschränkt sind:

$$\|\bar{L}_n^{-1}\|_{F/F^{(n)} \to E/E^{(n)}} \leqq c \qquad (n = n_0, n_0 + 1, \ldots) . \tag{B}$$

Schließlich sagt man, daß das Faktorisierungsverfahren für ein gegebenes $f \in R(L)$ *konvergiert*, wenn gilt

$$\|\bar{u}_n - r_n u_0\|_{E/E^{(n)}} \to 0 \quad \text{für} \quad n \to \infty , \tag{C}$$

wobei $\bar{u}_n$ und u_0 entsprechend die Lösungen der Gleichungen (15.47) und (15.1) sind.

Das Faktorisierungsverfahren ist das abstrakte Analogon der Differenzenverfahren. Ähnlich wie in der Theorie der Differenzenverfahren gilt folgender Satz:

Satz 15.6. *Es sei $f \in R(L)$ und für $u_0 = L^{-1} f$ die Bedingung* (A) *erfüllt.* (B) *zieht dann* (C) *nach sich.*

Der Beweis ist trivial und basiert auf der offensichtlichen Gleichung

$$\bar{u}_n - r_n u_0 = \bar{L}_n^{-1} (p_n L u_0 - \bar{L}_n r_n u_0) .$$

Der Satz 15.6 läßt sich auch in folgender Gestalt umkehren.

Satz 15.7. *Es sei $R(L) = F$. Die Operatoren $\bar{L}_n$ $(n = 1, 2, \ldots)$ seien beschränkt und* (C) *gelte für jedes $f \in F$.*

Dann ist die Bedingung (B) *erfüllt.*

Den Beweis kann man in der Arbeit von N. N. Gudowitsch [1] oder in der Monographie von S. G. Krein [1] finden. In der letztgenannten Monographie wird ebenfalls die Anwendung der Sätze 15.6 und 15.7 auf die Untersuchung der Näherungslösung von Evolutionsgleichungen in Banach-Räumen diskutiert.

N. N. Gudowitsch hat bemerkt, daß sich die Projektionsverfahren auf natürliche Weise in das Schema des Faktorisierungsverfahrens einfügenlassen. Wir erläutern dies am Beispiel des Projektionsverfahrens (15.2) zur approximativen Lösung der Gleichung (15.1). Wir nehmen an, daß die Unterräume

$$E_n \subset D(L) \subset E , \qquad F_n \subset F \qquad (n = 1, 2, \ldots)$$

endlichdimensional sind. Neben den Projektoren P_n ($P_n F = F_n$) betrachten wir gewisse Projektoren R_n, die E auf E_n projezieren. Bezüglich der beschränkten Projektoren R_n und P_n konstruieren wir die Faktorräume $E/E^{(n)}$ und $F/F^{(n)}$ mit

$$E^{(n)} = R^{(n)} E\,, \qquad F^{(n)} = P^{(n)} F \qquad (R^{(n)} = I - R_n,\ P^{(n)} = I - P_n)\,.$$

Es ist leicht zu sehen, daß das Projektionsverfahren (15.2) äquivalent ist dem Faktorisierungsverfahren (15.47), in dem p_n die kanonische Abbildung von F in $F/F^{(n)}$ und

$$\bar{L}_n = p_n L \Phi_n$$

ist, wobei der Operator Φ_n: $E/E^{(n)} \to E_n$ jeder Klasse $\bar{x} = x + E^{(n)}$ das Element $R_n x$ zuordnet. Die Lösungen der Gleichung (15.2) und (15.47) sind durch die Gleichung

$$u_n = \Phi_n \bar{u}_n$$

miteinander verknüpft.

Übung 15.22. Es sei r_n die kanonische Abbildung von E in $E/E^{(n)}$ ($E^{(n)} = R^{(n)} E$) und Φ_n der soeben definierte Operator. Es ist zu zeigen

$$r_n = \Phi_n^{-1} R_n\,, \qquad \|\Phi_n\| \leqq \|R_n\|\,, \qquad \|\Phi_n^{-1}\| \leqq 1\,.$$

§ 16. Die Verfahren von Bubnow-Galerkin und Galerkin-Petrow

16.1. Zur Konvergenz des Verfahrens von Bubnow-Galerkin für Gleichungen zweiter Art. Wir betrachten die Gleichung

$$x = T x + f\,, \tag{16.1}$$

wobei T ein linearer vollstetiger Operator im Hilbert-Raum H ist. Es sei $\{H_n\}$ eine in H limitiert dichte Folge (siehe Punkt 15.2) abgeschlossener Teilräume und P_n die H_n entsprechenden Orthoprojektoren (die limitierte Dichte von $\{H_n\}$ in H bedeutet hier, daß $P_n \to I$ stark konvergiert). Das Verfahren von Bubnow-Galerkin

$$P_n (x_n - T x_n - f) = 0 \qquad (x_n \in H_n)$$

führt auf die Gleichung

$$x_n = P_n T x_n + P_n f\,. \tag{16.2}$$

Nach dem Lemma 15.4 konvergiert $\|P^{(n)} T\| \to 0$ für $n \to \infty$, wobei $P^{(n)} = I - P_n$ ist. Die homogene Gleichung $x = Tx$ habe nur die Nullösung. Der Operator $I - T$ ist dann stetig umkehrbar und wegen Satz 15.3 hat die Gleichung (16.2) für hinreichend große n genau eine Lösung x_n; für $n \to \infty$ konvergiert $x_n \to x_0$, wobei x_0 die Lösung der Gleichung (16.1) ist. Wir überlassen dem Leser die Abschätzung

$$\|P^{(n)} x_0\| \leqq \|x_n - x_0\| \leqq (1 + \varepsilon_n) \|P^{(n)} x_0\|$$

zu beweisen, wobei $\varepsilon_n = \|P^{(n)} T^*\| \cdot \|(I - P_n T)^{-1}\| \to 0$ für $n \to \infty$ gilt.

Genauso wie im Punkt 15.6 kann man dieses Resultat durch Substitution des gesuchten Elements auf allgemeinere Gleichungen übertragen.

Im Punkt 16.3 wird ein anderer Weg der Verallgemeinerung angegeben, der auf der Einführung neuer Funktionalräume basiert.

16.2. Notwendige und hinreichende Bedingungen für die Konvergenz des Verfahrens von GALERKIN-PETROW für Gleichungen zweiter Art. Mit Hilfe des Verfahrens von GALERKIN-PETROW werden wir nun die Gleichung (16.1) lösen. Es seien $\{G_n\}$ und $\{H_n\}$ zwei Folgen abgeschlossener Unterräume von H und Q_n und P_n die ihnen entsprechenden Orthoprojektoren ($Q_n H = G_n$, $P_n H = H_n$). Die Näherungslösung wird aus den Bedingungen

$$P_n (x_n - T x_n - f) = 0 \qquad (x_n \in G_n) \tag{16.3}$$

gesucht. Der Satz 15.2 gibt notwendige und hinreichende Bedingungen für die Konvergenz des Verfahrens von GALERKIN-PETROW (16.3), die in den Eigenschaften der Unterräume $(I - T) G_n$ und H_n ausgedrückt sind. Unten werden für Anwendungen günstigere Bedingungen angegeben, die in den Eigenschaften der Unterräume G_n und H_n ausgedrückt werden.

Satz 16.1. *Der Operator T sei vollstetig und die homogene Gleichung $x = T x$ besitze nur die Nullösung.*

Dafür, daß dann für jedes $f \in H$, von einem gewissen $n = n_0$ an, genau ein der Gleichung von GALERKIN-PETROW (16.3) *genügendes Element x_n existiert und daß für $n \to \infty$ die Folge x_n in der Norm gegen die Lösung x_0 der Gleichung* (16.1) *konvergiert, ist notwendig und hinreichend, daß folgende Bedingungen erfüllt sind:*

(1) *es konvergiert stark $Q_n \to I$,*

(2) $\overline{\lim\limits_{n\to\infty}}\, \Theta(G_n, H_n) < 1$,

wobei $\Theta(G_n, H_n)$ die Öffnung der Unterräume G_n und H_n ist.

Unter Berücksichtigung dieser Bedingungen wird die Konvergenzgeschwindigkeit durch die Ungleichung

$$||Q^{(n)} x_0|| \leqq ||x_n - x_0|| \leqq c\, ||Q^{(n)} x_0|| \qquad (c = \text{const}, Q^{(n)} = I - Q_n) \tag{16.4}$$

charakterisiert.

Beweis der Hinlänglichkeit. Es seien die Bedingungen (1) und (2) erfüllt. Für hinreichend große n haben wir wegen Bedingung (2) $\Theta(G_n, H_n) \leqq q$, wobei $0 \leqq q < 1$ ist. Für die gleichen n bildet der Operator P_n gemäß Lemma 15.1 den Raum G_n eineindeutig auf H_n ab und es ist

$$||\tilde{P}_n^{-1}|| = \frac{1}{\sqrt{1 - [\Theta(G_n, H_n)]^2}} \leqq \frac{1}{\sqrt{1 - q^2}},$$

wobei $\tilde{P}_n$ die Einschränkung des Operators P_n auf den Unterraum G_n ist.

Das Verfahren von GALERKIN-PETROW (16.3) ist äquivalent dem GALERKIN-Verfahren

$$\bar{P}_n (x_n - T x_n - f) = 0 \qquad (x_n \in G_n)\,,$$

wobei $\bar{P}_n = P_n^{-1} P_n$ der Projektor ist, der H auf G_n projeziert ($\bar{P}_n$ projeziert nichtorthogonal, falls $G_n \neq H_n$ ist). Die letzten Bedingungen kann man wiederum in der Gestalt der Gleichung

$$x_n = \bar{P}_n T x_n + \bar{P}_n f \tag{16.5}$$

schreiben. Für das GALERKIN-Verfahren (16.5) sind die Bedingungen des Satzes 15.3 erfüllt. Man braucht tatsächlich nur zu überprüfen, ob für $n \to \infty$ $||\bar{P}^{(n)} T||$ $\to 0$ konvergiert ($\bar{P}^{(n)} = I - \bar{P}_n$). Für jedes $z \in H$ haben wir

$$||\bar{P}^{(n)} z|| = ||(I - \tilde{P}_n^{-1} P_n)(z - Q_n z)|| \leqq \left(1 + \frac{1}{\sqrt{1 - q^2}}\right) ||Q^{(n)} z||\,, \tag{16.6}$$

woraus wir auf Grund der Bedingung (1) schließen, daß $\bar{P}_n \to I$ stark konvergiert. Nach Lemma 15.4 erhalten wir dann aber auch die gesuchte Beziehung $||\bar{P}^{(n)} T|| \to 0$.

Nach Satz 15.3 ist die Gleichung (16.5) für hinreichend große n eindeutig lösbar. Die Abschätzung (15.17), die im gegebenen Fall die Form

$$||x_n - x_0|| \leqq c_2 ||\bar{P}^{(n)} x_0||$$

hat, läßt sich mit Hilfe der Ungleichung (16.6) in die Gestalt (16.4) umformen. Die Konvergenz von $x_n \to x_0$ resultiert aus der Abschätzung (16.4).

Die Hinlänglichkeit ist damit bewiesen.

Übung 16.1. Es ist die im Vergleich zu (16.6) genauere Ungleichung

$$||\bar{P}^{(n)} z|| \leqq \frac{1}{\sqrt{1 - [\Theta(G_n, H_n)]^2}} ||Q^{(n)} z||$$

zu beweisen.

Vor dem Beweis der Notwendigkeit der Bedingungen des Satzes 16.1 formulieren wir noch folgende wichtige Behauptung:

Lemma 16.1. *Es sei T ein vollstetiger Operator in H dergestalt, daß $I - T$ umkehrbar ist. Es seien $\{G_n\}$ und $\{H_n\}$ zwei Folgen abgeschlossener Teilräume von H, wobei die Folge $\{G_n\}$ limitiert dicht ist in H und*

$$\overline{\lim_{n\to\infty}}\, \Theta(G_n, H_n) < 1$$

gilt.

Dann ist die Folge der Unterräume $\{(I - T) G_n\}$ ebenfalls limitiert dicht in H und es gilt

$$\overline{\lim_{n\to\infty}}\, \Theta\left((I - T) G_n, H_n\right) < 1\,.$$

In der Tat, es sind die Bedingungen (1) und (2) des Satzes 16.1 erfüllt und, nach dem Bewiesenen, konvergieren die aus den Bedingungen (16.3) bestimmten Näherungen x_n für jedes $f \in H$ gegen die exakte Lösung x_0 der Gleichung (16.1). Das ist gleichbedeutend damit, daß für beliebiges $f \in H$ der Defekt $(I - T)\,x_n - f$ gegen Null konvergiert. Nun braucht man nur noch auf den Satz 15.2 zu verweisen.

Beweis der Notwendigkeit. Für jedes $f \in H$ gelte die Konvergenz $x_n \to x_0$, was, worauf schon hingewiesen wurde, gleichbedeutend ist mit der Konvergenz der Defekte $(I - T)\,x_n - f$ gegen Null. Wegen Satz 15.2 ist die Folge $\{(I - T)\,G_n\}$ dann limitiert dicht in H und es ist

$$\overline{\lim_{n\to\infty}}\, \Theta\left((I - T)\,G_n, H_n\right) < 1\,.$$

Es sei S ein vollstetiger Operator dergestalt, daß $I - S$ umkehrbar ist. Wegen Lemma 16.1 (anstelle von T steht jetzt S und anstelle von G_n steht $(I - T)\,G_n$) ist die Folge $\{(I - S)\,(I - T)\,G_n\}$ limitiert dicht in H und es gilt

$$\overline{\lim_{n\to\infty}}\, \Theta\left((I - S)\,(I - T)\,G_n, H_n\right) < 1\,.$$

Indem wir S so wählen, daß $(I - S)\,(I - T) = I$ ist, d. h. indem wir $S = -\,T\,(I - T)^{-1}$ setzen, finden wir, daß die Bedingungen (1) und (2) erfüllt sind.

Der Satz 16.1 ist vollständig bewiesen.

Übung 16.2. Es seien T und S derartige vollstetige Operatoren, daß $I - T$ und $I - S$ umkehrbar sind. Weiter seien $\{G_n\}$ und $\{H_n\}$ Folgen abgeschlossener Teilräume in H, $\{G_n\}$ limitiert dicht in H und

$$\overline{\lim_{n\to\infty}}\, \Theta(G_n, H_n) < 1\,.$$

Es ist zu zeigen, daß dann

$$\overline{\lim_{n\to\infty}}\, \Theta\left((I - T)\,G_n, (I - S)\,H_n\right) < 1$$

gilt.

16.3. Zur Konvergenz des Verfahrens von BUBNOW-GALERKIN für Gleichungen mit positiv definitem Hauptteil. Im HILBERT-Raum H betrachten wir die lineare Gleichung

$$A\,u = K\,u + f\,, \tag{16.7}$$

wobei A ein positiv definiter selbstadjungierter Operator ist, d. h., es ist $A^* = A$ und

$$(A\,u, u) \geqq \gamma^2\,\|u\|^2 \qquad (\gamma = \text{const} > 0,\ u \in D(A))\,.$$

Bezüglich des Operators K setzen wir zunächst nur voraus, daß $D(A) \subset D(K)$. Die Näherungslösung der Gleichung (16.7) wird mit Hilfe des Verfahrens von BUBNOW-GALERKIN

$$P_n\,(A\,u_n - K\,u_n - f) = 0 \qquad (u_n \in H_n) \tag{16.8}$$

gesucht, wobei die P_n Orthoprojektoren sind, die H auf die Unterräume $H_n \subset D(A) \subset H$ $(n = 1, 2, \ldots)$ projezieren.

Auf $D(A)$ führen wir ein neues Skalarprodukt

$$(u, v)_A = (A\, u, v)$$

ein. Indem wir $D(A)$ bezüglich dieses Skalarprodukts vervollständigen, erhalten wir einen neuen HILBERT-Raum, den wir mit H_A bezeichnen (das ist der sogenannte FRIEDRICHS-Raum). Es ist bekannt, daß man die erwähnte Vervollständigung mit Hilfe der Elemente aus H durchführen kann; die Menge der Elemente, aus denen H_A besteht, fällt mit $D(A^{1/2})$ zusammen, wobei $A^{1/2}$ derjenige einzige positiv definite selbstadjungierte Operator ist, der der Bedingung $A^{1/2}\, A^{1/2} = A$ genügt. Dabei haben wir für beliebige $u, v \in H_A$

$$(u, v)_A = (A^{1/2}\, u, A^{1/2}\, v)\,, \qquad \|u\|_A = \|A^{1/2}\, u\|\,.$$

Die Unterräume $H_n \subset D(A)$ $(n = 1, 2, \ldots)$ gehen in H_A ein; wir werden voraussetzen, daß sie in H_A abgeschlossen sind. Wir bezeichnen mit P_n^A einen Operator, der H_A im Sinne der Metrik von H_A auf den Unterraum H_n orthogonal projeziert. Es sei bemerkt, daß die Bedingung $P_n\, v = 0$ äquivalent ist der Bedingung $P_n^A\, A^{-1}\, v = 0$. In der Tat, es ist $P_n\, v = 0$ dann und nur dann, wenn $(v, w_n) = 0$ ist für beliebiges $w_n \in H_n$. Nun gilt aber

$$(v, w_n) = (A\, A^{-1}\, v, w_n) = (A^{-1}\, v, w_n)_A$$

und deshalb bedeutet $P_n\, v = 0$, daß $(A^{-1}\, v, w_n)_A = 0$ ist für beliebiges $w_n \in H_n$, d. h. es ist $P_n^A\, A^{-1}\, v = 0$.

Diese Bemerkung erlaubt es, (16.8) in der Gestalt

$$P_n^A\, (u_n - A^{-1}\, K\, u_n - A^{-1}\, f) = 0 \qquad (u_n \in H_n)$$

zu schreiben oder, indem man die Voraussetzung über die Stetigkeit des Operators $A^{-1}\, K$ einführt, in der Form

$$u_n = P_n^A\, T\, u_n + P_n^A\, A^{-1}\, f\,, \tag{16.9}$$

wobei $T = \overline{A^{-1}\, K}$ die Abschließung[1]) des Operators $A^{-1}\, K$ in H_A ist. Das Verfahren von BUBNOW-GALERKIN (16.8) für die Gleichung (16.7) ist somit auf das Verfahren von BUBNOW-GALERKIN (16.9) für die in H_A betrachtete Gleichung

$$u = T\, u + A^{-1}\, f \tag{16.10}$$

zurückgeführt worden.

Bevor wir das aus den angestellten Überlegungen resultierende Ergebnis formulieren, werden wir die beiden folgenden Bemerkungen berücksichtigen.

Erstens: Man kann sich von der Bedingung $H_n \subset D(A)$ $(n = 1, 2, \ldots)$ trennen, indem man sie durch die Bedingung $H_n \subset H_A$ $(n = 1, 2, \ldots)$ ersetzt. Als Näherungslösungen der Gleichung (16.7) werden dann die Elemente $u_n \in H_n$ genommen, die aus der Gleichung (16.9) gewonnen werden.

---

[1]) Die Abschließung eines stetigen linearen Operators ist seine stetige Fortsetzung auf die Abschließung des ursprünglichen Definitionsbereiches.

Zweitens: Es kann sich erweisen, daß die Gleichung (16.10) der Gleichung (16.7) nicht äquivalent ist. Offensichtlich sind die Lösungen der Gleichung (16.7) Lösungen der Gleichung (16.10). Das Umgekehrte gilt nur dann, wenn die Lösungen der Gleichung (16.10) zu $D(A)$ gehören. Im allgemeinen Fall gehören sie nur zu H_A; wir werden sie dann als verallgemeinerte Lösungen der Gleichung (16.7) ansehen.

Übung 16.3. Es sei $D(K) \supset H_A$. Es ist zu zeigen, daß dann die Lösungen der Gleichung (16.10) zu $D(A)$ gehören.

Übung 16.4. Der Operator $K A^{-1}$ sei vollstetig im Raum H und der Operator $A^{-1} K$ vollstetig in H_A, wobei die homogene Gleichung $u = T u$ nur eine Nullösung besitze. Es ist zu zeigen, daß dann die Lösungen der Gleichung (16.10) zu $D(A)$ gehören.

Aus den angestellten Überlegungen und den Resultaten des Punktes **16.1** ergibt sich folgender Satz.

Satz 16.2[1]). *Der Operator $A^{-1} K$ sei vollstetig im Raum H_A und die homogene Gleichung $u = T u$ besitze in H_A nur die Nullösung. Die Folge der Unterräume $\{H_n\}$ sei limitiert dicht in H_A.*

Für hinreichend große n liefert dann das Verfahren von BUBNOW-GALERKIN (16.8) *genau eine Näherung u_n. Die Folge u_n konvergiert in der Norm von H_A gegen die (wirkliche oder verallgemeinerte) Lösung u_0 der Gleichung* (16.7) *mit der Geschwindigkeit*

$$||P_A^{(n)} u_0||_A \leqq ||u_n - u_0||_A \leqq (1 + \varepsilon_n) \, ||P_A^{(n)} u_0||_A ,$$

wobei $\varepsilon_n \to 0$ für $n \to \infty$ und $P_A^{(n)} u = u - P_n^A u$ ist.

Weit verbreitet ist die RITZsche Variationsmethode zur approximativen Lösung der Gleichung

$$A u = f \tag{16.11}$$

mit positiv definitem selbstadjungierten Operator A. Dieses Verfahren beruht auf der Tatsache, daß die Lösung der Gleichung (16.11) mit der Minimumstelle auf H_A des quadratischen Funktionals

$$\Phi(u) = (u, u)_A - (u, f) - (f, u) \tag{16.12}$$

zusammenfällt. Für einen reellen Raum kann man das Funktional $\Phi(u)$ in der Gestalt

$$\Phi(u) = (u, u)_A - 2 \, (u, f)$$

schreiben. Wir bezeichnen mit u_0 die Lösung der Gleichung (16.11). Dann ist

$$\Phi(u) = ||u - u_0||_A^2 - ||u_0||_A^2 . \tag{16.13}$$

Das RITZverfahren besteht in der Auffindung der Minimumstelle u_n für das Funktional (16.12) auf dem Unterraum $H_n \subset H_A$. Wegen (16.13) haben wir

$$u_n = P_n^A u_0 .$$

---

[1]) Dieser Satz ist von S. G. MICHLIN aufgestellt worden.

Die nach dem RITZverfahren gefundene Näherung stimmt somit mit der nach dem Verfahren von BUBNOW-GALERKIN (16.9) bestimmten Näherung überein (im gegebenen Fall ist $T = 0$). Demzufolge kann man alle Sätze über die Anwendung des Verfahrens von BUBNOW-GALERKIN auf die Gleichung (16.11) als Sätze über die Anwendung des RITZverfahrens betrachten.

Eine unmittelbare Analyse des RITZverfahrens, die auf der Untersuchung des quadratischen Funktionals (16.12) beruht, ist in den Monographien von S. G. MICHLIN [2, 3, 5] durchgeführt worden. Dort ist auch eine große Anzahl von Anwendungen der Verfahren von RITZ und BUBNOW-GALERKIN auf verschiedene Randwertprobleme angegeben.

16.4. Ein Lemma über ähnliche Operatoren. Die im HILBERT-Raum H positiv definiten und selbstadjungierten Operatoren A und B heißen *ähnlich*, wenn

$$D(A) = D(B)$$

gilt. Wir nehmen an, daß der inverse Operator B^{-1} vollstetig ist. Es seien $\lambda_1 \leqq \lambda_2 \leqq \cdots \leqq \lambda_n \leqq \cdots$ die Eigenwerte des Operators B ($\lambda_n > 0$ und $\lambda_n \to \infty$ für $n \to \infty$) und $\varphi_1, \ldots, \varphi_n, \ldots$ das entsprechende vollständige orthonormierte System der Eigenelemente ($B\varphi_n = \lambda_n \varphi_n$).

Es sei α eine reelle Zahl. Wir erinnern, daß die gebrochene Potenz B^α des Operators B durch die Formel

$$B^\alpha u = \sum_{i=1}^{\infty} (u, \varphi_i) \lambda_i^\alpha \varphi_i$$

bestimmt wird, wobei B^α auf allen denjenigen Elementen $u \in H$ definiert ist, für die

$$\sum_{i=1}^{\infty} |(u, \varphi_i)|^2 \lambda_i^{2\alpha} < \infty$$

ist. Für $\alpha \geqq 0$ ist der Operator B^α selbstadjungiert und positiv definit, und für $\alpha \leqq 0$ selbstadjungiert und beschränkt. Es ist klar, daß

$$B^1 = B, \qquad B^0 = I, \qquad B^\alpha B^\beta \subset B^{\alpha+\beta}, \qquad (B^\alpha)^{-1} = B^{-\alpha}$$

gilt.

Übung 16.5. Die Operatoren A und B seien ähnlich und B^{-1} sei vollstetig. Es ist zu zeigen, daß dann auch A^{-1} vollstetig ist.

Fundamentale Sätze über ähnliche Operatoren sind von E. HEINZ [1] (siehe ebenfalls M. A. KRASNOSELSKI, P. P. SABREIKO, E. I. PUSTYLNIK und P. E. SOBOLEWSKI [1]) bewiesen worden. Der wichtigste Satz sagt aus, daß aus der Ähnlichkeit der Operatoren A und B die Ähnlichkeit der Operatoren A^α und B^α folgt für alle $\alpha \in [0, 1]$. Hieraus resultiert, daß für $0 \leqq \alpha \leqq 1$ die Operatoren $A^\alpha B^{-\alpha}$ und $B^\alpha A^{-\alpha}$ in H beschränkt sind.

Übung 16.6. Es seien A und B ähnlich. Dann ist $D(A^{1/2}) = D(B^{1/2})$, und deshalb stimmen die Räume H_A und H_B der Zusammensetzung der Elemente nach überein. Es ist die Äquivalenz der Normen dieser Räume zu beweisen.

Übung 16.7. Es seien A und B ähnlich, und $\{\varphi_i\}$ sei ein vollständiges orthonormiertes System der Eigenelemente des Operators B. Es ist zu zeigen, daß für beliebiges $\alpha \in [0, 1]$ die Elemente $\{A^\alpha \varphi_i\}$ in H eine Basis bilden.

Lemma 16.2. *Es seien A und B ähnliche Operatoren, wobei B^{-1} vollstetig ist. Weiter sei $\{\varphi_i\}$ ein vollständiges orthonormiertes System der Eigenelemente des Operators B und H_n die lineare Hülle der Elemente $\varphi_1, \ldots, \varphi_n$. Für beliebige α und β mit $0 \leqq \alpha, \beta \leqq 1$, gilt dann die Beziehung*

$$\overline{\lim_{n\to\infty}}\, \Theta(A^\alpha H_n, A^\beta H_n) < 1 ,$$

wobei $\Theta(A^\alpha H_n, A^\beta H_n)$ die Öffnung der Unterräume $A^\alpha H_n$ und $A^\beta H_n$ ist.

Beweis. Wir bezeichnen mit $P_n^{(\alpha)}$ den Orthoprojektor von H auf $A^\alpha H_n$ $(0 \leqq \alpha \leqq 1)$. $P_n^{(0)} = P_n$ projeziert insbesondere H auf H_n. Es seien $P_\alpha^{(n)} = I - P_n^{(\alpha)}$, $P^{(n)} = I - P_n$. Es ist offensichtlich $P_\alpha^{(n)} A^\alpha P_n = 0$; deshalb gilt

$$P_\alpha^{(n)} A^\alpha = P_\alpha^{(n)} A^\alpha P^{(n)} \qquad (0 \leqq \alpha \leqq 1) . \tag{16.14}$$

Da ferner der Unterraum H_n invariant ist bezüglich B^α, gilt

$$P_n B^\alpha \subset P_n B^\alpha P_n = B^\alpha P_n , \qquad P^{(n)} B^\alpha = P^{(n)} B^\alpha P^{(n)} = B^\alpha P^{(n)} .$$

Es ist ebenfalls leicht zu sehen:

$$\|B^\delta P_n\| = \lambda_n^\delta , \qquad \|P^{(n)} B^{-\delta}\| = \lambda_{n+1}^{-\delta} \quad \text{für} \quad \delta \geqq 0 . \tag{16.15}$$

Wegen $\Theta(A^\alpha H_n, A^\beta H_n) = \Theta(A^\beta H_n, A^\alpha H_n)$ braucht man das Lemma nur unter der zusätzlichen Bedingung $\alpha \geqq \beta$ zu beweisen.

Wir betrachten in H die Gleichung

$$A^\alpha v = f$$

und das entsprechende Verfahren von GALERKIN-PETROW

$$P_n^{(\beta)} (A^\alpha v_n - f) = 0 \qquad (v_n \in H_n) . \tag{16.16}$$

Wir beweisen, daß für jedes $f \in H$ der Defekt $A^\alpha v_n - f$ gegen Null konvergiert. Hieraus folgt wegen Satz 15.2 sofort die Behauptung des zu beweisenden Lemmas.

Wie leicht zu sehen ist, ist die Gleichung $P_n^{(\beta)} z = 0$ äquivalent der Gleichung $P_n^{(\gamma)} A^{\beta-\gamma} z = 0$ $(\beta \leqq \gamma \leqq 1)$. Indem wir diesen Umstand berücksichtigen, können wir die Bedingungen (16.16) in der Gestalt

$$P_n^{(\gamma)} (A^\gamma v_n - A^{\gamma-\alpha} f) = 0 \qquad (v_n \in H_n) \tag{16.17}$$

schreiben, wobei $\gamma = \frac{1}{2}(\alpha + \beta)$ ist. Die Gleichungen (16.17) sind die Gleichungen des Verfahrens von GALERKIN-PETROW (Methode der kleinsten Quadrate) für die Gleichung $A^\gamma v = A^{\gamma-\alpha} f$. Da die Folge der Unterräume $\{A^\gamma H_n\}$ limitiert dicht in H ist (siehe Übung 16.7) und für jedes n

$$\Theta(A^\gamma H_n, A^\gamma H_n) = 0$$

gilt, konvergiert der Defekt $A^\gamma v_n - A^{\gamma-\alpha} f$ wegen Satz 15.2 gegen Null. Die Abschätzung (15.14) hat im gegebenen Fall die Form

$$\|A^\gamma v_n - A^{\gamma-\alpha} f\| \leqq \|P_\gamma^{(n)} A^{\gamma-\alpha} f\| .$$

Wir schätzen die rechte Seite ab. Gemäß (16.14) haben wir

$$\|P_\gamma^{(n)} A^{\gamma-\alpha} f\| = \|P_\gamma^{(n)} A^\gamma P^{(n)} A^{-\alpha} f\| \leqq \|A^\gamma P^{(n)} A^{-\alpha} f\|$$
$$\leqq \|A^\gamma B^{-\gamma}\| \cdot \|B^\gamma P^{(n)} A^{-\alpha} f\| = \|A^\gamma B^{-\gamma}\| \cdot \|P^{(n)} B^{\gamma-\alpha} P^{(n)} B^\alpha A^{-\alpha} f\| .$$

Aus der zweiten Gleichung von (16.15) resultiert deshalb

$$\|A^\gamma v_n - A^{\gamma-\alpha} f\| \leqq \lambda_{n+1}^{\gamma-\alpha} \|A^\gamma B^{-\gamma}\| \cdot \|P^{(n)} B^\alpha A^{-\alpha} f\| .$$

Hieraus erhalten wir

$$\|B^\gamma (v_n - A^{-\alpha} f)\| \leqq \lambda_{n+1}^{\gamma-\alpha} \|B^\gamma A^{-\gamma}\| \cdot \|A^\gamma B^{-\gamma}\| \cdot \|P^{(n)} B^\alpha A^{-\alpha} f\| . \quad (16.18)$$

Wir zeigen $\|B^\alpha (v_n - A^{-\alpha} f)\| \to 0$ für $n \to \infty$. Damit wird auch bewiesen, daß $\|A^\alpha v_n - f\| \to 0$ gilt für $n \to \infty$. Das stellt auch unser Endziel dar. Wir haben

$$B^\alpha (v_n - A^{-\alpha} f) = B^\alpha (P_n + P^{(n)}) (v_n - A^{-\alpha} f)$$
$$= B^{\alpha-\gamma} P_n B^\gamma (v_n - A^{-\alpha} f) - P^{(n)} B^\alpha A^{-\alpha} f ,$$

woraus wegen (16.18) und der ersten Gleichung in (16.15) folgt

$$\|B^\alpha (v_n - A^{-\alpha} f)\| \leqq \left[\|B^\gamma A^{-\gamma}\| \cdot \|A^\gamma B^{-\gamma}\| \left(\frac{\lambda_n}{\lambda_{n+1}}\right)^{\alpha-\gamma} + 1\right] \|P^{(n)} B^\alpha A^{-\alpha} f\| .$$

Die rechte Seite der gewonnenen Abschätzung konvergiert für $n \to \infty$ gegen Null.

Das Lemma ist bewiesen.

16.5. Zur Konvergenzgeschwindigkeit des Verfahrens von Bubnow-Galerkin. Wir setzen die Untersuchung des Verfahrens von Bubnow-Galerkin (16.8) für die Gleichung (16.7) fort. Die Operatoren A und B seien ähnlich und der Operator B^{-1} sei vollstetig. Weiter sei $\{\varphi_i\}$ ein vollständiges System der Eigenelemente von B, das so angeordnet ist, daß die zugehörigen Eigenwerte λ_i wachsen:

$$B \varphi_i = \lambda_i \varphi_i , \qquad 0 < \lambda_1 \leqq \lambda_2 \leqq \cdots \qquad (\lambda_i \to \infty \text{ für } i \to \infty) .$$

Wir nehmen nun an, daß der Operator P_n in der Galerkin-Gleichung (16.8) auf die lineare Hülle H_n der Elemente $\varphi_1, \ldots, \varphi_n$ (orthogonal) projeziert.

Es seien für ein gewisses α_0, $0 \leqq \alpha_0 \leqq 1$, der Operator $A^{\alpha_0-1} K A^{-\alpha_0}$ vollstetig in H und T_{α_0} die Abschließung dieses Operators. Die homogene Gleichung $x = T_{\alpha_0} x$ besitze nur die Nullösung. Dann hat die Gleichung

$$x = T_{\alpha_0} x + A^{\alpha_0-1} f \quad (16.19)$$

genau eine Lösung x_0. Das Element $u_0 = A^{-\alpha_0} x_0$ heißt *verallgemeinerte Lösung der Gleichung* (16.7); ist $u_0 \in D(A)$, dann ist u_0 die wirkliche Lösung.

Unter den gemachten Einschränkungen gilt folgender Satz:

Satz 16.3. *Das Verfahren von* BUBNOW-GALERKIN (16.8) *liefert für hinreichend große n genau eine Näherung u_n. Ist außerdem $u_0 \in D(B^{\alpha_1})$, dann gelten die Abschätzungen*

$$\|P^{(n)} B^\alpha u_0\| \leqq \|B^\alpha (u_n - u_0)\| \leqq c \, \|P^{(n)} B^\alpha u_0\| \qquad (\alpha_0 \leqq \alpha \leqq \alpha_1) \, . \quad (16.20)$$

Der Beweis ist in vielem dem Beweis des Lemmas 16.1 ähnlich. Mit der Bezeichnung $x_n = A^{\alpha_0} u_n$ können wir die Gleichung (16.8) in der Gestalt

$$P_n^{(1-\alpha_0)} (x_n - T_{\alpha_0} x_n - A^{\alpha_0 - 1} f) = 0 \qquad (x_n \in A^{\alpha_0} H_n) \qquad (16.21)$$

schreiben; wir erinnern daran, daß $P_n^{(\alpha)}$ ein Orthoprojektor von H auf $A^\alpha H_n$ ist. Die Relationen (16.21) sind die Gleichungen des Verfahrens von GALERKIN-PETROW für die Gleichung (16.19). Es sind die Konvergenzbedingungen erfüllt (siehe Satz 16.1): die Folge der Unterräume $\{A^{\alpha_0} H_n\}$ ist limitiert dicht in H und wegen Lemma 16.2 gilt

$$\overline{\lim_{n \to \infty}} \, \Theta (A^{\alpha_0} H_n, A^{1-\alpha_0} H_n) < 1 \, .$$

Im gegebenen Fall hat die Abschätzung (16.4) die Form

$$\|x_n - x_0\| \leqq c_0 \, \|P_{\alpha_0}^{(n)} x_0\| \, .$$

Wenn wir die Gleichungen (16.14) und (16.15) verwenden, finden wir

$$\begin{aligned} \|P_{\alpha_0}^{(n)} x_0\| &= \|P_{\alpha_0}^{(n)} A^{\alpha_0} u_0\| \leqq \|A^{\alpha_0} P^{(n)} u_0\| \leqq \|A^{\alpha_0} B^{-\alpha_0}\| \cdot \|B^{\alpha_0} P^{(n)} u_0\| \\ &\leqq \lambda_{n+1}^{\alpha_0 - \alpha} \, \|A^{\alpha_0} B^{-\alpha_0}\| \cdot \|P^{(n)} B^\alpha u_0\| \qquad (\alpha_0 \leqq \alpha \leqq \alpha_1) \, . \end{aligned}$$

Da $\|B^{\alpha_0} (u_n - u_0)\| \leqq \|B^{\alpha_0} A^{-\alpha_0}\| \cdot \|x_n - x_0\|$ ist, gilt die Abschätzung

$$\|B^{\alpha_0} (u_n - u_0)\| \leqq c_1 \lambda_{n+1}^{\alpha_0 - \alpha} \, \|P^{(n)} B^\alpha u_0\| \qquad (\alpha_0 \leqq \alpha \leqq \alpha_1) \, , \qquad (16.22)$$

wobei $c_1 = c_0 \, \|B^{\alpha_0} A^{-\alpha_0}\| \cdot \|A^{\alpha_0} B^{-\alpha_0}\|$ ist. Ferner haben wir

$$B^\alpha (u_n - u_0) = B^\alpha (P_n + P^{(n)}) (u_n - u_0) = B^{\alpha - \alpha_0} P_n B^{\alpha_0} (u_n - u_0) - P^{(n)} B^\alpha u_0 \, ,$$

woraus wegen (16.15) und (16.22)

$$\|B^\alpha (u_n - u_0)\| \leqq \left[c_1 \left(\frac{\lambda_n}{\lambda_{n+1}} \right)^{\alpha - \alpha_0} + 1 \right] \cdot \|P^{(n)} B^\alpha u_0\| \leqq (c_1 + 1) \|P^{(n)} B^\alpha u_0\|$$

resultiert. Wir haben die Abschätzung (16.20) der Norm $\|B^\alpha (u_n - u_0)\|$ nach oben erhalten. Die Abschätzung nach unten ist trivial:

$$\|B^\alpha (u_n - u_0)\| \geqq \|P^{(n)} B^\alpha (u_n - u_0)\| = \|P^{(n)} B^\alpha P^{(n)} (u_n - u_0)\| = \|P^{(n)} B^\alpha u_0\| \, .$$

Der Satz ist bewiesen.

Zusätzlich zu den Abschätzungen (16.20) sei die Beziehung

$$\|P^{(n)} B^\alpha u_0\| = o \, (\lambda_{n+1}^{\alpha - \alpha_1}) \qquad (\alpha_0 \leqq \alpha \leqq \alpha_1)$$

angemerkt, die aus (16.15) resultiert.

Weiterhin sei eine wichtige Folgerung aus den Abschätzungen (16.20) erwähnt. Wenn der Operator $K A^{-1}$ vollstetig in H und der Operator $I - K A^{-1}$ invertierbar ist, dann konvergiert für $n \to \infty$ der Defekt $A u_n - K u_n - f$ gegen Null. In der Tat, die Abschätzungen (16.20) sind für $\alpha = 1$ anwendbar ($\alpha_0 = \alpha_1 = 1$) und deshalb ist

$$\|A u_n - K u_n - f\| \leqq \|(I - K A^{-1}) A B^{-1}\| \cdot \|B (u_n - u_0)\| \to 0 .$$

Für eine beliebige Koordinatenfolge kann man nur behaupten, daß die Näherungen u_n in der Metrik H_A gegen die exakte Lösung konvergieren (Satz 16.2). Der Defekt braucht nicht gegen Null zu konvergieren. Die Tatsache, daß für die oben betrachtete Koordinatenfolge der Defekt gegen Null konvergiert, ist zuerst von S. G. Michlin aufgezeigt worden.

Übung 16.8. Es ist zu beweisen, daß der Operator $A^{-1/2} K A^{-1/2}$ dann und nur dann in H vollstetig ist, wenn der Operator $A^{-1} K$ in H_A vollstetig ist.

Übung 16.9. Es seien α_0 und α_0' zwei Werte des Parameters α ($0 \leqq \alpha \leqq 1$), für die $A^{\alpha-1} K A^{-\alpha}$ in H vollstetig ist. Es ist zu zeigen, daß der Operator $I - T_{\alpha_0}$ dann und nur dann invertierbar ist, wenn der Operator $I - T_{\alpha_0'}$ invertierbar ist.

Übung 16.10. Es sei $K A^{-1}$ in H vollstetig und $I - K A^{-1}$ invertierbar. Es ist zu zeigen, daß dann alle verallgemeinerten Lösungen der Gleichung (16.7) wirkliche Lösungen sind, d. h. daß sie zu $D(A)$ gehören und der Gleichung (16.7) genügen.

Übung 16.11. Es sei $K = 0$. Es ist zu zeigen, daß dann die Abschätzungen

$$\|B^\alpha (u_n - u_0)\| \leqq (1 + \|B^{1/2} A^{-1/2}\| \cdot \|A^{1/2} B^{-1/2}\|) \|P^{(n)} B^\alpha u_0\| \qquad (1/2 \leqq \alpha \leqq 1),$$

$$\|u_n - u_0\| \leqq \lambda_{n+1}^{-1} \|B A^{-1}\| \cdot \|A u_n - f\|,$$

$$\|u_n - u_0\|_A \leqq \lambda_{n+1}^{-1/2} \|B^{1/2} A^{-1/2}\| \cdot \|A u_n - f\|$$

gelten.

Übung 16.12. Das Randwertproblem

$$-(p(t) u')' + q(t) u' + r(t) u = f(t), \qquad u(0) = u(1) = 0$$

wird mit Hilfe des Verfahrens von Bubnow-Galerkin gelöst, wobei die Funktionen $\varphi_i(t) = \sin i \pi t$ ($i = 1, 2, \ldots$) als Koordinatenfolge dienen. Es seien $p(t) > 0$, $p(t) \in L_2^{(2)}$, $q(t)$, $r(t)$, $f(t) \in L_2^{(1)}$, wobei $L_2^{(i)}$ ($i = 1, 2, \ldots$) die Menge der ($i - 1$)-mal absolut stetig differenzierbarer Funktionen $x(t)$ ist, für die $x^{(i)}(t) \in L_2[0, 1]$ gilt. Schließlich habe die gestellte Aufgabe genau eine Lösung $u_0(t)$. Es sind die Abschätzungen

$$\|u_n - u_0\| \leqq c\, n^{-5/2}, \qquad \|u_n' - u_0'\| \leqq c\, n^{-3/2}, \qquad \|u_n'' - u_0''\| \leqq c\, n^{-1/2}$$

zu beweisen. Es ist zu zeigen, daß diese Abschätzungen eine genaue Ordnung haben, wenn $u_0''(0) \neq 0$ oder $u_0''(1) \neq 0$ ist.

Anleitung. Es ist $H = L_2[0, 1]$, $A u = -(p(t) u')'$, $K u = q(t) u' + r(t) u$, $B u = u''$ und $D(A) = D(B) = \mathring{L}_2^{(2)}$ zu setzen, wobei $\mathring{L}_2^{(2)}$ die Menge der Funktionen aus $L_2^{(2)}$ ist, die den Bedingungen $u(0) = u(1) = 0$ genügen. Es ist die Vollstetigkeit der Operatoren $K A^{-1}$ und $A^{-1} K$ in $L_2[0, 1]$ zu beweisen unter Verwendung der Abschätzungen (16.20) für $\alpha = 0$, $\alpha = 1/2$ und $\alpha = 1$ und für diese Werte α die Norm $\|P^{(n)} B u_0\|$ nach oben und nach unten abzuschätzen.

Die Abschätzungen (16.20) sowie das Lemma 16.2 sind von G. M. Wainikko [2, 15] aufgestellt worden.

16.6. Regelmäßige Operatoren. Wir nennen den im separablen Hilbert-Raum H gelegenen linearen stetigen Operator L *regelmäßig*, wenn für eine beliebige in H limitiert dichte Folge endlichdimensionaler Unterräume $\{H_n\}$ die Beziehung

$$\overline{\lim_{n\to\infty}}\, \Theta(L H_n, H_n) < 1 \tag{16.23}$$

erfüllt ist. Es zeigt sich (siehe Übungen 16.13—16.16), daß ein regelmäßiger Operator stetig invertierbar ist.

Übung 16.13. Es sei L ein regelmäßiger Operator. Es ist zu zeigen, daß dann $R(L)$ in H dicht ist und L^{-1} auf $R(L)$ existiert.

Übung 16.14. Es sei L ein linearer stetiger Operator. L^{-1} existiere auf $R(L)$ und sei unbeschränkt. Es ist zu zeigen, daß dann

$$\inf_{u\in H,\, u\perp H_n} \frac{|(L u, u)|}{\|L u\| \cdot \|u\|} = 0 \tag{16.24}$$

gilt, wobei H_n ein beliebiger endlichdimensionaler Unterraum von H ist.

Übung 16.15. Für einen beliebigen endlichdimensionalen Unterraum H_n gelte (16.24). Es ist zu zeigen, daß sich dann in H eine Folge $\{v_n\}$ finden läßt, die folgende Eigenschaften besitzt:

a) es konvergiert $v_n \to 0$ schwach, $\|v_n\| = 1$,

b) es konvergiert $\dfrac{L v_n}{\|L v_n\|} \to 0$ schwach,

c) es konvergiert $\dfrac{|(L v_n, v_n)|}{\|L v_n\|} \to 0$.

Übung 16.16. Es lasse sich in H eine Folge $\{v_n\}$ finden, die die Eigenschaften a)—c) der Übung 16.15 besitzt. Es ist zu zeigen, daß dann L kein regelmäßiger Operator ist.

Ein regelmäßiger Operator überführt in H limitiert dichte Folgen von Unterräumen in limitiert dichte Folgen. Deshalb können wir unter Berücksichtigung des Satzes 15.2 die Klasse der regelmäßigen Operatoren L dadurch charakterisieren, daß der Defekt $L u_n - f$ (und demzufolge auch der Fehler $u_n - L^{-1} f$) im Verfahren von Bubnow-Galerkin

$$P_n (L u_n - f) = 0 \qquad (u_n \in H_n = P_n H) \tag{16.25}$$

für die Gleichung $L u = f$ für $n \to \infty$ gegen Null konvergiert für jedes $f \in H$ und jede in H limitiert dichte Folge endlichdimensionaler Unterräume $\{H_n\}$. (Wir erinnern, daß im Verfahren von Bubnow-Galerkin P_n ein Orthoprojektor ist).

Satz 16.4. *Ein stetiger Operator L ist dann und nur dann regelmäßig, wenn man ihn in der Form*

$$L = \gamma I + S + T \tag{16.26}$$

darstellen kann, wobei $\gamma = \text{const} \neq 0$, *S ein linearer stetiger Operator*, $||S|| < |\gamma|$ *und T ein linearer vollstetiger Operator ist.*

Beweis der Hinlänglichkeit. Es gelte die Darstellung (16.26). Wir zeigen, daß für eine beliebige in H limitiert dichte Folge von Unterräumen $\{H_n\}$ die Bedingung (16.23) erfüllt ist. Zunächst beweisen wir

$$\overline{\lim_{n\to\infty}}\, \Theta\left((\gamma I + S) H_n, H_n\right) < 1 . \tag{16.27}$$

Dazu braucht wegen Satz 15.2 für beliebiges $f \in H$ im Verfahren von Bubnow-Galerkin

$$P_n (\gamma u_n + S u_n - f) = 0 \qquad (u_n \in H_n) \tag{16.28}$$

für die Gleichung

$$\gamma u + S u = f \tag{16.29}$$

nur der Defekt $\gamma u_n + S u_n - f$ für $n \to \infty$ gegen Null zu konvergieren. Die Bedingungen (16.28) sind äquivalent der Gleichung

$$\gamma u_n + P_n S u_n = P_n f .$$

Wegen $||P_n S|| \leqq ||S|| < |\gamma|$ sind die Operatoren $\gamma I + P_n S$ und $\gamma I + S$ in H invertierbar, wobei

$$||(\gamma I + P_n S)^{-1}|| \leqq \frac{1}{|\gamma| - ||S||} \tag{16.30}$$

gilt. Die Gleichungen (16.28) und (16.29) haben somit entsprechend die einzigen Lösungen u_n und u_0. Offensichtlich ist

$$(\gamma I + P_n S)(u_0 - u_n) = P^{(n)} u_0 \qquad (P^{(n)} = I - P_n) ,$$

woraus wir wegen (16.30) und der limitierten Dichte von $\{H_n\}$

$$||u_n - u_0|| \leqq \frac{1}{|\gamma| - ||S||} ||P^{(n)} u_0|| \to 0 \quad \text{für} \quad n \to \infty$$

erhalten. Gleichzeitig haben wir

$$\gamma u_n + S u_n - f = (\gamma I + S)(u_n - u_0) \to 0 \quad \text{für} \quad n \to \infty .$$

Die Beziehung (16.27) ist bewiesen. Es ist auch klar, daß $\{(\gamma I + S) H_n\}$ eine in H limitiert dichte Folge von Unterräumen ist (diese Tatsache kann man auch als Folgerung aus dem Satz 15.2 erhalten). Es ist aber

$$L H_n = (\gamma I + S + T) H_n = (I + T_1)(\gamma I + S) H_n ,$$

wobei $T_1 = T (\gamma I + S)^{-1}$ ein vollstetiger Operator ist. Es ist ebenfalls leicht zu sehen, daß die Invertierbarkeit des Operators L die Invertierbarkeit des Operators $I + T_1$ nach sich zieht. Wegen Lemma 16.1 folgt deshalb aus (16.27)

$$\overline{\lim_{n\to\infty}}\, \Theta(L H_n, H_n) = \overline{\lim_{n\to\infty}}\, \Theta\left((I + T_1)(\gamma I + S) H_n, H_n\right) < 1 .$$

Die Hinlänglichkeit des Satzes 16.4 ist bewiesen. Zum Beweis der Notwendigkeit verweisen wir den Leser auf die Arbeit von G. M. Wainikko [8] oder schlagen vor, die Aufgaben zu lösen, die in den Übungen 16.17—16.18 enthalten sind, und aus denen die Notwendigkeit der Bedingungen des Satzes 16.4 auf triviale Weise folgt.

Übung 16.17. Für den linearen stetigen und stetig invertierbaren Operator A existiere nicht die Darstellung $\alpha A = I + S$ mit $\alpha = \text{const} \neq 0$, $\|S\| < 1$ sind. Es ist zu zeigen, daß dann $\inf\limits_{u \in H} \dfrac{|(A u, u)|}{\|u\|^2} = 0$ ist.

Hinweis. Nach der Voraussetzung läßt sich für jedes von Null verschiedenes α ein Element $v = v(\alpha) \in H$ finden, für das $\|\alpha A v - v\| \geqq 1 - |\alpha|^2 \cdot \|A v\|^2$ oder

$$\operatorname{Im} \alpha \operatorname{Im} (A v, v) - \operatorname{Re} \alpha \operatorname{Re} (A v, v) + |\alpha|^2 \|A v\|^2 \geqq 0$$

ist. Indem wir diese Ungleichung und die Konvexität der Menge

$$\Omega = \{\lambda : \lambda = (A v, v), v \in H, \|v\| = 1\}$$

(siehe M. H. STONE [1]) berücksichtigen, ist zu beweisen, daß auf jeder Geraden, die durch die Null der komplexen Ebene geht, sich wenigstens ein Punkt der Abschließung $\bar{\Omega}$ befindet und hieraus ist dann die Schlußfolgerung zu ziehen, daß $0 \in \bar{\Omega}$ ist.

Übung 16.18. Der stetige und stetig invertierbare Operator L lasse nicht die Darstellung (16.26) zu. Es ist zu zeigen, daß sich dann in H eine Folge $\{v_n\}$ finden läßt, die die Eigenschaften (a)—(c) aus der Übung 16.15 besitzt.

Hinweis. Es sei $\{H_n\}$ eine in H limitiert dichte Folge endlichdimensionaler Unterräume und $P^{(n)}$ der der orthogonalen Ergänzung $H^{(n)} = H \ominus H_n$ entsprechende Orthoprojektor. Für beliebige α und n haben wir $\|P^{(n)} (\alpha L - I)\| \geqq 1$ (warum?), d. h., für den in $H^{(n)}$ betrachteten Operator $A_n = P^{(n)} L$ sind die Bedingungen der Übung 16.17 erfüllt. Deshalb kann man $v_n \in H^{(n)}$ dergestalt wählen, daß $\|v_n\| = 1$ und $|(A_n v_n, v_n)| < 1/n$. Es ist zu zeigen, daß die Folge $\{v_n\}$ die notwendigen Eigenschaften hat.

Übung 16.19. Es ist das Beispiel eines unitären Operators zu konstruieren, der nicht regelmäßig ist.

Übung 16.20. Es sei L ein regelmäßiger Operator. Es ist zu zeigen, daß dann für das Verfahren von BUBNOW-GALERKIN (16.25) die Abschätzung

$$\|P^{(n)} u_0\| \leqq \|u_n - u_0\| \leqq c \, \|P^{(n)} u_0\|$$

gilt, wobei $c = \text{const}$ und $P^{(n)} = I - P_n$.

Übung 16.21. Es sei L ein unbeschränkter stetig invertierbarer Operator in H ($R(L) = H$). Es ist zu zeigen, daß sich dann eine derartige Folge endlichdimensionaler Unterräume $H_n \subset D(L)$ finden läßt, daß $\{H_n\}$ und $\{L H_n\}$ in H limitiert dicht sind, aber der Defekt $L u_n - f$ im Verfahren von BUBNOW-GALERKIN (16.25) für die Gleichung $L u = f$ für ein gewisses $f \in H$ bei $n \to \infty$ nicht gegen Null konvergiert.

Der Begriff des regelmäßigen Operators ist (in einer etwas anderen Formulierung) von N. I. POLSKI eingeführt worden. Von ihm sind auch gewisse einfache hinreichende Bedingungen für die Regelmäßigkeit von Operatoren angegeben worden. Die vollständige Beschreibung der Klasse regelmäßiger Operatoren, die den Satz 16.4 liefert, ist von G. M. WAINIKKO [8] vorgenommen worden. Die Beschränktheit des inversen Operators eines regelmäßigen Operators ist von G. M. WAINIKKO und J. B. UMANSKI [1] bewiesen worden.

16.7. Zur Konvergenzgeschwindigkeit des Verfahrens von Galerkin-Petrow. Wir betrachten die Gleichung

$$L\,u \equiv A\,u - K\,u = f\,, \tag{16.31}$$

wobei A und K lineare Operatoren aus dem Banach-Raum E in den Hilbert-Raum H sind, mit in E dichten Definitionsgebieten $D(A) \subset D(K)$. Wir setzen voraus, daß A invertierbar, A^{-1} beschränkt und auf ganz H definiert, der Operator $K\,A^{-1}$ in H vollstetig und 1 kein Eigenwert von ihm ist. Hieraus folgt die Invertierbarkeit von L; der Operator $L^{-1} = A^{-1}\,(I - K\,A^{-1})^{-1}$ ist beschränkt und auf ganz H definiert.

Die Gleichung (16.31) lösen wir mit Hilfe des Verfahrens von Galerkin-Petrow. Es seien $\{E_n\}$ und $\{H_n\}$ zwei Folgen endlichdimensionaler Unterräume, $E_n \subset D(A) \subset E$, $H_n \subset H$ $(n = 1, 2, \ldots)$ und P_n der Orthoprojektor von H auf H_n. Die Näherungslösung wird aus den Bedingungen

$$P_n\,(L\,u_n - f) = 0 \qquad (u_n \in E_n) \tag{16.32}$$

gesucht.

Satz 16.5[1]). *Die Folgen der Unterräume $\{E_n\}$ und $\{H_n\}$ seien durch die Beziehung*

$$H_n = (I - S)\,A\,E_n \qquad (n = 1, 2, \ldots) \tag{16.33}$$

miteinander verknüpft, wobei S ein vollstetiger Operator in H ist, für den 1 kein Eigenwert ist. Die Unterraumfolge $\{A\,E_n\}$ sei limitiert dicht in H.

Für hinreichend große n existiert dann genau eine Näherung u_n, die den Bedingungen (16.32) *genügt, und es gilt die Abschätzung*

$$\|B\,(u_n - u_0)\| \leqq c\,\|R^{(n)}\,(I - S)^{-1}\,(B\,L^{-1})^*\| \cdot \|R^{(n)}\,A\,u_0\|\,, \tag{16.34}$$

wobei u_0 die exakte Lösung der Gleichung (16.31), *$R^{(n)} = I - R_n$, R_n ein Orthoprojektor von H auf $A\,E_n$ und B ein beliebiger linearer Operator mit dem Definitionsbereich $D(B) \supset D(A)$ in E und dem Wertebereich in einem gewissen Banach-Raum E' dergestalt ist, daß $B\,L^{-1}$ ein beschränkter Operator ist.*

Beweis. Es ist leicht zu sehen, daß für das Verfahren von Galerkin-Petrow (16.32) die Bedingungen des Satzes 15.2 erfüllt sind: Die Unterraumfolge $\{L\,E_n\}$ ist limitiert dicht in H und es gilt (siehe Übung 16.2)

$$\overline{\lim_{n\to\infty}}\,\Theta\,(L\,E_n, H_n) = \overline{\lim_{n\to\infty}}\,\Theta\,((I - K\,A^{-1})\,A\,E_n, (I - S)\,A\,E_n) < 1\,.$$

Wir nehmen als Grundlage die Abschätzung (15.14) aus dem Satz 15.2:

$$\|L\,u_n - f\| \leqq c_1\,\|Q^{(n)}\,f\|\,.$$

Hier ist $Q^{(n)} = I - Q_n$ und Q_n der $L\,E_n$ entsprechende Orthoprojektor. Diese Abschätzung werden wir nun umformen. Aus den Definitionen der Operatoren

[1]) Die Punkte 16.7 und 16.8 sind auf der Grundlage des Artikels von G. M. Wainikko [14] geschrieben worden.

$Q^{(n)}$ und R_n folgt, daß $Q^{(n)}(I - K A^{-1}) R_n = 0$ ist; deshalb gilt

$$\|Q^{(n)} f\| = \|Q^{(n)}(I - K A^{-1}) A u_0\| = \|Q^{(n)}(I - K A^{-1}) R^{(n)} A u_0\| \leqq \|I - K A^{-1}\| \cdot \|R^{(n)} A u_0\|$$

und

$$\|L u_n - f\| \leqq c_2 \|R^{(n)} A u_0\| \qquad (c_2 = c_1 \| I - K A^{-1}\|) . \tag{16.35}$$

Da ferner nach den Bedingungen (16.32) $P_n (L u_n - f) = 0$ ist, gilt

$$B (u_n - u_0) = B L^{-1} (L u_n - f) = B L^{-1} P^{(n)} (L u_n - f) ,$$

wobei $P^{(n)} = I - P_n$ ist. Zusammen mit (16.35) ergibt dies die Abschätzung

$$\|B (u_n - u_0)\| \leqq c_2 \|B L^{-1} P^{(n)}\| \cdot \|R^{(n)} A u_0\| . \tag{16.36}$$

Aus der Definition der Operatoren $P^{(n)}$ und R_n und der Beziehung (16.33) folgt $P^{(n)} (I - S) R_n = 0$. Hieraus schließen wir

$$P^{(n)} = P^{(n)} (I - S) R^{(n)} (I - S)^{-1}$$

oder, indem wir zu den adjungierten Operatoren übergehen,

$$P^{(n)} = (I - S^*)^{-1} R^{(n)} (I - S^*) P^{(n)}$$

($P^{(n)}$ und $R^{(n)}$ sind als Orthoprojektoren selbstadjungiert). Damit wäre

$$B L^{-1} P^{(n)} = B L^{-1} (I - S^*)^{-1} R^{(n)} (I - S^*) P^{(n)}$$

oder, wenn wir wieder zu den adjungierten Operatoren übergehen,

$$(B L^{-1} P^{(n)})^* = P^{(n)} (I - S) R^{(n)} (I - S)^{-1} (B L^{-1})^* .$$

Es gilt also

$$\|B L^{-1} P^{(n)}\| = \|(B L^{-1} P^{(n)})^*\| \leqq \|I - S\| \cdot \|R^{(n)} (I - S)^{-1} (B L^{-1})^*\|,$$

und, wenn wir diesen Ausdruck in (16.36) einsetzen, gelangen wir zu der Abschätzung (16.34).

Der Satz ist bewiesen.

Übung 16.22. Es ist zu zeigen, daß unter den Voraussetzungen des Satzes 16.5 die Norm $\|B (u_n - u_0)\|$ nicht langsamer gegen Null konvergiert, als die Norm $\|A (u_n - u_0)\|$.

16.8. Die Momentenmethode. In diesem Punkt werden wir eine Anwendung des Satzes 16.5 auf Randwertprobleme angeben.

Wie auch im Punkt 15.7 betrachten wir die Differentialgleichung

$$L u \equiv u^{(m)} - \sum_{k=0}^{m-1} p_k(t) u^{(k)} = f(t) \tag{16.37}$$

mit den linearen homogenen Randbedingungen

$$\sum_{k=0}^{m-1} [\alpha_{ik} u^{(k)}(a) + \beta_{ik} u^{(k)}(b)] = 0 \qquad (i = 1, \ldots, m) . \tag{16.38}$$

Wie früher werden wir voraussetzen, daß die Gleichung $u^{(m)} = 0$ mit den Randbedingungen (16.38) nur die Nullösung besitzt.

Die Momentenmethode besteht im folgenden. Die Näherungslösung des Randwertproblems (16.37)—(16.38) wird in der Form

$$u_n(t) = \sum_{j=0}^{n} \xi_j \varphi_j(t) \tag{16.39}$$

gesucht, wobei $\varphi_j(t)$ ein Polynom vom Grade $m + j$ ist, das den Randbedingungen (16.38) genügt. Außer $L u$ sei noch der zweite Differentialausdruck

$$M u \equiv u^{(m)} - \sum_{j=0}^{m-1} q_j(t)\, u^{(j)}$$

gegeben. Die Konstanten ξ_i lassen sich aus den Bedingungen

$$\int_a^b (L u_n - f)\, M \varphi_i \, dt = 0 \qquad (i = 0, \ldots, n) \tag{16.40}$$

bestimmen, die dem System linearer Gleichungen

$$\sum_{j=0}^{n} \left(\int_a^b L \varphi_j \, M \varphi_i \, dt \right) \xi_j = \int_a^b f \, M \varphi_i \, dt \qquad (i = 0, \ldots, n) \tag{16.41}$$

äquivalent sind. Für praktische Rechnungen sind die Fälle $q_j(t) = p_j(t)$ und $q_j(t) = 0$ $(j = 0, 1, \ldots, m-1)$ besonders interessant. Im ersten Fall geht die Momentenmethode in die Methode der kleinsten Quadrate über, und der zweite Fall ist dadurch interessant, daß die Aufstellung des Systems (16.41) vereinfacht wird, denn dann kann man annehmen, daß $M \varphi_i = t^i$ $(i = 0, 1, \ldots)$ ist[1]).

Wir bezeichnen mit $L_2^{(i)}$ $(i \geqq 0)$ die Menge der auf $[a, b]$ $(i-1)$-mal absolut stetig differenzierbaren Funktionen $u(t)$, für die $u^{(i)}(t) \in L_2[a, b]$ gilt. Die Norm $||u(t)||$ bedeute hier die Norm in $L_2^{(0)} = L_2[a, b]$.

Satz 16.6[2]). *Jeder Koeffizient* $p_j(t)$ *sei* j*-mal stetig differenzierbar,* $f(t) \in L_2^{(0)}$ *und*

$$q_j(t) \in L_2^{(h)} \qquad (j = 0, \ldots, m-1;\, 0 \leqq h \leqq m)\,.$$

Jede der homogenen Gleichungen $L u = 0$ *und* $M u = 0$ *habe für die Randbedingungen* (16.38) *nur die Nullösung.*

Für hinreichend große n *ist dann das Gleichungssystem* (16.41) *eindeutig lösbar und es gelten die Abschätzungen*

$$||u_n^{(j)}(t) - u_0^{(j)}(t)|| \leqq c\, n^{j-m}\, l_n(u_0^{(m)}) \qquad (j = m-h, \ldots, m)\,, \tag{16.42}$$

$$\max_{a \leqq t \leqq b} |u_n^{(j)}(t) - u_0^{(j)}(t)| \leqq c\, n^{j-m+1/2}\, l_n(u_0^{(m)}) \qquad (j = m-h, \ldots, m-1)\,, \tag{16.43}$$

---

[1]) Richtiger wäre es, (16.39)—(16.41) die Methode der verallgemeinerten Momente zu nennen, wobei aber für den Fall $q_j(t) \equiv 0$ $(j = 0, 1, \ldots, m-1)$ die Bezeichnung „Momentenmethode" erhalten bleibt.

[2]) Ein ähnliches Resultat ist früher für den Fall $q_j(t) \equiv 0$ $(j = 0, 1, \ldots, m-1)$ von I. K. Daugawet [3] erzielt worden.

wobei $u_0(t)$ die exakte Lösung des Randwertproblems (16.37)—(16.38) *und*

$$l_n(z) = \min_{\gamma_0, \ldots, \gamma_n} \left\| z(t) - \sum_{j=0}^{n} \gamma_j t^j \right\|$$

die beste mittlere quadratische Näherung der Funktion $z(t)$ durch Polynome vom Grade $\leq n$ ist.

Im weiteren wird folgende einfache Abschätzung der mittleren quadratischen Näherung für Funktionen verwendet:

$$l_n(z) \leq c_i n^{-i} \|z^{(i)}(t)\| \qquad \left(z(t) \in L_2^{(i)}\right). \tag{16.44}$$

Beweis des Satzes 16.6. Das Randwertproblem (16.37)—(16.38) betrachten wir wie die Gleichung (16.31) im Raum $E = H = L_2[a, b]$, indem wir

$$A u = u^{(m)}, \qquad K u = \sum_{k=0}^{m-1} p_k(t) u^{(k)}$$

setzen und als Definitionsgebiet $D(A) = D(K)$ die Menge der Funktionen aus $L_2^{(m)}$ wählen, die den Randbedingungen (16.38) genügen.

Bekanntlich ist

$$A^{-1} x = \int_a^b G(t, s) x(s) ds,$$

wobei $G(t, s)$ die Greensche Funktion des Differentialausdrucks $u^{(m)}$ unter den Randbedingungen (16.38) bezeichnet. Die Operatoren

$$K A^{-1} x = \int_a^b T(t, s) x(s) ds \qquad \left(T(t, s) = \sum_{k=0}^{m-1} p_k(t) \frac{\partial^k G(t, s)}{\partial t^k}\right)$$

und

$$S x = \int_a^b S(t, s) x(s) ds \qquad \left(S(t, s) = \sum_{k=0}^{m-1} q_k(t) \frac{\partial^k G(t, s)}{\partial t^k}\right)$$

sind vollstetig in $L_2[a, b]$ als Integraloperatoren mit quadratisch summierbaren Kernen. Die Zahl 1 ist kein Eigenwert der Operatoren $K A^{-1}$ und S. In der Tat, hätte zum Beispiel die Gleichung $x = S x$ eine Nichtnullösung x, dann wäre die Funktion $u = A^{-1} x$ eine nichttriviale Lösung der Gleichung $M u = 0$ mit den Randbedingungen (16.38), was nach der Voraussetzung des Satzes nicht möglich ist.

Die Momentenmethode (16.39)—(16.40) ist das Verfahren von Galerkin-Petrow (16.32), in dem E_n die lineare Hülle der Polynome $\varphi_0(t), \ldots, \varphi_n(t)$ und H_n die lineare Hülle der Funktionen $M \varphi_0, \ldots, M \varphi_n$ ist. Diese Unterräume sind durch die Beziehung (16.33) miteinander verknüpft, in der S der soeben definierte Integraloperator ist. Der Unterraum $A E_n$ besteht aus Polynomen mit der Potenz $\leq n$ und die Folge $\{A E_n\}$ ist offensichtlich limitiert dicht in $L_2[a, b]$. Es ist also der Satz 16.5 anwendbar.

Der im Satz 16.5 erklärte Projektor R_n projeziert im gegebenen Fall orthogonal in den Unterraum der Polynome von der Potenz $\leqq n$, d. h. es ist $\|R^{(n)} z\| = l_n(z)$. Die Abschätzungen (16.42) leiten wir aus den Abschätzungen (16.34) her, indem wir zeigen, daß für die in $L_2[a, b]$ gelegenen Operatoren

$$B_j = \frac{d^j}{dt^j}$$

die Ungleichungen

$$\|R^{(n)} (I - S)^{-1} (B_j L^{-1})^*\| \leqq c\, n^{j-m} \qquad (j = m - h, \ldots, m)$$

gelten. Wegen (16.44) ist hierfür hinreichend, daß die Operatoren

$$B_{m-j} (I - S)^{-1} (B_j L^{-1})^* \qquad (j = m - h, \ldots, m) \tag{16.45}$$

auf ganz $L_2[a, b]$ definiert und beschränkt sind. Wir skizzieren den Beweis dieser Tatsache.

Es sei $K(t, s)$ die Greensche Funktion für den Differentialausdruck $L u$ unter den Randbedingungen (16.38). Da die Koeffizienten $p_j(t)$ $(j = 0, \ldots, m - 1)$ j-mal stetig differenzierbar sind, so[1]) hat $K(t, s)$ im Quadrat $a \leqq t, s \leqq b$ stetige gemischte Ableitungen der Ordnungen $\leqq m - 2$ und die Ableitungen der Ordnung $m - 1$ und m besitzen für $t = s$ einen endlichen Sprung. Hieraus läßt sich ohne Schwierigkeiten ableiten, daß $B_i (B_j L^{-1})^*$ für $i + j \leqq m$ ein beschränkter und auf ganz $L_2[a, b]$ definierter Operator ist. Das bedeutet insbesondere, daß $(B_j L^{-1})^*$ den Raum $L_2[a, b]$ in $L_2^{(m-j)}$ $(j = 0, \ldots, m)$ abbildet.

Andererseits läßt sich leicht nachprüfen, daß infolge der Bedingung $q_j(t) \in L_2^{(h)}$ $(j = 0, \ldots, m - 1)$ der Operator $(I - S)^{-1}$ jede Menge $L_2^{(m-j)}$ $(j = m - h, \ldots, m)$ in sich abbildet, wobei die Ungleichungen

$$\|B_{m-j} (I - S)^{-1} z\| \leqq c' \sum_{i=0}^{m-j} \|B_i z\| \qquad (z \in L_2^{(m-j)};\ j = m - h, \ldots, m)$$

gelten.

Aus dem Gesagten folgt die Beschränktheit der Operatoren (16.45) in $L_2[a, b]$, und hiermit sind die Abschätzungen (16.42) bewiesen.

Die Abschätzungen (16.43) sind eine Folgerung der Abschätzungen (16.42) und der leicht zu beweisenden Ungleichung

$$\max_{a \leqq t \leqq b} |z(t)| \leqq \left[\frac{\|z(t)\|^2}{b - a} + 2\, \|z(t)\| \cdot \|z'(t)\|\right]^{1/2} \qquad (z(t) \in L_2^{(1)}).$$

Der Beweis des Satzes 16.6 ist abgeschlossen.

Übung 16.23. Es ist ein zu 16.6 analoger Satz zu formulieren, der auf die Methode der kleinsten Quadrate anwendbar ist.

---

[1]) Es sei hier angemerkt, daß eine detaillierte Analyse der Differentialeigenschaften der Greenschen Funktion für den Differentialoperator L für allgemeinere Randbedingungen als (16.38) in der Dissertation von A. J. Lewin und in dem Artikel von J. W. Pokorny [4] durchgeführt wurde.

§ 17. Das GALERKIN-Verfahren mit Störungen und die allgemeine Theorie der Näherungsverfahren

17.1. Die Aufgabenstellung. In diesem Paragraphen wird unsere Aufmerksamkeit auf die Untersuchung von Näherungsverfahren in Anwendung auf die Gleichung

$$x = Tx + f \tag{17.1}$$

konzentriert, wobei T ein linearer stetiger Operator im BANACH-Raum E ist. Es sei $\{E_n\}$ eine Folge abgeschlossener Teilräume von E. Als Näherungslösungen der Gleichung (17.1) werden die Lösungen der Gleichungen

$$x_n = T_n x_n + f_n \tag{17.2}$$

genommen, wobei T_n ein linearer stetiger Operator in E_n ist, $f_n \in E_n$.

Als Charakteristik der Annäherung der Gleichungen (17.1) und (17.2) kann nicht die Differenz der Operatoren T und T_n dienen, da diese Operatoren in verschiedenen Räumen gelegen sind. Es sei P_n ein (i.a. unbeschränkter) Projektor auf den Unterraum E_n:

$$P_n z \in E_n \quad \text{für} \quad z \in D(P_n)\,, \qquad P_n z_n = z_n \quad \text{für} \quad z_n \in E_n \subset D(P_n)\,.$$

Im weiteren werden wir überall, wenn nichts besonderes gesagt wird, voraussetzen, daß $f \in D(P_n)$, $T\,E \subset D(P_n)$ und daß $P_n T$ ein in E (also auch in E_n) beschränkter Operator ist. Jeden der Operatoren T und T_n kann man mit $P_n T$ vergleichen, indem wir ihn entsprechend als Operator in E oder in E_n betrachten. Als Charakteristik für die Annäherung der Gleichungen (17.1) und (17.2) ist also die Norm des Operators $S_n = T_n - P_n T$ in E_n und die Norm des Operators $U_n = T - P_n T$ in E zu nehmen, sowie die Normen $\|f_n - P_n f\|$ und $\|f - P_n f\|$. Mit anderen Worten, jede Gleichung (17.1) und (17.2) wird mit der GALERKIN-Gleichung

$$x_n = P_n T x_n + P_n f \tag{17.3}$$

verglichen. Im Unterschied zu den Gleichungen (17.1) und (17.2) kann man die letzte Gleichung sowohl im Ausgangsraum E, als auch im Unterraum E_n betrachten.

Manchmal ist es günstiger, die Gleichung (17.2) in der Form

$$x_n = P_n T x_n + S_n x_n + P_n f + g_n \tag{17.4}$$

zu schreiben, wobei $S_n = T_n - P_n T$ und $g_n = f_n - P_n f$ die Abweichung der Gleichung (17.2) von der GALERKIN-Gleichung (17.3) charakterisieren. Alle weiteren Überlegungen beziehen sich auf den Fall, in dem diese Abweichungen gering sind ($\|S_n\| \to 0$, $\|g_n\| \to 0$). Die entsprechenden Näherungsverfahren kann man natürlich unter der Bezeichnung GALERKIN-Verfahren mit Störungen zusammenfassen. Ein Beispiel des GALERKIN-Verfahrens mit Störungen (das sich nicht in den Rahmen der Projektionsverfahren ohne Störungen einordnen läßt) ist das Verfahren der mechanischen Quadraturen, das ausführlich im Punkt 17.10 untersucht wird.

Es sei bemerkt, daß in der Gleichung (17.2) der Projektor P_n überhaupt nicht vorkommt, und somit die Möglichkeit besteht, von (17.2) zu den Gleichungen (17.4) mit unterschiedlichen Projektoren P_n überzugehen. Dennoch sei darauf hingewiesen, daß es bei der Untersuchung konkreter Näherungsverfahren in der Regel nicht schwer ist, einen Projektor P_n anzugeben, der am besten dem gegebenen Verfahren entspricht. Dabei erweist es sich gewöhnlich, daß $P_n f = f_n$ ist, d. h. $g_n = 0$. Im weiteren werden wir bei der Untersuchung der abstrakten Gleichung (17.2) voraussetzen, daß der Projektor P_n gegeben ist.

Mit dem Galerkin-Verfahren mit Störungen hatten wir es eigentlich schon bei der numerischen Realisierung der (ungestörten) Projektionsverfahren zu tun. Wir erläutern diese Tatsache am Beispiel des Verfahrens von Bubnow-Galerkin. Wir nehmen vorübergehend an, daß der Raum E ein Hilbert-Raum, E_n die lineare Hülle der Elemente $\varphi_1, \ldots, \varphi_n$ und P_n ein Orthoprojektor ist. Die Lösung der Gleichung (17.3) muß man dann in der Gestalt der linearen Kombination $u_n = \sum_{j=1}^{n} \xi_j \varphi_j$ suchen, deren Koeffizienten ξ_j aus dem System

$$\sum_{j=1}^{n} (\varphi_j - T\varphi_j, \varphi_i)\, \xi_j = (f, \varphi_i) \qquad (i = 1, \ldots, n)$$

bestimmt werden. Bei der Aufstellung dieses Systems werden jedoch seine Matrix und die Spalte der freien Glieder mit gewissen Fehlern berechnet. Das entsprechende System ist dann nicht der Gleichung (17.3), sondern der Gleichung (17.4) mit gewissen Störungen S_n und g_n äquivalent.

Zu den Fragen, die mit der numerischen Realisierung der Projektionsverfahren im Zusammenhang stehen, werden wir im Punkt 17.8 zurückkehren.

Schließlich sei bemerkt, daß es sehr verführerisch ist, die Gleichung (17.2) in die Form

$$x_n = T_n P_n x + P_n f$$

zu überführen, falls die letzte Gleichung im Raum E betrachtet wird. Wenn der Projektor P_n beschränkt ist und $\|T - T_n P_n\| \to 0$ für $n \to \infty$ gilt, dann kann man hieraus ganz leicht Sätze über die Konvergenz von Näherungslösungen gewinnen. In den Anwendungen ist die Bedingung $\|T - T_n P_n\| \to 0$ leider gewöhnlich nicht erfüllt; es ist viel leichter zu beweisen: $\|T - P_n T\| \to 0$, $\|T_n - P_n T\| \to 0$ für $n \to \infty$.

17.2. Lemmata über die Invertierbarkeit der Operatoren $I - \mu T$ und $I - \mu T_n$. In diesem Punkt werden wir hinreichende Bedingungen dafür angeben, daß aus der Invertierbarkeit des Operators $I - \mu T$ die Invertierbarkeit des Operators $I - \mu T_n$ folgt und umgekehrt. Der Zahlenparameter μ ist im Hinblick auf die Überlegungen des § 18 eingeführt worden; für $\mu = 1$ erhalten wir Bedingungen für die eindeutige Lösbarkeit der Gleichungen (17.1) und (17.2). Wir werden die im Punkt 17.1 eingeführten Bezeichnungen verwenden:

$$S_n = T_n - P_n T \quad \text{(Operator in } E_n\text{)}, \qquad U_n = T - P_n T \quad \text{(Operator in } E\text{)}.$$

Lemma 17.1. *Es sei der Operator $I - \mu T$ stetig invertierbar in E, weiter*

$$\|(I - \mu T)^{-1}\| \leqq \varkappa$$

und

$$q_n \equiv |\mu| \varkappa (\|S_n\| + \|U_n\|) < 1 . \tag{17.5}$$

Dann ist der Operator $I - \mu T_n$ stetig invertierbar in E_n, und es gilt

$$\|(I - \mu T_n)^{-1}\| \leqq \frac{\varkappa}{1 - q_n} .$$

Den Beweis erhält man durch zweimalige Anwendung des Lemmas 15.2. Indem wir zunächst $F = E$, $A = I - \mu T$, $B = \mu U_n$ setzen, haben wir

$$\|B\| \cdot \|A^{-1}\| \leqq |\mu| \cdot \|U_n\| \varkappa \leqq q_n < 1 ,$$

deshalb ist der Operator $A + B = I - \mu P_n T$ invertierbar in E, und es gilt

$$\|(I - \mu P_n T)^{-1}\| \leqq \frac{\varkappa}{1 - |\mu| \varkappa \|U_n\|} . \tag{17.6}$$

Man sieht leicht, daß $(I - \mu P_n T) x \in E_n$ dann und nur dann gilt, wenn $x \in E_n$ ist. Hieraus folgt die Invertierbarkeit des Operators $I - \mu P_n T$ in E_n; es versteht sich, daß für den in E_n inversen Operator die Abschätzung (17.6) bestehen bleibt.

Wir setzen nun $F = E_n$, $A = I - \mu P_n T$, $B = - \mu S_n$ (Operatoren in E_n); dann ist $A + B = I - \mu T_n$. Aus (17.5) und (17.6) folgt, daß $\|B\| \cdot \|A^{-1}\| < 1$, und indem wir wieder das Lemma 15.2 anwenden, gelangen wir zu der zu beweisenden Behauptung.

Das Lemma ist bewiesen.

Lemma 17.2. *Es sei der Operator $I - \mu T_n$ stetig invertierbar in E_n, weiter*

$$\|(I - \mu T_n)^{-1}\| \leqq \varkappa_n$$

und

$$q_n' \equiv |\mu| (\tau_n \|U_n\| + \varkappa_n \|S_n\|) < 1 ,$$

mit

$$\tau_n = 1 + |\mu| \varkappa_n \|P_n T\|$$

Dann ist der Operator $I - \mu T$ stetig invertierbar in E, und es gilt

$$\|(I - \mu T)^{-1}\| \leqq \frac{\tau_n}{1 - q_n'} .$$

Der Beweis ist analog dem Beweis des Lemmas 17.1. Zunächst überzeugen wir uns davon, daß der Operator $I - \mu P_n T$ in E_n invertierbar ist und daß

$$\|(I - \mu P_n T)^{-1}\|_{E_n} \leqq \frac{\varkappa_n}{1 - |\mu| \varkappa_n \|S_n\|}$$

gilt. Die weiteren Überlegungen werden durch die Identität

$$(I - \mu P_n T)^{-1} x = [I + \mu (I - \mu P_n T)^{-1} P_n T] x \qquad (x \in E_n)$$

induziert. Der Operator auf der rechten Seite der Identität ist nicht nur auf E_n definiert, sondern auch auf E, weil vor dem Ausdruck $(I - \mu P_n T)^{-1}$ der Projektor P_n steht. Wir überlassen dem Leser zu beweisen, daß der Operator $I + \mu (I - \mu P_n T)^{-1} P_n T$ der zweiseitig inverse Operator von $I - \mu P_n T$ in E ist. Deshalb gilt

$$||(I - \mu P_n T)^{-1}||_E \leqq 1 + |\mu| \frac{\varkappa_n}{1 - |\mu| \varkappa_n ||S_n||} ||P_n T|| \leqq \frac{\tau_n}{1 - |\mu| \varkappa_n || S_n||} .$$

Wir wenden wieder das Lemma 15.2 an und gelangen zu der zu beweisenden Behauptung.

Das Lemma ist bewiesen.

Übung 17.1. Der Operator $I - \mu T$ sei stetig invertierbar in E, $||(I - \mu T)^{-1}|| \leqq \varkappa$. Weiter sei $|\mu| \varkappa \delta_n < 1$ mit

$$\delta_n = \sup_{x \in E_n, ||x|| = 1} ||T x - T_n x|| .$$

Es ist zu zeigen, daß der Operator $I - \mu T_n$ in E_n den linksinversen Operator $(I - \mu T_n)_*^{-1}$ besitzt und

$$||(I - \mu T_n)_*^{-1}|| \leqq \frac{\varkappa}{1 - |\mu| \varkappa \delta_n}$$

gilt.

Übung 17.2. Die Bedingungen der Übung 17.1 garantieren nicht die Existenz des zweiseitig inversen Operators $(I - \mu T_n)^{-1}$. Es ist ein entsprechendes Beispiel zu konstruieren.

Übung 17.3. Der Projektor P_n sei beschränkt. Es ist zu beweisen, daß das Lemma 17.2 auch dann gilt, wenn man in seiner Formulierung τ_n überall durch $\tau_n' = 1 + \varkappa_n (1 + |\mu| \, ||P_n T P^{(n)}||)$ ersetzt, wobei $P^{(n)} = I - P_n$ ist.

17.3. Der Konvergenzsatz.

Satz 17.1[1]). *Der Operator $I - T$ sei in E stetig invertierbar und es gelte*

$$||S_n|| \to 0 , \quad ||U_n|| \to 0 , \quad ||f_n - P_n f|| \to 0 , \quad ||f - P_n f|| \to 0 \text{ für } n \to \infty , \tag{17.7}$$

wobei $S_n = T_n - P_n T$ und $U_n = T - P_n T$ entsprechend Operatoren in E_n und E sind.

Für hinreichend große n besitzt dann die Gleichung (17.2) *genau eine Lösung x_n, und die Folge $\{x_n\}$ konvergiert in der Norm gegen die Lösung x_0 der Gleichung* (17.1). *Es gelten die Abschätzungen*

$$||x_n - x_0|| \leqq c \, (||g_n|| + ||S_n|| \cdot ||P_n x_0|| + ||P^{(n)} x_0||) , \tag{17.8}$$

$$c_1 \varepsilon_n \leqq ||x_n - P_n x_0|| \leqq c_2 \varepsilon_n , \tag{17.9}$$

wobei c, c_1, c_2 von n und f unabhängige positive Konstanten sind, sowie $g_n = f_n - P_n f$, $P^{(n)} = I - P_n$ und

$$\varepsilon_n = ||g_n + (T_n P_n - P_n T) x_0|| .$$

---

[1]) In der Arbeit von G. M. Wainikko [11] ist ein analoger Satz für nichtlineare Gleichungen erzielt worden (vgl. Punkt 19.3).

Beweis. Wegen der ersten beiden Relationen aus (17.7) sind für hinreichend große n (dies sei für $n \geqq n_0$) die Bedingungen des Lemmas 17.1 ($\mu = 1$) erfüllt. Aus diesem Lemma folgt, daß der Operator $I - T_n$ für $n \geqq n_0$ in E invertierbar ist, wobei die Normen der inversen Operatoren gleichmäßig beschränkt sind:

$$\|(I - T_n)^{-1}\| \leqq c_2 \qquad (n \geqq n_0)\,. \tag{17.10}$$

Wegen der gleichen Beziehungen (17.7) sind auch die Normen der Operatoren $I - T_n$ gleichmäßig beschränkt:

$$\|I - T_n\| \leqq 1/c_1 \qquad (n \geqq 1)\,. \tag{17.11}$$

Es seien x_0 und x_n entsprechend die Lösungen der Gleichungen (17.1) und (17.2) (Existenz und Einzigkeit ergeben sich aus der stetigen Invertierbarkeit der Operatoren $I - T$ und $I - T_n$). Wir haben

$$(I - T_n)(x_n - P_n x_0) = f_n - P_n x_0 + T_n P_n x_0$$

oder, da $P_n x_0 = P_n T x_0 + P_n f$ ist,

$$(I - T_n)(x_n - P_n x_0) = g_n + (T_n P_n - P_n T) x_0\,.$$

Auf Grund der Ungleichungen (17.10) und (17.11) erhalten wir hieraus die Abschätzung (17.9).

Die Abschätzung (17.8) ist eine Folgerung der Abschätzung (17.9). Man braucht nur zu bemerken, daß

$$\|x_n - x_0\| \leqq \|P_n(x_n - x_0)\| + \|P^{(n)}(x_n - x_0)\| = \|x_n - P_n x_0\| + \|P^{(n)} x_0\|$$

und

$$\begin{aligned}\varepsilon_n &\leqq \|g_n\| + \|(T_n P_n - P_n T) x_0\| = \|g_n\| + \|S_n P_n x_0 - P_n T P^{(n)} x_0\| \\ &\leqq \|g_n\| + \|S_n\| \cdot \|P_n x_0\| + \|P_n T\| \cdot \|P^{(n)} x_0\|\end{aligned}$$

gilt.

Die Konvergenz $x_n \to x_0$ resultiert schließlich aus den Beziehungen (17.7) und (17.8) wegen

$$\|P^{(n)} x_0\| \leqq \|P^{(n)} T x_0\| + \|P^{(n)} f\| \leqq \|U_n\| \cdot \|x_0\| + \|P^{(n)} f\| \to 0 \text{ für } n \to \infty\,.$$

Der Satz ist bewiesen.

Übung 17.4. Es ist zu zeigen, daß unter den Voraussetzungen des Satzes 17.1 die Abschätzung ($c', c'' = \text{const} > 0$)

$$c' \|g_n + S_n x_n - P^{(n)} x_0\| \leqq \|x_n - x_0\| \leqq c'' \|g_n + S_n x_n - P^{(n)} x_0\|$$

gilt.

Übung 17.5. Die erste Relation aus (17.7) ersetzen wir durch die Bedingung $\|U_n\| \times \|(I - T)^{-1}\| \leqq q < 1$ $(n \geqq n_0)$. Es ist zu zeigen, daß die Abschätzungen (17.8) und (17.9) erhalten bleiben.

Übung 17.6. Für $\mu = 1$ seien die Voraussetzungen des Lemmas 17.2 erfüllt. Es ist die Abschätzung

$$\|x_n - x_0\| \leqq \frac{\tau_n}{1 - q_n'} \|x_n - T x_n - f\|$$

zu beweisen.

17.4. Zum Zusammenhang mit der allgemeinen Theorie der Näherungsverfahren von L. W. Kantorowitsch. Aus dem Satz 17.1 kann man leicht den bekannten Satz von L. W. Kantorowitsch über die Konvergenz von Näherungsverfahren ableiten. Wir nehmen an, daß in der Gleichung (17.2) $f_n = P_n f$ gilt, d. h., als Näherungslösungen der Gleichung (17.1) werden die Lösungen der Gleichung

$$x_n = T_n x_n + P_n f \tag{17.12}$$

genommen, wobei T_n, wie auch vorher, ein linearer stetiger Operator im Unterraum E_n ist. Der Projektor P_n ($P_n E = E_n$) wird als beschränkt vorausgesetzt. Die Räume E und E_n und die Operatoren T und T_n sind durch folgende Bedingungen miteinander verknüpft:

(1) Für beliebiges $z_n \in E_n$ gilt

$$||P_n T z_n - T_n z_n|| \leqq \xi_n ||z_n|| .$$

(2) Für jedes $x \in E$ läßt sich ein $z_n \in E_n$ finden mit

$$||T x - z_n|| \leqq \eta_n ||x|| .$$

(3) Es existiert ein Element $z_n \in E_n$ mit

$$||f - z_n|| \leqq \zeta_n .$$

Satz 17.2[1]). *Der Operator $I - T$ sei in E stetig invertierbar, und es seien die Bedingungen* (1)—(3) *mit*

$$\xi_n \to 0 , \qquad ||P_n|| \eta_n \to 0 , \qquad ||P_n|| \zeta_n \to 0 \quad \textit{für} \quad n \to \infty . \tag{17.13}$$

erfüllt.

Für hinreichend große n hat dann die Gleichung (17.12) *genau eine Lösung x_n, und die Folge x_n konvergiert in der Norm gegen die Lösung x_0 der Gleichung* (17.1). *Es gelten die Abschätzungen*

$$||x_n - x_0|| \leqq c\,(\xi_n + ||P_n||\,\eta_n + ||P_n||\,\zeta_n) , \tag{17.14}$$

$$||x_n - x_0|| \leqq c\,[\xi_n + ||P_n||\,\varrho(x_0, E_n)] \tag{17.15}$$

mit

$$\varrho(z, E_n) = \inf_{z_n \in E_n} ||z - z_n|| .$$

Beweis. Die Bedingung (1) bedeutet, daß $||S_n|| \leqq \xi_n$ ist. Aus den Bedingungen (2) und (3) und aus (15.20) ergeben sich die Ungleichungen

$$||U_n|| = ||P^{(n)} T|| \leqq (1 + ||P_n||)\,\eta_n \leqq 2\,\eta_n\,||P_n|| , \qquad ||P^{(n)} f|| \leqq 2\,\zeta_n\,||P_n|| .$$

Aus diesen Ungleichungen und den Beziehungen (17.13) resultiert, daß die Voraussetzungen des Satzes 17.1 erfüllt sind.

---

[1]) L. W. Kantorowitsch [2] (vgl. auch L. W. Kantorowitsch und G. P. Akilow [1]); in diesen Artikeln wurde der Satz unter einer zusätzlichen Voraussetzung bewiesen: Aus der Lösbarkeit der Gleichung (17.12) für beliebige rechte Seiten folgt die stetige Invertierbarkeit des Operators $I - I_n$; der Raum E wird nicht als vollständig vorausgesetzt.

Die Abschätzung (17.15) folgt aus (17.8) und (17.20). Die Abschätzung (17.14) ergibt sich aus (17.8) und der Ungleichung

$$||P^{(n)} x_0|| \leqq ||P^{(n)} T|| \cdot ||x_0|| + ||P^{(n)} f|| \leqq 2\,\eta_n\,||P_n|| \cdot ||x_0|| + 2\,\zeta_n\,||P_n||\,.$$

Der Satz ist bewiesen.

Übung 17.7. Es ist zu zeigen, daß die Behauptung, die in der Übung 7.14 enthalten ist, aus Lemma 17.1 resultiert.

Übung 17.8. Es ist ein zu Satz 17.2 analoger Satz für den Fall zu beweisen, daß E kein vollständiger linearer normierter Raum ist; die Unterräume E_n werden wie bisher als vollständig vorausgesetzt.

17.5. Zur Störung der GALERKIN-Näherungen. Hier werden wir die Frage untersuchen, inwiefern sich die Lösung der GALERKIN-Gleichung (17.3) von der Lösung der gestörten Gleichung (17.4) unterscheidet. Wir betrachten die Gleichung

$$x_n = P_n T x_n + S_n x_n + P_n f + g_n\,, \tag{17.4'}$$

wobei S_n ein beliebiger Operator und g_n ein beliebiges Element ist.

Satz 17.3. *Der Operator $I - T$ sei stetig invertierbar in E, und es konvergiere*

$$||U_n|| \to 0 \quad \text{für} \quad n \to \infty \qquad (U_n = T - P_n T)\,.$$

Dann lassen sich von n und f unabhängige positive Konstanten σ, c_1, c_2, c_1', c_2' und die natürliche Zahl n_0 derart finden, daß folgenden Behauptungen gelten:

(1) *Ist $||S_n|| \leqq \sigma$, dann ist die Gleichung* (17.4') *eindeutig lösbar, und es gilt*

$$||\tilde{x}_n - x_n|| \leqq c_1\,||S_n|| \cdot ||P_n f|| + c_2\,||g_n|| \qquad (n \geqq n_0)\,, \tag{17.16}$$

wobei x_n und $\tilde{x}_n$ entsprechend die Lösungen der Gleichungen (17.3) *bzw.* (17.4') *sind.*

(2) *Ist $g_n = 0$, dann ist für beliebiges S_n mit $||S_n|| \leqq \sigma$ und ein gewisses $f \in E$ (f hängt von S_n ab, und damit auch von n)*

$$||\tilde{x}_n - x_n|| \geqq c_1'\,||S_n|| \cdot ||f|| \qquad (n \geqq n_0)\,. \tag{17.17}$$

(3) *Ist $S_n = 0$, dann ist für beliebiges $g_n \in E_n$ und beliebiges f*

$$||\tilde{x}_n - x_n|| \geqq c_2'\,||g_n|| \qquad (n \geqq n_0)\,. \tag{17.18}$$

Beweis. Wir wählen ein n_0 und eine Konstante $\sigma > 0$ so, daß für $||S_n|| \leqq \sigma$ und $n \geqq n_0$ die Ungleichung

$$\varkappa\,(||U_n|| + ||S_n||) \leqq q < 1 \qquad (\varkappa = ||(I - T)^{-1}||)$$

erfüllt ist. Aus dem Lemma 17.1 folgt dann die Invertierbarkeit der Operatoren $I - P_n T$ und $I - P_n T - S_n$, wobei gilt

$$||(I - P_n T)^{-1}|| \leqq \frac{\varkappa}{1-q}\,, \qquad ||(I - P_n T - S_n)^{-1}|| \leqq \frac{\varkappa}{1-q} \tag{17.19}$$

$$(n \geqq n_0\,,\ ||S_n|| \leqq \sigma)\,.$$

gilt. Damit ist die Lösbarkeit der Gleichungen (17.3) und (17.4') bewiesen. Wir haben

$$(I - P_n T - S_n)\,\tilde{x}_n = P_n f + g_n\,, \qquad (I - P_n T - S_n)\,x_n = P_n f - S_n x_n\,,$$

woraus

$$\tilde{x}_n - x_n = (I - P_n T - S_n)^{-1}(g_n + S_n x_n) \tag{17.20}$$

resultiert. Indem wir (17.19) berücksichtigen, erhalten wir die Ungleichung (17.16) mit $c_1 = \left(\frac{\varkappa}{1-q}\right)^2$, $c_2 = \frac{\varkappa}{1-q}$.

Wir setzen $S_n = 0$. Dann folgt aus (17.20)

$$\|\tilde{x}_n - x_n\| \geqq \frac{1}{\|I - P_n T\|}\,\|g_n\|\,,$$

woraus die Ungleichung (17.18) mit der Konstanten

$$c_2' = \inf_{n \geqq n_0} \frac{1}{\|I - P_n T\|} > 0$$

resultiert.

Es sei nun umgekehrt $g_n = 0$ und S_n ($\|S_n\| \leqq \sigma$) beliebig. Aus (17.20) schließen wir

$$\|\tilde{x}_n - x_n\| \geqq \frac{1}{\|I - P_n T - S_n\|}\,\|S_n x_n\|\,.$$

Wir wählen ein Element $x_n \in E_n$ mit

$$\|S_n x_n\| \geqq q'\,\|S_n\| \cdot \|x_n\| \qquad (q' = \text{const}, 0 < q' < 1)\,.$$

Wir bemerken, daß das ausgewählte Element x_n Lösung der Gleichung (17.3) ist für $f = x_n - P_n T x_n$; dabei gilt

$$\|x_n\| \geqq \frac{1}{\|I - P_n T\|}\,\|f\|\,.$$

Wir nehmen an, daß $\tilde{x}_n$ Lösung der Gleichung (17.4') für dasselbe f ist. Aus den letzten drei Ungleichungen erhalten wir die Abschätzung (17.17), in der

$$c_1' = q' \inf_{n \geqq n_0} \frac{1}{\|I - P_n T - S_n\| \cdot \|I - P_n T\|} > 0$$

ist.

Der Satz ist bewiesen.

Übung 17.9. Es seien die Voraussetzungen des Satzes 17.3 erfüllt. Weiter seien $x_n^{(i)}$ ($i = 1, 2$) Lösungen der Gleichung (17.4') für die Störungen $g_n = g_n^{(i)}$, $S_n = S_n^{(i)}$($\|S_n^{(i)}\| \leqq \sigma$; $i = 1, 2$; $n \geqq n_0$). Es ist das Analogon zu der Ungleichung (17.16) zu beweisen:

$$\|x_n^{(1)} - x_n^{(2)}\| \leqq c_1\,\|S_n^{(1)} - S_n^{(2)}\| \cdot \|P_n f + g_n^{(i)}\| + c_2\,\|g_n^{(1)} - g_n^{(2)}\| \qquad (i = 1, 2)\,.$$

Auf den betrachteten Fall ist der übrige Teil des Satzes 17.3 zu übertragen.

Die Ergebnisse dieser Übung können zur Untersuchung der Stabilität bei der numerischen Realisierung von Näherungsverfahren vom Typ (17.2) benutzt werden.

17.6. Über die Basen in den Unterräumen des HILBERT-Raumes

Lemma 17.3[1]). *Es seien G_n und H_n n-dimensionale Unterräume des HILBERT-Raumes H mit der Öffnung*

$$\Theta(G_n, H_n) < 1 .$$

Dann lassen sich in G_n eine orthonormierte Basis $u_1, \ldots, u_n$ und in H_n eine orthonormierte Basis $v_1, \ldots, v_n$ finden mit

$$(u_i, v_j) = \beta_i \delta_{ij} \qquad (i, j = 1, \ldots, n) , \tag{17.21}$$

wobei δ_{ij} das KRONECKER-Symbol ($\delta_{ij} = 0$ für $i \neq j$, $\delta_{ii} = 1$) ist und die Konstanten β_i den Ungleichungen

$$\{1 - [\Theta(G_n, H_n)]^2\}^{1/2} \leqq \beta_i \leqq 1 \qquad (i = 1, \ldots, n) \tag{17.22}$$

genügen.

Beweis. Wir bezeichnen mit Q_n und P_n die G_n und H_n entsprechenden Orthoprojektoren. Der Operator

$$V_n = P_n Q_n P_n$$

ist selbstadjungiert und positiv definit im Raum H_n. In der Tat, für beliebige $x, y \in H_n$ haben wir

$$(V_n x, y) = (P_n Q_n P_n x, y) = (Q_n x, y) = (x, Q_n^* y) = (x, V_n y) ,$$
$$(V_n x, x) = (Q_n x, x) = ||Q_n x||^2$$
$$= ||x||^2 - ||x - Q_n x||^2 \geqq \{1 - [\Theta(G_n, H_n)]^2\} \, ||x||^2 .$$

Offensichtlich ist ebenfalls

$$||V_n|| \leqq 1 .$$

Wir bezeichnen mit $\beta_1^2, \ldots, \beta_n^2$ die Eigenwerte des Operators V_n. Aus den letzten beiden Ungleichungen folgen die Ungleichungen (17.22).

Es sei $v_1, \ldots, v_n$ ($v_i \in H_n$) ein orthonormiertes System von Eigenelementen des Operators V_n, die $\beta_1^2, \ldots, \beta_n^2$ entsprechen. Es ist klar, daß $v_1, \ldots, v_n$ eine orthonormierte Basis von H_n ist. Wir setzen

$$u_i = \frac{1}{\beta_i} Q_n v_i \qquad (i = 1, \ldots, n) .$$

Wegen $v_i \in H_n$ ist $P_n v_i = v_i$ und

$$(u_i, u_j) = \frac{1}{\beta_i \beta_j} (Q_n v_i, Q_n v_j) = \frac{1}{\beta_i \beta_j} (Q_n P_n v_i, P_n v_j) = \frac{1}{\beta_i \beta_j} (V_n v_i, v_j)$$
$$= \frac{\beta_i^2}{\beta_i \beta_j} (v_i, v_j) = \delta_{ij} ,$$

---

[1]) M. G. KREIN, M. A. KRASNOSELSKI, D. P. MILMAN [1].

d. h., $u_1, \ldots, u_n$ bilden eine orthonormierte Basis in G_n. Genau so wird (17.21) nachgewiesen. Das Lemma ist bewiesen.

17.7. Ein Lemma über die Gramschen Matrizen. Es seien $\varphi_1, \ldots, \varphi_n$ und $\psi_1, \ldots, \psi_n$ zwei Sätze linear unabhängiger Elemente des Hilbert-Raums H. Wir bezeichnen mit λ_n und μ_n entsprechend die kleinsten Eigenwerte der Gramschen Matrizen

$$\left.\begin{aligned} \Lambda_n &= \begin{pmatrix} (\varphi_1, \varphi_1) & (\varphi_2, \varphi_1) & \cdots & (\varphi_n, \varphi_1) \\ \cdot & \cdot & \cdot & \cdot \\ (\varphi_1, \varphi_n) & (\varphi_2, \varphi_n) & \cdots & (\varphi_n, \varphi_n) \end{pmatrix}, \\ M_n &= \begin{pmatrix} (\psi_1, \psi_1) & (\psi_2, \psi_1) & \cdots & (\psi_n, \psi_1) \\ \cdot & \cdot & \cdot & \cdot \\ (\psi_1, \psi_n) & (\psi_2, \psi_n) & \cdots & (\psi_n, \psi_n) \end{pmatrix} \end{aligned}\right\} \tag{17.23}$$

und mit G_n und H_n die linearen Hüllen der Elemente $\varphi_1, \ldots, \varphi_n$ bzw. $\psi_1, \ldots, \psi_n$.

Übung 17.10. Es ist zu beweisen, daß die Matrizen (17.23) positiv definit sind und deshalb $\lambda_n > 0$, $\mu_n > 0$ gilt.

Neben den Gramschen Matrizen (17.23) führen wir eine „gemischte" Matrix

$$A_n = \begin{pmatrix} (\varphi_1, \psi_1) & (\varphi_2, \psi_1) & \cdots & (\varphi_n, \psi_1) \\ \cdot & \cdot & \cdot & \cdot \\ (\varphi_1, \psi_n) & (\varphi_2, \psi_n) & \cdots & (\varphi_n, \psi_n) \end{pmatrix}$$

ein und betrachten sie als Operator im n-dimensionalen euklidischen Raum R_n mit der gewöhnlichen Norm

$$\|\zeta^{(n)}\| = \left[\sum_{j=1}^{n} |\zeta_j|^2\right]^{1/2} \qquad (\zeta^{(n)} = (\zeta_1, \ldots, \zeta_n)) .$$

Wir führen ferner den Operator Ψ_n ein, der G_n in R_n nach der Vorschrift

$$\Psi_n z_n = ((z_n, \psi_1), \ldots, (z_n, \psi_n)) \qquad \left(z_n = \sum_{j=1}^{n} \zeta_j \varphi_j \in G_n\right)$$

abbildet. Aus der Definition der Operatoren A_n und Ψ_n resultiert die Beziehung

$$\Psi_n z_n = A_n \zeta^{(n)} \qquad \left(z_n = \sum_{j=1}^{n} \zeta_j \varphi_j;\ \zeta^{(n)} = (\zeta_1, \ldots, \zeta_n)\right). \tag{17.24}$$

Lemma 17.4. *Es sei die Öffnung $\Theta(G_n, H_n) < 1$. Dann sind die Operatoren A_n und Ψ_n invertierbar, und es gilt*

$$\|A_n^{-1} \Psi_n\| = \frac{1}{\sqrt{\lambda_n}}, \tag{17.25}$$

$$\frac{1}{\sqrt{\mu_n}} \leqq \|\Psi_n^{-1}\| \leqq \frac{\alpha_n}{\sqrt{\mu_n}}, \quad mit \quad \alpha_n = \frac{1}{\{1 - [\Theta(G_n, H_n)]^2\}^{1/2}}. \tag{17.26}$$

Beweis. Es seien $u_1, \ldots, u_n$ und $v_1, \ldots, v_n$ Basen der Unterräume G_n bzw. H_n mit (siehe Lemma 17.3)

$$(u_i, u_j) = \delta_{ij}, \quad (v_i, v_j) = \delta_{ij}, \quad (u_i, v_j) = \beta_i \delta_{ij} \quad (i, j = 1, \ldots, n), \tag{17.27}$$

wobei die Konstanten β_i den Ungleichungen (17.22) genügen. Da $\varphi_1, \ldots, \varphi_n$ auch eine Basis in G_n ist, lassen sich die Elemente u_i in der Gestalt gewisser linearer Kombinationen

$$u_i = \sum_{k=1}^{n} c_{ik} \varphi_k \qquad (i = 1, \ldots, n)$$

ausdrücken, wobei die Matrix $C_n = (c_{ik})_{i,k=1}^n$ nichtsingulär ist. Analog gilt

$$v_j = \sum_{j=1}^{n} d_{jl} \psi_l \qquad (j = 1, \ldots, n)$$

mit einer nichtsingulären Matrix $D_n = (d_{jl})_{j,l=1}^n$. Die Bedingungen (17.27) lassen sich in der Form

$$\sum_{k=1}^{n} c_{ik} \sum_{l=1}^{n} (\varphi_k, \varphi_l)\, \bar{c}_{jl} = \delta_{ij}, \qquad \sum_{k=1}^{n} d_{ik} \sum_{l=1}^{n} (\psi_k, \psi_l)\, \bar{d}_{jl} = \delta_{ij},$$

$$\sum_{k=1}^{n} c_{ik} \sum_{l=1}^{n} (\varphi_k, \psi_l)\, \bar{d}_{jl} = \beta_i \delta_{ij} \qquad (i, j = 1, \ldots, n)$$

schreiben, oder in der Matrizenschreibweise

$$C_n \Lambda_n' C_n^* = I_n, \qquad D_n M_n' D_n^* = I_n, \qquad C_n A_n' D_n^* = B_n, \tag{17.28}$$

wobei der Strich den Übergang zur transponierten und das Sternchen den Übergang zur Hermitisch-adjungierten Matrix bedeutet; I_n ist die Einheitsmatrix und B_n eine Diagonalmatrix mit $\beta_1, \ldots, \beta_n$ in der Hauptdiagonale. Aus (17.28) lassen sich folgende Schlußfolgerungen ziehen:

$$||C_n|| = \frac{1}{\sqrt{\lambda_n}}, \qquad ||D_n|| = \frac{1}{\sqrt{\mu_n}}, \tag{17.29}$$

$$||\bar{D}_n A_n C_n'|| \leqq 1, \quad ||\bar{D}_n A_n C_n')^{-1}|| \leqq \alpha_n, \tag{17.30}$$

wobei α_n die in (17.26) definierte Zahl ist und der Strich über der Matrix den Übergang zu einer Matrix mit konjugiert-komplexen Elementen bedeutet.

So erhalten wir aus (17.28) die Beziehung

$$(\Lambda_n')^{-1} = C_n^* C_n.$$

Wir erinnern daran, daß λ_n der kleinste Eigenwert der Matrix Λ_n und damit auch der Matrix Λ_n' ist und erhalten

$$||C_n|| = ||C_n^* C_n||^{1/2} = ||(\Lambda_n')^{-1}||^{1/2} = \frac{1}{\sqrt{\lambda_n}}.$$

Analog läßt sich die zweite Gleichung in (17.29) zeigen. Wir bemerken, daß $(C_n A_n' D_n^*)' = \bar{D}_n A_n C_n'$ ist und erhalten mit (17.22)

$$||B_n|| \leqq 1, \qquad ||B_n^{-1}|| \leqq \alpha_n,$$

damit also aus (17.28) die Ungleichung (17.30). Wir unterstreichen, daß die Invertierbarkeit der Matrix B_n die Invertierbarkeit der Matrix A_n nach sich zieht. Damit ist wegen (17.24) auch der Operator Ψ_n invertierbar.

Wir zeigen jetzt die Beziehung

$$\|z_n\| = \|(C_n')^{-1}\zeta^{(n)}\| \qquad \left(z_n = \sum_{k=1}^{n} \zeta_k \varphi_k; \zeta^{(n)} = (\zeta_1, \ldots, \zeta_n)\right). \tag{17.31}$$

Tatsächlich, setzen wir $\zeta^{(n)} = C_n' \eta^{(n)}$, so erhalten wir

$$z_n = \sum_{k=1}^{n} \zeta_k \varphi_k = \sum_{k=1}^{n} \left(\sum_{i=1}^{n} c_{ik} \eta_i\right) \varphi_k = \sum_{i=1}^{n} \eta_i \sum_{k=1}^{n} c_{ik} \varphi_k = \sum_{i=1}^{n} \eta_i u_i ,$$

woraus

$$\|z_n\| = \|\eta^{(n)}\| = \|(C_n')^{-1}\zeta^{(n)}\|$$

resultiert.

Wir beweisen die Gleichung (17.25). Infolge (17.24), (17.29) und (17.31) haben wir

$$\|A_n^{-1} \Psi_n z_n\| = \|\zeta^{(n)}\| = \|C_n'(C_n')^{-1}\zeta^{(n)}\| \leqq \frac{\|z_n\|}{\sqrt{\lambda_n}} \qquad (z_n \in G_n),$$

d. h., es ist $\|A_n^{-1} \Psi_n\| \leqq 1/\sqrt{\lambda_n}$. Um anstelle der Ungleichung die Gleichung (17.25) zu erhalten, genügt es, einen Vektor $\zeta^{(n)}$ anzugeben mit

$$\|\zeta^{(n)}\| = \frac{\|z_n\|}{\sqrt{\lambda_n}}.$$

Ein solcher Vektor ist der Eigenvektor der Matrix Λ_n, der λ_n entspricht. Für diesen Vektor gilt

$$\|z_n\|^2 = \left\|\sum_{i=1}^{n} \zeta_i \varphi_i\right\|^2 = \sum_{i,k=1}^{n} (\varphi_k, \varphi_i)\zeta_k \zeta_i = (\Lambda_n \zeta^{(n)}, \zeta^{(n)}) = \lambda_n \|\zeta^{(n)}\|^2 .$$

Wir beweisen die Abschätzungen (17.26). Wegen (17.24), (17.29), (17.30) und (17.31) haben wir

$$\|\Psi_n z_n\| = \|A_n \zeta^{(n)}\| = \|\bar{D}_n^{-1} \bar{D}_n A_n C_n'(C_n')^{-1}\zeta^{(n)}\|$$

$$\geqq \frac{\|(C_n')^{-1}\zeta^{(n)}\|}{\|\bar{D}_n\| \cdot \|(\bar{D}_n A_n C_n')^{-1}\|} \geqq \frac{\sqrt{\mu_n}}{\alpha_n}\|z_n\| \qquad (z_n \in G_n),$$

woraus die zweite Ungleichung in (17.26) resultiert.

Indem wir wieder (17.24), (17.30) und (17.31) berücksichtigen, finden wir

$$\|\bar{D}_n \Psi_n z_n\| = \|\bar{D}_n A_n \zeta^{(n)}\| = \|\bar{D}_n A_n C_n'(C_n')^{-1}\zeta^{(n)}\| \leqq \|z_n\| \qquad (z_n \in G_n),$$

d. h., es ist

$$\|\bar{D}_n \Psi_n\| \leqq 1 .$$

Andererseits haben wir gemäß (17.29)

$$\|\bar{D}_n \Psi_n\| \geqq \frac{\|\bar{D}_n\|}{\|\Psi_n^{-1}\|} = \frac{1}{\sqrt{\mu_n}\,\|\Psi_n^{-1}\|} .$$

Vergleichen wir die letzten beiden Ungleichungen, dann gelangen wir zu der ersten Ungleichung aus (17.26).

Das Lemma ist bewiesen.

Übung 17.11. Es seien die Voraussetzungen von Lemma 17.4 erfüllt. Es ist zu zeigen, daß $||A_n^{-1}|| \leqq \frac{\alpha_n}{\sqrt{\lambda_n}\sqrt{\mu_n}}$ gilt.

17.8. Zur Stabilität des Verfahrens von GALERKIN-PETROW. Es seien $\{\varphi_k\}$ und $\{\psi_k\}$ zwei Koordinatenfolgen im separablen HILBERT-Raum $E = H$. Die Näherungslösung der Gleichung (17.1) werde in der Gestalt

$$x_n = \sum_{j=1}^{n} \xi_j \varphi_j \tag{17.32}$$

gesucht und nach dem Verfahren von GALERKIN-PETROW aus den Bedingungen

$$(x_n - T x_n - f, \psi_i) = 0 \qquad (i = 1, \ldots, n) \tag{17.33}$$

bestimmt. Das führt zu dem Gleichungssystem

$$\sum_{j=1}^{n} (\varphi_j - T \varphi_j, \psi_i)\, \xi_j = (f, \psi_i) \qquad (i = 1, \ldots, n)\,. \tag{17.34}$$

Wegen der Fehler, die bei der Berechnung der Skalarprodukte auftreten, wird in Wirklichkeit nicht das System (17.34) gelöst, sondern ein gewisses gestörtes System

$$\sum_{j=1}^{n} [(\varphi_j - T \varphi_j, \psi_i) - \gamma_{ij}]\, \tilde{\xi}_j = (f, \psi_i) + \gamma_i \qquad (i = 1, \ldots, n)\,, \tag{17.35}$$

wobei man im Ergebnis anstelle der „exakten" Näherung (17.32) die gestörte Näherung

$$\tilde{x}_n = \sum_{j=1}^{n} \tilde{\xi}_j \varphi_j \tag{17.36}$$

findet. In diesem Punkt wird die Stabilität der Näherung $\tilde{x}_n$ bezüglich kleiner Störungen γ_{ij} und γ_i^* untersucht[1]).

Wir werden folgende Bezeichnungen für die Matrix und die Spalte der Störungen einführen:

$$\Gamma_n = (\gamma_{ij})_{i,j=1}^{n}\,, \qquad \gamma^{(n)} = (\gamma_1, \ldots, \gamma_n)\,.$$

Die Matrizen und Vektoren werden wir als Operatoren und Elemente des euklidischen Raums R_n betrachten; ein entsprechender Sinn wird ihren Normen

[1]) Die Stabilität von Projektionsverfahren ist von einer Reihe Autoren untersucht worden. Die Hauptergebnisse sind in der Monographie von S. G. MICHLIN [8] zusammengefaßt, der als Initiator dieser Untersuchungen gilt. Die Beschreibung des Verhaltens der gestörten Näherung, die in der Form des Satzes 17.4 angegeben wird, ist auf G. M. WAINIKKO zurückzuführen und wird hier erstmalig publiziert; siehe auch die Arbeiten von G. N. JASKOWAJA und M. N. JAKOWLEW [1], G. M. WAINIKKO [7, 12, 6] und L. N. DOWBYSCH [1], deren Resultate ähnlich sind.

beigemessen. Aus dem Punkt 17.7 übernehmen wir auch folgende Bezeichnungen: G_n und H_n sind entsprechend die linearen Hüllen der Elemente $\varphi_1, \ldots, \varphi_n$ und $\psi_1, \ldots, \psi_n$, λ_n und μ_n die kleinsten Eigenwerte der GRAMschen Matrizen (17.23).

Es ist leicht zu sehen, daß die Folgen λ_n und μ_n $(n = 1, 2, \ldots)$ nicht wachsen, und deshalb existieren die nichtnegativen Grenzwerte

$$\lambda_0 = \lim_{n\to\infty} \lambda_n, \qquad \mu_0 = \lim_{n\to\infty} \mu_n .$$

Ist $\lambda_0 > 0$, dann heißt die Folge $\{\varphi_k\}$ *stark minimal*. Stark minimal ist insbesondere jede orthonormierte Folge.

Übung 17.12. Ein System von Elementen heißt *minimal*, wenn kein einziges Element des Systems zur abgeschlossenen linearen Hülle der übrigen Elemente gehört. Es ist zu zeigen, daß eine stark minimale Folge minimal ist.

Übung 17.13. Die Folge $\{\chi_j\}$ sei minimal in H, aber nicht stark minimal. Es ist zu zeigen, daß eine Zahlenfolge c_j dergestalt existiert, daß $\{c_j \chi_j\}$ eine stark minimale Folge ist.

Wie aus dem folgenden Satz ersichtlich ist, charakterisieren die Zahlenfolgen λ_n und μ_n hinreichend vollständig das „Maß der Stabilität" der Näherung (17.36) bezüglich kleiner Störungen des Gleichungssystems von GALERKIN-PETROW.

Satz 17.4. *Der Operator T sei vollstetig in H, der Operator $I - T$ invertierbar, die Koordinatenfolgen $\{\varphi_i\}$ und $\{\psi_i\}$ vollständig in H, und es sei*

$$\overline{\lim_{n\to\infty}}\, \theta(G_n, H_n) < 1 . \tag{17.37}$$

Dann lassen sich von n und f unabhängige positive Konstanten $\sigma, c_1, c_2, c_1', c_2'$ und die natürliche Zahl n_0 dergestalt finden, daß folgende Behauptungen gelten:

(1) *Ist $\|\Gamma_n\| \leqq \sigma \sqrt{\lambda_n}\sqrt{\mu_n}$, dann ist das Gleichungssystem* (17.35) *eindeutig lösbar, und es gilt*

$$\|\tilde{x}_n - x_n\| \leqq \frac{c_1 \|f\|}{\sqrt{\lambda_n}\sqrt{\mu_n}} \|\Gamma_n\| + \frac{c_2}{\sqrt{\mu_n}} \|\gamma^{(n)}\| \qquad (n \geqq n_0), \tag{17.38}$$

wobei x_n und $\tilde{x}_n$ die Näherungen (17.32) *und* (17.36) *sind, die den ungestörten und gestörten Systemen* (17.34) *und* (17.35) *entsprechen.*

(2) *Ist $\gamma^{(n)} = 0$, dann ist für ein gewisses $\Gamma_n(\|\Gamma_n\| \leqq \sigma \sqrt{\lambda_n}\sqrt{\mu_n})$ und ein gewisses $f \in H$ (f hängt von Γ_n ab, und somit von n)*

$$\|\tilde{x}_n - x_n\| \geqq \frac{c_1' \|f\|}{\sqrt{\lambda_n}\sqrt{\mu_n}} \|\Gamma_n\| \qquad (n \geqq n_0). \tag{17.39}$$

(3) *Ist $\Gamma_n = 0$, dann ist für ein gewisses $\gamma^{(n)}$ (mit beliebig kleiner Norm) und beliebiges $f \in H$*

$$\|\tilde{x}_n - x_n\| \geqq \frac{c_2'}{\sqrt{\mu_n}} \|\gamma^{(n)}\| \qquad (n \geqq n_0). \tag{17.40}$$

Beweis. Wir bezeichnen mit P_n den Orthoprojektor, der H_n entspricht. Beim Beweis des Satzes 16.1 haben wir festgestellt, daß man die Gleichungen (17.34) oder, was dasselbe ist, die Gleichung

$$P_n (x_n - T x_n - f) = 0 \qquad (x_n \in G_n)$$

in der Form der GALERKIN-Gleichung

$$x_n = \bar{P}_n T x_n + \bar{P}_n f \tag{17.41}$$

schreiben kann, wobei $\bar{P}_n = \tilde{P}_n^{-1} P_n$ ein Projektor ist, der H auf G_n projiziert, und $\tilde{P}_n$ die Einschränkung des Orthoprojektors P_n auf H_n bezeichnet. Dort ist auch gezeigt worden, daß $\|T - \bar{P}_n T\| \to 0$ gilt für $n \to \infty$; d. h., für die GALERKIN-Gleichungen (17.41) sind die Bedingungen des Satzes 17.3 erfüllt.

Dem ungestörten Gleichungssystem (17.34) entspricht damit die GALERKIN-Gleichung (17.41). Wir zeigen, daß dem gestörten Gleichungssystem (17.35) die gestörte GALERKIN-Gleichung

$$\tilde{x}_n = \bar{P}_n T x_n + S_n x_n + \bar{P}_n f + g_n \tag{17.42}$$

entspricht mit

$$S_n = \Psi_n^{-1} \Gamma_n A_n^{-1} \Psi_n , \qquad g_n = \Psi_n^{-1} \gamma^{(n)} . \tag{17.43}$$

Die Operatoren A_n und Ψ_n sind im Punkt 17.7 definiert worden.

Wir bezeichnen mit $\bar{\Psi}_n$ den Operator, der H in R_n abbildet und durch die Formel

$$\bar{\Psi}_n z = \big((z, \psi_1), \ldots, (z, \psi_n)\big) \qquad (z \in H)$$

erklärt ist. Offensichtlich ist Ψ_n die Einschränkung von $\bar{\Psi}_n$ auf den Unterraum G_n. Wir überzeugen uns von der Beziehung

$$\bar{P}_n = \Psi_n^{-1} \bar{\Psi}_n . \tag{17.44}$$

In der Tat haben wir

$$\Psi_n^{-1} \bar{\Psi}_n = \Psi_n^{-1} \bar{\Psi}_n (\bar{P}_n + \bar{P}^{(n)}) = \bar{P}_n + \Psi_n^{-1} \bar{\Psi}_n \bar{P}^{(n)} ,$$

wobei $\bar{P}^{(n)} = I - \bar{P}_n$ ist. Wir haben die Tatsache ausgenutzt, daß $\bar{P}_n$ und $\bar{\Psi}_n = \Psi_n$ den Raum H auf G_n abbilden. Zur Herleitung der Formel (17.44) bleibt zu bemerken, daß

$$(\bar{P}^{(n)} z, \psi_i) = (z - \tilde{P}_n^{-1} P_n z, P_n \psi_i) = (P_n z - P_n z, \psi_i) = 0 \qquad (i = 1, \ldots, n)$$

und demzufolge $\bar{\Psi}_n \bar{P}^{(n)} = 0$ gilt.

Wir schreiben das gestörte System (17.35) in der Matrizenform:

$$A_n \tilde{\xi}_n = B_n \tilde{\xi}_n + \Gamma_n \tilde{\xi}_n + \bar{\Psi}_n f + \gamma^{(n)} . \tag{17.45}$$

Hier ist

$$B_n = \begin{pmatrix} (T \varphi_1, \psi_1) & (T \varphi_2, \psi_1) & \cdots & (T \varphi_n, \psi_1) \\ \cdot & \cdot & \cdots & \cdot \\ (T \varphi_1, \psi_n) & (T \varphi_2, \psi_n) & \cdots & (T \varphi_n, \psi_n) \end{pmatrix}.$$

Aus der Definition der Operatoren $\overline{\Psi}_n$ und B_n folgt

$$\overline{\Psi}_n T z_n = B_n \zeta^{(n)} \qquad \left(z_n = \sum_{j=1}^{n} \zeta_j \varphi_j \in G_n ; \zeta^{(n)} = (\zeta_1, \ldots, \zeta_n)\right). \quad (17.46)$$

Mit den Gleichungen (17.24) und (17.46) schreiben wir die Gleichung (17.45) in der Gestalt

$$\Psi_n \tilde{x}_n = \overline{\Psi}_n T \tilde{x}_n + \Gamma_n A_n^{-1} \Psi_n \tilde{x}_n + \overline{\Psi}_n f + \gamma^{(n)}.$$

Wenden wir auf beide Seiten den Operator Ψ_n^{-1} an und benutzen die Beziehung (17.44), so gelangen wir schließlich zu der Gleichung (17.42). Die Lösungen des gestörten Systems (17.35) und der Gleichung (17.42) sind durch die Beziehung (17.36) miteinander verknüpft.

Für die durch die Formeln (17.43) gegebenen Störungen S_n und g_n haben wir auf Grund von Lemma 17.4

$$\|S_n\| \leqq \|\Psi_n^{-1}\| \cdot \|\Gamma_n\| \cdot \|A_n^{-1} \Psi_n\| \leqq \frac{\alpha_n}{\sqrt{\lambda_n}\sqrt{\mu_n}} \|\Gamma_n\|,$$

$$\|g_n\| \leqq \|\Psi_n^{-1}\| \cdot \|\gamma^{(n)}\| \leqq \frac{\alpha_n}{\sqrt{\mu_n}} \|\gamma^{(n)}\|,$$

wobei wegen der Bedingung (17.37) $\overline{\lim_{n\to\infty}} \alpha_n < \infty$ gilt. Es ist nicht schwer, spezielle Störungen Γ_n und $\gamma^{(n)}$ dergestalt zu konstruieren, daß für die entsprechenden S_n und g_n die Gleichungen

$$\|S_n\| = \|\Psi_n^{-1}\| \cdot \|\Gamma_n\| \cdot \|A_n^{-1} \Psi_n\|, \qquad \|g_n\| = \|\Psi_n^{-1}\| \cdot \|\gamma^{(n)}\|$$

gelten. Gemäß Lemma 17.4 haben wir für diese Störungen

$$\|S_n\| \geqq \frac{1}{\sqrt{\lambda_n}\sqrt{\mu_n}} \|\Gamma_n\|, \qquad \|g_n\| \geqq \frac{1}{\sqrt{\mu_n}} \|\gamma^{(n)}\|.$$

Alle Behauptungen des zu beweisenden Satzes folgen nun unmittelbar aus dem Satz 17.3, den man auf die Gleichungen (17.1), (17.41) und (17.42) anwenden kann. Es sei nur angemerkt, daß man beim Beweis der Ungleichung (17.38) berücksichtigen muß, daß die Normen $\|\bar{P}_n\|$ $(n = 1, 2, \ldots)$ gleichmäßig beschränkt sind (siehe den Beweis des Satzes 16.1). Deshalb gilt

$$\|\bar{P}_n f\| \leqq c \|f\| \qquad (f \in H, n \geqq n_0).$$

Der Satz ist bewiesen.

Übung 17.14. Es ist die Ungleichung

$$\|\tilde{\xi}^{(n)} - \xi^{(n)}\| \leqq \frac{1}{\sqrt{\lambda_n}} \|\tilde{x}_n - x_n\|$$

zu beweisen, wobei $\xi^{(n)}$ und $\tilde{\xi}^{(n)}$ entsprechend Lösungen der Systeme (17.34) bzw. (17.35) und x_n und $\tilde{x}_n$ die ihnen zugeordneten Näherungen (17.32) und (17.36) sind.

17.9. Über konvergente Quadraturverfahren. Wir beweisen hier ein Hilfsergebnis, das unten im Punkt 17.10 zur Untersuchung der Konvergenz des Verfahrens der mechanischen Quadraturen für Integralgleichungen verwendet wird.

Wir betrachten die Quadraturformel

$$\int_a^b z(s)\,ds = \sum_{j=1}^n \alpha_{jn}\, z(s_{jn}) + R_n(z) \tag{17.47}$$

mit dem Restglied $R_n(z)$, den positiven Koeffizienten α_{jn} und den Interpolationsknoten in $[a, b]$:

$$a \leqq s_{1n} < s_{2n} < \cdots < s_{nn} \leqq b\,.$$

Uns interessiert eine spezielle Konvergenzcharakteristik für das Quadraturverfahren (17.47).

Es sei

$$\beta_{jn} = \frac{b-a}{\sum\limits_{j=1}^n \alpha_{jn}}\,\alpha_{jn}\,.$$

Es ist klar, daß $\beta_{jn} > 0$ und $\sum\limits_{j=1}^n \beta_{jn} = b - a$ gilt. Wir unterteilen das Intervall $[a, b]$ in n sich nicht überschneidende Intervalle

$$J_{1n} = [a, a + \beta_{1n})\,,\; J_{2n} = [a + \beta_{1n}, a + \beta_{1n} + \beta_{2n})\,, \ldots, J_{nn} = [b - \beta_{nn}, b]\,.$$

Danach führen wir die Teilmengen

$$D_{jn} = \Big(J_{jn} \setminus \bigcup_{j=1}^n \{s_{in}\}\Big) \cup \{s_{jn}\} \qquad (j = 1, \ldots, n)$$

ein, wobei $\{s_{jn}\}$ eine einelementige Menge ist, die aus der Zahl s_{jn} besteht. Mit anderen Worten, wir formen die Mengen J_{jn} um, indem wir den Punkt s_{1n} J_{1n} zuordnen, den Punkt s_{2n} J_{2n} usw. Offensichtlich ist dann

$$s_{jn} \in D_{jn}\,, \qquad \bigcup_{j=1}^n D_{jn} = [a, b]\,, \qquad D_{in} \cap D_{jn} = \emptyset \quad \text{für} \quad i \neq j\,, \tag{17.48}$$

$$\operatorname{mes} D_{jn} = \operatorname{mes} J_{jn} = \beta_{jn} \qquad (j = 1, \ldots, n)\,.$$

L e m m a 17.5. *Das Quadraturverfahren* (17.47) *konvergiere, d. h., für eine beliebige auf* $[a, b]$ *stetige Funktion* $z(s)$ *konvergiere* $R_n(z) \to 0$ *für* $n \to \infty$.

Die Durchmesser der Teilmengen D_{jn} *konvergieren dann gegen Null*:

$$\max_{1 \leqq j \leqq n} \;\sup_{s', s'' \in D_{jn}} |s' - s''| \to 0 \quad \text{für} \quad n \to \infty\,. \tag{17.49}$$

B e w e i s. Wir setzen

$$\gamma_{jn} = \alpha_{jn} - \beta_{jn}\,. \tag{17.50}$$

Für die Funktion $z_1(s) \equiv 1$ wenden wir die Quadraturformel (17.47) an:

$$b - a = \sum_{j=1}^n \alpha_{jn} + R_n(z_1)\,.$$

Da $b - a = \sum_{j=1}^{n} \beta_{jn}$ ist und alle Zahlen γ_{jn} $(j = 1, \ldots, n)$ das gleiche Vorzeichen haben, ist

$$\sum_{j=1}^{n} |\gamma_{jn}| = |R_n(z_1)| \to 0 \quad \text{für} \quad n \to \infty . \tag{17.51}$$

Die Beziehung (17.49) kann aus zwei Gründen verletzt werden: Entweder konvergieren die Längen der Intervalle J_{jn} nicht gegen Null für $n \to \infty$ oder einige Punkte s_{jn} liegen weit entfernt von den entsprechenden J_{jn}. Wir zeigen, daß in beiden Fällen das Quadraturverfahren (17.47) divergiert.

Die Länge des Intervalls J_{jn} ist gleich β_{jn}, und im ersten Fall läßt sich eine Folge $\beta_{j_k n_k}$ finden mit

$$\beta_{j_k n_k} \geqq \eta \qquad (k = 1, 2, \ldots) , \tag{17.52}$$

wobei η eine gewisse positive Konstante ist. Indem wir, wenn nötig, noch einmal zu einer Teilfolge übergehen, werden wir voraussetzen, daß die entsprechende Folge der Interpolationspunkte konvergiert:

$$s_{j_k n_k} \to s_0 \in [a, b] \quad \text{für} \quad k \to \infty .$$

Wir nehmen $s_0 \in (a, b)$ an; indem wir, falls nötig, die Zahl η verkleinern, werden wir voraussetzen, daß s_0 zusammen mit der Umgebung $(s_0 - \eta/2,\ s_0 + \eta/2)$ in (a, b) liegt. Für die auf $[a, b]$ stetige Funktion $z(s)$, die für $|s - s_0| \leqq \eta/4$ gleich 1, für $|s - s_0| \leqq \eta/2$ gleich 0 und für $\eta/4 \leqq |s - s_0| \leqq \eta/2$ linear ist, gilt

$$\int_a^b z(s)\, ds = \frac{3}{4} \eta . \tag{17.53}$$

Für hinreichend große k fällt andererseits der Punkt $s_{j_k n_k}$ in das Intervall $|s - s_0| \leqq \eta/4$, in dem $z(s) \equiv 1$ liegt; deshalb haben wir

$$\sum_{j=1}^{n_k} \alpha_{j n_k} z(s_{j n_k}) \geqq \alpha_{j_k n_k} .$$

Wir verwenden die Bedingungen (17.51) und (17.52) und erhalten für große k

$$\sum_{j=1}^{n_k} \alpha_{j n_k} z(s_{j n_k}) \geqq \beta_{j_k n_k} - \frac{\eta}{8} \geqq \frac{7}{8} \eta .$$

Vergleichen wir dies mit (17.35), so gelangen wir zu dem Schluß, daß das Quadraturverfahren (17.47) für die konstruierte Funktion $z(s)$ divergiert. Wir haben zugelassen $s_0 \in (a, b)$. Ist $s_0 = a$ oder $s_0 = b$, dann läßt sich die Funktion $z(s)$, für die das Quadraturverfahren (17.47) divergiert, ähnlich konstruieren. Wir überlassen diese Konstruktion dem Leser.

Wir betrachten nun den zweiten Hauptfall: Einige Punkte s_{jn} liegen weit entfernt von den entsprechenden J_{jn}. Genauer, es läßt sich eine Folge von Punkten $s_{j_k n_k}$ finden, deren Abstand bis zu den entsprechenden $J_{j_k n_k}$ eine gewisse positive Zahl η übertrifft. Indem wir, falls nötig, zu einer Teilfolge übergehen, werden wir voraussetzen, daß jeder Punkt $s_{j_k n_k}$ auf ein und derselben Seite vom entsprechenden $J_{j_k n_k}$ liegt, der Bestimmtheit halber rechts, und daß die rechten Enden der Intervalle $J_{j_k n_k}$ für $k \to \infty$ gegen einen gewissen Grenzwert $s_1 \in [a, b]$ streben. Das rechte Ende des Intervalls $J_{j_k n_k}$ ist die Zahl $a + \sum_{j=1}^{j_k} \beta_{j n_k}$, deshalb strebt

$$\sum_{j=1}^{j_k} \beta_{j n_k} \to s_1 - a \quad \text{für} \quad k \to \infty$$

und wegen (17.51) auch

$$\sum_{j=1}^{j_k} \alpha_{j n_k} \to s_1 - a \quad \text{für} \quad k \to \infty . \tag{17.54}$$

Es ist klar, daß $s_1 < b$ ist (im entgegengesetzten Fall würden die Punkte $s_{j_k n_k}$ für große k das Intervall $[a, b]$ verlassen). Wir werden η als so klein annehmen, daß $s_1 + \eta \leqq b$ ist. Für die Funktion $z(s)$, die für $a \leqq s \leqq s_1$ gleich 1, für $s_1 + \eta/2 \leqq s \leqq b$ gleich 0 und für $s_1 \leqq s \leqq s_1 + \eta/2$ linear ist, gilt

$$\int_a^b z(s)\, ds = (s_1 - a) + \frac{\eta}{4} . \tag{17.55}$$

Andererseits ist für hinreichend große k

$$\sum_{j=1}^{n_k} \alpha_{j n_k} z(s_{j n_k}) \leqq \sum_{j=1}^{j_k} \alpha_{j n_k} . \tag{17.56}$$

In der Tat, da der Punkt $s_{j_k n_k}$ im Abstand $\geqq \eta$ rechts von $J_{j_k n_k}$ liegt und die rechten Enden von $J_{j_k n_k}$ gegen s_1 streben, gilt für große k die Ungleichung $s_{j_k n_k} > s_1 + \eta/2$ und um so mehr $s_{j n_k} > s_1 + \eta/2$ für $j > j_k$, d. h., $s_{j n_k}$ fällt für $j > j_k$ in das Gebiet, in dem $z(s) \equiv 0$ ist.

Aus (17.54), (17.56) und (17.55) ergibt sich, daß das Quadraturverfahren (17.47) für die konstruierte Funktion $z(s)$ divergiert.

Das Lemma ist bewiesen.

Übung 17.15. Es ist zu zeigen, daß (17.49) eine notwendige und hinreichende Bedingung für die Konvergenz des Quadraturverfahrens (17.47) ist, falls gilt

$$\sum_{j=1}^{n} \alpha_{j n} \to b - a \quad \text{für} \quad n \to \infty .$$

17.10. Das Verfahren der mechanischen Quadraturen für Integralgleichungen[1]). Wir betrachten die lineare Integralgleichung

$$x(t) = \int_a^b K(t, s)\, x(s)\, ds + f(t) . \tag{17.57}$$

---

[1]) Ein Literaturverzeichnis zum Verfahren der mechanischen Quadraturen kann man in dem Buch von L. W. KANTOROWITSCH und W. I. KRYLOW [1] finden. In diesem Punkt geben wir den Beweis für die Konvergenz des Verfahrens, der von G. M. WAINIKKO [11] für nichtlineare Integralgleichungen konstruiert wurde.

Wir setzen voraus, daß der Kern $K(t, s)$ im Quadrat $a \leqq t, s \leqq b$ und das freie Glied $f(t)$ auf dem Intervall $[a, b]$ stetig ist.

Ausgehend von der Quadraturformel (17.47) werden wir anstelle der Lösung $x_0(t)$ der Gleichung (17.57) ihre Werte $x_0(s_{jn})$ in den Interpolationspunkten s_{jn} $(j = 1, \ldots, n)$ suchen. Die Näherungswerte $\xi_{jn} = x_0(s_{jn})$ bestimmen wir aus dem Gleichungssystem

$$\xi_{in} = \sum_{j=1}^{n} \alpha_{jn} K(s_{in}, s_{jn}) \xi_{jn} + f(s_{in}) \qquad (i = 1, \ldots, n). \tag{17.58}$$

Dieses System erhält man aus der Gleichung (17.57), wenn man das Integral über $K(t, s)\, x(s)$ durch eine Quadratur gemäß der Formel (17.47) ersetzt, in der das Restglied fortgelassen wird und der Veränderlichen t nacheinander die Werte $s_{1n}, \ldots, s_{nn}$ zugeordnet werden.

Satz 17.5. *Die Gleichung* (17.57) *besitze genau eine stetige Lösung* $x_0(t)$. *Das Quadraturverfahren* (17.47) *konvergiere.*

Das Gleichungssystem (17.58) *hat dann für hinreichend große n genau eine Lösung* $(\xi_{1n}, \ldots, \xi_{nn})$, *und es konvergiert*

$$\max_{1 \leqq j \leqq n} |\xi_{jn} - x_0(s_{jn})| \to 0 \quad \textit{für} \quad n \to \infty. \tag{17.59}$$

Die Konvergenzgeschwindigkeit wird durch die Ungleichungen

$$c_1 r_n \leqq \max_{1 \leqq j \leqq n} |\xi_{jn} - x_0(s_{jn})| \leqq c_2 r_n \tag{17.60}$$

charakterisiert, wobei $c_1, c_2 = \text{const} > 0$,

$$r_n = \max_{1 \leqq i \leqq n} |R_n(z_{in})|, \qquad z_{in}(s) = K(s_{in}, s)\, x_0(s)$$

und $R_n(z)$ *das Restglied in der Quadraturformel* (17.47) *ist.*

Beweis. Die Integralgleichung (17.57) werden wir als Operatorengleichung (17.1) im Banach-Raum E der auf $[a, b]$ beschränkten und meßbaren Funktionen $x(t)$ betrachten:

$$\|x\| = \sup_{a \leqq t \leqq b} |x(t)|.$$

Die Stetigkeit des Kerns $K(t, s)$ zieht die Vollstetigkeit des Operators

$$T x = \int_a^b K(t, s)\, x(s)\, ds$$

als Operator, der E in den Raum C der auf $[a, b]$ stetigen Funktionen abbildet nach sich. Um so mehr ist T vollstetig als Operator in E. Der Operator $I - T$ ist invertierbar in E. In der Tat, aus $x_1 \in E$, $x_1 = T x_1$ folgt $x_1 \in C$, weil T den Raum E in C abbildet. Da aber die Gleichung (17.57) genau eine stetige Lösung besitzt, ist $x_1 = 0$, wovon wir uns auch überzeugen wollten.

Wir bezeichnen mit $\chi_{jn}(s)$ die charakteristische Funktion der in Punkt 17.9 konstruierten Menge D_{jn}:

$$\chi_{jn}(s) = \begin{cases} 1 & \text{für} \quad s \in D_{jn}\,, \\ 0 & \text{für} \quad s \notin D_{jn} \end{cases} \qquad (j = 1, \ldots, n)\,.$$

Es sei E_n die lineare Hülle der Funktionen χ_{jn} $(j = 1, \ldots, n)$. Offensichtlich ist E_n ein Unterraum in E. Aus der linearen Unabhängigkeit der Funktionen χ_{jn} $(j = 1, \ldots, n)$ resultiert, daß das Gleichungssystem (17.58) der Gleichung (17.2) mit

$$f_n = \sum_{i=1}^{n} f(s_{in})\, \chi_{in}\,, \tag{17.61}$$

$$T_n z_n = \sum_{i=1}^{n} \left\{ \sum_{j=1}^{n} \alpha_{jn} K(s_{in}, s_{jn})\, \zeta_j \right\} \chi_{in} \qquad \left(z_n = \sum_{j=1}^{n} \zeta_j\, \chi_{jn} \in E_n \right) \tag{17.62}$$

äquivalent ist. Hierunter verstehen wir folgendes: Der Vektor $(\xi_{1n}, \ldots, \xi_{nn})$ ist Lösung des Systems (17.58) dann und nur dann, wenn $x_n = \sum_{j=1}^{n} \xi_{jn}\, \chi_{jn}$ Lösung der Gleichung (17.2) ist.

Wir wollen Satz 17.1 anwenden. Dazu führen wir den Projektor P_n von E auf E_n ein. Wir geben P_n durch die Formel

$$P_n x = \sum_{j=1}^{n} x(s_{jn})\, \chi_{jn} \qquad (x \in E)$$

vor. Aus (17.48) folgt $P_n E = E_n$ und $P_n z_n = z_n$ für $z_n \in E_n$; d. h., P_n ist tatsächlich ein Projektor. Der Projektor P_n ist beschränkt, $\|P_n\| = 1$. Wegen Lemma 17.5 gilt ferner für eine beliebige auf $[a, b]$ stetige (also auch gleichmäßig stetige) Funktion $z(s)$

$$\max_{a \le s \le b} \left| z(s) - \sum_{j=1}^{n} z(s_{jn})\, \chi_{jn}(s) \right| = \max_{1 \le j \le n} \sup_{s \in D_{jn}} |z(s) - z(s_{jn})| \to 0$$

für $n \to \infty$. Mit anderen Worten, die Folge der Projektoren P_n als Operatoren, die C in E abbilden, konvergiert stark gegen den Operator der Einbettung von C in E. Wir erinnern daran, daß T als Abbildung von E in C vollstetig ist und erhalten wegen Lemma 15.5 dann

$$\|U_n\| \to 0 \quad \text{für} \quad n \to \infty \qquad (U_n = T - P_n T)\,.$$

Ferner haben wir $f_n = P_n f$ (siehe (17.61)) und $\|f - P_n f\| \to 0$ für $n \to \infty$. Für die Anwendung des Satzes 17.1 bleibt noch festzustellen, daß gilt

$$\|S_n\| \to 0 \quad \text{für} \quad n \to \infty \qquad (S_n = T_n - P_n T)\,.$$

Für $z_n = \sum_{j=1}^{n} \zeta_j\, \chi_{jn} \in E_n$ haben wir

$$P_n T z_n = \sum_{i=1}^{n} \left\{ \int_a^b K(s_{in}, s)\, z_n(s)\, ds \right\} \chi_{in} = \sum_{i=1}^{n} \left\{ \sum_{j=1}^{n} \int_{D_{jn}} K(s_{in}, s)\, ds\, \zeta_j \right\} \chi_{in}\,.$$

Mit Hilfe von (17.48) und (17.50) kann man andererseits (17.62) wie folgt schrei ben:

$$T_n z_n = \sum_{i=1}^{n} \left\{ \sum_{j=1}^{n} \int_{D_{jn}} K(s_{in}, s_{jn})\, ds\, \zeta_j \right\} \chi_{in} + \sum_{i=1}^{n} \left\{ \sum_{j=1}^{n} \gamma_{jn} K(s_{in}, s_{jn})\, \zeta_j \right\} \chi_{in} .$$

Es ist also

$$S_n z_n = \sum_{i=1}^{n} \left\{ \sum_{j=1}^{n} \int_{D_{jn}} [K(s_{in}, s_{jn}) - K(s_{in}, s)]\, ds\, \zeta_j \right\} \chi_{in}$$
$$+ \sum_{i=1}^{n} \left\{ \sum_{j=1}^{n} \gamma_{jn} K(s_{in}, s_{jn})\, \zeta_j \right\} \chi_{in} .$$

Hieraus finden wir

$$\|S_n z_n\| \leqq \left[\max_{1 \leqq i \leqq n} \sum_{j=1}^{n} \int_{D_{jn}} |K(s_{in}, s_{jn}) - K(s_{in}, s)|\, ds + M \sum_{j=1}^{n} |\zeta_{jn}| \right] \|z_n\|$$

mit $M = \max_{a \leqq t, s \leqq b} |K(t, s)|$. Wegen der gleichmäßigen Stetigkeit der Funktion $K(t, s)$ und der Beziehungen (17.49) und (17.51) erhalten wir $\|S_n\| \to 0$ für $n \to \infty$.

Der Satz 17.1 ist also anwendbar. Für $n \geqq n_0$ besitzt die Gleichung (17.2) genau eine Lösung $x_n = \sum_{j=1}^{n} \xi_{jn} \chi_{jn}$, was, wie schon bemerkt wurde, gleichbedeutend ist mit der eindeutigen Lösbarkeit des Systems (17.58). Aus der Konvergenz $\|x_n - x_0\| \to 0$ (siehe Satz 17.1) und der Ungleichung

$$\max_{1 \leqq j \leqq n} |\xi_{jn} - x_0(s_{jn})| = \|x_n - P_n x_0\| \leqq \|x_n - x_0\| \tag{17.63}$$

resultiert (17.59). Die Abschätzung (17.60) folgt aus (17.9) und der Gleichung (17.63). Man braucht nur zu bemerken, daß im gegebenen Fall $g_n = 0$ und $\|(P_n T - T_n P_n) x_0\| = r_n$ gilt, wobei r_n die in der Formulierung des Satzes definierte Zahl ist.

Der Satz ist bewiesen.

Mit der Lösung $(\xi_{1n}, \ldots, \xi_{nn})$ des Systems (17.58) kann man auf verschiedene Weise die analytischen Näherungen $\tilde{x}_n(t)$ an $x_0(t)$ konstruieren. Am natürlichsten setzt man

$$\bar{x}_n(t) = \sum_{j=1}^{n} \alpha_{jn} K(t, s_{jn})\, \xi_{jn} + f(t) .$$

Die Aufstellung dieser Funktion erfordert keine zusätzlichen Rechnungen.

Übung 17.16. Es seien die Voraussetzungen des Satzes 17.5 erfüllt. Es ist zu zeigen $\|\bar{x}_n - x_0\| \to 0$ für $n \to \infty$. Weiter ist die Abschätzung

$$\max_{a \leqq t \leqq b} |\bar{x}_n(t) - x_0(t)| \leqq c \max_{a \leqq t \leqq b} |R_n(z_t)| , \qquad z_t(s) = K(t, s)\, x_0(s)$$

zu beweisen.

Übung 17.17. $K(t, s)$ und $f(t)$ mögen m stetige Ableitungen nach t besitzen. Weiter seien die Voraussetzungen des Satzes 17.5 erfüllt. Es ist zu zeigen, daß dann $\max_{a \leq t \leq b} |\bar{x}_n^{(i)}(t) - x_0^{(i)}(t)| \to 0$ gilt für $n \to \infty$ ($i = 0, 1, \ldots, m$). Weiter sind Abschätzungen für die Konvergenz zu finden.

§ 18. Projektionsverfahren im Eigenwertproblem

18.1. Das Eigenwertproblem. Wir betrachten im komplexen BANACH-Raum E (vgl. Punkt 18.9) die Gleichung

$$x = \mu T x . \tag{18.1}$$

Im gesamten Paragraphen werden wir den Operator T als linear und vollstetig voraussetzen. Uns interessieren die Eigenwerte, die Eigenelemente und die Wurzelelemente der Gleichung (18.1). Wir führen die Hauptbegriffe an.

Die Eigenwerte der Gleichung (18.1) sind die Werte des (komplexen) Zahlenparameters μ, für die die Gleichung (18.1) Nichtnullösungen besitzt; die letzteren heißen *Eigenelemente*. Die Menge der Eigenwerte der Gleichung (18.1) ist höchstens abzählbar und besitzt keine endlichen Häufungspunkte.

Wir unterstreichen, daß wir weiter oben den Begriff der Eigenwerte für den Operator T verwendet haben; diese Eigenwerte des Operators sind mit den entsprechenden Eigenwerten μ der Gleichung (18.1) durch die Gleichung $\lambda \mu = 1$ verknüpft.

Übung 18.1. In der abgeschlossenen beschränkten Menge $\bar{\Omega}$ der komplexen Ebene soll es keine Eigenwerte der Gleichung (18.1) geben. Es ist zu zeigen, daß die Norm $\|(I - \mu T)^{-1}\|$ durch eine von $\mu \in \bar{\Omega}$ unabhängige Konstante beschränkt ist.

Übung 18.2. Die Gleichung (18.1) habe im Kreis $|\mu - \mu_1| \leq \delta$ keine Eigenwerte. Es ist zu zeigen, daß das $\sup_{|\mu - \mu_1| \leq \delta} \|(I - \mu T)^{-1}\|$ in einem gewissen Punkt des Kreisrandes $|\mu - \mu_1| = \delta$ erreicht wird.

Es sei μ_0 ein Eigenwert der Gleichung (18.1). Die Eigenelemente, die μ_0 entsprechen, bilden den Unterraum

$$X_0^{(1)} = \{x_0 \in E : (I - \mu_0 T)\, x_0 = 0\} .$$

Wir konstruieren die monoton nicht fallende Folge von Unterräumen

$$X_0^{(i)} = \{x_0 \in E : (I - \mu_0 T)^i\, x_0 = 0\} \qquad (i = 1, 2, \ldots) .$$

Für vollstetige Operatoren sind alle Unterräume $X_0^{(i)}$ ($i = 1, 2, \ldots$) endlichdimensional, und unter ihnen gibt es nur eine endliche Anzahl verschiedener Unterräume, d. h., es läßt sich eine solche natürliche Zahl l finden, daß $X_0^{(l-1)} \neq X_0^{(l)}$ und $X_0^{(i)} = X_0^{(l)}$ für $i \geqq l$ ist. Die Zahl l heißt *Rang* des Eigenwertes μ_0 und die Zahl $\dim X_0^{(l)}$ *Vielfachheit* von μ_0; ist $l = 1$ und $\dim X_0^{(1)} = 1$, dann heißt μ_0 *einfacher* Eigenwert und im entgegengesetzten Fall *mehrfacher* Eigenwert. Die Elemente $x_0 \in X_0^{(l)}$ ($x_0 \neq 0$) heißen *Wurzelelemente* der Gleichung (18.1). Schließlich trägt $X_0^{(1)}$ die Bezeichnung *Eigenunterraum* und $X_0^{(l)}$ die Bezeichnung *Wurzelunterraum* der Gleichung (18.1).

Es existiert ein beschränkter Projektor Q_0 dergestalt, daß Q_0 und $Q^{(0)} = I - Q_0$ den Raum E auf $X_0^{(l)}$ bzw. auf den abgeschlossenen Unterraum

$$\tilde{X}_0 = (I - \mu_0 T)^l E$$

projezieren. Mit anderen Worten, der Raum E läßt sich in eine direkte Summe zerlegen:

$$E = X_0^{(l)} \oplus \tilde{X}_0 .$$

Jeder Unterraum $X_0^{(l)}$ und $\tilde{X}_0$ ist invariant bezüglich des Operators T, d. h. es ist $T X_0^{(l)} \subset X_0^{(l)}$ und $T \tilde{X}_0 \subset \tilde{X}_0$. Im Unterraum $\tilde{X}_0$ ist der Operator $I - \mu_0 T$ stetig invertierbar, weil aus $x_0 = \mu_0 T x_0$, $x_0 \neq 0$, resultiert, daß $x_0 \in X_0^{(l)}$ und damit $x_0 \notin \tilde{X}_0$ ist.

Übung 18.3. Es ist zu beweisen, daß $Q_0 T = T Q_0$ und $Q^{(0)} T = T Q^{(0)}$ gilt.

Bei der Lösung des Eigenwertproblems ist es natürlich, von der Gleichung (18.1) zu (in einem bestimmten Sinne wenig abweichenden) Gleichungen in endlichdimensionalen Räumen überzugehen. Dadurch wird das Ausgangsproblem in ein Eigenwertproblem für Matrizen überführt. Über praktische Verfahren zur Berechnung von Eigenwerten, Eigenvektoren und Wurzelvektoren von Matrizen kann man zum Beispiel bei I. S. Beresin und N. P. Shidkow [1] oder in einer vollständigeren Darstellung bei D. K. Faddejew und W. N. Faddejewa [1] nachlesen.

Im Punkt 18.2 wird die Begründung für den Übergang von der Gleichung (18.1) zu Gleichungen in endlichdimensionalen oder unendlichdimensionalen Unterräumen des Raumes E gegeben.

18.2. Zur Konvergenz des Galerkin-Verfahrens mit Störungen[1]**.** Es sei $\{E_n\}$ eine Folge abgeschlossener Teilräume in E. Wir ersetzen die Gleichung (18.1) durch die Folge der „Näherungs"gleichungen

$$x_n = \mu T_n x_n , \tag{18.2}$$

wobei T_n lineare vollstetige Operatoren in E_n ($n = 1, 2, \ldots$) sind. Um die Annäherung der Gleichungen (18.1) und (18.2) zu charakterisieren, führen wir die möglicherweise unbeschränkten Projektoren P_n ein, die auf die entsprechenden Unterräume E_n projezieren:

$$P_n z \in E_n \quad \big(z \in D(P_n)\big) , \qquad P_n z_n = z_n \quad \big(z_n \in E_n \subset D(P_n)\big) .$$

Es wird vorausgesetzt, daß $T E \subset D(P_n)$ ($n = 1, 2, \ldots$) und daß $P_n T$ ein in E (also auch in E_n) beschränkter Operator ist. Alle Hauptergebnisse werden unter

[1]) Die Ergebnisse dieses Punktes sind (unter etwas anderen Bedingungen) von N. I. Polski [1, 2] und E. A. Troizkaja [1] erzielt worden. Siehe auch L. W. Kantorowitsch und G. P. Akilow [1], woher wir insbesondere die Idee für den Beweis des Satzes 18.1 genommen haben.

der Annahme bewiesen[1])

$$||S_n|| \to 0\,, \quad ||U_n|| \to 0 \quad \text{für } n \to \infty \qquad (S_n = T_n - P_n T,\, U_n = T - P_n T)\,. \tag{18.3}$$

Wir heben hervor, daß die Operatoren S_n in E_n und U_n in E wirken.

Satz 18.1. *Es seien die Bedingungen* (18.3) *erfüllt. Für jeden Eigenwert μ_0 der Gleichung* (18.1) *läßt sich dann eine Folge μ_n von Eigenwerten der Gleichungen* (18.2) *dergestalt finden, daß $\mu_n \to \mu_0$ konvergiert für $n \to \infty$.*

Umgekehrt, jeder Häufungspunkt einer beliebigen Folge μ_n von Eigenwerten der Gleichungen (18.2) *ist ein Eigenwert der Gleichung* (18.1).

Beweis. Es sei μ_0 ein Eigenwert der Gleichung (18.1) und $\delta > 0$ eine Zahl derart, daß im Kreis $|\mu - \mu_0| \leqq \delta$ keine anderen Eigenwerte der Gleichung (18.1) existieren außer μ_0. Wir nehmen ein beliebiges ε, $0 < \varepsilon \leqq \delta$. Die Norm $||(I - \mu T)^{-1}||$ ist auf dem Kreisrand $|\mu - \mu_0| = \varepsilon$ durch eine von μ unabhängige Konstante beschränkt:

$$||(I - \mu T)^{-1}|| \leqq \varkappa \qquad (\varkappa = \text{const},\, |\mu - \mu_0| = \varepsilon)\,.$$

Auf Grund des Lemmas 17.1 schließen wir aus den Bedingungen (18.3), daß für $|\mu - \mu_0| = \varepsilon$ und für hinreichend große n die Operatoren $I - \mu T_n$ in E_n invertierbar sind, wobei die Normen der inversen Operatoren gleichmäßig beschränkt sind bezüglich μ und n:

$$||(I - \mu T_n)^{-1}|| \leqq \varkappa' \qquad (\varkappa' = \text{const},\, |\mu - \mu_0| = \varepsilon,\, n \geqq n_0)\,. \tag{18.4}$$

Wir nehmen an, daß die Gleichungen (18.2) für $n = n_i$ $(i = 1, 2, \ldots)$ im Kreise $|\mu - \mu_0| \leqq \varepsilon$ keine Eigenwerte besitzen. Für die angegebenen n_i erstreckt sich die Ungleichung (18.4) auf den gesamten Kreis $|\mu - \mu_0| \leqq \varepsilon$ (siehe Übung 18.2). Insbesondere gilt

$$||(I - \mu_0 T_{n_i})^{-1}|| \leqq \varkappa'\,.$$

Indem wir hier n_i hinreichend groß wählen, erhalten wir auf Grund von Lemma 17.2, daß der Operator $I - \mu_0 T$ in E invertierbar ist, d. h., μ_0 ist kein Eigenwert der Gleichung (18.1) im Gegensatz zur Voraussetzung. Von einem gewissen $n = n(\varepsilon)$ an hat folglich die Gleichung (18.2) im Kreise $|\mu - \mu_0| \leqq \varepsilon$ wenigstens einen Eigenwert μ_n. Da ε beliebig ist, ist dies gleichbedeutend mit der ersten Behauptung des Satzes.

Wir beweisen die zweite Behauptung des Satzes. Es seien R eine beliebig große und $\varepsilon > 0$ eine beliebig kleine Zahl. In den Kreis $|\mu| \leqq R$ fällt eine endliche Anzahl von Eigenwerten der Gleichung (18.1), es seien dies $\mu_0^{(1)}, \ldots, \mu_0^{(m)}$. Wir bezeichnen mit $\Omega_{R,\varepsilon}$ eine abgeschlossene Menge der komplexen Ebene, die man aus dem Kreis $|\mu| \leqq R$ erhält, indem man die ε-Umgebungen der Punkte

---

[1]) Wir erinnern daran, daß für beschränkte Projektoren P_n zur Erfüllung der Beziehungen (18.3) hinreichend ist, daß $\xi_n \to 0$ und $||P_n||\, \eta_n \to 0$ für $n \to \infty$ gilt, wobei ξ_n und η_n Zahlen sind, die in den Bedingungen (1) und (2) von L. W. Kantorowitsch vorkommen (siehe Seite 237).

$\mu_0^{(1)}, \ldots, \mu_0^{(m)}$ herausnimmt. In $\Omega_{R,\varepsilon}$ ist der Operator $(I - \mu T)^{-1}$ gleichmäßig beschränkt bezüglich μ:

$$\|(I - \mu T)^{-1}\| \leqq \varkappa \qquad (\varkappa = \text{const}, \mu \in \Omega_{R,\varepsilon}).$$

Wegen Lemma 17.1 schließen wir hieraus, daß für hinreichend große n (es sei dies für $n \geqq n_1$) und beliebiges $\mu \in \Omega_{R,\varepsilon}$ der Operator $I - \mu T_n$ in E_n invertierbar ist. Also, für $n \geqq n_1$ fallen die Eigenwerte der Gleichung (18.2) in die ε-Umgebungen der Punkte $\mu_0^{(1)}, \ldots, \mu_0^{(m)}$, die dem absoluten Betrag nach die Zahl R nicht übertreffen. Da R und ε beliebig sind, ist dies gleichbedeutend mit der zweiten Behauptung des Satzes.

Der Satz ist bewiesen.

Dem mehrfachen Eigenwert μ_0 der Gleichung (18.1) entsprechen gewöhnlich mehrere verschiedene Eigenwerte $\mu_n^{(1)}, \ldots, \mu_n^{(k_n)}$ der Gleichung (18.2), $\mu_n^{(i_n)} \to \mu_0$ für $n \to \infty$ $(1 \leqq i_n \leqq k_n)$. Mit dem unten formulierten Satz 18.3 kann man leicht zeigen, daß für hinreichend große n die Vielfachheit von μ_0 gleich der Summe der Vielfachheiten von $\mu_n^{(1)}, \ldots, \mu_n^{(k_n)}$ ist.

Übung 18.4. Es sei μ_0 ein Eigenwert der Gleichung (18.1) und

$$\|(I - \mu T)^{-1}\| \leqq \varkappa \qquad (|\mu - \mu_0| = \varepsilon),$$

$$[|\mu_0| (1 + |\mu_0| \varkappa \|P_n T\|) + (|\mu_0| + \varepsilon) \varkappa] \|U_n\| + (2 |\mu_0| + \varepsilon) \|S_n\| < 1 .$$

Es ist zu zeigen, daß die Gleichung (18.2) im Kreis $|\mu - \mu_0| \leqq \varepsilon$ einen Eigenwert besitzt.

Übung 18.5. Es sei μ_n ein Eigenwert der Gleichung (18.2) und

$$\|(I - \mu T_n)^{-1}\| \leqq \varkappa_n \qquad (|\mu - \mu_n| = \varepsilon),$$

$$(2 |\mu_n| + \varepsilon) \tau_n \|U_n\| + [|\mu_n| \tau_n + (|\mu_n| + \varepsilon) \varkappa_n] \|S_n\| < 1 ,$$

wobei $\tau_n = 1 + (|\mu_n| + \varepsilon) \varkappa_n \|P_n T\|$ ist. Es ist zu zeigen, daß die Gleichung (18.1) im Kreis $|\mu - \mu_n| \leqq \varepsilon$ einen Eigenwert hat.

Satz 18.2. *Es seien die Bedingungen* (18.3) *erfüllt.*

Aus jeder Folge x_n normierter Eigenelemente der Gleichungen (18.2), *die den Eigenwerten $\mu_n \to \mu_0$ entsprechen, kann man dann eine konvergente Teilfolge auswählen, und jede konvergente Teilfolge x_{n_k} hat als Grenzwert das Eigenelement der Gleichung* (18.1), *das dem Eigenwert μ_0 entspricht.*

Beweis. Wegen der Vollstetigkeit des Operators T kann man aus der Folge $T x_n$ die konvergente Teilfolge

$$T x_{n_k} \to y_0 \in E \qquad \text{für } k \to \infty$$

auswählen. Infolge (18.3) haben wir ebenfalls

$$T_{n_k} x_{n_k} = T x_{n_k} - U_{n_k} x_{n_k} + S_{n_k} x_{n_k} \to y_0 \qquad \text{für } k \to \infty ,$$

und da $\mu_n \to \mu_0$ gilt und $x_n = \mu_n T_n x_n$ ist, gilt

$$x_{n_k} \to \mu_0 y_0 \qquad \text{für } k \to \infty ,$$

d. h., die Teilfolge x_{n_k} konvergiert ebenfalls.

Es sei x_{n_k} eine beliebige konvergierende Teilfolge,

$$x_{n_k} \to x_0 \qquad \text{für } k \to \infty .$$

Dann strebt $T x_{n_k} \to y_0 = T x_0$, und indem wir die angestellten Überlegungen wiederholen, erhalten wir

$$x_{n_k} \to \mu_0 y_0 = \mu_0 T x_0 \quad \text{für } k \to \infty .$$

Somit haben wir $x_{n_k} \to x_0$ und $x_{n_k} \to \mu_0 T x_0$, woraus $x_0 = \mu_0 T x_0$ folgt.

Der Satz ist bewiesen.

Es ist zu beachten, daß man nicht immer alle Eigenelemente der Gleichung (18.1) als Grenzwerte der Eigenelemente der Gleichungen (18.2) erhalten kann. Um uns davon zu überzeugen, brauchen wir nur ein einfaches Beispiel zu betrachten.

$$E = E_n = R_2\,, \qquad T = \begin{pmatrix} 1 & 0 \\ 0 & 1 \end{pmatrix}, \qquad T_n = \begin{pmatrix} 1 & 1/n \\ 0 & 1 \end{pmatrix} \qquad (n = 1, 2, \ldots)$$

Satz 18.3. *Es seien die Bedingungen* (18.3) *erfüllt.*

Die und nur die Wurzelelemente der Gleichung (18.1), *die dem Eigenwert* μ_0 *entsprechen, kann man dann als Grenzwerte linearer Kombinationen der Wurzelelemente der Gleichungen* (18.2) *erhalten, die den für* $n \to \infty$ *gegen* μ_0 *konvergierenden Eigenwerten entsprechen.*

Im weiteren werden wir den Satz 18.3 nicht benutzen. Seinen Beweis kann man durchführen, indem man die Überlegungen etwas abändert, die von N. I. Polski [2] beim Beweis einer ähnlichen Behauptung für das Galerkin-Verfahren angestellt wurden (siehe auch E. A. Troizkaja [1]).

Übung 18.6. Es sind die Sätze 18.1—18.3 auf den Fall zu übertragen, daß anstelle (18.2) die Gleichung

$$x_n + S_n' x_n = \mu T_n x_n$$

betrachtet wird, wobei S_n' ein gewisser linearer beschränkter Operator in E_n ist, der der Bedingung $\|S_n'\| \to 0$ für $n \to \infty$ genügt.

18.3. Zur Konvergenzgeschwindigkeit.

Es seien μ_0 und μ_n Eigenwerte der Gleichungen (18.1) bzw. (18.2). Wir werden an folgenden Bezeichnungen festhalten: $P^{(n)} = I - P_n$

$$X_0^{(i)} = \{x_0 \in E : (I - \mu_0 T)^i x_0 = 0\}\,,$$
$$F_0^{(i)} = \{f_0 \in E^* : [(I - \mu_0 T)^i]^* f_0 = 0\}\,,$$
$$X_n^{(i)} = \{x_n \in E_n : (I - \mu_n T_n)^i x_n = 0\}\,,$$
$$\varrho(x, X_0^{(i)}) = \inf_{x_0 \in X_0^{(i)}} \|x - x_0\|\,.$$

Wenn $X_0^{(l)}$ ein Wurzelunterraum der Gleichung (18.1) ist, dann ist $F_0^{(l)}$ der Wurzelunterraum der zu (18.1) adjungierten Gleichung $f = \mu T^* f$ und[1]) dabei ist

[1]) Es gibt einen gewissen Unterschied zwischen den Eigenschaften der Adjungiertheit in Banach- und Hilbert-Räumen: Für Banach-Räume gilt $(\mu T)^* = \mu T^*$, für Hilbert-Räume aber $(\mu T)^* = \bar{\mu} T^*$, wobei $\bar{\mu}$ die zu μ konjugiert komplexe Zahl ist. In unseren Überlegungen entsprechen die Unterräume $F_0^{(i)}$ dem Eigenwert μ_0 der Gleichung $f = \mu T^* f$. Wenn aber der Raum E ein Hilbert-Raum ist, dann entsprechen die Unterräume $F_0^{(i)}$ dem Eigenwert $\bar{\mu}_0$.

$\dim X_0^{(l)} = \dim F_0^{(l)}$. Der Operator T^* ist in dem zu E adjungierten Raum E^* gelegen und dort vollstetig.

Satz 18.4. *Es seien die Bedingungen* (18.3) *erfüllt. Weiter konvergiere* $\mu_n \to \mu_0$, *wobei* μ_0 *und* μ_n *entsprechend die Eigenwerte der Gleichungen* (18.1) *und* (18.2) *sind und* μ_0 *den Rang* l *hat.*

Dann gelten die Abschätzungen

$$|\mu_n - \mu_0| \leqq c\,(||S_n|| + \varepsilon_n)^{1/l} \tag{18.5}$$

und im Falle beschränkter Projektoren P_n

$$|\mu_n - \mu_0| \leqq c\,(||S_n|| + \varepsilon_n\,\varepsilon_n^*)^{1/l} \tag{18.6}$$

mit

$$\varepsilon_n = \sup_{x_0 \in X_0^{(l)},\ ||x_0|| = 1} ||P^{(n)} x_0||\,, \qquad \varepsilon_n^* = \sup_{f_0 \in F_0^{(l)},\ ||f_0|| = 1} ||(P^{(n)})^* f_0||\,. \tag{18.7}$$

Für beliebiges $x_n^{(k)} \in X_n^{(k)}$ $(||x_n^{(k)}|| = 1,\ k \geqq 1)$ *gelten ferner die Abschätzungen*

$$\varrho(x_n^{(k)}, X_0^{(l)}) \leqq c\,(||S_n|| + \varepsilon_n) \tag{18.8}$$

und für $k \leqq i \leqq l$

$$\varrho(x_n^{(k)}, X_0^{(i)}) \leqq c\,(|\mu_n - \mu_0|^{i-k+1} + ||S_n|| + \varepsilon_n)\,. \tag{18.9}$$

Übung 18.7. Es ist zu zeigen $\varepsilon_n \leqq c\,||U_n||$ ($c = \text{const}$).

Den Beweis des Satzes 18.4 führen wir nur für den Fall $l = 1$, $k = 1$ durch.

Für $x_n \in E_n$ haben wir

$$(I - \mu_0 T)\,x_n = (I - \mu_n T_n)\,x_n + (\mu_n - \mu_0)\,T_n x_n - \mu_0 (T - T_n)\,x_n\,.$$

Mit $x_n = x_n^{(1)} \in X_n^{(1)}$ $(||x_n^{(1)}|| = 1)$ erhalten wir

$$(I - \mu_0 T)\,x_n^{(1)} = \frac{\mu_n - \mu_0}{\mu_n}\,x_n^{(1)} - \mu_0 (T - T_n)\,x_n^{(1)}\,. \tag{18.10}$$

Auf beide Seiten der Gleichung (18.10) wenden wir das Funktional $f_0 \in F_0^{(1)}$ $(||f_0|| = 1)$ an. Da

$$f_0 (I - \mu_0 T) = (I - \mu_0 T)^* f_0 = 0$$

ist, gilt

$$\frac{\mu_n - \mu_0}{\mu_n}\,f_0(x_n^{(1)}) = \mu_0 f_0 (T - T_n)\,x_n^{(1)}$$

und

$$|f_0(x_n^{(1)})| \cdot |\mu_n - \mu_0| = |\mu_0| \cdot |\mu_n| \cdot |f_0 (T - T_n)\,x_n^{(1)}| \qquad (n \geqq n_0)\,. \tag{18.11}$$

Über das Funktional $f_0 \in F_0^{(1)}$ $(||f_0|| = 1)$ können wir verfügen. Für jedes $n \geqq n_0$ wählen wir es so, daß die Ungleichung

$$|f_0(x_n^{(n)})| \geqq c_0 > 0 \qquad (c_0 = \text{const}) \tag{18.12}$$

erfüllt ist. Eine solche Auswahl ist möglich. Tatsächlich gilt im entgegengesetzten Fall für eine gewisse Teilfolge $\{x_{n_j}^{(1)}\}$

$$\sup_{f_0 \in F_0^{(1)},\ \|f_0\|=1} |f_0(x_{n_j}^{(1)})| \to 0 \quad \text{für } j \to \infty .$$

Wegen Satz 18.2 kann man annehmen, daß diese Teilfolge konvergiert:

$$x_{n_j} \to x_0 \in X_0^{(1)} \quad \text{für } j \to \infty \quad (\|x_0\| = 1) .$$

Das Grenzelement x_0 hat die Eigenschaft, daß $f_0(x_0) = 0$ ist für jedes $f_0 \in F_0^{(1)}$. Das freie Glied der Gleichung $x = \mu_0 T x + x_0$ ist also orthogonal zum Eigenunterraum $F_0^{(1)}$ der adjungierten homogenen Gleichung. Nach dem Fredholmschen Satz ist diese Gleichung lösbar. Für die Lösung x' gilt

$$(I - \mu_0 T)\, x' = x_0 \neq 0 , \qquad (I - \mu_0 T)^2 x' = (I - \mu_0 T)\, x_0 = 0 .$$

Das bedeutet, daß der Rang des Eigenwertes μ_0 im Gegensatz zur Voraussetzung größer Eins ist.

Aus (18.11) und (18.12) erhalten wir

$$|\mu_n - \mu_0| \leqq c_1 \sup_{f_0 \in F_0^{(1)},\ \|f_0\|=1} |f_0\, (T - T_n)\, x_n^{(1)}| \qquad (c_1 = \text{const}) . \tag{18.13}$$

Wir suchen eine ähnliche Abschätzung für $\varrho(x_n^{(1)}, X_0^{(1)})$. Es sei Q_0 ein Projektor derart, daß Q_0 und $Q^{(0)} = I - Q_0$ den Raum E auf die Unterräume $X_0^{(1)}$ bzw. $X_0 = (I - \mu_0 T)\, E$ projizieren (siehe Punkt 18.1). Wir wenden $Q^{(0)}$ auf beide Seiten der Gleichung (18.10) an:

$$(I - \mu_0 T)\, Q^{(0)}\, x_n^{(1)} = \frac{\mu_n - \mu_0}{\mu_n} Q^{(0)}\, x_n^{(1)} - \mu_0\, Q^{(0)}\, (T - T_n)\, x_n^{(1)}$$

(wir erinnern, daß T mit Q_0 und $Q^{(0)}$ kommutiert). Da der Operator $I - \mu_0 T$ in X_0 stetig invertierbar ist und $\mu_n \to \mu_0 \neq 0$ gilt für $n \to \infty$, gelangen wir zu der Abschätzung

$$\|Q^{(0)}\, x_n^{(1)}\| \leqq c_2\, [|\mu_n - \mu_0| + \|(T - T_n)\, x_n^{(1)}\|] \qquad (c_2 = \text{const}) .$$

Zusammen mit (18.13) ergibt dies

$$\|Q^{(0)}\, x_n^{(1)}\| \leqq c_3\, \|(T - T_n)\, x_n^{(1)}\| \qquad (c_3 = \text{const}) . \tag{18.14}$$

Offensichtlich ist $\varrho(x_n^{(1)}, X_0^{(1)}) \leqq \|Q^{(0)}\, x_n^{(1)}\|$.

Wir schätzen $\|(T - T_n)\, x_n^{(1)}\|$ ab. Wir haben

$$(T - T_n)\, x_n^{(1)} = U_n\, x_n^{(1)} - S_n\, x_n^{(1)} = U_n\, Q_0\, x_n^{(1)} + U_n\, Q^{(0)}\, x_n^{(1)} - S_n\, x_n^{(1)}$$

und wegen $Q_0\, x_n^{(1)} \in X_0^{(1)}$

$$U_n\, Q_0\, x_n^{(1)} = P^{(n)}\, T(Q_0\, x_n^{(1)}) = \frac{1}{\mu_0} P^{(n)}(Q_0\, x_n^{(1)}) .$$

Also ist

$$(T - T_n)\, x_n^{(1)} = \frac{1}{\mu_0} P^{(n)}(Q_0\, x_n^{(1)}) + U_n(Q^{(0)}\, x_n^{(1)}) - S_n\, x_n^{(1)} . \tag{18.15}$$

Hieraus folgt

$$||(T - T_n)\, x_n^{(1)}|| \leqq \frac{||Q_0||}{|\mu_0|}\, \varepsilon_n + ||U_n|| \cdot ||Q^{(0)}\, x_n^{(1)}|| + ||S_n||\,,$$

wobei ε_n die in (18.7) definierte Größe ist. Auf der rechten Seite der Ungleichung ersetzen wir $||Q^{(0)}\, x_n^{(1)}||$ durch die Abschätzung (18.14). Indem wir berücksichtigen, daß $||U_n|| \to 0$ strebt für $n \to \infty$, erhalten wir nach Transformation

$$||(T - T_n)\, x_n^{(1)}|| \leqq c_4\, (\varepsilon_n + ||S_n||) \qquad (c_4 = \text{const})\,. \tag{18.16}$$

Aus (18.13), (18.14) und (18.16) resultieren die Abschätzungen (18.5) und (18.8). Die Abschätzung (18.9) ergibt für den betrachteten Fall ($l = 1$, $k = 1$) im Vergleich zu der Abschätzung (18.8) nichts neues und ist eine Folgerung aus ihr.

Die Projektoren P_n seien beschränkt. Wir schätzen $|f_0\, (T - T_n)\, x_n^{(1)}|$ ab. Offensichtlich ist $U_n = P^{(n)}\, U_n$ und gemäß (18.15)

$$f_0\, (T - T_n)\, x_n^{(1)} = f_0\, P^{(n)} \left[\frac{1}{\mu_0}\, P^{(n)}(Q_0\, x_n^{(1)}) + U_n(Q^{(0)}\, x_n^{(1)})\right] - f_0\, S_n x_n^{(1)}\,.$$

Wegen $||f_0\, P^{(n)}|| = ||(P^{(n)})^*\, f_0|| \leqq \varepsilon_n^*$ (siehe (18.7)) gilt

$$\sup_{f_0 \in F_0^{(1)},\ ||f_0|| = 1} |f_0\, (T - T_n)\, x_n^{(1)}| \leqq \varepsilon_n^* \left(\frac{||Q_0||}{|\mu_0|}\, \varepsilon_n + ||U_n|| \cdot ||Q^{(0)}\, x_n^{(1)}||\right) + ||S_n||$$

oder, wenn man $||Q^{(0)}\, x_n^{(1)}||$ mit Hilfe von (18.14) und (18.16) abschätzt,

$$\sup_{f_0 \in F_0^{(1)},\ ||f_0|| = 1} |f_0\, (T - T_n)\, x_n^{(1)}| \leqq c_5\, (\varepsilon_n^*\, \varepsilon_n + \varepsilon_n^*\, ||U_n|| \cdot ||S_n|| + ||S_n||)\,. \tag{18.17}$$

Für die n, für die $\varepsilon_n^* \geqq 1$ ist, folgt die Abschätzung (18.6) aus (18.5), und für die n, für die $\varepsilon_n^* \leqq 1$ ist, aus (18.13) und (18.17).

Der Satz 18.4 ist für den Fall $l = 1$, $k = 1$ bewiesen.

Der vollständige Beweis des Satzes 18.4 ist technisch komplizierter, jedoch wird er nach dem gleichen Schema vorgenommen.

Übung 18.8. Es seien die Bedingungen (1) und (2) von L. W. Kantorowitsch (siehe S. 237) erfüllt, wobei $\xi_n \to 0$, $||P_n||\, \eta_n \to 0$ konvergieren für $n \to \infty$. Es strebe $\mu_n \to \mu_0$ für $n \to \infty$, wobei μ_0 und μ_n entsprechend die Eigenwerte der Gleichungen (18.1) und (18.2) sind und μ_0 den Rang l hat. Es sind die Abschätzungen

$$|\mu_n - \mu_0| \leqq c\, (\xi_n + ||P_n||\, \zeta_n)^{1/l}\,,$$

$$|\mu_n - \mu_0| \leqq c\, (\xi_n + ||P_n||^2\, \zeta_n\, \zeta_n^*)^{1/l}\,,$$

$$\varrho(x_n^{(k)}, X_0^{(l)}) \leqq c\, (\xi_n + ||P_n||\, \zeta_n) \qquad (x_n^{(k)} \in X_n^{(k)},\ ||x_n^{(k)}|| = 1)$$

aufzustellen mit

$$\zeta_n = \sup_{x_0 \in X_0^{(l)},\ ||x_0|| = 1} \varrho(x_0, E_n)\,, \qquad \zeta_n^* = \sup_{f_0 \in F_0^{(l)},\ ||f_0|| = 1} \varrho(f_0, P_n^*\, E^*)\,.$$

Es ist zu zeigen, daß $\zeta_n \leqq c\, \eta_n$ gilt.

Übung 18.9. Es sei T_n eine Folge in E vollstetiger Operatoren und $||T_n - T|| \to 0$ für $n \to \infty$. Die Gleichung $x = \mu\, T\, x$ habe den Eigenwert μ_0 vom Rang l. Es ist zu zeigen, daß dann für hinreichend große n die Gleichung $x = \mu\, T_n\, x$ den Eigenwert μ_n besitzt mit $|\mu_n - \mu_0| \leqq c\, ||T - T_n||^{1/l}$.

Übung 18.10. Die Potenz $1/l$ in den Abschätzungen (18.5) und (18.6) kann man im allgemeinen nicht durch eine größere ersetzen. Es ist dazu das einfachste Beispiel zu untersuchen:

$$E = E_n = R_2, \qquad T = \begin{pmatrix} 0 & 1 \\ 0 & 0 \end{pmatrix}, \qquad T_n = \begin{pmatrix} 0 & 1 \\ 1/n & 0 \end{pmatrix}.$$

Die Konvergenzgeschwindigkeit der Projektionsverfahren im Eigenwertproblem ist für einfache Eigenwerte in den Arbeiten von M. A. Krasnoselski [2, 4, 8] und im allgemeinen Fall von G. M. Wainikko [4, 5, 10, 13] untersucht worden. In der letzten dieser Arbeiten ist der vollständige Beweis des Satzes 18.4 angegeben. Abschätzungen anderen Typs sind von G. M. Wainikko und A. M. Dementjewa [1] erzielt worden. Die Ergebnisse der Punkte 18.4—18.8 gehen auf G. M. Wainikko zurück.

18.4. Das Verfahren von Bubnow-Galerkin. Abschätzungen für die Eigenwerte. Wir haben Abschätzungen im Auge, nach denen man den Fehler der n-ten Näherung abschätzen kann.

Es sei T ein linearer vollstetiger selbstadjungierter Operator im Hilbert-Raum H. Die Eigenwerte der Gleichung

$$x = \mu T x \tag{18.18}$$

sind dann reell und haben den Rang $l = 1$. Wir werden sie mit μ_k bezeichnen ($k = +1, +2, \ldots$), wobei wir jeden Eigenwert so oft aufschreiben, wie seine Vielfachheit ist:

$$\cdots \leqq \mu_{-3} \leqq \mu_{-2} \leqq \mu_{-1} < 0 < \mu_1 \leqq \mu_2 \leqq \mu_3 \leqq \cdots$$

Die aufgeschriebene Folge kann in einer oder in beiden Richtungen abreißen. Zum Beispiel, wenn $(T x, x) \geqq 0$ für jedes $x \in H$ ist, dann sind alle Eigenwerte der Gleichung (18.18) positiv.

Das μ_k entsprechende Eigenelement bezeichnen wir mit x_k ($k = \pm 1, \pm 2, \ldots$). Ist $\mu \neq \mu_j$ ($j = \pm 1, \pm 2, \ldots$), dann ist der Operator $I - \mu T$ invertierbar und es gilt

$$\|(I - \mu T)^{-1}\| = \max\left\{1, \sup_{j=\pm 1, \pm 2, \ldots} \frac{|\mu_j|}{|\mu_j - \mu|}\right\}. \tag{18.19}$$

Es sei $\{H_n\}$ eine in H limitiert dichte Folge abgeschlossener Unterräume und P_n der H_n entsprechende Orthoprojektor. Das Verfahren von Bubnow-Galerkin für das Eigenwertproblem besteht darin, die Näherungseigenwerte $\mu = \mu_{k,n}$ und die Näherungseigenelemente $x = x_{k,n}$ aus den Bedingungen

$$P_n (x - \mu T x) = 0 \qquad (x \in H_n).$$

zu bestimmen. Das führt auf die Gleichung

$$x = \mu P_n T x, \tag{18.20}$$

die man gleichermaßen in H wie auch in H_n betrachten kann. Der Operator $P_n T$ ist selbstadjungiert und vollstetig in H_n, deshalb sind die Eigenwerte

$\mu_{k,n}$ der Gleichung (18.20) reell; wir numerieren sie so, daß gilt

$$\cdots \leqq \mu_{-2,n} \leqq \mu_{-1,n} < 0 < \mu_{1,n} \leqq \mu_{2,n} \leqq \cdots.$$

Die aufgeschriebene Folge reißt in beiden Richtungen ab, falls der Unterraum H_n endlichdimensional ist.

Übung 18.11. Es ist zu zeigen, daß $|\mu_k| \leqq |\mu_{k,n}|$ ist.

Übung 18.12. Es sei $H_n \subset H_{n+1}$. Es ist zu zeigen, daß dann $|\mu_{k,n+1}| \leqq |\mu_{k,n}|$ ist.

Übung 18.13. Wir nehmen an, daß H_n die lineare Hülle der Elemente $\varphi_1, \ldots, \varphi_n$ ist. Es ist zu zeigen, daß dann $\mu_{k,n}$ eine Lösung der algebraischen Gleichung

$$\det(A_n - \mu B_n) = 0$$

ist, wobei A_n und B_n entsprechend Matrizen mit den Elementen $a_{ij} = (\varphi_j, \varphi_i)$ und $b_{ij} = (T\varphi_j, \varphi_i)$ $(i, j = 1, \ldots, n)$ sind. Es ist zu zeigen, daß man die Koeffizienten ξ_j in dem Näherungseigenelement

$$x_{k,n} = \sum_{j=1}^{n} \xi_j \varphi_j$$

als nichttriviale Lösung des Systems

$$(A_n - \mu_{k,n} B_n)\,\xi^{(n)} = 0 \qquad (\xi^{(n)} = (\xi_1, \ldots, \xi_n))$$

bestimmen muß.

Satz 18.5. *Es gilt die Fehlerabschätzung*

$$|\mu_{k,n} - \mu_k| \leqq \sqrt{2}\,|\mu_k| \cdot |\mu_{k,n}| \cdot \|P^{(n)} T\|\,, \tag{18.21}$$

mit

$$\|P^{(n)} T\| \to 0 \quad \textit{für } n \to \infty \qquad (P^{(n)} = I - P)\,. \tag{18.22}$$

Beweis. Wir haben

$$T x_k = \frac{1}{\mu_k} x_k\,, \qquad P_n T P_n x_{k,n} = \frac{1}{\mu_{k,n}} x_{k,n}\,.$$

Der Operator $P_n T P_n$ ist genauso wie der Operator T vollstetig und selbstadjungiert im Raum H. Nach dem WEILschen Satz (siehe zum Beispiel F. RIESZ und B. SZ.-NAGY [1]) gilt: Die dem absoluten Betrag nach k-ten Eigenwerte mit gegebenem Vorzeichen zweier vollstetiger selbstadjungierter Operatoren unterscheiden sich voneinander nicht mehr, als um die Norm der Differenz dieser Operatoren

$$\left|\frac{1}{\mu_k} - \frac{1}{\mu_{k,n}}\right| \leqq \|T - P_n T P_n\|\,. \tag{18.23}$$

Wir schätzen die Norm $\|T - P_n T P_n\|$ ab. Für beliebiges $x \in H$ setzen wir

$$z = (T - P_n T P_n)\,x$$

und erhalten

$$P_n z = P_n T P^{(n)} x\,, \qquad P^{(n)} z = P^{(n)} T x\,.$$

Berücksichtigen wir, daß $T P^{(n)}$ der zu $P^{(n)} T$ adjungierte Operator ist, so erhalten wir hieraus die Abschätzungen

$$\|P_n z\| \leqq \|P^{(n)} T\| \cdot \|x\|\,, \qquad \|P^{(n)} z\| \leqq \|P^{(n)} T\| \cdot \|x\|\,,$$

$$\|z\|^2 = \|P_n z\|^2 + \|P^{(n)} z\|^2 \leqq 2\,\|P^{(n)} T\|^2\,\|x\|^2\,.$$

Die letzte Ungleichung bedeutet $\|T - P_n T P_n\| \leqq \sqrt{2}\, \|P^{(n)} T\|$. Die Abschätzung (18.21) folgt nun aus (18.23).

Die Beziehung (18.22) erhält man durch Anwendung des Lemmas 15.4.

Der Satz ist bewiesen.

Übung 18.14. Es sei $(T x, x) > 0$ für jedes $x \in H$. Es ist zu zeigen, daß man dann in der Abschätzung (18.21) den Faktor $\sqrt{2}$ fortlassen kann:

$$0 \leqq \mu_{k,n} - \mu_k \leqq \mu_k\, \mu_{k,n} \|P^{(n)} T\| .$$

Es ist unbekannt, ob diese Präzisierung auch für den allgemeinen Fall gilt.

Hinweis. Es sei H_T die Vervollständigung von H bezüglich des Skalarprodukts $(x, y)_T = (T x, y)$. Es ist nachzuweisen, daß T und $P_n T$ in H_T vollstetig und symmetrisch sind und H_T in H abbilden. Es ist der Weilsche Satz zu verwenden und zu zeigen, daß $\|P^{(n)} T\|_T \leqq \|P^{(n)} T\|$.

Übung 18.15. Es ist zu zeigen, daß für jedes $\mu_{k,l}$ sich ein μ_l (es ist nicht unbedingt $l = k$) finden läßt mit

$$|\mu_{k,n} - \mu_l| \leqq |\mu_l| \cdot |\mu_{k,n}| \cdot \|P^{(n)} T\| .$$

Hinweis. Es ist die Gleichung $x = \mu\,(P_n T P_n + P^{(n)} T P^{(n)})\, x$ zu betrachten.

18.5. Abschätzungen für die Eigenelemente. Wir setzen die Untersuchung des Verfahrens von Bubnow-Galerkin (18.20) für die Gleichung (18.18) fort. Im weiteren werden wir voraussetzen, daß der betrachtete Eigenwert μ_k der Gleichung (18.18) r-fach ist:

$$\mu_{k-1} < \mu_k = \mu_{k+1} = \cdots = \mu_{k+r-1} < \mu_{k+r} .$$

Wir bezeichnen mit X_k und $X_{k,n}$ (X_k, $X_{k,n} \subset H$, $\dim X_k = \dim X_{k,n} = r$) den μ_k entsprechenden exakten und angenäherten Eigenunterraum der Gleichung (18.18) mit den Basen $x_k, \ldots, x_{k+r-1}$ bzw. $x_{k,n}, \ldots, x_{k+r-1,n}$, und den Orthoprojektoren Q_k bzw. $Q_{k,n}$. Uns interessieren Abschätzungen für die Fehler

$$\|x_{i,n} - Q_k x_{i,n}\| = \varrho(x_{i,n}, X_k) \qquad (i = k, \ldots, k + r - 1) ,$$

$$\|x_k - Q_{k,n} x_k\| = \varrho(x_k, X_{k,n}) \qquad (x_k \in X_k) .$$

Satz 18.6. *Es gelten folgende Fehlerabschätzungen (x_k ist ein beliebiges Element aus X_k; $i = k, \ldots, k + r - 1$):*

$$\|x_{i,n} - Q_k x_{i,n}\| \leqq c_{i,n} \|P^{(n)} T x_{i,n}\| , \tag{18.24}$$

$$\|x_k - Q_{k,n} x_k\| \leqq c'_{i,n} \|P^{(n)} T x_k\| . \tag{18.25}$$

Hier gilt

$$c_{i,n} = \frac{|\mu_k| \cdot |\mu_{i,n}|\, (1 + \gamma_k\, |\mu_k| \cdot \|P^{(n)} T\|)}{|\mu_{i,n}| - \gamma_k\, |\mu_{i,n} - \mu_k|} \to |\mu_k| \tag{18.26}$$

für[1]) $n \to \infty$ *mit*

$$\gamma_k = \max\left\{1, \sup_{\substack{\mu_j \\ j \neq k, \ldots, k+r-1}} \frac{|\mu_j|}{|\mu_j - \mu_k|}\right\}, \tag{18.27}$$

$$c'_{i,n} = \frac{|\mu_k| \cdot |\mu_{i,n}| \, (1 + \gamma_{i,n} |\mu_k| \cdot ||P^{(n)} T||)}{|\mu_k| - \gamma_{i,n} |\mu_{i,n} - \mu_k|} \to |\mu_k| \quad \textit{für} \quad n \to \infty \tag{18.28}$$

und

$$\gamma_{i,n} = \max\left\{1, \sup_{\substack{\mu_{j,n} \\ j \neq k, \ldots, k+r-1}} \frac{|\mu_{j,n}|}{|\mu_{j,n} - \mu_{i,n}|}\right\} \to \gamma_k \quad \textit{für} \quad n \to \infty. \tag{18.29}$$

Beweis. Wir beweisen die Abschätzung (18.24). Wir haben

$$(I - \mu_k T) x_{i,n} = (I - \mu_{i,n} P_n T) x_{i,n} + (\mu_{i,n} - \mu_k) P_n T x_{i,n} - \mu_k P^{(n)} T x_{i,n}$$

oder wegen $x_{i,n} = \mu_{i,n} P_n T x_{i,n}$

$$(I - \mu_k T) x_{i,n} = \frac{\mu_{i,n} - \mu_k}{\mu_{i,n}} x_{i,n} - \mu_k P^{(n)} T x_{i,n}. \tag{18.30}$$

Die Operatoren Q_k und T, also auch die Operatoren $Q^{(k)} = I - Q_k$ und T, kommutieren, deshalb gilt $Q^{(k)} T = Q^{(k)} Q^{(k)} T = Q^{(k)} T Q^{(k)}$. Wir wenden auf beide Seiten der Gleichung (18.30) den Operator $Q^{(k)}$ an:

$$(I - \mu_k Q^{(k)} T) Q^{(k)} x_{i,n} = \frac{\mu_{i,n} - \mu_k}{\mu_{i,n}} Q^{(k)} x_{i,n} - \mu_k Q^{(k)} P^{(n)} T x_{i,n}. \tag{18.31}$$

Der Operator $Q^{(k)} T$ ist selbstadjungiert in H; die Eigenwerte der Gleichung $x = \mu Q^{(k)} T x$ sind die Zahlen μ_j ($j = \pm 1, \pm 2, \ldots; j \neq k, \ldots, k + r - 1$), deshalb ist der Operator $I - \mu_k Q^{(k)} T$ unvertierbar und es gilt

$$||(I - \mu_k Q^{(k)} T)^{-1}|| = \gamma_k$$

wobei γ_k eine durch die Beziehung (18.27) erklärte Konstante ist. Ferner ist

$$(I - \mu_k Q^{(k)} T)^{-1} = I + \mu_k (I - \mu_k Q^{(k)} T)^{-1} Q^{(k)} T$$

und, da

$$T Q^{(k)} = Q^{(k)} T, \qquad ||T P^{(n)} T x|| = ||T P^{(n)} P^{(n)} T x|| \leqq ||P^{(n)} T|| \cdot ||P^{(n)} T x||$$

gilt, auch

$$\begin{aligned} &(I - \mu_k Q^{(k)} T)^{-1} Q^{(k)} P^{(n)} T x_{i,n}|| \\ &\quad \leqq ||P^{(n)} T x_{i,n}|| + |\mu_k| \cdot \gamma_k ||P^{(n)} T|| \cdot ||P^{(n)} T x_{i,n}||. \end{aligned}$$

Aus (18.31) folgen deshalb die Ungleichungen

$$\begin{aligned} ||Q^{(k)} x_{i,n}|| &\leqq \gamma_k \frac{|\mu_{i,n} - \mu_k|}{|\mu_{i,n}|} ||Q^{(k)} x_{i,n}|| \\ &\quad + |\mu_k| \, (1 + \gamma_k |\mu_k| \cdot ||P^{(n)} T||) \, ||P^{(n)} T x_{i,n}|| \end{aligned}$$

und daraus weiter die Abschätzung (18.24).

---

[1]) Es werden nur hinreichend große n betrachtet, für die schon $|\mu_{i,n}| - \gamma_k |\mu_{i,n} - \mu_k| > 0$ und $|\mu_k| - \gamma_{i,n} |\mu_{i,n} - \mu_k| > 0$ gilt.

Die Größe $|\mu_{i,n} - \mu_k|$ kann man durch die Abschätzung (18.21) oder durch die genauere Abschätzung (18.35), (18.37) ersetzen.

Die Abschätzung (18.25) läßt sich analog beweisen. Wir haben

$$(I - \mu_{i,n} P_n T P_n) x_k$$
$$= (I - \mu_k T) x_k + (\mu_k - \mu_{i,n}) T x_k + \mu_{i,n} (T - P_n T P_n) x_k ,$$

oder wegen $x_k = \mu_k T x_k$ und $T - P_n T P_n = P^{(n)} T + P_n T P^{(n)}$

$$(I - \mu_{i,n} P_n T P_n) x_k = \frac{\mu_k - \mu_{i,n}}{\mu_k} x_k + \mu_{i,n} P^{(n)} T x_k + \mu_{i,n} P_n T P^{(n)} x_k . \tag{18.32}$$

Auf beide Seiten der Gleichung (18.32) wenden wir den Operator $Q^{(k,n)} = I - Q_{k,n}$ an. Berücksichtigen wir, daß $Q^{(k,n)}$ und $P_n T P_n$ kommutieren, so erhalten wir die Gleichung

$$(I - \mu_{i,n} Q^{(k,n)} P_n T P_n) Q^{(k,n)} x_k$$
$$= \frac{\mu_k - \mu_{i,n}}{\mu_k} Q^{(k,n)} x_k + \mu_{i,n} Q^{(k,n)} P^{(n)} T x_k + \mu_{i,n} Q^{(k,n)} P_n T P^{(n)} x_k . \tag{18.33}$$

Analog zu oben haben wir

$$\|(I - \mu_{i,n} Q^{(k,n)} P_n T P_n)^{-1}\| = \gamma_{i,n} ,$$

wobei $\gamma_{i,n}$ eine durch die Beziehung (18.29) definierte Konstante ist. Ferner gilt

$$(I - \mu_{i,n} Q^{(k,n)} P_n T P_n)^{-1} = I + \mu_{i,n} (I - \mu_{i,n} Q^{(k,n)} P_n T P_n)^{-1} Q^{(k,n)} P_n T P_n .$$

Multiplizieren wir beide Seiten der Gleichung von rechts mit $Q^{(k,n)} P^{(n)} T$ und berücksichtigen wir, daß $P_n T P_n Q^{(k,n)} P^{(n)} T = Q^{(k,n)} P_n T P_n P^{(n)} T = 0$ ist, so erhalten wir

$$(I - \mu_{i,n} Q^{(k,n)} P_n T P_n)^{-1} Q^{(k,n)} P^{(n)} T = Q^{(k,n)} P^{(n)} T .$$

Demzufolge resultiert aus (18.33) die Ungleichung

$$\|Q^{(k,n)} x_k\| \leqq \gamma_{i,n} \frac{|\mu_k - \mu_{i,n}|}{|\mu_k|} \|Q^{(k,n)} x_k\| + |\mu_{i,n}| \cdot \|P^{(n)} T x_k\|$$
$$+ \gamma_{i,n} |\mu_{i,n}| \cdot \|T P^{(n)} x_k\| .$$

Indem wir die ähnlichen Glieder zusammenfassen und bemerken, daß

$$\|T P^{(n)} x_k\| = |\mu_k| \cdot \|T P^{(n)} T x_k\| \leqq |\mu_k| \cdot \|P^{(n)} T\| \cdot \|P^{(n)} T x_k\|$$

gilt, gelangen wir zu der Abschätzung (18.25).

Der Satz ist bewiesen.

Übung 18.16. Es ist zu beweisen, daß die Abschätzungen (18.24) und (18.25) asymptotisch exakt sind, d. h., der Quotient des Fehlers und seiner Abschätzung konvergiert für $n \to \infty$ gegen Eins:

$$\frac{\|x_{i,n} - Q_k x_{i,n}\|}{c_{i,n} \|P^{(n)} T x_{i,n}\|} \to 1 , \qquad \frac{\|x_k - Q_{k,n} x_k\|}{c'_{i,n} \|P^{(n)} T x_k\|} \to 1 .$$

18.6. Präzisierte Abschätzungen der Eigenwerte. In diesem Punkt beenden wir die Untersuchung des Verfahrens von Bubnow-Galerkin (18.20) für die Gleichung (18.18). Wir verwenden wieder die Voraussetzungen und Bezeichnungen des Punktes 18.5. Wir werden hier, im Vergleich zum Punkt 18.4, genauere Abschätzungen für $|\mu_{k,n} - \mu_k|$ aufstellen. Die Anwendung dieser Abschätzungen setzt voraus, daß der Fehler für die Näherungseigenelemente schon abgeschätzt worden ist (zum Beispiel auf der Grundlage von Satz 18.6).

Satz 18.7. *Wenn für ein gewisses i ($k \leqq i \leqq k + r - 1$)*

$$||x_{i,n} - Q_k x_{i,n}|| \leqq \delta_{i,n} ||x_{i,n}|| \qquad (\delta_{i,n} < 1) \tag{18.34}$$

ist, dann gilt für dasselbe i die Abschätzung

$$|\mu_{i,n} - \mu_k| \leqq \frac{\mu_k^2 |\mu_{i,n}| \cdot ||P^{(n)} T x_{i,n}|| \cdot ||P^{(n)} T(Q_k x_{i,n})||}{[1 - \delta_{i,n}^2]^{1/2} ||x_{i,n}|| \cdot ||Q_k x_{i,n}||}. \tag{18.35}$$

Wenn für beliebiges $x_k \in X_k$

$$||x_k - Q_{k,n} x_k|| \leqq \delta_n ||x_k|| \qquad (\delta_n < 1) \tag{18.36}$$

ist, dann gelten für alle $i = k, \ldots, k + r - 1$ die Abschätzungen

$$|\mu_{i,n} - \mu_k| \leqq \frac{\mu_k^2 |\mu_{i,n}| \cdot ||P^{(n)} T x_{i,n}|| \cdot ||P^{(n)} T x_k^{(i)}||}{[1 - \delta_n^2]^{1/2} ||x_{i,n}|| \cdot ||x_k^{(i)}||}, \tag{18.37}$$

wobei $x_k^{(i)}$ ein Element aus X_k ist mit $Q_{k,n} x_k^{(i)} = x_{i,n}$ (wegen (18.36) *existiert ein solches Element).*

Beweis. Wir begründen die Abschätzung (18.35). Dazu multiplizieren wir beide Seiten der Gleichung (18.30) skalar mit $Q_k x_{i,n}$ und formen jedes Glied einzeln um:

$$((I - \mu_k T) x_{i,n}, Q_k x_{i,n}) = (x_{i,n}, (I - \mu_k T) Q_k x_{i,n}) = (x_{i,n}, 0) = 0,$$

$$(x_{i,n}, Q_k x_{i,n}) = ||Q_k x_{i,n}||^2,$$

$$\begin{aligned}(P^{(n)} T x_{i,n}, Q_k x_{i,n}) &= (P^{(n)} T x_{i,n}, \mu_k T Q_k x_{i,n}) \\ &= \mu_k (P^{(n)} T x_{i,n}, P^{(n)} T Q_k x_{i,n}).\end{aligned}$$

Letzten Endes erhalten wir

$$\mu_{i,n} - \mu_k = \mu_k^2 \mu_{i,n} \frac{(P^{(n)} T x_{i,n}, P^{(n)} T Q_k x_{i,n})}{||Q_k x_{i,n}||^2}.$$

Um hieraus die Abschätzung (18.35) herzuleiten, braucht man nur zu bemerken, daß wegen (18.34)

$$||Q_k x_{i,n}|| = [||x_{i,n}||^2 - ||Q^{(k)} x_{i,n}||^2]^{1/2} \geqq [1 - \delta_{i,n}^2]^{1/2} ||x_{i,n}||$$

gilt.

Die Abschätzung (18.37) wird ähnlich aufgestellt. Indem wir in (18.32) $x_k = x_k^{(i)}$ setzen und danach beide Seiten der Gleichung skalar mit $x_{i,n} = Q_{k,n} x_k^{(i)}$ multiplizieren, erhalten wir nach einfachen Umformungen

$$\mu_{i,n} - \mu_k = \mu_k^2 \mu_{i,n} \frac{(P^{(n)} T x_k^{(i)}, P^{(n)} T x_{i,n})}{||x_{i,n}||^2}.$$

Um hieraus die Abschätzung (18.37) herzuleiten, braucht man nur zu bemerken, daß wegen (18.36)

$$\|x_{i,n}\| = \|Q_{k,n}\, x_k^{(i)}\| \geqq [1 - \delta_n^2]^{1/2}\, \|x_k^{(i)}\|$$

gilt.

Der Satz ist bewiesen.

Übung 18.17. Es gelte $\delta_{i,n} \to 0$, $\delta_n \to 0$ für $n \to \infty$. Es ist zu zeigen, daß dann die Abschätzungen (18.35) und (18.37) asymptotisch exakt sind; d. h., der Quotient aus dem Fehler $|\mu_{i,n} - \mu_k|$ und seiner Abschätzung konvergiert gegen 1 für $n \to \infty$.

Übung 18.18. Es sind die Beziehungen

$$\mu_{i,n} - \mu_k = \mu_{i,n}\,(1 + \varepsilon_{i,n})\,\frac{\|P^{(n)}(Q_k\, x_{i,n})\|^2}{\|Q_k\, x_{i,n}\|^2},$$

$$\|x_{i,n} - Q_k\, x_{i,n}\| = (1 + \varepsilon'_{i,n})\, \|P^{(n)}(Q_k\, x_{i,n})\|,$$

$$\|x_k - Q_{k,n}\, x_k\| = (1 + \varepsilon''_{k,n})\, \|P^{(n)}\, x_k\|$$

aufzustellen, wobei gilt $\varepsilon_{i,n} \to 0$, $\varepsilon'_{i,n} \to 0$, $\varepsilon''_{k,n} \to 0$ für $n \to \infty$.

Übung 18.19. Es ist zu zeigen, daß für den einfachen Eigenwert μ_k die Gleichungen

$$\mu_{k,n} - \mu_k = \mu_{k,n}\,(1 + \varepsilon_{k,n})\, \|P^{(n)}\, x_k\|^2 \qquad (\|x_k\| = 1; \qquad \varepsilon_{k,n} \to 0 \text{ für } n \to \infty),$$

$$\|x_{k,n} - x_k\| = (1 + \varepsilon'_{k,n})\, \|P^{(n)}\, x_k\| \qquad (\|x_k\| = \|x_{k,n}\| = 1; \quad \varepsilon'_{k,n} \to 0 \text{ für } n \to \infty)$$

gelten.

Übung 18.20. Es sind folgende aposteriori-Fehlerabschätzungen herzuleiten ($i = k, \ldots, k + r - 1$):

$$|\mu_{i,n} - \mu_k| \leqq \frac{\mu_k^2\, |\mu_{i,n}|\, \alpha_{i,n}^2}{1 - c'_{i,n}\|P^{(n)}\, T\|},$$

$$\|x_{i,n} - Q_k\, x_{i,n}\| \leqq c_{i,n}\, \alpha_{i,n}\, \|x_{i,n}\|,$$

wobei

$$\alpha_{i,n} = \frac{\|x_{i,n} - \mu_{i,n}\, T\, x_{i,n}\|}{|\mu_{i,n}| \cdot \|x_{i,n}\|}$$

ist und $c_{i,n}$ und $c'_{i,n}$ durch die Beziehungen (18.26) und (18.28) erklärt sind. Es ist die asymptotische Exaktheit der aufgezeigten Abschätzungen zu beweisen.

18.7. Das Verfahren von Galerkin-Petrow. Es sei T ein linearer vollstetiger Operator im Hilbert-Raum H (es wird nicht vorausgesetzt, daß T selbstadjungiert ist). Das Eigenwertproblem für die Gleichung

$$x = \mu\, T\, x \tag{18.38}$$

werden wir mit Hilfe des Verfahrens von Galerkin-Petrow lösen.

Es seien $\{G_n\}$ und $\{H_n\}$ zwei Folgen abgeschlossener Teilräume von H dergestalt, daß

$$\overline{\lim_{n\to\infty}}\, \Theta(G_n, H_n) < 1 \tag{18.39}$$

ist und Q_n und P_n die G_n und H_n entsprechenden Orthoprojektoren sind, $Q^{(n)} = I - Q_n$, $P^{(n)} = I - P_n$. Die Näherungseigenwerte $\mu = \mu_n$ der Gleichung

(18.38) und die Näherungseigenelemente x_n werden im Verfahren von GALERKIN-PETROW aus der Gleichung

$$P_n (x_n - \mu T x_n) = 0 \qquad (x_n \in G_n) \tag{18.40}$$

bestimmt.

Wegen Bedingung (18.39) lassen sich eine natürliche Zahl n_0 und eine Konstante q, $0 \leqq q < 1$, derart finden, daß für $n \geqq n_0$ die Ungleichung $\Theta(Q_n, H_n) \leqq q$ erfüllt ist. Für $n \geqq n_0$ sind die Bedingungen (18.40) äquivalent der Gleichung (vgl. Punkt 16.2)

$$x_n = \mu \overline{P} T x_n , \tag{18.41}$$

wobei $\overline{P}_n = \tilde{P}_n^{-1} P_n$ ein beschränkter Projektor ist, der H auf G_n projeziert, und $\tilde{P}_n$ die Einschränkung von P_n auf G_n bezeichnet. Die Folge $\{G_n\}$ sei limitiert dicht in H. Aus der Bedingung (18.39) folgt dann (siehe Punkt 16.2) $\|\overline{P}^{(n)} T\| \to 0$ für $n \to \infty$ ($\overline{P}^{(n)} = I - \overline{P}_n$). Für die Operatoren T und $T_n = \overline{P}_n T$ sind somit die Bedingungen (18.3) erfüllt:

$$\|U_n\| \to 0 \quad \text{für} \quad n \to \infty \quad (U_n = T - \overline{P}_n T), \quad S_n = 0 .$$

Damit ist die Anwendbarkeit der Sätze 18.1—18.4 auf die Gleichung (18.41) oder, was dasselbe ist, auf das Verfahren von GALERKIN-PETROW (18.40) bewiesen. In den Abschätzungen (18.6), (18.8) und (18.9) muß man

$$\varepsilon_n = \sup_{x_0 \in X_0^{(l)},\ \|x_0\| = 1} \|\overline{P}^{(n)} x_0\| , \qquad \varepsilon_n^* = \sup_{f_0 \in F_0^{(l)},\ \|f_0\| = 1} \|(\overline{P}^{(n)})^* f_0\|$$

setzen. Diese Größen werden wir in eine günstigere Gestalt umformen. Aus der Definition des Operators $\overline{P}^{(n)}$ folgt, daß $\overline{P}^{(n)} Q_n = 0$ und $P_n \overline{P}^{(n)} = 0$ sind, d. h., es gilt $(\overline{P}^{(n)})^* P_n = 0$. Es sind also

$$\overline{P}^{(n)} = \overline{P}^{(n)} Q^{(n)} , \qquad (\overline{P}^{(n)})^* = (\overline{P}^{(n)})^* P^{(n)} .$$

Da aber $\|\overline{P}^{(n)}\| = \|\overline{P}^{(n)*}\| \leqq 1 + \dfrac{1}{\sqrt{1 - q^2}} = c_0$ ist (siehe (16.6)), gilt

$$\varepsilon_n \leqq c_0 \sup_{x_0 \in X_0^{(l)},\ \|x_0\| = 1} \|Q^{(n)} x_0\| , \qquad \varepsilon_n^* \leqq c_0 \sup_{f_0 \in F_0^{(l)},\ \|f_0\| = 1} \|P^{(n)} f_0\| .$$

Zusammenfassend erhalten wir folgendes Ergebnis:

Satz 18.8. *Die Folgen abgeschlossener Teilräume $\{G_n\}$ und $\{H_n\}$ sollen der Bedingung* (18.39) *genügen, wobei die Folge $\{G_n\}$ limitiert dicht in H sei. Das Verfahren von* GALERKIN-PETROW (18.40) *konvergiert dann in dem in den Sätzen* 18.1—18.3 *angegebenen Sinne.*

Es seien μ_0 der exakte Eigenwert und μ_n die nach dem Verfahren von GALERKIN-PETROW (18.40) *bestimmten Näherungseigenwerte der Gleichung* (18.38), *wobei μ_0*

den Rang l hat und $\mu_n \to \mu_0$ gilt für $n \to \infty$. Dann gelten die Abschätzungen

$$|\mu_n - \mu_0| \leqq c \sup_{\substack{x_0 \in X_0^{(l)},\, \|x_0\|=1 \\ f_0 \in F_0^{(l)},\, \|f_0\|=1}} (\|Q^{(n)} x_0\| \cdot \|P^{(n)} f_0\|)^{1/l},$$

$$\varrho(x_n^{(k)}, X_0^{(l)}) \leqq c \sup_{x_0 \in X_0^{(l)},\, \|x_0\|=1} \|Q^{(n)} x_0\|,$$

$$\varrho(x_n^{(k)}, X_0^{(i)}) \leqq c \left(|\mu_n - \mu_0|^{i-k+1} + \sup_{x_0 \in X_0^{(l)},\, \|x_0\|=1} \|Q^{(n)} x_0\|\right)$$

$$(1 \leqq k \leqq i \leqq l),$$

wobei $x_n^{(k)}$ ein beliebiges normiertes Element aus $X_n^{(k)}$ ist, sowie

$$X_0^{(i)} = \{x_0 \in H : (I - \mu_0 T)^i x_0 = 0\} \qquad (i = 1, \ldots, l),$$

$$F_0^{(l)} = \{f_0 \in H : (I - \bar{\mu}_0 T^*)^l f_0 = 0\},$$

$$X_n^{(k)} = \{x_n \in G_n : (I - \mu_n \overline{P}_n T)^k x_n = 0\} \qquad (k \geqq 1).$$

Übung 18.21. Es seien $\{\varphi_k\}$ und $\{\psi_k\}$ zwei vollständige Koordinatenfolgen im separablen Hilbert-Raum H und G_n und H_n die linearen Hüllen der Elemente $\varphi_1, \ldots, \varphi_n$ bzw. $\psi_1, \ldots, \psi_n$. Es ist zu beweisen, daß die numerische Realisierung des Verfahrens von Galerkin-Petrow (18.40) im folgenden besteht.

a) Die Näherungseigenwerte $\mu = \mu_n$ lassen sich als Lösungen der algebraischen Gleichungen

$$\det(A_n - \mu B_n) = 0$$

bestimmen, wobei A_n und B_n entsprechend Matrizen mit den Elementen

$$a_{ij} = (\varphi_j, \psi_i), \qquad b_{ij} = (T\varphi_j, \psi_i) \qquad (i, j = 1, \ldots, n)$$

sind.

b) Die Eigenelemente $x_n = \sum_{j=1}^{n} \xi_j \varphi_j \in X_n^{(1)}$ werden aus der Bedingung

$$(A_n - \mu_n B_n)\,\xi^{(n)} = 0 \qquad (\xi^{(n)} = (\xi_1, \ldots, \xi_n))$$

bestimmt.

c) Die Elemente $x_n = \sum_{j=1}^{n} \xi_j \varphi_j \in X_n^{(k)}$ werden für $k \geqq 1$ aus der Bedingung

$$(I_n - \mu_n A_n^{-1} B_n)^k\, \xi^{(n)} = 0$$

bestimmt, wobei I_n die Einheitsmatrix bezeichnet.

Übung 18.22. Es seien die Bedingungen der Übung 18.21 und die Bedingung (18.39) erfüllt. Wir nehmen an, daß die Matrizen A_n und B_n mit den Fehlern $\Gamma_n = (\gamma_{ij})$ bzw. $\Delta_n = (\delta_{ij})$ berechnet sind, wodurch anstelle von μ_n und x_n die gestörten Näherungen $\tilde{\mu}_n$ und $\tilde{x}_n$ gefunden worden sind. Es ist zu beweisen, daß die starke Minimalität der Koordinatenfolgen $\{\varphi_k\}$ und $\{\psi_k\}$ die Stabilität von $\tilde{\mu}_n$ und $\tilde{x}_n$ bezüglich der Störungen Γ_n und Δ_n in folgendem Sinne garantiert: Wenn $\|\Gamma_n\|_{R_n} \to 0$ und $\|\Delta_n\|_{R_n} \to 0$ für $n \to \infty$, dann gelten für die gestörten Näherungen $\tilde{\mu}_n$ und $\tilde{x}_n$ die Sätze 18.1—18.3 über ihre Konvergenz.

18.8. Der Fall unbeschränkter Operatoren. Mit Hilfe der Substitution der gesuchten Elemente oder der Auswahl neuer Funktionalräume kann man die oben erzielten Ergebnisse auf das Eigenwertproblem für Gleichungen mit unbeschränkten Operatoren übertragen. Wir bleiben beim Verfahren von GALERKIN-PETROW.

Wir betrachten das Eigenwertproblem für die Gleichung

$$L u = \mu M u , \tag{18.42}$$

wobei L und M lineare, im allgemeinen, unbeschränkte Operatoren sind, die den BANACH-Raum E in den HILBERT-Raum H abbilden. Wir setzen voraus, daß die Definitionsbereiche von L und M in E dicht sind, wobei $D(L) \subset D(M)$ ist, daß der Operator L stetig invertierbar ist ($D(L^{-1}) = H$) und der Operator $M L^{-1}$ in H vollstetig ist.

Wir geben zwei Folgen von Unterräumen $\{E_n\}$ und $\{H_n\}$

$$E_n \subset D(L) \subset E , \qquad H_n \subset H \qquad (n = 1, 2, \ldots) ,$$

derart vor, daß die Unterräume $L E_n$ und H_n ($n = 1, 2, \ldots$) in H abgeschlossen sind, die Folge von Unterräumen $\{L E_n\}$ limitiert dicht in H ist und

$$\overline{\lim_{n \to \infty}} \Theta(L E_n, H_n) < 1 \tag{18.43}$$

gilt. Die Näherungseigenwerte $\mu = \mu_n$ der Gleichung (18.42) und die Näherungseigenelemente u_n werden wir aus der Gleichung

$$P_n (L u_n - \mu M u_n) = 0 \qquad (u_n \in E_n) \tag{18.44}$$

bestimmen, wobei P_n der dem Unterraum H_n entsprechende Orthoprojektor ist.

Durch die Substitution $x = L u$ wird die Gleichung (18.42) in die Gestalt

$$x = \mu M L^{-1} x \tag{18.45}$$

und die Gleichung (18.44) in die Gestalt

$$P_n (x_n - \mu M L^{-1} x_n) = 0 \qquad (x_n \in G_n) \tag{18.46}$$

überführt, wobei $G_n = L E_n$ ist. Die Bedingungen (18.46) stellen das Verfahren von GALERKIN-PETROW für die Gleichung (18.45) mit dem vollstetigem Operator $M L^{-1}$ dar. Da die Bedingungen des Satzes 18.8 erfüllt sind, konvergiert das Verfahren von GALERKIN-PETROW und es gelten die Konvergenzabschätzungen, die im Satz 18.8 aufgezeigt wurden (nur mit dem Unterschied, daß man in der Definition der Unterräume $X_0^{(i)}$, $F_0^{(l)}$ und $X_n^{(k)}$ $T = M L^{-1}$ setzen muß). Wir erinnern, daß in diesen Abschätzungen $Q^{(n)} = I - Q_n$, $P^{(n)} = I - P_n$ ist und Q_n und P_n die den Unterräumen $G_n = L E_n$ und H_n entsprechenden Orthoprojektoren sind.

Übung 18.23. Der Operator $L^{-1} M$ sei vollstetig in E. Es ist zu zeigen, daß dann $F_0^{(l)} \subset D(L^*)$ gilt.

Übung 18.24. Es ist zu zeigen, daß der Operator $L^{-1} M$ dann und nur dann in E vollstetig ist, wenn $D(L^*) \subset D(M^*)$ und der Operator $M^*(L^*)^{-1}$ in E^* vollstetig ist.

Ist L ein Operator komplizierter Struktur, dann können bei der unmittelbaren Abschätzung der Norm $||Q^{(n)} x_0||$ $(x_0 \in X_0^{(l)})$ Schwierigkeiten auftreten. In diesem Fall ist es günstig, von L einen einfachen Hauptteil A abzuspalten, d. h. L in der Form $L = A + K$ darzustellen, wobei A ein stetig invertierbarer Operator dergestalt ist, daß der Operator $K A^{-1}$ in H vollstetig ist. Den Operator A muß man so auswählen, daß sich die Norm $||R^{(n)} x||$ leicht abschätzen läßt, wobei $R^{(n)} = I - R_n$ und R_n der dem Unterraum $A E_n$ entsprechende Orthoprojektor ist.

Übung 18.25. Es sind folgende Behauptungen zu beweisen:

a) Der Unterraum $L E_n$ ist in H abgeschlossen dann und nur dann, wenn in H der Unterraum $A E_n$ abgeschlossen ist.

b) Die Folge $\{L E_n\}$ ist in H limitiert dicht dann und nur dann, wenn die Folge $\{A E_n\}$ in H limitiert dicht ist.

c) Die Bedingung (18.43) ist der Bedingung

$$\overline{\lim_{n\to\infty}}\, \Theta(A E_n, H_n) < 1$$

äquivalent.

d) Für jedes $x \in E$ gelten die Ungleichungen

$$c_1 ||R^{(n)} A L^{-1} x|| \leqq ||Q^{(n)} x|| \leqq c_2 ||R^{(n)} A L^{-1} x|| \qquad (c_1, c_2 = \text{const} > 0)\,.$$

Wie aus den Behauptungen a)—c) der Übung 18.25 ersichtlich ist, erleichtert die Abspaltung des einfachen Hauptteils von L nicht nur die Abschätzung der Norm $||Q^{(n)} x_0||$ $(x_0 \in X_0^{(l)})$, sondern auch die Überprüfung der Bedingungen, die die Konvergenz des Verfahrens von Galerkin-Petrow (18.44) garantieren.

Übung 18.26. Das Eigenwertproblem für die Differentialgleichung

$$L u \equiv u^{(m)} + \sum_{j=0}^{m-1} p_j(t)\, u^{(j)} = \mu\, q(t)\, u$$

mit den Randbedingungen (16.38) werde mit Hilfe des Verfahrens von Galerkin-Petrow gelöst (mit Hilfe der Momentenmethode). Als erste Koordinatenfolge seien die Polynome $\varphi_j(t)$ausgewählt (siehe Punkt 15.7 und 16.8) und als zweite die Funktionen t^j $(j = 0, 1, 2, \ldots)$. Es seien $p_j(t) \in L_2^{(r_j)}$, $q(t) \in L_2^{(r_0)}$, wobei $r_j \geqq j$ $(j = 0, \ldots, m-1)$ sind. Die gestellte Aufgabe habe den einfachen Eigenwert μ_0. Es ist zu beweisen

$$|\mu_n - \mu_0| = o(n^{-(m+r+r')})\,, \qquad \varrho(x_n, X_0^{(1)}) = o(n^{-r})\,,$$

wobei $x_n = L u_n$ $(||x_n||_{L_2} = 1)$, $\varrho(x, y)$ der Abstand in $L_2[a, b]$ und

$$r = \min_{0 \leq j \leq m-1} r_j\,, \qquad r' = \min_{0 \leq j \leq m-1} (r_j - j)$$

ist. Es sind die Abschätzungen für die Konvergenzgeschwindigkeit im Falle eines mehrfachen Eigenwertes μ_0 anzugeben.

18.9. Operatoren in reellen Räumen. Die vorangegangenen Überlegungen bezogen sich auf Operatoren in komplexen Räumen. Alle bewiesenen Sätze kann man jedoch für den Fall umformulieren, wenn ein linearer vollstetiger Operator T im reellen Banach-Raum E untersucht wird. Wir bemerken hier einige auftretende Besonderheiten.

Die Gleichung (18.1) wird natürlich nur für reelle μ betrachtet. Wenn der reelle Eigenwert μ_0 einfach ist, dann bleiben alle in diesem Paragraphen bewiesenen Sätze beim Übergang zu einem reellen Raum erhalten. Für mehrfache Eigenwerte μ_0 kompliziert sich die Situation: Hat zum Beispiel μ_0 eine gerade Vielfachheit, dann kann man beliebig nahe an T liegende Operatoren T_ε konstruieren, für die es keine nahe an μ_0 liegenden reellen Eigenwerte gibt (deshalb ist es nicht natürlich, zu erwarten, daß nahe an μ_0 gelegene Eigenwerte μ existieren, für die die Gleichung (18.2) Nichtnullösungen besitzt).

Im Zusammenhang mit den oben dargelegten Überlegungen muß man für die vollständige Lösung des Problems der Eigenwerte und Eigenelemente zuerst den Operator T auf die komplexe Erweiterung des Raumes E ausdehnen (siehe L. W. Kantorowitsch und G. P. Akilow [1]). Wenn T ein selbstadjungierter Operator im Hilbert-Raum H und die T_n (die Operatoren aus den Gleichungen (18.2)) selbstadjungiert in den entsprechenden Unterräumen H_n sind, dann braucht man natürlich nicht zur komplexen Erweiterung des Raums H überzugehen.

§ 19. Projektionsverfahren zur Lösung nichtlinearer Gleichungen

19.1. Die Aufgabenstellung. In diesem Paragraphen untersuchen wir Projektionsverfahren in Anwendung auf die Gleichung

$$x = T x, \tag{19.1}$$

wobei T ein nichtlinearer Operator im Banach-Raum E ist, der auf einer gewissen nichtleeren offenen Menge $\Omega \subset E$ erklärt und stetig ist.

Es sei $\{E_n\}$ eine Folge abgeschlossener Teilräume von E; $\Omega_n = \Omega \cap E_n$.

Wir nehmen an, daß auf jeder Menge Ω_n ein stetiger Operator T_n mit Werten in E_n gegeben ist, der in einem gewissen Sinne (der weiter unten präzisiert wird) nahe an T liegt. Die Lösungen der Gleichungen

$$x_n = T_n x_n \tag{19.2}$$

werden dann zu Näherungslösungen der Gleichung (19.1) erklärt.

Auf E sei eine Folge linearer Projektionsoperatoren P_n gegeben, die auf die entsprechenden Räume E_n projezieren. Die Operatoren P_n können auch unbeschränkt sein; in diesem Falle werden wir voraussetzen, daß $T(\Omega) \subset D(P_n)$ ist und daß die Operatoren $P_n T$ auf Ω stetig sind.

---

[1]) Projektionsverfahren sind zur Lösung konkreter nichtlinearer Probleme von einer Reihe von Autoren angewendet worden. Zu den ersten gehörten A. I. Lurje und A. I. Tschekmarew, D. J. Panow. Die Begründung des Galerkin-Verfahrens für Gleichungen mit nichtlinearen vollstetigen Operatoren ist von M. A. Krasnoselski [2, 4, 8] gegeben worden. Vollständigere Ergebnisse für Gleichungen mit vollstetigen Operatoren sind von G. M. Wainikko [11] erzielt worden; von ihm sind auch Gleichungen mit stetigen Operatoren untersucht worden, die nicht die Eigenschaft der Vollstetigkeit besitzen.

Die Annäherung der Gleichungen (19.1) und (19.2) werden wir wie auch in den vorangegangenen Paragraphen dieses Kapitels dadurch charakterisieren, daß die Operatoren

$$S_n = T_n - P_n T , \qquad U_n = T - P_n T$$

klein sind (der erste von ihnen ist ein Operator, der in E_n wirkt, der zweite wirkt in E).

Die Gleichung

$$x_n = P_n T x_n$$

nennt man GALERKIN-*Gleichung*. Die Gleichung (19.2) nennt man natürlicherweise *gestörte* GALERKIN-*Gleichung*; das Näherungsverfahren, bei dem die Gleichung (19.2) verwendet wird, heißt GALERKIN-*Verfahren mit Störungen.*

Im weiteren werden zwei Beweise für die Konvergenz des GALERKIN-Verfahrens mit Störungen angegeben. Der erste dieser Beweise stützt sich auf das Kontraktionsprinzip, das auf eine gewisse Gleichung angewendet wird, die zu (19.2) äquivalent ist. Im zweiten Konvergenzbeweis wird der Begriff der Rotation vollstetiger Vektorfelder benutzt.

19.2. Zur Lösbarkeit nichtlinearer Gleichungen. Der erste Konvergenzbeweis des GALERKIN-Verfahrens mit Störungen stützt sich auf folgendes Lemma.

Lemma 19.1. *Es sei A ein Operator im* BANACH-*Raum F, der für $||x - x_*|| \leqq \delta_*$ nach* FRECHET *differenzierbar ist, wobei x_* ein gewisser fester Punkt von F ist, $\delta_* > 0$. Der lineare Operator $A'(x_*)$ sei stetig invertierbar in F, wobei für gewisse δ_0 und q $(0 < \delta_0 \leqq \delta_*;\ 0 \leqq q < 1)$ die Ungleichungen*

$$\sup_{||x - x_*|| \leqq \delta_0} ||[A'(x_*)]^{-1} [A'(x) - A'(x_*)]|| \leqq q , \tag{19.3}$$

$$\alpha \equiv ||[A'(x_*)]^{-1} A x_*|| \leqq \delta_0 (1 - q) \tag{19.4}$$

erfüllt sind.

Die Gleichung $A x = 0$ besitzt dann in der Kugel $||x - x_*|| \leqq \delta_0$ genau eine Lösung x_0, und es gelten die Abschätzungen

$$\frac{\alpha}{1+q} \leqq ||x_0 - x_*|| \leqq \frac{\alpha}{1-q} . \tag{19.5}$$

Beweis. Ist der Operator T in jedem Punkt der Strecke $[x_1, x_1 + h]$ differenzierbar, dann ist

$$||T (x_1 + h) - T x_1|| \leqq ||h|| \sup_{0<\theta<1} ||T' (x_1 + \theta h)|| .$$

Es sei $T = V (A - W)$, wobei V und W beliebige lineare stetige Operatoren in F sind; die vorhergehende Ungleichung nimmt dann die Gestalt

$$||V [A (x_1 + h) - A x_1 - W h]|| \leqq ||h|| \sup_{0<\theta<1} ||V [A' (x_1 + \theta h) - W]|| \tag{19.6}$$

an.

Wie man leicht sieht, ist die Gleichung $A x = 0$ äquivalent der Gleichung $x = B x$ mit

$$B x = x_* - [A'(x_*)]^{-1} \{A x_* + [A x - A x_* - A'(x_*) (x - x_*)]\} .$$

Wir zeigen, daß B auf der Kugel $||x - x_*|| \leqq \delta_0$ ein Kontraktionsoperator ist. Für $||x - x_*|| \leqq \delta_0$ haben wir wegen (19.3), (19.4) und (19.6) tatsächlich

$$\begin{aligned} ||B x - x_*|| &\leqq \delta_0 (1 - q) \\ &\quad + ||x - x_*|| \sup_{0<\theta<1} ||[A'(x_*)]^{-1} [A' \big(x_* + \theta (x - x_*)\big) - A'(x_*)]|| \\ &\leqq \delta_0 (1 - q) + \delta_0 q = \delta_0 , \end{aligned} \tag{19.7}$$

d. h., B bildet die Kugel $||x - x_*|| \leqq \delta_0$ in sich ab. Es seien x_1 und x_2 zwei Punkte der Kugel $||x - x_*|| \leqq \delta_0$. Wir haben

$$B x_1 - B x_2 = [A'(x_*)]^{-1} [A x_2 - A x_1 - A'(x_*) (x_2 - x_1)] ,$$

woraus wir auf Grund von (19.3) und (19.6)

$$\begin{aligned} &||B x_1 - B x_2|| \\ &\leqq ||x_2 - x_1|| \sup_{0<\theta<1} ||[A'(x_*)]^{-1} [A' \big(x_1 + \theta (x_2 - x_1)\big) - A'(x_*)]|| \leqq q \, ||x_1 - x_2|| \end{aligned}$$

finden, d. h., B kontrahiert die Kugel $||x - x_*|| \leqq \delta_0$.

Nach dem Kontraktionsprinzip besitzt der Operator B in der Kugel $||x - x_*|| \leqq \delta_0$ genau einen Fixpunkt x_0. Offensichtlich ist x_0 die einzige Lösung der Gleichung $A x = 0$ in der angegebenen Kugel. Aus der Definition des Operators B ergeben sich folgende Ungleichungen für die Norm $||x_0 - x_*|| = ||B x_0 - x_*||$ (vgl. (19.7)):

$$||x_0 - x_*|| \leqq \alpha + ||x_0 - x_*|| \, q , \qquad ||x_0 - x_*|| \geqq \alpha - ||x_0 - x_*|| \, q .$$

Diese Ungleichungen sind den Abschätzungen (19.5) äquivalent.

Das Lemma ist bewiesen.

Übung 19.1. Es ist zu zeigen, daß die Abschätzungen (19.5) sich nicht verbessern lassen.

19.3. Zur Konvergenz des Galerkin-Verfahrens mit Störungen. Wir kehren zu den Gleichungen (19.1) und (19.2) zurück. Wir setzen $P^{(n)} = I - P_n$ und bemerken: Gilt $x \in \Omega$ und $P^{(n)} x \to 0$ für $n \to \infty$, dann ist $P_n x \in \Omega_n$ für hinreichend große n.

Satz 19.1. *Die Operatoren T und $P_n T$ seien* Frechet-*differenzierbar*[1]) *in Ω, und T_n sei dies in Ω_n. Die Gleichung* (19.1) *besitze die Lösung $x_0 \in \Omega$, wobei der lineare Operator $I - T'(x_0)$ in E stetig invertierbar ist. Für $n \to \infty$ sollen die Be-*

[1]) Es wird vorausgesetzt, daß $(P_n T)'(x) = P_n T'(x)$ ist. Im Fall beschränkter Projektoren P_n ergibt sich die Differenzierbarkeit von $P_n T$ aus der Differenzierbarkeit von T, und es ist die angeführte Gleichung gültig.

ziehungen

$$\|P^{(n)} x_0\| \to 0\,, \tag{19.8}$$

$$\|P_n\, T\, P_n\, x_0 - T\, x_0\| \to 0\,, \qquad \|P_n\, T'(P_n\, x_0) - T'(x_0)\| \to 0\,, \tag{19.9}$$

$$\|S_n\, P_n\, x_0\| \to 0\,, \qquad \|S_n'(P_n\, x_0)\| \to 0 \qquad (S_n = T_n - P_n\, T) \tag{19.10}$$

erfüllt sein. Schließlich mögen für beliebiges $\varepsilon > 0$ *Zahlen* n_ε *und* $\delta_\varepsilon > 0$ *existieren, für die gilt*

$$\|T_n'(x) - T_n'(P_n\, x_0)\| \leqq \varepsilon \qquad (n \geqq n_\varepsilon;\ \|x - P_n\, x_0\| \leqq \delta_\varepsilon,\ x \in \Omega_n)\,. \tag{19.11}$$

Dann lassen sich n_0 *und* $\delta_0 > 0$ *derart finden, daß für* $n \geqq n_0$ *die Gleichung* (19.2) *in der Kugel* $\|x - x_0\| \leqq \delta_0$ *genau eine Lösung* x_n *besitzt. Es gilt die Beziehung*

$$\|x_n - x_0\| \leqq \|P^{(n)} x_0\| + \|x_n - P_n\, x_0\| \to 0 \quad \textit{für } n \to \infty\,, \tag{19.12}$$

wobei für $\|x_n - P_n\, x_0\|$ *die zweiseitige Abschätzung* $(c_1, c_2 > 0)$

$$c_1 \|P_n\, T\, x_0 - T_n\, P_n\, x_0\| \leqq \|x_n - P_n\, x_0\| \leqq c_2 \|P_n\, T\, x_0 - T_n\, P_n\, x_0\| \tag{19.13}$$

gilt.

Beweis. Wir wenden das Lemma 19.1 auf $F = E_n$, $A = I - T_n$ und $x_* = P_n\, x_0$ an.

Der Punkt x_0 fällt zusammen mit einer gewissen Umgebung in die offene Menge Ω. Da $P_n\, x_0 \to x_0$ für $n \to \infty$ gilt, geht für hinreichend große n $(n \geqq n_*)$ $P_n\, x_0$ zusammen mit einer gewissen Kugel $\|x - P_n\, x_0\| \leqq \delta_*$ des Raumes E in Ω und mit derselben Kugel des Raumes E_n in Ω_n ein. Für $n \geqq n_*$ ist also der Operator $I - T_n$ in der Kugel $\|x - P_n\, x_0\| \leq \delta_*$ differenzierbar.

Aus der Invertierbarkeit von $I - T'(x_0)$ und aus (19.9) resultiert, daß für hinreichend große n die Operatoren $I - P_n\, T'(P_n\, x_0)$ in E invertierbar sind, wobei die Normen der inversen Operatoren gleichmäßig beschränkt sind. Hieraus folgt, daß die Operatoren $I - P_n\, T'(P_n\, x_0)$ auf E_n invertierbar sind, und die Normen der inversen Operatoren gleichmäßig beschränkt sind. Hieraus schließen wir (auf Grund von (19.10)) weiter, daß für hinreichend große n auch die Operatoren $I - T_n'(P_n\, x_0)$ in E_n invertierbar und die Normen der inversen Operatoren gleichmäßig beschränkt sind:

$$\|[I - T_n'(P_n\, x_0)]^{-1}\| \leqq \varkappa \qquad (n \geqq n_*)\,. \tag{19.14}$$

Aus (19.9) und (19.10) resultiert, daß die Normen der Operatoren gleichmäßig beschränkt sind:

$$\|I - T_n'(P_n\, x_0)\| \leqq \varkappa' \qquad (n \geqq n_*)\,.$$

Für die Zahlen

$$\alpha_n = \|[I - T_n'(P_n\, x_0)]^{-1}\, (I - T_n)\, P_n\, x_0\|$$

erhalten wir somit die zweiseitige Abschätzung

$$\frac{1}{\varkappa'} \|P_n\, T\, x_0 - T_n\, P_n\, x_0\| \leqq \alpha_n \leqq \varkappa \|P_n\, T\, x_0 - T_n\, P_n\, x_0\| \quad (n \geqq n_*)\,. \tag{19.15}$$

Da $T x_0 = x_0$ und

$$P_n T x_0 - T_n P_n x_0 = (P_n T x_0 - T x_0) + (T x_0 - P_n T P_n x_0) - S_n P_n x_0$$

ist, gilt wegen (19.8), (19.9), (19.10)

$$\|P_n T x_0 - T_n P_n x_0\| \to 0 \quad \text{für } n \to \infty . \tag{19.16}$$

Wir fixieren irgendein q $(0 < q < 1)$, setzen $\varepsilon_0 = q/\varkappa$ und bestimmen nach diesem ε_0 die Zahlen n_0 und δ_0 $(n_0 \geqq n_*;\ 0 < \delta_0 \leqq \delta_*)$ derart, daß für $n \geqq n_0$ und $\|x - P_n x_0\| \leqq \delta_0$ die Ungleichung (19.11) mit $\varepsilon = \varepsilon_0$ erfüllt ist. Dann ist die Voraussetzung (19.3) von Lemma 19.1 erfüllt; durch Vergrößerung von n_0 kann man erreichen (siehe (19.15) und (19.16)), daß für $n \geqq n_0$ auch die zweite Forderung (19.4) von Lemma 19.1 erfüllt ist. Aus diesem Lemma folgt, daß für $n \geqq n_0$ die Gleichung (19.2) in der Kugel $\|x - P_n x_0\| \leqq \delta_0$ genau eine Lösung x_n besitzt.

Unter Berücksichtigung von (19.15) läßt sich die Abschätzung (19.5) in der Form (19.13) schreiben, wobei $c_1 = \dfrac{1}{\varkappa'(1+q)}$, $c_2 = \dfrac{\varkappa}{1-q}$ ist. Die Ungleichung (19.12) ist offensichtlich, und die Konvergenz der rechten Seite der Ungleichung gegen Null ist schon aufgezeigt worden (siehe (19.8) und (19.16)). Es konvergiert also $x_n \to x_0$ für $n \to \infty$. Durch Verringerung von δ_0 kann man erreichen, daß x_n die einzige Lösung der Gleichung (19.2) in der Kugel $\|x - x_0\| \leqq \delta_0$ des Raums E ist.

Der Satz ist bewiesen.

Wie aus dem durchgeführten Beweis ersichtlich ist, genügt es, daß die Bedingung (19.11) nur für ein gewisses hinreichend kleines ε_0 erfüllt ist, und nicht für beliebiges $\varepsilon > 0$. Ebenfalls sieht man auch leicht, daß man die zweiten Beziehungen aus (19.9) und (19.10) durch die Bedingung ersetzen kann, daß die entsprechenden Normen hinreichend klein sind:

$$\|P_n T'(P_n x_0) - T'(x_0)\| \leqq \varepsilon_1 , \qquad \|S_n'(P_n x_0)\| \leqq \varepsilon_2 \qquad \text{für } n \geqq n_* .$$

Die Zahlen ε_1 und ε_2 müssen so beschaffen sein, daß $\varkappa_0(\varepsilon_1 + \varepsilon_2) < 1$ mit $\varkappa_0 = \|[I - T'(x_0)]^{-1}\|$ gilt. Schließlich kann man die Differenzierbarkeitsgebiete der Operatoren einengen. Es genügt, daß T im Punkte x_0, $P_n T$ und S_n im Punkte $P_n x_0$ und T_n in der Kugel $\|x - P_n x_0\| \leqq \delta_0$ differenzierbar ist.

Übung 19.2. Es ist zu zeigen, daß aus den Voraussetzungen des Satzes 19.1 die Isoliertheit der Lösung x_0 der Gleichung (19.1) folgt (daß es in einer gewissen Umgebung des Punktes x_0 keine anderen Lösungen dieser Gleichung gibt).

Einige einfache Fälle, für die die Bedingungen des Satzes 19.1 erfüllt sind, sind in den Übungen 19.3—19.5 aufgezeigt worden. Zur Lösung dieser Aufgaben schlagen wir dem Leser vor, den Punkt 15.5 erneut durchzusehen. Wir erinnern auch daran, daß die FRECHETsche Ableitung eines vollstetigen Operators ein linearer vollstetiger Operator ist.

Übung 19.3. Der Operator T sei (als Operator in E) vollstetig auf Ω und stetig differenzierbar im Punkte x_0 ($x_0 = T x_0$). Die Projektoren P_n ($n = 1, 2, \ldots$) seien beschränkt in E, und es konvergiere stark $P_n \to I$. Es ist zu zeigen, daß dann die Bedingungen (19.8) und (19.9) erfüllt sind.

Für beliebiges $\varepsilon > 0$ mögen sich außerdem Zahlen n_ε und $\delta_\varepsilon > 0$ finden lassen, für die gilt

$$||S_n x|| \leqq \varepsilon, \quad ||S_n'(x)|| \leqq \varepsilon \quad (n \geqq n_\varepsilon, ||x - P_n x_0|| \leqq \delta_\varepsilon, x \in \Omega_n). \tag{19.17}$$

Es ist zu zeigen, daß dann auch die Bedingungen (19.10) und (19.11) erfüllt sind.

Übung 19.4. Der Banach-Raum E' sei stetig einbettbar in E. Es sei T vollstetig auf Ω und als Operator, der E in E' abbildet, stetig differenzierbar im Punkte x_0 ($x_0 = T x_0$). Die Projektoren P_n ($n = 1, 2, \ldots$) seien als Operatoren, die E' in E abbilden, beschränkt, und es konvergiere stark $P_n \to P$, wobei P ein Einbettungsoperator von E' in E ist. Es ist zu zeigen, daß dann die Bedingungen (19.8) und (19.9) erfüllt sind. Wenn außerdem die Bedingungen (19.17) erfüllt sind, dann ist zu zeigen, daß auch die Bedingungen (19.10) und (19.11) erfüllt sind.

Übung 19.5. Es sei T als Operator in E stetig differenzierbar im Punkte x_0 ($x_0 = T x_0$). Für $||x - x_0|| \leqq \delta_0$ und beliebiges $z \in E$ sei die Ungleichung

$$\varrho(T'(x) z, E_n) \leqq \eta_n ||z||$$

erfüllt. Die Projektoren P_n seien in E beschränkt, wobei

$$||P_n|| \eta_n \to 0, \quad ||P_n|| \varrho(x_0, E_n) \to 0 \quad \text{für } n \to \infty$$

gilt. Es seien schließlich die Bedingungen (19.17) erfüllt. Es ist zu zeigen, daß dann die Voraussetzungen (19.8)—(19.11) von Satz 19.1 erfüllt sind.

19.4. Eine aposteriori-Fehlerabschätzung. Wir nehmen an, daß die exakte oder die Näherungslösung $\tilde{x}_n \in E_n$ der Gleichung (19.2) gefunden wurde. Es ist festzustellen, ob für die Gleichung (19.1) eine Lösung x_0 existiert, und es ist die Abschätzung für den Fehler $||\tilde{x}_n - x_0||$ zu finden (siehe § 14).

Satz 19.2. *Die Operatoren T, $P_n T$ und T_n seien* Frechet-*differenzierbar in einer gewissen Umgebung*[1]) *des Punktes $\tilde{x}_n \in \Omega_n$, wobei $I - T_n'(\tilde{x}_n)$ in E_n stetig invertierbar ist,*

$$||[I - T_n'(\tilde{x}_n)]^{-1}|| = \varkappa_n. \tag{19.18}$$

Es seien[2])

$$\gamma_n \equiv (1 + \varkappa_n ||P_n T'(\tilde{x}_n)||) ||U_n'(\tilde{x}_n)|| + \varkappa_n ||S_n'(\tilde{x}_n)|| < 1 \tag{19.19}$$

und für gewisse δ_n und q_n ($\delta_n > 0$; $0 \leqq q_n < 1$) die Ungleichungen

$$\sup_{||x - \tilde{x}_n|| \leqq \delta_n} ||T'(x) - T'(\tilde{x}_n)|| \leqq \frac{q_n}{\varkappa_n'}, \tag{19.20}$$

$$||\tilde{x} - T \tilde{x}_n|| \leqq \frac{\delta_n (1 - q_n)}{\varkappa_n'}, \tag{19.21}$$

[1]) Es genügt, daß $P_n T$ (als Operator in E) und T_n nur im Punkte $\tilde{x}_n$ differenzierbar sind. Es wird vorausgesetzt, daß $(P_n T)'(\tilde{x}_n) = P_n T'(\tilde{x}_n)$ ist.

[2]) Wir erinnern daran, daß $S_n = T_n - P_n T$ und $U_n = T - P_n T$ gilt.

erfüllt mit

$$\varkappa_n' = \frac{1 + \varkappa_n \|P_n T'(\tilde{x}_n)\|}{1 - \gamma_n}. \tag{19.22}$$

Die Gleichung (19.1) *besitzt dann in der Kugel* $\|x - \tilde{x}_n\| \leqq \delta_n$ *genau eine Lösung* x_0, *und es gilt die Fehlerabschätzung*

$$\frac{\alpha_n}{1 + q_n} \leqq \|\tilde{x}_n - x_0\| \leqq \frac{\alpha_n}{1 - q_n} \tag{19.23}$$

mit

$$\alpha_n \equiv \|[I - T'(\tilde{x}_n)]^{-1} (\tilde{x}_n - T\,\tilde{x}_n)\| \leqq \varkappa_n' \|\tilde{x}_n - T\,\tilde{x}_n\|. \tag{19.24}$$

Beweis. Aus (19.18) und (19.19) schließen wir auf Grund von Lemma 17.2, daß der Operator $I - T'(\tilde{x}_n)$ in E invertierbar ist, wobei

$$\|[I - T'(\tilde{x}_n)]^{-1}\| \leqq \varkappa_n' \tag{19.25}$$

gilt und $\varkappa_n'$ eine durch die Beziehung (19.22) erklärte Zahl ist. Nach dieser Bemerkung braucht man nur noch das Lemma 19.1 auf $F = E$, $A = I - T$ und $x_* = \tilde{x}_n$ anzuwenden. Die Bedingungen (19.20) und (19.21) garantieren auf offensichtliche Weise, daß die Voraussetzungen (19.3) und (19.4) des Lemmas erfüllt sind und die Abschätzung (19.5) des Lemmas sich in der Form (19.23) schreiben läßt; die Abschätzung (19.24) für α_n resultiert aus (19.25).

Der Satz ist bewiesen.

Übung 19.6. Es strebe $\tilde{x}_n \to x_0$ für $n \to \infty$, der Operator $I - T'(x_0)$ sei stetig invertierbar in E und es seien die Bedingungen der Übungen 19.3–19.5 erfüllt. Es ist zu zeigen, daß dann die Zahlen, die den gestellten Forderungen genügen, sich so auswählen lassen, daß $q_n \to 0$ gilt für $n \to \infty$. Die Abschätzung (19.23) wird damit asymptotisch exakt.

19.5. Die Rotation eines vollstetigen Vektorfeldes. Es seien Ω eine nichtleere offene beschränkte Menge im reellen Banach-Raum F und Γ ihr Rand. Es sei A ein auf $\bar{\Omega} = \Omega \cup \Gamma$ vollstetiger Operator in F, der auf Γ keine Fixpunkte hat. Die Rotation $\gamma\,(I - A; \Gamma)$ des vollstetigen Vektorfeldes $(I - A)\,x$ auf dem Rand Γ ist eine gewisse ganzzahlige topologische Charakteristik des Operators A auf der Menge Ω, die im § 14 beschrieben wurde. Der Leser, der sich nur mit den Projektionsverfahren beschäftigt, braucht zum Verständnis des weiteren Inhalts des Paragraphen nur die unten angegebenen Behauptungen 1^0–6^0 zu kennen, die man beim ersten Lesen als Axiome ansehen kann.

1^0. Ist $\gamma\,(I - A; \Gamma) \neq 0$, dann besitzt die Gleichung $x = A\,x$ in Ω wenigstens eine Lösung.

2^0. Es sei B ein anderer auf $\bar{\Omega}$ vollstetiger Operator in F mit

$$\sup_{x \in \Gamma} \|B\,x\| < \inf_{x \in \Gamma} \|x - A\,x\|. \tag{19.26}$$

Dann gilt $\gamma\,(I - A; \Gamma) = \gamma\,(I - A - B; \Gamma)$.

Zur Erklärung sei angemerkt, daß $\inf_{x \in \Gamma} \|x - A\,x\| > 0$ ist. In der Tat, im entgegengesetzten Falle läßt sich eine solche Folge $x_n \in \Gamma$ finden, daß $x_n - A\,x_n$

$\to 0$ gilt für $n \to \infty$. Wegen der Vollstetigkeit von A kann man annehmen, daß die Folge $A\,x_n$ gegen einen gewissen Grenzwert z konvergiert. Dann aber konvergiert auch die Folge x_n gegen diesen Grenzwert, und wir erhalten, daß $z \in \Gamma$, $z - A\,z = 0$ ist; d. h., A hat auf Γ einen Fixpunkt im Gegensatz zur Voraussetzung

Die Aussage 2⁰ ist eine Folgerung der allgemeineren Behauptung, daß die Rotationen homotoper Vektorfelder gleich sind.

3⁰. Es sei $A\,\bar{\Omega} \subset \tilde{F}$, wobei $\tilde{F}$ ein abgeschlossener Teilraum von F ist. Dann ist $\gamma\,(I - A;\, \Gamma) = \gamma\,(I - \tilde{A};\, \tilde{\Gamma})$, wobei $\tilde{A}$ die Einschränkung von A auf den Unterraum $\tilde{F}$ und $\tilde{\Gamma}$ der Rand der Menge $\Omega \cap \tilde{F}$ in $\tilde{F}$ ist. (Es kann vorkommen, daß $\Omega \cap \tilde{F} = \emptyset$ ist. In diesem Falle ist $\gamma\,(I - A;\, \Gamma) = 0$ und die Behauptung bleibt gültig, wenn nach Definition $\gamma\,(I - \tilde{A};\, \emptyset) = 0$ gesetzt wird.)

4⁰. Es sei $x_0 \in \Omega$ die einzige Lösung der Gleichung $x = A\,x$ in der Kugel $||x - x_0|| \leqq \delta_0$, die vollständig in Ω enthalten ist. Wir bezeichnen mit Γ_δ die Sphäre $||x - x_0|| = \delta$. Dann ist $\gamma\,(I - A;\, \Gamma_\delta) = \gamma\,(I - A;\, \Gamma_{\delta_0})$ für beliebiges δ mit $0 < \delta \leqq \delta_0$.

Dieser allgemeine Wert der Rotationen $\gamma\,(I - A;\, \Gamma_\delta)$ heißt *Index* der isolierten Lösung x_0.

5⁰. Es sei $x_0 \in \Omega$ die Lösung der Gleichung $x = A\,x$. Weiter sei der Operator A im Punkte x_0 FRECHET-differenzierbar und der lineare Operator $I - A'(x_0)$ invertierbar. Dann ist x_0 eine isolierte Lösung mit einem von Null verschiedenen Index; mehr noch, es ist $|\gamma\,(I - A;\, \Gamma_\delta)| = 1$.

6⁰. Das Gebiet Ω sei konvex. Der Operator A bilde die Abschließung $\bar{\Omega}$ des Gebietes Ω in sich ab. Aus dem SCHAUDERschen Prinzip folgt dann, daß die Gleichung $x = A\,x$ in $\bar{\Omega}$ wenigstens eine Lösung besitzt. Wenn A auf Γ keine Fixpunkte hat, dann ist $\gamma\,(I - A;\, \Gamma) = 1$.

Wir führen noch einen Satz an, der sich auf reelle HILBERT-Räume bezieht: Ist $(A\,x, x) < (x, x)$ für $||x|| = r$, dann gilt $\gamma\,(I - A;\, \Gamma_r) = 1$, wobei $\Gamma_r = \{x;\, ||x|| = r\}$ ist.

Wir haben nur die einfachsten Sätze über das von Null Verschiedensein der Rotation (des Index) angegeben. Weitere Aussagen lassen sich durch die Erweiterung der Sätze 19.3 und 19.4 erzielen.

Übung 19.7. Es sei $x_0 \in \Omega$ eine isolierte Lösung der Gleichung $x = A\,x$ mit einem von Null verschiedenen Index, die in der Kugel $||x - x_0|| \leqq \delta_0$ einzig ist. Es sei B ein vollstetiger Operator mit

$$\sup_{||x - x_0|| = \delta} ||B\,x|| < \inf_{||x - x_0|| = \delta} ||x - A\,x||\,. \tag{19.27}$$

Es ist zu zeigen, daß dann die Gleichung $x = A\,x + B\,x$ in der Kugel $||x - x_0|| < \delta$ wenigstens eine Lösung besitzt. (Die Behauptung der Einzigkeit der Lösung wäre nicht richtig.)

19.6. Der zweite Konvergenzbeweis. Wir kehren wieder zu den Gleichungen (19.1) und (19.2) zurück; den Raum E werden wir als reell voraussetzen. Wir werden auch annehmen, daß die Operatoren T und $P_n\,T$ nicht nur auf der offenen beschränkten Menge $\Omega \subset E$ erklärt sind, sondern auch auf ihrer Abschließung $\bar{\Omega} = \Omega \cup \Gamma$, wobei Γ der Rand von Ω ist. Der Operator T_n sei auf $\bar{\Omega}_n = \Omega_n \cup \Gamma_n$ definiert, wobei $\Omega_n = \Omega \cap E_n$ und Γ_n der Rand von Ω_n in E_n ist.

Übung 19.8. Es ist zu zeigen $\Gamma_n \subset \Gamma \cap E_n$. Es ist ein Beispiel für die strenge Inklusion zu konstruieren.

Satz 19.3. *Es seien T und $P_n T$ als Operatoren in E vollstetig auf $\bar{\Omega}$ und T_n als Operator in E_n vollstetig auf $\bar{\Omega}_n$ mit*

$$\sup_{x \in \bar{\Omega}} \|U_n x\| \to 0 \quad \text{für } n \to \infty \qquad (U_n = T - P_n T), \tag{19.28}$$

$$\sup_{x \in \bar{\Omega}_n} \|S_n x\| \to 0 \quad \text{für } n \to \infty \qquad (S_n = T_n - P_n T). \tag{19.29}$$

Die Gleichung (19.1) *besitze auf dem Rand Γ der Menge Ω keine Lösungen, und es sei*

$$\gamma(I - T; \Gamma) \neq 0. \tag{19.30}$$

Für hinreichend große n ist dann die Menge X_n der Lösungen x_n der Gleichung (19.2) *in Ω_n nicht leer, und es konvergiert*

$$\sup_{x_n \in X_n} \varrho(x_n, X_0) \to 0 \quad \text{für } n \to \infty, \tag{19.31}$$

wobei X_0 die Lösungsmenge der Gleichung (19.1) *in Ω ist.*

Die Menge X_0 ist nicht leer wegen der Voraussetzung, (19.30).

Beweis. Es sei $\alpha = \inf\limits_{x \in \Gamma} \|x - T x\|$. Da der Operator T auf Γ keine Fixpunkte besitzt, ist $\alpha > 0$; der Beweis dieser Tatsache ist im Punkt 19.5 durchgeführt worden. Für hinreichend große n (es sei dies für $n \geqq n_0$) haben wir wegen (19.28) $\sup\limits_{x \in \bar{\Omega}} \|U_n x\| \leqq \alpha/2$, und auf Grund der Voraussetzung 2^0 wir schließen, daß

$$\gamma(I - T; \Gamma) = \gamma(I - P_n T; \Gamma).$$

Wegen 3^0 haben wir

$$\gamma(I - P_n T; \Gamma) = \gamma(I - P_n T; \Gamma_n)$$

(auf der linken Seite der letzten Gleichung wird $P_n T$ als Operator in E und auf der rechten Seite als Operator in E_n betrachtet). Wegen $\Gamma_n \subset \Gamma$ gilt

$$\inf_{x \in \Gamma_n} \|x - P_n T x\| \geqq \inf_{x \in \Gamma} \|x - P_n T x\| \geqq \inf_{x \in \Gamma} \|x - T x\| - \sup_{x \in \Gamma} \|U_n x\|$$
$$\geqq \alpha - \alpha/2 = \alpha/2 \qquad (n \geqq n_0).$$

Indem wir, falls nötig, n_0 vergrößern, werden wir annehmen, daß $\sup\limits_{x \in \Omega_n} \|S_n x\| < \alpha/2$ ist für $n \geqq n_0$ (siehe (19.29)). Wenden wir wieder die Behauptung 2^0 an, so erhalten wir

$$\gamma(I - P_n T; \Gamma_n) = \gamma(I - T_n; \Gamma_n).$$

Für $n \geqq n_0$ gilt also

$$\gamma(I - T_n; \Gamma_n) = \gamma(I - T; \Gamma) \neq 0 .$$

Aus 1^0 folgt nun, daß für $n \geqq n_0$ die Gleichung (19.2) wenigstens eine Lösung $x_n \in \Omega_n$ besitzt, d. h., die Lösungsmenge X_n ist in Ω_n nicht leer.

Wir beweisen die Beziehung (19.31). Wir geben $\varepsilon > 0$ vor und umgeben jeden Punkt $x_0 \in X_0$ mit einer offenen Kugel vom Radius $\leqq \varepsilon$, die vollständig in Ω enthalten ist. Die so erhaltene offene Überdeckung der Menge X_0 bezeichnen wir mit X_0^ε. Es ist klar, daß in der abgeschlossenen Menge $\bar{\Omega}\backslash X_0^\varepsilon$ keine Fixpunkte des Operators T enthalten sind, und deshalb ist

$$\alpha_\varepsilon \equiv \inf_{x \in \bar{\Omega}\backslash X_0^\varepsilon} \|x - Tx\| > 0 .$$

Falls n hinreichend groß ist (es sei dies für $n \geqq n_\varepsilon$), haben wir für $x \in E_n \cap (\bar{\Omega}\backslash X_0^\varepsilon)$

$$\|x - T_n x\| \geqq \alpha_\varepsilon - \|U_n x\| - \|S_n x\| > 0 ,$$

Wegen $x_n - T_n x_n = 0$ für $x_n \in X_n$, überschneidet sich für $n \geqq n_\varepsilon$ die Menge $X_n \subset \bar{\Omega}$ nicht mit $\bar{\Omega}\backslash X_0^\varepsilon$, d. h., es ist $X_n \subset X_0^\varepsilon$. Da ε beliebig ist, ist diese Inklusion äquivalent zu (19.31).

Der Satz ist bewiesen.

Eine unmittelbare Folgerung des Satzes 19.3 ist der

Satz 19.4. *Die Operatoren T und $P_n T$ seien vollstetig auf der Kugel $\|x - x_0\| \leqq \delta$, und T_n auf dem Durchschnitt dieser Kugel mit E_n. Es sei x_0 eine isolierte, in der angegebenen Kugel einzige Lösung der Gleichung* (19.1) *mit einem von Null verschiedenen Index. Weiter seien die Bedingungen* (19.28) *und* (19.29) *erfüllt, in denen $\bar{\Omega}$ und $\bar{\Omega}_n$ die oben angegebene Kugel und ihr Durchschnitt mit E_n sind.*

Dann läßt sich ein derartiges n_0 finden, daß für $n \geqq n_0$ die Gleichung (19.2) *in der Kugel $\|x - x_0\| < \delta$ wenigstens eine Lösung x_n besitzt und eine beliebige Folge solcher Lösungen x_n für $n \to \infty$ in der Norm gegen x_0 konvergiert.*

Übung 19.9. Der Operator T bilde $\bar{\Omega}$ in eine in E kompakte Teilmenge ab, die Projektoren P_n seien beschränkt in E, und es konvergiere stark $P_n \to I$. Es ist zu zeigen, daß dann die Bedingung (19.28) erfüllt ist.

Übung 19.10. Der Banach-Raum E' sei in E stetig eingebettet (d. h. $E' \subset E$ und $\|x\|_E \leqq c\|x\|_{E'}$ für $x \in E'$). Der Operator T bilde $\bar{\Omega}$ in eine in E' kompakte Teilmenge ab, und die Projektoren P_n seien beschränkt als Operatoren, die E' in E abbilden, wobei $P_n \to P$ stark konvergiert und P ein Einbettungsoperator von E' in E ist. Es ist zu zeigen, daß dann die Bedingung (19.28) erfüllt ist.

Übung 19.11. Die Projektoren P_n seien in E beschränkt mit

$$\|P_n\| \sup_{x \in \Omega} \varrho(Tx, E_n) \to 0 \quad \text{für } n \to \infty .$$

Es ist zu zeigen, daß dann die Bedingung (19.28) erfüllt ist.

Übung 19.12. Es seien die Bedingungen des Satzes 19.4 erfüllt, der Operator T sei Frechet-differenzierbar im Punkte x_0 und der Operator $I - T'(x_0)$ invertierbar. Ferner sollen der Operator T und die Projektoren P_n den Bedingungen einer der Übungen 19.9 und 19.10 genügen. Es ist zu zeigen, daß dann die Abschätzung

$$c_1 \|P^{(n)} x_0 - S_n x_n\| \leqq \|x_n - x_0\| \leqq c_2 \|P^{(n)} x_0 - S_n x_n\|,$$

mit $c_1, c_2 = \text{const} > 0$ und $P^{(n)} = I - P_n$ gilt.

Eine der am meisten verbreiteten Methode zum Beweis von Existenzsätzen ist die Anwendung der verschiedenartigsten Fixpunktprinzipien. Die wesentlichen Fixpunktprinzipien ergeben sich daraus, daß die Rotation des entsprechenden Vektorfeldes verschieden von Null ist (siehe M. A. Krasnoselski [8]). Der Satz 19.3 bedeutet, daß die Bedingungen der Anwendbarkeit derartiger Fixpunktprinzipien gleichzeitig die Möglichkeit der approximativen Auffindung der Lösungen mit Hilfe der Projektionsverfahren garantieren. Die Projektionsverfahren sind zum Beispiel anwendbar, wenn die Existenz der Lösung aus dem Schauderschen Prinzip oder aus der einseitigen Abschätzung $(A x, x) < (x, x)$ für Gleichungen in Hilbert-Räumen resultiert.

19.7. Das Verfahren der mechanischen Quadraturen für nichtlineare Integralgleichungen. Wir betrachten die Gleichung

$$x(t) = \int_a^b K(t, s, x(s))\, ds + f(t) \tag{19.32}$$

mit dem stetigen Kern $K(t, s, x)$ und dem stetigen freien Glied $f(t)$. Die Näherungswerte $\xi_{jn} \approx x_0(s_{jn})$ $(j = 1, \ldots, n)$ der gesuchten Lösung $x_0(t)$ bestimmen wir aus dem Gleichungssystem

$$\xi_{in} = \sum_{j=1}^{n} \alpha_{jn} K(s_{in}, s_{jn}, \xi_{jn}) + f(s_{in}) \qquad (i = 1, \ldots, n). \tag{19.33}$$

Dieses System ist auf der Grundlage der Quadraturformel

$$\int_a^b z(s)\, ds = \sum_{j=1}^{n} \alpha_{jn} z(s_{jn}) + R_n(z) \tag{19.34}$$

hergeleitet worden (vgl. Punkt 17.10). Wir nehmen an $\alpha_{jn} > 0$ $(j = 1, \ldots, n)$ und

$$a \leqq s_{1n} < s_{2n} < \cdots < s_{nn} \leqq b.$$

Satz 19.5. *Das Quadraturverfahren* (19.34) *konvergiere, d. h.* $R_n(z) \to 0$ *bei* $n \to \infty$ *für eine beliebige auf* $[a, b]$ *stetige Funktion* $z(t)$. *Die Gleichung* (19.32) *besitze die Lösung* $x_0(t)$, *der Kern* $K(t, s, x)$ *sei stetig in allen Variablen für*

$$a \leqq t, s \leqq b, \qquad |x - x_0(s)| \leqq \delta \qquad (\delta = \text{const} > 0) \tag{19.35}$$

und das freie Glied $f(t)$ *stetig auf* $[a, b]$.

Dann gelten die folgenden beiden Behauptungen:

a) *Wenn die Lösung* $x_0(t)$ *isoliert ist und einen (im Raum* C*) von Null verschiedenen Index besitzt, dann ist für hinreichend große* n *das Gleichungssystem* (19.33) *lösbar, und es gilt*[1])

$$\max_{1 \leq j \leq n} |\xi_{jn} - x_0(s_{jn})| \to 0 \quad \textit{für } n \to \infty . \tag{19.36}$$

b) *Wenn der Kern $K(t, s, x)$ eine partielle Ableitung nach x besitzt, die in allen Variablen im Gebiet* (19.35) *stetig ist, und wenn die lineare homogene Integralgleichung*

$$h(t) = \int_a^b K_0(t, s)\, h(s)\, ds \left(K_0(t, s) = \frac{\partial K(t, s, x_0(s))}{\partial x}\right)$$

nur eine Nullösung besitzt, dann existiert für hinreichend große n genau eine Lösung des Systems (19.33)[1]); *es konvergiert* (19.36), *und es gilt die zweiseitige Abschätzung*

$$c_1 r_n \leqq \max_{1 \leq j \leq n} |\xi_{jn} - x_0(s_{jn})| \leqq c_2 r_n , \tag{19.37}$$

wobei $c_1, c_2 = \text{const} > 0$,

$$r_n = \max_{1 \leq i \leq n} |R_n(z_{in})| , \qquad z_{in}(s) = K(s_{in}, s, x_0(s))$$

und $R_n(z)$ das Restglied der Quadraturformel (19.34) *ist.*

Beweis. Wir konstruieren die Räume E und E_n und den Projektor P_n genauso wie im Punkt 17.10 beim Beweis des analogen Satzes für lineare Integralgleichungen. Die Gleichung (19.32) werden wir als Operatorgleichung (19.1) behandeln. Die Stetigkeit des Kerns $K(t, s, x)$ im Gebiet (19.35) ergibt, daß der Operator

$$T x = \int_a^b K(t, s, x(s))\, ds + f(t) ,$$

der E in den Raum C abbildet, als Operator in E auf der Kugel $\bar{\Omega}$ ($\|x - x_0\| \leqq \delta$) vollstetig ist. Im Punkt 17.10 ist bewiesen worden, daß die Projektoren P_n als Operatoren, die C in E abbilden, gegen den Einbettungsoperator von C in E stark konvergieren. Hieraus resultiert (siehe Übung 19.10), daß in dem von uns betrachteten Falle die Bedingung (19.28) erfüllt ist.

Das Gleichungssystem (19.33) ist äquivalent der Gleichung (19.2), in der der Operator T_n auf den Elementen $z_n = \sum_{j=1}^{n} \zeta_j \chi_{jn}$ der Menge $\bar{\Omega}_n = \bar{\Omega} \cap E_n$ durch die Formel

$$T_n z_n = \sum_{i=1}^{n} \left\{ \sum_{j=1}^{n} \alpha_{jn} K(s_{in}, s_{jn}, \zeta_j) + f(s_{in}) \right\} \chi_{in}$$

[1]) Ist $x_0(t)$ nicht die einzige Lösung der Gleichung (19.32), dann gilt (19.36) nur für die Lösungen des Systems (19.33), die „nahe" an $x_0(t)$ liegen.

[2]) Das heißt, es lassen sich Zahlen n_0 und δ_0 finden, so daß für $n \geqq n_0$ genau eine Lösung des Systems (19.33) existiert, die der Bedingung

$$\max_{1 \leq j \leq n} |\xi_{jn} - x_0(s_{jn})| \leqq \delta_0$$

genügt.

erklärt ist. Analog zum Punkt 7.10 überführen wir die Differenz $T_n z_n - P_n T z_n = S_n z_n$ in die Gestalt

$$S_n z_n = \sum_{i=1}^{n} \left\{ \sum_{j=1}^{n} \int_{D_{jn}} [K(s_{in}, s_{jn}, \zeta_j) - K(s_{in}, s, \zeta_j)] \, ds \right\} \chi_{in}$$

$$+ \sum_{i=1}^{n} \left\{ \sum_{j=1}^{n} \gamma_{jn} K(s_{in}, s_{jn}, \zeta_j) \right\} \chi_{in},$$

woraus wir die Beziehung (19.29) herleiten, indem wir (17.48), (17.49) und (17.51), sowie die gleichmäßige Stetigkeit und Beschränktheit von $K(t, s, x)$ in dem abgeschlossenen Gebiet (19.35) berücksichtigen.

Wegen der Behauptung 3° des Punktes 19.5 ist der Index der Lösung $x_0(t)$ der Gleichung (19.32) derselbe in den Räumen E und C; nach der Voraussetzung ist er verschieden von Null. Die Behauptung a) folgt aus dem Satz 19.4. Man braucht nur zu bemerken, daß die Lösung der Gleichung (19.2) und die Lösung $(\xi_{1n}, \ldots, \xi_{nn})$ des Systems (19.33) durch die offensichtliche Beziehung $x_n = \sum_{j=1}^{n} \xi_{jn} \chi_{jn}$ verknüpft sind und daß

$$\max_{1 \leq j \leq n} |\xi_{jn} - x_0(s_{jn})| = \|x_n - P_n x_0\| \leqq \|x_n - x_0\| \tag{19.38}$$

gilt.

Wir befassen uns nun mit der Behauptung b). Die Existenz einer im Gebiet (19.35) stetigen partiellen Ableitung $\frac{\partial K(t, s, x)}{\partial x}$ bedingt die stetige Differenzierbarkeit von T in Ω als Operator, der E in C abbildet, und erst recht als Operator in E. Da die Operatoren P_n stark gegen den Einbettungsoperator von C in E konvergieren, so resultiert hieraus, daß die Bedingungen (19.8) und (19.9) des Satzes 19.1 erfüllt sind. Da der Operator

$$T'(x_0) h = \int_a^b K_0(t, s) h(s) \, ds$$

in E vollstetig ist und die Gleichung $h = T'(x_0) h$ laut Voraussetzung nur die Nullösung besitzt, ist der Operator $I - T'(x_0)$ stetig invertierbar.

Die Operatoren T_n und S_n sind stetig differenzierbar in Ω_n, wobei wir für beliebige $z_n = \sum_{j=1}^{n} \zeta_j \chi_{jn} \in \Omega_n$ und $y_n = \sum_{j=1}^{n} \eta_j \chi_{jn} \in E_n$

$$T_n'(z_n) y_n = \sum_{i=1}^{n} \left\{ \sum_{j=1}^{n} \alpha_{jn} \frac{\partial K(s_{in}, s_{jn}, \zeta_j)}{\partial x} \eta_j \right\} \chi_{in},$$

$$S_n'(z_n) y_n = \sum_{i=1}^{n} \left\{ \sum_{j=1}^{n} \int_{D_{jn}} \frac{\partial [K(s_{in}, s_{jn}, \zeta_j) - K(s_{in}, s, \zeta_j)]}{\partial x} \, ds \, \eta_j \right\} \chi_{in}$$

$$+ \sum_{i=1}^{n} \left\{ \sum_{j=1}^{n} \gamma_{jn} \frac{\partial K(s_{in}, s_{jn}, \zeta_j)}{\partial x} \eta_j \right\} \chi_{in}$$

haben.

Indem wir die gleichmäßige Stetigkeit und Beschränktheit von $\frac{\partial K(t, s, x)}{\partial x}$ in dem abgeschlossenen Gebiet (19.35) benutzen, kann man leicht nachprüfen, daß auch die Voraussetzungen (19.10) und (19.11) von Satz 19.1 erfüllt sind.

Die Behauptung b) resultiert nun aus Satz 19.1. Insbesondere folgt die Abschätzung (19.37) aus (19.13) und der Gleichung (19.38); man braucht nur zu bemerken, daß $\|P_n T x_0 - T_n P_n x_0\| = r_n$ gilt.

Der Satz ist bewiesen.

Mit der Lösung $(\xi_{1n}, \ldots, \xi_{nn})$ des Systems (19.33) kann man die analytische Näherung $x_n(t)$ an die Lösung $x_0(t)$ für die Gleichung (19.32) konstruieren, indem man

$$\bar{x}_n(t) = \sum_{j=1}^{n} \alpha_{jn} K(t, s_{jn}, \xi_n) + f(t)$$

setzt.

Übung 19.13. Es seien die Voraussetzungen von Satz 19.5 erfüllt. Es ist zu zeigen, daß dann

$$\max_{a \leq t \leq b} |\bar{x}_n(t) - x_0(t)| \leq c \max_{a \leq t \leq b} |R_n(z_t)|, \qquad z_t(s) = K(t, s, x_0(s))$$

gilt.

19.8. Das Differenzenverfahren. Als nächstes Beispiel für die Anwendung allgemeiner Sätze betrachten wir die Aufgabe von S. N. Bernstein zur Auffindung von Lösungen der Gleichung

$$u'' = f(t, u), \tag{19.39}$$

die den Randbedingungen

$$u(0) = u(1) = 0 \tag{19.40}$$

genügen. Das Problem (19.39)—(19.40) ist äquivalent der Integralgleichung

$$u(t) = \int_0^1 G(t, s) f\big(s, u(s)\big)\, ds \tag{19.41}$$

mit

$$G(t, s) = \begin{cases} -t(1-s) & \text{für } t \leq s, \\ -s(1-t) & \text{für } t \geq s. \end{cases} \tag{19.42}$$

$G(t, s)$ ist die Greensche Funktion des Operators u'' unter den Randbedingungen (19.40).

Es sei $t_{in} = i/n$ $(i = 0, 1, \ldots, n)$ und $h_n = 1/n$. Wir ersetzen das Randwertproblem (19.39)—(19.40) durch das Differenzenverfahren

$$\frac{u_{i-1,n} - 2u_{in} + u_{i+1,n}}{h_n^2} = f(t_{in}, u_{in}) \qquad (i = 1, \ldots, n-1), \tag{19.43}$$

$$u_{0n} = u_{nn} = 0, \tag{19.44}$$

wobei die u_{in} die Näherungswerte der gesuchten Lösung in den Punkten t_{in} $(i = 0, 1, \ldots, n)$ sind. Wir zeigen, daß das Differenzenverfahren (19.43) äquivalent ist dem Verfahren der mechanischen Quadraturen zur Lösung der Integralgleichung (19.41) unter Benutzung der Quadraturformel

$$\int_0^1 z(s)\,ds = \frac{1}{n}\sum_{j=1}^{n-1} z\left(\frac{j}{n}\right) + R_n(z). \tag{19.45}$$

Wir stützen uns auf folgendes einfaches Ergebnis.

Lemma 19.2. *Das lineare Gleichungssystem*

$$\frac{u_{i-1,n} - 2u_{in} + u_{i+1,n}}{h_n^2} = \xi_{in} \quad (i = 1, \ldots, n-1), \qquad u_{0n} = u_{nn} = 0$$

besitzt für beliebige $\xi_{1n}, \ldots, \xi_{n-1,n}$ *genau eine Lösung*

$$u_{in} = \frac{1}{n}\sum_{j=1}^{n-1} G(t_{in}, t_{jn})\,\xi_{jn} \quad (i = 0, 1, \ldots, n).$$

Den Beweis überlassen wir dem Leser.

Wegen Lemma 19.2 ist das Gleichungssystem (19.43)—(19.44) äquivalent dem System

$$u_{in} = \sum_{j=1}^{n-1} G(t_{in}, t_{jn})\,f(t_{jn}, u_{jn}) \quad (i = 1, \ldots, n-1). \tag{19.46}$$

Auf das gleiche System (19.46) führt aber auch die Methode der mechanischen Quadraturen zur Lösung der Integralgleichung (19.41), wenn wir die Quadraturformel (19.45) verwenden. Das Quadraturverfahren (19.45) konvergiert, und aus dem Satz 19.5 folgt der

Satz 19.6. *Das Randwertproblem* (19.39)—(19.40) *besitze die isolierte Lösung* $u_*(t)$ *mit dem von Null verschiedenen Index* (*als Lösung der Integralgleichung* (19.41)). *Die Funktion* $f(t, u)$ *sei stetig im Gebiet*

$$0 \leqq t \leqq 1, \quad |u - u_*(t)| \leqq \delta \quad (\delta = \text{const} > 0). \tag{19.47}$$

Dann lassen sich derartige n_0 *und* δ_0 *finden, daß für* $n \geqq n_0$ *das System* (19.43) *bis* (19.44) *wenigstens eine Lösung besitzt, die den Ungleichungen*

$$|u_{in} - u_*(t_{in})| \leqq \delta_0 \quad (i = 1, \ldots, n-1) \tag{19.48}$$

genügt. Es konvergiert

$$\max_{0 \leqq i \leqq n} |u_{in} - u_*(t_{in})| \to 0 \quad \text{für } n \to \infty.$$

Wenn die Funktion $f(t, u)$ *im Gebiet* (19.47) *eine stetige partielle Ableitung nach* u *besitzt und das linearisierte Problem*

$$u'' = q(t)\,u \qquad \big(q(t) = f(t, u_*(t))\big)$$

unter den Randbedingungen (19.40) *nur die Nullösung besitzt, dann ist die den Ungleichungen* (19.48) *genügende Lösung des Systems* (19.43) *einzig. Die Konver-*

genzgeschwindigkeit wird durch die Beziehung

$$\max_{0 \leq i \leq n} |u_{in} - u_*(t_{in})| = c_n r_n$$

charakterisiert, wobei

$$0 < c' \leqq c_n \leqq c'' < \infty \qquad (n = n_0, n_0 + 1, \ldots),$$

$$r_n = \max_{1 \leq i \leq n-1} |R_n(z_{in})|, \qquad z_{in}(s) = G(t_{in}, s) f(s, u_*(s))$$

und $R_n(z)$ das Restglied der Quadraturformel (19.45) ist.

Übung 19.14. Die Funktion $f(t, u(t))$ sei zweimal stetig differenzierbar. Es ist zu zeigen

$$\max_{0 \leq i \leq n} |u_{in} - u_*(t_{in})| \leqq c/n^2 \qquad (c = \text{const}).$$

Übung 19.15. Es ist zu zeigen, daß unter den Voraussetzungen des Satzes 19.6 gilt:

$$\max_{1 \leq i \leq n-1} \left| \frac{u_{i+1,n} - u_{i-1,n}}{2 h_n} - u'_*(t_{in}) \right| \to 0,$$

$$\max_{1 \leq i \leq n-1} \left| \frac{u_{i-1,n} - 2 u_{in} + u_{i+1,n}}{h_n^2} - u''_*(t_{in}) \right| \to 0.$$

Hinweis. Man macht die Substitution $u'' = x$ und geht dann von dem Randwertproblem (19.39)—(19.40) zu der Integralgleichung

$$x(t) = f\left(t, \int_0^1 G(t, s)\, x(s)\, ds\right)$$

über. Indem wir das Lemma 19.2 anwenden, gehen wir von dem Problem (19.43)—(19.44) zu dem System

$$\xi_{in} = f\left(t_{in}, \frac{1}{n} \sum_{j=1}^{n-1} G(t_{in}, t_{jn})\, \xi_{jn}\right) \qquad (i = 1, \ldots, n-1)$$

über. In der Arbeit von G. M. Wainikko [16] ist ein zu Satz 19.6 analoger Satz für die Gleichung $u'' = f(t, u, u')$ unter den Randbedingungen

$$\int_0^1 u(t)\, d\mu_{i0}(t) + \int_0^1 u'(t)\, d\mu_{i1}(t) = \gamma_i \qquad (i = 1, 2)$$

formuliert worden, wobei $\mu_{i0}(t)$ und $\mu_{i1}(t)$ Funktionen beschränkter Variation sind.

19.9. Das Galerkin-Verfahren. Wir betrachten wieder die Gleichung (19.1), und anstelle von (19.2) die Galerkin-Gleichung

$$x_n = P_n T x_n, \tag{19.49}$$

wobei P_n ein Projektor von E auf den Unterraum $E_n \subset E$ ist. Die letzte Gleichung ist ein Spezialfall der Gleichung (19.2). Man erhält sie, wenn man $T_n = P_n T$ setzt.

Die wesentlichen Behauptungen des unten formulierten Satzes resultieren unmittelbar aus den Sätzen 19.1 und 19.4.

Satz 19.7. *Es sei T auf Ω vollstetig (als Operator in E), und die Gleichung* (19.1) *besitze eine isolierte Lösung $x_0 \in \Omega$ mit von Null verschiedenem Index. Die Projektoren P_n seien in E beschränkt und es konvergiere stark $P_n \to I$ für $n \to \infty$.*

Dann lassen sich n_0 und δ_0 dergestalt finden, daß für $n \geqq n_0$ die Gleichung (19.49) *in der Kugel $||x - x_0|| \leqq \delta_0$ wenigstens eine Lösung x_n besitzt und alle diese Lösungen x_n für $n \to \infty$ in der Norm gegen x_0 konvergieren.*

Wenn der Operator T im Punkte x_0 Frechet-differenzierbar ist und die homogene Gleichung $h = T'(x_0)\, h$ nur die Nullösung[1]) *besitzt, dann gilt die Abschätzung*

$$c_1 \, ||P^{(n)} x_0|| \leqq ||x_n - x_0|| \leqq c_2 \, ||P^{(n)} x_0|| \,. \tag{19.50}$$

Wenn auch noch der Operator T im Punkte x_0 stetig Frechet-differenzierbar ist, dann ist für hinreichend große n die Lösung x_n der Gleichung (19.49) *einzig in der Kugel $||x - x_0|| \leqq \delta$ mit hinreichend kleinem Radius δ.*

Man braucht nur die Abschätzung (19.50) zu beweisen. Da der lineare Operator $T'(x_0)$ vollstetig ist und $P_n \to I$ stark konvergiert, haben wir auf Grund von Lemma 15.4

$$||T'(x_0) - P_n \, T'(x_0)|| \to 0 \qquad \text{für } n \to \infty \,.$$

Das heißt, zusammen mit $I - T'(x_0)$ sind auch die Operatoren $I - P_n \, T'(x_0)$ in E invertierbar (für hinreichend große n), wobei die Normen dieser Operatoren und ihrer inversen gleichmäßig beschränkt sind:

$$||I - P_n \, T'(x_0)|| \leqq 1/c' \,, \qquad ||[I - P_n \, T'(x_0)]^{-1}|| \leqq c'' \qquad (n \geqq n_0) \,.$$

Es seien x_0 und x_n entsprechend die Lösungen der Gleichungen (19.1) und (19.49), $x_n \to x_0$ für $n \to \infty$. Wegen

$$[I - P_n \, T'(x_0)] \, (x_0 - x_n) = \{P^{(n)} x_0 - P_n \, [T \, x_n - T \, x_0 - T'(x_0) \, (x_n - x_0)]\}$$

gilt

$$c' \, (||P^{(n)} x_0|| - ||P_n|| \, \tau_n) \leqq ||x_n - x_0|| \leqq c'' \, (||P^{(n)} x_0|| + ||P_n|| \, \tau_n) \,,$$

wobei $\tau_n = ||T \, x_n - T \, x_0 - T'(x_0) \, (x_n - x_0)||$. Zur Herleitung der Abschätzung (19.50) braucht man nun nur noch zu bemerken, daß die Normen $||P_n||$ ($n = 1, 2, \ldots$) gleichmäßig beschränkt sind und daß

$$\frac{\tau_n}{||x_n - x_0||} \to 0 \qquad \text{für } n \to \infty$$

infolge der Differenzierbarkeit von T im Punkte x_0 gilt.

Übung 19.16. Es konvergiere $||T'(x_0) \, P^{(n)}|| \to 0$ für $n \to \infty$. Es ist zu zeigen, daß sich dann die Abschätzung (19.50) präzisieren läßt:

$$(1 - \varepsilon_n) \, ||P^{(n)} x_0|| \leqq ||x_n - x_0|| \leqq (1 + \varepsilon_n) \, ||P^{(n)} x_0|| \qquad (\varepsilon_n \to 0 \text{ für } n \to \infty) \,.$$

Übung 19.17. Der Banach-Raum E' lasse sich in den Raum E stetig einbetten. Es ist zu zeigen, daß der Satz 19.7 weiterhin gilt, wenn man von T fordert, daß er vollstetig und differenzierbar ist als Operator, der E in E' abbildet, und wenn man von den Projektoren

---

[1]) Wir bemerken, daß hier schon folgt, daß x_0 isoliert und der Index verschieden von Null ist.

P_n fordert, daß sie beschränkt sind als Operatoren, die E' in E abbilden und gegen den Einbettungsoperator von E' in E stark konvergieren.

Übung 19.18. Es sind die Ergebnisse des Punktes 15.7 über die Konvergenz der Kollokationsmethode auf die nichtlineare Gleichung

$$u^{(m)} = f(t, u, u', \ldots, u^{(m-1)})$$

mit den Randbedingungen (15.37) zu übertragen.

Neben (19.49) betrachten wir nun die gestörte Gleichung

$$x_n = P_n T x_n + S_n x_n , \tag{19.51}$$

wobei S_n im allgemeinen ein in E_n nichtlinearer auf $\Omega_n = \Omega \cap E_n$ stetiger Operator ist. Wir untersuchen, inwieweit sich die Lösungen der Gleichungen (19.49) und (19.51) annähern.

Satz 19.8. *Die Gleichung* (19.1) *besitze die Lösung* $x_0 \in \Omega$ *und* T *sei stetig* FRECHET-*differenzierbar im Punkte* x_0 (*als Operator in* E), *wobei die homogene Gleichung* $h = T'(x_0)\, h$ *nur die Nullösung besitzt. Die Projektoren* P_n *seien beschränkt in* E *und für* $n \to \infty$ *konvergiere stark* $P_n \to I$. *Der Operator* S_n ($n = 1, 2, \ldots$) *sei* FRECHET-*differenzierbar in der Kugel* $\|x - x_n\| \leqq \delta$ *des Raumes* E_n, *wobei* x_n *eine Lösung der Gleichung* (19.49) *ist. Es strebe* $x_n \to x_0$ *für* $n \to \infty$. *Es lassen sich dann von* n *unabhängige positive Konstanten* δ_0 ($\delta_0 \leqq \delta$), σ, σ' *und die natürliche Zahl* n_0 *dergestalt finden, daß für* $n \geqq n_0$ *und*

$$\|S_n x_n\| \leqq \sigma , \quad \sup_{x \in E_n,\ \|x - x_n\| \leqq \delta_0} \|S_n'(x)\| \leqq \sigma' \tag{19.52}$$

die Gleichung (19.51) *in der Kugel* $\|x - x_n\| \leqq \delta_0$ *genau eine Lösung* $\tilde{x}_n$ *besitzt und die Abschätzung*

$$c_1 \|S_n x_n\| \leqq \|\tilde{x}_n - x_n\| \leqq c_2 \|S_n x_n\| \tag{19.53}$$

gilt.

Beweis. Wir wenden das Lemma 19.1 auf $F = E_n$, $A = I - P_n T - S_n$ und $x_* = x_n$ an.

Da T im Punkte x_0 stetig differenzierbar ist und $x_n \to x_0$ konvergiert für $n \to \infty$, so gilt

$$\|P_n T'(x_n) - T'(x_0)\| \leqq \|P_n\| \cdot \|T'(x_n) - T'(x_0)\| + \|P^{(n)} T'(x_0)\| \to 0 ,$$

und aus der Invertierbarkeit des Operators $I - T'(x_0)$ folgt die Invertierbarkeit (für hinreichend große n) der Operatoren $I - P_n T'(x_n)$ in E (also auch in E_n); dabei sind die Normen der inversen Operatoren gleichmäßig beschränkt. Wir wählen eine hinreichend kleine Zahl $\sigma' > 0$ derart, daß aus $\|S_n'(x_n)\| \leqq \sigma'$ (für hinreichend große n) resultiert: die Operatoren $I - P_n T'(x_n) - S_n(x_n)$ sind invertierbar und die Normen der inversen Operatoren gleichmäßig beschränkt:

$$\|[I - P_n T'(x_n) - S_n'(x_n)]^{-1}\| \leqq \varkappa .$$

Es ist klar, daß auch die Normen der Operatoren selbst gleichmäßig beschränkt sind:

$$\|I - P_n T'(x_n) - S_n'(x_n)\| \leqq \varkappa' .$$

Offensichtlich ist

$$||P_n T'(x) - P_n T'(x_n)|| \leqq ||P_n|| \, (||T'(x) - T'(x_0)|| + ||T'(x_n) - T'(x_0)||) \,.$$

Die rechte Seite der Ungleichung ist beliebig klein, falls die Norm $||x - x_n||$ hinreichend klein und n hinreichend groß ist (dann ist auch die Norm $||x_n - x_0||$ klein). Wir geben ein beliebiges q $(0 < q < 1)$ vor und wählen $\delta_0 > 0$ und n_0 derart, daß für $||x - x_n|| \leqq \delta_0$, $n \geqq n_0$ die Ungleichung

$$||P_n T'(x) - P_n T'(x_n)|| \leqq \frac{q}{2\varkappa}$$

erfüllt ist. Indem wir, falls nötig, die oben gewählte Zahl σ' verringern, können wir annehmen $\sigma' \leqq \frac{q}{4\varkappa}$. Dann ist die Bedingung (19.3) von Lemma 19.1 erfüllt: Für $n \geqq n_0$ und $||x - x_n|| \leqq \delta_0$ gilt

$$\begin{aligned} ||[I - P_n T'(x_n) - S'_n(x_n)]^{-1} \{[I - P_n T'(x) - S'_n(x)] \\ - [I - P_n T'(x_n) - S'_n(x_n)]\}|| \leqq \varkappa \, [||P_n T'(x) - P_n T'(x_n)|| \\ + ||S'_n(x)|| + ||S'_n(x)||] \leqq \varkappa \left(\frac{q}{2\varkappa} + \frac{q}{4\varkappa} + \frac{q}{4\varkappa}\right) = q \,. \end{aligned}$$

Wenn wir in (19.52) $\sigma = \frac{\delta_0 (1-q)}{\varkappa}$ setzen, dann ist auch die Bedingung (19.4) von Lemma 19.1 erfüllt. Alle Behauptungen des Satzes resultieren unmittelbar aus diesem Lemma. Aus (19.5) folgt insbesondere die Abschätzung (19.53) mit $c_1 = \frac{1}{\varkappa' (1+q)}$ und $c_2 = \frac{\varkappa}{1-q}$.

Der Satz ist bewiesen.

Übung 19.19. Es seien die Voraussetzungen des Satzes 19.7 erfüllt. Die Operatoren S_n seien vollstetig auf Ω_n (nicht unbedingt differenzierbar). Es ist zu zeigen, daß für beliebiges δ mit $0 < \delta \leqq \delta_0$ sich derartige n_δ und σ finden lassen, daß für $n \geqq n_\delta$ und

$$\sup_{x \in E_n, \, ||x - x_0|| \leqq \delta_0} ||S_n x|| \leqq \sigma$$

die Gleichung (19.51) in der Kugel $||x - x_0|| \leqq \delta$ wenigstens eine Lösung $\tilde{x}_n$ und in der Kugelschicht $\delta \leqq ||x - x_0|| \leqq \delta_0$ keine Lösungen besitzt.

Übung 19.20. Es ist ein zu Satz 19.8 analoger Satz über die gestörte Gleichung (19.2) zu formulieren und zu beweisen.

19.10. Das Verfahren von Galerkin-Petrow. Seine Stabilität. Wir betrachten wieder die Gleichung (19.1). Wenn wir voraussetzen, daß der Raum $E = H$ ein Hilbert-Raum ist, dann können wir diese Gleichung mit dem Verfahren von Galerkin-Petrow lösen. Es seien $\{G_n\}$ und $\{H_n\}$ zwei Folgen abgeschlossener Teilräume von H. Die Näherungslösungen x_n der Gleichung (19.1) werden aus den Gleichungen

$$P_n (x_n - T x_n) = 0 \qquad (x_n \in \Omega_n = \Omega \cap G_n) \tag{19.54}$$

gesucht, wobei P_n der H_n entsprechende Orthoprojektoren sind.

Ist die Öffnung

$$\theta_n \equiv \Theta(G_n, H_n) < 1 \,,$$

dann sind (vgl. Punkt 16.2) die Gleichungen (19.54) äquivalent der GALERKIN-Gleichung

$$x_n = \overline{P}_n\, T\, x_n \,, \tag{19.55}$$

wobei $\overline{P}_n = \tilde{P}_n^{-1} P_n$ ein stetiger Projektor von H auf G_n ist und $\tilde{P}_n$ die Einschränkung von P_n auf G_n. Dabei gilt

$$\|\overline{P}^{(n)} x\| \leqq \frac{1}{\sqrt{1-\theta_n^2}} \|Q^{(n)} x\| \qquad (x \in H)\,, \tag{19.56}$$

wobei $\overline{P}^{(n)} = I - \overline{P}_n$, $Q^{(n)} = I - Q_n$ und Q_n der G_n entsprechende Orthoprojektor ist. Offensichtlich konvergiert stark $\overline{P}_n \to I$, falls die Folge der Unterräume G_n limitiert dicht in H und

$$\overline{\lim_{n\to\infty}}\, \theta_n < 1 \qquad (\theta_n = \Theta(G_n, H_n)) \tag{19.57}$$

ist. Indem wir auf das GALERKIN-Verfahren (19.55) den Satz 19.7 anwenden, gelangen wir zu folgender Behauptung.

Satz 19.9. *Es sei T auf Ω vollstetig (als Operator im* HILBERT-*Raum H), und die Gleichung* (19.1) *besitze eine isolierte Lösung $x_0 \in \Omega$ mit von Null verschiedenem Index. Die Folge der Unterräume $\{G_n\}$ sei limitiert dicht in H und es sei die Bedingung* (19.57) *erfüllt.*

Dann lassen sich derartige n_0 und δ_0 finden, daß für $n \geqq n_0$ die Gleichung (19.54) *in der Kugel $\|x - x_0\| \leqq \delta_0$ wenigstens eine Lösung x_n besitzt und alle diese Lösungen für $n \to \infty$ in der Norm gegen x_0 konvergieren.*

Wenn der Operator T im Punkte x_0 FRECHET-*differenzierbar ist und die homogene Gleichung $h = T'(x_0)\, h$ nur die Nullösung besitzt, dann gilt die Abschätzung*

$$\|Q^{(n)} x_0\| \leqq \|x_n - x_0\| \leqq c\, \|Q^{(n)} x_0\| \,,$$

wobei $Q^{(n)} = I - Q_n$ und Q_n der G_n entsprechende Orthoprojektor ist.

Wenn T auch noch im Punkte x_0 stetig FRECHET-*differenzierbar ist, dann ist für hinreichend große n die Lösung x_n der Gleichung* (19.54) *einzig in der Kugel $\|x - x_0\| \leqq \delta$ mit genügend kleinem Radius δ.*

Wir nehmen an, daß der Raum H separabel ist. Es seien G_n und H_n entsprechend die linearen Hüllen der Elemente $\varphi_1, \ldots, \varphi_n$ und $\psi_1, \ldots, \psi_n$, wobei $\{\varphi_k\}$ und $\{\psi_k\}$ zwei vollständige Koordinatenfolgen in H sind. Die Bedingungen (19.54) bedeuten dann

$$(x_n - T\, x_n, \psi_i) = 0 \qquad \left(i = 1, \ldots, n;\; x_n = \sum_{j=1}^{n} \xi_j \varphi_j \in \Omega\right)$$

Sie sind äquivalent zu einem gewissen nichtlinearen skalaren Gleichungssystem

$$\sum_{j=1}^{n} (\varphi_j, \psi_i)\, \xi_j = f_{in}(\xi_1, \ldots, \xi_n) \qquad (i = 1, \ldots, n)\,. \tag{19.58}$$

Hierbei sind $f_{in}(\zeta_1, \ldots, \zeta_n)$ stetige Funktionen n Variabler dergestalt, daß für beliebiges $z_n = \sum_{j=1}^{n} \zeta_j \varphi_j \in \Omega$ gilt

$$f_{in}(\zeta_1, \ldots, \zeta_n) = (T z_n, \psi_i) \qquad (i = 1, \ldots, n) .$$

Wegen der Fehler, die bei der Aufstellung des Systems (19.58) auftreten werden, muß man in Wirklichkeit ein gewisses gestörtes System

$$\sum_{j=1}^{n} [(\varphi_j, \psi_i) + \gamma_{ij}] \tilde{\xi}_j = f_{in}(\tilde{\xi}_1, \ldots, \tilde{\xi}_n) + \delta_{in}(\tilde{\xi}_1, \ldots, \tilde{\xi}_n) \qquad (i=1,\ldots,n) \quad (19.59)$$

lösen, wobei anstelle der „exakten" Näherung x_n eine gestörte Näherung

$$\tilde{x}_n = \sum_{j=1}^{n} \tilde{\xi}_j \varphi_j$$

gefunden wird.

Wir untersuchen die Abhängigkeit des Fehlers $||\tilde{x}_n - x_n||$ von den Fehlern γ_{ij} und δ_{in} $(i, j = 1, \ldots, n)$. Für lineare Gleichungen ist diese Frage im Punkt 17.8 behandelt worden. Wir schreiben das Gleichungssystem (19.59) in der Gestalt der Operatorgleichung

$$(A_n + \Gamma_n) \tilde{\xi}^{(n)} = F_n \tilde{\xi}^{(n)} + \Delta_n \tilde{\xi}^{(n)} \qquad (19.60)$$

im Raum R_n. Hier sind A_n und Γ_n Matrizen mit den Elementen (φ_j, ψ_i) bzw. γ_{ij} $(i, j = 1, \ldots, n)$, und F_n und Δ_n nichtlineare Operatoren, die $(\zeta_1, \ldots, \zeta_n)$ entsprechend in die Vektoren

$$\big(f_{1n}(\zeta_1, \ldots, \zeta_n), \ldots, f_{nn}(\zeta_1, \ldots, \zeta_n)\big)$$

und

$$\big(\delta_{1n}({}_1\zeta, \ldots, \zeta_n), \ldots, \delta_{nn}(\zeta_1, \ldots, \zeta_n)\big)$$

überführen.

Es ist leicht zu sehen (vgl. Punkt 17.8), daß das System (19.60) äquivalent ist der gestörten GALERKIN-Gleichung

$$\tilde{x}_n = \overline{P}_n T \tilde{x}_n + S_n \tilde{x}_n , \qquad (19.61)$$

in der

$$S_n = \Psi_n^{-1} (\Delta_n - \Gamma_n) A_n^{-1} \Psi_n$$

ein Operator in G_n ist; der Operator Ψ_n bildet G_n in R_n ab und ist durch die Formel

$$\Psi_n x = \big((x, \psi_1), \ldots, (x, \psi_n)\big) \qquad (x \in G_n)$$

erklärt. Der Operator S_n ist FRECHET-differenzierbar, falls die Funktionen $\delta_{in}(\zeta_1, \ldots, \zeta_n)$ $(i = 1, \ldots, n)$ differenzierbar sind. Dabei gilt

$$S_n'(z_n) = \Psi_n^{-1} \Delta_n'(A_n^{-1} \Psi_n z_n) A_n^{-1} \Psi_n - \Psi_n^{-1} \Gamma_n A_n^{-1} \Psi_n .$$

Indem wir den Satz 19.8 auf die Gleichungen (19.55) und (19.61) anwenden und (17.24), (17.25) und (17.26) berücksichtigen, gelangen wir zu folgender Behauptung.

Satz 19.10. *Die Gleichung* (19.1) *besitze die Lösung* $x_0 \in \Omega$, *und* T *sei stetig* FRECHET-*differenzierbar im Punkte* x_0 (*als Operator im* HILBERT-*Raum* H), *wobei die homogene Gleichung* $h = T'(x_0)\, h$ *nur die Nullösung besitzen möge. Für die linearen Hüllen* G_n *und* H_n *der ersten* n *Elemente der vollständigen Koordinatenfolgen* $\{\varphi_k\}$ *und* $\{\psi_k\}$ *sei die Bedingung* (19.57) *erfüllt. Weiter seien* λ_n *und* μ_n *die kleinsten Eigenwerte der* GRAMschen *Matrizen* $(\varphi_j, \varphi_i)_{i,j=1}^n$ *bzw.* $(\psi_j, \psi_i)_{i,j=1}^n$ *und* $\xi^{(n)}$ *die Lösung des Gleichungssystems* (19.58) (*die wegen Satz* 19.9 *existiert und lokal einzig ist für hinreichend große* n). *Schließlich sei der Operator* Δ_n FRECHET-*differenzierbar in der Kugel* $\|\zeta^{(n)} - \xi^{(n)}\| \leqq \delta/\sqrt{\lambda_n}$ $(n = 1, 2, \ldots)$, *wobei* δ *eine gewisse* (*beliebig kleine*) *feste positive Zahl ist.*

Es lassen sich dann von n *unabhängige positive Konstanten* δ_0 $(\delta_0 \leqq \delta)$, α, β *und* β' *und die natürliche Zahl* n_0 *dergestalt finden, daß für* $n \geqq n_0$ *und*

$$\alpha_n \equiv \frac{\|\Gamma_n\|}{\sqrt{\lambda_n}\,\sqrt{\mu_n}} \leqq \alpha\,,$$

$$\beta_n \equiv \frac{1}{\sqrt{\mu_n}} \sup_{\|\zeta^{(n)} - \xi^{(n)}\| \leqq \delta_0/\sqrt{\lambda_n}} \|\Delta_n \zeta^{(n)}\| \leqq \beta\,,$$

$$\beta_n' = \frac{1}{\sqrt{\lambda_n}\,\sqrt{\mu_n}} \sup_{\|\zeta^{(n)} - \xi^{(n)}\| \leqq \delta_0/\sqrt{\lambda_n}} \|\Delta_n'(\zeta_n)\| \leqq \beta'$$

das Gleichungssystem (19.59) *in der Kugel* $\|\zeta^{(n)} - \xi^{(n)}\| \leqq \delta_0/\sqrt{\lambda_n}$ *genau eine Lösung* $\tilde{\xi}^{(n)}$ *besitzt. Für die Näherungen*

$$x_n = \sum_{j=1}^n \xi_j \varphi_j\,, \qquad \tilde{x}_n = \sum_{j=1}^n \tilde{\xi}_j \varphi_j$$

gilt die Abschätzung

$$\|\tilde{x}_n - x_n\| \leqq c\,(\alpha_n + \beta_n) \qquad (c = \text{const})\,.$$

Übung 19.21. Es ist ein zu Satz 19.10 analoger Satz für den Fall zu formulieren, in dem über die Lösung x_0 nur bekannt ist, daß sie einen von Null verschiedenen Index besitzt.

19.11. Projektionsverfahren unter den Bedingungen einseitiger Abschätzungen. Es sei E ein reeller separabler BANACH-Raum und E^* der zu E adjungierte Raum. Wir nehmen an, daß der den Raum E in E^* abbildende stetige Operator F auf der Kugel $\|x\| \leqq r$ beschränkt ist und der Ungleichung

$$(F\,x, x) > 0 \qquad (\|x\| = r) \tag{19.62}$$

genügt (mit (x^*, x) haben wir hier den Wert des Funktionals $x^* \in E^*$ auf dem Element $x \in E$ bezeichnet). Wir betrachten die Gleichung

$$F\,x = 0\,. \tag{19.63}$$

Zur approximativen Lösung der Gleichung (19.63) ist es natürlich, das folgende Projektionsverfahren anzuwenden.

Es wird eine in E limitiert dichte Folge endlichdimensionaler Unterräume $\{E_n\}$ vorgegeben. Es seien die P_n $(n = 1, 2, \ldots)$ lineare stetige Projektoren, die

E auf den entsprechenden E_n projezieren. Die Gleichung (19.63) ersetzen wir durch die Näherungsgleichung

$$P_n^* F x_n = 0 \qquad (x_n \in E_n)\,, \tag{19.64}$$

wobei P_n^* der zu P_n adjungierte Operator ist (P_n^* ist offensichtlich auch ein Projektor).

Aus der einseitigen Abschätzung (19.62) folgt

$$(P_n^* F x, x) = (F x, P_n x) = (F x, x) > 0 \qquad (||x|| = r, x \in E_n)\,.$$

Deshalb besitzt die Gleichung (19.64) immer eine Lösung $x_n \in E_n$ mit $||x_n|| \leqq r$. Wir untersuchen, ob die Näherungen x_n konvergieren. Wie schon gesagt wurde, kann man die Tatsache der Konvergenz als Begründung des Übergangs zu Gleichungen in endlichdimensionalen Unterräumen ansehen. Im weiteren wird nur die schwache Konvergenz der Näherungen x_n festgestellt. Das ist natürlich ein schwächerer „Trost", als die Tatsache der starken Konvergenz.

Wir zeigen, daß die Folge $F x_n$ (wobei x_n Lösung der Gleichung (19.64) ist) schwach gegen Null konvergiert. In der Tat, da $\{E_n\}$ limitiert dicht ist, kann man jedes $y \in E$ in der Gestalt $y = u_n + v_n$ darstellen mit $u_n \in E_n$ und $||v_n|| \to 0$ für $n \to \infty$. Wegen (19.64) ist dann aber

$$(F x_n, y) = (F x_n, u_n + v_n) = (P_n^* F x_n, u_n) + (F x_n, v_n) = (F x_n, v_n)$$

und

$$|(F x_n, y)| \leqq ||F x_n|| \cdot ||v_n|| \to 0 \quad \text{für } n \to \infty \qquad (y \in E)\,.$$

Satz 19.11 (F. E. Browder-R. Minty). *Der Raum E sei reflexiv und der Operator F genüge der Bedingung*

$$(F x - F y, x - y) \geqq 0 \qquad (x, y \in E)\,. \tag{19.65}$$

Jeder schwache Häufungspunkt für die Lösungsfolge x_n der Gleichungen (19.64) *ist dann Lösung der Gleichung* (19.63). *Wenn insbesondere die Lösung x_0 der Gleichung* (19.63) *einzig ist, dann konvergiert die Folge x_n schwach gegen x_0.*

Wir erinnern, daß in reflexiven Banach-Räumen jede beschränkte Menge schwach kompakt ist. Deshalb hat die Folge x_n tatsächlich schwach konvergente Teilfolgen.

Beweis des Satzes 19.11. Für beliebige $x \in E$ und $n = 1, 2, \ldots$ gilt die Ungleichung

$$(F x, x - x_n) = (F x - F x_n, x - x_n) + (F x_n, x) - (F x_n, x_n) \geqq (F x_n, x)\,. \tag{19.66}$$

Wir haben hier die Ungleichung (19.65) und die Tatsache benutzt, daß für die Lösung x_n der Gleichung (19.64)

$$(F x_n, x_n) = (F x_n, P_n x_n) = (P_n^* F x_n, x_n) = 0$$

gilt. Die Teilfolge x_{n_k} konvergiere schwach gegen x_0. Aus (19.66) und wegen der schwachen Konvergenz von $F x_n$ gegen Null folgt dann

$$(F x, x - x_0) \geqq 0\,.$$

Mit $x = x_0 + \varepsilon h$ erhalten wir $(F(x_0 + \varepsilon h), h) \geqq 0$ für beliebiges $\varepsilon > 0$ und $h \in E$, woraus wegen der Stetigkeit von F die Ungleichung

$$(F x_0, h) \geqq 0 \qquad (h \in E)$$

resultiert. Da $h \in E$ beliebig ist, gilt $F x_0 = 0$.

Der Satz ist bewiesen.

Übung 19.22. Der Raum E sei reflexiv und der Operator F schwach stetig. Es ist zu zeigen, daß dann jeder schwache Häufungspunkt für die Lösungsfolge x_n der Gleichungen (19.64) Lösung der Gleichung (19.63) ist (R. I. Katschurowski).

Übung 19.23. Es seien P_n und Q_n zwei Projektoren von E auf E_n. Es ist zu zeigen, daß die Lösungen der Gleichung (19.64) und der Gleichung

$$Q_n^* F x_n = 0 \qquad (x_n \in E_n)$$

zusammenfallen.

19.12. Minimumprobleme für Funktionale. Wir nehmen an, daß auf dem reellen separablen Banach-Raum E ein stetiges Funktional Φ gegeben ist mit $\Phi(x) \to \infty$ für $\|x\| \to \infty$, das auf E ein Minimum besitzt:

$$m = \min_{x \in E} \Phi(x) .$$

Es sei $\{E_n\}$ eine in E limitiert dichte Folge endlichdimensionaler Unterräume,

$$m_n = \min_{x \in E_n} \Phi(x)$$

und x_n ein Punkt in E_n, in dem das Minimum m_n erreicht wird. Es ergibt sich die Frage, ob die Folge x_n in irgendeinem Sinne gegen das Minimum von Φ in E konvergiert. Es sei bemerkt, daß aus der limitierten Dichte von $\{E_n\}$ in E die Gleichung

$$\lim_{n \to \infty} \Phi(x_n) = \lim_{n \to \infty} m_n = m$$

resultiert.

Die Konvergenz der Folge x_n gegen das Minimum von Φ auf E läßt sich leicht begründen, wenn die Werte von Φ beim „Weggehen" von den Minimumstellen streng anwachsen, d. h. wenn

$$|\Phi(x) - m| \geqq \alpha[\varrho(x, X_0)] \tag{19.67}$$

gilt, wobei X_0 die Menge aller Minimumstellen von Φ auf E und $\alpha(\varrho)$ eine gewisse monoton wachsende für $\varrho > 0$ positive Funktion ist. In der Tat, aus (19.67) folgt

$$\varrho(x_n, X_0) \leqq \alpha^{-1} [|\Phi(x_n) - m|]$$

und deshalb

$$\lim_{n \to \infty} \varrho(x_n, X_0) = 0 .$$

Wenn X_0 insbesondere nur aus einem Punkt x_0 besteht, dann läßt sich die Bedingung (19.67) in der Form

$$|\Phi(x) - \Phi(x_0)| \geqq \alpha\,(||x - x_0||) \tag{19.68}$$

schreiben. Ist diese Bedingung erfüllt, dann konvergiert die Folge x_n stark gegen x_0.

Als Beispiel betrachten wir das auf dem Hilbert-Raum H erklärte quadratische Funktional

$$\Phi(x) = \frac{1}{2}(A\,x, x) - (f, x)\,, \tag{19.69}$$

wobei A ein beschränkter positiv definiter selbstadjungierter Operator ist $\big((A\,x, x) \geqq \gamma^2\,||x||^2, \gamma > 0\big)$ und $f \in H$. Es sei x_0 Lösung der Gleichung $A\,x = f$. Dann gilt

$$|\Phi(x) - \Phi(x_0)| = \frac{1}{2}\,||A^{1/2}\,(x - x_0)||^2 \geqq \frac{\gamma^2}{2}\,||x - x_0||^2\,.$$

Aus dieser Ungleichung resultiert, daß x_0 die einzige Minimumstelle des Funktionals Φ ist, sowie die Ungleichung (19.68) mit $\alpha(\varrho) = \frac{\gamma^2}{2}\varrho^2$. Zur näherungsweisen Konstruktion der Minimumstelle des Funktionals (19.69) braucht man also nur seine Minimumstelle auf einem gewissen endlichdimensionalen Unterraum zu finden (vgl. Punkt 16.3).

Als zweites Beispiel betrachten wir das Funktional

$$\Phi(x) = ||x - A\,x||\,, \tag{19.70}$$

wobei A ein in E vollstetiger Operator ist; wir nehmen an

$$\lim_{||x|| \to \infty} ||x - A\,x|| = \infty\,.$$

Die Gleichung

$$x = A\,x \tag{19.71}$$

besitze Lösungen, deren Menge wir mit X_0 bezeichnen; X_0 fällt offensichtlich mit der Menge der Minimumstellen von (19.70) zusammen. Für das Funktional (19.70) ist die Ungleichung (19.67) immer erfüllt. Für die näherungsweise Bestimmung des Minimums von (19.70) (und somit der Lösungen der Gleichung (19.71)) braucht man deshalb nur die Minimumstellen des Funktionals auf einem gewissen endlichdimensionalen Unterraum zu finden.

Die Voraussetzung (19.67) ist eine scharfe Einschränkung und recht selten erfüllt. Unter der Voraussetzung, daß der Raum E reflexiv und das Funktional Φ schwach unterhalbstetig ist, kann man zeigen, daß die Näherungen x_n gegen die Menge der Minimumstellen des Funktionals Φ schwach „konvergieren", genauer, daß der Grenzwert x_0 jeder schwach konvergenten Folge x_{n_k} eine Minimumstelle von Φ ist. In der Tat, es sei x_0 ein schwacher Grenzwert der Folge x_{n_k} und $\Phi(x_0) > m + \varepsilon$. Wir wählen n_0 so, daß für $n > n_0$ die Ungleichung

$m_n < m + \varepsilon$ erfüllt ist. Für $n_k > n_0$ ist dann aber die Ungleichung $\Phi(x_{n_k}) < m + \varepsilon$ erfüllt, und folglich ist $\Phi(x_0) < m + \varepsilon$, da Φ unterhalbstetig ist, was nicht möglich ist.

Das in diesem Punkt dargelegte Schema zur approximativen Auffindung der Minimumstellen ist weit bekannt. Es wird oft bei der Lösung verschiedener linearer und nichtlinearer Gleichungen angewandt.

Übung 19.24. Das Funktional Φ sei FRECHET-differenzierbar:

$$\Phi(x + h) - \Phi(x) = (F\, x, h) + \omega(x; h)\,,$$

wobei F ein Operator ist, der E in E^* abbildet mit

$$\frac{|\omega(x; h)|}{||h||} \to 0 \quad \text{für} \quad ||h|| \to 0\,.$$

Es ist zu zeigen, daß:
a) die Minimumstellen von Φ auf E Lösungen der Gleichung $F\, x = 0$ sind;
b) die Minimumstellen von Φ auf E_n Lösungen der Gleichung

$$P_n^* F\, x = 0 \qquad (x \in E_n)$$

sind, wobei P_n ein beliebiger E_n ($P_n E = E_n$) entsprechender linearer stetiger Projektor ist.

19.13. Über das Faktorisierungsverfahren für nichtlineare Gleichungen. Viele in diesem Kapitel bewiesenen Sätze kann man auf das Faktorisierungsverfahren übertragen, indem man den Begriff der kompakten Approximation von Operatoren (G. M. WAINIKKO [17—19]) verwendet. Wir formulieren hier ein Ergebnis.

Es sei E ein BANACH-Raum; die $E^{(n)}$ ($n = 1, 2, \ldots$) seien abgeschlossene Unterräume von E; p_n ($n = 1, 2, \ldots$) die kanonischen Abbildungen von E in die Faktorräume $E/E^{(n)}$. Wir sagen, daß die Folge der im $E/E^{(n)}$ gelegenen vollstetigen Operatoren T_n den in E gelegenen vollstetigen Operator T *kompakt approximiert*, wenn a) für jedes $x \in E$ $||p_n T\, x - T_n\, p_n\, x|| \to 0$ gilt für $n \to \infty$ und b) für beliebige $\xi_n \in E/E^{(n)}$, $||\xi_n|| \leqq c = \text{const}$ ($n = 1, 2, \ldots$) derartige $y_n \in T_n\, \xi_n$ existieren, daß die Folge $\{y_n\}$ in E kompakt ist.

Satz 19.12. *Es sei x_0 eine isolierte Lösung der Gleichung $x = T\, x$ mit von Null verschiedenem Index. Aus $||\xi_n - p_n\, x|| \to 0$ ($\xi_n \in E/E^{(n)}$, $x \in E$) resultiere $||T_n\, \xi_n - T_n\, p_n\, x|| \to 0$ für $n \to \infty$, und die Operatorfolge T_n approximiere den Operator T kompakt. Für jedes $x \in E$ konvergiere schließlich $||p_n\, x|| \to ||x||$ für $n \to \infty$.*

Dann lassen sich derartige n_0 und $\delta_0 > 0$ finden, daß für $n \geqq n_0$ die Gleichung $\xi_n = T_n\, \xi_n$ in der Kugel $||\xi_n - p_n\, x_0|| \leqq \delta_0$ wenigstens eine Lösung ξ_n^* besitzt und $||\xi_n^* - P_n\, x_n|| \to 0$ strebt für $n \to \infty$.

KAPITEL V

KLEINE LÖSUNGEN VON OPERATORGLEICHUNGEN

§ 20. Zur näherungsweisen Konstruktion impliziter Funktionen[1])

20.1. Der Hauptsatz über implizite Funktionen. Es seien E, F, Λ BANACH-Räume und $f(\lambda, x)$ ein für $||\lambda - \lambda_0||_\Lambda \leqq a$, $||x - x_0||_E \leqq b$ erklärter Operator mit Werten in F. Wir betrachten die Gleichung

$$f(\lambda, x) = 0 \tag{20.1}$$

Wir nehmen an, daß

$$f(\lambda_0, x_0) = 0\,, \tag{20.2}$$

gilt und suchen die Lösungen $x_*(\lambda)$ der Gleichung (20.1), die für Werte von λ nahe an λ_0 nahe an x_0 liegen.

Wie einfache Beispiele zeigen, besitzt die Gleichung (20.1) in einigen Fällen eine nahe an x_0 liegende einzige Lösung $x_*(\lambda)$, — dann sagt man, daß die Gleichung (20.1) eine eindeutige implizite Funktion erklärt; in anderen Fällen ist $x_*(\lambda)$ nicht eindeutig bestimmt — dann spricht man von Lösungsverzweigungen; schließlich kann es vorkommen, daß für Werte von λ nahe an λ_0 die Gleichung (20.1) eine Lösung (eine oder mehrere) besitzt und für andere Werte von λ keine Lösung hat usw. Hinreichende Bedingungen für die Existenz einer eindeutigen impliziten Funktion sind im Kapitel 1 angegeben worden; in diesem Paragraphen werden die impliziten Funktionen einer detaillierteren Untersuchung unterzogen; weiter werden Verfahren zur näherungsweisen Konstruktion einer impliziten Funktion untersucht.

Bei allen weiteren Überlegungen wird vorausgesetzt, daß die Ableitung $f'_x(\lambda_0, x_0)$ existiert. Die Eigenschaften des linearen Operators $f'_x(\lambda_0, x_0)$ bestimmen wesentlich den Charakter der Funktion $x_*(\lambda)$. In diesem Paragraphen wird der Fall behandelt, daß der F in E abbildende stetige lineare Operator

$$\Gamma = [f'_x(\lambda_0, x_0)]^{-1} \tag{20.3}$$

existiert. Diesen Fall nennt man gewöhnlich *nichtausgeartet.*

---

[1]) Die ersten Sätze über implizite Funktionen für Gleichungen in BANACH-Räumen sind wahrscheinlich von K. LAMSON [1] und danach von T. HILDEBRANDT und L. GRAVES [1] aufgestellt worden. Verschiedene Sätze über implizite Funktionen sind von L. A. LJUSTERNIK und W. I. SOBOLEW [1], L. W. KANTOROWITSCH und G. P. AKILOW [1], N. DUNFORD und J. T. SCHWARTZ [1], E. HILLE und R. PHILLIPS [1] und anderen Autoren dargelegt worden. Für Gleichungen mit analytischen Operatoren sind Sätze über implizite Funktionen von A. MICHAL und A. CLIFFORD [1], A. E. GELMAN [2, 3], E. E. TAMME [1] bewiesen worden.

Wie gewöhnlich bezeichnen wir mit $S(x_0, r)$ die Kugel $\|x - x_0\|_E \leqq r$; einen ähnlichen Sinn hat die Bezeichnung $S(\lambda, r)$ usw.

Die wesentliche Idee des Beweises für die Existenz einer eindeutigen impliziten Funktion besteht in dem Übergang von der Gleichung (20.1) zu der äquivalenten Gleichung

$$x = T(\lambda, x)\,, \tag{20.4}$$

wobei

$$T(\lambda, x) = x - \Gamma f(\lambda, x) \tag{20.5}$$

ist, und in der Auffindung der Bedingungen, unter denen der Operator $T(\lambda, x)$ (für festes λ) den Bedingungen des Kontraktionsprinzips genügt. Für den Beweis des Existenzsatzes einer impliziten Funktion genügt es deshalb, die Ungleichungen

$$\|x_1 - x_2 - \Gamma f(\lambda, x_1) + \Gamma f(\lambda, x_2)\|_E \leqq m(\varrho, r)\, \|x_1 - x_2\|_E$$
$$(\lambda \in S(\lambda_0, \varrho)\,;\, x_1, x_2 \in S(x_0, r))$$

$$\|x - x_0 - \Gamma f(\lambda, x)\|_E \leqq n(\varrho, r) \qquad (\lambda \in S(\lambda_0, \varrho)\,,\; x \in S(x_0, r))$$

aufzustellen und zu zeigen, daß für gewisse $a_0 \in (0, a]$, $b_0 \in (0, b]$ die Ungleichungen

$$m(a_0, b_0) < 1\,, \qquad n(a_0, b_0) \leqq b_0$$

erfüllt sind. Die angegebenen Ungleichungen lassen sich unter den Bedingungen des folgenden allgemeinen Satzes leicht nachprüfen (Einzelheiten überlassen wir dem Leser).

Satz 20.1. *Es seien die Bedingungen*

$$\|f(\lambda_0, x_1) - f(\lambda_0, x_2) - f'_x(\lambda_0, x_0)\,(x_1 - x_2)\|_F \leqq p(r)\, \|x_1 - x_2\|_E\,, \tag{20.6}$$

$$\|[f(\lambda, x_1) - f(\lambda, x_2)] - [f(\lambda_0, x_1) - f(\lambda_0, x_2)]\|_F \leqq p_1(\varrho, r)\, \|x_1 - x_2\|_E \tag{20.7}$$
$$(\lambda \in S(\lambda_0, \varrho),\, x_1, x_2 \in S(x_0, r))$$

erfüllt, wobei

$$c_0 = \lim_{\varrho, r \to 0} \|\Gamma\|\, [p(r) + p_1(\varrho, r)] < 1 \tag{20.8}$$

ist. Weiter sei $f(\lambda, x_0)$ stetig im Punkt λ_0.

Dann existieren solche $a_0 \in (0, a]$ und $b_0 \in (0, b]$, daß für $\lambda \in S(\lambda_0, a_0)$ die Gleichung (20.1) *in der Kugel $S(x_0, b_0)$ genau eine Lösung $x_*(\lambda)$ besitzt, wobei*

$$\lim_{\lambda \to \lambda_0} \|x_*(\lambda) - x_0\|_E = 0 \tag{20.9}$$

gilt.

Der Beweis der letzten Behauptung dieses Satzes erfordert eine einfache zusätzliche Bemerkung: Für beliebiges hinreichend kleines positives ε genügt der Operator (20.5) auf der Kugel $S(x_0, \varepsilon)$ den Bedingungen des Kontraktionsprinzips für alle hinreichend nahe an λ_0 liegende Werte von λ.

Die Voraussetzungen des Satzes 20.1 sind natürlich erfüllt, wenn der Operator $f(\lambda, x)$ nach x stetig differenzierbar ist. Jedoch sei angemerkt, daß die Voraussetzung über die Differenzierbarkeit für viele wichtige Funktionenräume (die Räume L_2, L_p, den ORLICZ-Raum u. a.) recht einschränkend ist. Zum Beispiel, sind nichtlineare Integraloperatoren, die in solchen Räumen wirken, in der Regel nur in einzelnen Punkten differenzierbar (siehe M. A. KRASNOSELSKI, P. P. SABREIKO, E. I. PUSTYLNIK, P. E. SOBOLEWSKI [1]).

Aus Satz 20.1 resultiert

Satz 20.2. *Es seien die Voraussetzungen des Satzes* 20.1 *erfüllt und* $f(\lambda; x)$ *stetig in* λ.

Dann ist die wegen Satz 20.1 *existierende implizite Funktion* $x_*(\lambda)$ *stetig auf der Kugel* $S(\lambda_0, a_0)$.

Übung 20.1. Die Funktion $K(t, s, u)$ $(0 \leqq t, s \leqq 1; -\infty < u < \infty)$ sei meßbar bezüglich t und s und stetig differenzierbar nach u mit

$$|K'_u(t, s, u)| \leqq K_0(t, s)\,[a(s) + b|u|]$$

und

$$a(s) \in L_2, \qquad \int_0^1 |K_0(t, s)|\, dt \in L_2, \qquad \int_0^1 K(t, s, 0)\, ds \in L_2.$$

Es ist zu zeigen, daß für kleine λ die Gleichung

$$x(t) = \lambda \int_0^1 K[t, s, x(s)]\, ds$$

genau eine kleine Lösung $x_\lambda(t) \in L_2$ besitzt.

Übung 20.2. Es ist ein Beispiel für die Funktion $K(t, s, u)$ zu konstruieren, die den Bedingungen der Übung 20.1 genügt und so beschaffen ist, daß der Operator

$$A\,x(t) = \int_0^1 K[t, s, x(s)]\, ds$$

auf L_2 sowohl nicht vollstetig, als auch nicht differenzierbar ist.

Übung 20.3. Es ist zu zeigen, wie aus dem Satz 20.1 für die Nullösung des Systems gewöhnlicher Differentialgleichungen

$$\frac{dx}{dt} = B\,x + \omega(t, x),$$

die asymptotische Stabilität nach LJAPUNOW folgt, wobei B eine Matrix mit dem Spektrum in der linken Halbebene, $\omega(t, 0) = 0$,

$$\|\omega(t, x_1) - \omega(t, x_2)\| \leqq q(r)\, \|x_1 - x_2\| \qquad (\|x_1\|, \|x_2\| \leqq r)$$

und $q(+0) = 0$ ist.

Es sind viele Verallgemeinerungen und Modifikationen der oben angegebenen Sätze über implizite Funktionen bekannt. In der Arbeit von P. P. SABREIKO und M. A. KRASNOSELSKI [3] ist insbesondere der Fall untersucht worden, in dem die Gleichung (20.1) die Gestalt $x = A(\lambda, x)$ hat, wobei A verschiedene „verbessernde" Eigenschaften besitzt.

20.2. Multilineare Operatoren und die Taylor-Formel[1]**.** Den Operator $D(x_1, \ldots, x_k)$ in k Variablen $x_1, \ldots, x_k \in E$ nennt man *multilinear* oder *k-linear*, wenn er bezüglich jeder einzelnen Variablen linear ist. Als Beispiele können dienen die Operatoren

$$D(x_1, \ldots, x_k) = \int_0^1 \cdots \int_0^1 K(t, s_1, \ldots, s_k)\, x_1(s_1) \cdots x_k(s_k)\, ds_1 \cdots ds_k \tag{20.10}$$

und

$$D(x_1, \ldots, x_k) = \int_0^1 K(t, s)\, x_1(s) \cdots x_k(s)\, ds \tag{20.11}$$

im Raum der auf dem Intervall $[0, 1]$ stetigen Funktionen, falls die Kerne $K(t, s_1, \ldots, s_k)$, $K(t, s)$ stetig sind. Die Zahl

$$||D|| = \sup_{||x_1||, \ldots, ||x_k|| \leq 1} ||D(x_1, \ldots, x_k)|| \tag{20.12}$$

nennt man *Norm* des multilinearen Operators D.

Übung 20.4. Es sind die Normen der Operatoren (20.10) und (20.11) im Raum der stetigen Funktionen zu berechnen oder abzuschätzen.

Den Operator $C = C_k$ nennt man *homogene Form* vom Grade k oder *k-Form*, falls er die Gestalt

$$C\, x = D(x, \ldots, x) \tag{20.13}$$

hat, wobei $D(x_1, \ldots, x_k)$ ein multilinearer Operator ist. Es ist klar, daß verschiedene k-lineare Operatoren D zu sein und derselben homogenen Form vom Grade k führen können. Manchmal ist es günstig, die Operatorkonstante als Form nullter Ordnung anzusehen.

Ein multilinearer Operator heißt *symmetrisch*, wenn bei der Umstellung der Argumente seine Werte sich nicht ändern. Der Operator (20.11) ist symmetrisch; der Operator (20.10) ist symmetrisch, wenn der Kern $K(t, s_1, \ldots, s_k)$ symmetrisch ist bezüglich der Variablen $s_1, \ldots, s_k$. Es ist leicht zu sehen, daß jede homogene Form C der Ordnung k durch einen gewissen symmetrischen k-linearen Operator D bestimmt wird; dieser Operator D ist einzig, er läßt sich mittels des Operators C wieder aufstellen, zum Beispiel durch die Formel

$$D(x_1, \ldots, x_k) = \frac{1}{2^k\, k!} \sum_{\varepsilon_i = \pm 1} \varepsilon_1 \cdots \varepsilon_k\, C(\varepsilon_1 x_1 + \cdots + \varepsilon_k x_k)\,. \tag{20.14}$$

Im weiteren bezeichnen wir den Operator (20.14) mit $\tilde{C}$ und mit $\tilde{C}\, x_1^{\alpha_1} x_2^{\alpha_2} \cdots x_l^{\alpha_l}$ die Werte des symmetrischen Operators (20.14), wenn α_1 Argumente denselben

---

[1]) Eine ausführliche Darlegung findet man bei L. A. Ljusternik und W. I. Sobolew [1], E. Hille und R. Phillips [1]. Die grundlegenden Ergebnisse auf diesem Gebiet sind auf S. Mazur und W. Orlicz [1] und S. Banach zurückzuführen. Siehe auch M. K. Gawurin [2], A. Alekséwitsch und W. Orlicz [1], A. E. Taylor [1, 2].

Wert x_1 annehmen, die nächsten α_2 Argumente den Wert x_2 annehmen usw.; natürlich ist $\alpha_1 + \alpha_2 + \cdots + \alpha_l = k$. Mit Hilfe der eingeführten Bezeichnungen kann man recht einfach den sogenannten *Additionssatz* formulieren. So nennt man die Formel

$$C(x_1 + \cdots + x_l) = \sum_{\alpha_1 + \cdots + \alpha_l = k} \frac{k!}{\alpha_1! \cdots \alpha_l!} \tilde{C}\, x_1^{\alpha_1} \cdots x_l^{\alpha_l}. \qquad (20.15)$$

Jeder k-Form C ordnen wir zwei Normen zu: die gewöhnliche Norm

$$\|C\| = \sup_{\|x\|=1} \|C\,x\| \qquad (20.16)$$

und die *-Norm $\|C\|_*$, die durch die Formel (20.12) erklärt ist, wobei D der Operator (20.14) ist (d. h. $\|C_*\| = \|\tilde{C}\|$). Aus (20.14) folgt, daß für homogene Formen vom Grade k

$$\|C\| \leqq \|C\|_* \leqq \frac{k^k}{k!} \|C\| \qquad (20.17)$$

gilt.

Polynome nennt man Operatoren der Gestalt $B_0 + B_1 + \cdots + B_m$, wobei B_i eine homogene Form vom Grade i ist; die höchste Ordnung der von Null verschiedenen Summanden heißt *Polynompotenz.*

Übung 20.5. Es ist zu zeigen, daß die Superposition zweier Polynome der Potenz m und n ein Polynom mit einer Potenz nicht höher als $m\,n$ ist.

Es sei nun A ein beliebiger Operator, der eine gewisse Umgebung des Punktes $x_0 \in E$ in den Raum F abbildet. Wir nehmen an, daß in dieser Umgebung

$$A\,x = A\,x_0 + B_1\,(x - x_0) + \cdots + B_m\,(x - x_0) + \omega\,(x - x_0) \qquad (20.18)$$

ist, wobei B_k homogene Formen der Ordnung k sind und

$$\lim_{\|x - x_0\| \to 0} \frac{\|\omega\,(x - x_0)\|}{\|x - x_0\|^m} = 0$$

gilt. Man sagt dann, daß der Operator A im Punkte x_0 *Ableitungen* bis zur Ordnung m besitzt (im Sinne der TAYLOR-Formel); diese Ableitungen sind durch die Gleichung

$$A^{(k)}(x_0) = k!\,B_k$$

bestimmt; sie sind Operatoren, die E in F abbilden.

Die Darstellung (20.18) nennt man TAYLOR-*Formel* und schreibt sie in der Gestalt

$$A\,x = A\,x_0 + A'(x_0)\,(x - x_0) + \cdots + \frac{1}{m!} A^{(m)}(x_0)\,(x - x_0) + \omega\,(x - x_0). \qquad (20.19)$$

Übung 20.6. Es ist zu zeigen, daß der Operator B_1 in der Formel (20.18) mit der gewöhnlichen FRECHET-Ableitung des Operators übereinstimmt.

Übung 20.7. Es ist zu zeigen, daß aus der Vollstetigkeit des Operators A die Vollstetigkeit der Operatoren $A'(x_0), \ldots, A^{(m)}(x_0)$ resultiert (W. B. MELAMED und A. I. PEROW [1]).

Übung 20.8. Es ist ein Beispiel für einen nichtlinearen Operator zu konstruieren, der in jedem Punkt des Raumes eine vollstetige Ableitung besitzt, selbst aber nicht die Eigenschaft der Vollstetigkeit besitzt.

Übung 20.9. Es sei $A = F\,G$, wobei F und G Ableitungen bis zur Ordnung m entsprechend in den Punkten $G\,x_0$ und x_0 besitzen. Es ist zu zeigen, daß der Operator A im Punkte x_0 Ableitungen bis zur Ordnung m besitzt, wobei für $k = 1, \ldots, m$

$$A^{(k)}(x_0)\,h = \sum_{\alpha_1+2\alpha_2+\cdots+k\alpha_k=k} \frac{k!}{(1!)^{\alpha_1}\,\alpha_1!\cdots(k!)^{\alpha_k}\,\alpha_k!} \times \tilde{F}^{(\alpha_1+\cdots+\alpha_k)}(G\,x_0)\,[G'(x_0)\,h]^{\alpha_1}\cdots[G^{(k)}(x_0)\,h]^{\alpha_k}$$

gilt.

Der Operator A heißt *analytisch im Punkt* x_0, wenn er in einer gewissen Umgebung dieses Punktes sich durch eine (in der Norm) gleichmäßig konvergente Reihe

$$A\,x = A\,x_0 + B_1\,(x - x_0) + \cdots + B_n\,(x - x_0) + \cdots \tag{20.20}$$

darstellen läßt, wobei B_n eine homogene Form der Ordnung n ist. In diesem Falle gilt

$$\overline{\lim_{n\to\infty}} \sqrt[n]{\|B_n\|} = \alpha < \infty\,. \tag{20.21}$$

Die Reihe (20.20) konvergiert gleichmäßig in jeder Kugel $S(x_0, r)$ mit $r\,a < 1$. Einfache Abschätzungen zeigen, daß aus der Analytizität von A im Punkte x_0 seine Analytizität in jedem inneren Punkt der Kugel $S(x_0, 1/a)$ folgt.

Übung 20.10. Die Räume E und F seien komplex. Es ist zu zeigen, daß aus der Differenzierbarkeit des Operators A in einem gewissen Gebiet des Raumes E die Analytizität von A in allen Punkten dieses Gebietes resultiert.

Wir befassen uns nun mit Operatoren $f(\lambda, x)$ in zwei Variablen $\lambda \in \Lambda$, $x \in E$ (siehe Punkt 20.1).

Der Begriff des multilinearen Operators läßt sich auf natürliche Weise auf den Fall erweitern, wenn ein Teil der Variablen zu dem Raum Λ gehört, und der zweite Teil zum Raum E.

Den Operator $U(\lambda_1, \ldots, \lambda_k; x_1, \ldots, x_m)$, der bezüglich jeder Variablen linear ist, nennen wir *(k, m)-linearen Operator*. Der Operator

$$V(\lambda, x) = U(\lambda, \ldots, \lambda; x, \ldots, x) \tag{20.22}$$

heißt *homogene (k, m)-Form* und die Summe einer endlichen Anzahl derartiger Operatoren heißt *Polynom zweier Variabler*.

Für festes λ ist jede (k, m)-Form $V(\lambda, x)$ eine m-Form bezüglich der Variablen x; mit $\tilde{V}(\lambda; x_1, \ldots, x_m)$ bezeichnen wir einen solchen symmetrischen (bezüglich der Variablen $x_1, \ldots, x_m$) m-linearen Operator, daß $V(\lambda; x) = \tilde{V}(\lambda; x, \ldots, x)$ ist (siehe Formel (20.14)). Für feste $x_1, \ldots, x_m$ ist der Operator $\tilde{V}(\lambda; x_1, \ldots, x_m)$ eine k-Form bezüglich der Variablen λ.

Die Darstellung des Operators $f(\lambda; x)$ in der Gestalt

$$f(\lambda, x) = f(\lambda_0, x_0) + \sum_{k+m=1}^{n} V_{k,m}(\lambda - \lambda_0; x - x_0) + \omega(\lambda - \lambda_0; x - x_0), \tag{20.23}$$

wobei $V_{k,m}$ homogene (k, m)-Formen und

$$\lim_{\|\lambda-\lambda_0\|+\|x-x_0\|\to 0} \frac{\|\omega(\lambda - \lambda_0; x - x_0)\|}{\|\lambda - \lambda_0\|^n + \|x - x_0\|^n} = 0 \tag{20.24}$$

sind, heißt TAYLOR-*Entwicklung*. Wenn wir die Bezeichnungen

$$f^{(k+m)}_{\lambda^k, x^m}(\lambda_0, x_0) = k!\, m!\, V_{k,m} \tag{20.25}$$

einführen, dann erhalten wir die bekannte Schreibweise für die TAYLOR-Formel:

$$f(\lambda, x) = f(\lambda_0, x_0) + \sum_{k=1}^{n} \frac{1}{k!}\left[\sum_{i=0}^{k} \frac{k!}{i!\,(k-i)!} f^{(k)}_{\lambda^i, x^{k-i}}(\lambda_0\, x_0)\,(\lambda - \lambda_0;\, x - x_0)\right]$$
$$+ \omega(\lambda - \lambda_0; x - x_0). \tag{20.26}$$

Die Operatoren (20.25) heißen *gemischte Ableitungen des Operators* f. Gilt die Darstellung (20.23), dann sagt man, daß $f(\lambda, x)$ *Ableitungen bis zur Ordnung* n *besitzt.*

Übung 20.11. Die Operatoren $f(\lambda, x)$ und $x(\lambda)$ mögen Ableitungen bis zur Ordnung n entsprechend in den Punkten $\{\lambda_0, x_0\}$ $(x_0 = x(\lambda_0))$ und λ_0 besitzen. Es ist zu zeigen, daß der Operator $y(\lambda) = f[\lambda, x(\lambda)]$ im Punkte λ_0 Ableitungen bis zur Ordnung n besitzt, wobei für $k = 1, \ldots, m$

$$y^{(k)}(\lambda_0)\, v = \sum_{i+\alpha_1+2\alpha_2+\cdots+k\alpha_k=k} \frac{k!}{i!\,(1!)^{\alpha_1}\,\alpha_1! \cdots (k!)^{\alpha_k}\,\alpha_k!}$$
$$\times \tilde{f}^{(i+\alpha_1+\cdots+\alpha_k)}_{\lambda^i, x^{\alpha_1+\cdots+\alpha_k}}(\lambda_0, x_0)\, v^i [x'(\lambda_0)\, v]^{\alpha_1} \cdots [x^{(k)}(\lambda_0)\, v]^{\alpha_k}$$

gilt.

Der Begriff der Analytizität läßt sich ohne Schwierigkeiten auf die Operatoren $f(\lambda, x)$ übertragen: Die Analytizität im Punkte $\{\lambda_0, x_0\}$ bedeutet, daß in einer gewissen Umgebung dieses Punktes der Operator $f(\lambda, x)$ sich durch die gleichmäßig konvergente Reihe

$$f(\lambda, x) = f(\lambda_0, x_0) + \sum_{n=1}^{\infty}\left[\sum_{k=0}^{n} V_{k,n-k}(\lambda - \lambda_0 : x - x_0)\right] \tag{20.27}$$

darstellen läßt, wobei $V_{k,n-k}$ eine homogene $(k, n-k)$-Form ist.

20.3. Zur Differentiation impliziter Funktionen.

Satz 20.3. *Es seien die Voraussetzungen des Satzes* 20.1 *erfüllt. Der Operator* f *besitze im Punkte* (λ_0, x_0) *Ableitungen bis zur Ordnung* m.

Die implizite Funktion $x_*(\lambda)$, *deren Existenz aus dem Satz* 20.1 *resultiert, besitzt dann im Punkte* λ_0 *Ableitungen bis zur Ordnung* m. *Diese Ableitungen*

$x_*^{(k)}(\lambda_0)$ $(k = 1, \ldots, m)$ *kann man nacheinander aus den Gleichungen*

$$x_*^{(k)}(\lambda_0)\,\nu = -\frac{1}{k!}\,\Gamma\,\frac{d^k}{d\varepsilon^k} f\left[\lambda_0 + \varepsilon\,\nu;\, x_0 + \varepsilon\, x_*'(\lambda_0)\,\nu + \cdots + \frac{\varepsilon^{k-1}}{(k-1)!}\, x_*^{(k-1)}(\lambda_0)\,\nu\right] \tag{20.28}$$

bestimmen.

Den **Beweis** des Satzes führen wir induktiv durch. Seine Behauptung für $k = 0$ ist trivial. Wir nehmen an, daß sie für alle $k < k_0 \leqq m$ richtig ist, und beweisen, daß sie für $k = k_0$ gilt.

Wir betrachten die Hilfsgleichung

$$g(\lambda, u) = 0$$

mit

$$g(\lambda, u) = f\left[\lambda,\, x_0 + x_*'(\lambda_0)\,(\lambda - \lambda_0) + \cdots + \frac{1}{(k_0 - 1)!}\, x_*^{(k_0-1)}(\lambda_0)\,(\lambda - \lambda_0) + u\right].$$

Offensichtlich hat diese Gleichung die Lösung

$$u_*(\lambda) = x_*(\lambda) - x_0 - x_*'(\lambda_0)\,(\lambda - \lambda_0) - \cdots - \frac{1}{(k_0 - 1)!}\, x_*^{(k_0-1)}(\lambda_0)\,(\lambda - \lambda_0)\,,$$

die (nach Voraussetzung der Induktion) der Bedingung

$$\lim_{\lambda \to \lambda_0} \frac{\|u_*(\lambda)\|}{\|\lambda - \lambda_0\|^{k_0 - 1}} = 0\,. \tag{20.29}$$

genügt.

Wie leicht zu sehen ist, besitzt der Operator $g(\lambda, u)$ im Punkte $\{\lambda_0, 0\}$ Ableitungen bis zur Ordnung $k_0 \leqq n$, d. h. es ist

$$g(\lambda, u) = g_0(\lambda, u) + \omega\,(\lambda - \lambda_0, u)\,, \tag{20.30}$$

wobei $g_0(\lambda, u)$ ein gewisses Polynom und

$$\omega\,(\lambda - \lambda_0, u) = o\,[\|\lambda - \lambda_0\|^{k_0} + \|u\|^{k_0}]$$

ist. Da jedes Polynom auf einer beliebigen Kugel der Lipschitz-Bedingung genügt, ergibt sich aus (20.29) und (20.30) die Abschätzung

$$\|g(\lambda, 0)\| = o\,(\|\lambda - \lambda_0\|^{k_0 - 1})\,.$$

Sie bedeutet, daß die Ableitungen $g_\lambda'(\lambda_0, 0), \ldots, g_{\lambda^{k_0-1}}^{(k_0-1)}(\lambda_0, 0)$ gleich Null sind.

Wir zeigen nun, daß die Funktion $u(\lambda)$ die Ableitung

$$u_*^{(k_0)}(\lambda_0) = -\frac{1}{k_0!}\,\Gamma\, g_{\lambda^{k_0}}^{(k_0)}(\lambda_0, 0) \tag{20.31}$$

besitzt. Offensichtlich ist

$$g(\lambda, u) - g(\lambda_0, 0) = \frac{1}{k_0!}\, g_{\lambda^{k_0}}^{(k_0)}(\lambda_0, 0)\,(\lambda - \lambda_0) + f_x'(\lambda_0, x_0)\, u + \tilde{\omega}\,(\lambda - \lambda_0, u)\,,$$

wobei $\tilde{\omega}(\nu, u)$ der Bedingung

$$\lim_{\|\nu\| + \|u\| \to 0} \frac{\|\tilde{\omega}(\nu, u)\|}{\|\nu\|^{k_0} + \|u\|} = 0$$

genügt. Es sei ε eine beliebige Zahl aus $(0, 1)$ und $a_{k_0} \in (0, a]$, $b_{k_0} \in (0, b]$ derartige Zahlen, daß

$$||\Gamma|| \cdot ||\tilde{\omega}(v, u)|| \leqq \varepsilon\,[||v||^{k_0} + ||u||] \qquad (||v|| \leqq a_{k_0},\ ||u|| \leqq b_{k_0})$$

und

$$||u(\lambda)|| \leqq b_{k_0} \qquad (||\lambda - \lambda_0|| \leqq a_{k_0})$$

sind. Dann gilt

$$\left\|u_*(\lambda) + \frac{1}{k_0!}\,\Gamma\, g^{(k_0)}_{\lambda k_0}(\lambda_0, 0)\,(\lambda - \lambda_0)\right\|$$

$$\leqq ||\Gamma|| \cdot ||\tilde{\omega}\,[\lambda - \lambda_0;\, u_*\,(\lambda)]|| \leqq \varepsilon\,[||\lambda - \lambda_0||^{k_0} + ||u_*(\lambda)||]$$

$$\leqq \varepsilon \left\|u_*(\lambda) + \frac{1}{k_0!}\,\Gamma\, g^{(k_0)}_{\lambda k_0}(\lambda_0, 0)\,(\lambda - \lambda_0)\right\| + \varepsilon\left[1 + \frac{1}{k_0!}\,||\Gamma\, g^{(k_0)}_{\lambda k_0}(\lambda_0, 0)||\right] ||\lambda - \lambda_0||^{k_0},$$

woraus die Abschätzung

$$\left\|u_*(\lambda) + \frac{1}{k_0!}\,\Gamma\, g^{(k_0)}_{\lambda k_0}(\lambda_0, 0)\,(\lambda - \lambda_0)\right\| \leqq \frac{\varepsilon}{1 - \varepsilon}\left[1 + \frac{1}{k_0!}\,||\Gamma\, g^{(k_0)}_{\lambda k_0}(\lambda_0, 0)||\right] ||\lambda - \lambda_0||^{k_0}$$

resultiert. Da ε beliebig ist, ist

$$\lim_{\lambda \to \lambda_0} ||\lambda - \lambda_0||^{-k_0} \left\|u_*(\lambda) + \frac{1}{k_0!}\,\Gamma\, g^{(k_0)}_{\lambda k_0}(\lambda_0, 0)\,(\lambda - \lambda_0)\right\| = 0\,.$$

Die letzte Gleichung ist zu (20.31) äquivalent.

Es verbleibt zu bemerken, daß $x_*^{(k_0)}(\lambda_0) = u_*^{(k_0)}(\lambda_0)$ ist und daß die Gleichung (20.28) bis auf die Bezeichnungen genau mit (20.31) übereinstimmt.

Der Satz ist bewiesen.

Wir nehmen nun an, daß Λ die reelle Achse ist. In diesem Fall bedeutet der Satz 20.3, daß die implizite Funktion $x_*(\lambda)$ sich in der Gestalt

$$x_*(\lambda) = x_0 + x_1\,(\lambda - \lambda_0) + \cdots + x_m\,(\lambda - \lambda_0)^m + o\,(|\lambda - \lambda_0|^m) \qquad (20.32)$$

darstellen läßt, wobei x_k gewisse Elemente aus E sind. Wir bezeichnen mit $\mathcal{L}$ die Kurve

$$x = x_0(\lambda) = x_0 + x_1\,(\lambda - \lambda_0) + \cdots + x_m\,(\lambda - \lambda_0)^m \qquad (20.33)$$

im Raum $\Lambda + E$, und mit $\mathcal{L}_\varepsilon$ die Menge der Punkte $\{\lambda, x\} \in \Lambda + E$, für die $||x - x_0(\lambda)|| \leqq \varepsilon\,||\lambda - \lambda_0||^m$ ist (Abb. 20.1); diese Menge nennen wir *Horn*[1]) mit der Öffnung ε. Der geometrische Sinn des Satzes 20.3 besteht darin, daß für beliebiges $\varepsilon > 0$ für genügend nahe an λ_0 liegenden Werte von λ die Kurve $x = x(\lambda)$ im Horn $\mathcal{L}_\varepsilon$ liegt.

Übung 20.12. Es ist zu zeigen, daß der in $\Lambda + E$ gelegene Operator

$$\tilde{T}(\lambda, x) = \{\lambda;\, T(\lambda, x)\}\,,$$

wobei $T(\lambda, x)$ der Operator (20.4) ist, den Schnitt des Horns $\mathcal{L}_\varepsilon\,(\varepsilon > 0)$ mit jedem Abschnitt $|\lambda| \leqq \delta$ für hinreichend kleine δ in sich abbildet.

---

1) Siehe I. Ilf und E. Petrow [1]; die Rolle des Begriffs „Huf" wird von den Autoren an einer anderen Stelle dargelegt.

20.4. Die Methode der unbestimmten Koeffizienten. Die Formel (20.28) ist für verschiedene theoretische Untersuchungen günstig. In der Praxis benutzt man für die TAYLOR-Entwicklung implizierter Funktionen in der Regel die Methode der unbestimmten Koeffizienten.

Nehmen wir an, daß die Bedingungen des Satzes 20.3 erfüllt sind. Dann hat die implizite Funktion $x_*(\lambda)$ die Gestalt

$$x_*(\lambda) = x_0 + x_1(\lambda - \lambda_0) + \cdots + x_m(\lambda - \lambda_0) + o(\|\lambda - \lambda_0\|^m) \qquad (20.34)$$

und die Berechnung der Ableitungen (20.28) ist äquivalent mit der Aufgabe zur Auffindung der homogenen Operatoren $x_1, \ldots, x_m$. Wir benutzen die Darstellung (20.23) für den Operator $f(\lambda, x)$:

$$f(\lambda, x) = f(\lambda_0, x_0) + \sum_{k+l=1}^{m} V_{k,l}(\lambda - \lambda_0, x - x_0) + \omega(\lambda, x). \qquad (20.35)$$

Wir setzen

$$x_0(\lambda) = x_0 + x_1(\lambda - \lambda_0) + \cdots + x_m(\lambda - \lambda_0), \qquad (20.36)$$

$$f_0(\lambda, x) = \sum_{k+l=1}^{m} V_{k,l}(\lambda - \lambda_0, x - x_0). \qquad (20.37)$$

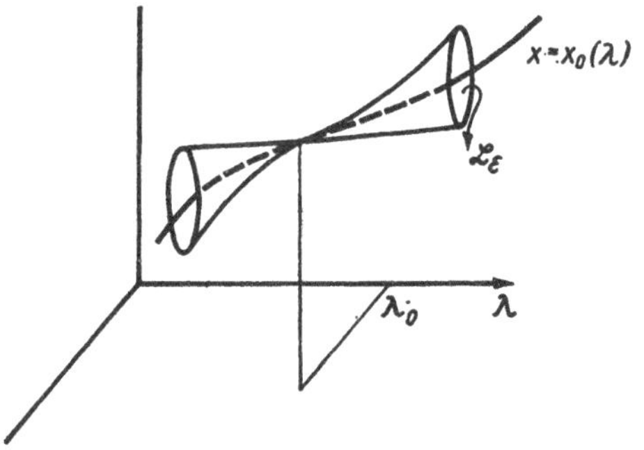

Abb. 20.1

Beim Beweis des Satzes 20.3 ist faktisch bewiesen worden, daß alle Ableitungen bis zur Ordnung m für das Polynom $f_0[\lambda, x_0(\lambda)]$ (im Punkte λ_0) gleich Null sind.

Es sei

$$f_0[\lambda, x_0(\lambda)] = y_1(\lambda - \lambda_0) + \cdots + y_m(\lambda - \lambda_0) + o(\|\lambda - \lambda_0\|^m).$$

Aus (20.35) und (20.36) folgt, daß für $l = 1, \ldots, m$

$$y_l \nu = \sum_{k+\alpha_1+2\alpha_2+\cdots+l\alpha_l=l} \frac{(\alpha_1 + \cdots + \alpha_l)!}{\alpha_1! \cdots \alpha_l!} \tilde{V}_{k,\alpha_1+\cdots+\alpha_l} \nu^k (x_1\nu)^{\alpha_1} \cdots (x_l\nu)^{\alpha_l}$$

ist und da

$$V_{0,1} = f'_x(\lambda_0, x_0), \qquad \Gamma = [f'_x(\lambda_0, x_0)]^{-1}$$

gilt, haben wir

$$\Gamma y_l v = x_l v + \sum_{k+\alpha_1+\cdots+(l-1)\alpha_{l-1}=l} \frac{(\alpha_1 + \cdots + \alpha_{l-1})}{\alpha_1! \cdots \alpha_{l-1}!}$$
$$\times \Gamma \tilde{V}_{k,\alpha_1+\cdots+\alpha_{l-1}} v^k (x_1 v)^{\alpha_1} \cdots (x_{l-1} v)^{\alpha_{l-1}} .$$

Indem wir die rechten Seiten gleich Null setzen, erhalten wir rekurrente Formeln, aus denen sukzessiv die Operatoren $x_1, \ldots, x_m$ bestimmt werden. Wir unterstreichen, daß diese rekurrenten Formeln die Gestalt

$$x_l = \Delta_l(x_1, \ldots, x_{l-1}) \tag{20.38}$$

haben. Hierbei ist

$$\Delta_l(x_1, \ldots, x_{l-1}) v = - \sum_{k+\alpha_1+\cdots+(l-1)\alpha_{l-1}=l} \frac{(\alpha_1 + \cdots + \alpha_{l-1})}{\alpha_1! \cdots \alpha_{l-1}!}$$
$$\times \Gamma \tilde{V}_{k,\alpha_1+\cdots+\alpha_{l-1}} v^k (x_1 v)^{\alpha_1} \cdots (x_{l-1} v)^{\alpha_{l-1}} . \tag{20.39}$$

Offensichtlich sind

$$x_1 v = - \Gamma \tilde{V}_{1,0} v , \qquad x_2 v = - \Gamma \tilde{V}_{2,0} v^2 - \Gamma \tilde{V}_{1,1} v \cdot x_1(v) - \Gamma \tilde{V}_{0,2} [x_1(v)]^2 .$$

Übung 20.13. Es sind die Formeln für x_3 und x_4 aufzuschreiben.

Übung 20.14. Es sei $f(\lambda, x) = f(x) - \lambda$. In diesem wichtigen Spezialfall besteht die Auffindung der impliziten Funktion in der lokalen Umkehrung des Operators $f(x)$. Es sind Formeln (Lagrangesche Formeln) für die Ableitungen des zu $f(x)$ inversen Operators mittels der Ableitungen des Operators $f(x)$ herzuleiten.

Übung 20.15. Es sei $f(\lambda, x) = x - \lambda A x$, wobei A im Punkte $x_0 = 0$ Ableitungen bis zur Ordnung m besitzt. Es sind Formeln für die Ableitungen der impliziten Funktion $x_*(\lambda)$ im Punkte $\lambda_0 = 0$ herzuleiten.

20.5. Die schrittweisen Näherungen. Die näherungsweise Konstruktion einer impliziten Funktion besteht in der approximativen Lösung der Gleichung (20.1). Zur näherungsweisen Konstruktion einer impliziten Funktion können deshalb alle in den vorangegangenen Kapiteln dargelegten Verfahren zur approximativen Lösung nichtlinearer Operatorgleichungen benutzt werden.

Der Beweis des Satzes 20.1 gründet sich darauf, daß bei hinreichend kleinen a_0, b_0 (a_0 wird in Abhängigkeit von b_0 gewählt) der Operator (20.4) für $\lambda \in S(\lambda_0, a_0)$ auf der Kugel $S(x_0, b_0)$ den Bedingungen des Kontraktionsprinzips mit der Kontraktionskonstanten

$$q = \|\Gamma\| \, [p(b_0) + p_1(a_0, b_0)] < 1 \tag{20.40}$$

genügt. Deshalb gilt

Satz 20.4. *Es seien die Voraussetzungen von Satz* 20.1 *erfüllt.*
Dann sind die sukzessiven Näherungen

$$x_{n+1}(\lambda) = x_n(\lambda) - \Gamma f[\lambda, x_n(\lambda)] \qquad (\lambda \in S(\lambda_0, a_0),\ n = 0, 1, 2, \ldots) \tag{20.41}$$

erklärt, und sie konvergieren gegen die implizite Funktion $x_*(\lambda)$, *falls* $x_0(\lambda) \in S(x_0, b_0)$ *ist. Dabei gilt*

$$||x_n(\lambda) - x_*(\lambda)|| \leqq q^n \, ||x_0(\lambda) - x_*(\lambda)|| \qquad (20.42)$$

und

$$||x_n(\lambda) - x_*(\lambda)|| \leqq \frac{q^n}{1-q} \, ||x_0(\lambda) - x_0(\lambda)|| \leqq \frac{q^n}{1-q} \, ||\Gamma|| \cdot ||f[\lambda, x_0(\lambda)]|| \,. \qquad (20.43)$$

Wir betrachten nun die Iterationsverfahren

$$x_{n+1}(\lambda) = x_n(\lambda) - [f'_x(\lambda, x_0)]^{-1} f[\lambda, x_n(\lambda)] \qquad (n = 0, 1, 2, \ldots) \qquad (20.44)$$

und

$$x_{n+1}(\lambda) = x_n(\lambda) - \{f'_x[\lambda, x_n(\lambda)]\}^{-1} f[\lambda, x_n(\lambda)] \qquad (n = 0, 1, 2, \ldots) \,. \qquad (20.45)$$

Sie treten auf, wenn man zur Auffindung impliziter Funktionen entsprechend die modifizierten und gewöhnlichen Verfahren von Newton-Kantorowitsch (§ 11 und § 12) verwendet. Bei der Untersuchung der Verfahren (20.44) und (20.45) ist es für uns günstig, nicht auf die im Kapitel 3 bewiesenen allgemeinen Sätze zu verweisen, sondern die Konvergenzuntersuchungen unabhängig durchzuführen.

In erster Linie sei bemerkt, daß zur Verwirklichung der Verfahren (20.44) und (20.45) die Voraussetzungen des Satzes 20.1 nicht ausreichen.

Wir nehmen an, daß die Ableitungen $f'_x(\lambda, x_0)$ $(\lambda \in S(\lambda_0, a))$ existieren, und für $\lambda \in S(\lambda_0, \varrho)$, $x_1, x_2 \in S(x_0, r)$ sei

$$||f(\lambda, x_1) - f(\lambda, x_2) - f'_x(\lambda_0, x_0)(x_1 - x_2)|| \leqq p(\varrho, r) \, ||x_1 - x_2|| \qquad (20.46)$$

mit

$$c_0 = \lim_{\varrho, r \to 0} ||\Gamma|| \, p(\varrho, r) < 1 \,. \qquad (20.47)$$

Wir nehmen ferner an, daß $f(\lambda, x_0)$ und $f'_x(\lambda, x_0)$ im Punkte λ_0 stetig ist. In diesem Falle genügt für hinreichend kleine a_0, b_0 und ε (a_0 wird in Abhängigkeit von b_0 und ε gewählt) bei $\lambda \in S(\lambda_0, a_0)$ der Operator

$$T(\lambda, x) = x - [f'_x(\lambda, x_0)]^{-1} f(\lambda, x) \qquad (20.48)$$

den Bedingungen des Kontraktionsprinzips mit der Konstanten

$$q = \frac{||\Gamma||}{1 - \varepsilon \, ||\Gamma||} \, p(a_0, b_0) < 1 \,. \qquad (20.49)$$

In der Tat, für die Zahlen a_0, b_0, ε seien die Ungleichungen

$$\varepsilon \, ||\Gamma|| < 1 \,, \qquad \frac{||\Gamma||}{1 - \varepsilon \, ||\Gamma||} \, p(a_0, b_0) < 1$$

erfüllt und für $\lambda \in S(\lambda_0, a_0)$ sei

$$||f'_x(\lambda, x_0) - f'_x(\lambda_0, x_0)|| < \varepsilon \,, \qquad ||f(\lambda, x_0)|| \leqq \frac{(1-q)\, b_0 \, (1 - \varepsilon \, ||\Gamma||)}{||\Gamma||} \,.$$

Dann erhalten wir für $\lambda \in S(\lambda_0, a_0)$ und $x_1, x_2 \in S(x_0, b_0)$

$$\begin{aligned} ||T(\lambda, x_1) - T(\lambda, x_2)|| &= ||x_1 - x_2 - [f_x'(\lambda, x_0)]^{-1} [f(\lambda, x_1) - f(\lambda, x_2)]|| \\ &\leqq ||[f_x'(\lambda, x_0)]^{-1}|| \cdot ||f(\lambda, x_1) - f(\lambda, x_2) - f_x'(\lambda, x_0)(x_1 - x_2) \\ &\leqq \frac{||\Gamma||}{1 - \varepsilon ||\Gamma||} p(a_0, b_0) ||x_1 - x_2|| = q ||x_1 - x_2|| \end{aligned}$$

und

$$||T(\lambda, x) - x_0|| \leqq q b_0 + \frac{||\Gamma||}{1 - \varepsilon ||\Gamma||} ||f(\lambda, x_0)|| \leqq b_0 .$$

Aus den angestellten Überlegungen folgt unmittelbar

Satz 20.5. *Es sei die Bedingung* (20.46) *erfüllt und* $f(\lambda, x_0)$ und $f_x'(\lambda, x_0)$ *stetig im Punkte* λ_0.

Die sukzessiven Näherungen (20.44) *sind dann für* $\lambda \in S(\lambda_0, a_0)$ *erklärt und konvergieren gegen die implizite Funktion* $x_*(\lambda)$ *für* $x_0(\lambda) \in S(x_0, b_0)$. *Dabei gilt*

$$||x_n(\lambda) - x_*(\lambda)|| \leqq q^n ||x_0(\lambda) - x_*(\lambda)|| \tag{20.50}$$

und

$$\begin{aligned} ||x_n(\lambda) - x_*(\lambda)|| &\leqq \frac{q^n}{1 - q} ||x_1(\lambda) - x_0(\lambda)|| \\ &\leqq \frac{q^n}{1 - q} \cdot \frac{||\Gamma||}{1 - \varepsilon ||\Gamma||} ||f[\lambda, x_0(\lambda)]|| . \end{aligned} \tag{20.51}$$

Wir formulieren einen Satz über das Iterationsverfahren (20.45).

Satz 20.6. *In der Umgebung des Punktes* $\{\lambda_0, x_0\}$ *existiere die Ableitung* $f_x'(\lambda, x)$, *die der* HÖLDER-*Bedingung*

$$||f_x'(\lambda, x_1) - f_x'(\lambda, x_2)|| \leqq c ||x_1 - x_2||^\delta \tag{20.52}$$

mit $0 < \delta \leqq 1$ *genügt. Es seien* $f(\lambda, x_0)$ *und* $f_x'(\lambda, x_0)$ *stetig bezüglich* λ *im Punkte* λ_0.

Dann existieren derartige a_0 *und* b_0, *daß für* $\lambda \in S(\lambda_0, a_0)$ *die sukzessiven Näherungen* (20.45) *bestimmt sind und gegen die implizite Funktion* $x_*(\lambda)$ *konvergieren, falls* $x_0(\lambda) \in S(x_0, b_0)$ *ist. Die Konvergenzgeschwindigkeit wird durch die Ungleichungen*

$$||x_n(\lambda) - x_*(\lambda)|| \leqq \frac{1}{k} [k ||x_0(\lambda) - x_*(\lambda)||]^{(1+\delta)^n} \tag{20.53}$$

charakterisiert, wobei k *eine gewisse Konstante ist, die man als beliebig nahe an* $[||\Gamma|| c (1 + \delta)^{-1}]^{1/\delta}$ *gelegen ansehen kann.*

Wir befassen uns nur mit dem Beweis der Abschätzung (20.53). Erstens werden wir annehmen, daß a_0 und b_0 so gewählt sind, daß für $\lambda \in S(\lambda_0, a_0)$, $x \in S(x_0, b_0)$ die Operatoren $f_x'(\lambda, x)$ stetige inverse Operatoren besitzen, deren Normen den Wert $(1 + \varepsilon) ||\Gamma||$ nicht übersteigen, wobei ε beliebig klein ist. Aus (20.52) ergibt sich dann die Abschätzung

$$\begin{aligned}
&\|x_n(\lambda) - x_*(\lambda)\| \\
&= \|x_{n-1}(\lambda) - x_*(\lambda) - \{f'_x[\lambda, x_{n-1}(\lambda)]\}^{-1} \{f[\lambda, x_{n-1}(\lambda)] - f[\lambda, x_*(\lambda)]\}\| \\
&\leqq (1+\varepsilon) \|\Gamma\| \left\| \int_0^1 \{f'_x[\lambda, x_{n-1}(\lambda)] - f'_x[\lambda, (1-\theta) x_*(\lambda) + \theta x_{n-1}(\lambda)]\} \, d\theta \right\| \\
&\quad \times \|x_{n-1}(\lambda) - x_*(\lambda)\| \leqq (1+\varepsilon) \|\Gamma\| \, c \int_0^1 (1-\theta)^\delta \, d\theta \\
&\quad \times \|x_{n-1}(\lambda) - x_*(\lambda)\|^{1+\delta} = \frac{(1+\varepsilon) \|\Gamma\| \, c}{1+\delta} \|x_{n-1}(\lambda) - x_*(\lambda)\|^{1+\delta}
\end{aligned}$$

die wir in der Gestalt

$$k \|x_n(\lambda) - x_*(\lambda)\| \leqq [k \|x_{n-1}(\lambda) - x_*(\lambda)\|]^{1+\delta} \tag{20.54}$$

mit

$$k = \left[\frac{(1+\varepsilon) \|\Gamma\| \, c}{1+\delta}\right]^{1/\delta}$$

schreiben. Aus (20.54) resultiert (20.53).

Zu dem Satz 20.6 sei noch bemerkt, daß man für $x_0(\lambda) \equiv x_0$ und genügend kleinem a_0 das Produkt $k \cdot \|x_*(\lambda) - x_0\|$ als beliebig klein ansehen kann. Deshalb garantiert die Abschätzung (20.53), wie man sagt, die „Überkonvergenz" des Iterationsverfahrens (20.45).

Übung 20.16. Es ist folgendes Iterationsverfahren zur Konstruktion impliziter Funktionen zu untersuchen:

$$x_{n+1}(\lambda) = x_n(\lambda) - \Gamma [I + \Delta_n + \cdots + \Delta_n^{m(n)}] f[\lambda, x_n(\lambda)],$$

wobei der Operator Δ_n durch die Formel

$$\Delta_n = \{f'_x[\lambda, x_n(\lambda)] - f'_x(\lambda_0, x_0)\} \Gamma$$

erklärt und $m(n)$ eine wachsende Folge ist.

Übung 20.17. Es sei $E = F$ ein Hilbert-Raum. Es sind folgende Iterationsverfahren zur näherungsweisen Konstruktion impliziter Funktionen zu untersuchen:

a) $$x_{n+1}(\lambda) = x_n(\lambda) - \frac{\|f[\lambda, x_n(\lambda)]\|^2}{\|[f'_x(\lambda_0, x_0)]^* f[\lambda, x_n(\lambda)]\|^2} f[\lambda, x_n(\lambda)],$$

b) $$x_{n+1}(\lambda) = x_n(\lambda) - \frac{\|f[\lambda, x_n(\lambda)]\|^2}{\|[f'_x(\lambda, x_0)]^* f[\lambda, x_n(\lambda)]\|^2} f[\lambda, x_n(\lambda)],$$

c) $$x_{n+1}(\lambda) = x_n(\lambda) - \frac{\|f[\lambda, x_n(\lambda)]\|^2}{\|\{f'_x[\lambda, x_n(\lambda)]\}^* f[\lambda, x_n(\lambda)]\|^2} f[\lambda, x_n(\lambda)].$$

Zum Abschluß des Punktes machen wir einige Bemerkungen. Es sei angemerkt, daß man zur näherungsweisen Konstruktion impliziter Funktionen zu der Methode greifen kann, in der man zuerst zu Differentialgleichungen übergeht, deren Lösung die gesuchten Funktionen sind. Ein solches Verfahren ist (für skalare λ) im Punkt 13.4 behandelt worden.

Falls die Gleichung (20.1) die spezielle Gestalt

$$x = A(\lambda, x)$$

besitzt, wobei $A(\lambda, x)$ ein vollstetiger Operator ist, ist es häufig günstig, zur näherungsweisen Konstruktion der impliziten Funktion $x(\lambda)$ die Projektionsverfahren (siehe § 19) oder die im Punkt 12.5 beschriebenen modifizierten Verfahren von NEWTON-KANTOROWITSCH anzuwenden. Wir möchten besonders darauf hinweisen, daß die im Punkt 12.5 betrachteten Verfahren nur die Umkehrung der Operatoren in endlichdimensionalen Räumen (d. h. Matrizeninversionen) erfordern.

20.6. Asymptotische Näherungen an implizite Funktionen[1]. Wir bezeichnen mit $\omega(\lambda)$ ein nichtnegatives Funktional, das im Nullpunkt 0 stetig ist und nur in diesem Punkt den Nullwert annimmt. Als Beispiele können die Funktionale $\|\lambda\|^\alpha$ $(\alpha > 0)$, $\|\lambda\|^\alpha \left|\ln \|\lambda\|\right|$ $(\alpha > 0)$ dienen, die Funktionen von $\|\lambda\|$ sind, und die etwas komplizierteren Funktionale der Art $\|P\lambda\|^{\alpha_1} + \|\lambda - P\lambda\|^{\alpha_2}$ $(\alpha_1, \alpha_2 > 0$; P ist ein linearer Projektor im Raum $\Lambda)$ usw.

Wir sagen, daß die Funktion $y(\lambda)$ eine *asymptotische Näherung der Ordnung* ω an die Funktion $x(\lambda)$ im Punkte λ_0 ist, wenn

$$x(\lambda) = y(\lambda) + o\,[\omega\,(\lambda - \lambda_0)]$$

gilt, d. h. wenn

$$\lim_{\|\lambda - \lambda_0\| \to 0} \frac{\|x(\lambda) - y(\lambda)\|}{\omega\,(\lambda - \lambda_0)} = 0$$

ist. Es ist klar, daß die Funktion $x(\lambda)$ dabei eine asymptotische Näherung der Ordnung ω für die Funktion $y(\lambda)$ im Punkte λ_0 ist. Falls

$$x(\lambda) = y(\lambda) + O\,[\omega\,(\lambda - \lambda_0)]$$

gilt, d. h. falls

$$\overline{\lim_{\|\lambda - \lambda_0\| \to 0}} \frac{\|x(\lambda) - y(\lambda)\|}{\omega\,(\lambda - \lambda_0)} < \infty$$

ist sagt man, daß $y(\lambda)$ eine *asymptotische Näherung der Vorordnung* ω an $x(\lambda)$ im Punkte λ_0 ist.

Läßt sich die Funktion $x(\lambda)$ in der Umgebung des Punktes λ_0 durch die TAYLOR-Formel (20.34) darstellen, dann ist die Funktion (20.33) ihre asymptotische Näherung der Ordnung $\omega(\lambda) = \|\lambda\|^m$, oder wie man oft in diesen Fällen sagt, der Ordnung m. Das im Punkt 20.4 dargelegte Verfahren kann man deshalb als Methode zur Konstruktion asymptotischer Näherungen der Ordnung m im Punkte λ_0 an die implizite Funktion $x(\lambda)$ betrachten, falls diese implizite Funktion im Punkte λ_0 Ableitungen bis zur Ordnung m besitzt (zum Beispiel, wenn die Bedingungen des Satzes 20.3 erfüllt sind). Es ist klar, daß eine beliebige asymptotische Näherung der Ordnung m für die Funktion $x(\lambda)$, die im Punkte λ_0 Ableitungen bis zur Ordnung m besitzt, selbst eine Funktion ist, die im Punkte λ_0

[1] P. P. SABREIKO und M. A. KRASNOSELSKI [5, 6].

Ableitungen bis zur Ordnung m besitzt, die mit den entsprechenden Ableitungen der Funktion $x(\lambda)$ übereinstimmen.

Im vorliegenden Punkt wird aufgezeigt, daß die im Punkt 20.5 untersuchten Iterationsverfahren auf verschiedene einfach zu erhaltende asymptotische Näherungen einer impliziten Funktion führen.

Übung 20.18. Es seien die Voraussetzungen des Satzes 20.1 erfüllt. Es ist zu zeigen, daß die Funktion $x(\lambda)$ eine asymptotische Näherung der Ordnung (Vorordnung) ω im Punkte λ_0 an die implizite Funktion $x_*(\lambda)$ dann und nur dann ist, wenn die Nullfunktion eine asymptotische Näherung der Ordnung (Vorordnung) ω im Punkte λ_0 an die Funktion $f[\lambda, x(\lambda)]$ ist.

Wir betrachten die Hilfsgleichung

$$x = \Pi(\lambda, x)\,, \tag{20.55}$$

wobei $\Pi(\lambda, x)$ ($\lambda \in S(\lambda_0, a)$, $x \in S(x_0, b)$) ein Operator mit Werten in E ist und $\Pi(\lambda_0, x_0) = x_0$. Wir nehmen an, daß die Gleichung (20.55) für $\lambda \in S(\lambda_0, a)$ genau eine Lösung $x_*(\lambda) \in S(x_0, b)$) besitzt. Wir setzen ferner voraus $\lambda \in S(\lambda_0, a_0)$, $x \in S(x_0, b_0)$,

$$\|\Pi(\lambda, x) - \Pi[\lambda, x_*(\lambda)]\| \leqq q\, \|x - x_*(\lambda)\| \tag{20.56}$$

mit $q < 1$, und

$$\|\Pi(\lambda, x) - x_0\| \leqq b_0; \tag{20.57}$$

hier sind a_0 und b_0 gewisse Zahlen aus den Intervallen $(0, a]$ bzw. $(0, b]$. Die sukzessiven Näherungen

$$x_{n+1}(\lambda) = \Pi[\lambda, x_n(\lambda)] \qquad (\lambda \in S(\lambda_0, a_0),\ n = 0, 1, 2, \ldots)$$

konvergieren dann offensichtlich gegen $x_*(\lambda)$, falls $x_0(\lambda) \in S(x_0, b_0)$ und

$$\|x_n(\lambda) - x_*(\lambda)\| \leqq q^n\, \|x_0(\lambda) - x_*(\lambda)\|$$

ist. Uns interessiert das Verhalten der Funktionen

$$\delta_n(\lambda) = \|x_n(\lambda) - x_*(\lambda)\|\,, \qquad \mu_n(\lambda) = \|x_n(\lambda) - x_0\|\,, \qquad \mu_*(\lambda) = \|x_*(\lambda) - x_0\|$$

für $\lambda \to \lambda_0$.

Lemma 20.1. *Es genüge $\Pi(\lambda, x)$ der Bedingung*

$$\|\Pi(\lambda, x) - x_0\| \leqq \pi\,(\lambda - \lambda_0, \|x - x_0\|) \qquad (\lambda \in S(\lambda_0, a),\ x \in S(x_0, b))\,, \tag{20.58}$$

wobei $\pi(\nu, t)$ in t nicht fällt. Das Startelement $x_0(\lambda) \in S(x_0, b)$ genüge der Ungleichung

$$\mu_0(\lambda) = \|x_0(\lambda) - x_0\| \leqq c_0\, \omega\,(\lambda - \lambda_0) \qquad (\lambda \in S(\lambda_0, a))\,. \tag{20.59}$$

Schließlich sei

$$\pi[\nu, c\,\omega(\nu)] \leqq k(c)\, \omega(\nu) \qquad (\|\nu\| \leqq a,\ 0 < c < \infty)\,. \tag{20.60}$$

Dann gilt

$$\mu_n(\lambda) \leqq c_n\, \omega\,(\lambda - \lambda_0) \qquad (n = 1, 2, \ldots)\,, \quad \mu_*(\lambda) \leqq c_*\, \omega\,(\lambda - \lambda_0)\,. \tag{20.61}$$

Beweis. Die erste der Ungleichungen wird induktiv bewiesen: Ist $\mu_i(\lambda) \leqq c_i\, \omega\, (\lambda - \lambda_0)$, dann ist wegen (20.58)

$$\mu_{i+1}(\lambda) = \|\Pi[\lambda; x_i(\lambda)] - x_0\| \leqq \pi\, [\lambda - \lambda_0, \mu_i(\lambda)] \leqq \pi\, [\lambda - \lambda_0, c_i\, \omega\, (\lambda - \lambda_0)]$$

und aus (20.60) resultiert die Abschätzung $\mu_{i+1}(\lambda) \leqq c_{i+1}\, \omega\, (\lambda - \lambda_0)$.

Offensichtlich gilt

$$\begin{aligned} \mu_*(\lambda) &= \|\Pi[\lambda, x_*(\lambda)] - x_0\| \\ &\leqq \|\Pi[\lambda, x_*(\lambda)] - \Pi[\lambda, x_0(\lambda)]\| + \|\Pi[\lambda, x_0(\lambda)] - x_0\| \end{aligned}$$

und wegen (20.56) und (20.58)

$$\begin{aligned} \mu_*(\lambda) &\leqq q\, \|x_*(\lambda) - x_0(\lambda)\| + \pi\, [\lambda - \lambda_0, \|x_0(\lambda) - x_0\|] \\ &\leqq q\, \mu_*(\lambda) + q\, \mu_0(\lambda) + \pi\, [\lambda - \lambda_0, \mu_0(\lambda)]\,, \end{aligned}$$

woraus gemäß (20.59)

$$\mu_*(\lambda) \leqq \frac{q\, c_0}{1 - q}\, \omega\, (\lambda - \lambda_0) + \frac{1}{1 - q}\, \pi\, [\lambda - \lambda_0, c_0\, \omega\, (\lambda - \lambda_0)]$$

folgt. Aus der letzten Ungleichung und aus (20.60) ergibt sich die zweite Abschätzung von (20.61).

Das Lemma ist bewiesen.

Kehren wir zur Untersuchung der impliziten Funktion $x_*(\lambda)$ zurück, die durch die Gleichung (20.1) unter der Bedingung (20.2) erklärt ist. Der Einfachheit halber nehmen wir an, daß der Operator $f(\lambda, x)$ in der Umgebung des Punktes $\{\lambda_0, x_0\}$ nach x differenzierbar ist.

Satz 20.7. *Es genüge $f'_x(\lambda, x)$ der Bedingung*

$$\|f'_x(\lambda, x) - f'_x(\lambda_0, x_0)\| \leqq \varphi\, (\lambda - \lambda_0, \|x - x_0\|) \qquad (20.62)$$
$$\big(\lambda \in S(\lambda_0, a),\, x \in S(x_0, b)\big)\,,$$

wobei $\varphi(\nu, t)$ in t nicht fällt, im Punkte $\{0, 0\}$ stetig ist und

$$\varphi[\nu, c\, \omega(\nu)] \leqq k_1(c)\, \omega_0(\nu) \qquad (\|\nu\| \leqq a,\, 0 < c < \infty) \qquad (20.63)$$

gilt. Es sei

$$\|f(\lambda, x_0)\| \leqq c\, \omega\, (\lambda - \lambda_0) \qquad \big(\lambda \in S(\lambda_0, a)\big)\,. \qquad (20.64)$$

Schließlich genüge die Funktion $x_0(\lambda)$ der Bedingung (20.59) (*zum Beispiel gilt dies für $x_0(\lambda) \equiv x_0$*).

Die nach den rekurrenten Formeln (20.41) *gefundene Funktion $x_n(\lambda)$ ist dann eine asymptotische Näherung im Punkte λ_0 an die implizite Funktion $x_*(\lambda)$ mit der Vorordnung $\omega_0^n\, \omega$:*

$$\overline{\lim_{\|\lambda - \lambda_0\| \to 0}}\; \frac{\|x_n(\lambda) - x_*(\lambda)\|}{[\omega_0\, (\lambda - \lambda_0)]^n\, \omega\, (\lambda - \lambda_0)} < \infty\,. \qquad (20.65)$$

Beweis. Wir setzen

$$\Pi(\lambda, x) = x - \Gamma f(\lambda, x)$$

und zeigen, daß dieser Operator den Bedingungen von Lemma 20.1 genügt für

$$\pi(\nu, t) = q_0 t + c_0 \omega(\nu), \tag{20.66}$$

wobei q_0, c_0 gewisse Konstanten sind. Aus (20.62) und (20.64) folgt, daß $f(\lambda, x)$ den Voraussetzungen des Satzes 20.1 genügt. Der Operator $\Pi(\lambda, x)$ ist deshalb für $\lambda \in S(\lambda_0, a_0)$ ein Kontraktionsoperator mit der Kontraktionskonstanten q_0 auf der Kugel $S(x_0, b_0)$ (a_0 und b_0 sind genügend klein; a_0 wird in Abhängigkeit von b_0 gewählt), woraus resultiert, daß die Ungleichungen (20.56) und (20.57) erfüllt sind. Die Bedingung (20.58) ergibt sich aus der Ungleichungskette

$$\begin{aligned} ||\Pi(\lambda, x) - x_0|| &\leqq ||\Pi(\lambda, x) - \Pi(\lambda, x_0)|| + ||\Pi(\lambda, x_0) - x_0|| \\ &\leqq q_0 ||x - x_0|| + c_0 \omega(\lambda - \lambda_0) = \pi(\lambda - \lambda_0, ||x - x_0||). \end{aligned}$$

Die Ungleichung (20.59) ist in der Bedingung des Satzes enthalten; die Ungleichung (20.60) für die Funktion (20.66) ist offensichtlich.

Für den Beweis von (20.65) werden wir induktiv die Abschätzung

$$\delta_n(\lambda) = ||x_n(\lambda) - x_*(\lambda)|| \leqq d_n [\omega_0(\lambda - \lambda_0)]^n \omega(\lambda - \lambda_0) \tag{20.67}$$
$$(n = 0, 1, 2, \ldots)$$

aufstellen.

Für $n = 0$ resultiert die Abschätzung (20.67) aus (20.59) und aus der zweiten Ungleichung von (20.61):

$$\delta_0(\lambda) = ||x_0(\lambda) - x_*(\lambda)|| \leqq ||x_0(\lambda) - x_0|| + \mu_*(\lambda) \leqq (c_0 + c_*) \omega(\lambda - \lambda_0).$$

Die Ungleichung (20.67) sei für $n = l$ erfüllt. Aus der Identität

$$x_{l+1}(\lambda) - x_*(\lambda) = \Gamma \{f'_x(\lambda_0, x_0) [x_l(\lambda) - x_*(\lambda)] - f[\lambda, x_l(\lambda)] + f[\lambda, x_*(\lambda)]\}$$

folgt[1])

$$\delta_{l+1}(\lambda) \leqq ||\Gamma|| \, || \sup_{0 \leqq \theta \leqq 1} ||f'_x(\lambda_0, x_0) - f'_x[\lambda, (1 - \theta) x_l(\lambda) + \theta x_*(\lambda)]|| \, \delta_l(\lambda)$$

und wegen (20.62) und (20.61)

$$\begin{aligned} \delta_{l+1}(\lambda) &\leqq ||\Gamma|| \varphi [\lambda - \lambda_0, \mu_l(\lambda) + \mu_*(\lambda)] \delta_l(\lambda) \\ &\leqq ||\Gamma|| \varphi [\lambda - \lambda_0, (c_l + c_*) \omega(\lambda)] \delta_l(\lambda). \end{aligned}$$

Aus der Induktionsvoraussetzung und aus (20.63) ergibt sich dann die Ungleichung

$$\begin{aligned} \delta_{l+1}(\lambda) &\leqq ||\Gamma|| k_1 (c_l + c_*) \omega_0(\lambda - \lambda_0) d_l [\omega_0(\lambda - \lambda_0)]^l \omega(\lambda - \lambda_0) \\ &= d_{l+1} [\omega_0(\lambda - \lambda_0)]^{l+1} \omega(\lambda - \lambda_0). \end{aligned}$$

Der Satz ist bewiesen.

---

[1]) Hier wird folgende elementare Tatsache verwendet. Wenn der nichtlineare stetige Operator A differenzierbar ist in allen inneren Punkten des Abschnittes $(1 - \theta) x_0 + \theta x_1$ $(0 < \theta < 1)$, dann läßt sich ein $\theta^* \in (0, 1)$ finden mit

$$||A x_1 - A x_0|| \leqq ||A'[(1 - \theta^*) x_0 + \theta^* x_1]|| \cdot ||x_1 - x_0||.$$

Übung 20.19. Es ist zu zeigen, daß der Satz 20.7 auch dann gilt, wenn die Bedingung (20.62) durch die Ungleichungen

$$\|f(\lambda_0, x_1) - f(\lambda_0, x_2) - f'_x(\lambda_0, x_0)(x_1 - x_2)\| \leqq p(r)\|x_1 - x_2\| \qquad (x_1, x_2 \in S(x_0, r)),$$

$$\|[f(\lambda, x_1) - f(\lambda, x_2)] - [f(\lambda_0, x_1) - f(\lambda_0, x_2)]\| \leqq p_1(\lambda - \lambda_0, r)\|x_1 - x_2\|$$

$$(\lambda \in S(\lambda_0, \varrho);\ x_1, x_2 \in S(x_0, r)), \qquad p(t) + p_1(\nu, t) \leqq \varphi(\nu, t)$$

ersetzt wird.

Die Bedingung (20.62) habe unter anderem die Gestalt

$$\|f'_x(\lambda, x) - f'_x(\lambda_0, x_0)\| \leqq M(\|\lambda - \lambda_0\| + \|x - x_0\|)$$

und es sei

$$\|f(\lambda, x_0)\| \leqq M_1\|\lambda - \lambda_0\|, \qquad \|x_0(\lambda) - x_0\| \leqq M_2\|\lambda - \lambda_0\|.$$

Dann kann man

$$\varphi(\nu, t) = M\|\nu\| + M t, \qquad \omega(\nu) = \omega_0(\nu) = \|\nu\|$$

setzen, und aus dem Satz 20.7 resultiert, daß jede feste nach den Formeln (20.41) gefundene Näherung $x_n(\lambda)$ eine asymptotische Näherung der Vorordnung $n + 1$ (und natürlich eine asymptotische Näherung beliebiger Ordnung $n + 1 - \varepsilon$) an die implizite Funktion $x_*(\lambda)$ ist. Wir unterstreichen, daß das dargelegte Verfahren zur Auffindung asymptotischer Näherungen beliebiger Ordnung die Existenz von Ableitungen höherer Ordnung weder für die implizite Funktion $x_*(\lambda)$, noch für den Operator $f(\lambda, x)$ erfordert. Wenn die Funktion $x_*(\lambda)$ im Punkte λ_0 Ableitungen bis zur Ordnung n besitzt, dann besitzen auch alle asymptotischen Näherungen der Ordnung n diese Ableitungen. Deshalb kann die Methode zur Auffindung der Näherungen (20.41) und ihrer Differentiation für die Berechnung der Ableitungen einer impliziten Funktion im Punkte λ_0 benutzt werden. Die letzten Bemerkungen beziehen sich auch auf die anderen in diesem Punkt behandelten Verfahren zur Konstruktion asymptotischer Näherungen für implizite Funktionen.

Übung 20.20. Es sind die Vorordnungen der asymptotischen Näherungen (20.41) an die implizite Funktion $x^*(\lambda)$ abzuschätzen, wenn

$$\|f'_x(\lambda, x) - f'_x(\lambda_0, x_0)\| \leqq M(\|\lambda - \lambda_0\|^{\alpha_1} + \|x - x_0\|^{\alpha_2}),$$

$$\|f(\lambda, x_0)\| \leqq M_1\|\lambda - \lambda_0\|^{\alpha_3}, \qquad \|x_0(\lambda) - x_0\| \leqq M_2\|\lambda - \lambda_0\|^{\alpha_4}$$

gilt mit $0 < \alpha_1, \alpha_2, \alpha_3, \alpha_4 \leqq 1$.

Ähnlich wie der Satz 20.7 wird auch der folgende Satz bewiesen.

Satz 20.8. *Es genüge $f'_x(\lambda, x)$ der Bedingung*

$$\|f'_x(\lambda, x) - f'_x(\lambda, x_0)\| \leqq \varphi(\lambda - \lambda_0, \|x - x_0\|) \tag{20.68}$$

$$(\lambda \in S(\lambda_0, a),\ x \in S(x_0, b)),$$

wobei $\varphi(\nu, t)$ bezüglich t nicht fällt, stetig im Punkte $\{0, 0\}$ ist und der Bedingung (20.63) *genügt. Es sei weiter die Bedingung* (20.64) *erfüllt, und die Funktion $x_0(\lambda)$ genüge der Bedingung* (20.59). *Schließlich sei $f'_x(\lambda, x_0)$ stetig im Punkte λ_0.*

Die nach den rekurrenten Formeln (20.44) gefundene Funktion $x_n(\lambda)$ ist dann die asymptotische Näherung im Punkte λ_0 an die implizite Funktion $x_*(\lambda)$ mit der Vorordnung $\omega_0^n\,\omega$.

Übung 20.21. Es ist zu zeigen, daß der Satz 20.8 auch dann gilt, wenn die Bedingung (20.68) durch die Ungleichung

$$\|f(\lambda, x_1) - f(\lambda, x_2) - f'_x(\lambda, x_0)(x_1 - x_2)\| \leqq \varphi(\lambda - \lambda_0, r)\,\|x_1 - x_2\| \quad (\lambda \in S(\lambda_0, \varrho),\ x \in S(x_0, r))$$

ersetzt wird.

Satz 20.9 *Es seien die Voraussetzungen des Satzes 20.6 erfüllt. Weiter sei die Bedingung (20.64) erfüllt, und die Startfunktion $x_0(\lambda)$ genüge der Bedingung (20.59).*

Die nach den rekurrenten Formeln (20.45) gefundene Funktion $x_n(\lambda)$ ist dann die asymptotische Näherung im Punkte λ_0 an die implizite Funktion $x_*(\lambda)$ mit der Vorordnung $\omega^{(1+\delta)^n}$:

$$\overline{\lim_{\lambda \to \lambda_0}}\, \frac{\|x_n(\lambda) - x_*(\lambda)\|}{[\omega(\lambda - \lambda_0)]^{(1+\delta)^n}} < \infty\,. \qquad (20.69)$$

Beweis. Wegen Satz 20.6 sind die Näherungen $x_n(\lambda)$ $\big(n = 1, 2, \ldots;$ $\lambda \in S(\lambda_0, a_0)$, a_0 ist genügend klein$\big)$ bestimmt und genügen den Ungleichungen (20.53). Für den Beweis des Satzes braucht man deshalb nur die Ungleichung

$$\|x_0(\lambda) - x_*(\lambda)\| \leqq d_0\omega(\lambda - \lambda_0)$$

festzustellen. Dazu braucht man wegen (20.59) nur die einfachere Ungleichung

$$\|x_*(\lambda) - x_0\| \leqq c_*\,\omega(\lambda - \lambda_0)$$

zu beweisen. Diese Ungleichung läßt sich einfach durch die Überlegungen aufstellen, die beim Beweis des Lemmas 20.1 angestellt wurden (Einzelheiten überlassen wir dem Leser).

Der Satz ist bewiesen.

Die Abschätzung (20.69) zeigt, daß das Verfahren (20.45) auf asymptotischer Näherungen einer impliziten Funktion „überschnell" wachsender Ordnungen führt. Ist zum Beispiel $\omega(\nu) = M\,\|\nu\|$, dann ist die Funktion $x_n(\lambda)$ eine asymptotische Näherung der Ordnung $(1 + \delta)^n$.

Übung 20.22. Es ist die Ordnung der asymptotischen Näherung für die implizite Funktion $x_*(\lambda)$ durch die Funktion $x_n(\lambda)$ abzuschätzen, die man nach den Formeln (20.45) für den Fall erhält, daß die Hölder-Bedingung (20.52) durch die Bedingung

$$\|f'_x(\lambda, x_1) - f'_x(\lambda, x_2)\| \leqq \psi(\lambda - \lambda_0;\, r;\, \|x_1 - x_2\|) \quad (\lambda \in S(\lambda_0, \varrho),\ x_1, x_2 \in S(x_0, r))$$

ersetzt wird.

20.7. Formale Reihen und formale implizite Funktionen[1]**.** Es seien Λ, E reelle oder komplexe Banach-Räume. Der Ausdruck

$$x(\nu) = \sum_{k=1}^{\infty} A_k\,\nu\,, \qquad (20.70)$$

[1]) Für den Fall endlichdimensionaler Räume siehe S. Bochner und U. T. Martin [1].

wobei A_k eine homogene k-Form (eine homogene Form der Ordnung k, die Λ in E abbildet) ist, heißt *formale Potenzreihe*, die Λ in E „abbildet". Wir möchten hervorheben, daß es in der Definition der formalen Potenzreihe keine Voraussetzung über ihre Konvergenz gibt.

Die Menge der formalen Reihen, die Λ in E abbilden, bildet einen linearen Raum bei natürlichen (gliedweisen) Operationen der Multiplikation mit einem Skalar und der Addition; die Null dieses Raumes ist die formale Potenzreihe aus den nullten k-Formen.

Als *Ordnung* $\sigma(x)$ der formalen Potenzreihe bezeichnet man die kleinste Ordnung der Nichtnullformen, die in die Definition der Reihe eingehen. Die Ordnung $\sigma(0)$ der Nullreihe wird als ∞ angenommen. Offensichtlich sind die Beziehungen

$$\sigma(\alpha x) = \sigma(x) \qquad (\alpha \neq 0)\,, \qquad \sigma(x_1 + x_2) \geqq \min\{\sigma(x_1), \sigma(x_2)\}\,.$$

Die Polynome (siehe Punkt 20.2) kann man als Spezialklasse formaler Potenzreihen ansehen; man darf jedoch nicht die Potenz des Polynoms mit seiner Ordnung (als Reihe) verwechseln.

In gewissen Fällen ist es günstig, Summen aus unendlich vielen formalen Reihen $x_l(\nu)$ $(l = 1, 2, \ldots)$ zu betrachten. Eine solche Summe bildet man für den Fall $\sigma_l = \sigma(x_l) \to \infty$; für jedes feste k sind dabei nur in einer endlichen Anzahl von Reihen

$$x_l(\nu) = \sum_{k=1}^{\infty} A_k^l(\nu) \qquad (l = 1, 2, \ldots)$$

die Operatoren A_k^l verschieden von Null; ihre Summe bezeichnen wir mit B_k. Die Summe $x_1(\nu) + \cdots + x_l(\nu) + \cdots$ definiert man als formale Reihe

$$x_1(\nu) + \cdots + x_l(\nu) + \cdots = \sum_{k=1}^{\infty} B_k \nu\,.$$

Ist ν ein skalarer Parameter, dann hat die formale Potenzreihe die Gestalt

$$x(\nu) = a_1 \nu + a_2 \nu^2 + \cdots + a_k \nu^k + \cdots,$$

wobei $a_1, a_2, \ldots, a_k, \ldots$ beliebige Elemente aus E sind.

Wir benötigen formale Potenzreihen von zwei Veränderlichen

$$g(\nu, h) = \sum_{k+m=1}^{\infty} V_{k,m}(\nu, h)\,, \tag{20.71}$$

wobei $V_{k,m}$ homogene (k, m)-Formen sind. Der Umgang mit derartigen Reihen ist genauso, wie mit Reihen einer Variablen. Als *Ordnung* $\sigma(g)$ einer Reihe von zwei Variablen bezeichnet man die kleinste derjenigen Zahlen $k + m$ für die $V_{k,m}$ nicht identisch Null ist.

Eine wichtige Rolle spielt der Begriff der Superposition zweier Potenzreihen oder, was dasselbe ist, die Einsetzung einer formalen Reihe in eine formale Reihe. Wir beschreiben eine Reihe, die man durch Substitution von (20.70) für h in (20.71) erhält. Diese Reihe $g[\nu, x(\nu)]$ wird als unendliche Summe

$$g[\nu, x(\nu)] = \sum_{k+m=1}^{\infty} V_{k,m}[\nu, x(\nu)] \tag{20.72}$$

formaler Potenzreihen $V_{k,m}[\nu, x(\nu)]$ definiert. Jede dieser letzten Reihen ist analog zu (20.15) durch die Gleichung

$$v_{k,m}(\nu) = V_{k,m}[\nu, x(\nu)] = \sum_{j=1}^{\infty} v_{k,m;j}(\nu) \tag{20.73}$$

bestimmt, wobei

$$v_{k,m;j}(\nu) = \sum_{\alpha_1+2\alpha_2+\cdots+j\alpha_j=j} \frac{(\alpha_1+\cdots+\alpha_j)!}{\alpha_1!\cdots\alpha_j!} \tilde{V}_{k,m}\,\nu^k(A_1\nu)^{\alpha_1}\cdots(A_j\nu)^{\alpha_j}\,. \tag{20.74}$$

gilt. Die Summe (20.72) hat einen Sinn, da $\sigma(v_{k,m}) \geqq k + m \to \infty$. Die komplizierten Formeln (20.74) dürfen den Leser nicht erschrecken — die Koeffizienten der formalen Reihe $g[\nu, x(\nu)]$ sind nach gewöhnlichen algebraischen Regeln der Einsetzung einer Reihe in eine andere Reihe gewonnen worden.

Kehren wir nun zur Untersuchung impliziter Funktionen zurück. In diesem Punkt werden wir die Lösung der Gleichung

$$g(\nu, h) = 0 \tag{20.75}$$

in der Gestalt (20.70) suchen, wobei $g(\nu, h)$ die formale Reihen (20.71) ist. Die Lösung wird natürlich durch eine solche formale Reihe $h_*(\nu)$ bestimmt, die beim Einsetzen in die linke Seite von (20.75) eine formale Nullreihe ergibt.

Konvergiert die Reihe (20.71) für kleine ν, h, dann fällt der lineare Operator $V_{0,1}$ mit der Ableitung nach h der Summe im Punkte $\{0, 0\}$ zusammen. Im Zusammenhang damit werden wir häufig die Bezeichnung

$$V_{0,1} = g_h'(0, 0)$$

benutzen.

Satz 20.10. *Der Operator $g_h'(0, 0)$ besitze den stetigen inversen Operator Γ. Dann besitzt die Gleichung* (20.75) *genau eine Lösung $h_*(\nu)$ in der Klasse der formalen Potenzreihen.*

Zum Beweis setzen wir die Reihe (20.70) mit den unbestimmten k-Formen A_k in die Reihe (20.71) ein und setzen seine Koeffizienten gleich Null. Im Ergebnis erhalten wir Gleichungen der Gestalt

$$V_{0,1} A_k = F(A_1, \ldots, A_{k-1}) \qquad (k = 1, 2, \ldots)\,,$$

aus der sukzessiv die Operatoren $A_1, A_2, \ldots$ eindeutig bestimmt werden.

20.8. Zur Analytizität impliziter Funktionen. In diesem Punkt betrachten wir die implizite Funktion $x_*(\nu)$, die durch die Gleichung (20.1) unter der Bedingung (20.2) erklärt ist, für den Fall, daß der Operator $f(\lambda, x)$ im Punkte $\{\lambda_0, x_0\}$ analytisch ist. Wenn dabei der Operator (20.3) erklärt ist, dann ist leicht zu sehen, daß alle Voraussetzungen des Satzes 20.3 erfüllt sind und deshalb die implizite

Funktion $x_*(\lambda)$ in einer gewissen Umgebung $S(\lambda_0, a_0)$ des Punktes λ_0 existiert und in dieser Umgebung differenzierbar ist. Es erweist sich (siehe z. B. E. HILLE und R. PHILLIPS [1]), daß $x_*(\lambda)$ im Punkte λ_0 analytisch ist. Für komplexe Räume Λ, E ist die Analytizität eine einfache Folgerung der Differenzierbarkeit. Für reelle Räume kann man zum Beispiel zuerst den Operator $f(\lambda, x)$ auf die komplexen Erweiterungen $\Lambda + i\,\Lambda$ und $E + i\,E$ der Räume Λ und E analytisch fortsetzen, und dann die letzte Überlegung benutzen. Wir formulieren nun die Behauptung über die Analytizität einer impliziten Funktion in der Form eines Satzes.

Satz 20.11. *Der Operator $f(\lambda, x)$ sei analytisch im Punkte $\{\lambda_0, x_0\}$, und es existiere der Operator* (20.3).

Dann existiert die implizite Funktion $x_*(\lambda)$, sie ist einzig und analytisch im Punkte λ_0.

Übung 20.23. Es ist zu zeigen, daß jede k-Form A_k, die den reellen Raum Λ in den reellen Raum E abbildet, durch die Gleichung

$$A_k(x_1 + i\,x_2) = \sum_{l=0}^{k} \frac{k!}{l!\,(k-l)!}\, i^{k-l} \tilde{A}_k\, x_1^l\, x_2^{k-l}$$

in eine k-Form fortgesetzt werden kann, die $\Lambda + i\,\Lambda$ in $E + i\,E$ abbildet. Es ist abzuschätzen, um wieviel dabei die Norm von A_k anwachsen kann (A. E. TAYLOR [2], A. ALEKSEWITSCH und W. ORLICZ [1]).

Es seien die Bedingungen von Satz 20.11 erfüllt. Die implizite Funktion hat dann Ableitungen aller Ordnungen. Zu ihrer Bestimmung oder was dasselbe ist, zur Bestimmung der k-Formen A_k in der Darstellung

$$x_*(\lambda) = x_0 + \sum_{k=1}^{\infty} A_k\,(\lambda - \lambda_0) \tag{20.76}$$

kann die Methode der unbestimmten Koeffizienten angewendet werden, die im Punkt 20.4 beschrieben wurde.

Wenn man die Reihe

$$h(\nu) = \sum_{k=1}^{\infty} A_k\,\nu \tag{20.77}$$

als formale Potenzreihe ansieht, dann ist sie Lösung der Gleichung (20.75), wobei $g(\nu, h)$ die als formale Potenzreihe zweier Variabler ν und h betrachtete Zerlegung des Operators $f(\lambda_0 + \nu, x_0 + h)$ ist.

Deshalb folgt aus Satz 20.10, daß bei der Anwendung der Methode der unbestimmten Koeffizienten die Formen A_k eindeutig bestimmt werden. Aus den angestellten Überlegungen ergibt sich der folgende offensichtliche, aber wichtige

Satz 20.12. *Es seien die Voraussetzungen des Satzes* 20.11 *erfüllt. Die formale Reihe* (20.77) *sei Lösung der Gleichung* (20.75), *wobei $g(\nu, h)$ die Zerlegung des Operators $f(\lambda_0 + \nu, x_0 + h)$ ist, die als formale Reihe angesehen wird.*

Dann konvergiert die Reihe (20.77) *für kleine ν und die Formel* (20.76) *bestimmt genau eine implizite Funktion.*

Für viele Anwendungen reichen die Sätze 20.11 und 20.12 nicht aus. Wichtig sind Abschätzungen für die Gebiete im Raum Λ, auf denen die implizite Funktion $x_*(\lambda)$ definiert und analytisch ist. Wir suchen eine Kugel $S(\lambda_0, r_*)$, die in diesem Gebiet liegt. Die Hauptmethode zur Auffindung der Abschätzungen für den Radius r_* dieser Kugel gründet sich auf die Anwendung des in verschiedenen Gebieten der Mathematik weit verbreiteten Verfahrens der majorisierenden Reihen[1]).

Die skalare Reihe

$$\eta = \sum_{k=1}^{\infty} \beta_k \xi^k \tag{20.78}$$

mit nichtnegativen Koeffizienten β_k (ξ ist die skalare Variable) sei majorant für die Zerlegung (20.76) einer impliziten Funktion in dem Sinne, daß

$$||A_k|| \leqq \beta_k \qquad (k = 1, 2, \ldots)\,. \tag{20.79}$$

gilt. Ist r_0 der Konvergenzradius der Reihe (20.78), dann folgt aus (20.79), daß die Reihe (20.76) für $||\lambda - \lambda_0|| < r_0$ in der Norm konvergiert. Natürlich kann man noch nicht behaupten, daß die implizite Funktion $x_*(\lambda)$ in allen inneren Punkten der Kugel $S(\lambda_0, r_0)$ bestimmt ist.

Übung 20.24. Es ist ein Beispiel für eine im Bizylinder $|\xi| < 1$, $|\eta| < 1$ skalare analytische Funktion $f(\xi, \eta)$ ($f(0, 0) = 0$, $f'_\eta(0, 0) = 1$) zu konstruieren, die sich über diesen Zylinder hinaus nicht analytisch fortsetzen läßt, für die sich aber die durch die Gleichung $f(\xi, \eta) = 0$ erklärte implizite Funktion $\eta_*(\xi)$ in eine Reihe zerlegen läßt, die in der gesamten komplexen Ebene (ξ) konvergiert.

Wenn, wie gewöhnlich, der Operator $f(\lambda, x)$ für $\lambda \in S(\lambda_0, a)$, $x \in S(x_0, b)$ definiert ist, dann muß man bei der Bestimmung des Radius r_* daran denken, daß er der Abschätzung $r_* \leqq a$ genügen muß.

Schließlich muß der Radius r_* so gewählt werden, daß die Summe der Reihe (20.76) für $\lambda \in S(\lambda_0, r)$ zu der Kugel $S(x_0, b)$ gehört. Für die Abschätzung der Werte der Reihensummen (20.76) genügt es zu bemerken, daß

$$\left\|\sum_{k=1}^{\infty} A_k (\lambda - \lambda_0)\right\| \leqq \sum_{k=1}^{\infty} \beta_k \, ||\lambda - \lambda_0||^k = \eta\,(||\lambda - \lambda_0||)\,,$$

mit

$$\eta(\xi) = \sum_{k=1}^{\infty} \beta_k \xi^k \qquad (0 \leqq \xi < r_0)$$

gilt. Die Funktion $\eta(\xi)$ wächst an. Die Funktion $\eta(\xi)$ sei auf dem Intervall $[0, r_{\eta, b}]$ definiert und nehme Werte an, die b nicht übertreffen. Die implizite Funktion $x_*(\lambda)$ ist dann durch die Reihensumme (20.76) in der Kugel $S(\lambda_0, r_*)$ erklärt, falls

$$r_* \leqq a\,, \qquad r_* \leqq r_{\eta, b}\,, \qquad r_* < r_0 \tag{20.80}$$

gilt.

[1]) In der Darlegung werden Überlegungen von A. E. Gelman verwendet.

Wir beschreiben ein allgemeines Schema zur Konstruktion von majorierenden Reihen (20.78).

Wir setzen

$$\Pi(\lambda, x) = x - \Gamma(\lambda; x)\, f(\lambda, x)\,, \tag{20.81}$$

mit

$$\Gamma(\lambda; x) = \sum_{i+j=1}^{\infty} \Gamma_{i,j}\,(\lambda - \lambda_0, x - x_0)$$

und

$$\Gamma_{0,1} = [f'_x(\lambda_0, x_0)]^{-1}$$

(zum Beispiel kann man $\Gamma(\lambda; x)$ als einen der Operatoren $[f'_x(\lambda_0, x_0)]^{-1}$, $[f'_x(\lambda, x_0)]^{-1}$, $[f'_x(\lambda, x)]^{-1}$ definieren). Dann gilt

$$\Pi(\lambda; x) = \sum_{i+j=1}^{\infty} \Pi_{i,j}\,(\lambda - \lambda_0, x - x_0)\,, \tag{20.82}$$

wobei $\Pi_{0,1} = 0$ ist.

Nehmen wir an, daß uns die Abschätzungen

$$||\Pi_{i,j}||_* \leqq t_{i,j} \tag{20.83}$$

bekannt sind; dabei kann man voraussetzen, daß die Gleichung $t_{0,1} = 0$ erfüllt ist. Wir bestimmen die skalare Funktion $t(\xi, \eta)$ durch die Gleichung

$$t(\xi, \eta) = \sum_{i+j=1}^{\infty} t_{i,j}\, \xi^i\, \eta^j \tag{20.84}$$

und betrachten die Gleichung

$$\eta = t(\xi, \eta)\,. \tag{20.85}$$

Diese Gleichung heißt majorant für die Gleichung

$$x = \Pi(\lambda; x)\,.$$

Bei den weiteren Überlegungen spielt das Konvergenzgebiet der Reihen (20.84) keine Rolle; mehr noch, man kann eine majorante Gleichung in der Klasse der Gleichungen in formalen Potenzreihen konstruieren.

Aus dem Satz 20.10 (oder dem Satz 20.11) folgt die Existenz genau einer impliziten Funktion

$$\eta_*(\xi) = \sum_{i=1}^{\infty} \beta_i\, \xi^i\,, \tag{20.86}$$

die durch die Gleichung (20.85) bestimmt ist (unter der Bedingung $\eta_*(0) = 0$). Es zeigt sich, daß die Reihe (20.86) für die implizite Funktion majorant ist; der Beweis ergibt sich aus den Formeln $A_1 = 0$, $\beta_1 = 0$,

$$A_{k+1}\,\nu = \sum_{i+\alpha_1+2\alpha_2+\cdots+k\alpha_k=k+1} \frac{(\alpha_1 + \cdots + \alpha_k)!}{\alpha_1! \cdots \alpha_k!}\, \tilde{\Pi}_{i,\alpha_1+\cdots+\alpha_k}\, \nu^i (A_1\,\nu)^{\alpha_1} \cdots (A_k\,\nu)^{\alpha_k}\,, \tag{20.87}$$

$$\beta_{k+1} = \sum_{i+\alpha_1+2\alpha_2+\cdots+k\alpha_k=k+1} \frac{(\alpha_1 + \cdots + \alpha_k)!}{\alpha! \cdots \alpha_k!}\, t_{i,\alpha_1+\cdots+\alpha_k}\, \beta_1^{\alpha_1} \cdots \beta_k^{\alpha_k}\,. \tag{20.88}$$

Es sei zum Beispiel

$$\|\Pi_{ij}\|_* \leqq M\, u^i\, v^j\,.$$

Dann gilt

$$t(\xi, \eta) = \sum_{i,j=0}^{\infty} M\, u^i\, v^j\, \xi^i\, \eta^j - M - M\, v\, \eta = \frac{M}{(1 - u\,\xi)\,(1 - v\,\eta)} - M - M\, v\, \eta\,.$$

Die majorante Gleichung

$$\eta = \frac{M}{(1 - u\,\xi)\,(1 - v\,\eta)} - M - M\, v\, \eta$$

besitzt zwei Lösungen. Die eine von ihnen, die Lösung $\eta_*(\xi)$, verschwindet für $\xi = 0$. Sie hat die Gestalt:

$$\eta_*(\xi) = \frac{1 - (1 - u\,\xi)^{-1/2}\,[1 - u\,(1 + 2\,M\,v)^2\,\xi]^{1/2}}{2\,v\,(1 + M\,v)}\,.$$

Der Radius r_0 für die Zerlegung (20.86) dieser Funktion in eine Reihe ist offensichtlich durch ihre singulären Punkte bestimmt; deshalb ist

$$r_0 = \frac{1}{u\,(1 + 2\,M\,v)^2}\,.$$

Da die Funktion $\eta_*(\xi)$ auf $[0, r_0]$ wächst, ist $r_{\eta, b} = r_0$, falls

$$\frac{1}{2\,v\,(1 + M\,v)} \leqq b$$

gilt. Ist aber die entgegengesetzte Ungleichung erfüllt, dann ist $r_{\eta, b} < r_0$ und $r_{\eta, b}$ wird aus der Gleichung $\eta_*(r) = b$ bestimmt; indem wir diese Gleichung lösen, erhalten wir

$$r_{\eta, b} = \frac{b - b^2\,v - M\,b^2\,v^2}{u\,(1 - b\,v)\,(M + b + M\,b\,v)}\,.$$

Übung 20.25. Es ist r_* für den Fall abzuschätzen, daß die Ungleichungen (20.83) die Gestalt

$$\|\Pi_{i,j}\|_* \leqq M\,\frac{u^i\, v^j}{i!\,j!}$$

besitzen.

§ 21. Endliche Gleichungssysteme

21.1. Einige Begriffe aus der Theorie der Ringe. In diesem Paragraphen wird eine Reihe allgemeiner Sätze aus der Theorie der kommutativen Ringe angewendet (siehe z. B. B. L. van der Waerden [1], D. A. Grawe [2], O. Zariski und P. Samuel [1], P. Woker [1], W. Hodge und D. Pido [1]).

Es sei K ein kommutativer Ring mit der Einheit 1. Im weiteren wird überall vorausgesetzt, daß die Elemente $a \in K$ *keine Charakteristiken besitzen*, d. h., für beliebiges von Null verschiedenes a aus K und für beliebiges ganzes m gilt

$$m \cdot a = a + a + \cdots a \neq 0\,.$$

Die Menge K_0 der umkehrbaren Element $a \in K$ bildet eine Gruppe bezüglich der Multiplikation. Offensichtlich folgt aus $a\,b \in K_0$ die Inklusion $a, b \in K_0$.

Zwei Elemente a und b aus K heißen *äquivalent*, wenn $a = \varepsilon\, b$ mit $\varepsilon \in K_0$ gilt. Ist $a = b\,c$, dann sagt man, daß b der *Teiler* von a ist, oder b teilt a. Die Elemente aus K_0 sind Teiler für beliebige $a \in K$; die Teiler aus K_0 heißen *trivial*.

Der Ring K heißt *Integritätsbereich*, wenn aus $a\,b = 0$ resultiert, daß entweder $a = 0$ oder $b = 0$ ist. Das Element a des Integritätsbereiches K heißt *unzerlegbar*, wenn es nicht umkehrbar ist und wenn aus $a = b\,c$ folgt, daß entweder $b \in K_0$ oder $c \in K_0$ ist.

Man sagt, daß der Integritätsbereich K ein *Gebiet mit eindeutiger Zerlegung* ist, wenn jedes Element a aus K die Zerlegung

$$a = \varepsilon\, a_1 \cdots a_r \tag{21.1}$$

zuläßt, wobei $\varepsilon \in K_0$ und $a_1, \ldots, a_r$ unzerlegbare Elemente sind. Wenn

$$a = \varepsilon'\, a_1' \cdots a_{r'}'$$

eine zweite derartige Zerlegung ist, dann ist $r = r'$ und man kann annehmen, daß die Faktoren $a_1', \ldots, a_r'$ in einer solchen Reihenfolge numeriert sind, daß a_1 äquivalent mit a_1', a_2 äquivalent mit a_2', $\ldots$, a_r äquivalent mit a_r' ist. Es ist leicht zu sehen, daß der Integritätsbereich K, in dem sich jedes Element a in der Form (21.1) darstellen läßt, ein Gebiet mit eindeutiger Zerlegung dann und nur dann ist, wenn K folgende Eigenschaft besitzt: Wenn das unzerlegbare Element $p \in K$ ein Teiler von $a\,b$ ist, dann ist p entweder ein Teiler von a, oder ein Teiler von b. In jedem Gebiet K mit eindeutiger Zerlegung für beliebige Elemente $a_1, \ldots, a_r \in K$ ist ein größter gemeinsamer Teiler $d = (a_1, \ldots, a_r)$ definiert (mit einer Genauigkeit bis auf Äquivalenz).

Es sei K ein Integritätsbereich. Mit $K[x]$ bezeichnet man den Ring der Polynome

$$f(x) = a_0\, x^m + a_1\, x^{m-1} + \cdots + a_m \tag{21.2}$$

mit den Koeffizienten $a_0, a_1, \ldots, a_m$ aus K. Wenn $f(x)$ das Polynom (21.2) und $a_0 \neq 0$ ist, dann nennt man die Zahl m *Grad* des Polynoms $f(x)$. Der Grad eines Produktes von Polynomen aus $K[x]$ ist offensichtlich gleich der Summe ihrer Grade. Hieraus folgt unmittelbar, daß $K[x]$ ebenfalls ein Integritätsbereich ist. Mit $K[x_1, \ldots, x_n]$ bezeichnet man einen Ring aus Polynomen von v Variablen $x_1, \ldots, x_n$.

Im weiteren wird folgende Behauptung eine wichtige Rolle spielen, die sich leicht induktiv beweisen läßt.

Lemma 21.1. *Es seien $f(x)$ und $g(x)$ zwei Polynome aus $K[x]$ mit den Graden m bzw. n:*

$$f(x) = a_0\, x^m + a_1\, x^{m-1} + \cdots + a_m\,, \quad g(x) = b_0\, x^n + b_1\, x^{n-1} + \cdots + b_n\,, \tag{21.3}$$

und $k = \max\,\{m - n + 1, 0\}$.

Dann existieren in $K[x]$ Polynome $q(x)$ und $r(x)$, für die

$$b_0^k f(x) = q(x)\, g(x) + r(x) \tag{21.4}$$

gilt, wobei entweder der Grad von $r(x)$ kleiner n, oder $r(x) \equiv 0$ ist. Die Polynome $q(x)$ und $r(x)$ sind eindeutig bestimmt.

Es sei nun K ein Gebiet mit eindeutiger Zerlegung und $f(x)$ das Polynom (21.2). Der größte gemeinsame Teiler $\varkappa(f) = (a_0, \ldots, a_m)$ der Koeffizienten $a_0, \ldots, a_m$ heißt *Inhalt* des Polynoms f. Ist $\varkappa(f) \in K_0$, dann heißt das Polynom $f(x)$ *primitiv*. Jedes Polynom $f(x)$ aus $K[x]$ läßt sich in der Gestalt

$$f(x) = \varkappa(f) \cdot \tilde{f}(x) \tag{21.5}$$

darstellen, wobei $\tilde{f}$ primitiv ist; das Polynom $\tilde{f}$ nennt man die *Reduktion* von f. Es gelten die Relationen

$$\varkappa(f\,g) = \varepsilon_1\, \varkappa(f)\, \varkappa(g)\,, \tag{21.6}$$

$$\widetilde{(f\,g)} = \varepsilon_2\, \tilde{f}\, \tilde{g}\,, \tag{21.7}$$

wobei $\varepsilon_1, \varepsilon_2 \in K_0$ gilt. Diese beiden Gleichungen sind Folgerungen des Gaussschen *Lemmas,* in dem behauptet wird, daß das Produkt $f\,g$ der primitiven Polynome f und g ein primitives Polynom ist.

Übung 21.1. Es ist das Gaussche Lemma zu beweisen.

Lemma 21.2. *Es sei K ein Gebiet mit eindeutiger Zerlegung.*
Dann ist der Polynomring $K[x]$ ebenfalls ein Gebiet mit eindeutiger Zerlegung.

Beweis. Wir zeigen zunächst (induktiv), daß jedes Polynom f mit Koeffizienten aus K sich in der Gestalt

$$f = \varepsilon\, f_1 \cdots f_r \tag{21.8}$$

darstellen läßt, wobei $\varepsilon \in K_0$ und $f_1, \ldots, f_r$ irreduzible Polynome sind (d. h. unzerlegbare Elemente des Rings $K[x]$).

Für Polynome nullten Grades (d. h. Elemente aus K) gilt dies, da K ein Gebiet mit eindeutiger Zerlegung ist. Nehmen wir an, daß jedes Polynom $f(x)$ mit einem Grad kleiner m die Darstellung (21.8) zuläßt, und zeigen, daß ein beliebiges Polynom $f(x)$ mit dem Grad m ebenfalls die Darstellung (21.8) zuläßt.

Es sei $\varkappa(f) = c_1 \cdots c_l$ die Zerlegung des Inhalts des Polynoms f in unzerlegbare Faktoren. Ist $\tilde{f}$ irreduzibel, dann ist

$$f(x) = c_1 \cdots c_l\, \tilde{f}(x)$$

die Zerlegung (21.8) des Polynoms f. Ist aber $\tilde{f}$ reduzibel: $\tilde{f} = g_1\, g_2$, dann sind beide Polynome g_1, g_2 primitiv, und ihre Potenzen sind positiv und deshalb kleiner m. Nach der Induktionsvoraussetzung lassen sich die Polynome g_1 und g_2 in ein Produkt von irreduziblen Faktoren zerlegen. Damit läßt sich das

Polynom $\tilde{f}$: $\tilde{f}(x) = f_1(x) \cdots f_r(x)$ in irreduzible Faktoren zerlegen. Dann ist aber

$$f(x) = c_1 \cdots c_l \, f_1(x) \cdots f_r(x)$$

die Zerlegung (21.8) des Polynoms f.

Das irreduzible Polynom $p(x)$ sei nun Teiler des Produkts $f(x)\,g(x)$ aus den Polynomen $f(x)$ und $g(x)$ $\big(p(x)\,\lambda(x) = f(x)\,g(x)\big)$, aber $p(x)$ teile $f(x)$ nicht. Wir bezeichnen mit $\mathfrak{N}$ die Menge aller Nichtnullpolynome $d(x)$ der Gestalt

$$d(x) = a(x)\,f(x) + b(x)\,p(x) \qquad \big(a(x), b(x) \in K[x]\big)\,. \tag{21.9}$$

Es sei $d_0(x)$ das Polynom kleinsten Grades aus $\mathfrak{N}$. Wenn die Potenz von $d_0(x)$ positiv wäre, dann wäre wegen Lemma 21.1

$$\delta\, p(x) = q(x)\, d_0(x) + r(x)\,, \tag{21.10}$$

wobei $\delta \in K$, $q(x)$, $r(x) \in K[x]$ und die Potenz von $r(x)$ entweder kleiner als der Grad von $d_0(x)$, oder $r(x) \equiv 0$ wäre. Aus (21.9)–(21.10) resultiert aber, daß $r(x) \in \mathfrak{N}$ bei $r(x) \not\equiv 0$ ist; deshalb ist $r(x) \equiv 0$ und $\delta\, p(x) \equiv q(x)\, d_0(x)$. Aus der letzten Gleichung ergibt sich wegen (21.7), daß $d_0(x)$ Teiler von $p(x)$ ist. Ähnlich läßt sich zeigen, daß $d_0(x)$ Teiler von $f(x)$ ist. Da $p(x)$ irreduzibel ist und kein Teiler von $f(x)$ ist, ist $d_0(x)$ ein Polynom nullten Grades, d. h. $d_0(x) = d_0 \in K$.

Es sei

$$d_0 = a_0(x)\, f(x) = b_0(x)\, p(x)\,.$$

Multiplizieren wir diese Gleichung mit $g(x)$, so erhalten wir

$$d_0\, g(x) = [a_0(x)\,\lambda(x) + b_0(x)\,g(x)]\; p(x)\,,$$

woraus wegen (21.7) resultiert, daß $p(x)$ Teiler von $g(x)$ ist.

Das Lemma ist bewiesen.

Übung 21.2. Es sei K ein Gebiet mit eindeutiger Zerlegung. Es ist zu beweisen, daß $K[x_1, \ldots, x_n]$ ebenfalls ein Gebiet mit eindeutiger Zerlegung ist.

Da der Ring von Polynomen $K[x]$ mit Koeffizienten aus einem gewissen Gebiet K mit eindeutiger Zerlegung selbst ein Gebiet mit eindeutiger Zerlegung ist, ist für beliebige Polynome $f_1(x), \ldots, f_r(x)$ der Begriff des größten gemeinsamen Teilers $d = (f_1, \ldots, f_r)$ definiert (natürlich mit einer Genauigkeit bis auf einen Faktor aus K_0). Offensichtlich gilt

$$(f_1, \ldots, f_r) = \varepsilon\big(\varkappa(f_1), \ldots, \varkappa(f_r)\big)\,(\tilde{f}_1, \ldots, \tilde{f}_r) \qquad (\varepsilon \in K_0)\,. \tag{21.11}$$

Aus dem Lemma 21.2 ergibt sich unmittelbar das

Lemma 21.3. *Es seien $f(x)$ und $g(x)$ zwei Polynome aus $K[x]$ mit den Graden m bzw. n.*

Dann ist die Potenz des größten gemeinsamen Teilers $d(x)$ der Polynome $f(x)$ und $g(x)$ dann und nur dann positiv, wenn Polynome $f_1(x)$ und $g_1(x)$ existieren, deren Potenzen kleiner als m bzw. n sind, und für die

$$g_1(x)\, f(x) = f_1(x)\, g(x) \tag{21.12}$$

gilt.

Übung 21.3. Es ist zu zeigen, daß der größte gemeinsame Teiler $d(x)$ der Polynome $f(x)$ und $g(x)$ mit den Graden m bzw. n einen Grad $\geqq k$ dann und nur dann besitzt, wenn solche Polynome $f_1(x)$ und $g_1(x)$ der Grade $m - k$ bzw. $n - k$ existieren, daß die Gleichung (21.12) gilt.

Es seien $f(x)$ und $g(x)$ die Polynome (21.3). Die Determinante

$$R = \begin{vmatrix} a_0 & a_1 \cdots & & a_m & 0 & \cdots 0 \\ 0 & a_0 & a_1 \cdots & & a_m & \cdots 0 \\ \cdots & \cdots & \cdots & \cdots & \cdots & \cdots \\ 0 & 0 & 0 & a_0 & a_1 & \cdots a_m \\ b_0 & b_1 \cdots & & b_n & 0 & \cdots 0 \\ 0 & b_0 & b_1 \cdots & b_n & 0 & \cdots 0 \\ \cdots & \cdots & \cdots & \cdots & \cdots & \cdots \\ 0 & 0 & 0 \cdots & b_0 & b_1 & \cdots b_n \end{vmatrix} \begin{matrix} \left.\begin{matrix} \\ \\ \\ \\ \end{matrix}\right\} n \text{ Zeilen} \\ \left.\begin{matrix} \\ \\ \\ \\ \end{matrix}\right\} m \text{ Zeilen} \end{matrix} \tag{21.13}$$

nennt man *Resultante* (in der Form von SILVESTER) der Polynome $f(x)$ und $g(x)$.

Satz 21.1. *Es seien $f(x)$ und $g(x)$ zwei Polynome aus $K[x]$ mit den Graden m bzw. n und $d(x)$ ihr größter gemeinsamer Teiler.*

Dann ist der Grad von $d(x)$ genau dann größer Null, wenn $R = 0$ ist.

Beweis. Es seien

$$f_1(x) = -u_0 x^{m-1} - u_1 x^{m-2} - \cdots - u_{m-1},$$
$$g_1(x) = v_0 x^{n-1} + v_1 x^{n-2} + \cdots + v_{n-1}.$$

Dann ist die Gleichung (21.12) offensichtlich äquivalent dem System

$$\left.\begin{array}{llr} a_0 v_0 & + b_0 u_0 & = 0, \\ a_1 v_0 + a_0 v_1 & + b_1 u_0 + b_0 u_1 & = 0, \\ a_2 v_0 + a_1 v_1 + a_0 v_2 & + b_2 u_0 + b_1 u_1 + b_0 u_2 & = 0, \\ \cdots\cdots\cdots & \cdots\cdots\cdots & \cdots \\ \qquad a_m v_{n-1} & \qquad + b_n u_{m-1} & = 0. \end{array}\right\} \tag{21.14}$$

Die Behauptung von Lemma 21.3 ist gleichbedeutend damit, daß dieses bezüglich $v_0, v_1, \ldots, v_{n-1}, u_0, u_1, \ldots, u_{m-1}$ lineare System eine Nichtnullösung besitzt. Das Gleichungssystem (21.14) besitzt Nichtnullösungen dann und nur dann, wenn seine Determinante R gleich Null ist.

Der Satz ist bewiesen.

Übung 21.4. Es seien $f(x)$ und $g(x)$ zwei Polynome. Es ist zu zeigen, daß zwei derartige Polynome $a(x)$ und $b(x)$ existieren, daß

$$R\, d(x) = a(x) f(x) + b(x) g(x)$$

ist.

Übung 21.5. Es sind über die Koeffizienten der Polynome $f(x)$ und $g(x)$ notwendige und hinreichende Bedingungen dafür herzuleiten, daß der größte gemeinsame Teiler der Polynome $f(x)$ und $g(x)$ den Grad k besitzt.

Es seien $m_1, \ldots, m_r$ ganze positive Zahlen. Das System aus Polynomen $R_1, \ldots, R_s$ von allen Koeffizienten der Polynome $f_1(x), \ldots, f_r(x)$ mit den Graden $m_1, \ldots, m_r$ entsprechend

$$f_1(x) = a_0^{(1)} x^{m_1} + a_1^{(1)} x^{m_1-1} + \cdots + a_{m_1}^{(1)},$$

$$\cdots\cdots\cdots\cdots\cdots\cdots\cdots\cdots$$

$$f_r(x) = a_0^{(r)} x^{m_r} + a_1^{(r)} x^{m_r-1} + \cdots + a_{m_r}^{(r)}$$

heißt $(m_1, \ldots, m_r)$-System der Resultanten, falls die Gleichungen

$$R_1 = 0, \ldots, R_s = 0$$

eine notwendige und hinreichende Bedingung dafür sind, daß die Polynome $f_1(x), \ldots, f_r(x)$ einen gemeinsamen Teiler mit einem von Null verschiedenen Grade besitzen.

Satz 21.2. *Für einen beliebigen Satz ganzer Zahlen $m_1, \ldots, m_r$ existiert ein $(m_1, \ldots, m_r)$-System von Resultanten $R_1, \ldots, R_s$.*

Wir beweisen diesen Satz nach KRONECKER. Es sei $K^* = K[w_1, \ldots, w_{r-1}]$ ein Ring aus Polynomen von $r - 1$ Variablen $w_1, \ldots, w_{r-1}$ mit Koeffizienten aus K, und es seien $f_1(x), \ldots, f_r(x)$ Polynome der Grade $m_1, \ldots, m_r$. Wir setzen

$$f(x) = w_1 f_1(x) + \cdots + w_{r-1} f_{r-1}(x)\,, \qquad g(x) = f_r(x)\,; \tag{21.15}$$

$f(x)$ und $g(x)$ werden als Polynome mit Koeffizienten aus K^* angesehen. Es ist leicht zu sehen, daß der größte gemeinsame Teiler $d^*(x)$ der Polynome $f(x)$ und $g(x)$ ein Polynom mit Koeffizienten aus K ist und mit dem größten gemeinsamen Teiler der Polynome $f_1(x), \ldots, f_r(x)$ zusammenfällt (bis auf einen Faktor aus K_0). Deshalb gilt folgende Behauptung: Damit der Grad des größten gemeinsamen Teilers der Polynome $f_1(x), \ldots, f_r(x)$ positiv ist, ist notwendig und hinreichend, daß die Resultante R^* der Polynome (21.15) gleich Null ist in K^*.

Die Resultante R^* ist offensichtlich ein homogenes Polynom von $w_1, \ldots, w_{r-1}$ (mit Koeffizienten aus K) von einem gewissen Grad l:

$$R^* = \sum_{\alpha_1 + \cdots + \alpha_{r-1} = l} R_{\alpha_1, \ldots, \alpha_{r-1}} w_1^{\alpha_1} \cdots w_{r-1}^{\alpha_{r-1}}.$$

Die Bedingung, daß R in K^* verschwindet, ist gleichbedeutend damit, daß $R_{\alpha_1, \ldots, \alpha_{r-1}} = 0$ ist für alle $\alpha_1, \ldots, \alpha_{r-1}$. Deshalb bilden die Polynome $R_{\alpha_1, \ldots, \alpha_{r-1}}$ ein $(m_1, \ldots, m_r)$-System von Resultanten.

Der Satz ist bewiesen.

Wir untersuchen nun die Frage, wie man den größten gemeinsamen Teiler der Polynome $f_1(x), f_2(x), \ldots, f_r(x)$ berechnen kann. Wegen (21.11) braucht man nur den größten gemeinsamen Teiler der Polynome $\tilde{f}_1(x), \tilde{f}_2(x), \ldots, \tilde{f}_r(x)$ zu finden. Zur Auffindung des größten gemeinsamen Teilers dieser Polynome kann man das Lemma 21.1 benutzen; dabei kann man sich auf den Fall zweier Polynome beschränken.

Es seien $f_1(x)$ und $f_2(x)$ zwei gegebene Polynome. Nach Lemma 21.1 kann man die Polynome $g_0(x), g_1(x), \ldots, g_{k+1}(x)$ dergestalt konstruieren, daß $g_0(x) = f_1(x)$, $g_1(x) = f_2(x)$ und

$$\left.\begin{aligned} \delta_1\, g_0(x) &= q_1(x)\, g_1(x) + g_2(x)\,, \\ &\cdots\cdots\cdots\cdots \\ \delta_k\, g_{k-1}(x) &= q_k(x)\, g_k(x) + g_{k+1}(x) \end{aligned}\right\} \qquad (21.16)$$

ist. Die Grade der Polynome $g_1(x), \ldots, g_k(x)$ fallen dabei streng ab, und das Polynom $g_{k+1}(x)$ hat entweder den Grad 0, oder ist gleich Null, $g_{k+1}(x) \equiv g_{k+1} \in K$.

Satz 21.3. *Der größte gemeinsame Teiler $d(x)$ für die Reduktionen $\tilde{f}_1(x)$ und $\tilde{f}_2(x)$ der Polynome $f_1(x)$ und $f_2(x)$ besitzt dann und nur dann einen positiven Grad, wenn $g_{k+1} = 0$ ist. Ist $g_{k+1} = 0$, dann gilt $d(x) = \tilde{g}_k(x)$.*

Beweis. Es sei $d(x)$ ein gemeinsamer Teiler von $\tilde{f}_1(x)$ und $\tilde{f}_2(x)$. Dann folgt aus (21.16), daß $d(x)$ Teiler aller Polynome $g_0(x), g_1(x), \ldots, g_{k+1}(x)$ ist. Ist die Potenz des Polynoms $d(x)$ positiv, dann ist $g_{k+1}(x) = 0$, da $d(x)$ Teiler von $g_{k+1}(x) = g_{k+1}$ ist. Da das Polynom $d(x)$ primitiv ist, ist es in diesem Falle Teiler von $\tilde{g}_k(x)$ (wegen (21.7)).

Es sei nun $g_{k+1} = 0$. Dann ist $\tilde{g}_k(x)$ Teiler von $\delta_k\, g_{k-1}(x)$, und wegen (21.7) Teiler von $\tilde{g}_{k-1}(x)$. Dann folgt aber aus (21.16), daß $\tilde{g}_k(x)$ Teiler von $\delta_{k-1}\, g_{k-2}(x)$ ist, woraus wieder wegen (21.7) resultiert, daß $\tilde{g}_k(x)$ Teiler von $\tilde{g}_{k-2}(x)$ ist. Auf ähnliche Weise erhalten wir nach einer endlichen Anzahl von Schritten, daß $\tilde{g}_k(x)$ gemeinsamer Teiler von $\tilde{g}_0(x)$ und $\tilde{g}_1(x)$ ist. Da jeder Teiler von $\tilde{g}_0(x)$ und $\tilde{g}_1(x)$ auch Teiler von $\tilde{g}_k(x)$ ist, ist $\tilde{g}_k(x)$ der größte gemeinsame Teiler.

Der Satz ist bewiesen.

Es sei $f(x)$ das Polynom (21.2). Seine *Ableitung* $f'(x)$ nennt man das Polynom

$$f'(x) = m\, a_0\, x^{m-1} + (m-1)\, a_1\, x^{m-2} + \cdots + a_{m-1}\,. \qquad (21.17)$$

Es gelten die Gleichungen

$$[f(x) + g(x)]' = f'(x) + g'(x)\,, \qquad [f(x)\, g(x)]' = f'(x)\, g(x) + f(x)\, g'(x)\,. \qquad (21.18)$$

Nehmen wir an, daß

$$f(x) = \varkappa(f)\, f_1(x) \cdots f_l(x) \qquad (21.19)$$

ist, wobei $f_1(x), \ldots, f_l(x)$ irreduzible Polynome sind. Unter den Polynomen $f_1(x), \ldots, f_l(x)$ können gleiche auftreten. Deshalb schreibt man die Zerlegung (21.19) besser in der Form

$$f(x) = \varkappa(f)\, f_1^{\gamma_1}(x) \cdots f_r^{\gamma_r}(x)\,, \qquad (21.20)$$

wobei $\gamma_1, \ldots, \gamma_r$ ganze Zahlen und $f_1(x), \ldots, f_r(x)$ irreduzible Polynome sind, unter denen keine zusammenfallen. Ist $\gamma_1 = \cdots = \gamma_r = 1$, dann sagt man, daß das Polynom $f(x)$ keine mehrfachen Faktoren besitzt.

Aus den Gleichungen (21.20) und aus (21.18) resultiert

$$f'(x) = \varkappa(f) \sum_{\varrho=1}^{r} \gamma_\varrho f_1^{\gamma_1}(x) \cdots f_\varrho^{\gamma_\varrho - 1}(x) \cdots f_r^{\gamma_r}(x) f_\varrho'(x) . \tag{21.21}$$

Aus (21.20) und (21.21) ergibt sich, daß der größte gemeinsame Teiler der Polynome $f(x)$ und $f'(x)$ durch die Relation

$$\big(f(x), f'(x)\big) = \varkappa(f) f_1^{\gamma_1 - 1}(x) \cdots f_r^{\gamma_r - 1}(x) \tag{21.22}$$

bestimmt ist. Aus dieser Gleichung folgt, daß der größte gemeinsame Teiler dann und nur dann einen positiven Grad besitzt, wenn wenigstens eine der Zahlen $\gamma_1, \ldots, \gamma_r$ größer 1 ist, d. h. wenn das Polynom (21.20) mehrfache Faktoren besitzt.

Diskriminante D des Polynoms $f(x)$ nennt man die Resultante der Polynome $f(x)$ und $f'(x)$. Aus dem Satz 21.1 und aus (21.22) folgt

Satz 21.4. *Das Polynom $f(x)$ hat genau dann keine mehrfachen Faktoren, wenn $D \neq 0$ ist.*

21.2. Ringe von Potenzreihen. Außer Ringe reeller und komplexer Zahlen werden wir systematisch verschiedene Ringe von Potenzreihen und Ringe von Polynomen mit Koeffizienten aus Ringen von Potenzreihen benutzen.

Im Punkt 20.7 sind formale Potenzreihen in Banach-Räumen behandelt worden. In diesem und im folgenden Paragraphen werden wir etwas allgemeinere Klassen formaler Potenzreihen von mehreren skalaren Variablen verwenden.

Als *formale Potenzreihe von n Variablen* $z = \{\zeta_1, \ldots, \zeta_n\}$ bezeichnet man den Ausdruck

$$f(z) = \sum_{k_1, \ldots, k_n = 0}^{\infty} a_{k_1, \ldots, k_n} \zeta_1^{k_1} \cdots \zeta_n^{k_n} \tag{21.23}$$

mit den Zahlenkoeffizienten $a_{k_1, \ldots, k_n}$. Im Unterschied zum Punkt 20.7 kann der Koeffizient $a_{0, \ldots, 0}$ verschieden von Null sein. Die Reihe (21.23) schreibt man häufig in der Form

$$f = \sum_{k=0}^{\infty} f_k , \tag{21.24}$$

wobei f_k ein homogenes Polynom mit dem Grad k ist:

$$f_k = \sum_{k_1 + \cdots + k_n = k} a_{k_1, \ldots, k_n} \zeta_1^{k_1} \cdots \zeta_n^{k_n} . \tag{21.25}$$

Das kleinste k, für das f_k nicht identisch gleich Null ist, nennt man *Ordnung* der formalen Potenzreihe f und bezeichnet sie mit $\sigma(f)$.

Im weiteren werden wir wesentlich die Tatsache benutzen, daß die Reihe (21.23) in einer gewissen Umgebung von Null dann und nur dann konvergiert, wenn ihre Koeffizienten den Ungleichungen

$$|a_{k_1, \ldots, k_n}| \leqq M c_1^{k_1} \cdots c_n^{k_n} \tag{21.26}$$

genügen; hier sind $M, c_1, \ldots, c_n$ gewisse Konstanten.

Übung 21.6. Es ist zu beweisen, daß aus (21.26) die Konvergenz der Reihe (21.23) in dem n-dimensionalen Zylinder $|\zeta_1| < 1/c_1, \ldots, |\zeta_n| < 1/c_n$ resultiert. Gilt auch die umgekehrte Behauptung?

Die Menge der formalen Potenzreihen bildet einen Ring $K[z] = K\{\zeta_1, \ldots, \zeta_n\}$ bezüglich der natürlichen Operationen der Addition und Multiplikation. Es sei auf die Beziehungen

$$\sigma(f+g) \leqq \min\{\sigma(f), \sigma(g)\}, \qquad \sigma(f\,g) = \sigma(f) + \sigma(g)$$

hingewiesen. Wie gewöhnlich, bezeichnet man mit f^{-1} eine Potenzreihe mit $f\,f^{-1} = f^{-1} f = 1$, wobei 1 als formale Potenzreihe angesehen wird. Wir überlassen dem Leser zu zeigen, daß die Reihe (21.23) genau dann eine inverse Reihe f^{-1} besitzt, wenn $a_{0,\ldots,0} \neq 0$ ist; die Reihe f^{-1} kann man mit Hilfe der Methode der unbestimmten Koeffizienten oder durch Division nach anwachsenden Potenzen finden.

Die in einer gewissen Umgebung von Null konvergenten Reihen (21.23) bilden einen Unterring $K\{z\}_a$ des Rings $K\{z\}$. Es ist leicht zu sehen, daß die Reihe f aus $K\{z\}_a$ genau dann in $K\{z\}$ invertierbar ist, wenn sie in $K\{z\}_a$ invertierbar ist.

Die Ringe $K\{z\}$ und $K\{z\}_a$ sind Integritätsbereiche. Mehr noch, sie bilden Gebiete mit eindeutiger Zerlegung. Die letzte Behauptung ist nicht trivial.

Übung 21.7. Es ist zu beweisen, daß die Ringe $K\{\zeta\}$ und $K\{\zeta\}_a$ von Reihen einer Veränderlichen Gebiete mit eindeutiger Zerlegung sind.

Bei der Einführung des Begriffs der formalen Potenzreihe (21.23) spielte keine Rolle, daß die Koeffizienten $a_{k_1,\ldots,k_n}$ Zahlen sind. Die wesentlichen oben dargelegten Tatsachen beziehen sich auch auf den Fall, daß die Koeffizienten $a_{k_1,\ldots,k_n}$ aus einem beliebigen Integritätsbereich K betrachten werden. Wir benutzen diesen allgemeineren Gesichtspunkt in dem Fall, daß die Koeffizienten aus einem gewissen festen Ring formaler Potenzreihen genommen werden.

Manchmal ist es günstig, die Reihe (21.23) als formale Potenzreihe bezüglich einer der Variablen ζ_i mit Koeffizienten aus dem Ring formaler Potenzreihen bezüglich der übrigen Variablen auszulegen. Der Bestimmtheit halber sei die Variable $\zeta_n = w$ ausgewählt; dann kann man die Reihe (21.23) in der Gestalt

$$f = \sum_{k=0}^{\infty} a_k w^k \tag{21.27}$$

schreiben, wobei

$$a_k = \sum_{k_1,\ldots,k_{n-1}=0}^{\infty} a_{k_1,\ldots,k_{n-1}} \zeta_1^{k_1} \cdots \zeta_{n-1}^{k_{n-1}} \tag{21.28}$$

ist.

Wir betrachten Potenzreihen der Gestalt

$$f(z, w) = \sum_{k=0}^{\infty} f_k(z)\, w^k\,, \tag{21.29}$$

deren Koeffizienten $f_k(z) = \sum_{m=0}^{\infty} f_{k,m}(z)$ Potenzreihen mit komplexen Koeffizienten von n Variablen $z = \{\zeta_1, \ldots, \zeta_n\}$ sind. Die Reihe (21.29) heißt *regulär*, wenn die Reihe

$$f(0, w) = \sum_{k=0}^{\infty} f_k(0)\, w^k \tag{21.30}$$

verschieden von Null ist. Das kleinste k, für das $f_k(0) = f_{k,0} \neq 0$ ist, heißt *Regularitätsordnung* der Reihe (21.29). Wenn die Reihe (21.29) die Zerlegung einer analytischen Funktion $f(z, w)$ darstellt, dann ist ihre Regularität gleichbedeutend damit, daß die Funktion nicht identisch gleich Null ist; die Ordnung ihrer Regularität fällt mit der Nummer der ersten von Null verschiedenen Ableitung $f_{w^k}^{(k)}(0, 0)$ zusammen.

Wir betrachten die Potenzreihen

$$f(z, w) = \sum_{k=0}^{\infty} f_k(z)\, w^k\,, \qquad g(z, w) = \sum_{k=0}^{\infty} g_k(z)\, w^k \tag{21.31}$$

mit

$$f_k(z) = \sum_{m=0}^{\infty} f_{k,m}(z)\,, \qquad g_k(z) = \sum_{m=0}^{\infty} g_{k,m}(z)\,. \tag{21.32}$$

Uns interessiert, ob sich die Reihe $g(z, w)$ durch die Reihe $f(z, w)$ (mit einem Rest) teilen läßt. Es sei sogleich angemerkt, daß eine derartige Aufgabe nur dann von Interesse ist, wenn die Reihe $f^{-1}(z, w)$ nicht existiert (d. h. wenn $f_{0,0} = 0$ ist).

Lemma 21.4[1]). *Die Reihe* (21.29) *sei regulär und s ihre Regularitätsordnung. Dann existiert ein Polynom*

$$r(z, w) = \sum_{k=0}^{s-1} r_k(z)\, w^k\,, \tag{21.33}$$

dessen Koeffizienten formale Potenzreihen von z sind und für das

$$g(z, w) = q(z, w)\, f(z, w) + r(z, w) \tag{21.34}$$

gilt, wobei $q(z, w)$ eine gewisse formale Potenzreihe ist. Das Polynom $r(z, w)$ und die Reihe $q(z, w)$ sind eindeutig bestimmt.

Wenn die Reihe (21.31) *in einer gewissen Umgebung von Null konvergiert, dann konvergieren die Koeffizienten $r_k(z)$ ($k = 0, 1, \ldots, s-1$) und die Reihe $q(z, w)$ ebenfalls in einer gewissen Umgebung von Null.*

Beweis. Die erste Behauptung des Lemmas läßt sich durch direkte Konstruktion der Reihen $r_k(z)$ und der Reihe

$$q(z, w) = \sum_{k=0}^{\infty} q_k(z)\, w^k \tag{21.35}$$

beweisen, wobei

$$q_k(z) = \sum_{m=0}^{\infty} q_{k,m}(z) \tag{21.36}$$

ist.

---

1) Siehe S. Bochner und U. T. Martin [1].

Die Bestimmung der Reihen $q_k(z)$ erfordert nicht, daß wir die Reihen $r_k(z)$ $(k = 0, 1, \ldots, s-1)$ kennen. Aus (21.34) folgt, daß die Reihen dem unendlichen System

$$g_n(z) = \sum_{\nu=0}^{n} q_\nu(z) f_{n-\nu}(z) \qquad (n = s, s+1, s+2, \ldots) \tag{21.37}$$

genügen müssen. Wie leicht zu sehen ist, ist dieses System äquivalent dem System

$$g_{n,m}(z) = \sum_{\nu=0}^{n} \sum_{\mu=0}^{m} q_{\nu,\mu}(z) f_{n-\nu,m-\mu}(z) \quad (m = 0, 1, 2, \ldots; \; n = s, s+1, s+2, \ldots)$$

oder, wegen der Kette der Gleichungen

$$\sum_{\nu=0}^{n} \sum_{\mu=0}^{m} q_{\nu,\mu}(z) f_{n-\nu,m-\mu}(z) = \sum_{\nu=0}^{n} \sum_{\mu=0}^{m-1} q_{\nu,\mu}(z) f_{n-\nu,m-\mu}(z) + \sum_{\nu=0}^{n} q_{\nu,m}(z) f_{n-\nu,0}(z)$$

$$= \sum_{\nu=0}^{n} \sum_{\mu=0}^{m-1} q_{\nu,\mu}(z) f_{n-\nu,m-\mu}(z) + \sum_{\nu=0}^{n-s-1} q_{\nu,m}(z) f_{n-\nu,0}(z) + q_{n-s,m}(z) f_{s,0},$$

dem System

$$q_{n-s,m}(z) = \frac{1}{f_{s,0}} \left[g_{n,m}(z) - \sum_{\nu=0}^{n} \sum_{\mu=0}^{m-1} q_{\nu,\mu}(z) f_{n-\nu,m-\mu}(z) - \sum_{\nu=0}^{n-s-1} q_{\nu,m}(z) f_{n-\nu,0} \right] \tag{21.38}$$

$$(n = s, s+1, s+2, \ldots; \; m = 0, 1, 2, \ldots).$$

Aus diesen Gleichungen erhalten wir für $n = s$, $m = 0$

$$q_{0,0} = \frac{1}{f_{s,0}} g_{s,0}. \tag{21.39}$$

Ersetzen wir in ihnen $n - s$ durch n, so erhalten wir ferner

$$q_{n,m}(z) = \frac{1}{f_{s,0}} \left[g_{n+s,m}(z) - \sum_{\nu=0}^{n+s} \sum_{\mu=0}^{m-1} q_{\nu,\mu}(z) f_{n+s-\nu,m-\mu}(z) - \sum_{\nu=0}^{n-1} q_{\nu,m}(z) f_{n+s-\nu,0} \right]$$

$$(n = 0, 1, 2, \ldots; \; m = 0, 1, 2, \ldots). \tag{21.40}$$

Die Gleichungen (21.40) kann man als rekurrente Beziehungen zur Bestimmung der Polynome $q_{n,m}(z)$ ansehen. Damit wir uns davon überzeugen können, muß man den *Zeiger* $\varkappa(\nu, \mu) = \nu + (s+1)\mu$ des Polynoms $q_{\nu,\mu}(z)$ einführen und bemerken, daß der Zeiger des Polynoms $q_{n,m}(z)$ streng größer ist als die Zeiger aller Polynome, die in die rechte Seite der Formel (21.40) eingehen. Aus den angestellten Überlegungen folgt, daß die Reihe $q(z, w)$ eindeutig bestimmt ist.

Für den Beweis der ersten Behauptung des Lemmas verbleibt zu bemerken, daß das Polynom $r(z, w)$ durch die Gleichung (21.34) bestimmt ist.

Gehen wir nun zur zweiten Behauptung über.

Es sei

$$|f_{n,m}(z)|, \quad |g_{n,m}(z)| \leq M a^m b^n |z|^m \quad (n, m = 0, 1, 2, \ldots), \tag{21.41}$$

und nehmen wir an, daß die Zahlen L, ξ und η den Ungleichungen

$$\xi > 1\,, \qquad \eta > 1\,, \qquad \frac{M\,b^s}{|f_{s,0}|}\left[1 + \frac{L\,\eta^{s+1}}{(\eta-1)(\xi-1)} + \frac{L}{\eta-1}\right] \leqq L \quad (21.42)$$

genügen. Wir zeigen induktiv

$$|q_{n,m}(z)| \leqq L(\xi\,a)^m\,(\eta\,b)^n\,|z|^m \qquad (n, m = 0, 1, 2, \ldots)\,. \qquad (21.43)$$

Damit wird der Beweis des Lemmas vollendet sein.

Die Ungleichungen (21.43) sind offensichtlich für $n, m = 0$ erfüllt. Wir nehmen an, daß die Ungleichungen (21.43) für alle n, m, für die $\varkappa(n, m) < n_0 + (s+1)\,m_0$ gilt, aufgestellt sind. Aus (21.40) resultiert dann

$$\begin{aligned}
|q_{n_0,m_0}(z)| &\leqq \frac{1}{|f_{s,0}|}\Bigg[M\,a^{m_0}\,b^{n_0+s} + L\,M\sum_{\nu=0}^{n_0+s}\sum_{\mu=0}^{m_0-1}(\xi\,a)^\mu\,(\eta\,b)^\nu\,a^{m_0-\mu}\,b^{n_0+s-\nu} \\
&\qquad + L\,M\sum_{\nu=0}^{n_0-1}(\xi\,a)^{m_0}\,(\eta\,b)^\nu\,b^{n_0+s-\nu}\Bigg]|z|^{m_0} \\
&\leqq \frac{M}{|f_{s,0}|}\left[a^{m_0}\,b^{n_0+s} + L\,a^{m_0}\,b^{n_0+s}\frac{\xi^{m_0}\,\eta^{n_0+s+1}}{(\xi-1)(\eta-1)} + L\,a^{m_0}\,b^{n_0+s}\frac{\xi^{m_0}\,\eta^{n_0}}{\xi-1}\right]|z|^{m_0} \\
&\leqq \frac{M\,b^s}{|f_{s,0}|}\left[1 + L\frac{\eta^{s+1}}{(\xi-1)(\eta-1)} + \frac{L}{\eta-1}\right](\xi\,a)^{m_0}\,(\eta\,b)^{n_0}\,|z|^{m_0} \\
&\leqq L(\xi\,a)^{m_0}\,(\eta\,b)^{n_0}\,|z|^{m_0}\,.
\end{aligned}$$

Das Lemma ist bewiesen.

Eine wichtige Rolle spielt eine Folgerung aus Lemma 21.4, die man gewöhnlich den Vorbereitungssatz von WEIERSTRASS nennt.

Satz 21.5. *Die Reihe* (21.29) *sei regulär und s ihre Regularitätsordnung. Dann existiert ein eindeutig bestimmtes Polynom*

$$^*f(z, w) = w^s + a_1(z)\,w^{s-1} + \cdots + a_s(z)\,, \qquad (21.44)$$

dessen Koeffizienten Reihen von einer Variablen z sind, die den Bedingungen

$$a_1(0) = a_2(0) = \cdots = a_s(0) = 0 \qquad (21.45)$$

genügen und für die

$$f(z, w) = \varepsilon(z, w)\,^*f(z, w) \qquad (21.46)$$

gilt, wobei $\varepsilon(z, w)$ eine formale Potenzreihe ist, die eine inverse Reihe besitzt.

Wenn die Reihe (21.29) *in einer gewissen Umgebung von Null konvergiert, dann konvergieren die Koeffizienten des Polynoms* (21.46) *und die Reihe $\varepsilon(z, w)$ ebenfalls in einer gewissen Umgebung von Null.*

Zum Beweis des Satzes muß man im Lemma 21.4

$$g(z, w) = w^s \qquad (21.47)$$

setzen. Dann lassen sich ein Polynom $r(z, w)$ vom Grade $s - 1$ und eine Reihe $q(z, w)$ finden, für die

$$w^s = q(z, w)\, f(z, w) + r(z, w)$$

oder

$$q(z, w)\, f(z, w) = {}^*f(z, w) \tag{21.48}$$

mit

$$^*f(z, w) = w^s - r(z, w)$$

gilt. Jetzt braucht man nur noch zu bemerken, daß die Reihe $q(z, w)$ eine inverse Reihe besitzt, und $\varepsilon(z, w) = q^{-1}(z, w)$ zu setzen.

Der Satz ist bewiesen.

Wir möchten die Aufmerksamkeit auf die für Anwendungen wichtige Tatsache lenken, daß die Zahlenkoeffizienten der Reihen $a_n(z) = \sum_{m=0}^{\infty} a_{n,m}(z)$ $(n = 1, \ldots, s)$ faktisch berechnet werden können. Hierbei kann man die Methode der unbestimmten Koeffizienten anwenden. Man kann die Gleichungen

$$a_{n,m}(z) = \sum_{\nu=0}^{n} \sum_{\mu=0}^{m} q_{\nu,\mu}(z)\, f_{n-\nu,\, m-\mu}(z) \qquad (n = 1, \ldots, s;\ m = 0, 1, 2, \ldots) \tag{21.49}$$

benutzen, in denen die Polynome $q_{n,m}(z)$ nach den rekurrenten Formeln

$$q_{0,0}(z) = 1\,, \tag{21.50}$$

$$q_{n,0}(z) = -\sum_{\nu=0}^{n-1} q_{\nu,0}(z)\, f_{n+s-\nu,0} \qquad (n = 1, 2, \ldots)\,, \tag{21.51}$$

$$q_{n,m}(z) = -\sum_{\nu=0}^{n+s} \sum_{\mu=0}^{m-1} q_{\nu,\mu}(z)\, f_{n+s-\nu,\, m-\mu}(z) - \sum_{\nu=0}^{n-1} q_{\nu,m}(z)\, f_{n+s-\nu,0} \tag{21.52}$$

$$(n = 0, 1, 2, \ldots;\ m = 1, 2, \ldots)$$

bestimmt werden. Im Spezialfall $g(z, w) = w^s$ ergeben sich diese Formeln aus (21.40).

Wir betrachten die Reihen $f(x) = f(x_1, \ldots, x_n)$ aus dem Ring $K\{x_1, \ldots, x_n\}$, d. h. eine Reihe der Gestalt

$$f(x) = \sum_{k_1, \ldots, k_n = 0}^{\infty} a_{k_1, \ldots, k_n} x_1^{k_1} \cdots x_n^{k_n}. \tag{21.53}$$

mit Koeffizienten aus dem Integritätsbereich K. Die Reihe (21.53) heißt *regulär bezüglich der Variablen* x_n, wenn die von Null verschiedene Reihe

$$f(0, \ldots, 0, x_n) = \sum_{k=0}^{\infty} a_{0, \ldots, 0, k}\, x_n^k \tag{21.54}$$

aus der Reihe (21.53) für $x_1 = \cdots = x_{n-1} = 0$ erhalten wird. Die Regularitätsordnung der Reihe (21.54) heißt *Regularitätsordnung der Reihe* (21.53) *bezüglich der Variablen* x_n. Nicht jede Reihe ist regulär bezüglich irgendeiner Variablen (als Beispiel können wir die aus einem Glied $x_1 x_2 \cdots x_n$ bestehende Reihe angeben).

Beim Übergang von den Variablen $x = (x_1, \ldots, x_n)$ zu neuen Variablen $x' = (x_1', \ldots, x_n')$ mit Hilfe der linearen Transformation

$$x = q\,x' \tag{21.55}$$

bzw.

$$\left.\begin{array}{l} x_1 = q_{11}\,x_1' + \cdots + q_{1n}\,x_n', \\ \cdots\cdots\cdots\cdots\cdots\cdots \\ x_n = q_{n1}\,x_1' + \cdots + q_{nn}\,x_n' \end{array}\right\} \tag{21.56}$$

geht jede Potenzreihe $f(x)$ in eine Potenzreihe $Q\,f(x') = f(q\,x')$ der neuen Variablen x' über. Wenn die Matrix q nichtsingulär ist, dann stellt dieser Übergang einen Isomorphismus zwischen den Ringen $K\{x\}$ und $K\{x'\}$ dar (und natürlich zwischen den Ringen $K\{x\}_a$ und $K\{x'\}_a$).

Lemma 21.5. *Für einen beliebigen endlichen Satz von Potenzreihen $f_1(x)$, $f_2(x), \ldots, f_r(x)$ der Ordnungen $s_1, s_2, \ldots, s_r$ entsprechend kann man eine derartige nichtsinguläre Matrix q konstruieren, daß alle Potenzreihen $Q\,f_1(x'), \ldots, Q\,f_r(x')$ regulär sind bezüglich der Variablen x_n', wobei ihre Regularitätsordnungen bezüglich dieser Variablen entsprechend gleich $s_1, s_2, \ldots, s_r$ sind.*

Beweis. Wir bezeichnen mit $g(x)$ das Produkt der Reihen $f_1(x), \ldots, f_r(x)$; die Ordnung der Reihe $g(x)$ ist gleich $s = s_1 + \cdots + s_r$. Wir konstruieren die Matrix q so, daß die Reihe $Q\,g(x')$ regulär bezüglich der Variablen x_n' ist mit der Ordnung s. Damit wird das Lemma bewiesen sein.

Es sei

$$g(x) = g_s(x) + \sum_{k=s+1}^{\infty} g_k(x),$$

wobei $g_k(x)$ ein homogenes Polynom der Potenz k ist. Offensichtlich gilt

$$g(q\,x') = g_s(q\,x') + \sum_{k=s+1}^{\infty} g_k(q\,x').$$

Deshalb genügt es, die Matrix q so auszuwählen, daß das Polynom $g_s(q\,x')$ einen von Null verschiedenen Koeffizienten π bei $(x_n')^s$ besitzt. Es ist leicht zu sehen

$$\pi = g_s(q_{1n}, \ldots, q_{nn}).$$

Da $g_s(x) \not\equiv 0$ ist, kann man die nichtsinguläre Matrix q so wählen, daß die Beziehung $\pi \neq 0$ erfüllt ist.

Das Lemma ist bewiesen.

Übung 21.8. Es ist zu beweisen, daß die Ringe formaler und konvergenter Potenzreihen von n Variablen Gebiete mit eindeutiger Zerlegung sind.

21.3. Das Newton-Diagramm[1])

Es sei K ein gewisser Ring. Wir bezeichnen mit $K^*\{\lambda\}$ die Menge aller formalen Potenzreihen der Gestalt

$$x(\lambda) = \sum_{k=0}^{\infty} c_k\,\lambda^{\varepsilon_k}, \tag{21.57}$$

1) Die Methode des Newton-Diagramms spielt eine wichtige Rolle in verschiedenen Gebieten der Algebra und Analysis (siehe zum Beispiel R. Woker [1], N. G. Tschebotarow [1, 2], B. A. Fux und B. W. Schabat [1], W. A. Trenogin [3]).

wobei $c_k \in K$, $0 = \varepsilon_0 < \varepsilon_1 < \varepsilon_2 < \cdots$ gilt. Bezüglich der natürlichen algebraischen Operationen ist $K^*\{\lambda\}$ ein Ring. Der Ring K ist ein Integritätsbereich, wenn K ein Integritätsbereich ist, und analog ist $K^*\{\lambda\}$ ein Gebiet mit eindeutiger Zerlegung, wenn K ein Gebiet mit eindeutiger Zerlegung ist. Ist unter anderem K ein Feld, dann ist $K^*\{\lambda\}$ ein Gebiet mit eindeutiger Zerlegung.

Wir benötigen einige wichtige Unterringe des Rings $K^*\{\lambda\}$. Mit $K^r\{\lambda\}$, wobei r eine gewisse ganze positive Zahl ist, bezeichnen wir den Unterring der Reihen von der Gestalt

$$x(\lambda) = \sum_{k=0}^{\infty} c_k \lambda^{k/r} . \tag{21.58}$$

Alle diese Unterringe sind einander isomorph, und insbesondere isomorph dem Ring $K\{\lambda\} = K^1\{\lambda\}$ der gewöhnlichen formalen Potenzreihen. Die Vereinigung $K^\infty\{\lambda\}$ aller Ringe $K^r\{\lambda\}$ ist ebenfalls ein Unterring des Rings $K^*\{\lambda\}$.

Gehört die Reihe (21.57) zu $K^\infty\{\lambda\}$, dann existiert ein kleinstes r, für das diese Reihe zu $K^r\{\lambda\}$ gehört. Die Zahl r nennen wir *Radix* (diesen Ausdruck haben wir von S. W. Bobrow [1] übernommen, der ihn in einem anderen Zusammenhang benutzte) der Reihe (21.57). Besitzt die Reihe (21.57) den Radix $r > 1$, und ist ε eine gewisse Primitivwurzel der Potenz r aus 1, dann sind die Reihen

$$\left.\begin{aligned} x(\lambda) &= \sum_{k=0}^{\infty} c_k \lambda^{k/r} , \\ x_1(\lambda) &= \sum_{k=0}^{\infty} \varepsilon^k c_k \lambda^{k/r} , \\ &\cdots\cdots\cdots\cdots \\ x_{r-1}(\lambda) &= \sum_{k=0}^{\infty} \varepsilon^{(r-1)k} c_k \lambda^{k/r} \end{aligned}\right\} \tag{21.59}$$

verschieden. Die Reihen (21.59) nennen wir *konjugierte* Reihen.

Bei den weiteren Überlegungen dieses Punktes wird vorausgesetzt, daß K ein Feld komplexer Zahlen ist. Alle beschriebenen Ringe sind deshalb Gebiete mit eindeutiger Zerlegung.

Wir betrachten die Gleichung

$$f(\lambda, x) = 0 , \tag{21.60}$$

wobei $f(\lambda, x)$ eine formale Potenzreihe

$$f(\lambda, x) = \sum_{m, n=0}^{\infty} a_{m,n} \lambda^m x^n \tag{21.61}$$

mit komplexen Koeffizienten ist. Es wird vorausgesetzt, daß

$$f(0, 0) = 0 ,$$

d. h., daß $a_{0,0} = 0$ ist. Als Lösungen der Gleichung (21.60) bezeichnen wir die formalen Reihen (21.57), in denen $c_0 = 0$ ist und die bei Einsetzung in die Reihe (21.61) dieselbe in eine Nullreihe von λ überführt. Daß man die Reihe (21.57) (für $c_0 = 0$!) einsetzen kann, ist offensichtlich.

In der vorangegangenen Definition der Lösung entspricht die Voraussetzung $c_0 = 0$ dem Fall, daß wir die Lösung der Gleichung (21.60) suchen, die für $\lambda = 0$ verschwindet.

Übung 21.9. Es ist zu zeigen, daß die Gleichung (21.60) in $K^*\{\lambda\}$ genau eine Lösung $x_*(\lambda)$ besitzt, falls $a_{0,1} \neq 0$ ist. Es ist zu zeigen $x_*(\lambda) \in K^1\{\lambda\}$.

Die Reihe (21.61) kann man in der Form

$$f(\lambda, x) = \sum_{n=0}^{\infty} a_n(\lambda)\, x^n \tag{21.62}$$

schreiben mit

$$a_n(\lambda) = \sum_{m=0}^{\infty} a_{n,m}\, \lambda^m .$$

Wir nehmen an, daß die Reihe (21.62) nicht identisch gleich Null ist. Jeder von Null verschiedene Koeffizient $a_n(\lambda)$ der Reihe (21.62) läßt sich in der Gestalt

$$a_n(\lambda) = \lambda^{\varrho_n} \sum_{m=0}^{\infty} b_{n,m}\, \lambda^m \qquad (b_{n,m} = a_{n,m+\varrho_n})$$

schreiben, wobei ϱ_n ganze nichtnegative Zahlen ($\varrho_0 > 0$!) und $b_{n,0} \neq 0$ sind. Die kleinste der Zahlen ϱ_n nennen wir *Höhe* der Reihe (21.62) und bezeichnen sie mit $h = h(f)$; das kleinste n, für das $\varrho_n = h$ gilt, bezeichnen wir mit $s = s(f)$; die Zahl $s(f)$ nennen wir *Potenz* der Reihe (21.62).

Ohne Beschränkung der Allgemeinheit kann man annehmen, daß die Höhe der Reihe (21.62) gleich Null ist (obwohl diese Tatsache im weiteren nicht benutzt wird). In der Tat, im entgegengesetzten Fall kann man die Gleichung (21.60) durch λ^h kürzen; die danach erhaltene Gleichung besitzt offensichtlich in $K^*\{\lambda\}$ dieselben Lösungen, wie die Gleichung (21.60). Ist $h(f) = 0$, dann ist die Reihe (21.62) regulär (siehe Punkt 21.2), und ihre Potenz fällt mit der Regularitätsordnung zusammen.

Als Ziel stellen wir uns, in diesem Punkt das Newton-Schema zur Konstruktion aller Lösungen der Gleichung (21.60) zu beschreiben und folgenden fundamentalen Satz zu beweisen.

Satz 21.6. *Die Potenz der Reihe* (21.62) *sei* s.

Dann besitzt die Gleichung (21.60) *in* $K^*(\lambda)$ *genau dann Lösungen, wenn* $s > 0$ *ist. Ist* $s > 0$, *dann besitzt die Gleichung* (21.60) *in* $K^*\{\lambda\}$ *nicht mehr als* s *Lösungen, wobei jede von ihnen in* $K^\infty\{\lambda\}$ *liegt. Die Lösungen* (21.60) *zerfallen in die Gruppen*

$$\left.\begin{array}{c} x_{1,1}(\lambda), \ldots, x_{1,r_1}(\lambda) , \\ \cdots\cdots\cdots\cdots \\ x_{\tau,1}(\lambda), \ldots, x_{\tau,r_\tau}(\lambda) \end{array}\right\} \tag{21.63}$$

konjugierter Lösungen, deren Radixe $r_1, \ldots, r_\tau$ *der Ungleichung*

$$r_1 + r_2 + \cdots + r_\tau \leqq s \tag{21.64}$$

genügen.

Wenn wir auf natürliche Weise den Begriff der Vielfachheit der Lösungen für die Gleichung (21.60) einführen und jede Gruppe in der Tabelle (21.63) sovielmal aufschreiben, wie die Vielfachheit der in diese Gruppe eingehenden Lösungen ist, dann wird die Ungleichung (21.64) zu einer Gleichung.

Im weiteren wird eine bezüglich (21.60) allgemeinere Gleichung

$$g(\lambda, x) = 0 \tag{21.65}$$

betrachtet, wobei $g(\lambda, x)$ eine formale Potenzreihe

$$g(\lambda, x) = \sum_{n=0}^{\infty} g_n(\lambda)\, x^n \tag{21.66}$$

mit Koeffizienten aus $K^r\{\lambda\}$ ist, von denen ein Teil Null sein können. Die von Null verschiedenen Koeffizienten $g_n(\lambda)$ der Reihe (21.66) kann man in der Gestalt

$$g_n(\lambda) = \lambda^{\varrho_n} \sum_{m=0}^{\infty} b_{n,m}\, \lambda^{m/r} \tag{21.67}$$

schreiben, wobei $\varrho_n = d_n\, r^{-1}$, d_n ganze nichtnegative Zahlen und $b_{n,0} \neq 0$ sind. Wie oben, werden wir voraussetzen, daß

$$g(0, 0) = 0\,,$$

d. h., daß $\varrho_0 > 0$ ist, und die Lösungen der Gleichung (21.65) aus $K^*\{\lambda\}$ betrachten, „die für $\lambda = 0$ verschwinden". Wie in dem oben behandelten Spezialfall ($r = 1$), bezeichnen wir als *Höhe* $h = h(g)$ der Reihe (21.66) die kleinste der Zahlen ϱ_n, als *Potenz* $s = s(g)$ der Reihe (21.66) den kleinsten Index n, für den $\varrho_n = h$ ist.

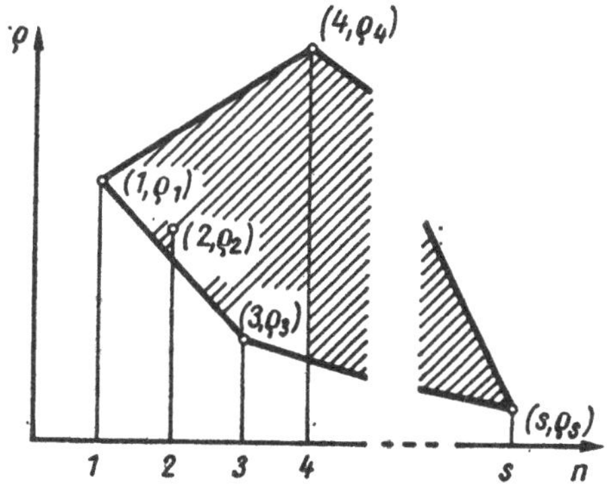

Abb. 21.1

Es sei $g(\lambda, x)$ die Reihe (21.66) mit der Potenz s. Wir betrachten in der Ebene $\{n, \varrho\}$ (Abb. 21.1) die Menge der Punkte $\{n, \varrho_n\}$. Der Polygonzug $\mathcal{L}$, der von unten die konvexe Hülle der Menge W der Punkte $\{n, \varrho_n\}$ $(0 \leqq n \leqq s)$ (in der Abb. 21.1 ist sie schraffiert) begrenzt, heißt NEWTON*scher Polygonzug*, der der Reihe (21.66) entspricht. Der NEWTONsche Polygonzug besteht aus mehreren Abschnitten $\mathcal{L}_1, \ldots, \mathcal{L}_\tau$, die wir als seine Glieder bezeichnen.

Als *Länge* $l(\mathcal{L})$ des NEWTONschen Polygonzuges $\mathcal{L}$ bezeichnet man die Größe seiner Projektion auf die Abszissenachse; ähnlich sind auch die Längen $l(\mathcal{L}_i)$ seiner Glieder definiert. Die Länge des NEWTONschen Polygonzuges $l(\mathcal{L})$ ist offensichtlich eine ganze Zahl und genügt der Ungleichung

$$0 \leqq l(\mathcal{L}) \leqq s .$$

Die Zahl $l_0(\mathcal{L}) = s - l(\mathcal{L})$ heißt *Ausartungsgrad* von $\mathcal{L}$. Es gilt die Relation

$$l(\mathcal{L}_1) + \cdots + l(\mathcal{L}_\tau) = l(\mathcal{L}) . \tag{21.68}$$

Es seien

$$\varrho + n\,\varepsilon^{(i)} = h^{(i)} \qquad (i = 1, \ldots, \tau) . \tag{21.69}$$

Gleichungen für die Geraden, die durch die Glieder $\mathcal{L}_1, \ldots, \mathcal{L}_\tau$ des NEWTONschen Polygonzuges gehen. Die Zahl $\varepsilon^{(i)}$ heißt die dem Glied $\mathcal{L}_i$ entsprechende *Kennzahl* und $h^{(i)}$ — seine *Höhe*. Für jedes $i = 1, \ldots, \tau$ kann man das Polynom

$$\Phi_i(c) = \sum_{\varrho_n + n\varepsilon^{(i)} = h^{(i)}} b_{n,0}\, c^n \tag{21.70}$$

bestimmen, daß wir das dem Glied $\mathcal{L}_i$ (oder der Kennzahl $\varepsilon^{(i)}$) entsprechende *Stützpolynom* von $\mathcal{L}$ nennen.

Lemma 21.6. *Die Länge $l(\mathcal{L})$ des Polygonzuges $\mathcal{L}$ sei positiv.*
Dann sind jede Kennzahl $\varepsilon^{(i)}$ und jede Höhe $h^{(i)}$ rationale Zahlen, wobei

$$h^{(i)} - h(f) \geqq \varepsilon^{(i)} \tag{21.71}$$

gilt. Ist $\varepsilon^{(i)} = \frac{p}{q\,r}$, wobei p und q teilerfremde Zahlen sind, dann ist q Teiler von $l(\mathcal{L}_i)$ und es gilt

$$\Phi_i(c) = c^\alpha\, \Psi_i(c^q) , \tag{21.72}$$

wobei α eine gewisse ganze Zahl und $\Psi_i(c)$ ein gewisses Polynom vom Grade $\frac{l(\mathcal{L}_i)}{q}$ ist.

Beweis. Es seien $\{\alpha, \varrho_\alpha\}$ und $\{\beta, \varrho_\beta\}$ die äußeren Punkte des Gliedes $\mathcal{L}_i$, $\alpha < \beta$. Dann ist

$$\varrho_\alpha + \alpha\,\varepsilon^{(i)} = \varrho_\beta + \beta\,\varepsilon^{(i)} = h^{(i)} ,$$

woraus folgt

$$\varepsilon^{(i)} = \frac{\varrho_\alpha - \varrho_\beta}{\beta - \alpha} = \frac{d_\alpha - d_\beta}{r\,(\beta - \alpha)} .$$

Folglich ist $\varepsilon^{(i)}$ eine rationale Zahl. Es gelte

$$\varepsilon^{(i)} = \frac{p}{r\,q} ,$$

wobei p und q teilerfremde Zahlen sind. Dann ist q offensichtlich Teiler von $\beta - \alpha = l(\mathcal{L}_i)$.

Die Ungleichung (21.71) ist offensichtlich.

Ist $\{n, \varrho_n\}$ ein Punkt auf $\mathcal{L}_i$, dann ist

$$\frac{p}{r\,q} = \varepsilon^{(i)} = \frac{\varrho_\alpha - \varrho_n}{n - \alpha} = \frac{d_\alpha - d_n}{r\,(n - \alpha)}$$

und demzufolge $p\,(n - \alpha) = q\,(d_\alpha - d_n)$. Hieraus resultiert, daß q Teiler von $n - \alpha$ ist, d. h. es ist

$$n = \alpha + j\,q\,, \tag{21.73}$$

wobei j eine ganze Zahl ist.

Betrachten wir nun das Stützpolynom von $\mathcal{L}_i$. Offensichtlich gilt

$$\Phi_i(c) = \sum_{\varrho_n + n\varepsilon^{(i)} = h^{(i)}} b_{n,0}\, c^n = c^\alpha \sum_{\varrho_n + n\varepsilon^{(i)} = h^{(i)}} b_{n,0}\, c^{n-\alpha}\,.$$

Wegen (21.73) besitzen alle Zahlen $n - \alpha$ als Teiler q. Deshalb kann man die letzte Gleichung in der Gestalt (21.72) schreiben, wobei das Polynom $\Psi_i(c)$ durch die Gleichung

$$\Psi_i(c) = \sum_{\varrho_n + n\varepsilon^{(i)} = h^{(i)}} b_{n,0}\, c^{n-\alpha} = \sum_{j=0}^{(\beta-\alpha)q^{-1}} \tilde{b}_j\, c^j$$

mit

$$\tilde{b}_j = \begin{cases} b_{\alpha+jq,0}\,, & \text{wenn} \quad \varrho_{\alpha+jq} + (\alpha + j\,q)\,\varepsilon^{(i)} = h^{(i)}\,, \\ 0\,, & \text{wenn} \quad \varrho_{\alpha+jq} + (\alpha + j\,q)\,\varepsilon^{(i)} > h^{(i)} \end{cases}$$

bestimmt ist. Der Grad dieses Polynoms ist natürlich gleich $(\beta - \alpha)\,q^{-1}$.

Das Lemma ist bewiesen.

Wir untersuchen nun die Lösungen der Gleichung (21.65).

Lemma 21.7. *Ist $l_0(\mathcal{L}) > 0$, dann besitzt die Gleichung* (21.65) *eine Nullösung, und umgekehrt, besitzt die Gleichung* (21.65) *eine Nullösung, dann ist $l_0(\mathcal{L}) > 0$.*

Wenn die Gleichung (21.65) *eine Nichtnullösung besitzt, dann ist $l(\mathcal{L}) > 0$. Jede Nichtnullösung $x(\lambda)$ aus $K^*\{\lambda\}$ der Gleichung* (21.65) *hat die Gestalt*[1])

$$x(\lambda) = c_1\,\lambda^{\varepsilon_1} + o(\lambda^{\varepsilon_1})\,, \tag{21.74}$$

wobei ε_1 mit einer der Kennzahlen $\varepsilon^{(1)}, \ldots, \varepsilon^{(\tau)}$ des Newton*schen Polygonzuges $\mathcal{L}$ zusammenfällt und c_1 eine von Null verschiedene Wurzel des dieser Kennzahl entsprechenden Stützpolynoms* (21.70) *ist.*

Beweis. Die erste Behauptung des Lemmas ist offensichtlich.

Es sei $x(\lambda)$ eine Nichtnullösung der Gleichung (21.65). Dann gilt

$$x(\lambda) = c_1\,\lambda^{\varepsilon_1} + o(\lambda^{\varepsilon_1})\,,$$

mit $\varepsilon_1 > 0$ und $c_1 \neq 0$. Wegen

$$[x(\lambda)]^n = c_1^n\,\lambda^{n\varepsilon_1} + o(\lambda^{n\varepsilon_1})$$

erhalten wir, indem wir $x(\lambda)$ in die Reihe (21.66) einsetzen,

$$g[\lambda, x(\lambda)] = \sum_{n=0}^{\infty} g_n(\lambda)\,[c_1^n\,\lambda^{n\varepsilon_1} + o(\lambda^{n\varepsilon_1})] = \sum_{n=0}^{\infty} [b_{n,0}\,c_1^n\,\lambda^{\varrho_n+n\varepsilon_1} + o(\lambda^{\varrho_n+n\varepsilon_1})]\,. \tag{21.75}$$

---

[1]) Mit $o(\lambda^k)$ wird die formale Potenzreihe $\sum_{i=0}^{\infty} c_i\,\lambda^{\varepsilon_i}$ bezeichnet in der alle ε_i größer k sind.

Es sei

$$h_1 = \min_n \{\varrho_n + n\,\varepsilon_1\}\,. \tag{21.76}$$

Dann folgt aus (21.75)

$$g[\lambda, x(\lambda)] = \Phi(c_1)\,\lambda^{h_1} + o(\lambda^{h_1}) \tag{21.77}$$

mit

$$\Phi(c) = \sum_{\varrho_n + n\varepsilon_1 = h_1} b_{n,0}\, c^n\,. \tag{21.78}$$

Da $x(\lambda)$ Lösung der Gleichung (21.65) ist, gilt $g[\lambda, x(\lambda)] = 0$. Die Zahl c_1 muß insbesondere eine Nullstelle des Polynoms (21.78) sein. Dieses Polynom hat nur dann von Null verschiedene Nullstellen, wenn es wenigstens zwei von Null verschiedene Summanden besitzt, d. h. wenn die Gleichung

$$\varrho_n + n\,\varepsilon_1 = h_1 \tag{21.79}$$

wenigstens zwei Lösungen besitzt. Wegen (21.76) müssen für die übrigen n die Ungleichungen

$$\varrho_n + n\,\varepsilon_1 \geqq h_1 \tag{21.80}$$

erfüllt sein.

Somit können die Zahlen ε_1 und h_1 nicht beliebig sein; für sie müssen die Ungleichungen (21.80) erfüllt sein, wobei diese Ungleichungen wenigstens für zwei Werte von n in eine Gleichung übergehen müssen. Hieraus und aus der Definition des Newtonschen Polygonzuges resultiert, daß $l(\mathcal{L}) > 0$ ist und die Gerade (21.79) mit einer der Geraden (21.69) zusammenfallen muß. Dann ist aber $\varepsilon_1 = \varepsilon^{(i)}$ und das Polynom (21.78) stimmt mit dem ε_i entsprechenden Stützpolynom $\Phi_i(c)$ überein.

Das Lemma ist bewiesen.

Mit Hilfe von Lemma 21.7 kann man klären, ob die Gleichung (21.65) eine Nullösung besitzt, und die ersten Glieder aller Nichtnullösungen finden. Zur Auffindung der aufeinanderfolgenden Glieder in den Zerlegungen für die Nichtnullösungen ist es günstig, in der Gleichung (21.65) die Substitution

$$x = (c_1 + x_1)\,\lambda^{\varepsilon_1} \tag{21.81}$$

vorzunehmen und x_1 in $K^*\{\lambda\}$ als Lösung der Gleichung

$$g_1(\lambda, x_1) = 0 \tag{21.82}$$

zu suchen, wobei

$$g_1(\lambda, x_1) = g\,[\lambda, (c_1 + x_1)\,\lambda^{\varepsilon_1}] \tag{21.83}$$

ist.

Lemma 21.8. *Es sei $\varepsilon_1 = \varepsilon^{(i)}$ (i ist eine feste Zahl); c_1 eine Nullstelle der Vielfachheit s_1 für das $\varepsilon^{(i)}$ entsprechende Stützpolynom $\Phi_i(c)$; h_1 die $\varepsilon^{(i)}$ entsprechende Höhe.*

Die formale Potenzreihe (21.83) *besitzt dann die Höhe h_1 und die Potenz s_1.*

Beweis. Es sei zunächst angemerkt, daß das Polynom $\Phi_i(c)$ sich in der Gestalt

$$\Phi_i(c) = (c - c_1)^{s_1} \tilde{\Phi}(c) \tag{21.84}$$

darstellen läßt, wobei $\tilde{\Phi}(c)$ ein gewisses Polynom ist, für das $\tilde{\Phi}(c_1) \neq 0$ gilt.

Wir setzen (21.81) in die Reihe (21.66) ein. Im Ergebnis erhalten wir

$$g[\lambda, (c_1 + x_1)\lambda^{\varepsilon_1}] = \sum_{n=0}^{\infty} g_n(\lambda)\lambda^{n\varepsilon_1}(c_1 + x_1)^n$$

$$= \sum_{\varrho_n + n\varepsilon_1 = h_1} g_n(\lambda)\lambda^{n\varepsilon_1}(c_1 + x_1)^n + \sum_{\varrho_n + n\varepsilon_1 > h_1} g_n(\lambda)\lambda^{n\varepsilon_1}(c_1 + x_1)^n$$

$$= \lambda^{h_1} \sum_{\varrho_n + n\varepsilon_1 = h_1} b_{n,0}(c_1 + x_1)^n + \sum_{\varrho_n + n\varepsilon_1 = h_1} [g_n(\lambda) - b_{n,0}\lambda^{\varrho_n}]\lambda^{n\varepsilon_1}(c_1 + x_1)^n$$

$$+ \sum_{\varrho_n + n\varepsilon_1 > h_1} g_n(\lambda)\lambda^{n\varepsilon_1}(c_1 + x_1)^n = \lambda^{h_1}\Phi_i(c_1 + x_1) + o(\lambda^{h_1}),$$

woraus resultiert

$$\lambda^{-h_1} g_1(\lambda, x_1) = \sum_{n=0}^{\infty} \tilde{g}_n(\lambda)\, x_1^n .$$

Dabei gehören die Koeffizienten $\tilde{g}_n(\lambda)$ offensichtlich zu $K^{rq}\{\lambda\}$ und genügen wegen (21.84) den Bedingungen

$$\tilde{g}_0(0) = \cdots = \tilde{g}_{s_1-1}(0) = 0, \qquad \tilde{g}_{s_1}(0) = \tilde{\Phi}(c_1) \neq 0 .$$

Aus der letzten Formel ergeben sich die Behauptungen des Lemmas.

Das Lemma ist bewiesen.

Zur Untersuchung der Gleichung (21.82) kann man wieder das Lemma 21.7 anwenden. Wenn der Ausartungsgrad $l_0(\mathcal{L}_1)$ des NEWTONschen Polygonzuges $\mathcal{L}_1$ für die Reihe (21.83) positiv ist, dann besitzt die Gleichung (21.82) die Nulllösung; damit besitzt die Gleichung (21.65) die Lösung $x(\lambda) = c_1\lambda^{\varepsilon_1}$. Ist die Länge $l(\mathcal{L}_1)$ des NEWTONschen Polygonzuges positiv, dann besitzt die Gleichung (21.82) möglicherweise auch Nichtnullösungen der Gestalt $x_1(\lambda) = c_2\lambda^{\bar{\varepsilon}_2} + o(\lambda^{\bar{\varepsilon}_2})$, wobei $\bar{\varepsilon}_2$ eine der Kennzahlen von $\mathcal{L}_1$ und c_2 eine Nullstelle des entsprechenden Stützpolynoms ist; die Gleichung (21.65) besitzt somit die Lösung

$$x(\lambda) = c_1\lambda^{\varepsilon_1} + c_2\lambda^{\varepsilon_2} + o(\lambda^{\varepsilon_2})$$

mit $\varepsilon_2 = \varepsilon_1 + \bar{\varepsilon}_2$. Diesen Prozeß kann man unbeschränkt fortsetzen. Im Resultat erhalten wir die Menge $\mathfrak{R}$ der formalen Potenzreihen

$$x(\lambda) = c_1\lambda^{\varepsilon_1} + c_2\lambda^{\varepsilon_2} + \cdots + c_n\lambda^{\varepsilon_n} + \cdots, \tag{21.85}$$

in der alle Lösungen der Gleichung (21.65) enthalten sind. Es sei bemerkt, daß die Kennzahlen $\varepsilon_1, \ldots, \varepsilon_n, \ldots$ und die Koeffizienten $c_1, \ldots, c_n, \ldots$ der Reihen (21.85) sukzessiv zusammen mit der Folge der formalen Potenzreihen

$$g(\lambda, x), g_1(\lambda, x), \ldots, g_n(\lambda, x), \ldots \tag{21.86}$$

bestimmt werden (für jede Reihe (21.85) aus $\mathfrak{R}$ wird ihre Folge (21.86) konstruiert). Sind die Kennzahlen $\varepsilon_1, \ldots, \varepsilon_k$ und die Koeffizienten $c_1, \ldots, c_k$ bestimmt, dann wird die Reihe $g_k(\lambda, x_k)$ durch die Gleichung

$$g_k(\lambda, x_k) = g_{k-1}\,[\lambda, (c_k + x_k)\,\lambda^{\bar{\varepsilon}_k}] \tag{21.87}$$

definiert, wobei $\bar{\varepsilon}_k = \varepsilon_k - \varepsilon_{k-1}$ ist. Wenn der Ausartungsgrad $l_0(\mathcal{L}_k)$ des NEWTONschen Polygonzuges $\mathcal{L}_k$ für die Reihe (21.87) größer Null ist, dann geht die Reihe

$$x(\lambda) = c_1\lambda^{\varepsilon_1} + \cdots + c_k\lambda^{\varepsilon_k}$$

in $\mathfrak{R}$ ein. Ist die Länge $l(\mathcal{L}_k)$ des NEWTONschen Polygonzuges größer Null, dann gehören (für beliebiges $l_0(\mathcal{L}_k)$) die Reihen

$$x(\lambda) = c_1\lambda^{\varepsilon_1} + \cdots + c_k\lambda^{\varepsilon_k} + c_{k+1}\lambda^{\varepsilon_{k+1}} + o(\lambda^{\varepsilon_{k+1}})$$

zu $\mathfrak{R}$. Hierbei ist $\varepsilon_{k+1} = \bar{\varepsilon}_{k+1} + \varepsilon_k$ eine der Kennzahlen des NEWTONschen Polygonzuges $\mathcal{L}_k$ und c_{k+1} eine von Null verschiedene Nullstelle des dieser Kennzahl entsprechenden Stützpolynoms.

Das beschriebene Schema zur Konstruktion der Menge $\mathfrak{R}$ formaler Potenzreihen (21.85) heißt das NEWTON*sche Schema.* Es zeigt sich, daß die Menge $\mathfrak{R}$ aus nicht mehr als s Reihen besteht und daß jede Reihe (21.85) Lösung der Gleichung (21.65) ist.

Für jede Reihe (21.85) aus der Menge $\mathfrak{R}$ kann man auf natürliche Weise den Begriff der *Vielfachheit* einführen.

Nehmen wir an, daß die Reihe (21.65) aus $\mathfrak{R}$ nur eine endliche Anzahl von Gliedern besitzt, d. h.

$$x(\lambda) = c_1\lambda^{\varepsilon_1} + \cdots + c_k\lambda^{\varepsilon_k}\,.$$

Die Kennzahlen $\varepsilon_1, \ldots, \varepsilon_k$ und die Koeffizienten $c_1, \ldots, c_k$ dieser Reihe sind sukzessiv bestimmt zusammen mit der endlichen Folge formaler Potenzreihen (21.86)

$$g(\lambda, x), g_1(\lambda, x_1), \ldots, g_k(\lambda, x_k)\,,$$

wobei der NEWTONsche Polygonzug $\mathcal{L}_k$ der letzten dieser Reihen einen von Null verschiedenen Ausartungsgrad $l_0(\mathcal{L}_k)$ besitzt. Dieser Ausartungsgrad heißt *Vielfachheit* $\varkappa(x)$ der Reihe (21.85).

Wir nehmen an, daß die Reihe (21.85) aus $\mathfrak{R}$ eine unendliche Anzahl von Gliedern besitzt; die Kennzahlen $\varepsilon_1, \ldots, \varepsilon_k,$ und die Koeffizienten dieser Reihe sind sukzessiv bestimmt zusammen mit der unendlichen Folge von Reihen (21.86)

$$g(\lambda, x), g_1(\lambda, x_1), \ldots, g_k(\lambda, x_k) \cdots.$$

Die Potenzen $s, s_1, \ldots, s_k, \ldots$ dieser Reihen sind offensichtlich positiv und genügen der Ungleichung

$$s \geqq s_1 \geqq s_2 \geqq \cdots \geqq s_k \geqq \cdots.$$

Als *Vielfachheit* $\varkappa(x)$ der Reihe (21.85) bezeichnen wir die kleinste dieser Potenzen.

Es gilt folgende einfache Behauptung, deren Beweis wir dem Leser überlassen.

Lemma 21.9. *Die Potenz $s(g)$ der Reihe* (21.66) *sei positiv.*

Dann ist die Summe der Vielfachheiten aller Reihen aus der Menge $\mathfrak{R}$ gleich s.

Aus dem Lemma 21.9 resultiert, daß das NEWTONsche Schema, angewendet auf die Gleichung (21.67), auf eine endliche Anzahl von Reihen führt. Wenn wir jede Reihe so oft zählen, wie groß ihre Vielfachheit ist, dann besteht die Menge $\mathfrak{R}$ aus genau s Elementen.

Lemma 21.10. *Jede formale Potenzreihe* (21.85) *aus* $\mathfrak{R}$ *geht in den Ring* $K^\infty\{\lambda\}$ *ein und ist Lösung der Gleichung* (21.65).

Beweis. Besitzt die Reihe (21.85) nur eine endliche Anzahl von Gliedern, dann ist die Behauptung des Lemmas offensichtlich.

Die Reihe (21.85) aus $\mathfrak{R}$ besitze eine unendliche Anzahl von Gliedern und $\varkappa$ sei ihre Vielfachheit. Wir bezeichnen mit k_0 eine Zahl dergestalt, daß für $k \geqq k_0$ die Potenz der Reihe $g_k(\lambda, x_k)$ gleich $\varkappa$ ist. Für $k \geqq k_0$ enthält dann jeder Polygonzug $\mathcal{L}_k$ nur ein Glied, dem das Stützpolynom $\Phi_k(c)$ der Gestalt

$$\Phi_{(k)}(c) = c^{\alpha_k}(c - c_k)^\varkappa \tag{21.88}$$

entspricht; hier ist $c_k \neq 0$. Wegen Lemma 21.6 läßt dieses Polynom ferner die Darstellung (21.72)

$$\Phi_{(k)}(c) = c^{\alpha_k}\,\Psi(c^{q_k}) \tag{21.89}$$

zu; hier werden die ganzen Zahlen q_k sukzessiv aus den Gleichungen

$$\varepsilon_k - \varepsilon_{k-1} = \frac{p_k}{r\,q_1 \cdots q_k}$$

bestimmt und aus der Bedingung, daß p_k und q_k teilerfremde ganze Zahlen sind. Vergleichen wir (21.88) und (21.89), so erhalten wir, daß für $k \geqq k_0$ alle Zahlen q_k gleich 1 sind. Dann aber besitzen die $\bar{\varepsilon}_k$, und folglich auch die Kennzahlen $\varepsilon_k = \bar{\varepsilon}_1 + \bar{\varepsilon}_2 + \cdots + \bar{\varepsilon}_k$, die Gestalt

$$\varepsilon_k = t_k/r^*\,,$$

wobei $r^* = r\,q_1 \cdots q_{k_0}$ und t_k ganze Zahlen sind. Das bedeutet auch, daß die Reihe (21.85) ein Element von $K^\infty\{\lambda\}$ ist.

Wir zeigen nun, daß die Reihe (21.87) eine Lösung ist. Aus (21.87) resultieren die Identitäten

$$g[\lambda, x(\lambda)] = g_1[\lambda, x_1(\lambda)] = \cdots = g_k[\lambda, x_k(\lambda)] \tag{21.90}$$

mit

$$x_k(\lambda) = \lambda^{-\varepsilon_k}\,[x(\lambda) - c_1\lambda^{\varepsilon_1} - \cdots - c_k\lambda^{\varepsilon_k}]\,.$$

Aus (21.90) folgt, daß für beliebiges k

$$g[\lambda, x(\lambda)] = o(\lambda^{h_k})\,,$$

wobei h_k die Höhe der Reihe $g_k(\lambda, x_k)$ darstellt. Für den Beweis, daß (21.85) Lösung von (21.65) ist, genügt es deshalb zu zeigen: $h \to \infty$ für $k \to \infty$.

Nach Lemma 21.6 gelten die Ungleichungen

$$h_1 - h(g) \geqq \varepsilon_1, \quad h_2 - h_1 \geqq \varepsilon_2 - \varepsilon_1, \ldots, h_k - h_{k-1} \geqq \varepsilon_k - \varepsilon_{k-1}\,.$$

Aus diesen Ungleichungen folgt $h_k \geqq \varepsilon_k$ und wegen $\varepsilon_k \to \infty$ für $k \to \infty$ auch $h_k \to \infty$ für $k \to \infty$.

Das Lemma ist bewiesen.

Befassen wir uns nun wieder mit der Gleichung (21.60). Aus den angestellten Überlegungen ergibt sich, daß diese Gleichung in $K^*\{\lambda\}$ nicht mehr als s (und unter Berücksichtigung der Vielfachheit genau s) Lösungen besitzt, wobei jede von ihnen zu $K^\infty\{\lambda\}$ gehört. Zum Beweis des Satzes 21.6 braucht man nur noch zu zeigen, daß diese Lösungen in Gruppen konjungierter Lösungen zerfallen und die Ungleichung (21.64) erfüllt ist. Die letzten Behauptungen ergeben sich aus der folgenden offensichtlichen Tatsache.

Lemma 21.11. *Die formale Potenzreihe* (21.58) *mit dem Radix r sei Lösung der Gleichung* (21.60).

Dann sind alle mit (21.58) *konjugierten Reihen ebenfalls Lösungen der Gleichung* (21.60).

Übung 21.10. Es ist zu zeigen, daß die Lösung $x(\lambda)$ der Gleichung (21.60) dann und nur dann die Vielfachheit 1 besitzt, wenn die Reihe $f'_x[\lambda, x(\lambda)]$ keine Nullreihe ist.

Übung 21.11. Es ist zu zeigen, daß die Vielfachheit der Lösung $x(\lambda)$ für die Gleichung (21.60) mit der kleinsten Ordnung der von Null verschiedenen Ableitung

$$f'_x[\lambda, x(\lambda)], \ldots, f^{(k)}_{x^k}[\lambda, x(\lambda)], \ldots$$

zusammenfällt.

Übung 21.12. Es ist zu zeigen, daß die Gleichung (21.60) mit der Reihe (21.61) der Potenz s äquivalent ist der algebraischen Gleichung

$$x^s + a_1(\lambda)\, x^{s-1} + \cdots + a_s(\lambda) = 0$$

der Ordnung s mit Koeffizienten aus $K\{\lambda\}$. Es ist zu zeigen, daß die Vielfachheit jeder Lösung der Gleichung (21.60) mit der Vielfachheit der entsprechenden Wurzel dieser algebraischen Gleichung zusammenfällt.

Übung 21.13. Es ist zu zeigen, daß die formale Potenzreihe $x = x(\lambda)$ dann und nur dann eine Lösung mit der Vielfachheit $\geqq \varkappa$ für die Gleichung (21.60) ist, wenn die Reihe $[x - x(\lambda)]^\varkappa$ Teiler der Reihe (21.61) ist.

Das in diesem Punkt beschriebene Newtonsche Schema besitzt eine wesentliche Besonderheit, die bei seiner praktischen Anwendung eine entscheidende Rolle spielt. Diese Besonderheit besteht darin, daß die Bestimmung der ersten Glieder der Lösungs-Reihen nur die Kenntnis einer endlichen Anzahl von Koeffizienten der Reihe (21.61) voraussetzt.

21.4. Zur Lösungsverzweigung bei skalaren analytischen Gleichungen. In diesem Punkt wird die skalare Gleichung

$$f(\lambda, x) = 0 \tag{21.91}$$

behandelt, wobei $f(\lambda, x)$ eine in einer gewissen Umgebung des Punktes $\{\lambda_0, x_0\}$ analytische Funktion ist, die der Bedingung

$$f(\lambda_0, x_0) = 0 \tag{21.92}$$

genügt. Uns interessieren die Lösungen $x = x(\lambda)$, die nahe an x_0 sind für nahe an λ_0 liegende Werte des Parameters λ. Der Fall

$$f'_x(\lambda_0, x_0) \neq 0 \tag{21.93}$$

ist im § 20 ausführlich untersucht worden. Hier betrachten wir den allgemeinen Fall.

Ist die Bedingung (21.93) nicht erfüllt, so kann es vorkommen, daß die Gleichung (21.91) keine Lösung besitzt, die für $\lambda = \lambda_0$ gleich x_0 werden. Als einfaches Beispiel kann man die Gleichung

$$\lambda + \lambda x = 0 \qquad (\lambda_0 = x_0 = 0)$$

angeben.

Wenn die Gleichung (21.91) Lösungen besitzt, die für $\lambda = \lambda_0$ gleich x_0 werden, dann sind sie in der Regel nicht analytisch im Punkte λ_0. Als einfaches Beispiel dient die Gleichung $-\lambda + x^2 = 0$ $(\lambda_0 = x_0 = 0)$; Lösung dieser Gleichung ist die Funktion $x(\lambda) = \sqrt{\lambda}$. Es zeigt sich, daß in sehr allgemeinen Fällen die Lösungen der Gleichung (21.91) analytische Funktionen der Variablen $\mu = (\lambda - \lambda_0)^{1/r}$ sind, wobei r eine gewisse ganze Zahl ist.

Im weiteren bezeichnen wir mit $\mathfrak{K}\{\lambda\}$ die Menge der eindeutigen und mehrdeutigen analytischen Funktionen $x(\lambda)$ $(x(0) = 0)$, von denen jede in einer gewissen Umgebung des Nullpunktes erklärt ist, wobei dieser Nullpunkt entweder regulär, oder ein Verzweigungspunkt endlicher Ordnung ist. Die Menge $\mathfrak{K}\{\lambda\}$ ist mit natürlichen algebraischen Operationen ein Ring.

Es sei $x(\lambda)$ eine Funktion aus $\mathfrak{K}\{\lambda\}$, die r Werte besitzt für von Null verschiedene λ. Dann ist die Funktion $z(\mu) = x(\mu^r)$ ebenfalls r-deutig in der Umgebung des Nullpunktes, wobei man ihre r verschiedenen eindeutigen Zweige $z_1(\mu), \ldots, z_r(\mu)$ so wählen kann, daß die Gleichungen

$$z_{j+1}(\mu) = z_j(e^{2\pi i/r}\mu) \qquad (j = 1, \ldots, r-1) \tag{21.94}$$

erfüllt sind. Jede der analytischen Funktionen $z_1(\mu), \ldots, z_r(\mu)$ läßt sich in eine konvergente Potenzreihe zerlegen. Aus (21.94) resultiert, daß diese Reihen die Gestalt

$$z_j(\mu) = \sum_{k=0}^{\infty} c_k\, e^{2\pi i k j/r} \mu^k \qquad (j = 1, \ldots, r)$$

besitzen. Deshalb stimmen die mehrdeutigen Funktionen

$$\sum_{k=0}^{\infty} c_k \lambda^{k/r}, \ldots, \sum_{k=0}^{\infty} c_k\, e^{2\pi i k (r-1)/r} \lambda^{k/r}$$

mit $x(\lambda)$ überein. Jeder r-deutigen Funktion $x(\lambda)$ aus $\mathfrak{K}\{\lambda\}$ kann man also r konjugierte Reihen (mit dem Radix r) aus $\mathfrak{K}^r\{\lambda\}$ zuordnen.

Umgekehrt, wenn eine gewisse Reihe

$$x(\lambda) = \sum_{k=0}^{\infty} c_k \lambda^{k/r} \tag{21.95}$$

aus $K^\infty\{\lambda\}$ mit dem Radix r in einer gewissen Umgebung des Nullpunktes konvergiert, dann ist ihre Summe eine Funktion aus $\mathfrak{K}\{\lambda\}$; alle mit (21.95) konjugierten Reihen bestimmen die gleiche Funktion.

Es sei

$$f(\lambda, x) = \sum_{m,n=0}^{\infty} a_{m,n} (\lambda - \lambda_0)^m (x - x_0)^n \tag{21.96}$$

die Zerlegung der linken Seite der Gleichung (21.91) in eine Potenzreihe. Die Potenz $s = s(f)$ dieser Reihe nennen wir *Potenz* der Funktion (21.96) (im Punkte $\{\lambda_0, x_0\}$). Ist

$$f(\lambda, x) = (\lambda - \lambda_0)^\alpha g(\lambda, x) , \tag{21.97}$$

wobei $g(\lambda, x)$ eine im Punkte $\{\lambda_0, x_0\}$ analytische Funktion darstellt ($g(\lambda_0, x)$ ist nicht identisch gleich Null), dann fällt die Potenz der Funktion (21.96) mit der Nummer der ersten von Null verschiedenen Ableitung $g'_x(\lambda_0, x_0), \ldots, g^{(k)}_{x^k}(\lambda_0, x_0), \ldots$ zusammen.

Satz 21.7.[1]). *Die Funktion $f(\lambda, x)$ genüge der Bedingung* (21.92) *und besitze die Potenz s im Punkte $\{\lambda_0, x_0\}$.*

Dann besitzt die Gleichung (21.91) *genau dann Lösungen, die für $\lambda = \lambda_0$ gleich x_0 werden, wenn $s > 0$ ist. Ist $s > 0$, dann besitzt die Gleichung* (21.91) *nicht mehr als s Lösungen, die für $\lambda = \lambda_0$ gleich x_0 werden. Jede dieser Lösungen $x_1(\lambda), \ldots, x_\tau(\lambda)$ gehört zu $\mathfrak{R}\{\lambda - \lambda_0\}$:*

$$x_j(\lambda) = x_0 + \sum_{k=1}^{\infty} c_{k,j} (\lambda - \lambda_0)^{k/r_j} \qquad (j = 1, \ldots, \tau) , \tag{21.98}$$

wobei $r_1, \ldots, r_\tau$ ganze positive Zahlen sind mit

$$r_1 + \cdots + r_\tau \leqq s . \tag{21.99}$$

Bevor wir zum Beweis dieses Satzes übergehen, sei angemerkt, daß die Formel (21.98) eine nicht mehr als r_j-deutige Funktion bestimmt. Deshalb sagt die Ungleichung (21.99) aus, daß die Anzahl der eindeutigen Lösungen der Gleichung (21.91) s nicht übersteigt. Wenn wir die Lösungen unter Berücksichtigung ihrer Vielfachheiten betrachtet hätten, dann hätte man die Ungleichung (21.99) durch die Gleichung ersetzen müssen.

Gehen wir über zum Beweis des Satzes. Die erste Behauptung des Satzes ist offensichtlich. Für den Beweis der zweiten Behauptung werden wir anstelle der Gleichung (21.91) die Gleichung

$$g(\lambda, x) = 0 \tag{21.100}$$

behandeln, wobei $g(\lambda, x)$ eine durch die Relation (21.97) erklärte Funktion ist. Die Gleichungen (21.91) und (21.100) besitzen die gleichen Lösungen, die für $\lambda = \lambda_0$ gleich x_0 werden.

Wegen des Satzes 21.5 ist die Gleichung (21.100) äquivalent der Gleichung

$$^*g(\lambda, x) = 0 , \tag{21.101}$$

wobei $^*g(\lambda, x)$ ein Polynom der Variablen $x - x_0$ mit der Potenz s ist:

$$^*g(\lambda, x) = (x - x_0)^s + a_1 (\lambda - \lambda_0) (x - x_0)^{s-1} + \cdots + a_s (\lambda - \lambda_0) , \tag{21.102}$$

[1]) Siehe z. B. E. Goursat [1], A. J. Markuschewitsch [1], B. A. Fux und B. W. Schabat [1].

dessen Koeffizienten $a_1(\nu), \ldots, a_s(\nu)$ im Nullpunkt analytische Funktionen sind, die der Bedingung

$$a_1(0) = \cdots = a_s(0) = 0 \tag{21.103}$$

genügen. Nach dem Satz von Ruche existieren derartige positive Zahlen ε und δ, daß für $|\lambda - \lambda_0| < \delta$ die Gleichung (21.101) im Kreis $|x - x_0| < \varepsilon$ (unter Berücksichtigung der Vielfachheit) s Lösungen besitzt: $x_1(\lambda), \ldots, x_s(\lambda)$.

Wir nehmen zunächst an, daß für $0 < |\lambda - \lambda_0| < \delta$ alle diese Lösungen einfach sind. Wegen Satz 20.11 sind in jedem festen Punkt λ mit $0 < |\lambda - \lambda_0| < \delta$ die Funktionen $x_1(\lambda), \ldots, x_s(\lambda)$ analytisch. Deshalb ist nicht schwer zu zeigen, daß die Lösungen $x_1(\lambda), \ldots, x_s(\lambda)$ so in τ Gruppen

$$\begin{gathered} x_{1,1}(\lambda), \ldots, x_{1,r_1}(\lambda), \\ \cdots\cdots\cdots\cdots \\ x_{\tau,1}(\lambda), \ldots, x_{\tau,r_\tau}(\lambda) \end{gathered}$$

aufgespaltet werden können, daß beim Umlauf des Punktes λ_0 mittels λ entgegen dem Uhrzeigersinn die Lösung $x_{j,1}(\lambda)$ in die Lösung $x_{j,2}(\lambda)$ übergeht, die Lösung $x_{j,2}(\lambda)$ in die Lösung $x_{j,3}(\lambda), \ldots$, die Lösung $x_{j,r_j}(\lambda)$ in die Lösung $x_{j,1}(\lambda)$ $(j = 1, \ldots, \tau)$. Dabei gilt die Relation

$$r_1 + \cdots + r_\tau = s\,.$$

Betrachten wir die Gruppe von Lösungen $x_{j,1}(\lambda), \ldots, x_{j,r_j}(\lambda)$. Die Funktionen $x_{j,1}(\lambda), \ldots, x_{j,r_j}(\lambda)$ sind offensichtlich Zweige der mehrdeutigen analytischen Funktion $x_j(\lambda)$, die außer für $\lambda = \lambda_0$ im Kreis $|\lambda - \lambda_0| < \delta$ erklärt ist. Da alle Werte dieser Funktion für $\lambda \to \lambda_0$ gegen x_0 streben, so kann man annehmen, daß $x_j(\lambda)$ analytisch im gesamten Kreis $|\lambda - \lambda_0| < \delta$ und der Punkt $\lambda = \lambda_0$ ein Verzweigungspunkt der Ordnung $r_j - 1$ ist. Folglich ist $x_j(\lambda) \in \mathfrak{R}\,\{\lambda - \lambda_0\}$.

Die Behauptung des Satzes für den Fall, daß die Gleichung (21.101) für kleine $\lambda - \lambda_0$ keine mehrfachen Nullstellen besitzt, ist bewiesen.

Wir gehen nun zu dem Fall über, in dem die Gleichung (21.101) für beliebig kleine $\lambda - \lambda_0$ mehrfache Nullstellen besitzt. Es sei $D(\lambda)$ die Diskriminante des Polynoms (21.102); offensichtlich ist $D(\lambda)$ eine analytische Funktion von λ. Wenn bei irgendeinem Wert von λ die Gleichung (21.101) mehrfache Nullstellen besitzt, dann wird für diesen Wert λ die Diskriminante $D(\lambda)$ gleich Null. Da das Polynom (21.102) für beliebig kleine $\lambda - \lambda_0$ mehrfache Nullstellen besitzt, verschwindet $D(\lambda)$ auf einer gewissen Zahlenfolge λ_n, die gegen λ_0 konvergiert. Nach dem Einzigkeitssatz ist $D(\lambda)$ identisch gleich Null.

Wir betrachten das Polynom (21.102) als Polynom mit Koeffizienten aus dem Ring $K\,\{\lambda - \lambda_0\}_\alpha$ konvergenter Potenzreihen der Variablen $\lambda - \lambda_0$. Die Diskriminante D dieses Polynoms als Element von $K\,\{\lambda - \lambda_0\}_\alpha$ fällt mit $D(\lambda)$ zusammen und ist deshalb gleich Null. Wegen Satz 21.4 besitzt das Polynom (21.102) mehrfache Faktoren. Es sei

$$^*g(\lambda, x) = [\pi_1(\lambda, x)]^{\gamma_1} \cdots [\pi_l(\lambda, x)]^{\gamma_l}$$

die Zerlegung des Polynoms (21.102) in irreduzible Faktoren (im Ring der Polynome von der Variablen $x - x_0$ mit Koeffizienten aus dem Ring $K\{\lambda - \lambda_0\}_a$ der konvergenten Potenzreihen von der Variablen $\lambda - \lambda_0$). Die Gleichung

$$\pi(\lambda, x) = 0 \tag{21.104}$$

mit

$$\pi(\lambda, x) = \pi_1(\lambda, x) \cdots \pi_l(\lambda, x)$$

besitzt offensichtlich dieselben Lösungen, wie die Gleichung (21.101). Im Unterschied zu der Gleichung (21.101) besitzt die Gleichung (21.104) für kleine $\lambda - \lambda_0$ jedoch keine mehrfachen Nullstellen; für ihre Lösungen gilt deshalb die Behauptung des Satzes 21.7. Somit ist die Behauptung des Satzes auch für Gleichungen mit mehrfachen Nullstellen richtig.

Der Satz ist bewiesen.

Im weiteren ist es günstig, den Begriff der Vielfachheit für die Lösung der Gleichung (21.91) zu benutzen. Ist $x(\lambda)$ Lösung der Gleichung (21.91), die für $\lambda = \lambda_0$ gleich x_0 wird, dann ist für kleine $\lambda - \lambda_0$ die Zahl $x(\lambda)$ eine Nullstelle des Polynoms (21.102); die Vielfachheit dieser Nullstelle ist für kleine $\lambda - \lambda_0$ gleich; diese gemeinsame Vielfachheit nennen wir auch *Vielfachheit* der Lösung $x = x(\lambda)$ für die Gleichung (21.91).

Übung 21.14. Es ist zu zeigen, daß die Vielfachheit der Lösung $x = x(\lambda)$ für die Gleichung (21.91) mit der Vielfachheit der Nullstelle $x(\lambda)$ des Polynoms (21.102) übereinstimmt, das als Polynom mit Koeffizienten aus $K\{\lambda - \lambda_0\}$ angesehen wird.

Übung 21.15. Es ist zu zeigen, daß die Lösung $x = x(\lambda)$ der Gleichung (21.91) die Vielfachheit $\varkappa$ dann und nur dann besitzt, wenn

$$f[\lambda, x(\lambda)] \equiv \cdots \equiv f^{(\varkappa-1)}_{x^{\varkappa-1}}[\lambda, x(\lambda)] \equiv 0$$

und $f^{(\varkappa)}_{x^\varkappa}[\lambda, x(\lambda)] \not\equiv 0$ gilt.

Wir befassen uns wieder mit der Untersuchung der Gleichung (21.91). Zusammen mit dieser Gleichung betrachten wir die Gleichung

$$f(\nu, h) = 0\,, \tag{21.105}$$

wobei die formale Potenzreihe

$$f(\nu, h) = \sum_{m,n=0}^{\infty} a_{m,n}\, \nu^m h^n \tag{21.106}$$

durch die Zerlegung der Funktion

$$f(\lambda, x) = \sum_{m,n=0}^{\infty} a_{m,n}\, (\lambda - \lambda_0)^m\, (x - x_0)^n$$

in eine Potenzreihe nach Potenzen von $\lambda - \lambda_0$, $x - x_0$ erklärt ist. Jede Lösung $x = x(\lambda)$ der Gleichung (21.91) läßt sich in der Gestalt

$$x(\lambda) = x_0 + h\,(\lambda - \lambda_0) \tag{21.107}$$

darstellen, wobei $h = h(\nu)$ eine gewisse Potenzreihe

$$h(\nu) = \sum_{k=1}^{\infty} c_k \nu^{k/r} \tag{21.108}$$

aus $K^\infty\{\nu\}_\alpha$ ist, die eine Lösung der Gleichung (21.105) darstellt. Es ergibt sich natürlich die Frage, welche der formalen Lösungen der Gleichung (21.105) Lösungen der Gleichung (21.91) sind. Die Antwort auf diese Frage gibt der folgende Satz.

Satz 21.8[1]). *Es seien die Voraussetzungen des Satzes* 21.7 *erfüllt. Die formale Potenzreihe* (21.108) *sei Lösung der Gleichung* (21.105).

Dann konvergiert die Reihe (21.108) *für kleine* ν, *und die Formel* (21.107) *stellt die Lösung der Gleichung* (21.91) *dar, die für* $\lambda = \lambda_0$ *gleich* x_0 *wird.*

Beweis. Es genügt zu bemerken, daß jede Lösung (21.107) der Gleichung (21.91) mit der Vielfachheit $\varkappa$ eine formale Lösung (21.108) der Gleichung (21.105) mit derselben Vielfachheit darstellt. Die Summe der Vielfachheiten aller Lösungen der Gleichung (21.91) fällt mit der Potenz s der Funktion $f(\lambda, x)$ im Punkte $\{\lambda, x_0\}$ zusammen; die Summe der Vielfachheiten aller Lösungen der Gleichung (21.105) stimmen mit der Potenz der Reihe (21.106) überein oder, was dasselbe ist, mit der Potenz der Reihe (21.96), die ebenfalls gleich s ist.

Der Satz ist bewiesen.

21.5. Das Ausschließungsverfahren. Wir bezeichnen mit K_n einen komplexen n-dimensionalen Raum und mit $K_n^*\{\lambda\}$ die Menge aller formalen Potenzreihen der Gestalt

$$x(\lambda) = \sum_{k=0}^{\infty} c_k \lambda^{\varepsilon_k}, \tag{21.109}$$

mit $c_k \in K_n$ und $0 = \varepsilon_0 < \varepsilon_1 < \cdots$. Wie gewöhnlich sagen wir, daß die Reihe (21.109) für $\lambda = 0$ verschwindet, wenn $c_0 = 0$ ist.

Die Menge $K_n^*\{\lambda\}$ ist ein linearer Raum, falls die algebraischen Operationen in ihm auf natürliche Weise erklärt sind. Mit $K_n^r\{\lambda\}$ bezeichnen wir den Raum der Reihen

$$x(\lambda) = \sum_{k=0}^{\infty} c_k \lambda^{k/r}, \tag{21.110}$$

wobei r eine gewisse ganve Zahl ist, und mit $K_n^\infty\{\lambda\}$ die Vereinigung aller Räume $K_n^r\{\lambda\}$ $(r = 1, 2, \ldots)$. Ist $x(\lambda) \in K_n^\infty\{\lambda\}$, dann existiert ein kleinstes r, für das $x(\lambda) \in K_n^r\{\lambda\}$ ist; dieses kleinste r nennen wir *Radix* der Reihe $x(\lambda)$. Besitzt die

---

[1]) W. W. Pokorny [1, 3], W. B. Melamed [3].

Reihe (21.110) den Radix r, dann sind alle Reihen

$$\left.\begin{aligned} x(\lambda) &= \sum_{k=0}^{\infty} c_k \lambda^{k/r}, \\ x_1(\lambda) &= \sum_{k=0}^{\infty} c_k \varepsilon^k \lambda^{k/r}, \\ &\cdots\cdots\cdots\cdots \\ x_{r-1}(\lambda) &= \sum_{k=0}^{\infty} c_k \varepsilon^{(r-1)k} \lambda^{k/r} \end{aligned}\right\} \qquad (21.111)$$

verschieden, wobei ε eine gewisse Primitivwurzel aus 1 der Potenz r ist. Wie auch im skalaren Fall werden wir diese Reihen *konjugierte* Reihen nennen.

Ist in K_n eine gewisse Basis gewählt, dann ist jeder Vektor c aus K_n durch einen gewissen Satz von n komplexen Zahlen gegeben. Jede Reihe $x(\lambda)$ aus $K_n^*\{\lambda\}$ erzeugt deshalb n Reihen-Komponenten $x_i(\lambda)$ aus $K^*\{\lambda\}$. Dabei ist $x(\lambda) \in K_n^\infty\{\lambda\}$ äquivalent zu $x_1(\lambda), \ldots, x_n(\lambda) \in K^\infty\{\lambda\}$, und der Radix der Reihe $x(\lambda)$ ist gleich dem kleinsten gemeinsamen Vielfachen der Radixe der Reihen $x_1(\lambda), \ldots, x_n(\lambda)$.

In diesem Punkt werden die Systeme

$$f_\mu(\lambda; x_1, \ldots, x_n) = 0 \qquad (\mu = 1, \ldots, m) \qquad (21.112)$$

untersucht, wobei $f_\mu(\lambda; x_1, \ldots, x_n)$ formale Potenzreihen mit komplexen Koeffizienten Variablen $\lambda, x_1, \ldots, x_n$ sind:

$$f_\mu(\lambda; x_1, \ldots, x_n) = \sum_{k_0, k_1, \ldots, k_n = 0}^{\infty} a^\mu_{k_0, k_1, \ldots, k_n} \lambda^{k_0} x_1^{k_1} \cdots x_n^{k_n}. \qquad (21.113)$$

Im gesamten Punkt wird vorausgesetzt, daß

$$f_\mu(0, 0, \ldots, 0) = 0 \qquad (21.114)$$

gilt; d. h., daß $a^\mu_{0,0,\ldots,0} = 0$ ist. Kurz gesagt, das System (21.112) kann man in der Gestalt

$$f(\lambda, x) = 0 \qquad (21.115)$$

schreiben.

Als Lösung $x = x(\lambda)$ des Systems (21.112) bezeichnen wir die für $\lambda = 0$ verschwindende Reihe $x(\lambda) = \{x_1(\lambda), \ldots, x_n(\lambda)\}$ aus $K_n^\infty\{\lambda\}$, die bei Einsetzung in die Reihen (21.113) diese zu Nullreihen werden läßt. Neben den einzelnen Lösungen des Systems (21.112) werden wir auch ihre *Scharen*

$$x(\lambda) = X(\lambda; u_1, \ldots, u_l) \qquad (21.116)$$

betrachten. Hier sind $u_1, \ldots, u_l$ beliebige, für $\lambda = 0$ verschwindende formale Potenzreihen aus $K^\infty\{\lambda\}$, die die Rolle von Parametern spielen. Die Lösungsschar (21.116) heißt *l-dimensional*, wenn der Operator $X(\lambda; u_1, \ldots, u_l)$ von allen Parametern wesentlich abhängt. In unserer Definition wird nicht vorausgesetzt, daß der Operator $X(\lambda; u_1, \ldots, u_l)$ eine formale Potenzreihe der Variablen $u_1, \ldots, u_l$ ist; es wird nur gefordert, daß für beliebige bei $\lambda = 0$ verschwindende formale Potenzreihen $u_1, \ldots, u_l$ die Formel (21.116) die formale Potenzreihe $x = x(\lambda)$ erklärt, die Lösung des Systems (21.112) ist.

Ohne Beschränkung der Allgemeinheit kann man annehmen, daß alle Reihen (21.113) Nichtnullreihen sind. Es sei

$$f_\mu(\lambda; x_1, \ldots, x_n) = \lambda^{\alpha_\mu} \hat{f}_\mu(\lambda; x_1, \ldots, x_n), \tag{21.117}$$

wobei α_μ ganze nichtnegative Zahlen und die formalen Potenzreihen

$$\hat{f}_\mu(\lambda; x_1, \ldots, x_n) = \sum_{k_0, k_1, \ldots, k_n = 0}^{\infty} \hat{a}^\mu_{k_0, k_1, \ldots, k_n} \lambda^{k_0} x_1^{k_1} \cdots x_n^{k_n} \tag{21.118}$$

dergestalt sind, daß die Reihen

$$\hat{f}_\mu(0; x_1, \ldots, x_n) = \sum_{k_1, \ldots, k_n = 0}^{\infty} \hat{a}^\mu_{0, k_1, \ldots, k_n} x_1^{k_1} \cdots x_n^{k_n}, \tag{21.119}$$

die man aus den Reihen (21.118) für $\lambda = 0$ erhält, Nichtnullreihen sind. Wir bezeichnen mit s_μ^* und s_μ $(\mu = 1, \ldots, m)$ entsprechend die Ordnungen der Reihen (21.118) und (21.119). Offensichtlich gilt $s_\mu^* \leqq s_\mu$, wobei $s_\mu^* = 0$ ist dann und nur dann, wenn $s_\mu = 0$ ist. Die Zahl $s = \min\{s_1, \ldots, s_m\}$ nennen wir *Rang* des Systems (21.112).

Wegen (21.117) ist das System (21.112) äquivalent dem System

$$\hat{f}_\mu(\lambda; x_1, \ldots, x_n) = 0 \qquad (\mu = 1, \ldots, m). \tag{21.120}$$

Dieses System besitzt keine Lösungen in $K_n^\infty\{\lambda\}$, falls nur eine der Zahlen s_μ^* gleich Null ist. Deshalb wird im weiteren vorausgesetzt, daß die Zahlen $s_1, \ldots, s_m$ und folglich alle Zahlen $s_1^*, \ldots, s_m^*$ positiv sind. Diese Voraussetzung ist gleichbedeutend damit, daß der Rang s des Systems (21.112) positiv ist.

Man kann annehmen, daß jede der Reihen (21.119) bezüglich der Variablen x_n regulär und daß ihre Regularitätsordnung bezüglich dieser Variablen gleich s_μ ist; im entgegengesetzten Fall genügt es, eine lineare Variablentransformation von $x_1, \ldots, x_n$ vorzunehmen (siehe Lemma 21.5). Dann ist jede der Reihen (21.118) ebenfalls regulär bezüglich der Variablen x_n mit der Ordnung s_μ. Indem wir den Vorbereitungssatz von Weierstrass (Satz 21.5) anwenden, erhalten wir

$$\hat{f}_\mu(\lambda; x_1, \ldots, x_n) = \varepsilon_\mu(\lambda; x_1, \ldots, x_n) \, {}^*f_\mu(\lambda; x_1, \ldots, x_n), \tag{21.121}$$

wobei $\varepsilon_\mu(\lambda; x_1, \ldots, x_n)$ eine formale Potenzreihe darstellt, die ein umkehrbares Element $(\varepsilon_\mu(0; 0, \ldots, 0) \neq 0)$ des Rings $K\{\lambda; x_1, \ldots, x_n\}$ ist, und ${}^*f_\mu(\lambda; x_1, \ldots, x_n)$ eine formale Potenzreihe, die ein Polynom der Potenz s_μ bezüglich der Variablen x_n mit Koeffizienten aus dem Ring $K\{\lambda; x_1, \ldots, x_{n-1}\}$ und mit dem höchsten Koeffizienten 1 ist:

$$\begin{aligned} {}^*f_\mu(\lambda; x_1, \ldots, x_n) = x_n^{s_\mu} + a_1^\mu(\lambda; x_1, \ldots, x_{n-1}) \, x_n^{s_\mu - 1} + \cdots \\ \cdots + a_{s_\mu}^\mu(\lambda; x_1, \ldots, x_{n-1}). \end{aligned} \tag{21.122}$$

Aus (21.121) und aus der Invertierbarkeit der Reihen $\varepsilon_\mu(\lambda; x_1, \ldots, x_n)$ resultiert, daß das System (21.120), und folglich auch das System (21.112), äquivalent ist dem algebraischen Gleichungssystem

$${}^*f_\mu(\lambda; x_1, \ldots, x_n) = 0 \qquad (\mu = 1, \ldots, m). \tag{21.123}$$

Wir betrachten (siehe Punkt 21.1) das Resultantensystem $R_1, \ldots, R_{m_1}$ der Polynome (21.122). Offensichtlich ist jede Resultante R_i eine formale Potenzreihe der Variablen $\lambda, x_1, \ldots, x_{n-1}$ aus dem Ring $K\{\lambda; x_1, \ldots, x_{n-1}\}$:

$$R_i = f_i^{(1)}(\lambda; x_1, \ldots, x_{n-1}) . \tag{21.124}$$

Das System

$$f_\mu^{(1)}(\lambda; x_1, \ldots, x_{n-1}) = 0 \qquad (\mu = 1, \ldots, m_1) \tag{21.125}$$

heißt *erstes Ausschließungssystem.*

Lemma 21.12. *Das Gleichungssystem* (21.112) *besitzt dann und nur dann Lösungen, wenn das System* (21.125) *Lösungen besitzt. Ist* $x(\lambda) = \{x_1^0(\lambda), \ldots, x_n^0(\lambda)\}$ *Lösung des Systems* (21.112), *dann ist* $\bar{x}(\lambda) = \{x_1^0(\lambda), \ldots, x_{n-1}^0(\lambda)\}$ *Lösung des Systems* (21.125). *Ist* $\bar{x}(\lambda) = \{x_1^0(\lambda), \ldots, x_{n-1}^0(\lambda)\}$ *Lösung des Systems* (21.125), *dann existiert eine endliche (von Null verschiedene) Anzahl derartiger Potenzreihen* $x_n^j(\lambda)$ *aus* $K^\infty\{\lambda\}$, *daß* $x^j(\lambda) = \{x_1^0(\lambda), \ldots, x_{n-1}^0(\lambda), x_n^j(\lambda)\}$ *Lösung des Systems* (21.112) *ist.*

Beweis. Die ersten beiden Behauptungen dieses Lemmas resultieren unmittelbar aus der Definition des Resultantensystems. Wir beweisen die letzte Behauptung.

Es sei $\bar{x}(\lambda) = \{x_1^0(\lambda), \ldots, x_{n-1}^0(\lambda)\}$ Lösung des Systems (21.125) und

$$\Delta_\mu(\lambda, x_n) = {}^*f_\mu[\lambda; x_1^0(\lambda), \ldots, x_{n-1}^0(\lambda), x_n] \qquad (\mu = 1, \ldots, m) . \tag{21.126}$$

Der Satz $\{x_1^0(\lambda), \ldots, x_{n-1}^0(\lambda), x_n^0(\lambda)\}$ ist offensichtlich Lösung des Systems (21.123) dann und nur dann, wenn die Reihe $x_n^0(\lambda)$ eine Lösung des skalaren Gleichungssystems

$$\Delta_\mu(\lambda, x_n) = 0 , \quad (\mu = 1, \ldots, m) , \tag{21.127}$$

darstellt.

Aus der Definition des Resultantensystems der Polynome (21.126) resultiert, daß alle Resultanten der Polynome (21.126) gleich Null sind. Deshalb besitzen diese Polynome gemeinsame Teiler mit positiver Potenz; jedes von ihnen ist offensichtlich ein Polynom von x_n mit dem Hauptkoeffizienten 1. Das System (21.127) ist äquivalent der Gleichung

$$\Delta(\lambda, x_n) = 0 , \tag{21.128}$$

wobei $\Delta(\lambda, x_n)$ den größten gemeinsamen Teiler der Polynome (21.126) bezeichnet. Wenden wir auf diese Gleichung den Satz 21.6 an, so erhalten wir eine gewisse endliche (von Null verschiedene) Anzahl von Lösungen $x_n^j(\lambda)$ in $K^*\{\lambda\}$, von denen jede in $K^\infty\{\lambda\}$ liegt. Somit hat auch das System (21.123) eine endliche aber von Null verschiedene Anzahl von Lösungen

$$x(\lambda) = \{x_1^0(\lambda), \ldots, x_{n-1}^0(\lambda), x_n^j(\lambda)\}$$

und gemeinsam mit ihm auch das System (21.112).

Das Lemma ist bewiesen.

Dieses Lemma spielt die Hauptrolle in der Arbeit von W. B. Melamed [5].

Das Problem zur Auffindung der Lösungen für das System (21.112) wird also auf ein Problem zur Bestimmung der Lösungen für das System (21.125) zurückgeführt. Dieses neue System hat die gleiche Gestalt wie das System (21.112), enthält aber eine Variable weniger.

Wir nehmen an, daß die Polynome (21.122) keine gemeinsamen Faktoren mit positiver Potenz besitzen; in diesem Falle heißt das System (21.123) *nichtausgeartet*. Nach der Definition des Resultantensystems gibt es unter den Reihen (21.124) Nichtnullreihen. Deshalb kann man ohne Beschränkung der Allgemeinheit annehmen, daß alle Reihen (21.124) Nichtnullreihen sind, und zur Untersuchung des Systems (21.125) die gleiche Methode anwenden, die oben zur Untersuchung des Systems (21.112) angewendet wurde. Es kann vorkommen, daß die Ordnung des Systems (21.125) gleich Null ist; dann besitzt das System (21.125), und folglich auch das System (21.122) keine Lösungen. Für den Fall einer positiven Ordnung ist aber das System (21.125) äquivalent dem bezüglich einer gewissen Variablen x_{n-1} algebraischen Gleichungssystem

$$*f_\mu^{(1)}(\lambda; x_1, \ldots, x_{n-1}) = 0 \qquad (\mu = 1, \ldots, m_1). \tag{21.129}$$

Im nichtausgearteten Fall kann man die Untersuchung dieses Systems auf die Untersuchung des zweiten Ausschließungssystems

$$*f_\mu^{(2)}(\lambda; x_1, \ldots, x_{n-2}) = 0 \qquad (\mu = 1, \ldots, m_2) \tag{21.130}$$

zurückführen. Diesen Prozeß kann man weiter fortsetzen.

Das beschriebene Verfahren löst natürlich nicht vollständig das Problem zur Auffindung der Lösungen für das System (21.112).

In günstigen Fällen stellen wir entweder fest, daß das Ausgangssystem (21.112) deshalb keine Lösungen besitzt, weil die Potenz eines der Ausschließungssysteme gleich Null ist, oder wir erhalten eine Kette von algebraischen Gleichungssystemen

$$\left.\begin{array}{rl} *f_\mu(\lambda; x_1, \ldots, x_{n-1}, x_n) = 0 & (\mu = 1, \ldots, m), \\ *f_\mu^{(1)}(\lambda; x_1, \ldots, x_{n-1}) = 0 & (\mu = 1, \ldots, m_1), \\ \cdots\cdots\cdots\cdots\cdots & \\ *f_\mu^{(n-1)}(\lambda; x_1) = 0 & (\mu = 1, \ldots, m_{n-1}). \end{array}\right\} \tag{21.131}$$

In diesem letzten Fall muß man zur Lösung des Systems (21.112) zuerst die Lösung $x_1 = x_1(\lambda)$ des letzten der Systeme (21.131) finden, danach durch Einsetzung der gefundenen Lösungen in das vorhergehende System die Lösungen des vorletzten Systems finden usw., und zwar solange, bis die Lösungen des ersten Systems aus (21.131) und somit auch die Lösungen des Ausgangssystems (21.112) gefunden worden sind. Besitzt das letzte System aus (12.131) keine Lösungen, dann hat auch das System (21.112) keine Lösungen.

Systeme (21.112), deren Lösungen nach dem oben beschriebenen Schema gefunden werden können, heißen *grobe* Systeme. Aus den angestellten Überlegungen folgt, daß *grobe Systeme immer eine endliche Anzahl von Lösungen besitzen.*

Wir betrachten nun den Fall, daß das im k-ten Schritt erhaltene System

$$*f_\mu^{(k)}(\lambda; x_1, \ldots, x_{n-k}) = 0 \qquad (\mu = 1, \ldots, m_k) \tag{21.132}$$

algebraischer Gleichungen ausgeartet ist, d. h. wenn die linken Seiten allgemeine Faktoren besitzen, die Polynome positiver Potenz darstellen. In diesem Fall zerfällt das System (21.132) offensichtlich in eine algebraische Gleichung

$$d_k(\lambda; x_1, \ldots, x_{n-k}) = 0\,, \tag{21.133}$$

wobei $d_k(\lambda; x_1, \ldots, x_{n-k})$ der größte gemeinsame Teiler der Polynome ${}^*f_\mu^{(k)}(\lambda; x_1, \ldots, x_{n-k})$ ist, und in das algebraische Gleichungssystem

$${}^0f_\mu^{(k)}(\lambda; x_1, \ldots, x_{n-k}) = 0 \qquad (\mu = 1, \ldots, m_k)\,, \tag{21.134}$$

wobei ${}^0f_\mu^{(k)}(\lambda; x_1, \ldots, x_{n-k})$ Polynome sind, die aus den Gleichungen

$${}^*f_\mu^{(k)}(\lambda; x_1, \ldots, x_{n-k}) = d_k(\lambda; x_1, \ldots, x_{n-k}) \cdot {}^0f_\mu^k(\lambda; x_1, \ldots, x_{n-k}) \tag{21.135}$$

bestimmt werden.

Es läßt sich leicht zeigen, daß der größte gemeinsame Teiler $d_k(\lambda; x_1, \ldots, x_{n-k})$ ein Polanom bezüglich der Variablen x_{n-k} mit dem Hauptkoeffizienten 1 ist. Die Gleichung (21.133) bestimmt deshalb eine oder mehrere $(n - k - 1)$-dimensionale Lösungsscharen, die auch Lösungen des Systems (21.132) sind. Damit haben wir die Kette von Systemen

$$\left.\begin{array}{ll} {}^*f_\mu(\lambda; x_1, \ldots, x_n) = 0 & (\mu = 1, \ldots, m)\,, \\ \ldots\ldots\ldots\ldots\ldots\ldots & \\ {}^*f_\mu^{(k-1)}(\lambda; x_1, \ldots, x_{n-k+1}) = 0 & (\mu = 1, \ldots, m_{k-1})\,, \\ d_k(\lambda; x_1, \ldots, x_{n-k}) = 0 & \end{array}\right\} \tag{21.136}$$

erhalten, die eine oder mehrere $(n - k - 1)$-dimensionale Lösungsscharen des Systems (21.112) bestimmt.

Wir betrachten jetzt das System (21.134). Es kann vorkommen, daß eines der Polynome ${}^0f_\mu^{(k)}(\lambda; x_1, \ldots, x_{n-k})$ die Potenz 0 besitzt (wenn eines der Polynome ${}^*f_i^{(k)}(\lambda; x_1, \ldots, x_{n-k})$ Teiler der übrigen ist). Das System (21.134) besitzt dann keine Lösungen und die Lösungen des Systems (21.112) werden nur aus (21.136) bestimmt. Sind die Potenzen aller Gleichungen (21.134) positiv, dann hat dieses System Lösungen; zu ihrer Bestimmung muß man das Ausschließungssystem

$${}^*f_\mu^{(k+1)}(\lambda; x_1, \ldots, x_{n-k-1}) = 0 \qquad (\mu = 1, \ldots, m_{k+1}) \tag{21.137}$$

aufstellen. Da die linken Seiten der Gleichungen (21.134) keine allgemeinen Faktoren positiver Potenz besitzen, gibt es unter den Reihen $f_\mu^{(k+1)}$ Nichtnullreihen. Deshalb kann man auch das System (21.137), falls es eine positive Potenz hat, wieder in ein algebraisches Gleichungssystem bezüglich der Variablen x_{n-k-1}

$${}^*f_\mu^{(k+1)}(\lambda; x_1, \ldots, x_{n-k-1}) = 0 \qquad (\mu = 1, \ldots, m_{k+1}) \tag{21.138}$$

überführen und zu seiner Untersuchung wieder ein Ausschließungssystem aufstellen.

Es sei angemerkt, daß für den Fall, in dem eines der Ausschließungssysteme ausgeartet ist, das Ausgangssystem (21.112) unendliche viele Lösungen besitzt. Somit gelangen wir zu folgender Behauptung (W. B. Melamed [4, 5]).

Satz 21.9. *Das System* (21.112) *ist genau dann grob, wenn es eine endliche Anzahl von Lösungen besitzt.*

Von Interesse sind hinreichende Bedingungen für die Grobheit der Systeme (21.112). Derartige Bedingungen kann man in der Terminologie der „Isoliertheit" einer Nullösung formulieren. Wir sagen, daß die Nullösung des Systems (21.112) für $\lambda = 0$ *isoliert* ist, wenn das System

$$\varphi_\mu(\lambda; x_1, \ldots, x_n) = 0 \qquad (\mu = 1, \ldots, m) \tag{21.139}$$

keine Nichtnullösungen in $K_n^\infty\{\lambda\}$ besitzt, wobei

$$\varphi_\mu(\lambda; x_1, \ldots, x_n) = f_\mu(0; x_1, \ldots, x_n) \tag{21.140}$$

ist. Wir unterstreichen, daß der Parameter λ in die linken Seiten des Systems (21.139) praktisch nicht eingeht.

Satz 21.10. *Die Nullösung des Systems* (21.112) *sei isoliert für* $\lambda = 0$. *Das System* (21.112) *ist dann grob und besitzt insbesondere endlich viele Lösungen in* $K^\infty\{\lambda\}$.

Den Beweis dieses Satzes erhält man leicht, indem man das oben dargelegte Ausschließungsverfahren analysiert. Von einer ausführlichen Darlegung sehen wir ab.

Es sei bemerkt, daß die Voraussetzungen des Satzes 21.10 nur hinreichende Bedingungen für die Grobheit des Systems (21.112) sind. Das System

$$(x_1 + x_2)(\lambda - x_1) = 0\,, \qquad \lambda(\lambda + x_2) = 0$$

ist zum Beispiel grob. Es besitzt genau eine Lösung in $K_2^\infty\{\lambda\}$, aber seine Nullösung ist für $\lambda = 0$ nicht isoliert. Das System

$$-(x_1 + x_2)\, x_1 = 0 \qquad 0 = 0$$

besitzt die Lösung $x_1 = \lambda$, $x_2 = -\lambda$.

Übung 21.16 (Satz von Hilbert). Die formale Potenzreihe $g(\lambda; x_1, \ldots, x_n)$ verschwinde auf allen Lösungen aus $K_n^\infty\{\lambda\}$ des Systems (21.112). Es ist zu zeigen, daß eine derartige Zahl ϱ und solche Reihen $\psi_1, \ldots, \psi_m$ aus $K\{\lambda; x_1, \ldots, x_n\}$ existieren, daß

$$g^\varrho = \psi_1 f_1 + \cdots + \psi_m f_m \,.$$

gilt.

Übung 21.17. Das System

$$\begin{aligned}
\Phi_1(\lambda; x_1, \ldots, x_l, x_{l+1}, \ldots, x_{n-1}, x_n) &= 0\,,\\
\Phi_2(\lambda; x_1, \ldots, x_l, x_{l+1}, \ldots, x_{n-1}) &= 0\,,\\
\cdots\cdots\cdots\cdots\cdots\cdots\cdots &\\
\Phi_{n-l}(\lambda; x_1, \ldots, x_l, x_{l+1}) &= 0
\end{aligned}$$

nennen wir *reguläres System der Ordnung* l, wenn jede der formalen Potenzreihen Φ_{n-j} ein Polynom von der Variablen x_{j+1} mit einer gewissen positiven Potenz s_{n-j} mit Koeffizienten aus $K\{\lambda; x_1, \ldots, x_j\}$ ist, wobei der Koeffizient bei der Haupt-Potenz von x_{j+1} geich 1 ist, und wenn das durch die Reihen $\Phi_1, \ldots, \Phi_{n-l}$ erzeugte Ideal N des Ringes $K\{\lambda; x_1, \ldots, x_n\}$ einfach ist (d. h. aus $\Psi_1 \Psi_2 \in N$ folgt entweder $\Psi_1 \in N$, oder $\Psi_2 \in N$). Es ist zu zeigen, daß ein reguläres System nullter Ordnung genau $s = s_1 \cdots s_n$ verschiedene Lösungen besitzt, von denen jede zu $K_n^s\{\lambda\}$ gehört; diese Lösungen sind einander konjugiert und haben den Radix s. Es ist zu zeigen, daß die Lösungen eines regulären Systems mit von Null verschiedener Ordnung l endlich viele l-dimensionale Scharen bilden.

Übung 21.18. Es ist zu untersuchen, ob jedes System (21.112) nach entsprechender linearer Transformation der Unbekannten in eine endliche Menge regulärer Systeme zerfällt (S. Lefschetz).

Übung 21.19. Unter Verwendung von Lemma 21.5 ist zu zeigen, daß ein beliebiges grobes System (21.112) äquivalent ist einem gewissen algebraischen Gleichungssystem bezüglich aller Variablen $x_1, \ldots, x_n$ mit Koeffizienten aus $K\{\lambda\}$.

21.6. Ein grober Fall. Die gewöhnlich anzutreffenden Systeme (21.112) (siehe § 22) werden auf eine solche Art vorgegeben, daß man nur eine endliche Anzahl der Koeffizienten für die Reihen (21.113) finden kann. Im Zusammenhang damit ist die praktische Anwendung des Ausschließungsverfahrens nicht immer möglich. Sogar in den Fällen, in denen das Ausschließungsverfahren angewendet werden kann, bedarf es einer wesentlichen Modifizierung.

Wir zeigen in erster Linie zwei wesentliche „Unannehmlichkeiten“ auf, mit denen man es bei der Anwendung des Ausschließungsverfahrens zu tun hat. Die erste besteht darin, daß man nach einer endlichen Anzahl von Koeffizienten der Potenzreihen (21.113) nur eine endliche Anzahl von Gliedern der Zerlegung in Reihen für die Koeffizienten der Polynome (21.123) bestimmen kann. Weil wir nur diese Information über die Polynome (21.123) besitzen, ist es unmöglich festzustellen, ob ihr allgemeiner Faktor eine positive Potenz besitzt. Analoge Schwierigkeiten treten bei jedem Ausschließungsschritt auf. Man kann also nur für grobe Systeme auf die Durchführung einer detaillierten Analyse hoffen.

Die zweite „Unannehmlichkeit“ hängt damit zusammen, daß es keinen Algorithmus gibt (und es kann ihn auch nicht geben!), der in Bezug auf eine endliche Anzahl von Koeffizienten der Reihenentwicklungen für die linken Seiten der skalaren Gleichungen, die das letzte System in (21.131) bilden, aussagen kann, ob dieses System eine allgemeine Lösung besitzt. Es sei bemerkt, daß diese „Unannehmlichkeit“ nicht auftritt, wenn das Hauptsystem aus zwei Gleichungen besteht; ein solches System besitzt eine Resultante.

Im Zusammenhang mit dem oben Dargelegten sind zur Untersuchung des Systems (21.112) und zur Konstruktion der Lösungen andere Methoden anzuwenden. Wir befassen uns hier mit der Beschreibung eines Rechenschemas zur Anwendung des Ausschließungsverfahrens, das häufig, aber (sogar für grobe Systeme) nicht immer, zum Ziel führt. Wir beschreiben dieses Schema für ein System aus drei Gleichungen mit drei Unbekannten; der Übergang zu Systemen mit mehreren Gleichungen ist offensichtlich.

Es seien die Gleichungen

$$f_1(\lambda; x_1, x_2, x_3) = 0\,, \quad f_2(\lambda; x_1, x_2, x_3) = 0\,, \quad f_3(\lambda; x_1, x_2, x_3) = 0 \qquad (21.141)$$

gegeben. Wir nehmen an, daß wir von dem System (21.141) zu einem äquivalenten System übergehen konnten (indem wir eine entsprechende Variablentransformation vornehmen und den Vorbereitungssatz von WEIERSTRASS anwenden), dessen linke Seiten Polynome sind mit den Potenzen s_1, s_2, s_3 entsprechend bezüglich der Variablen x_3 und mit dem Koeffizienten 1 bei den Hauptpotenzen. Das System (21.141) ist demzufolge äquivalent dem System

$$\left.\begin{aligned} {}^*f_1 &\equiv x_3^{s_1} + a_{1,1}(\lambda; x_1, x_2)\, x_3^{s_1-1} + \cdots + a_{1,s_1}(\lambda; x_1, x_2) = 0\,, \\ {}^*f_2 &\equiv x_3^{s_2} + a_{2,1}(\lambda; x_1, x_2)\, x_3^{s_2-1} + \cdots + a_{2,s_2}(\lambda; x_1, x_2) = 0\,, \\ {}^*f_3 &\equiv x_3^{s_3} + a_{3,1}(\lambda; x_1\, x_2)\, x_3^{s_3-1} + \cdots + a_{3,s_3}(\zeta; x_1, x_2) = 0\,. \end{aligned}\right\} \tag{21.142}$$

Die formalen Reihen $a_{i,j}(\lambda; x_1, x_2)$ mögen nicht vollständig bekannt sein; in den weiteren Darlegungen wird nur eine endliche Anzahl ihrer Koeffizienten verwendet. Sind alle Koeffizienten der Reihen $f_i(\lambda; x_1, x_2, x_3)$ bekannt, dann kann man eine beliebige endliche Anzahl der Koeffizienten der Reihen $a_{i,j}(\lambda; x_1, x_2)$ finden.

Wir bezeichnen mit $f_{1,2}$ die Resultante der Polynome ${}^*f_1$ und ${}^*f_2$, und mit $f_{1,3}$ die Resultante der Polynome ${}^*f_1$ und ${}^*f_3$. Diese Resultanten sind formale Potenzreihen bezüglich der Variablen λ, x_1, x_2. Wir kennen endlich viele Koeffizienten dieser Reihen. Wir nehmen an (das ist die erste Hauptvoraussetzung), daß diese Reihen regulär sind bezüglich der Variablen x_2 und daß wir diese Regularität über die uns bekannten Koeffizienten feststellen konnten (manchmal muß man hier zuerst mit Hilfe einer linearen Transformation von den Variablen x_1, x_2 zu neuen Variablen übergehen). Nach dem Vorbereitungssatz von WEIERSTRASS ist dann das System

$$f_{1,2}(\lambda; x_1, x_2) = 0\,, \qquad f_{1,3}(\lambda; x_1\,, x_2) = 0 \tag{21.143}$$

äquivalent dem System algebraischer Gleichungen

$$\left.\begin{aligned} x_2^{p_1} + b_{1,1}(\lambda; x_1)\, x_2^{p_1-1} + \cdots + b_{1,p_1}(\lambda; x_1) = 0\,, \\ x_2^{p_2} + b_{2,1}(\lambda; x_1)\, x_2^{p_2-1} + \cdots + b_{2,p_2}(\lambda; x_1) = 0\,. \end{aligned}\right\} \tag{21.144}$$

Die ersten Koeffizienten der formalen Reihen $b_{i,j}(\lambda; x_1)$ lassen sich über die ersten Koeffizienten der Reihen $a_{i,j}(\lambda; x_1, x_2)$ finden.

Mit $f_{1,2,3}(\lambda; x_1)$ bezeichnen wir die Resultante der linken Seiten der Gleichungen (21.144). Ohne Schwierigkeiten kann man endlich viele Koeffizienten der formalen Reihen $f_{1,2,3}(\lambda; x_1)$ bestimmen.

Betrachten wir die skalare Gleichung

$$f_{1,2,3}(\lambda; x_1) = 0\,. \tag{21.145}$$

Zu ihrer Untersuchung kann man natürlich die Methode des NEWTON-Diagramms anwenden. Wir nehmen an, daß die uns bekannten Koeffizienten der Reihe $f_{1,2,3}$ erlauben, die Anzahl der Lösungen für die Gleichung (21.145) und die ersten Koeffizienten ihrer Reihenentwicklungen nach ganzen oder gebrochenen

Potenzen des Parameters λ zu bestimmen. Die weitere Konstruktion wird für jede der gefundenen Lösungen einzeln vorgenommen.

Es sei

$$x_1 = x_1^0(\lambda) \tag{21.146}$$

eine der gefundenen Lösungen. Das System

$$\left.\begin{aligned} x_2^{p_1} + b_{1,1}[\lambda; x_1^0(\lambda)]\, x_2^{p_1-1} + \cdots + b_{1,p_1}[\lambda; x_1^0(\lambda)] = 0\,, \\ x_2^{p_2} + b_{2,1}(\lambda; x_1^0(\lambda))\, x_2^{p_2-1} + \cdots + b_{2,p_2}[\lambda; x_1^0(\lambda)] = 0\,, \end{aligned}\right\} \tag{21.147}$$

das man aus (21.144) erhält, indem man anstelle von x_1 die Reihe (21.146) einsetzt, besitzt wegen Satz 21.1 gemeinsame Lösungen (wir erinnern, daß das System (21.144) dem System (21.143) äquivalent ist. Jede Gleichung des Systems (21.147) kann man mit der Methode des Newton-Diagramms lösen. Nach den uns bekannten Koeffizienten der Reihenentwicklungen für die linken Seiten der Gleichungen (21.147) mögen die ersten Glieder der Reihenentwicklungen für die Lösungen $x_2^{1,j}(\lambda)$ ($j = 1, \ldots, p$) der ersten Gleichung aus (21.147) bestimmt sein, und analog die ersten Glieder der Reihenentwicklungen für die Lösungen $x_2^{2,j}(\lambda)$ ($j = 1, \ldots, p_2$) der zweiten Gleichung. Über die gefundenen Koeffizienten möge erkannt worden sein, daß unter den Lösungen $x_2^{1,j}(\lambda)$ alle, außer einer, keine Lösungen der zweiten Gleichung (21.147) sind (das ist die zweite Gruppe von Voraussetzungen). Die verbleibende Lösung $x_2^0(\lambda)$ ist dann gleichzeitig Lösung der zweiten Gleichung. Wenn es mit den uns bekannten Koeffizienten nicht gelingt festzustellen, ob die Lösung $x_2^0(\lambda)$ für die eine oder für beide Gleichungen (21.147) eine einfache Lösung ist, dann braucht man hierauf nicht zu achten.

Wir setzen nun die Reihen $x_1^0(\lambda)$ und $x_2^0(\lambda)$ in die linken Seiten der Gleichungen (21.142) ein. Das erhaltene System hat die Gestalt

$$\left.\begin{aligned} x_3^{s_1} + a_{1,1}[\lambda; x_1^0(\lambda), x_2^0(\lambda)]\, x_3^{s_1-1} + \cdots + a_{1,s_1}[\lambda; x_1^0(\lambda), x_2^0(\lambda)] = 0\,, \\ x_3^{s_2} + a_{2,1}[\lambda; x_1^0(\lambda), x_2^0(\lambda)]\, x_3^{s_2-1} + \cdots + a_{2,s_2}[\lambda; x_1^0(\lambda), x_2^0(\lambda)] = 0\,, \\ x_3^{s_3} + a_{3,1}[\lambda; x_1^0(\lambda), x_2^0(\lambda)]\, x_3^{s_3-1} + \cdots + a_{3,s_3}[\lambda; x_1^0(\lambda), x_2^0(\lambda)] = 0\,. \end{aligned}\right\} \tag{21.148}$$

Wegen Satz 21.1 besitzen die ersten beiden Gleichungen dieses Systems wenigstens eine allgemeine Lösung. Diese allgemeine Lösung kann man mit der Methode des Newton-Diagramms finden, die im vorangegangenen Absatz beschrieben wurde. Wir nehmen an, daß diese allgemeine Lösung $x_3^0(\lambda)$ einzig ist und daß sie eine einfache Lösung für die erste Gleichung darstellt (die nächste wesentliche Voraussetzung, daß mit den uns bekannten Koeffizienten der Reihen die Einfachheit dieser Lösung festgestellt worden ist). Analog kann man die allgemeine Lösung der ersten und dritten Gleichung aus (21.148) finden. Wenn diese allgemeine Lösung $x_3^{00}(\lambda)$ wieder einzig ist, dann ist die Aufgabe bis zu Ende untersucht. Wenn $x_3^0(\lambda)$ (bezüglich der uns bekannten Koeffizienten der Zerlegungen) mit $x_3^{00}(\lambda)$ zusammenfällt, dann hat das System (21.148) die Lösung $x_3^0(\lambda)$, und der Satz $\{x_1^0(\lambda), x_2^0(\lambda), x_3^0(\lambda)\}$ ist Lösung des Systems (21.141). Unterscheidet sich aber $x_3^0(\lambda)$ von $x_3^{00}(\lambda)$, dann besitzt das System (21.141) keine Lösungen, für die die erste Komponente $x_1(\lambda)$ mit $x_1^0(\lambda)$ übereinstimmt.

Wenn es sich erweist, daß der uns bekannte Satz von Koeffizienten der Reihen (21.149) es nicht erlaubt, das beschriebene Schema zu Ende zu führen, dann kann man auf irgendeine Weise versuchen, zusätzliche Koeffizienten dieser Reihen zu bestimmen. Ausgehend von einer endlichen Anzahl von Koeffizienten kann man leider nicht sagen, ob das beschriebene Schema zur vollständigen Lösung des Problems führt, wenn man über eine gewisse größere Anzahl von Koeffizienten verfügt.

21.7. Systeme analytischer Gleichungen. Wir betrachten das System

$$g_\mu(\lambda; x_1, \ldots, x_n) = 0 \qquad (\mu = 1, \ldots, m), \tag{21.149}$$

mit

$$g_\mu(\lambda_0; x_1^0, \ldots, x_n^0) = 0, \tag{21.150}$$

wobei die Funktionen $g_\mu(\lambda; x_1, \ldots, x_n)$ in der Umgebung des Punktes $\{\lambda_0, x_1^0, \ldots, x_n^0\}$ analytisch sind. Das System (21.149) kann man in der Gestalt

$$f_\mu(\nu; h_1, \ldots, h_n) = 0 \qquad (\mu = 1, \ldots, m) \tag{21.151}$$

schreiben, wobei

$$f_\mu(\nu; h_1, \ldots, h_n) = g_\mu(\lambda_0 + \nu; x_1^0 + h_1, \ldots, x_n^0 + h_n)$$

ist. Uns interessieren die Lösungen $x_1(\lambda), \ldots, x_n(\lambda)$ des Systems (21.149) nahe an $x_1^0, \ldots, x_n^0$ für nahe an λ_0 liegende Werte von λ oder, was dasselbe ist, die kleinen Lösungen (für kleine ν) $h_1(\nu), \ldots, h_n(\nu)$ des Systems (21.151).

Wenn man die linken Seiten des Systems (21.151) in Potenzreihen zerlegt, dann kann man es als System (21.144) in formalen Potenzreihen behandeln. Einfache Beispiele zeigen, daß das System (21.151) Lösungsfunktionen besitzen kann, die sich nicht in Reihen nach ganzen oder gebrochenen Potenzen von ν entwickeln lassen. Gleichzeitig kann man aber Beispiele für Systeme (21.144) angeben, deren linke Seiten konvergente Reihen darstellen (d. h., ihre Summen sind analytische Funktionen) und für die die Lösungen formale Reihen sind, die nur für $\nu = 0$ konvergieren. Das Ausschließungsverfahren gibt sofort Antwort auf die Frage, in welchen Situationen die angegebenen Fälle möglich sind.

Alle Überlegungen aus dem Punkt 21.4 lassen sich ohne irgendwelche Abänderungen auf Systeme von Gleichungen in analytischen Funktionen übertragen. Dabei muß man nur anstelle des Vorbereitungssatzes von WEIERSTRASS für formale Potenzreihen die Behauptung dieses Satzes für analytische Funktionen benutzen und anstelle der allgemeinen Faktoren in den formalen Reihen allgemeine Faktoren-Funktionen betrachten. Lösung ist dabei natürlich ein System von Funktionen (und nicht Reihen), die der Gleichung genügen.

Ist das System (21.151) grob, dann wird jede Komponente $h_i(\nu)$ einer beliebigen Lösung aus einer skalaren analytischen Gleichung bestimmt. Deshalb kann man sie in eine Reihe mit einem gewissen Radix nach Potenzen von ν zerlegen. Wenn in einem gewissen Schritt des Ausschließungsverfahrens die Gleichungen des Ausschließungssystems einen allgemeinen Faktor besitzen (oder, was dasselbe ist, wenn das System (21.151) eine unendliche Menge von Lösungen besitzt), dann gibt es natürlich unter den Lösungen des Systems (21.151) solche, die man nicht in Potenzreihen zerlegen kann. Diese Bemerkungen sind wahrscheinlich zuerst in den Arbeiten von M. M. Wainberg und W. A. Trenogin [1, 2] gemacht worden. Analoge Überlegungen führen zu einem wichtigen Satz, der zuerst von W. B. Melamed angeführt wurde.

Satz 21.11. *Das System* (21.151), *das als System in formalen Reihen betrachtet wird, besitze endlich viele formale Lösungen. Jede dieser formalen Lösungen konvergiert dann in einer gewissen Umgebung von Null, und ihre Summe ist eine Lösungsfunktion des Systems.*

Das System (21.151), *das als System in formalen Reihen betrachtet wird, besitze unendlich viele Lösungen. Einige dieser formalen Lösungen konvergieren dann nur bei* $\nu = 0$.

Aus diesem Satz folgt, daß das im Punkt 21.6 beschriebene Schema zur Auffindung der Lösungen im groben Fall immer zu wirklichen Lösungen analytischer Gleichungssysteme führt.

Den Satz 21.11 kann man durch folgende Behauptung (W. B. Melamed [4, 5]) ergänzen.

Satz 21.12. *Für* $\nu = 0$ *sei die Nullösung des Systems* (21.151) *isoliert.*

Das System (21.151), *das als System in formalen Reihen betrachtet wird* (*und natürlich als System analytischer Gleichungen*), *besitzt dann eine endliche Anzahl von Lösungen.*

Den Beweis überlassen wir dem Leser.

Wir nehmen an, daß auf irgendeine Weise die formale Lösung $h^0(\nu) = \{h_1^0(\nu), \ldots, h_n^0(\nu)\}$ des analytischen Systems (21.151) gefunden wurde, das als System in formalen Reihen betrachtet wird. Konvergieren diese formalen Reihen in einer gewissen Umgebung von Null, dann liefern offensichtlich ihre Summen die Lösung des Systems. Deshalb ist es wichtig, daß man versteht, die individuelle formale Lösung zu untersuchen, ohne zu wissen, wieviel andere formale Lösungen das System besitzt. Für den Beweis der Konvergenz formaler Lösungen benutzt man am häufigsten die Methode der majoranten Reihen. Aus den Sätzen 21.11 und 21.12 ergibt sich folgende Behauptung.

Es sei $h_i^0(\nu) = h_i^{(r)}(\nu) + 0(\nu^{e_r})$ mit

$$h_i^{(r)}(\nu) = \sum_{k=1}^{r} c_k^i \nu^{e_k} .$$

Wir stellen dann ein neues System auf

$$f_\mu [\nu, h_1^{(r)}(\nu) + \xi_1 \nu^{e_r}, \ldots, h_n^{(r)}(\nu) + \xi_n \nu^{e_r}] = 0 \qquad (\mu = 1, \ldots, m) .$$

Wenn dieses System eine endliche Anzahl von Lösungen besitzt, dann konvergiert die formale Lösung $h^0(\nu)$ für kleine ν. Es sei bemerkt, daß für das Ausgangssystem (21.151) die Anzahl der formalen Lösungen unendlich sein kann.

In den Überlegungen der letzten drei Punkte dieses Paragraphen spielte die Wechselbeziehung zwischen der Anzahl n der Unbekannten und der Anzahl m der Gleichungen in den betrachteten Systemen formal keine Rolle. Am häufigsten kommt der Fall $n = m$ vor.

§ 22. Zur Lösungsverzweigung bei Operatorgleichungen

22.1. Die Aufgabenstellung. Es seien E, F, Λ Banach-Räume und $f = f(\lambda, x)$ ein für $\lambda \in S(\lambda_0, a)$, $x \in S(x_0, b)$ erklärter Operator mit Werten in F (wir erinnern, daß $S(\lambda_0, a)$ die Kugel $||\lambda - \lambda_0||_\Lambda \leqq a$ im Raum Λ und $S(x_0, b)$ die Kugel $||x - x_0||_E \leqq b$ im Raum E ist, usw.).

In diesem Paragraphen setzen wir die Untersuchung der Gleichung (20.1) fort:

$$f(\lambda, x) = 0\,. \tag{22.1}$$

Wie in § 20 nehmen wir an

$$f(\lambda_0, x_0) = 0 \tag{22.2}$$

und suchen nahe an x_0 liegende Lösungen $x = x_*(\lambda)$ der Gleichung (22.1) für sich wenig von λ_0 unterscheidende Werte von λ.

Der Fall, in dem der lineare Operator $f'_x(\lambda_0, x_0)$ existiert und den stetigen inversen Operator Γ besitzt, ist im § 20 ausführlich analysiert worden. Wir erinnern nur an die Tatsache, daß unter unwesentlichen Voraussetzungen über die Glattheit des Operators f die Gleichung (22.1) für kleine $\lambda - \lambda_0$ eine einzige nahe an x_0 liegende Lösung besitzt — die Gleichung (22.1) bestimmt eine eindeutige stetige implizite Funktion, die gleich x_0 wird für $\lambda = \lambda_0$.

Im weiteren wird uns der wesentlich kompliziertere Fall interessieren, in dem $f'_x(\lambda_0, x_0)$ keinen stetigen inversen Operator besitzt. Sogar für eine skalare Gleichung (22.1) können dabei neue Erscheinungen auftreten (siehe § 21) — die Lösungen verzweigen in der Regel.

Die grundlegenden zur Zeit bekannten Ergebnisse zur Theorie der Lösungsverzweigung für die Gleichung (22.1) sind auf A. M. Ljapunow [1], E. Schmidt [1] und A. I. Nekrassow [1, 2] zurückzuführen. Es seien hier die wichtigen Arbeiten von L. Lichtenstein [1], R. Iglisch [1, 2], N. N. Nasarow [1—4], W. W. Pokorny [1—4], A. E. Gelman [1—6], R. Bartle [1], J. Cronin [1, 2], W. B. Melamed [3—5], W. A. Trenogin [1—3], K. T. Achmedow [1] erwähnt. Eine Reihe von Autoren hat die verschiedenartigsten Spezialklassen von Gleichungen untersucht. Im vorliegenden Paragraphen werden einige Überlegungen aus den Artikeln von P. P. Sabreiko und M. A. Krasnoselski [4—6] benutzt.

Die Methoden zur Untersuchung der nahe an x_0 liegenden Lösungen der Operatorgleichung (22.1) zerfallen in zwei wesentlich verschiedene Gruppen. Die erste Gruppe beinhaltet Methoden für den Übergang von der Gleichung (22.1) zu der äquivalenten endlichdimensionalen Gleichung

$$\varphi(\nu, u) = 0 \tag{22.3}$$

oder, was dasselbe ist, zu dem System von m skalaren Gleichungen mit n skalaren Unbekannten

$$\left.\begin{array}{l}\varphi_1(\nu; u_1, \ldots, u_n) = 0\,, \\ \ldots\ldots\ldots\ldots\ldots \\ \varphi_m(\nu; u_1, \ldots, u_n) = 0\,.\end{array}\right\} \qquad (22.4)$$

Die Gleichung (22.3) oder das System (22.4) nennt man *Verzweigungsgleichung*. Die Lösungen der Gleichung (22.1) lassen sich mit Hilfe einfacher Formeln durch die Lösungen des skalaren Systems (22.4) ausdrücken. Die Verzweigungsgleichung akkumuliert deshalb alle Besonderheiten der Lösungen der Gleichung (22.1) in sich: den Charakter der Abhängigkeit der Lösungen von Parametern, die Anzahl der Lösungen usw. Zur Untersuchung von Verzweigungsgleichungen kann die in § 21 dargelegte Theorie angewendet werden.

Die zweite Gruppe von Methoden zur Untersuchung der Gleichung (22.1) gründet sich auf der direkten Konstruktion der Lösungen, auf der unmittelbaren Untersuchung der Eigenschaften des Operators $f(\lambda, x)$. Die Aufteilung der Methoden in Gruppen ist natürlich sehr bedingt, zwischen ihnen besteht ein enger Zusammenhang.

22.2. Zerlegbare Operatoren. Wir erinnern an gewisse Definitionen.

Der lineare stetige Operator P, der im BANACH-Raum E gelegen ist, heißt *Projektor* oder *Projektionsoperator*, falls $P^2 = P$ ist. Jeder Projektor erzeugt die Zerlegung des Raumes E in die direkte Summe $E_0 \oplus E^0$ des Unterraumes $E_0 = P\,E$, auf den P projeziert, und des Unterraumes E^0 der Nullstellen des Operators P, in dessen Richtung P projeziert. Der Operator $I - P$ ist ebenfalls ein Projektor.

Wenn der Raum E in der Gestalt einer direkten Summe der Unterräume E_0 und E^0 dargestellt wird, d. h. jedes Element $x \in E$ sich eindeutig in der Gestalt $x = u + v$ ($u \in E_0$, $v \in E^0$) darstellen läßt, dann projeziert der Operator $P_0\,x = u$ auf E_0 in der Richtung E^0, und der Operator $P^0 = I - P_0$ projeziert auf E^0 in der Richtung E_0.

Wie bekannt (siehe N. DUNFORD und J. T. SCHWARTZ [1]), stellt nicht jeder Unterraum des BANACH-Raums den Wertebereich eines gewissen Projektionsoperators dar. Im HILBERT-Raum kann man auf jeden Unterraum projezieren.

Übung 22.1. Es ist zu zeigen, daß es im Raum L_∞ keinen Projektor gibt, dessen Wertebereich den Raum C der stetigen Funktionen darstellt.

Übung 22.2. Es sei L_M^* ein durch die N-Funktion $M(u)$ erklärter ORLITSCH-Raum, wobei $M(u)$ nicht der Δ_2-Bedingung (siehe M. A. KRASNOSELSKI und J. B. RUTIZKI [1]) genügt. Es ist zu zeigen, daß der Unterraum E_M (die Abschließung der Menge der beschränkten Funktionen) kein Wertebereich eines gewissen Projektors ist.

Es sei E_0 ein endlichdimensionaler Unterraum. Wir wählen auf E_0 die Basis $e_1, \ldots, e_m$ und definieren auf E_0 die linearen Funktionale $l_1, \ldots, l_m$ durch die Relationen

$$l_i\,(\xi_1\,e_1 + \cdots + \xi_m\,e_m) = \xi_i \qquad (i = 1, \ldots, m)\,. \qquad (22.5)$$

Danach setzen wir die Funktionale $l_1, \ldots, l_m$ unter Erhaltung der Norm auf den gesamten Raum E fort (es genügt, daß ihre Stetigkeit erhalten bleibt) und benutzen für die fortgesetzten Funktionale die gleiche Bezeichnung. Die Formel

$$P_0 x = \sum_{i=1}^{m} l_i(x)\, e_i \qquad (x \in E) \tag{22.6}$$

erklärt dann einen Operator der Projektion auf E_0. Der Operator $P^0 = I - P_0$ projeziert auf den Durchschnitt E^0 der Unterräume für die Nullstellen der Funktionale $l_1, \ldots, l_m$.

Übung 22.3. Es sei E_0 endlichdimensional und $e_1, \ldots, e_m$ eine Basis in E_0, weiter $\varphi_1, \ldots, \varphi_m$ ein Satz linearer Funktionale dergestalt, daß für die Determinante gilt

$$D = \begin{vmatrix} \varphi_1(e_1) \cdots \varphi_1(e_m) \\ \cdots\cdots\cdots \\ \varphi_m(e_1) \cdots \varphi_m(e_m) \end{vmatrix} \neq 0\,. \tag{22.7}$$

Es ist zu zeigen, daß man den Operator P_0 der Projektion auf E_0 durch die Formel (22.6) erklären kann, wobei jedes Funktional l_i eine lineare Kombination der Funktionale $\varphi_1, \ldots, \varphi_m$ ist.

Man sagt, daß der Unterraum $E^0 \subset E$ den Defekt m ($\operatorname{def} E^0 = m$) besitzt, wenn er den Durchschnitt der Unterräume der Nullstellen m linear unabhängiger Funktionale $\varphi_1, \ldots, \varphi_m$ darstellt. Die lineare Unabhängigkeit bedeutet, daß sich derartige Elemente $e_1, \ldots, e_m$ finden lassen, für die die Bedingung (22.7) erfüllt ist. Für jedes feste $i = 1, \ldots, m$ ist dann das System

$$\begin{aligned}
\alpha_{i1}\,\varphi_1(e_1) + \cdots + \alpha_{im}\,\varphi_m(e_1) &= 0\,,\\
\cdots\cdots\cdots\cdots\cdots\cdots\cdots\cdots\cdots\cdots\cdots&\\
\alpha_{i1}\,\varphi_1(e_{i-1}) + \cdots + \alpha_{im}\,\varphi_m(e_{i-1}) &= 0\,,\\
\alpha_{i1}\,\varphi_1(e_i) + \cdots + \alpha_{im}\,\varphi_m(e_i) &= 1\,,\\
\alpha_{i1}\,\varphi_1(e_{i+1}) + \cdots + \alpha_{im}\,\varphi_m(e_{i+1}) &= 0\,,\\
\cdots\cdots\cdots\cdots\cdots\cdots\cdots\cdots\cdots\cdots\cdots&\\
\alpha_{i1}\,\varphi_1(e_m) + \cdots + \alpha_{im}\,\varphi_m(e_m) &= 0
\end{aligned}$$

lösbar. Wenn man mittels der Lösungen dieses Systems die Funktionale

$$l_i(x) = \alpha_{i1}\,\varphi_1(x) + \cdots + \alpha_{im}\,\varphi_m(x) \qquad (x \in E)$$

konstruiert, dann genügen diese den Gleichungen (22.5). Deshalb erklärt die Formel (22.6) einen Operator, der auf die lineare Hülle E_0 der Punkte $e_1, \ldots, e_m$ in Richtung des Unterraumes E^0 projeziert. Der Operator $P^0 = I - P_0$ ist ein Projektor auf E^0.

Der lineare Operator B bilde den Raum E in den Raum F ab. B heißt *normal lösbar*, wenn die Menge seiner Werte $B\,E = F^0$ abgeschlossen ist. Mit E_0 bezeichnen wir den *Kern* des Operators B, d. h. den Unterraum seiner Nullstellen. Der Operator B heißt *zerlegbar*, wenn Operatoren der Projektion auf E_0 (im Raum E) und auf F^0 (im Raum F) existieren. Wenn die Dimension $\dim E_0$ des

Unterraums E_0 und der Defekt def F^0 des Unterraums F^0 endlich sind, dann heißt die Differenz

$$\text{ind } B = \text{def } F^0 - \dim E_0 \tag{22.8}$$

Index (oder NÖTHERscher Index) des normal lösbaren Operators B. Die Operatoren B, für die der Index (22.8) erklärt ist, sind natürlich zerlegbar. Im HILBERT-Raum ist jeder normal lösbare Operator zerlegbar.

Ein wichtiges Beispiel zerlegbarer Operatoren sind Operatoren der Gestalt $B = C + D$, wobei C stetig invertierbar und D vollstetig ist.

Übung 22.4. Es ist zu zeigen, daß ind $B = 0$, wenn B die Summe eines stetig invertierbaren und eines vollstetigen Operators darstellt (S. M. NIKOLSKI).

22.3. Matrizendarstellungen zerlegbarer Operatoren. Es seien P_1, $P^1 = I - P_1$, Q_1, $Q^1 = I - Q_1$ Projektoren in den Räumen E und F entsprechend und B ein linearer Operator, der E in F abbildet. Offensichtlich gilt

$$B\,x = Q_1\,B\,P_1\,x + Q_1\,B\,P^1\,x + Q^1\,B\,P_1\,x + Q^1\,B\,P^1\,x\,. \tag{22.9}$$

Diese Zerlegung des Operators B schreibt man gewöhnlich in der Form seiner Matrizendarstellung

$$B = \begin{pmatrix} B_{11} & B_{12} \\ B_{21} & B_{22} \end{pmatrix}, \tag{22.10}$$

wobei B_{11} die Einschränkung des Operators $Q_1\,B\,P_1$ auf $E_1 = P_1\,E$, B_{12} die Einschränkung des Operators $Q_1\,B\,P^1$ auf $E^1 = P^1\,E$ usw. ist. Der Operator B_{11} bildet E_1 in $F_1 = Q_1\,F$ ab, B_{12} bildet E^1 in F_1 ab, B_{21} bildet E_1 in $F^1 = Q^1\,F$ ab und B_{22} bildet E^1 in F^1 ab. Die Darstellung (22.9) des Operators nennen wir *nichtausgeartet*, wenn der Operator B_{22} einen stetigen inversen Operator B_{22}^{-1} (der F^1 in E^1 abbildet) besitzt. Die Darstellung (22.10) nennen wir schließlich *regulär*, wenn sie nichtausgeartet ist und

$$B_{11} = B_{12}\,B_{22}^{-1}\,B_{21} \tag{22.11}$$

gilt.

Satz 22.1. *Der Operator B läßt genau dann eine reguläre Darstellung zu, wenn er zerlegbar ist.*

Ist (22.10) *eine reguläre Darstellung des Operators B, dann besteht der Unterraum E_0 seiner Nullstellen aus den Elementen $x \in E$, für die*

$$P^1\,x = -\,B_{22}^{-1}\,B_{21}\,P_1\,x \tag{22.12}$$

gilt. Auf den Unterraum E_0 projeziert der Operator

$$P_0\,x = P_1\,x - B_{22}^{-1}\,B_{21}\,P_1\,x \qquad (x \in E)\,. \tag{22.13}$$

Der Unterraum F^0 der Werte des Operators B besteht aus solchen Elementen $f \in F$, für die

$$Q_1\,f = B_{12}\,B_{22}^{-1}\,Q^1\,f\,. \tag{22.14}$$

Auf den Unterraum F^0 projeziert der Operator

$$Q^0 f = Q^1 f - B_{12} B_{22}^{-1} Q^1 f \qquad (f \in F). \tag{22.15}$$

Beweis. Es sei B zerlegbar, P_0 ein Projektor in E auf die Menge E_0 der Nullstellen des Operators B, Q^0 ein Projektor in F auf die Menge F^0 der Werte des Operators B, $P^0 = I - P_0$ und $Q_0 = I - Q^0$. Die Zerlegung (22.9) besitzt dann die Gestalt $B x = Q^0 B P^0 x$, d. h.

$$B = \begin{pmatrix} 0 & 0 \\ 0 & B_{22}^0 \end{pmatrix}, \tag{22.16}$$

wobei B_{22}^0 die Einschränkung von B auf $E^0 = (I - P_0) E$ ist. Der Operator B_{22}^0 stellt eine eineindeutige Zuordnung zwischen E^0 und $F^0 = B E$ her. Infolge des Satzes von BANACH ist auf F^0 der zu B_{22}^0 stetige inverse Operator $(B_{22}^0)^{-1}$ erklärt. Deshalb liefert (22.16) die nichtausgeartete Darstellung des Operators B. Die Gleichung (22.11) ist offensichtlich.

Es sei (22.10) die reguläre Darstellung des Operators B, die mit Hilfe der vier Projektoren P_1, P^1, Q_1, Q^1 konstruiert wird. Die Nullstellen x des Operators B lassen sich aus dem System

$$B_{11} P_1 x + B_{12} P^1 x = 0, \qquad B_{21} P_1 x + B_{22} P^1 x = 0 \tag{22.17}$$

ermitteln. Indem wir die zweite Gleichung lösen, erhalten wir die Relation (22.12). Die erste Gleichung in (22.17) ist dann wegen (22.11) eine Identität.

Für den Beweis, daß die Formel (22.13) einen Projektor auf E_0 bestimmt, braucht man nur zu zeigen, daß $P_0 x \in E_0$ ist für $x \in E$, d. h., daß

$$P^1 P_0 x \equiv - B_{22}^{-1} B_{21} P_1 P_0 x,$$

und daß $P_0 x = x$ für $x \in E_0$, also

$$P_0 (P_1 x - B_{22}^{-1} B_{21} P_1 x) \equiv P_1 x - B_{22}^{-1} B_{21} P_1 x.$$

Beide Identitäten resultieren unmittelbar aus der Definition des Operators (22.13).

Das Element f ist ein Wert des Operators B, wenn das System

$$B_{11} P_1 x + B_{12} P^1 x = Q_1 f, \qquad B_{21} P_1 x + B_{22} P^1 x = Q^1 f$$

lösbar ist. Aus der zweiten Gleichung kann man $P^1 x$ bestimmen:

$$P^1 x = - B_{22}^{-1} B_{21} P_1 x + B_{22}^{-1} Q^1 f.$$

Setzen wir $P^1 x$ in die erste Gleichung ein und berücksichtigen (22.11), dann erhalten wir (22.14).

Schließlich erklärt die Formel (22.15) einen Projektor auf F^0, da $Q^0 Q^0 f \equiv Q^0 f$ $(f \in F)$ gilt. Die Werte des Operators Q^0 genügen (22.14), und aus (22.11) folgt, daß $Q^0 f = f$ für $f \in F^0$ (den Beweis überlassen wir dem Leser).

Der Satz ist bewiesen.

Übung 22.5. Der Operator B sei normal lösbar, besitze einen endlichen Index und sei zerlegbar. Es seien E^1 der zum Unterraum E_0 der Nullstellen des Operators B komplementäre Unterraum und P^1 ein gewisser Operator in E, der auf E^1 projeziert. Es sei Q_1 ein Projektor in F, der auf einen gewissen zum Unterraum F^0 der Werte des Operators B komplementären Unterraum F_1 projeziert. Es ist zu zeigen, daß die Darstellung (22.16) des Operators B, die durch die Zerlegung (22.9) bestimmt ist, eine reguläre Darstellung ist.

22.4. Die Verzweigungsgleichungen. Wir befassen uns wieder mit der Gleichung (22.1). Wir führen die Bezeichnungen

$$B = f'_x(\lambda_0, x_0)\,, \qquad h = x - x_0\,, \qquad \nu = \lambda - \lambda_0$$

ein. Dann kann man die Gleichung (22.1) (unter der Bedingung (22.2)) in der Gestalt

$$B\,h = \Omega(\nu, h) \tag{22.18}$$

schreiben, wobei $\Omega(0, 0) = 0$ und $\Omega'_h(0, 0) = 0$ gilt.

Die Matrizendarstellung

$$B = \begin{pmatrix} B_{11} & B_{12} \\ B_{21} & B_{22} \end{pmatrix} \tag{22.19}$$

des Operators B werde durch die Projektoren P_0, P^0 (in E) und Q_0, Q^0 (in F) erzeugt. Die Gleichung (22.18) kann man dann in der Gestalt des Systems

$$\left.\begin{aligned} B_{11}\,u + B_{12}\,v &= Q_0\,\Omega\,(\nu, u + v)\,, \\ B_{21}\,u + B_{22}\,v &= Q^0\,\Omega\,(\nu, u + v) \end{aligned}\right\} \tag{22.20}$$

schreiben, wobei

$$u = P_0\,h \in E_0\,, \qquad v = P^0\,h \in E^0 \qquad (h \in E) \tag{22.21}$$

gilt. Besitzt der Operator B_{22} einen stetigen inversen Operator und ist $\Omega(\nu, h)$ hinreichend glatt, dann bestimmt die zweite Gleichung in (22.20) (wegen Satz 20.1) die einzige implizite Funktion

$$v = R(\nu, u)\,, \tag{22.22}$$

die für kleine ν und u definiert ist. Das Problem der kleinen Lösungen des Systems (22.20) (oder, was dasselbe ist, der Gleichung (22.18)) wird demzufolge auf die Lösung einer Gleichung im Raum E_0 zurückgeführt, die man aus der ersten Gleichung (22.20) erhält, indem man anstelle von v ihre Werte (22.22) einsetzt. Die erhaltene Gleichung kann man in der Gestalt

$$\varphi(\nu, u) = 0 \tag{22.23}$$

schreiben, wobei

$$\varphi(\nu, u) = B_{11}\,u + B_{12}\,R(\nu, u) = Q_0\,\Omega\,[\nu, u + R(\nu, u)] \tag{22.24}$$

ist. Gelingt es, die (eindeutige oder mehrdeutige) Lösung $u(\nu)$ der Gleichung (22.23) zu finden, dann wird die Lösung $h(\nu)$ der Gleichung (22.18) durch die

Vorschrift

$$h(\nu) = u(\nu) + R[\nu, u(\nu)] \tag{22.25}$$

bestimmt.

Das beschriebene Schema reduziert die Gleichung (22.18) im Raum E auf die Gleichung (22.23) im Unterraum E_0. Sind E_0 und F_0 endlichdimensional, dann stellt die Gleichung (22.23) ein endliches System skalarer Gleichungen dar.

Am häufigsten wird der Fall betrachtet, indem B zerlegbar und (22.19) eine reguläre Darstellung des Operators B ist. In diesem Falle nennt man die Gleichung (22.23) *Verzweigungsgleichung.* Ohne Schwierigkeiten kann der Leser selbst zeigen, daß für eine beliebige reguläre Darstellung (22.19) des Operators B die Ableitung $\varphi_u'(0, 0)$ des Operators (22.24) gleich Null ist.

Die Untersuchung der Verzweigungsgleichung, ihre exakte oder approximative Lösung und die nachfolgende Anwendung der Formel (22.25) ist eine der Hauptmethoden zur Untersuchung kleiner Lösungen für die Gleichung (22.18). Auf den ersten Blick könnte man sogar denken, daß (falls E_0 und F_0 endlichdimensional sind) mit der Herleitung der Verzweigungsgleichung die Aufgabe vollständig gelöst ist, da man nur noch die (zum Beispiel im § 21 dargelegten) Methoden zur Untersuchung endlicher Systeme[1]) anzuwenden braucht. Es sei jedoch daran erinnert, daß die Verzweigungsgleichung in expliziter Form nicht aufgeschrieben werden kann, so wie man auch nicht den Operator $R(\nu, u)$ aus (22.22) in expliziter Form angeben kann. Deshalb gelingt es nicht immer, die Verzweigungsgleichung zu untersuchen. Im Zusammenhang damit spielen gerade andere Methoden eine wichtige Rolle, die sich nicht auf die Gleichung (22.23) stützen. Sie führen häufig dann zum Ziel, wenn die Gleichung (22.23) vollkommen unübersichtlich ist. Alle diese Überlegungen beziehen sich auch auf andere endliche Systeme, auf die sich theoretisch das Problem der kleinen Lösungen zurückführen läßt.

Übung 22.6. Es sei B zerlegbar und F_0 ein gewisser zum Unterraum F^0 der Werte des Operators B komplementärer Unterraum in F. Mit $\Pi(\nu)$ bezeichnen wir eine Fläche, die aus den Elementen $h \in E$ besteht, in denen der Vektor $B\,h - \Omega(\nu, h)$ parallel zum Unterraum F_0 ist. Es ist zu zeigen, daß man E in der Gestalt einer direkten Summe $E = E_0 \oplus E^0$ so darstellen kann, daß für kleine γ jedem kleinen $u \in E_0$ eindeutig ein $v \in E^0$ entspricht, für das $u + v \in \Pi(\nu)$ ist.

Übung 22.7. Es seien die Voraussetzungen der Übung 22.6 erfüllt. Die Flächen $\Pi(\nu)$ seien (für kleine γ und in der Umgebung der Null des Raumes E) durch die Projektion von u (des Punktes $x \in \Pi(\nu)$) auf den Unterraum E_0 parametrisiert. Die Vektoren $B\,x - \Omega(\nu, x)$ kann man dann für $x \in \Pi(\nu)$ als Vektoren $\Phi(\gamma, u) \in F_0$ betrachten. Es ist eine derartige reguläre Darstellung (22.19) des Operators B zu konstruieren, daß die nach ihr bestimmte Verzweigungsgleichung (22.23) mit der Gleichung $\Phi(\gamma, u) = 0$ zusammenfällt.

---

[1]) Die Rolle des Ausschließungsverfahrens in der Theorie der Lösungsverzweigungen ist wahrscheinlich zuerst von S. Lefschetz [1] bemerkt worden. Den Anwendungen dieses Verfahrens sind die Arbeiten zahlreicher Autoren gewidmet (P. G. Aisengändler, M. M. Wainberg, W. B. Melamed, W. A. Trenogin u. a.).

Bei der Untersuchung nichtlinearer Integralgleichungen ist die Gleichung (22.23) wahrscheinlich zuerst von A. M. Ljapunow hergeleitet worden. Die Konstruktionen von A. M. Ljapunow entsprachen regulären Darstellungen (22.16) des Operators B. Es ist günstig, die allgemeineren Darstellungen (22.19) des Operators B dann anzuwenden, wenn man durch die Wahl des Operators Q^0 die zweite Gleichung in (22.20) wesentlich vereinfachen kann (zum Beispiel, wenn die Gleichung (22.18) endlichdimensionale Nichtlinearitäten besitzt).

Gehen wir nun zu der sogenannten Verzweigungsgleichung von Schmidt über (E. Schmidt hat sie ebenfalls für Integralgleichungen konstruiert; der Übergang zu allgemeinen Operatorgleichungen hat, wie auch im Fall der Verzweigungsgleichungen von Ljapunow, keine zusätzlichen Überlegungen erfordert).

Wir betrachten die Gleichung (22.18). Es sei C ein den Raum E in einen gewissen Unterraum F_0 des Raumes F abbildender linearer Operator dergestalt, daß $B + C$ einen stetigen inversen Operator besitzt. Wir ersetzen die Gleichung (22.18) durch das äquivalente System

$$\left.\begin{aligned}(B + C)\, h &= \Omega(\nu, h) + f\,,\\ C\, h &= f\,,\end{aligned}\right\} \tag{22.26}$$

mit $f \in F_0$. Ist $\Omega(\nu, h)$ ein genügend glatter Operator, dann kann man die erste Gleichung in (22.26) bezüglich h auflösen (für kleine ν und f). Setzen wir die gewonnene Lösung

$$h = T(\nu, f) \tag{22.27}$$

in die zweite Gleichung aus (22.26) ein, dann erhalten wir die Verzweigungsgleichung von Schmidt

$$\varphi(\nu, f) = 0 \tag{22.28}$$

mit

$$\varphi(\nu, f) = C\, T(\nu, f) - f\,. \tag{22.29}$$

Zur vollständigen Lösung der Gleichung (22.18) muß man nun die Gleichung (22.29) lösen und danach die gefundene (eindeutige oder mehrdeutige) Lösung $f = f(\nu)$ in die rechte Seite von (22.27) einsetzen.

Wir nehmen an, daß B normal lösbar ist und einen endlichen Index (22.8) besitzt. Wie gewöhnlich, sei E_0 die Menge der Nullstellen des Operators B, $F^0 = B\,E$, E^0 und F_0 die komplementären Unterräume und P_0, P^0, Q_0, Q^0 die entsprechenden Projektoren. Die reguläre Darstellung des Operators B hat dabei die Gestalt (22.16).

Es sei ind $B = 0$, d. h., E_0 und F_0 haben die gleiche endliche Dimension m. In diesem Falle kann man bei der Konstruktion des Operators C wie folgt vorgehen: Man wählt in E_0 und F_0 die Basen $e_1, \ldots, e_m$ und $f_1, \ldots, f_m$ entsprechend, setzt dann

$$C_0\,(\xi_1 e_1 + \cdots + \xi_m e_m) = \xi_1 f_1 + \cdots + \xi_m f_m \tag{22.30}$$

und setzt C_0 auf den ganzen Raum E mit Hilfe der Formel

$$C\,x = C_0\,P_0\,x \qquad (x \in E) \tag{22.31}$$

fort. Die Darstellung (22.19) des Operators $B + C$ hat die Gestalt

$$B + C = \begin{pmatrix} C_0 & 0 \\ 0 & B_{22} \end{pmatrix}. \tag{22.32}$$

Zur Umkehrung des Operators $B + C$ muß man deshalb die zu B_{22} (auf F^0) und zu C_0 (auf F_0) inversen Operatoren kennen.

Wir schreiben die Verzweigungsgleichung von Schmidt für den Fall aus, in dem C durch die Gleichungen (22.30) und (22.31) bestimmt ist. Wir benutzen die Bezeichnungen (22.21). Die erste Gleichung des Systems (22.26) läßt sich dann als System

$$\left.\begin{aligned} C_0\,u &= Q_0\,\Omega\,(v, u + v) + f\,, \\ B_{22}\,u &= Q^0\,\Omega\,(v, u + v) \end{aligned}\right\} \tag{22.33}$$

schreiben, und die zweite als Gleichung

$$C_0\,u = f\,. \tag{22.34}$$

Die zweite Gleichung des Systems (22.33) stimmt mit der zweiten Gleichung des Systems (22.20) (das natürlich nach der Darstellung (22.16) des Operators B konstruiert ist) überein. Die Lösung der zweiten Gleichung aus (22.33) fällt darum mit der Funktion (22.22) zusammen. Setzen wir diese Lösung in die erste Gleichung von (22.33) ein, dann erhalten wir

$$C_0\,u + \varphi(v, u) = f\,, \tag{22.35}$$

wobei $\varphi(v, u)$ die linke Seite der Verzweigungsgleichung (22.23) von Ljapunow ist. Um die Verzweigungsgleichung von Schmidt zu konstruieren, muß man aus der Gleichung (22.35) oder, was dasselbe ist, aus der Gleichung

$$u + C_0^{-1}\,\varphi(v, u) = w \qquad (w = C_0^{-1} f \in E_0) \tag{22.36}$$

$u = \chi(v, w)$ finden und danach die Gleichung

$$\chi(v, w) = w \tag{22.37}$$

aufstellen. Diese Gleichung ist gerade die Verzweigungsgleichung (22.28) von Schmidt.

Für die weiteren Überlegungen ist es günstig, die Verzweigungsgleichung von Ljapunow (22.23) in der Form des Systems

$$\left.\begin{aligned} u + C_0^{-1}\,\varphi(v, u) &= w\,, \\ u &= w \end{aligned}\right\} \tag{22.38}$$

und die Verzweigungsgleichung von Schmidt (22.37) als System

$$\left.\begin{aligned} \chi(v, w) &= u\,, \\ u &= w \end{aligned}\right\} \tag{22.39}$$

zu schreiben. Wir definieren im Raum der Paare $\{u, w\}$ $(u, w \in E_0)$ die Operatoren

$$T_1\{u, w\} = \{w, u + C_0^{-1}\,\varphi(\nu, u)\}\,, \qquad T_2\{u, w\} = \{\chi(\nu, w), u\}\,. \tag{22.40}$$

Die Lösungen des Systems (22.38) sind offensichtlich Fixpunkte des Operators T_1, und die Lösungen des Systems (22.39) Fixpunkte des Operators T_2. Die Operatoren T_1 und T_2 sind wechselseitig invers (für kleine u, w). Deshalb besitzen sie die gleichen Fixpunkte.

Somit haben wir eine einfache, aber etwas unerwartete Behauptung bewiesen; die Verzweigungsgleichung von SCHMIDT (22.37) besitzt die gleichen Lösungen wie die Verzweigungsgleichung von LJAPUNOW (22.23) (die mit Hilfe derselben Projektoren P_0, P^0, Q_0, Q^0 konstruiert wurde).

Beim Beweis ist auch der Prozeß des Übergangs von der einen Verzweigungsgleichung zu der anderen beschrieben worden.

Mit dem Fall ind $B \neq 0$ werden wir uns nicht befassen, da sich dieser Fall einfach auf den schon betrachteten zurückführen läßt. Es sei in der Tat ind $B = -k < 0$. Dann muß man B und $\Omega(\nu, h)$ als Operatoren mit Werten in einem derartigen Raum $\tilde{F}$ betrachten, in dem F einen Unterraum mit dem Defekt k bildet (d. h. $\tilde{F}$ ist eine direkte Summe von F und einem k-dimensionalen Raum). Nach einer solchen Erweiterung besitzt der Operator B einen Nullindex. Ist aber ind $B = k > 0$, dann muß man den Raum $\tilde{E}$ betrachten, in dem E den Defekt k besitzt und die Gleichung (22.18) durch die äquivalente Gleichung

$$B\,R\,x = \Omega(\nu, R\,x) \tag{22.41}$$

ersetzen, wobei R ein beliebiger Projektor von E in $\tilde{E}$ und der Index des $\tilde{E}$ in F abbildenden Operators $B\,R$ gleich Null ist. Ist ind $B = -k < 0$, dann existieren kleine Lösungen der Gleichung (22.18), und sie bilden in der Regel k-parametrische Scharen. Ist ind $B > 0$, dann besitzt die Gleichung (22.18) im allgemeinen für von Null verschiedene ν keine Lösungen. Eine unmittelbare Analyse der Verzweigungsgleichungen für den Fall, wenn ind $B \neq 0$ ist, ist wahrscheinlich zuerst von W. A. TRENOGIN vorgenommen worden.

Methoden zur Untersuchung linearer Operatoren B mit von Null verschiedenem Index, die sich auf die Erweiterung der Räume E und F um eine endliche Anzahl von Dimensionen gründen, sind unter anderen Umständen von M. G. KREIN und M. A. KRASNOSELSKI [2] entwickelt und angewendet worden.

Der Übergang von der Gleichung (22.18) zu den (falls die Menge der Nullstellen des Operators B endlichdimensional und der ind B endlich ist, endlichdimensionalen) Verzweigungsgleichungen ist auch mit Hilfe anderer Methoden möglich, die sich von den oben dargelegten unterscheiden. Die allgemeine Idee, wie man Verzweigungsgleichungen für die Gleichung (22.18) erhält, kann man wie folgt beschreiben.

Außer den Räumen E, F, Λ seien noch die Räume U und Z gegeben. Es seien derartige Operatoren $S_0(\nu, u, z, x, f)$ und $S^0(\nu, u, z, x, f)$ konstruiert, die für kleine

$\nu \in \Lambda$, $u \in U$, $z \in Z$, $x \in E$, $f \in F$ erklärt sind und Werte in gewissen Räumen besitzen, so daß aus

$$S_0(\nu, u, z, x, f) = 0 \,, \qquad S^0(\nu, u, z, x, f) = 0$$

die Gleichung $f = 0$ resultiert. Ferner sei ein derartiger für kleine $\nu \in \Lambda$, $u \in U$, $z \in Z$ erklärter Operator $R(\nu, u, z)$ mit Werten in E gegeben, daß die Gleichung

$$S^0\{\nu, u, z, R(\nu, u, z)\,,\; B\,R(\nu, u, z) - \Omega[\nu, R(\nu, u, z)]\} = 0$$

genau eine kleine Lösung

$$z = T(\nu, u)$$

besitzt. Die Funktion

$$x = R\{\nu, u(\nu), T[\nu, u(\nu)]\}$$

ist dann offensichtlich Lösung der Gleichung (22.18), falls $u = u(\nu)$ Lösung der Gleichung

$$\chi(\nu, u) = 0 \qquad (22.42)$$

ist, wobei

$$\chi(\nu, u) = S_0\,\{\nu, u, T(\nu, u), R[\nu, u, T(\nu, u)],$$
$$B\,R[\nu, u, T(\nu, u)] - \Omega[\nu, R[\nu, u, T(\nu, u)]]\}$$

gilt. Weiterhin nehmen wir an, daß aus den Gleichungen $z = T(\nu, u)$ und

$$S_0(\nu, u, z, x, 0) = 0 \,, \qquad S^0(\nu, u, z, x, 0) = 0 \,, \qquad x = R(\nu, u, z)$$

folgt $u = L(\nu, x)$, wobei $L(\nu, x)$ ($L(0, 0) = 0$) einen Operator mit Werten in U darstellt, der für kleine ν und x definiert ist. Wenn $x = x(\nu)$ eine nahe an 0 liegende Lösung der Gleichung (22.18) darstellt für nahe an 0 liegende Werte von ν, dann ist, wie man leicht sieht, $u = L[\nu, x(\nu)]$ Lösung der Gleichung (22.42). Somit können alle Lösungen der Gleichung (22.18) mittels der Lösungen der Gleichung (22.42) gefunden werden. Die Gleichung (22.42) ist eine Verzweigungsgleichung.

Übung 22.8. Es ist zu zeigen, daß die Verzweigungsgleichungen (22.23) und (22.28) Spezialfälle der Gleichung (22.42) sind.

22.5. Asymptotische Näherungen für Verzweigungsgleichungen. Die exakte Konstruktion von Verzweigungsgleichungen ist nur in Ausnahmefällen möglich. Im Zusammenhang damit sind Methoden zur Konstruktion derartiger Näherungsverzweigungsgleichungen wichtig, deren Lösungen eine genügend vollständige Information über die Lösungen der exakten Verzweigungsgleichung geben. Es ist wünschenswert, daß eine solche Information zumindest eine Abschätzung für die Anzahl der Lösungen, asymptotische Näherungen an die Lösungen usw. enthält.

Wir betrachten zwei Gleichungen

$$\chi(\nu, u) = 0\,, \tag{22.43}$$

$$\tilde{\chi}(\nu, u) = 0\,, \tag{22.44}$$

wobei $\nu \in \Lambda$, $u \in E_0$ und $\chi(\nu, u)$ und $\tilde{\chi}(\nu, u)$ für genügend kleine ν und u definierte Operatoren mit Werten in F_0 sind, die den Bedingungen

$$\chi(0, 0) = 0\,, \qquad \tilde{\chi}(0, 0) = 0$$

genügen. Nehmen wir an, daß der Operator $\tilde{\chi}(\nu, u)$ eine asymptotische Näherung (siehe Punkt 20.6) der Ordnung (oder Vorordnung) $\omega(\nu, u)$ für den Operator $\chi(\nu, u)$ darstellt:

$$\|\chi(\nu, u) - \tilde{\chi}(\nu, u)\| = o[\omega(\nu, u)] \qquad (\|\chi(\nu, u) - \tilde{\chi}(\nu, u)\| = O[\omega(\nu, u)])\,.$$

Hier ist $\omega(\nu, u)$ ein nichtnegatives Funktional, das im Nullpunkt stetig ist und nur im Nullpunkt den Nullwert annimmt. Wir sagen dann, daß die Gleichung (22.44) eine *asymptotische Näherung* (der Ordnung oder Vorordnung ω) für die Gleichung (22.43) ist.

Die Anwendung zahlreicher Methoden zur exakten oder approximativen Untersuchung skalarer Gleichungen und Systeme (22.43) erfordert nur die Kenntnis irgendeiner asymptotischen Näherung genügend hoher Ordnung an jede dieser Gleichungen. Deshalb braucht man häufig zur Untersuchung einer Verzweigungsgleichung nur ihre asymptotische Näherung zu betrachten. In diesem Punkte werden einige Methoden zur Konstruktion asymptotischer Näherungen für Verzweigungsgleichungen beschrieben. Diese Methoden sind für verschiedene Sonderfälle (oft mit einer anderen Terminologie) von zahlreichen Autoren benutzt worden. In der allgemeinen Form sind sie in den Arbeiten von P. P. Sabreiko und M. A. Krasnoselski [5, 6] dargelegt worden.

In erster Linie betrachten wir Methoden zur Konstruktion asymptotischer Näherungen

$$\tilde{\varphi}(\nu, u) = 0 \tag{22.45}$$

für die Verzweigungsgleichung (22.23)

$$\varphi(\nu, u) = 0 \tag{22.46}$$

der Gleichung (22.18)

$$B\,h = \Omega(\nu, h)\,, \tag{22.47}$$

die nach der Matrizendarstellung (22.16) des Operators B aufgestellt wurde.

Wir schreiben die Gleichung (22.47) in der Gestalt

$$0 = Q_0\,\Omega\,(\nu, u + v)\,, \tag{22.48}$$

$$B_{22}\,v = Q^0\,\Omega\,(\nu, u + v)\,, \tag{22.49}$$

mit $u \in E_0$ und $v \in E^0$. Zur Aufstellung der Verzweigungsgleichung (22.46) muß man die Lösung

$$v = R(\nu, u) \tag{22.50}$$

der Gleichung (22.49) finden. Die linke Seite der Verzweigungsgleichung wird dann durch die Gleichung

$$\varphi(\nu, u) = Q_0\, \Omega\, [\nu, u + R(\nu, u)] \tag{22.51}$$

bestimmt. Zur Konstruktion asymptotischer Näherungen an die Verzweigungsgleichung (22.46) braucht man nur die asymptotischen Näherungen

$$v = \tilde{R}(\nu, u) \tag{22.52}$$

an den Operator (22.50) zu finden. Die linke Seite der asymptotischen Näherung (22.45) an die Verzweigungsgleichung kann man dann durch den Ausdruck

$$\tilde{\varphi}(\nu, u) = Q_0\, \Omega\, [\nu, u + \tilde{R}(\nu, u)] \tag{22.53}$$

erklären. Nach den Lösungen $u = \tilde{u}(\nu)$ der Gleichung (22.45), deren linke Seite durch die Relation (22.53) erklärt ist, kann man die asymptotischen Näherungen $h = \tilde{h}(\nu)$ an die Lösungen $h = h(\nu)$ der Gleichung (22.47) nach der Formel

$$\tilde{h}(\nu) = \tilde{u}(\nu) + R[\nu, \tilde{u}(\nu)] \tag{22.54}$$

konstruieren, wobei $R(\nu, u)$ der Operator (22.50) ist, oder nach der Formel

$$\tilde{h}(\nu) = \tilde{u}(\nu) + R_0[\nu, \tilde{u}(\nu)]\,, \tag{22.55}$$

wobei $R_0(\nu, u)$ eine gewisse asymptotische Näherung für den Operator (22.50) ist. Als eine solche Näherung $R_0(\nu, u)$ nimmt man zweckmäßigerweise den Operator (22.52). Die asymptotische Näherung $\tilde{h}(\nu)$ an die Lösung $h(\nu)$ der Gleichung (22.47) ist dann durch die Relation

$$\tilde{h}(\nu) = \tilde{u}(\nu) + \tilde{R}[\nu, \tilde{u}(\nu)] \tag{22.56}$$

bestimmt. Zur Abschätzung der Ordnung (oder Vorordnung) der asymptotischen Näherungen braucht man nur die Ordnung (Vorordnung) der asymptotischen Näherung für die Lösung $u = \tilde{u}(\nu)$ der Gleichung (22.45) an die entsprechende Lösung der Gleichung (22.46) und die Glattheitseigenschaften des Operators (22.50) zu kennen. Zur Abschätzung der Ordnung (Vorordnung) der asymptotischen Näherung (22.56) muß man noch die Ordnung der asymptotischen Näherung für den Operator (22.52) an den Operator (22.50) wissen.

Im weiteren werden dem Operator $\Omega(\nu, h)$ Beschränkungen der Gestalt

$$||Q_0\, \Omega\, (\nu, u + v_1) - Q_0\, \Omega\, (\nu, u + v_2)|| \leqq q_0(\nu, u, t)\, ||v_1 - v_2|| \tag{22.57}$$

$$(\nu \in S(0, a),\ u \in E_0,\ ||u|| \leqq b,\ v_1, v_2 \in E^0,\ ||v_1||, ||v_2|| \leqq t)\,,$$

$$||Q^0\, \Omega\, (\nu, u + v_1) - Q^0\, \Omega\, (\nu, u + v_2)|| \leqq q^0(\nu, u, t)\, ||v_1 - v_2|| \tag{22.58}$$

$$(\nu \in S(0, a),\ u \in E_0,\ ||u|| \leqq b,\ v_1\, v_2 \in E^0,\ ||v_1||, ||v_2|| \leqq t)$$

auferlegt. Hier sind $q_0(\nu, u, t)$ und $q^0(\nu, u, t)$ $(q_0(0, 0, 0) = q^0(0, 0, 0) = 0)$ in Null stetige Funktionen, die in t nicht fallend sind und den Bedingungen

$$q_0[\nu, u, c\,\omega(\nu, u)] \leqq k_0(c)\,\delta(\nu, u) \qquad (0 < c < \infty)\,, \tag{22.59}$$

$$q^0[\nu, u, c\,\omega(\nu, u)] \leqq k^0(c)\,\omega_0(\nu, u) \qquad (0 < c < \infty) \tag{22.60}$$

genügen, wobei die Funktionen $\omega(\nu, u)$, $\omega_0(\nu, u)$, $\delta(\nu, u)$ nichtnegative im Nullpunkt stetige Funktionen sind, die nur im Nullpunkt den Nullwert annehmen.

Lemma 22.1. *Der Operator* $Q^0\,\Omega\,(\nu, u + v)$ *genüge der Bedingung* (22.58) *und der Ungleichung*

$$||Q^0\,\Omega(\nu, u)|| \leqq c\,\omega(\nu, u)\,. \tag{22.61}$$

Dann genügt der Operator (22.50) *der Ungleichung*

$$||R(\nu, u)|| \leqq c^*\,\omega(\nu, u)\,, \tag{22.62}$$

wobei c^* *eine Konstante ist.*

Beweis. Aus der Identität

$$B_{22}\,R(\nu, u) = \{Q^0\,\Omega\,[\nu, u + R(\nu, u)] - Q^0\,\Omega(\nu, u)\} + Q^0\,\Omega(\nu, u)$$

folgt wegen (22.58) und (22.61)

$$||R(\nu, u)|| \leqq ||B_{22}^{-1}||\,q^0[\nu, u, ||R(\nu, u)||]\,||R(\nu, u)|| + ||B_{22}^{-1}||\,c\,\omega(\nu, u)\,. \tag{22.63}$$

Der Operator $R(\nu, u)$ genügt offensichtlich der Bedingung

$$\lim_{\nu, u \to 0} ||R(\nu, u)|| = 0\,,$$

woraus

$$\lim_{\nu, u \to 0} q^0[\nu, u, ||R(\nu, u)||] = 0$$

resultiert. Aus (22.63) ergibt sich (22.62).

Das Lemma ist bewiesen.

Übung 22.9. Der Operator $Q_0\,\Omega\,(\nu, u + v)$ genüge den Bedingungen (22.58) und (22.61) und außerdem der Bedingung

$$||Q^0\,\Omega\,(\nu, u_1 + v) - Q^0\,\Omega\,(\nu, u_2 + v)|| \leqq p(\nu, \varrho, ||v||)\,||u_1 - u_2|| \tag{22.64}$$
$$(\nu \in S(0, a),\, u_1, u_2 \in E_0,\, ||u_1||, ||u_2|| \leqq \varrho,\, v \in E^0,\, ||v|| \leqq b)\,,$$

wobei $p(\nu, \varrho, t)$ eine in Null stetige nichtnegative Funktion ist mit

$$p[\nu, \varrho, c\,\omega(\nu, u)] \leqq k(c)\,\pi(\nu, \varrho) \qquad (||u|| \leqq \varrho, 0 < c < \infty)\,. \tag{22.65}$$

Es ist zu beweisen, daß der Operator (22.50) der Ungleichung

$$||R(\nu, u_1) - R(\nu, u_2)|| \leqq d\pi(\nu, \varrho)\,||u_1 - u_2|| \qquad (||u_1||, ||u_2|| \leqq \varrho) \tag{22.66}$$

mit einer Konstanten d genügt.

Die Konstruktion asymptotischer Näherungen (22.45) für die Verzweigungsgleichung (22.46) läßt sich wegen der Relation (22.53) auf die Konstruktion asymptotischer Näherungen (22.52) für den Operator (22.50) zurückführen. Dabei läßt sich die Ordnung der Näherung des Operators (22.52) an den Operator (22.50) leicht durch die Ordnung der Näherung (22.53) an den Operator (22.51) abschätzen.

Lemma 22.2. *Die Operatoren* $Q_0\,\Omega\,(\nu, u + v)$ *und* $Q^0\,\Omega\,(\nu, u + v)$ *mögen den Bedingungen* (22.57)—(22.59) *und* (22.61) *genügen. Der Operator* (22.52) *genüge der Bedingung*

$$\|\tilde{R}(\nu, u)\| \leqq \tilde{c}\,\omega(\nu, u) \tag{22.67}$$

und sei eine asymptotische Näherung für den Operator (22.50) *der Vorordnung* $\tilde{\omega}$:

$$\|\tilde{R}(\nu, u) - R(\nu, u)\| = O[\tilde{\omega}(\nu, u)]\,. \tag{22.68}$$

Dann ist der Operator (22.53) *eine asymptotische Näherung an den Operator* (22.51) *mit der Vorordnung* $\delta\tilde{\omega}$:

$$\|\tilde{\varphi}(\nu, u) - \varphi(\nu, u)\| = O[\delta(\nu, u)\,\tilde{\omega}(\nu, u)]\,. \tag{22.69}$$

Der Beweis des Lemmas folgt aus der Kette von Beziehungen (die wegen (22.51), (22.53), (22.57), (22.61), (22.62), (22.67), (22.68) gelten)

$$\begin{aligned}\|\tilde{\varphi}(\nu, u) - \varphi(\nu, u)\| &= \|Q_0\,\Omega\,[\nu, u + \tilde{R}(\nu, u)] - Q_0\,\Omega\,[\nu, u + R(\nu, u)]\|\\ &\leqq q_0\,[\nu, u, \|\tilde{R}(\nu, u)\| + \|R(\nu, u)\|]\,\|\tilde{R}(\nu, u) - R(\nu, u)\|\\ &\leqq q_0\,[\nu, u, (\tilde{c} + c^*)\,\omega(\nu, u)]\,\|\tilde{R}(\nu, u) - R(\nu, u)\| = O[\delta(\nu, u)\,\tilde{\omega}(\nu, u)]\,.\end{aligned}$$

Zur Konstruktion asymptotischer Näherungen (22.52) an den Operator (22.50) kann man natürlich die im Punkt 20.6 dargelegten Iterationsverfahren benutzen. Betrachten wir näher ein Verfahren zur Konstruktion asymptotischer Näherungen, das sich auf die sukzessiven Näherungen (20.41) gründet.

Satz 22.2. *Der Operator* $\Omega(\nu, h)$ *genüge den Bedingungen* (22.57)—(22.61) *und die Funktion* $R_0(\nu, u)$ *der Ungleichung*

$$\|R_0(\nu, u)\| \leqq c_0\,\omega(\nu, u) \tag{22.70}$$

(*zum Beispiel, sei sie gleich Null*).

Der Operator $R_n(\nu, u)$, *der nach den rekurrenten Formeln*

$$R_k(\nu, u) = B_{22}^{-1}\,Q^0\,\Omega\,[\nu, u + R_{k-1}(\nu, u)] \qquad (k = 1, 2, \ldots) \tag{22.71}$$

gefunden wurde, ist dann eine asymptotische Näherung an den Operator (22.50) *mit der Vorordnung* $\omega\,\omega_0^n$:

$$\|R_n(\nu, u) - R(\nu, u)\| \leqq d_n\,\omega(\nu, u)\,[\omega_0(\nu, u)]^n \tag{22.72}$$

und der Operator

$$\varphi_{n+1}(\nu, u) = Q_0\,\Omega\,[\nu, u + R_n(\nu, u)] \tag{22.73}$$

eine asymptotische Näherung an den Operator (22.51) *mit der Vorordnung* $\delta\,\omega\,\omega_0^n$:

$$\|\varphi_{n+1}(\nu, u) - \varphi(\nu, u)\| \leqq \tilde{d}_n\,\delta(\nu, u)\,\omega(\nu, u)\,[\omega_0(\nu, u)]^n\,. \tag{22.74}$$

Beweis. Es sei zunächst bemerkt, daß die Behauptung des Satzes 20.7 auch dann gilt, wenn die Ungleichung (20.62) durch die weniger einschränkende Ungleichung

$$\begin{gathered}||f(\lambda, x_1) - f(\lambda, x_2) - f'_x(\lambda_0, x_0)(x_1 - x_2)|| \leqq \varphi(\lambda - \lambda_0, t)\, ||x_1 - x_2|| \\ (\lambda \in S(\lambda_0, a),\ ||x_1 - x_0||,\ ||x_2 - x_0|| \leqq t)\end{gathered} \tag{22.75}$$

ersetzt wird (siehe auch Übung 20.19). Wir wenden diese bezüglich Satz 20.7 allgemeinere Behauptung auf die Gleichung (22.49) an, indem wir ν und u als einen vektoriellen Parameter λ ansehen. Die Ungleichung (20.58) fällt dabei mit der Ungleichung (22.75) mit

$$\varphi(\lambda, t) = q^0(\nu, u, t)$$

zusammen. Die Ungleichung (20.63) stimmt mit der Ungleichung (22.60) überein. Wegen (22.61) ist die Bedingung (20.64) erfüllt. Als Anfangsnäherung $x_0(\nu)$ wählen wir schließlich den Operator $R_0(\nu, u)$. Für diesen Operator ist die Bedingung (20.59) wegen (22.70) erfüllt. Als Ergebnis erhalten wir die Ungleichung (22.72). Außerdem genügt der Operator $R_n(\nu, u)$ nach Lemma 20.1 der Bedingung

$$||R_n(\nu, u)|| \leqq c_n\, \omega(\nu, u)\,. \tag{22.76}$$

Wir setzen nun

$$\tilde{R}(\nu, u) = R_n(\nu, u)\,, \qquad \tilde{\omega}(\nu, u) = \omega(\nu, u)\, [\omega_0(\nu, u)]^n$$

und wenden das Lemma 22.2 an. Wegen (22.76) und (22.72) sind die Voraussetzungen (22.67)—(22.68) dieses Lemmas erfüllt. Deshalb gilt

$$||\varphi_{n+1}(\nu, u) - \varphi(\nu, u)|| \leqq c_1\, \delta(\nu, u)\, \tilde{\omega}(\nu, u) = \tilde{d}_n\, \delta(\nu, u)\, \tilde{\omega}(\nu, u)\, [\omega_0(\nu, u)]^n\,.$$

Die Ungleichung (22.74) ist damit aufgestellt.

Der Satz ist bewiesen.

Aus Satz 22.2 ergibt sich folgende Methode zur sukzessiven Konstruktion asymptotischer Näherungen immer höherer Ordnungen an die Lösungen der Gleichungen (22.47). Im n-ten Schritt werden diese asymptotischen Näherungen $h_n(\nu)$ durch die Gleichungen

$$h_n(\nu) = u_n(\nu) + R_n[\nu, u_n(\nu)] \tag{22.77}$$

bestimmt, wobei sich $u_n(\nu)$ aus der asymptotischen Näherung

$$Q_0\, \Omega\, [\nu, u + R_n(\nu, u)] = 0 \tag{22.78}$$

für die Verzweigungsgleichung ermitteln läßt. Hier wird der Operator $R_n(\nu, u)$ nach den rekurrenten Beziehungen

$$R_k(\nu, u) = B_{22}^{-1}\, Q^0\, \Omega\, [\nu, u + R_{k-1}(\nu, u)] \quad (k = 1, 2, \ldots;\ R_0(\nu, u) = 0) \tag{22.79}$$

bestimmt. Dieses Näherungsverfahren ist von Duffing zur Untersuchung periodischer Lösungen von Differentialgleichungen benutzt worden.

Betrachten wir nun Verfahren zur Konstruktion asymptotischer Näherungen

$$\tilde{\psi}(\nu, f) = 0 \qquad (f \in F_0) \tag{22.80}$$

an die Verzweigungsgleichung (22.28)

$$\psi(\nu, f) = 0 \qquad (f \in F_0) \tag{22.81}$$

für die Gleichung (22.47), die mit Hilfe des durch die Gleichung (22.30) erklärten Operators C_0 aufgestellt wurde (natürlich wird vorausgesetzt, daß der Operator B einen Nullindex besitzt). Zur Aufstellung der Verzweigungsgleichung muß man die Lösung

$$h = T(\nu, f) \tag{22.82}$$

der Gleichung

$$(B + C)\, h = \Omega(\nu, h) + f \tag{22.83}$$

finden. Die linke Seite der Verzweigungsgleichung (22.81) wird dann durch die Relation

$$\psi(\nu, f) = C\, T(\nu, f) - f \tag{22.84}$$

bestimmt, wobei C der Operator (22.31) ist. Zur Konstruktion der asymptotischen Näherung (22.80) an die Verzweigungsgleichung muß man die asymptotische Näherung

$$h = \tilde{T}(\nu, f) \tag{22.85}$$

an den Operator (22.82) finden. Die linke Seite $\tilde{\psi}(\nu, f)$ der Gleichung (22.80) ist dann durch die Relation

$$\tilde{\psi}(\nu, f) = C\, \tilde{T}(\nu, f) - f \tag{22.86}$$

erklärt. Mittels der Lösungen $f = \tilde{f}(\nu)$ der Gleichung (22.80), deren linke Seite durch die Gleichung (22.86) bestimmt ist, können die asymptotischen Näherungen an die Lösungen $h(\nu)$ der Gleichung (22.47) konstruiert werden. Diese Näherungen können zum Beispiel durch die Gleichung

$$\tilde{h}(\nu) = \tilde{T}[\nu, \tilde{f}(\nu)] \tag{22.87}$$

bestimmt werden, wobei $\tilde{T}(\nu, f)$ der Operator (22.85) ist. Zur Abschätzung der Ordnung der asymptotischen Näherung (22.87) an die exakte Lösung muß man die Ordnung der asymptotischen Näherung für die Lösungen der Gleichung (22.80) an die entsprechenden Lösungen der Gleichung (22.81), die Ordnung der asymptotischen Näherung des Operators (22.85) an den Operator (22.82) und die Glattheitseigenschaften des Operators (22.82) kennen.

Übung 22.10. Der Operator $\Omega(\nu, h)$ genüge der LIPSCHITZ-Bedingung

$$\|\Omega(\nu, h_1) - \Omega(\nu, h_2)\| \leqq q(\nu, t)\, \|h_1 - h_2\| \qquad (\|h_1\|, \|h_2\| \leqq t)\,, \tag{22.88}$$

wobei $q(\nu, t)$ ($q(0, 0) = 0$) eine in Null stetige und in t nichtfallende Funktion ist. Es ist zu zeigen, daß der Operator (22.82) der LIPSCHITZ-Bedingung

$$\|T(\nu, f_1) - T(\nu, f_2)\| \leqq q_1\, \|f_1 - f_2\| \tag{22.89}$$

genügt, wobei q_1 eine Konstante ist.

Zur Konstruktion asymptotischer Näherungen (22.85) an den Operator (22.82) ist es günstig, die im Punkt 20.6 dargelegten Iterationsverfahren zu verwenden. Wir formulieren folgenden Satz.

Satz 22.3. *Der Operator* $\Omega(\nu, h)$ *genüge der Bedingung* (22.88) *mit*

$$q[\nu, c\,\omega(\nu, f) + ||C_0^{-1} f||] \leqq k(c)\,\omega_0(\nu, f) \qquad (0 < c < \infty)\,, \tag{22.90}$$

wobei $\omega(\nu, f)$ *und* $\omega_0(\nu, f)$ *nichtnegative im Nullpunkt stetige Funktionen sind, die den Nullwert nur im Nullpunkt annehmen; er genüge weiter der Bedingung*

$$||\Omega(\nu, C_0^{-1} f)|| \leqq \hat{c}\,\omega(\nu, f)\,. \tag{22.91}$$

Schließlich genüge der Operator $T_0(\nu, f)$ *der Ungleichung*

$$||T_0(\nu, f) - C_0^{-1} f|| \leqq c_0\,\omega(\nu, f)\,. \tag{22.92}$$

Dann ist der nach den rekurrenten Formeln

$$T_k(\nu, f) = (B + C)^{-1}\,\Omega[\nu, T_{k-1}(\nu, f)] + C_0^{-1} f \qquad (k = 1, 2, \ldots) \tag{22.93}$$

bestimmte Operator $T_n(\nu, f)$ *eine asymptotische Näherung an den Operator* (22.82) *mit der Vorordnung* $\omega\,\omega_0^n$:

$$||T_n(\nu, f) - T(\nu, f)|| \leqq c_n\,\omega(\nu, f)\,[\omega_0(\nu, f)]^n \tag{22.94}$$

und der Operator

$$\psi_n(\nu, f) = C\,T_n(\nu, f) - f \tag{22.95}$$

eine asymptotische Näherung an den Operator (22.86) *mit derselben Vorordnung* $\omega\,\omega_0^n$:

$$||\psi_n(\nu, f) - \psi(\nu, f)|| \leqq d_n\,\omega(\nu, f)\,[\omega_0(\nu, f)]^n\,. \tag{22.96}$$

Zum Abschluß machen wir zwei Bemerkungen.

Bei der Konstruktion asymptotischer Näherungen an Verzweigungsgleichungen suchten wir die asymptotischen Näherungen für die Operatoren (22.50) und (22.82) mit Hilfe des entsprechend auf die Gleichungen (22.49) und (22.83) angewendeten gewöhnlichen Näherungsverfahrens (20.41). Es ist klar, daß man die asymptotischen Näherungen an die Operatoren (22.50) und (22.82) auch mit Hilfe der Iterationsverfahren (20.44) und (20.45) hätte konstruieren können. Die Iterationsverfahren (20.44) und (20.45) sind für die Anwendungen weniger geeignet, da sie in jedem Schritt des Verfahrens die Inversion verschiedener Operatoren erfordern. Dieser Umstand gibt wahrscheinlich eine hinreichende Grundlage dafür, daß wir den Iterationsprozeß (20.41) vorziehen (ungeachtet dessen, daß die Anwendung der Verfahren (20.44) und (20.45) auf asymptotischen Näherungen wesentlich höherer Ordnungen führt).

Wir haben uns in diesem Punkt auf die Konstruktion asymptotischer Näherungen an Verzweigungsgleichungen zweier spezieller Typen beschränkt. Durch analoge Überlegungen können asymptotische Näherungen auch für Verzweigungsgleichungen anderer Arten (siehe Punkt 22.4) gewonnen werden.

22.6. Gleichungen in formalen Potenzreihen. Im Punkt 20.7 wurde die Gleichung (20.75)

$$g(v, h) = 0 \tag{22.97}$$

untersucht, in der $g(v, h)$ die formale Potenzreihe (20.71) ist:

$$g(v, h) = \sum_{k+m=1}^{\infty} V_{k,m}(v, h)\,. \tag{22.98}$$

Im Punkt 20.7 ist vorausgesetzt worden, daß der Operator $V_{0,1} = g_h'(0, 0)$ einen stetigen inversen Operator Γ besitzt. Unter dieser Voraussetzung besitzt die Gleichung (22.97) die einzige Lösung

$$h(v) = h_1 v + h_2 v + \cdots + h_k v + \cdots \tag{22.99}$$

(h_i ist eine homogene Form) in der Klasse der formalen Potenzreihen.

Besitzt $V_{0,1}$ keinen stetigen inversen Operator, dann braucht die Gleichung (22.97) keine Lösungen der Gestalt (22.99) zu besitzen. Ein einfaches Beispiel dafür ist die skalare Gleichung $v - h^2 = 0$. Deshalb ist unten der Begriff der Lösung für die Gleichung (22.97), ähnlich wie wir es im § 21 für skalare Gleichungen in formalen Reihen getan haben, zu erweitern.

Der Operator $V_{0,1}$ sei zerlegbar und seine Matrizendarstellung im System der Projektoren P_0, P^0, Q_0, Q^0 besitze die Gestalt

$$V_{0,1} = \begin{pmatrix} 0 & 0 \\ 0 & B_{22} \end{pmatrix}.$$

Die Gleichung (22.97) kann man dann durch das äquivalente System

$$B_{22}\, v + Q^0\, V_{1,0}\, v + Q^0 \sum_{k+m=2}^{\infty} V_{k,m}\,(v, u + v) = 0\,, \tag{22.100}$$

$$Q_0\, V_{1,0}\, v + Q_0 \sum_{k+m=2}^{\infty} V_{k,m}\,(v, u + v) = 0 \tag{22.101}$$

ersetzen mit $u = P_0\, h \in E_0 = P_0\, E$ und $v = P^0\, h \in E^0 = P^0\, E$.

Wenn man das Paar $\mu = \{v, u\}$ ($v \in \Lambda$, $u \in E_0$) als Parameter betrachtet, dann kann man auf die Gleichung (22.100) den Satz 20.10 anwenden. Wegen dieses Satzes besitzt die Gleichung (22.100) genau eine Lösung in der Klasse der formalen Potenzreihen bezüglich der Variablen μ oder, was dasselbe ist, die Lösung

$$v = \sum_{i+j=1}^{\infty} v_{i,j}(v, u) \tag{22.102}$$

in der Klasse der formalen Potenzreihen bezüglich der Variablen v und u. Die homogenen (i, j)-Formen $v_{i,j}$ können dabei nach rekurrenten Formeln in expliziter Form bestimmt werden, zum Beispiel, mit der im Punkt 20.4 dargelegten Methode der unbestimmten Koeffizienten.

Wenn wir die Reihe (22.102) in (22.101) einsetzen, dann erhalten wir die Verzweigungsgleichung

$$\varphi(v, u) = 0 \tag{22.103}$$

zur Bestimmung von u. Die linke Seite der Gleichung (22.103) ist eine formale Potenzreihe

$$\varphi(\nu, u) = \varphi_0(\nu) + \sum_{i+j=2}^{\infty} \varphi_{i,j}(\nu, u), \tag{22.104}$$

wobei beliebig viele Koeffizienten der Formen $\varphi_{i,j}$ faktisch gefunden werden können. Die Gleichungen (22.103) für den Fall, daß E_0 endlichdimensional ist, sind in § 21 behandelt worden. In der Regel besitzen sie keine Lösungen in der Klasse der formalen Potenzreihen bezüglich der Variablen ν. Deshalb besitzt auch die Gleichung (22.97) in der Regel keine Lösungen in der Klasse der formalen Potenzreihen, wenn $V_{0,1}$ nicht invertierbar ist.

Der Einfachheit halber führen wir die weiteren Überlegungen nur für den Fall eines skalaren Parameters ν durch.

Die Lösungen der Gleichung (22.97) werden wir in der Gestalt

$$h = h_1 \nu^{\varepsilon_1} + h_2 \nu^{\varepsilon_2} + \cdots + h_k \nu^{\varepsilon_k} + \cdots \tag{22.105}$$

suchen, wobei $0 < \varepsilon_1 < \varepsilon_2 < \cdots < \varepsilon_k < \cdots$ und h_i Elemente des Raumes E sind. Die Projektionen $u = P_0 h$ und $v = P^0 h$ müssen dann ebenfalls formale Potenzreihen der Gestalt (22.105) mit Koeffizienten entsprechend aus E_0 und E^0 sein. Eine einfache Rechnung zeigt, daß die Koeffizienten der Reihe $v = P^0 h$ sich durch die Koeffizienten der Reihe $u = P_0 h$ mittels Einsetzung dieser zweiten Reihe in die rechte Seite von (22.102) eindeutig bestimmen lassen. Deshalb braucht man nur die Reihe $u = P_0 h$ zu finden. Diese Reihe wird aus der Verzweigungsgleichung (22.103) ermittelt.

Somit lassen sich, wie auch im Fall der Gleichung (22.1), alle Besonderheiten der Lösungen der Gleichung (22.97) in formalen Potenzreihen vollständig durch die Verzweigungsgleichung (22.103) bestimmen. Der Übergang von den Lösungen $u(\nu)$ der Verzweigungsgleichung zu den Lösungen $h(\nu)$ der Gleichung (22.97) erfolgt durch die einfache Formel

$$h(\nu) = \sum_{i+j=1}^{\infty} v_{i,j}[\nu, u(\nu)] + u(\nu). \tag{22.106}$$

Nehmen wir an, daß der Index des Operators $V_{0,1}$ gleich Null ist. Es sei E_0 eindimensional. Dann ist die Gleichung (22.103) eine skalare Gleichung in formalen Potenzreihen. Ist die linke Seite der Gleichung (22.103) nicht identisch gleich Null, dann besitzt (wie in Punkt 21.3 gezeigt wurde) die Gleichung (22.103) endlich viele Lösungen. Jede dieser Lösungen ist eine formale Potenzreihe mit einem gewissen Radix p. Demzufolge besitzt auch die Gleichung (22.97) in diesem Falle eine endliche Anzahl von Lösungen der Gestalt (22.105). Mehr noch, jede dieser Lösungen hat die Gestalt

$$h = h_1^0 \nu^{1/p} + h_2^0 \nu^{2/p} + \cdots + h_k^0 \nu^{k/p} + \cdots, \tag{22.107}$$

wobei man die Koeffizienten der Reihe (22.107) in allgemeiner Form natürlich nicht aufschreiben kann. Eine beliebige feste Anzahl von Koeffizienten kann man aber einfach finden (falls man von der Kompliziertheit absieht, die die umfangreichen Rechnungen mit sich bringen). Dazu muß man zunächst eine genügend große Anzahl von Koeffizienten $\varphi_{i,j}$ der Reihe (22.104) finden (man kann zum Beispiel die ersten Glieder der Potenzreihenentwicklung für die linke Seite einer asymptotischen Näherung hoher Ordnung für die Verzweigungsgleichung finden — siehe Punkt 22.5). Danach bestimmt man mit Hilfe des NEWTON-Diagramms (siehe Punkt 21.3) die ersten Glieder der Reihenentwicklungen nach gebrochenen Potenzen von ν für die Lösung $u(\nu)$. Über die Formel (22.106) werden dann schließlich die ersten Glieder der Zerlegungen von $h(\nu)$ nach gebrochenen Potenzen ν ermittelt.

Ist die linke Seite der Gleichung (22.103) (für ein eindimensionales E_0) identisch gleich Null, dann bestimmt die Formel (22.106) die Lösung der Gleichung (22.97) für ein beliebiges

$$u(\nu) = u_1 \nu^{\varepsilon_1} + u_2 \nu^{\varepsilon_2} + \cdots + u_k \nu^{\varepsilon_k} + \cdots. \tag{22.108}$$

Wenn E_0 mehrdimensional ist, dann ist die Konstruktion von Lösungen $h(\nu)$ nur in dem Maße möglich, wie das System (22.103) skalarer Gleichungen bezüglich einer endlichen Anzahl bekannter homogener Formen $\varphi_{i,j}$ untersucht werden kann. Für konkrete Probleme ist das Ausschließungsverfahren zu empfehlen. Wenn es sich zeigt, daß das System (22.103) grob ist, dann sind alle Lösungen Reihen nach gebrochenen Potenzen von ν. Das im § 21 beschriebene Verfahren erlaubt, eine beliebige endliche Anzahl von Gliedern für die Zerlegungen der Lösungen $u(\nu)$ nach gebrochenen Potenzen von ν zu bestimmen. Mittels der Lösungen $u(\nu)$ des Systems (22.103) lassen sich die Lösungen $h(\nu)$ der Gleichung (22.97) bestimmen.

Zum Abschluß sei bemerkt, daß alle Überlegungen dieses Punktes auch dann angestellt werden können, wenn Verzweigungsgleichungen betrachtet werden, die sich von (22.103) unterscheiden. Alle im Punkt 22.4 dargelegten Schemata für den Übergang zu Verzweigungsgleichungen lassen sich auf Gleichungen in formalen Potenzreihen anwenden.

Die ersten Konstruktionen von Verzweigungsgleichungen für Gleichungen in formalen Potenzreihen sind wahrscheinlich von W. B. MELAMED erzielt worden.

22.7. Gleichungen mit analytischen Operatoren. In diesem Punkt betrachten wir die Gleichung (22.18) mit dem analytischen Operator $\Omega(\nu, h)$. Wegen Satz 20.11 ist der Operator $R(\nu, u)$ aus der Formel (22.22) analytisch. Deshalb ist auch die linke Seite $\varphi(\nu, u)$ der Verzweigungsgleichung (22.23) ein analytischer Operator.

Ist $\Omega(\nu, h)$ ein analytischer Operator, dann kann man ihn durch eine Potenzreihe darstellen. Deshalb kann man die Gleichung (22.18) gleichzeitig als eine Gleichung in formalen Potenzreihen ansehen (die Tatsache, daß im gegebenen konkreten Fall die Reihe konvergiert, kann man ignorieren). Zur Auffindung der formalen Lösungen für die Gleichung (22.18) kann man zu der Verzweigungsgleichung (22.103) übergehen. Wie leicht zu sehen ist, ist die linkte Seite der Gleichung (22.103) die Potenzreihenentwicklung der linken Seite der Gleichung (22.23). Eben deshalb wird für die linken Seiten der beiden Gleichungen dieselbe Bezeichnung $\varphi(\nu, u)$ verwendet.

Das Verfahren zur Auffindung formaler Lösungen für eine Gleichung in formalen Reihen ist oben beschrieben worden. Es ist klar, daß dieses Verfahren die Konstruktion von Zerlegungen aller analytischer Lösungen der Gleichung (22.18) mit analytischem Operator Ω umfaßt. Es ergeben sich zwei natürliche Fragen. Läßt sich jede tatsächliche Lösung (Lösungsfunktion) der Gleichung (22.18) mit analytischem Operator Ω in eine Reihe nach gebrochenen Potenzen von ν zerlegen, und ist sie deshalb Lösung der Gleichung (22.18), die als Gleichung in formalen Reihen betrachtet wird? Ist jede formale Lösung der Gleichung (22.18) in formalen Reihen eine konvergente Reihe, deren Summe eine wirkliche Lösung der Gleichung (22.18) ist?

Im allgemeinen ist die Antwort auf beide Fragen leider negativ. Als einfachstes (aber bei weitem nicht einzigstes) Beispiel kann die Gleichung (22.18) dienen, für die die linke Seite der Verzweigungsgleichung identisch Null ist. Für eine derartige Gleichung bestimmt die Formel (22.106) eine formale Lösung bei einer beliebigen (divergenten!) Reihe $u(\nu)$ mit Koeffizienten aus E_0. Diese Formel bestimmt auch die wirkliche Lösung $h(\nu)$ der Gleichung (22.18) mit analytischem Operator Ω mittels einer beliebigen Funktion $u(\nu)$ (die nicht in eine Potenzreihe zerlegbar ist und nicht einmal stetig zu sein braucht!).

Die angegebenen Überlegungen verwerfen keineswegs das Verfahren zur Konstruktion von Lösungen für die Verzweigungsgleichung (und demzufolge auch nicht das Verfahren zur Konstruktion von Lösungen (22.106) für die Gleichung (22.18)) in der Gestalt von Potenzreihen. Mehr noch, das Näherungsverfahren, das sich auf die Auffindung einiger Glieder der Zerlegungen von Lösungen der Verzweigungsgleichung stützt, bleibt das wichtigste und am meisten angewendete Verfahren. Man muß nur daran erinnern, daß dieses Verfahren auch nicht zum Ziel führen kann. Die Erfahrung zeigt, daß „schlechte" Fälle selten auftreten. Deshalb sind die Lösungen der Verzweigungsgleichung in der Gestalt von Reihen zu suchen, wobei man sich nur auf die Berechnung der ersten Koeffizienten zu beschränken braucht. Danach muß man zeigen, daß die entsprechenden Reihen in einer gewissen Umgebung von Null konvergieren und ihre Summen Lösungen der Verzweigungsgleichung sind. Es wäre dann noch zu beweisen, daß die Verzweigungsgleichung keine weiteren Lösungen besitzt, die sich von den gefundenen unterscheiden. Dieses gesamte Programm läßt sich oft vollständig oder teilweise realisieren.

Satz 22.4. *Es besitze $V_{0,1}$ den Index* 0 *und E_0 sei eindimensional. Die linke Seite der Verzweigungsgleichung sei nicht identisch Null. Weiter sei $\Omega(\nu, h)$ ein analytischer Operator.*

Dann gelten folgende Behauptungen.

(1) *Jede Lösung $h(\nu)$ der Gleichung* (22.18) (*falls derartige Lösungen existieren*), *die für $\nu = 0$ verschwindet, besitzt einen gewissen Radix p, läßt sich in der Um-*

gebung von Null in die Reihe

$$h(\nu) = h_1 \nu^{1/p} + h_2 \nu^{2/p} + \cdots + h_k \nu^{k/p} + \cdots \tag{22.109}$$

zerlegen und ist deshalb eine formale Lösung von (22.18), *die als Gleichung in formalen Reihen betrachtet wird.*

(2) *Jede formale Lösung* (22.105) *der Gleichung* (22.18), *die als Gleichung in formalen Reihen betrachtet wird, konvergiert in einer gewissen Umgebung von Null und ist eine wirkliche Lösung der Gleichung* (22.18).

(3) *Jede Lösung* $u(\nu)$ *der Verzweigungsgleichung besitzt den Radix* p *und läßt sich in der Umgebung von Null in eine konvergente Reihe*

$$u(\nu) = u_1 \nu^{1/p} + u_2 \nu^{2/p} + \cdots + u_k \nu^{k/p} + \cdots \tag{22.110}$$

zerlegen.

(4) *Jede formale Lösung* $u(\nu)$ *der Verzweigungsgleichung, die als Gleichung in formalen Reihen betrachtet wird, besitzt die Gestalt* (22.110) *und konvergiert in einer gewissen Umgebung von Null.*

Satz 22.5. *Es besitze* $V_{0,1}$ *den Index* 0 *und* E_0 *sei eindimensional. Der Operator* $\Omega(\nu, h)$ *sei analytisch und die Potenz der Verzweigungsgleichung gleich* s.

Dann ist die Anzahl der Lösungen für die Gleichung (22.18) (*unter Berücksichtigung der Vielfachheit*) *gleich* s. *Die Radixe* p *der Lösungen* (22.109) *für die Gleichung* (22.18) *und der Lösungen* (22.110) *für die Verzweigungsgleichung genügen der Ungleichung*

$$p \leqq s\,. \tag{22.111}$$

Wenn wenigstens eine Lösung mit dem Radix p *existiert, dann gibt es nicht weniger als* p *solcher Lösungen.*

Der Satz 22.5 stellt eine offensichtliche Folgerung des Satzes 21.6 dar.

Die Behauptungen (3) und (4) des Satzes 22.4 folgen aus den Behauptungen (1) und (2). Diese beiden letzten Behauptungen lassen sich recht einfach beweisen. Wenn die Vektorfunktion $h(\nu)$ Lösung der Gleichung (22.18) ist, dann ist die Funktion $u(\nu) = P_0 h(\nu)$ Lösung einer Verzweigungsgleichung mit der analytischen linken Seite $\varphi(\nu, u)$ einer gewissen Potenz s bezüglich der Variablen u. Aus dem Satz 21.6 folgt, daß sich $u(\nu)$ in eine Potenzreihe nach gebrochenen Potenzen von ν zerlegen läßt. Die Lösung $h(\nu)$ kann man durch die Reihe $u(\nu)$ mit Hilfe der Formel (22.109) wiederherstellen. Folglich besitzt $h(\nu)$ die Gestalt (22.11) — die Behauptung (1) ist bewiesen. Die formale Potenzreihe (22.109) sei nun Lösung der Gleichung (22.18), die als Gleichung in formalen Potenzreihen betrachtet wird. Die Projektion

$$u(\nu) = P_0 h_0 \nu^{1/p} + P_0 h_2 \nu^{2/p} + \cdots + P_0 h_k \nu^{k/p} + \cdots \tag{22.112}$$

ist dann Lösung der Verzweigungsgleichung. Aus dem Satz 21.8 resultiert, daß die Reihe (22.112) in einer gewissen Umgebung von Null konvergiert. Aus der Relation (22.106) folgt, daß die Reihe (22.107) in einer gewissen Umgebung von Null konvergiert, — die Behauptung (2) ist bewiesen.

Wir beschreiben ein Schema für die Anwendung der Sätze 22.4 und 22.5.

Es sei die Gleichung (22.18) mit analytischer rechter Seite und eindimensionaler Ausartung (E_0 ist eindimensional) gegeben. Dann kann man (indem man zum Beispiel das Verfahren aus dem Punkt 22.5 verwendet) asymptotische Näherungen beliebiger endlicher Ordnung an die linke Seite

$$\varphi(\nu, u) = a_{1,0}\,\nu + \sum_{i+j=2}^{\infty} a_{i,j}\,\nu^i u^j \tag{22.113}$$

der Verzweigungsgleichung konstruieren. Das bedeutet, daß man eine beliebige endliche Anzahl von Koeffizienten $a_{i,j}$ finden kann.

Fall A. Wir nehmen an, daß einer der gefundenen Koeffizienten $a_{0,j}$ von Null verschieden ist. Das kleinste j, für das $a_{0,j} \neq 0$ ist, bezeichnen wir mit s. Die Zahl s ist eine Potenz der Reihe (22.113). Zur Auffindung der nötigen Anzahl von ersten Gliedern der Potenzreihenentwicklung nach gebrochenen Potenzen von ν für die Lösungen $u(\nu)$ der Gleichung (22.103) benutzen wir das Newton-Diagramm. Wir erinnern daran, daß die Ermittlung endlich vieler Koeffizienten der Zerlegung für die Lösungen der Verzweigungsgleichung nach dem Verfahren des Newton-Diagramms nur die Kenntnis einer endlichen Anzahl von Koeffizienten der Reihe (22.113) erfordert. Nach der Auffindung der ersten Glieder der Zerlegung $u(\nu)$ bestimmen wir die ersten Glieder für die Zerlegungen der Lösungen $h(\nu)$.

Das Problem ist vollständig gelöst, wenn wir durch die Anwendung des Newton-Diagramms s verschiedene Anfangsabschnitte (einer gewissen festen Länge) für die Zerlegungen der Lösungen der Verzweigungsgleichung finden.

Fall B. Es seien alle Koeffizienten $a_{i,j}$ für $i + j \leqq \varkappa$ berechnet. Es seien alle Koeffizienten $a_{0,j}$ $(j = 0, 1, \ldots, \varkappa)$ gleich Null, aber von den anderen gefundenen Koeffizienten seien einige verschieden von Null. Wir bezeichnen mit i_0 einen derartigen kleinsten Index, für den eine der Zahlen $a_{i_0,j}$ $(j = 0, 1, \ldots, \varkappa)$ verschieden von Null ist. Wenn es sich zeigt, daß $a_{i_0,0} = 0$, dann besitzt die Verzweigungsgleichung Lösungen, jedoch kann man über ihre genaue Anzahl nichts aussagen, da die Ordnung s der Reihe (22.113) unbekannt ist. Wir wissen nicht (und können das mit einer endlichen Anzahl von Koeffizienten $a_{i,j}$ auch nicht bestimmen!), ob man die rechte Seite durch ν^{i_0} oder durch ν^{i_1} kürzen kann $(0 < i_1 < i_0)$.

Ist jedoch $j_0 \leqq \varkappa$ und j_0 der kleinste Index mit $a_{i_0,j_0} \neq 0$, dann gilt $s \geqq j_0$. Deshalb ist die Anzahl der Lösungen (unter Berücksichtigung der Vielfachheit) nicht kleiner als j_0. Die ersten Glieder der Zerlegungen dieser j_0 Lösungen nach gebrochenen Potenzen von ν können mit dem Verfahren des Newton-Diagramms ermittelt werden.

Fall C. In den Bedingungen des Falles B sei der Koeffizient $a_{i_0,0}$ verschieden von Null. Dann ist unbekannt, ob die Verzweigungsgleichung kleine Lösungen besitzt. Die Ordnung der Reihe (22.113) kann nämlich Null sein.

Fall D. Alle gefundenen Koeffizienten $a_{i,j}$ $(i + j \leqq \varkappa)$ sind gleich Null. Über die Lösungen der Gleichung (22.18) kann man dann nichts aussagen.

Übung 22.11. Wir betrachten die Gleichung

$$x(t) = (1 + \nu) \int_a^b K(t, s) [x(s) + \alpha x^k(s)] ds + \nu f(t), \tag{22.114}$$

wobei $K(t, s)$ der stetige symmetrische Kern

$$K(t, s) = \sum_{i=1}^{\infty} \frac{e_i(t) e_i(s)}{\lambda_i},$$

$\lambda_1 = 1, \lambda_1 < \lambda_2 < \cdots < \lambda_n < \cdots, \lambda_n \to \infty$, und $f(t)$ eine gegebene Funktion ist. Es ist die Verzweigungsgleichung zu untersuchen (in Abhängigkeit vom Vorzeichen der Zahl α und von k). Es sind die ersten beiden Glieder in der Zerlegung der Lösung der Gleichung (22.114) nach dem Verfahren des NEWTON-Diagramms zu ermitteln.

Wir gehen nun zu mehrdimensionalen Ausartungen über.

Satz 22.6. *Es besitze $V_{0,1}$ den Index 0 und E_0 habe die Dimension $m \geqq 2$. Weiter sei $\Omega(\nu, h)$ ein analytischer Operator.*

Dann gelten folgende Behauptungen.

(1) *Wenn die Gleichung* (22.18) *endlich viele Lösungen besitzt, dann hat jede von ihnen die Gestalt* (22.109).

(2) *Wenn die Gleichung* (22.18) *unendlich viele Lösungen besitzt, dann gibt es unter ihnen Lösungen, die man nicht in eine Reihe nach ganzen oder gebrochenen Potenzen von ν zerlegen kann.*

(3) *Wenn man die Gleichung* (22.18) *als Gleichung in formalen Potenzreihen betrachtet und sie nur eine endliche Anzahl von Lösungen (in formalen Reihen) besitzt, dann stellt jede derartige Lösung in einer gewissen Umgebung von Null eine konvergente Reihe dar, deren Summe der Gleichung* (22.18) *genügt.*

(4) *Wenn man die Gleichung* (22.18) *als Gleichung in formalen Potenzreihen betrachtet und sie eine unendliche Anzahl von Lösungen (in formalen Reihen) besitzt, dann existieren formale Lösungen, die nur für $\nu = 0$ konvergieren.*

Der Beweis dieses Satzes wird ähnlich wie der Beweis der Behauptungen (1) und (2) des Satzes 22.4 geführt: Jede der zu beweisenden Behauptungen wird auf eine analoge Behauptung für endlichdimensionale Gleichungen reduziert, wonach man nur noch auf die Sätze aus § 21 zu verweisen braucht.

Bei der tatsächlichen Untersuchung der Gleichung (22.18) muß man berücksichtigen, daß (wie auch im oben betrachteten Fall der eindimensionalen Ausartung) in der Zerlegung (22.104) der linken Seite der Verzweigungsgleichung (22.103) faktisch immer nur eine endliche Anzahl erster homogener Operatoren bekannt ist. Deshalb kann die Analyse der Verzweigungsgleichung ohne irgendwelche Schwierigkeiten nur dann durchgeführt werden, wenn man auf die Verzweigungsgleichungen das im § 21 dargelegte grobe Ausschließungsverfahren oder andere „grobe" Verfahren (siehe, zum Beispiel, § 23) anwenden kann. Durch die Anwendung eines groben Verfahrens werden auch gleichzeitig die möglichen Radixe der gesuchten Lösungen bestimmt.

In Verbindung mit dem Satz 22.6 ist folgende Behauptung von großem Interesse.

Satz 22.7. *E_0 besitze eine endliche Dimension. Es sei Ω analytisch und Null eine isolierte Lösung der Gleichung*

$$B\,h = \Omega(0, h)\,. \tag{22.115}$$

Dann besitze die Gleichung (22.18) *endlich viele Lösungen.*

Für den Beweis genügt es zu bemerken, daß Null genau dann eine isolierte Lösung der Gleichung (22.115) ist, wenn Null eine isolierte Lösung der Gleichung

$$\varphi(0, h) = 0 \tag{22.116}$$

darstellt, wobei $\varphi(v, h)$ die linke Seite der Verzweigungsgleichung (22.103) ist. Danach braucht man nur noch auf den entsprechenden Satz aus § 21 zu verweisen.

Der angegebene Beweis zeigt gleichzeitig auf, wie man die Isoliertheit der Nulllösung für die Gleichung (22.115) feststellen kann. Dazu muß man zeigen, daß die Nullösung der Gleichung (22.116) isoliert ist. Die Isoliertheit der Nullösung eines endlichen Systems (22.116) skalarer Gleichungen kann man zum Beispiel mit dem Ausschließungsverfahren nachprüfen.

Die Isoliertheit der Nullösung der Gleichung (22.115) kann man auch unmittelbar nachprüfen. Es sei

$$\Omega(0, h) = \Omega_k\,h + \Omega_{k+1}\,h + \cdots, \tag{22.117}$$

wobei Ω_i eine homogene Form ist. Aus den beim Beweis des Satzes 14.5 angestellten Überlegungen ergibt sich folgende Behauptung: Null ist eine isolierte Lösung der Gleichung (22.115), falls

$$Q_0\,\Omega_k\,u \neq 0 \qquad (u \in E_0,\; u \neq 0) \tag{22.118}$$

gilt. Einige allgemeinere Kriterien für die Isoliertheit einer Lösung sind in der Arbeit von P. P. Sabreiko und M. A. Krasnoselski [2] aufgezeigt worden.

Die ersten allgemeinen Sätze über die Konvergenz formaler Lösungen sind von W. W. Pokorny [1] (für Integralgleichungen und für die eindimensionale Ausartung) angegeben worden. Ein wesentlicher Teil der Behauptungen dieses Punktes ist auf W. B. Melamed zurückzuführen, andere Behauptungen wieder auf M. M. Wainberg und W. A. Trenogin. Es sei noch bemerkt, daß A. E. Stapan mit zu den ersten gehört, die das Newton-Diagramm zur Untersuchung der Lösungsverzweigungen für Operatorgleichungen angewendet haben.

§ 23. Einfache Lösungen und die Methode der unbestimmten Koeffizienten

23.1. Einfache Lösungen. Es seien E, F, Λ Banach-Räume. In diesem Paragraphen setzen wir die Untersuchung der Gleichung

$$f(\lambda, x) = 0 \tag{23.1}$$

fort, wobei $f(\lambda, x)$ ein auf dem Produkt der Kugeln $S(\lambda_0, a)$ und $S(x_0, b)$ der Räume Λ und E erklärter Operator mit Werten im Raum F ist, der der Bedingung

$$f(\lambda_0, x_0) = 0 \tag{23.2}$$

genügt. Wie im gesamten Kapitel interessieren uns für nahe an λ_0 liegende Werte von λ nahe an x_0 liegende Lösungen $x = x(\lambda)$ der Gleichung (23.1), die der Bedingung $x(\lambda_0) = x_0$ genügen.

Wir nehmen an, daß der Operator $f(\lambda, x)$ eine im Punkt $\{\lambda_0, x_0\}$ stetige Ableitung $f'_x(\lambda, x)$ besitzt. Die Lösung $x = x_*(\lambda)$ der Gleichung (23.1) heißt *einfach*[1]), wenn für alle nahe an λ_0 liegende aber von λ_0 verschiedene Werte λ der Operator

$$D_*(\lambda) = f'_x[\lambda, x_*(\lambda)] \tag{23.3}$$

den stetigen inversen Operator

$$\Gamma_*(\lambda) = \{f'_x[\lambda, x_*(\lambda)]\}^{-1} \tag{23.4}$$

besitzt. Ist der Operator

$$\Gamma = [f'_x(\lambda_0, x_0)]^{-1}$$

erklärt, dann ist (siehe § 20) die eindeutige implizite Funktion $x = x_*(\lambda)$ (die durch die Gleichung (23.1) bestimmt wird) eine einfache Lösung der Gleichung (23.1). In den ausgearteten Fällen kann die Gleichung (23.1) eine oder mehrere einfache Lösungen besitzen, sie braucht keine einfachen Lösungen zu besitzen usw. Zum Beispiel besitzt die skalare Gleichung

$$\lambda^3 - \lambda^2 x - \lambda x^2 + x^3 = 0$$

eine einfache ($x = -\lambda$) und eine nichteinfache ($x = \lambda$) Lösung.

Eine wichtige Charakteristik der einfachen Lösung $x = x_*(\lambda)$ ist das Verhalten der Funktion (23.4) in der Umgebung des Punktes λ_0. Im nichtausgearteten Fall ist die Funktion (23.4) definiert und stetig im Punkte λ_0. Bei der Annäherung von λ an den Punkt λ_0 wächst in den ausgearteten Fällen die Norm der Funktion (23.4) unbeschränkt an. Genügend vollständig kann man das Verhalten der Funktion (23.4) in der Umgebung des Punktes λ_0 mit Hilfe von Abschätzungen der Gestalt

$$\|\Gamma_*(\lambda)\| \leqq \sigma(\lambda - \lambda_0) \tag{23.5}$$

beschreiben, wobei $\sigma(\nu)$ bei $\nu \neq 0$ positiv ist. Als $\sigma(\nu)$ nimmt man gewöhnlich Funktionen der Gestalt

$$\sigma(\nu) = M\|\nu\|^{-s}, \tag{23.6}$$

wobei M und s positive Konstanten sind. Genauer kann man das Verhalten der Funktion (23.4) mit Hilfe der Schar von Abschätzungen

$$\|\Gamma_*(\lambda) Q_k\| \leqq \sigma_k(\lambda - \lambda_0) \qquad (k = 1, \ldots, l) \tag{23.7}$$

---

[1]) In der Mehrzahl der Arbeiten zur Theorie der Lösungsverzweigungen (angefangen von den Arbeiten von A. I. Nekrassow und N. N. Nasarow) spielte die Einfachheit der zu untersuchenden Lösungen die entscheidende Rolle. Jedoch erst in den Arbeiten von A. E. Gelman [4, 5] wird für eine gewisse Klasse von Gleichungen mit analytischen Operatoren der Begriff der einfachen Lösung eingeführt und untersucht. Die wichtigen Arbeiten von A. E. Gelman waren Ausgangspunkt für eine Reihe von Überlegungen in diesem Paragraphen. Im Paragraphen sind Sätze aus den Artikeln von P. P. Sabreiko und M. A. Krasnoselski [7] angegeben.

bestimmen, wobei $Q_1, Q_2, \ldots, Q_l$ Projektoren sind, die der Bedingung $Q_1 + Q_2 + \cdots + Q_l = I$ genügen, oder sogar mit Hilfe der Schar von Abschätzungen

$$||\Gamma_*(\lambda)\, Q_k(\lambda)|| \leqq \sigma_k\,(\lambda - \lambda_0) \qquad (k = 1, \ldots, l)\,. \tag{23.8}$$

Die Lösung $x = x_*(\nu)$ der Gleichung (23.1) heißt *isoliert*, wenn eine derartige für von Null verschiedene positive ν und im Nullpunkt stetige Funktion $\omega(\nu)$ ($\omega(0) = 0$) existiert, daß die Gleichung (23.1) für genügend nahe an λ_0 liegende Werte von λ in der Kugel $S[x_*(\lambda), \omega\,(\lambda - \lambda_0)]$ genau eine Lösung $x_*(\lambda)$ besitzt. Einfache Beispiele zeigen, daß eine isolierte Lösung nicht unbedingt einfach ist. Umgekehrt ist jede einfache Lösung der Gleichung (23.1) isoliert.

Es sei tatsächlich $x = x_*(\lambda)$ eine einfache Lösung der Gleichung (23.1) und es gelte die Ungleichung (23.5). Da die Ableitung $f'_x(\lambda, x)$ der linken Seite der Gleichung (23.1) im Punkte $\{\lambda_0, x_0\}$ stetig ist, so gilt die Ungleichung

$$||f'_x(\lambda, x) - f'_x(\lambda_0, x_0)|| \leqq \chi\,(\lambda - \lambda_0, x - x_0)\,, \tag{23.9}$$

wobei $\chi(\nu, h)$ ($\chi(0, 0) = 0$) eine gewisse in Null stetige Funktion ist. Die Funktion $\omega_1(\nu)$ genüge der Bedingung

$$\sigma(\nu)\,\chi[\nu, \omega_1(\nu)] \leqq q < 1 \qquad (||\nu|| \leqq a)\,. \tag{23.10}$$

Aus der offensichtlichen Ungleichung

$$\begin{aligned}&||f(\lambda, x) - f[\lambda, x_*(\lambda)] - f'_x[\lambda, x_*(\lambda)]\,[x - x_*(\lambda)]||\\ &\qquad \leqq ||\{f'_x[\lambda, (1-\theta)\,x + \theta\,x_*(\lambda)] - f'_x[\lambda, x_*(\lambda)]\}\,[x - x_*(\lambda)]||\end{aligned}$$

mit $0 < \theta < 1$ ergibt sich für $x \in S[x_*(\lambda), \omega\,(\lambda - \lambda_0)]$ die Abschätzung

$$\begin{aligned}||f(\lambda, x)|| &\geqq ||f'_x\{\lambda, x_*(\lambda)]\,[x - x_*(\lambda)]||\\ &\quad - ||\{f'_x[\lambda, (1-\theta)\,x + \theta\,x_*(\lambda)] - f'_x(\lambda, x_*(\lambda)]\}\,[x - x_*(\lambda)]||\\ &\geqq \left\{\frac{1}{\sigma\,(\lambda - \lambda_0)} - \chi\,[\lambda - \lambda_0, \omega_1\,(\lambda - \lambda_0)]\right\}||x - x_*(\lambda)||\\ &\geqq \frac{1-q}{\sigma\,(\lambda - \lambda_0)}\,||x - x_*(\lambda)||\,.\end{aligned}$$

Aus dieser Abschätzung resultiert, daß für $x \in S[x_*(\lambda), \omega_1\,(\lambda - \lambda_0)]$ und $x \neq x_*(\lambda)$ die Vektoren $f(\lambda, x)$ verschieden von Null sind. Das bedeutet auch, daß die Lösung $x_*(\lambda)$ isoliert ist.

Übung 23.1. Es sei $x_*(\lambda)$ eine einfache Lösung der Gleichung (23.1). Es ist zu zeigen, daß für von Null verschiedene ν eine derartige positive Funktion $\omega(\nu)$ existiert, daß der Operator

$$T_*(\lambda, x) = x - \Gamma_*(\lambda)\,f(\lambda, x)$$

für $||\lambda - \lambda_0|| \leqq r$ auf der Kugel $S\,[x_*(\lambda), \omega\,(\lambda - \lambda_0)]$ der LIPSCHITZ-Bedingung mit der Konstanten $q(r)$ genügt, wobei $q(r) \to 0$ strebt für $r \to 0$.

Wir formulieren nun den allgemeinen Existenzsatz für einfache Lösungen. Wir setzen voraus, daß uns eine gewisse im Punkte λ_0 stetige Funktion $x_0(\lambda)$ ($x_0(\lambda_0) = x_0$) gegeben ist, die die Eigenschaft besitzt, daß für alle nahe an λ_0

liegende und von λ_0 verschiedene Werte λ der lineare Operator

$$D_0(\lambda) = f'_x[\lambda, x_0(\lambda)] \tag{23.11}$$

den stetigen inversen Operator

$$\Gamma_0(\lambda) = \{f'_x[\lambda, x_0(\lambda)]\}^{-1} \tag{23.12}$$

besitzt.

Satz 23.1. *Die Funktion $x_0(\lambda)$ und der Operator $f(\lambda, x)$ sollen der Bedingung*

$$||\Gamma_0(\lambda)\, f[\lambda, x_0(\lambda)]|| \leqq \varrho\,(\lambda - \lambda_0)\,, \tag{23.13}$$

wobei $\varrho(\nu)$ ($\varrho(0) = 0$) eine in Null stetige Funktion ist, und der Bedingung

$$||\Gamma_0(\lambda)\, \{f'_x[\lambda, x_0(\lambda) + h] - f'_x[\lambda, x_0(\lambda)]\}\, || \leqq \varphi\,(\lambda - \lambda_0, ||h||) \tag{23.14}$$

genügen, wobei $\varphi(\nu, t)$ ($\varphi(\nu, 0) = 0$) eine bezüglich t wachsende Funktion ist. Für eine gewisse in Null stetige Funktion $\omega(\nu)$ ($\omega(0) = 0$) seien die Beziehungen

$$\overline{\lim_{\nu\to 0}}\, \frac{\varrho(\nu)}{\omega(\nu)} < \infty\,, \tag{23.15}$$

$$\lim_{\nu\to 0} \varphi[\nu, c\,\omega(\nu)] = 0 \qquad (0 < c < \infty) \tag{23.16}$$

erfüllt.

Dann existiert ein derartiges $a_0 \in (0, a]$, daß für $\lambda \in S(\lambda_0, a_0)$ die Gleichung (23.1) *die Lösung $x_*(\lambda)$ besitzt, die der Bedingung*

$$||x_*(\lambda) - x_0(\lambda)|| = O[\omega\,(\lambda - \lambda_0)] \tag{23.17}$$

genügt. Die Funktion $x_*(\lambda)$ ist eine einfache Lösung der Gleichung (23.1) *mit*

$$\lim_{\lambda\to\lambda_0} \frac{||\Gamma_0(\lambda)||}{||\Gamma_*(\lambda)||} = 1\,. \tag{23.18}$$

Beweis. Es sei q eine gewisse Zahl aus (0, 1) und c und a_0 derartige positive Zahlen, daß

$$\varrho(\nu) \leqq (1 - q)\, c\,\omega(\nu)\,, \qquad \varphi[\nu, c\,\omega(\nu)] \leqq q \qquad (||\nu|| \leqq a_0)\,.$$

Wir betrachten den Operator

$$T_0(\lambda, x) = x - \Gamma_0(\lambda)\, f(\lambda, x)\,. \tag{23.19}$$

Dieser Operator ist nach x differenzierbar, wobei

$$T'_{0x}(\lambda, x) = I - \Gamma_0(\lambda)\, f'_x(\lambda, x)$$

gilt. Aus (23.14) folgt

$$||T'_{0x}(\lambda, x)|| \leqq \varphi\,[\lambda - \lambda_0, ||x - x_0(\lambda)||]\,. \tag{23.20}$$

Für $\lambda \in S(\lambda_0, a_0)$ genügt der Operator (23.19) auf der Kugel $S[x_0(\lambda), c\,\omega\,(\lambda - \lambda_0)]$ der LIPSCHITZ-Bedingung mit der Konstanten q. Für $x_1, x_2 \in S[x_0(\lambda), c\,\omega\,(\lambda - \lambda_0)]$ gilt tatsächlich die Ungleichung

$$||T_0(\lambda, x_1) - T_0(\lambda, x_2)|| \leqq ||T'_{0x}\,[\lambda, (1 - \theta)\, x_1 + \theta\, x_2]\, (x_1 - x_2)||$$

mit $0 < \theta < 1$, aus der wegen (23.20)

$$\|T_0(\lambda, x_1) - T_0(\lambda, x_2)\| \leqq \varphi\,[\lambda - \lambda_0, \|(1-\theta)\,x_1 + \theta\,x_2 - x_0(\lambda)\|]\,\|x_1 - x_2\|$$
$$\leqq \varphi\,[\lambda - \lambda_0, c\,\omega\,(\lambda - \lambda_0)]\,\|x_1 - x_2\| \leqq q\,\|x_1 - x_2\|$$

resultiert. Aus (23.13) ergibt sich ferner die Abschätzung

$$\|T_0[\lambda, x_0(\lambda)] - x_0(\lambda)\| = \|\Gamma_0(\lambda)\,f[\lambda, x_0(\lambda)]\| \leqq \sigma\,(\lambda - \lambda_0)\,.$$

Deshalb gilt für $x \in S[x_0(\lambda), c\,\omega\,(\lambda - \lambda_0)]$

$$\|T_0(\lambda, x) - x_0(\lambda)\| \leqq \|T_0(\lambda, x) - T_0[\lambda, x_0(\lambda)]\| + \|T_0(\lambda, x_0(\lambda)] - x_0(\lambda)\|$$
$$\leqq q\,\|x - x_0(\lambda)\| + (1 - q)\,c\,\omega\,(\lambda - \lambda_0) \leqq c\,\omega\,(\lambda - \lambda_0)\,.$$

Aus den angestellten Überlegungen folgt, daß der Operator (23.19) für $\lambda \in S(\lambda_0, a_0)$ auf der Kugel $S[x_0(\lambda), c\,\omega\,(\lambda - \lambda_0)$ den Bedingungen des Kontraktionsprinzips genügt. Demzufolge besitzt der Operator (23.19) in jeder Kugel $S[x_0(\lambda), c\,\omega\,(\lambda - \lambda_0)]$ genau einen Fixpunkt $x_*(\lambda)$. Die Funktion $x_*(\lambda)$ ist offensichtlich Lösung der Gleichung (23.1).

Aus (23.20) folgt

$$\lim_{\lambda \to \lambda_0} \sup_{x \in S[x_0(\lambda), c\,\omega\,(\lambda - \lambda_0)]} \|T'_{0\,x}(\lambda, x)\| = 0\,. \tag{23.21}$$

Wegen

$$f'_x(\lambda, x) = \Gamma_0^{-1}(\lambda)\,[I - T'_{0x}(\lambda, x)]$$

und (23.21) besitzen die Operatoren $f'_x(\lambda, x)$ $(x \in S[x_0(\lambda), c\,\omega\,(\lambda - \lambda_0)])$ stetige inverse Operatoren, wobei

$$\|[f'_x(\lambda, x)]^{-1}\| = (1 + \varepsilon)\,\|\Gamma_0(\lambda)\| \qquad (x \in S[x_0(\lambda), c\,\omega\,(\lambda - \lambda_0)]) \tag{23.22}$$

ist und $\varepsilon \to 0$ gilt für $\lambda \to \lambda_0$. Aus (23.22) resultiert, daß die Lösung $x_*(\lambda)$ einfach und die Relation (23.18) erfüllt ist.

Der Satz ist bewiesen.

Übung 23.2. Es ist zu zeigen, daß die Behauptung des Satzes 23.1 (ausschließlich der Relation (23.18)) auch dann gilt, wenn man die Beziehung (23.15) durch die weniger einschränkende Relation

$$\overline{\lim_{\nu \to 0}}\, \varphi[\nu, c\,\omega(\nu)] < \frac{c-1}{c}$$

ersetzt.

Übung 23.3. In den Voraussetzungen des Satzes 23.1 sei die bezüglich (23.15) schärfere Bedingung

$$\lim_{\nu \to 0} \frac{\varrho(\nu)}{\omega(\nu)} = 0$$

erfüllt. Es ist zu zeigen, daß in diesem Falle die einfache Lösung $x_*(\lambda)$ der bezüglich (23.17) schärferen Bedingung

$$\|x_*(\lambda) - x_0(\lambda)\| = o\,[\omega\,(\lambda - \lambda_0)]$$

genügt.

Die Bedingungen des Satzes 23.1 sind recht unübersichtlich. Wir geben einen spezielleren, aber für die Anwendungen günstigeren Satz an.

Satz 23.2. *Es seien die Bedingungen*

$$||f[\lambda, x_0(\lambda)]|| \leqq \varrho_0 (\lambda - \lambda_0) \tag{23.23}$$

erfüllt, wobei $\varrho_0(\nu)$ $(\varrho_0(0) = 0)$ *stetig in Null*

$$||\{f_x'[\lambda, x_0(\lambda)]\}^{-1}|| \leqq \sigma (\lambda - \lambda_0) \tag{23.24}$$

und

$$||f_x'[\lambda, x_0(\lambda) + h] - f_x'[\lambda, x_0(\lambda)]|| \leqq \varphi_0 (\lambda - \lambda_0, ||h||) \tag{23.25}$$

ist, und $\varphi(\nu, t)$ $(\varphi(\nu, 0) = 0)$ *eine im Nullpunkt stetige bezüglich* t *wachsende Funktion bezeichnet. Für eine gewisse im Nullpunkt stetige Funktion* $\omega(\nu)$ $(\omega(0) = 0)$ *seien die Bedingungen*

$$\overline{\lim_{\nu \to 0}} \frac{\sigma(\nu)\, \varrho_0(\nu)}{\omega(\nu)} < \infty \tag{23.26}$$

und

$$\lim_{\nu \to 0} \sigma(\nu)\, \varphi_0[\nu, c\, \omega(\nu)] = 0 \qquad (0 < c < \infty) \tag{23.27}$$

erfüllt.

Dann gilt die Behauptung des Satzes 23.1.

Beweis. Aus (23.23) und (23.24) resultiert

$$||\Gamma_0(\lambda)\, f[\lambda, x_0(\lambda)]|| \leqq \sigma (\lambda - \lambda_0)\, \varrho_0 (\lambda - \lambda_0)\, .$$

Deshalb ist die Bedingung (23.13) erfüllt, falls wir

$$\varrho(\nu) = \sigma(\nu)\, \varrho_0(\nu)$$

setzen. Aus (23.23) und (23.25) folgt ferner

$$||\Gamma_0(\lambda)\, \{f_x'[\lambda, x_0(\lambda) + h] - f_x'[\lambda, x_0(\lambda)]\}|| \leqq \sigma (\lambda - \lambda_0)\, \varphi_0 (\lambda - \lambda_0, ||h||)\, .$$

Deshalb ist auch die Bedingung (23.14) erfüllt, in der

$$\varphi(\nu, t) = \sigma(\nu)\, \varphi_0(\nu, t)\, .$$

gilt. Es bleibt zu bemerken, daß (23.15) aus (23.26) und (23.16) aus (23.27) resultiert.

Unter den Voraussetzungen des Satzes 23.2 sind somit die Voraussetzungen des Satzes 23.1 erfüllt. Folglich gilt auch seine Behauptung.

Der Satz ist bewiesen.

Die rechten Seiten der Ungleichungen (23.23)—(23.25) haben am häufigsten die Gestalt

$$\varrho(\nu) = N||\nu||^r\, , \qquad \sigma(\nu) = M||\nu||^{-s}\, , \qquad \varphi(\nu, t) = c||\nu||^n\, t\, .$$

In diesem Fall kann man die Funktion $\omega(\nu)$ durch die Vorschrift

$$\omega(\nu) = ||\nu||^k$$

definieren. Die Bedingung (23.26) ist dabei der Ungleichung $r - s \geqq k$ und die Bedingung (23.27) der Ungleichung $n + k - s > 0$ äquivalent. Diese Ungleichungen sind lösbar, falls

$$r + n > 2s\,, \qquad r > s\,; \tag{23.28}$$

dabei kann man k aus der Gleichung $k = r - s$ bestimmen.

Ungeachtet des äußerst groben Charakters von Satz 23.2, gelingt es, ihn in einem gerissen Sinne umzukehren. Ist nämlich $x_*(\lambda)$ eine einfache Lösung der Gleichung (23.1), dann sind für die asymptotischen Näherungen $x_0(\lambda)$ an $x_*(\lambda)$ genügend hoher Ordnung die Bedingungen des Satzes 23.2 erfüllt. Genauer gilt der

Satz 23.3. *Die linke Seite $f(\lambda, x)$ der Gleichung* (23.1) *genüge der Ungleichung*

$$\|f'_x(\lambda, x_1) - f'_x(\lambda, x_2)\| \leqq \psi\,(\|x_1 - x_2\|) \quad (\lambda \in S(\lambda_0, a)\,, \quad x_1, x_2 \in S(x_0, b))\,, \tag{23.29}$$

wobei $\psi(t)$ ($\psi(0) = 0$) stetig in Null ist. Es sei $x_*(\lambda)$ eine einfache Lösung der Gleichung (23.1).

Dann existieren derartige im Nullpunkt stetige und für von Null verschiedene ν positive Funktionen $\omega(\nu)$ und $\omega_0(\nu)$, daß für eine beliebige asymptotische Näherung $x_0(\lambda)$ der Vorordnung ω_0 die Bedingungen (23.23)—(23.25) *des Satzes* 23.2 *erfüllt sind, wobei die rechten Seiten in den Ungleichungen* (23.23)—(23.25) *den Bedingungen* (23.26), (23.27) *genügen.*

Beweis. Da $x_*(\lambda)$ eine einfache Lösung ist, existiert eine derartige Funktion $\sigma_*(\nu)$, daß

$$\|\{f'_x[\lambda, x_*(\lambda)]\}^{-1}\| \leqq \sigma_*\,(\lambda - \lambda_0)\,.$$

Wir wählen die Funktion $\omega_0(\nu)$ so, daß die Bedingung

$$\lim_{\nu \to 0} \sigma_*(\nu)\,\omega_0(\nu) = 0$$

erfüllt ist, und daß für beliebiges $c > 0$ die Relation

$$\lim_{\nu \to 0} \sigma_*(\nu)\,\psi[c\,\sigma_*(\nu)\,\omega_0(\nu)] = 0 \tag{23.30}$$

gilt.

Es sei $x_0(\lambda)$ die asymptotische Näherung an die einfache Lösung $x_*(\lambda)$ der Vorordnung ω_0. Dann gilt

$$\begin{aligned}\|f[\lambda, x_0(\lambda)]\| &= \|f[\lambda, x_0(\lambda)] - f[\lambda, x_*(\lambda)]\| \\ &= O\,[\|x_0(\lambda) - x_*(\lambda)\|] = O\,[\omega_0\,(\lambda - \lambda_0)]\,,\end{aligned}$$

und somit ist die Bedingung (23.23) erfüllt, falls wir

$$\varrho_0(\nu) = c_1\,\omega_0(\nu)$$

setzen, wobei c_1 eine gewisse Konstante ist. Für beliebiges $h \in E$ gilt ferner die Ungleichung

$$\begin{aligned}\|f'_x[\lambda, x_0(\lambda)]\,h\| &\geqq \|f'_x[\lambda, x_*(\lambda)]\,h\| - \|\{f'_x[\lambda, x_*(\lambda)] - f'_x[\lambda, x_0(\lambda)]\}\,h\,\| \\ &\geqq \frac{\|h\|}{\sigma_*\,(\lambda - \lambda_0)} - \psi\,[\|x_*(\lambda) - x_0(\lambda)\|]\,\|h\| \\ &\geqq \frac{1 - \sigma_*\,(\lambda - \lambda_0)\,\psi\,[c_1\,\omega_0\,(\lambda - \lambda_0)]}{\sigma^*\,(\lambda - \lambda_0)}\,\|h\|\,,\end{aligned}$$

aus der wegen (23.30) folgt, daß

$$||\{f'_x[\lambda_0, x_0(\lambda)]\}^{-1}|| = O[\sigma_* (\lambda - \lambda_0)] .$$

Es ist also auch die Bedingung (23.24) erfüllt, wenn wir

$$\sigma(\nu) = c_2 \sigma_*(\nu)$$

setzen, wobei c_2 eine Konstante ist. Schließlich resultiert (23.25) aus (23.29) mit

$$\varphi_0(\nu, t) = \psi(t) .$$

Wir setzen nun

$$\omega(\nu) = \sigma_*(\nu)\, \omega_0(\nu) .$$

Dann ist (23.26) offensichtlich erfüllt, und (23.27) resultiert aus (23.30).

Der Satz ist bewiesen.

Übung 23.4. Es seien $Q_1, \ldots, Q_l$ Projektionsoperatoren, die der Bedingung $Q_1 + \cdots + Q_l = I$ (I ist der Einheitsoperator) genügen. Es seien die Bedingungen

$$||Q_i f[\lambda, x_0(\lambda)]|| \leqq \varrho_i (\lambda - \lambda_0) \qquad (i = 1, \ldots, l) ,$$

$$||\{f'_x[\lambda, x_0(\lambda)]\}^{-1} Q_i|| \leqq \sigma_i (\lambda - \lambda_0) \qquad (i = 1, \ldots, l) ,$$

$$||Q_i \{f'_x [\lambda, x_0(\lambda) + h] - f'_x[\lambda, x_0(\lambda)]\}|| \leqq \varphi_i (\lambda - \lambda_0, ||h||) \qquad (i = 1, \ldots, l)$$

und für eine gewisse im Nullpunkt stetige Funktion $\omega(\nu)$ ($\omega(0) = 0$) die Beziehungen

$$\overline{\lim_{\nu \to 0}} \frac{\sigma_i(\nu)\, \varrho_i(\nu)}{\omega(\nu)} < \infty \qquad (i = 1, \ldots, l) ,$$

$$\lim_{\nu \to 0} \sigma(\nu)\, \varphi_i[\nu, c\, \omega(\nu)] = 0 \qquad (i = 1, \ldots, l)$$

erfüllt. Es ist zu zeigen, daß die Behauptung des Satzes 23.1 gilt.

Übung 23.5. Es sind alle der Bedingung $x(t, 0) = 0$ genügenden einfachen Lösungen $x(t, \lambda)$ der Gleichung

$$x(t) = (1 + \lambda) \int_0^{2\pi} G(t, s)\, [x(s) + \beta\, x^3(s)]\, ds$$

zu bestimmen; hier ist $G(t, s)$ die Greensche Funktion des Problems

$$\ddot{x} + 2\, x = 0 , \qquad x(0) = x(2\pi) = 0 .$$

Übung 23.6. Es seien die Bedingungen des Satzes 23.1 und außerdem die schärfere, als (23.15), Bedingung $\varrho(\nu) = o[\omega(\nu)]$ erfüllt. Es ist zu zeigen, daß für die Gleichung

$$\Phi(\lambda, u) = 0 \qquad (\Phi(\lambda_0, 0) = 0)$$

mit

$$\Phi(\lambda, u) = \frac{1}{\omega(\lambda - \lambda_0)} \{f'_x[\lambda, x_0(\lambda)]\}^{-1} f[\lambda, x_0(\lambda) + \omega(\lambda - \lambda_0)\, u]$$

die Voraussetzungen des klassischen Satzes über die implizite Funktion (die Sätze 20.1 und 1.7) erfüllt sind. Es ist zu zeigen, daß die einzige der Bedingung $u(\lambda_0) = 0$ genügende Lösung $u = u_*(\lambda)$ dieser Gleichung die einfache Lösung $x_*(\lambda)$ der Gleichung (23.1) über die Formel

$$x_*(\lambda) = x_0(\lambda) + \omega(\lambda - \lambda_0)\, u_*(\lambda)$$

bestimmt.

23.2. Asymptotische Näherungen an einfache Lösungen. Der Satz 23.3 zeigt den allgemeinen Weg für die Konstruktion einfacher Lösungen auf.

Ist die Funktion $x_0(\lambda)$ eine asymptotische Näherung einer gewissen Ordnung k an irgendeine einfache Lösung $x_*(\lambda)$, dann ist offensichtlich die Funktion $f[\lambda, x_0(\lambda)]$ eine asymptotische Näherung an Null von der gleichen Ordnung k. Die umgekehrte Behauptung ist natürlich nicht richtig. Jedoch muß man die asymptotischen Näherungen $x_0(\lambda)$ an einfache Lösungen $x_*(\lambda)$ (die möglicherweise auch nicht existieren!) unter denjenigen Funktionen $x_0(\lambda)$ suchen, für die

$$f[\lambda, x_0(\lambda)] = o\left(||\lambda - \lambda_0||^k\right). \tag{23.31}$$

Derartige Funktionen kann man zum Beispiel mit Hilfe der Methode der unbestimmten Koeffizienten suchen, die im Punkt 23.5 dargelegt wird.

Nehmen wir an, daß wir eine Funktion $x_0(\lambda)$ gefunden haben, die den Voraussetzungen des Satzes 23.1 genügt. Dann ist wegen dieses Satzes $x_0(\lambda)$ eine asymptotische Näherung von einer gewissen Ordnung an die uns unbekannte einfache Lösung $x_*(\lambda)$.

Der Beweis des Satzes 23.1 gründet sich darauf, daß diese uns bekannte einfache Lösung $x_*(\lambda)$ ein Fixpunkt des Operators (23.17) ist, der auf einer gewissen veränderlichen (von λ abhängigen) Kugel, in der der Punkt $x_0(\lambda)$ liegt, den Bedingungen des Kontraktionsprinzips genügt. Aus dem Kontraktionsprinzip resultiert, daß die einfache Lösung $x_*(\lambda)$ der Grenzwert der sukzessiven Näherungen

$$x_n(\lambda) = x_{n-1}(\lambda) - \Gamma_0(\lambda)\, f[\lambda, x_{n-1}(\lambda)] \qquad (n = 1, 2, \ldots) \tag{23.32}$$

ist.

Übung 23.7. Es ist die Konvergenzgeschwindigkeit der sukzessiven Näherungen (23.32) an die einfache Lösung abzuschätzen.

Die Formeln (23.32) kann man (vgl. die Punkte 20.6 und 22.5) als Ausgangspunkt für asymptotische Näherungen immer höherer Ordnungen an die einfache Lösung $x_*(\lambda)$ ansehen.

Satz 23.4. *Es seien die Bedingungen* (23.13)—(23.16) *erfüllt, wobei*

$$\varphi[\nu, c\,\omega(\nu)] \leqq k(c)\,\omega_0(\nu) \qquad (||\nu|| \leqq a, 0 < c < \infty) \tag{23.33}$$

gilt.

Dann ist die nach den rekurrenten Formeln (23.32) *gefundene Funktion* $x_n(\lambda)$ *im Punkte* λ_0 *eine asymptotische Näherung an die einfache Lösung* $x_*(\lambda)$ *mit der Vorordnung* $\omega_0^n\,\omega$:

$$||x_n(\lambda) - x_*(\lambda)|| = O\left\{[\omega_0(\lambda - \lambda_0)]^n\, \omega(\lambda - \lambda_0)\right\}. \tag{23.34}$$

Beweis. Beim Beweis von Satz 23.1 ist gezeigt worden, daß für $\lambda \in S(\lambda_0, a)$ der Operator (23.19) auf jeder Kugel $S[x_0(\lambda), c\,\omega(\lambda - \lambda_0)]$ den Bedingungen des Kontraktionsprinzips genügt. Deshalb sind die sukzessiven Näherungen bestimmt, und es gelten die Abschätzungen

$$\mu_n(\lambda) = ||x_n(\lambda) - x_0(\lambda)|| \leqq c\,\omega(\lambda - \lambda_0) \qquad (n = 1, 2, \ldots). \tag{23.35}$$

Für die einfache Lösung $x_*(\lambda)$, gegen die die sukzessiven Näherungen (23.32) konvergieren, gilt analog die Ungleichung

$$\mu_*(\lambda) = ||x_*(\lambda) - x_0(\lambda)|| \leqq c\,\omega\,(\lambda - \lambda_0)\,. \tag{23.36}$$

Wir beweisen nun induktiv die Beziehungen (23.34). Nehmen wir an, daß sie für die Näherungen $x_0(\lambda), \ldots, x_{n-1}(\lambda)$ bewiesen sind. Aus der Gleichung

$$x_n(\lambda) - x_*(\lambda) = T_0[\lambda, x_{n-1}(\lambda)] - T_0[\lambda, x_*(\lambda)]$$

und der Abschätzung (23.20) folgt dann

$$||x_n(\lambda) - x_*(\lambda)|| \leqq \varphi\,[\lambda - \lambda_0, ||(1-\theta)\,x_n(\lambda) + \theta\,x_*(\lambda) - x_0(\lambda)||]\;||x_{n-1}(\lambda) - x_*(\lambda)||\,.$$

Wegen (23.35)—(23.36) resultiert aus der letzten Ungleichung

$$||x_n(\lambda) - x_*(\lambda)|| \leqq \varphi\,[\lambda - \lambda_0, c\,\omega\,(\lambda - \lambda_0)]||\,x_{n-1}(\lambda) - x_*(\lambda)||\,. \tag{23.37}$$

Nach Voraussetzung ist

$$||x_{n-1}(\lambda) - x_*(\lambda)|| = O\,\{[\omega_0\,(\lambda - \lambda_0)]^{n-1}\,\omega\,(\lambda - \lambda_0)\}\,.$$

Deshalb ergibt sich (23.34) aus (23.37) und (23.33).

Der Satz ist bewiesen.

Die Formeln (23.32) beschreiben das modifizierte Verfahren von NEWTON-KANTOROWITSCH zur approximativen Bestimmung der einfachen Lösung $x_*(\lambda)$ für die Gleichung (23.1). Zur Konstruktion dieser Lösung $x_*(\lambda)$ kann man, ausgehend von der Anfangsnäherung $x_0(\lambda)$, auch das gewöhnliche Verfahren von NEWTON-KANTOROWITSCH anwenden. Dieses Verfahren führt zu den sukzessiven Näherungen

$$x_n(\lambda) = x_{n-1}(\lambda) - \{f'_x[\lambda, x_{n-1}(\lambda)]\}^{-1}\,f[\lambda, x_{n-1}(\lambda)]\,. \tag{23.38}$$

Wir formulieren ohne Beweis den Satz über die Ordnungen der asymptotischen Annäherung der Näherungen (23.38) an die einfache Lösung $x_*(\lambda)$.

Satz 23.5. *Es seien die Bedingungen* (23.13) *und*

$$||\{f'_x[\lambda, x_0(\lambda)]\}^{-1}|| \leqq \sigma\,(\lambda - \lambda_0)\,, \tag{23.39}$$

$$||f'_x(\lambda, x_1) - f'_x(\lambda, x_2)|| \leqq c\,||x_1 - x_2||^\delta \tag{23.40}$$

mit $0 < \delta < 1$ *erfüllt. Weiter sei* $\omega(\lambda)$ $(\omega(0) = 0)$ *eine in Null stetige Funktion, für die die Bedingungen* (23.15) *und*

$$\lim_{\nu \to 0} \sigma(\nu)\,[\omega(\nu)]^\delta = 0 \tag{23.41}$$

erfüllt sind.

Dann ist die nach den rekurrenten Formeln (23.38) *gefundene Funktion* $x_n(\lambda)$ *eine asymptotische Näherung im Punkte* λ_0 *an die einfache Lösung* $x_*(\lambda)$ *mit der Vorordnung* $\sigma^{\frac{(1+\delta)^n-1}{\delta}} \cdot \omega^{(1+\delta)^n}$:

$$||x_n(\lambda) - x_*(\lambda)|| = O\left\{[\sigma\,(\lambda - \lambda_0)]^{\frac{(1+\delta)^n-1}{\delta}}\,[\omega\,(\lambda - \lambda_0)]^{(1+\delta)^n}\right\}. \tag{23.42}$$

Wenn insbesondere

$$\varrho(\nu) = N||\nu||^r, \qquad \sigma(\nu) = M||\nu||^{-s}$$

gilt, wobei $r\,\delta > s$ ist, dann kann man als $\omega(\nu)$ die Funktion $\omega(\nu) = ||\nu||^r$ nehmen. Aus dem Satz 23.5 folgt, daß in diesem Fall die Funktion $x_n(\lambda)$ eine asymptotische Näherung an die einfache Lösung $x_*(\lambda)$ mit der Vorordnung $(1+\delta)^n r - [(1+\delta)^n - 1]\, s\, \delta^{-1}$ ist:

$$||x_n(\lambda) - x_*(\lambda)|| = O\left[||\lambda - \lambda_0||^{(1+\delta)^n r - \frac{(1+\delta)^n - 1}{\delta} s}\right].$$

23.3. Einfache Lösungen und Verzweigungsgleichungen. Bei der Auffindung der einfachen Lösungen ist es manchmal günstig, von der Gleichung (23.1) zu irgendeiner äquivalenten Gleichung überzugehen. Wenn insbesondere für die Gleichung (23.1) die Verzweigungsgleichung von Ljapunow (22.23) oder die Verzweigungsgleichung von Schmidt (22.28) konstruiert ist, dann kann man die einfachen Lösungen dieser Verzweigungsgleichungen suchen. Die Grundlage dazu bildet der folgende Satz, den wir ohne Beweis formulieren.

Satz 23.6. *Dafür, daß die Lösung $x = x_*(\lambda)$ der Gleichung* (23.1) *einfach ist, ist notwendig und hinreichend, daß die ihr entsprechende Lösung der Verzweigungsgleichung von* Ljapunow *oder der Verzweigungsgleichung von* Schmidt *einfach ist.*

Wie wir schon oben erwähnt haben, ist in den interessanten Arbeiten von A. E. Gelman für eine spezielle Klasse von Gleichungen (in einer anderen Terminologie) ein ähnlicher Begriff der einfachen Lösung eingeführt worden. Für die von ihm betrachteten einfachen Lösungen ist von A. E. Gelman auch der Satz 23.6 bewiesen worden. Der Beweis des Satzes 23.6 ist sehr umfangreich, der Idee nach aber recht einfach. Er beruht auf der nach Standardregeln der Differentialrechnung erfolgenden Bestimmung der Ableitungen für die entsprechenden Operatoren auf einfachen Lösungen.

Der Übergang zu Verzweigungsgleichungen ist besonders günstig, wenn die Verzweigungsgleichung skalar ist oder ein System von n Gleichungen mit n Variablen darstellt. Im ersten Fall lassen sich die Abschätzungen (23.15) auf die Abschätzung einer skalaren Funktion zurückführen, und im zweiten Fall — auf Abschätzungen von Determinanten.

Übung 23.8. Die Gleichung (23.1) besitze die Gestalt (22.18), wobei B normal lösbar ist und einen endlichen von Null verschiedenen Nöther-Index besitzt. Es ist zu zeigen, daß die Gleichung (22.18) keine einfachen kleinen Lösungen besitzt.

Zum Abschluß des Punktes sei bemerkt, daß man bei der Überprüfung der Voraussetzungen des Satzes 23.2 (beim Beweis der Ungleichungen (23.14) bis (23.15)) anstelle der Operatoren $f(\lambda, x)$ und $f'_x(\lambda, x)$ nur ihre asymptotischen Näherungen der entsprechenden Ordnungen zu kennen braucht. Diese Bemerkung ist besonders dann wichtig, wenn wir über die Verzweigungsgleichungen die Einfachheit der Lösungen nachprüfen wollen. Wir haben schon mehrmals darauf hingewiesen, daß bei der Konstruktion von Verzweigungsgleichungen faktisch nur die asymptotischen Näherungen der linken Seiten dieser Gleichungen aufgeschrieben werden können.

23.4. Fastlösungen von Operatorgleichungen. Wir setzen die Untersuchung der Gleichung (23.1) fort. Die Funktion $x(\lambda)$ heißt *Fastlösung* der Gleichung (23.1) mit der Ordnung ω (Vorordnung ω), wenn

$$f[\lambda, x(\lambda)] = o\,[\omega\,(\lambda - \lambda_0)] \qquad (f[\lambda, x(\lambda)] = O\,[\omega\,(\lambda - \lambda_0)]) \tag{23.43}$$

gilt. Hier ist $\omega(\nu)$ eine in Null stetige Funktion, die der Bedingung $\omega(0) = 0$ genügt. Ist $\omega(\nu) = ||\nu||^k$ mit $0 < k < \infty$, dann sagt man, daß $x(\lambda)$ eine Fastlösung k-ter Ordnung (bzw. k-ter Vorordnung) ist. Jede Lösung $x_*(\lambda)$ der Gleichung (23.1) ist offensichtlich eine Fastlösung beliebiger Ordnung oder Vorordnung. Die asymptotische Näherung $x(\lambda)$ an die Lösung $x_*(\lambda)$ von der Ordnung ω ist eine Fastlösung der Gleichung (23.1) mit mindestens der gleichen Ordnung. Umgekehrt ist die Behauptung nicht richtig. Jedoch sind die asymptotischen Näherungen an die wirklichen Lösungen natürlich unter den Fastlösungen verschiedener Ordnungen zu suchen. Das Hauptkriterium dafür, daß die gegebene Fastlösung $x_0(\lambda)$ eine asymptotische Näherung an die exakte Lösung darstellt, ist der Satz 23.1.

Es sei folgende für Anwendungen wichtige Tatsache bemerkt: Für die Konstruktion von Fastlösungen der Gleichung (23.1) braucht man den Operator $f(\lambda, x)$ selbst nicht zu kennen. Es reicht, wenn eine asymptotische Näherung an ihn von genügend hoher Ordnung bekannt ist.

Zur Auffindung der Fastlösungen für die Gleichung (23.1) kann man verschiedene Methoden anwenden. Ein allgemeines Verfahren zur Bestimmung der Fastlösungen endlicher Systeme analytischer Gleichungen ist das Ausschließungsverfahren (siehe § 21). Wir erinnern uns: Wenn das System

$$f_\mu(\nu, h_1, \ldots, h_n) = 0 \qquad (\mu = 1, \ldots, m) \tag{23.44}$$

grob ist, dann muß man zur Ermittlung seiner Lösungen zunächst das System skalarer Gleichungen

$$f_\mu^{(n-1)}(\nu, h_1) = 0 \qquad (\mu = 1, \ldots, m_{n-1}) \tag{23.45}$$

lösen, d. h. das $(n - 1)$-te Ausschließungssystem. Danach muß man, indem jede gefundene Lösung in das $(n - 2)$-te Ausschließnngssystem eingesetzt wird, die zweiten Komponenten für die Lösungen finden usw., und zwar so lange, bis die Lösungen des Systems (23.44) gefunden sind. Wie schon erwähnt, besteht die Hauptschwierigkeit in der Lösung des Systems (23.45). Seine Lösungen können nicht mittels einer endlichen Anzahl von Koeffizienten der Reihenentwicklungen für die linken Seiten gefunden werden. Indem man auf die Gleichungen dieses Systems das Newton-Diagramm anwendet, kann man trotzdem endlich viele Fastlösungen beliebig hoher Ordnung finden, danach wieder mit Hilfe des Newton-Diagramms die Fastlösungen des vorhergehenden Ausschließungssystems usw., und zwar so lange, bis die Fastlösungen des Systems (23.44) bestimmt sind.

Indem wir das oben dargelegte Verfahren zur Konstruktion von Fastlösungen auf irgendeine Verzweigungsgleichung anwenden, können wir die Fastlösungen der Gleichung (23.1) bestimmen. Es ist zu berücksichtigen, daß das sich auf die Ausschließung gründende Verfahren zur Konstruktion von Fastlösungen zu sehr umfangreichen Rechnungen führt. Es existieren andere Verfahren zur Konstruktion von Fastlösungen: die Methode der unbestimmten Koeffizienten, das Verfahren des NEWTON-GRAVES-Diagramms (siehe L. GRAVES [1]). Wir beschränken uns nur auf die Methode der unbestimmten Koeffizienten, wobei wir nur Gleichungen mit dem skalaren Parameter λ betrachten.

23.5. Die Methode der unbestimmten Koeffizienten. In diesem Punkt setzen wir voraus, daß die linke Seite der Gleichung (23.1) im Punkte $\{\lambda_0, x_0\}$ Ableitungen bis zur Ordnung N besitzt. Das bedeutet, daß man den Operator $f(\lambda, x)$ in der Form

$$f(\lambda, x) = \sum_{i+j=1}^{N} [V_{i,j}(x - x_0)] (\lambda - \lambda_0)^j + \omega(\lambda, x) \tag{23.46}$$

darstellen kann, wobei $V_{i,j}$ die (i, j)-Formen sind und $\omega(\lambda, x)$ einen Operator darstellt, der Glieder höherer Ordnung als N enthält:

$$\omega(\lambda, x) = o\left(|\lambda - \lambda_0|^N + ||x - x_0||^N\right).$$

Uns interessieren die Fastlösungen N-ter Ordnung der Gleichung (23.1).

Betrachten wir zunächst das Problem der analytischen Fastlösungen N-ter Ordnung für die Gleichung (23.1). Ist die im Punkte $\{\lambda_0, x_0\}$ analytische Funktion

$$x(\lambda) = \sum_{l=1}^{\infty} c_l (\lambda - \lambda_0)^l$$

eine Fastlösung N-ter Ordnung der Gleichung (23.1), dann ist offensichtlich die Funktion

$$x_N(\lambda) = \sum_{l=1}^{N} c_l (\lambda - \lambda_0)^l$$

ebenfalls eine Fastlösung von der gleichen Ordnung. Deshalb kann man die analytischen Fastlösungen $x(\lambda)$ der Gleichung (23.1) in der Gestalt

$$x_0(\lambda) = \sum_{l=1}^{N} c_l \mu^l \tag{23.47}$$

suchen, wobei $\mu = \lambda - \lambda_0$ ist.

Zur Bestimmung der Koeffizienten $c_1, \ldots, c_N$ setzen wir (23.47) in den Operator (23.46) ein. Im Ergebnis erhalten wir die Relation

$$f\left(\lambda, \sum_{l=1}^{N} c_l \mu^l\right) = \sum_{l=1}^{N} W_l(c_1, \ldots, c_l) \mu^l + o(\mu^l) \tag{23.48}$$

mit

$$W_l(c_1, \ldots, c_l) = \sum_{k_0 + k_1 + 2k_2 + \cdots + l k_l = l} \tilde{V}_{k_0, k_1 + \cdots + k_l} c_1^{k_1} \cdots c_l^{k_l}. \tag{23.49}$$

Offensichtlich gilt

$$W_l(c_1, \ldots, c_l) = V_{0,1} c_l + \hat{W}_l(c_1, \ldots, c_{l-1}) \tag{23.50}$$

mit

$$\tilde{W}_l(c_1, \ldots, c_{l-1}) = \sum_{k_0 + k_1 + 2k_2 + \cdots + (l-1) k_{l-1} = l} \tilde{V}_{k_0, k_1 + \cdots + k_{l-1}} c_1^{k_1} \cdots c_{l-1}^{k_{l-1}}. \tag{23.51}$$

Aus dieser Gleichung resultiert, daß die Funktion (23.47) dann und nur dann eine Fastlösung N-ter Ordnung ist, wenn die N Gleichungen

$$W_l(c_1, \ldots, c_l) = 0 \qquad (l = 1, \ldots, N) \tag{23.52}$$

erfüllt sind.

Das System (23.52) nennen wir System von Nekrassow-Nasarow der Ordnung N. Zur Bestimmung der Koeffizienten $c_1, \ldots, c_N$ für die Fastlösung (23.47) haben wir also das System (23.52) aus N Gleichungen. Formal trägt das System (23.52) rekurrenten Charakter: In der ersten Gleichung des Systems (23.52) ist nur eine Unbekannte c_1 enthalten, in der zweiten Gleichung die Unbekannten c_1 und c_2 usw. Es mag deshalb scheinen, als ob die Unbekannten $c_1, c_2, \ldots$ sukzessiv eine nach der anderen bestimmt werden können. Das gilt jedoch nur für den Fall, wenn der Operator $V_{0,1}$ einen stetigen inversen Operator besitzt (siehe § 20).

Übung 23.9. Es sei $f(\lambda, x)$ eine skalare analytische Funktion, die der Bedingung $f(0, 0) = 0$ genügt. Weiter sei

$$f'_x(0, 0) = \cdots = f^{(s-1)}_{x^{s-1}}(0, 0) = 0, \qquad f^{(s)}_{x^s}(0, 0) \neq 0.$$

Es ist zu zeigen, daß die Gleichung $f(\lambda, x) = 0$ analytische Fastlösungen der Ordnung 1 genau dann besitzt, wenn $f'_\lambda(0, 0) = 0$ ist. Es ist zu zeigen, daß die Gleichung $f(\lambda, x) = 0$ eine analytische Fastlösung der Ordnung 2 nur in einem der folgenden Fälle besitzt:

a) $s = 2, f'_\lambda(0, 0) = 0$;

b) $s > 2, f'_\lambda(0, 0) = 0, f''_{\lambda x}(0, 0) \neq 0$;

c) $s > 2, f'_\lambda(0, 0) = f''_{\lambda x}(0, 0) = f''_{\lambda^2}(0, 0) = 0$.

Weiter sind notwendige und hinreichende Bedingungen für die Existenz analytischer Fastlösungen k-ter Ordnung zu finden, wobei k eine feste ganze Zahl ist.

Wir betrachten das System (23.52) ausführlicher für den Fall, wenn der Operator $B = V_{0,1}$ zerlegbar (siehe Punkt 22.2) und sein Nöther-Index gleich Null ist. Es sei sogleich bemerkt, daß in diesem Fall das System (23.52) ein Kontinuum von Lösungen besitzen kann. Dann besitzt die Gleichung (23.1) ein Kontinuum von Fastlösungen N-ter Ordnung. Wir nehmen an, daß wir die reguläre Matrizendarstellung des Operators B in der Gestalt (22.16) kennen:

$$B = \begin{pmatrix} 0 & 0 \\ 0 & B_{22} \end{pmatrix}.$$

Es seien P_0, P^0, Q_0, Q^0 die entsprechenden Projektionsoperatoren (P_0 der Projektor auf den Unterraum der Nullstellen von B, $P^0 = I - P_0$, Q^0 der Projektor auf den Wertebereich von B, $Q_0 = I - Q^0$). Wir betrachten die erste Gleichung des Systems (23.52). Sie hat die Gestalt

$$V_{0,1}\, c_1 + V_{1,0} = 0\,. \tag{23.53}$$

Diese Gleichung besitzt nur dann eine Lösung, wenn gilt

$$Q_0\, V_{1,0} = 0\,.$$

Ist diese Bedingung erfüllt, dann besitzt die Gleichung (23.53) eine unendliche Menge von Lösungen

$$c_1 = -\, B_{22}^{-1}\, Q^0\, V_{1,0} + a_1\,, \tag{23.54}$$

wobei a_1 ein beliebiges Element aus dem Unterraum E_0 der Nullstellen des Operators $V_{0,1}$ ist. Aus der ersten Gleichung des Systems (23.52) läßt sich also im betrachteten Fall der erste Koeffizient nicht eindeutig bestimmen. Betrachten wir nun die zweite Gleichung des Systems (23.52), die die Gestalt

$$V_{0,1}\, c_2 + V_{2,0} + 2\, V_{1,1}\, c_1 + \tilde{V}_{0,2}\, c_1^2 = 0 \tag{23.55}$$

besitzt. Damit diese Gleichung bezüglich c_2 lösbar ist, ist notwendig, daß das Element c_1 der zusätzlichen Bedingung

$$Q_0\, V_{2,0} + 2\, Q_0\, V_{1,1}\, c_1 + Q_0\, \tilde{V}_{0,2}\, c_1^2 = 0$$

genügt, oder wegen (23.55) der Bedingung

$$\begin{aligned}\{Q_0\, V_{2,0} - 2\, Q_0\, V_{1,1}\, B_{2,2}^{-1}\, Q^0\, \tilde{V}_{1,0} + Q_0\, \tilde{V}_{0,2}[B_{22}^{-1}\, Q^0\, V_{1,0}]^2\}\\ + \{2\, Q_0\, V_{1,1}\, a_1 - 2\, Q_0\, \tilde{V}_{0,2}[B_{22}^{-1}\, Q^0\, V_{1,0}\, a_1]\} + Q_0\, \tilde{V}_{0,2}\, a_1^2 = 0\,.\end{aligned} \tag{23.56}$$

Das Element a_1 läßt sich im allgemeinen aus dieser Gleichung bestimmen. Es sei bemerkt, daß die Gleichung (23.56) auch keine Lösungen besitzen kann. In diesem Falle besitzt die Gleichung (23.1) offensichtlich keine analytischen Fastlösungen der Ordnung 2. Wenn die Gleichung (23.56) mehrere Lösungen besitzt, dann hat also auch die Gleichung (23.1) mehrere analytische Fastlösungen. Indem wir jede dieser Lösungen in (23.55) einsetzen, können wir das Element c_2 ermitteln:

$$c_2 = -\, B_{22}^{-1}\,(V_{2,0} + 2\, V_{1,1}\, c_1 + \tilde{V}_{0,2}\, c_1^2) + a_2\,, \tag{23.57}$$

wobei a_2 ein beliebiges Element aus E_0 ist.

Zur Bestimmung von a_2 (und a_1, falls es sich nicht eindeutig aus der Gleichung (23.56) bestimmen läßt) muß man den gefundenen Ausdruck (23.57) für c_2 in die dritte Gleichung des Systems (23.52) einsetzen. Aus den Lösbarkeitsbedingungen ermitteln wir a_2, und danach finden wir auch c_3 (genauer, die Projektion $P^0\, c_3$) usw.

Das beschriebene Schema zur Untersuchung der Gleichungen (23.52) geht auf A. I. Nekrassow und N. N. Nasarow zurück, die Integralgleichungen untersucht haben. Dieses Schema ist von zahlreichen Autoren detailliert untersucht worden (wir weisen nur auf die Artikel von K. T. ACHMEDOW [1] und W. A. TRENOGIN [1] hin).

Betrachten wir nun das Schema von NEKRASSOW-NASAROW etwas ausführlicher. Dazu führen wir die Bezeichnungen

$$a_l = P_0 c_l, \quad b_l = P^0 c_l \quad (l = 1, \ldots, N)$$

ein. Jede Gleichung

$$W_l(c_1, \ldots, c_l) = 0 \tag{23.58}$$

des Systems (23.52) kann man dann in der Gestalt eines Systems von zwei Gleichungen

$$\left.\begin{aligned} Q_0 \hat{W}_l (a_1 + b_1, \ldots, a_{l-1} + b_{l-1}) = 0\,, \\ B_{22} b^0 + Q^0 \hat{W}_l (a_1 + b_1, \ldots, a_{l-1} + b_{l-1}) = 0 \end{aligned}\right\} \tag{23.59}$$

schreiben. Die zweite dieser Gleichungen kann man in die Form

$$b_l = - B_{22}^{-1} Q^0 \hat{W}_l (a_1 + b_1, \ldots, a_{l-1} + b_{l-1}) \tag{23.60}$$

umschreiben. Das NEKRASSOW-NASAROW-Schema zur Untersuchung des Systems (23.52) besteht faktisch darin, daß zunächst mit Hilfe der Gleichungen (23.60) die Elemente $b_1, b_2, \ldots$ bestimmt werden

$$b_1 = \mathfrak{R}_1, \quad b_2 = \mathfrak{R}_2(a_1), \ldots, b_l = \mathfrak{R}_l(a_1, \ldots, a_{l-1}), \ldots, \tag{23.61}$$

indem man die Elemente $a_1, a_2, \ldots$ als bekannt annimmt, und danach die Elemente $a_1, a_2, \ldots$ aus der Folge von Gleichungen

$$Q_0 \hat{W}_l [a_1 + \mathfrak{R}_1, \ldots, a_{l-1} + \mathfrak{R}_{l-1}(a_1, \ldots, a_{l-2})] = 0 \quad (l = 1, \ldots, N) \tag{23.62}$$

ermittelt werden. Das System (23.62) nennen wir Verzweigungsgleichungssystem von NEKRASSOW-NASAROW.

Der Übergang von der Untersuchung der Gleichung (23.1) zur Untersuchung des Verzweigungsgleichungssystems von NEKRASSOW-NASAROW (23.62) stellt eine wesentliche Vereinfachung des Problems der Untersuchung analytischer Fastlösungen dar. Erstens ist dieses System endlichdimensional (und ist im Fall der eindimensionalen Ausartung einfach ein skalares System); zweitens ist leicht zu sehen, daß die Gleichungen (23.62) für jedes $l = 1, 2, \ldots$ ein System algebraischer Gleichungen darstellen; drittens sind die linken Seiten der Gleichungen in expliziter Form gegeben.

Von Interesse ist der Zusammenhang zwischen den im Punkt 22.3 behandelten Verzweigungsgleichungen und den Verzweigungsgleichungen von NEKRASSOW-NASAROW. Hier gilt folgende Behauptung, die für Integralgleichungen von W. W. POKORNY [2] aufgestellt wurde.

Satz 23.7. *Es sei $\varphi(v, u)$ die linke Seite der Verzweigungsgleichung von* LJAPUNOW (22.23), *die mittels der regulären Matrizendarstellung* (22.16) *des Operators $B = V_{0,1}$ hergeleitet wurde. Die Operatoren $\Delta_1, \Delta_2(a_1), \ldots, \Delta_l(a_1, \ldots, a_{l-1}), \ldots$*

seien aus den Gleichungen

$$\varphi\left(\nu, \sum_{l=1}^{N-1} a_l \nu^l\right) = \sum_{l=1}^{N} \Delta_l(a_1, \ldots, a_{l-1}) \nu^l + \Delta_*(\nu, a_1, \ldots, a_{N-1}) \nu^N \tag{23.63}$$

bestimmt, wobei

$$\Delta_*(0, a_1, \ldots, a_{N-1}) = 0$$

ist.

Dann gilt

$$\Delta_l(a_1, \ldots, a_{l-1}) \equiv Q_0 \hat{W}_l [a_1 + \mathfrak{R}_1, \ldots, a_{l-1} + \mathfrak{R}_{l-1}(a_1, \ldots, a_{l-2})] . \tag{23.64}$$

Den Beweis überlassen wir dem Leser.

Der Satz 23.7 sagt aus, daß die Verzweigungsgleichungen von Nekrassow-Nasarow mit den Gleichungen von Nekrassow-Nasarow für die Verzweigungsgleichung von Ljapunow übereinstimmen.

Den Übergang von (23.52) zu endlichdimensionalen Systemen kann man auch auf anderem Wege vollziehen. Es sei C der Operator (22.31). Dann ist jede Gleichung (23.58) des Systems (23.52) äquivalent dem System

$$(B + C) c_l + \overset{0}{W}_l(c_1, \ldots, c_{l-1}) = f_l , \qquad C c_l = f_l , \tag{23.65}$$

wobei f_l eine neue Unbekannte aus F_0 ist. Aus (23.65) ergibt sich die Beziehung

$$c_l = (B + C)^{-1} \overset{0}{W}_l(c_1, \ldots, c_{l-1}) + C_0^{-1} f_l . \tag{23.66}$$

Deshalb kann man die Elemente $c_1, c_2, \ldots$ nacheinander durch die Elemente $f_1, f_2, \ldots$ ausdrücken, d. h.

$$c_l = \mathfrak{T}_l(f_1, \ldots, f_l) \qquad (l = 1, \ldots, N) , \tag{23.67}$$

mit

$$\mathfrak{T}_l(f_1, \ldots, f_l) = \overset{0}{\mathfrak{T}}_l(f_1, \ldots, f_{l-1}) + C_0^{-1} f_l . \tag{23.68}$$

Zur Bestimmung der Elemente $f_1, f_2, \ldots$ muß man die Gleichungen (23.65) benutzen, in denen anstelle von c_l die Funktionen (23.67) eingesetzt sind. Im Ergebnis gelangen wir zu dem System

$$C \overset{0}{\mathfrak{T}}_l(f_1, \ldots, f_{l-1}) = 0 \qquad (l = 1, 2, \ldots, N) . \tag{23.69}$$

Dieses System nennt man natürlicherweise ebenfalls Verzweigungsgleichungen.

Es gilt eine zu Satz 23.7 analoge Behauptung:

Satz 23.8. *Es sei $\psi(\nu, f)$ die linke Seite der Verzweigungsgleichung von* Schmidt (22.8), *die in bezug auf den Operator* (22.30) *hergeleitet wurde. Die Operatoren* $\nabla_1, \nabla_2(f_1), \ldots, \nabla_N(f_1, \ldots, f_{N-1})$ *seien aus der Gleichung*

$$\psi\left(\nu, \sum_{l=1}^{N-1} f_l \nu^l\right) = \sum_{l=1}^{N} \nabla_l(f_1, \ldots, f_{N-1}) \nu^l + \nabla_*(\nu, f_1, \ldots, f_{N-1}) \nu^N \tag{23.70}$$

bestimmt, wobei

$$\nabla_*(0, f_1, \ldots, f_{N-1}) = 0$$

ist.

Dann gilt

$$\nabla_l(f_1, \ldots, f_{l-1}) = C \overset{0}{\mathfrak{T}}_l (f_1, \ldots, f_{l-1}) \qquad (l = 1, 2, \ldots, N). \tag{23.71}$$

Der Satz 23.8 bedeutet, daß die Verzweigungsgleichungen (23.69) mit den Gleichungen von Nekrassow-Nasarow für die Verzweigungsgleichung von Schmidt übereinstimmen.

Übung 23.10. Es ist zu zeigen, daß die Lösungen $a_1^0, \ldots, a_{N-1}^0$ des Systems (23.62) und die Lösungen $f_1^0, \ldots, f_{N-1}^0$ des Systems (23.69) durch die Beziehungen

$$f_1^0 = C_0 a_1^0, \ldots, f_{N-1}^0 = C_0 a_{N-1}^0$$

miteinander verknüpft sind.

Der Übergang von den Gleichungen von Nekrassow-Nasarow (23.52) zu Verzweigungsgleichungen führt zu der Notwendigkeit, die endlichen Systeme (23.62) oder (23.69) zu untersuchen. Eine derartige Untersuchung ist verhältnismäßig einfach, falls der Nullstellenunterraum des Operators $B = V_{0,1}$ eindimensional ist. In diesem Fall ist jede Gleichung aus (23.62) (oder aus (23.69)) eine skalare Gleichung. Wir geben hier eine spezielle Behauptung über die Systeme endlichdimensionaler Gleichungen von Nekrassow-Nasarow an, die die Untersuchung der Systeme (23.62) und (23.69) in den wichtigsten Fällen erlaubt.

Betrachten wir also das endliche System

$$g(v, h) = 0\,, \tag{23.72}$$

wobei der Operator $g(v, h)$ im Punkte $\{0, 0\}$ bis zur Ordnung N differenzierbar ist:

$$g(v, h) = \sum_{i+j=1}^{N} Z_{i,j}(h)\, v^i + \omega(v, h)\,. \tag{23.73}$$

Hier ist $Z_{i,j}(h)$ die j-Form und $\omega(v, h)$ der Operator, der die Glieder höherer Ordnung als N enthält:

$$\omega(v, h) = o\left(|v|^N + \|h\|^N\right).$$

Wir nehmen an $Z_{0,1} = 0$. In diesem Fall besitzen die Gleichungen von Nekrassow-Nasarow für das System (23.72) die Gestalt

$$\Gamma_l(d_1, \ldots, d_{l-1}) = 0 \qquad (l = 1, 2, \ldots, N)\,. \tag{23.74}$$

Die Operatoren $\Gamma_l(d_1, \ldots, d_{l-1})$ lassen sich aus der Zerlegung

$$g\left(v, \sum_{l=1}^{N-1} d_l\, v^l\right) = \sum_{l=1}^{N} \Gamma_l(d_1, \ldots, d_{l-1})\, v^l + \Gamma_*(v, d_1, \ldots, d_{N-1})\, v^N \tag{23.75}$$

bestimmen, wobei $\Gamma_*(0, d_1, \ldots, d_{N-1}) = 0$ ist.

Das System (23.74) heißt *normal*, wenn solche Zahlen N_0 und k ($N_0 \leqq N$; $k < N$) existieren, daß jeder Operator Γ_l ($l \geqq N_0$) von den Variablen $d_{l-k+1}, \ldots, d_{l-1}$ unabhängig ist und von der Variablen d_{l-k} abhängt. Die Zahl k nennen wir *Verschiebung* des Systems (23.74). Das System (23.74) sei normal. Seine Lösung $d_1^0, \ldots, d_{N-k}^0$ nennen wir *nichtausgeartet*, wenn die Ableitung des Operators $\Gamma_N(d_1, \ldots, d_{N-k})$ nach d_{N-k} im Punkte $\{d_1^0, \ldots, d_{N-k}^0\}$ ein nichtausgearteter Operator ist (d. h. wenn die Determinante der Matrix für die partiellen Ableitungen der Operatoren $\Gamma_N(d_1, \ldots, d_{N-k})$ nach der Variablen d_{N-k} im Punkte $\{d_1^0, \ldots, d_{N-k}^0\}$ verschieden von Null ist).

Das System (23.74) sei normal und $d_1^0, \ldots, d_{N-k}^0$ seine nichtausgeartete Lösung. Wir betrachten die Gleichung

$$\Gamma_N(d_1^0, \ldots, d_{N-k-1}^0, z) + \Gamma_*(\nu, d_1^0, \ldots, d_{N-k-1}^0, z, 0, \ldots, 0) = 0 . \quad (23.76)$$

Es sei $z = z(\nu)$ die Lösung dieser Gleichung, die der Bedingung $z(0) = d_{N-k}^0$ genügt. Aus (23.75) resultiert dann, daß

$$h(\nu) = d_1^0 \nu + \cdots + d_{N-k-1}^0 \nu^{N-k-1} + z(\nu) \nu^{N-k} \quad (23.77)$$

die Lösung der Gleichung (23.72) ist.

Nehmen wir an, daß der Operator $\Gamma_*(\nu, d_1, \ldots, d_{N-k-1}, d_{N-k}, 0, \ldots, 0)$ bezüglich der Variablen d_{N-k} glatt ist in dem Sinne, daß

$$\|\Gamma_*(\nu, d_1^0, \ldots, d_{N-k-1}^0, z_1, 0, \ldots, 0) - \Gamma_*(\nu, d_1^0, \ldots, d_{N-k-1}^0, z_2, 0, \ldots, 0)\| \leqq q(\nu) \|z_1 - z_2\| \quad (23.78)$$

gilt, wobei $q(\nu)$ ($q(0) = 0$) eine in Null stetige Funktion ist (wir überlassen dem Leser zu zeigen, daß diese Bedingung aus der Ungleichung

$$\|\omega(\nu, h_1) - \omega(\nu, h_2)\| \leqq q(\nu, t) \| h_1 - h_2\| \qquad (\|h_1\|, \|h_2\| \leqq t)$$

folgt, wobei $q(\nu, t) = o(|\nu|^k + t^k)$ ist). Auf die Gleichung (23.76) ist dann der klassische Satz über implizite Funktionen (Satz 20.1) anwendbar, nach dem diese Gleichung genau eine Lösung $z = z(\nu)$ bestimmt, die der Bedingung $z(0) = d_{N-k}^0$ genügt. Die nichtausgeartete Lösung $d_1^0, \ldots, d_{N-k}^0$ des normalen Systems (23.74) bestimmt somit die asymptotische Näherung

$$h_0(\nu) = d_1^0 \nu + \cdots + d_{N-k}^0 \nu^{N-k} \quad (23.79)$$

($N - k$)-ter Ordnung an die Lösung

$$h_*(\nu) = h_0(\nu) + [z(\nu) - d_{N-k}^0] \nu^{N-k} \quad (23.80)$$

der Gleichung (23.72). Die Lösung (23.80) ist einfach. Aus (23.75) folgt tatsächlich

$$g_h'[\nu, h_*(\nu)] = \nu^k H + o(\nu^k) ,$$

wobei H die Ableitung des Operators $\Gamma_N(d_1, \ldots, d_{N-k})$ nach d_{N-k} im Punkte $\{d_1^0, \ldots, d_{N-k}^0\}$ ist. Da der Operator H invertierbar ist, ist für kleine ν der Operator $g_h'[\nu, h_*(\nu)]$ invertierbar.

Wir können also folgenden Satz formulieren.

Satz 23.9. *Das Gleichungssystem von* NEKRASSOW-NASAROW *N-ter Ordnung für die Gleichung* (23.72) *sei ein normales System mit der Verschiebung k. Es sei* $d_1^0, \ldots, d_{N-k}^0$ *die nichtausgeartete Lösung des Systems von* NEKRASSOW-NASAROW, *wobei die Bedingung* (23.78) *erfüllt sei.*

Die Gleichung (23.72) *besitzt dann die einzige einfache Lösung* $h_*(\nu)$, *die der Bedingung*

$$\|h_*(\nu) - h_0(\nu)\| = o(\nu^{N-k}) \tag{23.81}$$

genügt, wobei $h_0(\nu) = d_1^0 \nu + \cdots + d_{N-k}^0 \nu^{N-k}$ *ist.*

Übung 23.11. Es seien die Voraussetzungen des Satzes 23.9 erfüllt. Der Operator $g(\nu, h)$ — die linke Seite der Gleichung (23.72) — sei im Nullpunkt bis zur Ordnung $N_1 > N$ differenzierbar. Es ist zu zeigen, daß die Operatoren Γ_l $(l > N)$ des Systems von NEKRASSOW-NASAROW N_1-ter Ordnung den Identitäten

$$\Gamma_l(d_1^0, \ldots, d_{N-k}^0, d_{N-k+1}, \ldots, d_{l-k}) = H\, d_{l-k} + \gamma_l(d_{N-k+1}, \ldots, d_{l-k-l})$$

genügen.

Oben haben wir analytische Fastlösungen von Gleichungen betrachtet. Wie die Ergebnisse des § 21 zeigen, kann man natürlich erwarten, daß die Gleichungen (23.1) Fastlösungen besitzen, die analytische Funktionen des Parameters $\mu = (\lambda - \lambda_0)^{1/p}$ sind, wobei p eine gewisse ganze Zahl ist. Die Auffindung derartiger Fastlösungen kann man leicht auf die Bestimmung analytischer Fastlösungen zurückführen. Dazu braucht man in der Ausgangsgleichung nur nach der Formel

$$\lambda = \lambda_0 + \mu^p \tag{23.82}$$

zu einem neuen Parameter überzugehen. Durch eine solche Substitution gelangen wir zu der Untersuchung der neuen Gleichung

$$f_{(p)}(\mu, x) = 0 \tag{23.83}$$

mit

$$f_{(p)}(\mu, x) = f(\lambda_0 + \mu^p, x)\,.$$

Der Mangel dieses Verfahrens besteht darin, daß die Zahl p nicht im voraus bekannt ist.

23.6. Gleichungen mit analytischen Operatoren. In diesem Punkt betrachten wir die Gleichung (23.1), deren linke Seite $f(\lambda, x)$ ein im Punkt $\{\lambda_0, x_0\}$ analytischer Operator ist. Es sei

$$f(\lambda, x) = \sum_{m+n=1}^{\infty} [V_{m,n}(x - x_0)]\,(\lambda - \lambda_0)^n\,. \tag{23.84}$$

Die im Punkt 23.5 dargelegte Methode der unbestimmten Koeffizienten kann man zur Bestimmung analytischer Fastlösungen beliebiger Ordnungen der Gleichung (23.1) mit dem Operator (23.84) anwenden. Mehr noch, mit dieser Methode kann man alle Koeffizienten der formalen Lösungen

$$x(\lambda) = x_0 + \sum_{l=1}^{\infty} c_l\,(\lambda - \lambda_0)^l \tag{23.85}$$

der angegebenen Gleichung suchen. Zur Bestimmung endlich vieler Koeffizienten der Reihe (23.85) muß man das System (23.52) benutzen. Die Anzahl der Gleichungen in diesem System hängt natürlich davon ab, wieviel Koeffizienten der Reihe (23.85) wir finden müssen. Die Bestimmung aller Koeffizienten der Lösung (23.85) führt zu einem abzählbaren Gleichungssystem. Um dieses System zu erhalten, müssen wir die Reihe (23.85) in den Operator (23.84) einsetzen. Die gewonnene Zerlegung muß man dann in eine Reihe nach ganzen Potenzen von $\lambda - \lambda_0$ zerlegen:

$$f(\lambda, x) = \sum_{l=1}^{\infty} W_l(c_1, \ldots, c_l)\,(\lambda - \lambda_0)^l\,, \tag{23.86}$$

wobei

$$W_l(c_1, \ldots, c_l) = \sum_{k_0 + k_1 + 2k_2 + \cdots + l k_l = l} \tilde{V}_{k_0, k_1 + \cdots + k_l}(c_1^{k_1}, \ldots, c_l^{k_l}) \qquad (l = 1, 2, \ldots) \tag{23.87}$$

ist. Schließlich muß man die Funktion (23.87) gleich Null setzen. Die Koeffizienten $c_1, c_2, \ldots$ für die Lösungen (23.85) der Gleichung (23.1) mit dem Operator (23.84) müssen also dem System

$$W_l(c_1, \ldots, c_l) = 0 \qquad (l = 1, 2, \ldots) \tag{23.88}$$

genügen, das wir natürlicherweise System von Nekrassow-Nasarow nennen.

Das System (23.88) ist von uns schon im Punkt 20.8 für den Fall untersucht worden, daß der Operator $V_{0,1}$ stetig invertierbar ist. Hier (wie auch in allen verbleibenden Paragraphen) wird der ausgeartete Fall behandelt. Zur Untersuchung des Systems von Nekrassow-Nasarow im ausgearteten Fall kann man nach dem im Punkt 23.5 beschriebenen Schema zu den Verzweigungsgleichungen

$$\Delta_l(a_1, \ldots, a_{l-1}) = 0 \qquad (l = 1, 2, \ldots) \tag{23.89}$$

oder

$$\nabla_l(f_1, \ldots, f_{l-1}) = 0 \qquad (l = 1, 2, \ldots) \tag{23.90}$$

übergehen, die wegen der Sätze 23.7 und 23.8 Systeme von Nekrassow-Nasarow für die Verzweigungsgleichungen von Ljapunow und Schmidt darstellen.

Wir nehmen an, daß eine gewisse Lösung des Systems (23.88) gefunden ist. Sie bestimmt die formale Potenzreihe (23.85), die eine formale Lösung der Gleichung (23.1) ist. Es ergibt sich die natürliche Frage, ob für kleine $\lambda - \lambda_0$ die Reihe (23.85) gegen die echte Lösung $x(\lambda)$ der Gleichung (23.1) konvergiert. Diese Frage ist wahrscheinlich noch nicht bis zu Ende geklärt.

Das Problem ist recht einfach, falls die Ausartung eindimensional ist. Wenn das unendliche System (23.88) eine endliche Anzahl von Lösungen besitzt, dann konvergieren die mittels dieser Lösungen erklärten Reihen (23.85) für kleine $\lambda - \lambda_0$ gegen die Lösungen der Gleichung (23.1). Besitzt aber (23.88) unendlich viele Lösungen, dann gibt es unter ihnen auch solche, die die nur für $\lambda = \lambda_0$ konvergente Reihen (23.85) bilden. Unlängst haben P. P. Sabreiko und B. P. Kaz herausgefunden, daß alle diese Tatsachen auch für die zweidimensionale Ausartung richtig sind. Für mehrdimensionale Ausartungen haben sie unvollständigere Ergebnisse erzielt.

Im mehrdimensionalen Fall kann man zur Untersuchung der formalen Lösung (23.85), die mit Hilfe der Methode der unbestimmten Koeffizienten ermittelt wird, zwei Hauptrichtungen angeben. Die erste Richtung basiert auf den Sätzen 23.1 und 23.2 über die einfachen Lösungen. Wenn man bei der Untersuchung des endlichen Abschnitts

$$x_0(\lambda) = x_0 + \sum_{l=1}^{N_0} c_l\,(\lambda - \lambda_0)^l \tag{23.91}$$

der Reihe (23.85) nachweisen kann, daß dieser Abschnitt eine asymptotische Näherung entsprechender Ordnung an eine gewisse einfache Lösung $x_*(\lambda)$ ist, dann kann man behaupten, daß für kleine $\lambda - \lambda_0$ die Reihe (23.85) gegen diese einfache Lösung konvergiert. Der zweite Weg gründet sich auf der Konstruktion majoranter Zahlenreihen für (23.85). Wegen Platzmangel werden wir uns nicht mit der Beschreibung dieser majoranten Reihen befassen. Majorante Reihen sind von zahlreichen Autoren konstruiert worden, angefangen von Ljapunow und Schmidt. Es sei hier ebenfalls der Artikel von K. T. Achmedow [1] erwähnt (in ihm werden wahrscheinlich erstmalig die Probleme der majoranten Reihen für Operatorgleichungen betrachtet). Die tiefgründigsten und exaktesten Ergebnisse, die den Autoren bekannt sind, gehen auf A. E. Gelman [1—3] zurück. Wir möchten hervorheben, daß die Methode der majoranten Reihen nicht nur erlaubt, die Konvergenz der formalen Lösungen (23.85) für kleine $\lambda - \lambda_0$ zu beweisen, sondern auch gleichzeitig eine Abschätzung für das Gebiet gibt, in dem die Reihe konvergiert. Mit anderen Worten, die Methode der majoranten Reihen gibt eine Abschätzung für das Gebiet, in dem eine der Lösungen der Gleichung (23.1) existiert[1]).

Wie in den Paragraphen 21, 22 gezeigt wurde, besitzen die Gleichungen (23.1) mit analytischer linker Seite in den ausgearteten Fällen in der Regel Lösungen der Gestalt

$$x(\lambda) = x_0 + \sum_{l=1}^{\infty} c_l\,(\lambda - \lambda_0)^{l/p} \tag{23.92}$$

(wir erinnern, daß λ ein skalarer Parameter ist). Die Auffindung der Lösungen (23.92) läßt sich leicht auf die Bestimmung der Lösungen zurückführen, die sich in eine Reihe nach ganzen Potenzen zerlegen lassen, falls wir

$$\lambda - \lambda_0 = \mu^p \tag{23.93}$$

setzen. Alle oben angestellten Überlegungen zur Bestimmung der Lösungen (23.85) mit Hilfe der Methode der unbestimmten Koeffizienten lassen sich auch auf den Fall übertragen, in dem die Lösungen in der Gestalt (23.92) gesucht werden.

---

[1]) Es sei bemerkt, daß auch die anderen in diesem Kapitel dargelegten Verfahren zur Untersuchung kleiner Lösungen leicht durch Abschätzungen des Definitionsbereichs dieser kleinen Lösungen ergänzt werden können. Das Problem der Gewinnung noch exakterer (oder sogar nicht zu verbessernder) Abschätzungen für den Definitionsbereich kleiner Lösungen ist fast gar nicht untersucht worden.

Die Radixe p der Lösungen (23.92) werden am häufigsten mit Hilfe der Methode der sukzessiven Proben gesucht. Zunächst versucht man die Lösungen zu finden, die sich in Reihen nach ganzen Potenzen von $\lambda - \lambda_0$ zerlegen lassen, danach die Lösungen, die sich in Reihen nach Potenzen von $(\lambda - \lambda_0)^{1/2}$ entwikkeln lassen usw. Die Frage, wie man die möglichen Radixe p abschätzen kann, ist von uns schon behandelt worden. Es sei nur bemerkt, daß für komplexe Räume als Abschätzung des Radix p der Index des singulären Punktes x_0 des Vektorfeldes $f(\lambda_0, x)$ dienen kann, falls dieser singuläre Punkt isoliert ist. Die Auffindung derartiger Abschätzungen geht über den Rahmen des vorliegenden Buches hinaus.

§ 24. Das Bifurkationsproblem

24.1. Die Aufgabenstellung. In diesem Paragraphen wird ein spezielles Problem der kleinen Lösungen betrachtet, das in vielen Anwendungen eine wichtige Rolle spielt.

Der im reellen BANACH-Raum E gelegene Operator $A(\lambda, x)$ (λ ist ein reeller Parameter) genüge der Bedingung

$$A(\lambda, \theta) \equiv \theta\,, \tag{24.1}$$

wobei θ das Nullelement des Raums E ist. Für alle λ besitzt dann die Gleichung

$$x = A(\lambda, x) \tag{24.2}$$

die Nullösung θ. Der Einfachheit halber nehmen wir an, daß λ alle reellen Werte annehmen kann (die unten angegebenen Überlegungen beziehen sich auch auf den Fall, daß λ nur Werte aus einem gewissen endlichen Intervall annehmen kann). Es sei auch bemerkt, daß in den unten angestellten Überlegungen nur die Werte des Operators $A(\lambda, x)$ auf einer gewissen Kugel $\|x\| \leqq \varrho$ benutzt werden.

Die Zahl λ_0 heißt Bifurkationswert des Parameters λ oder Bifurkationspunkt[1]) der Gleichung (24.2), wenn jedem $\varepsilon > 0$ wenigstens ein derartiger Wert von λ aus dem Intervall $[\lambda_0 - \varepsilon, \lambda_0 + \varepsilon]$ entspricht, für den die Gleichung (24.2) wenigstens eine Nichtnullösung in der Kugel $\|x\| < \varepsilon$ besitzt.

Auf Gleichungen der Gestalt (24.2) führen verschiedene Stabilitätsprobleme elastischer Systeme. In diesen Aufgaben bilden die sogenannten kritischen Belastungen die Bifurkationspunkte. Auf Gleichungen (24.2) lassen sich auch viele Probleme der Wellentheorie zurückführen. Hier bilden die Bifurkationspunkte die Stromcharakteristiken, bei denen die Wellenentstehung vor sich geht.

---

[1]) Der Begriff des „Bifurkationspunktes" wird von verschiedenen Autoren in einem unterschiedlichen Sinn verwendet. In dem hier angegebenen Sinn ist der Begriff von M. A. KRASNOSELSKI eingeführt worden. Eine Reihe von Sätzen über Bifurkationspunkte und über verschiedene damit verknüpfte Probleme ist in den Monographien von M. A. KRASNOSELSKI [8, 11] bewiesen worden.

Im gesamten Paragraphen werden wir voraussetzen, daß der Operator $A(\lambda, x)$ die Gestalt

$$A(\lambda, x) = B(\lambda)\, x + T(\lambda, x) \tag{24.3}$$

hat, wobei $B(\lambda)$ lineare stetige Operatoren sind und $B(\lambda)$ in der Norm der Operatoren stetig von λ abhängt und der Operator $T(\lambda, x)$ bezüglich der Variablen x Glieder höherer als erster Ordnung enthält, d. h.

$$||T(\lambda, x)|| \leqq \omega(||x||; \lambda_1, \lambda_2) \qquad (\lambda_1 \leqq \lambda \leqq \lambda_2) \tag{24.4}$$

und für feste λ_1, λ_2

$$\lim_{||x|| \to 0} \frac{\omega(||x||; \lambda_1, \lambda_2)}{||x||} = 0\,. \tag{24.5}$$

Satz 24.1. *Die Zahl* 1 *gehöre nicht zum Spektrum des linearen Operators* $B(\lambda_0)$. *Dann ist* λ_0 *kein Bifurkationspunkt der Gleichung* (24.2).

Der Beweis ist trivial. Unter der Voraussetzung des Gegenteils existieren derartige Zahlenfolgen λ_n und Folgen von Null verschiedener Elemente $x_n \in E$, daß $\lambda_n \to \lambda_0$, $||x_n|| \to 0$ und

$$x_n = B(\lambda_n)\, x_n + T(\lambda_n, x_n) \qquad (n = 1, 2, \ldots)$$

gilt. Die letzten Gleichungen kann man in der Gestalt

$$x_n = [I - B(\lambda_0)]^{-1} [B(\lambda_n) - B(\lambda_0)]\, x_n + [I - B(\lambda_0)]^{-1}\, T(\lambda_n, x_n)$$

schreiben, woraus

$$1 = \left\|\frac{x_n}{||x_n||}\right\| \leqq ||[I - B(\lambda_0)]^{-1}|| \left\{||B(\lambda_n) - B(\lambda_0)|| + \frac{\omega\,(||x_n||; \lambda_0 - 1, \lambda_0 + 1)}{||x_n||}\right\}$$

resultiert. Wir gelangen zu einem Widerspruch, da die rechte Seite der Ungleichung für große n beliebig klein ist.

Der Satz ist bewiesen.

Infolge des Satzes 24.1 muß man die Bifurkationspunkte nur unter den Werten von λ_0 suchen, für die 1 zum Spektrum des Operators $B(\lambda_0)$ gehört. Die Frage, wie man derartige Werte von λ_0 findet, wird hier nicht behandelt, es ist dies ein spezielles und im allgemeinen Fall sehr schwieriges Problem der Theorie linearer Operatoren. Besitzt $B(\lambda)$ die Gestalt

$$B(\lambda) = \lambda\, B_0\,, \tag{24.6}$$

und ist der Operator B_0 vollstetig, dann ist 1 ein Punkt des Spektrums (Eigenwert) des Operators $B(\lambda_0)$, wenn λ_0^{-1} ein Eigenwert des Operators B_0 ist.

Übung 24.1. Es ist der vollstetige Operator $A(\lambda, x) = \lambda\, A\, x$ so zu konstruieren, daß $A\, \theta = \theta$ ist, die von Null verschiedene Zahl μ_0 ein Eigenwert des linearen Operators $B_0 = A'(\theta)$ ist, aber $\lambda_0 = \mu_0^{-1}$ keinen Bifurkationspunkt der Gleichung (24.2) darstellt.

Wenn auf irgendeine Weise ein derartiges λ_0 gefunden wird, daß 1 zum Spektrum des Operators $B(\lambda_0)$ gehört, dann ist eine zusätzliche Analyse erforderlich, um herauszufinden, ob λ_0 ein Bifurkationspunkt ist. In einer Reihe von Fällen kann diese Analyse nach den in den §§ 22 und 23 dargelegten Verfahren durchgeführt werden. Das Vorhandensein einer zusätzlichen Information über die Existenz einer von uns für alle λ bekannten Lösung der Gleichung (24.2) vereinfacht jedoch die Aufgabe wesentlich und führt häufig zu einer einfachen Antwort auch in den Fällen, in denen die in den vorangegangenen Paragraphen dargelegten Verfahren unübersichtlich werden oder praktisch nicht anwendbar sind.

24.2. Gleichungen mit vollstetigen Operatoren. Wir erinnern, daß der Operator $A(\lambda, x)$ vollstetig ist, wenn er in allen Variablen stetig ist und wenn die Menge seiner Werte auf jeder beschränkten Menge $\lambda \in [\lambda_1, \lambda_2]$, $\|x\| \leqq \varrho$ kompakt ist. Der Nullpunkt θ ist in unseren Voraussetzungen eine Nullstelle des vollstetigen Vektorfeldes

$$\Phi_\lambda x = x - A(\lambda, x)\,. \tag{24.7}$$

Ist dieser Punkt eine isolierte Nullstelle des Feldes (24.7) für ein gewisses festes λ, dann ist sein Index $\gamma(\lambda, \theta)$ (siehe § 14) erklärt.

Lemma 24.1. *Ist die Zahl λ_0 kein Bifurkationspunkt, dann ist der Index $\gamma(\lambda; \theta)$ für die Werte von λ aus einer gewissen Umgebung der Zahl λ_0 konstant.*

Beweis. Da λ_0 kein Bifurkationspunkt ist, läßt sich ein derartiges ε finden, daß in der Kugel $\|x\| \leqq \varepsilon$ keine Nullösungen der Gleichung (24.2) für $\lambda \in [\lambda_0 - \varepsilon, \lambda_0 + \varepsilon]$ vorhanden sind. Hieraus folgt, daß die Felder (24.7) für $\lambda_0 - \varepsilon \leqq \lambda \leqq \lambda_0 + \varepsilon$ auf der Sphäre $\|x\| = \varepsilon$ homotop sind. Infolge des Lemmas 14.3 ist die Rotation der Felder (24.7) auf dieser Sphäre gleich für $\lambda_0 - \varepsilon \leqq \lambda \leqq \lambda_0 + \varepsilon$. Es verbleibt zu bemerken, daß die Rotation auf dem Rand der Kugel mit dem Index des Nullpunktes übereinstimmt, da in den übrigen Punkten der Kugel das Feld nicht verschwindet.

Das Lemma ist bewiesen.

Aus dem Lemma 24.1 resultiert der

Satz 24.2. *In jeder Umgebung der Zahl λ_0 möge man die zwei Werte λ_1 und λ_2 dergestalt finden, daß*

$$\gamma(\lambda_1, \theta) \neq \gamma(\lambda_2, \theta) \tag{24.8}$$

ist.

Dann ist λ_0 ein Bifurkationspunkt der Gleichung (24.2).

Es seien zwei für die Anwendungen günstigen Folgerungen des Satzes 24.2 angemerkt.

Es sei 1 ein Eigenwert des Operators $B(\lambda_0)$ der Vielfachheit m. Aus der allgemeinen Störungstheorie linearer Operatoren (siehe zum Beispiel F. Riesz und B. Sz. Nagy [1], T. Kato [1]) folgt dann, daß für nahe an λ_0 liegende Werte von λ der Operator $B(\lambda)$ nahe an 1 liegende Eigenwerte $\mu_1, \ldots, \mu_s$ besitzt, für die die Summe der Vielfachheiten gleich m ist. Mit $\pi(\lambda)$ bezeichnen wir die Summe der Vielfachheiten der nahe an 1 liegenden reellen Eigenwerte (sie seien größer 1) des Operators $B(\lambda)$. Wir nehmen an, daß für nahe an λ_0 liegende, aber von λ_0 verschiedene Werte von λ die Zahl 1 kein Eigenwert des Operators $B(\lambda)$ ist. Dann ist die Zahl $(-1)^{\pi(\lambda)}$ gleich für alle Werte von λ, die nahe an λ_0 liegen und größer als λ_0 sind. Wir bezeichnen sie mit $\varkappa^+(\lambda_0)$. Analog wird die Zahl $\varkappa^-(\lambda_0)$ erklärt, als allgemeiner Wert von $(-1)^{\pi(\lambda)}$ für Werte von λ, die nahe an λ_0 liegen, aber kleiner als λ_0 sind. Die Zahlen $\varkappa^+(\lambda_0)$ und $\varkappa^-(\lambda_0)$ können mittels Verfahren der Störungstheorie gefunden werden (durch Auffindung der Eigenwerte $\mu_1, \ldots, \mu_s$ und der Bestimmung ihrer Vielfachheiten). In dem wichtigen Spezialfall, wenn der Operator $B(\lambda)$ die Gestalt (24.6) besitzt (zum Beispiel, wenn $A(\lambda, x) \equiv \lambda A x$ ist) gilt offensichtlich die Formel

$$\varkappa^+(\lambda_0)\, \varkappa^-(\lambda_0) = (-1)^m . \tag{24.9}$$

Satz 24.3. *Die Zahl* 1 *sei ein Eigenwert des Operators* $B(\lambda_0)$. *Es seien die Zahlen* $\varkappa^+(\lambda_0)$ *und* $\varkappa^-(\lambda_0)$ *definiert und es gelte*

$$\varkappa^+(\lambda_0) \cdot \varkappa^-(\lambda_0) = -1 \tag{24.10}$$

(*zum Beispiel ist dies der Fall, wenn* $B(\lambda)$ *die Gestalt* (24.6) *besitzt und der Eigenwert* 1 *des Operators* $B(\lambda_0)$ *eine ungerade Vielfachheit hat*).

Dann ist λ_0 *ein Bifurkationspunkt der Gleichung* (24.2).

Beweis. Ist 1 kein Eigenwert des Operators $B(\lambda)$, dann ist der Index $\gamma(\lambda, \theta)$ von θ durch die Formel

$$\gamma(\lambda, \theta) = (-1)^{\beta(\lambda)} \tag{24.11}$$

erklärt (siehe § 14), wobei $\beta(\lambda)$ die Summe der Vielfachheiten der reellen Eigenwerte μ des Operators $B(\lambda)$ mit $\mu > 1$ ist.

Wir bezeichnen mit β_0 die Summe der Vielfachheiten der Eigenwerte des Operators $B(\lambda_0)$, die größer 1 sind. Dann gilt offensichtlich die Relation

$$\beta(\lambda) = \beta_0 + \pi(\lambda) \pmod 2 .$$

Aus dieser Gleichung und aus (24.11) resultiert

$$\gamma(\lambda_1, \theta)\, \gamma(\lambda_2, \theta) = \varkappa^+(\lambda_0) \cdot \varkappa^-(\lambda_0) ,$$

falls λ_1 und λ_2 nahe an λ_0 liegen und $\lambda_1 < \lambda_0$ und $\lambda_2 > \lambda_0$ gilt. Aus (24.10) ergibt sich deshalb (24.8), und man braucht nur noch auf den Satz 24.2 zu verweisen.

Der Satz ist bewiesen.

Wir möchten hervorheben, daß die Anwendungen des Satzes 24.3 nur die Analyse einer linearen Gleichung erfordert. Hierin besteht sein großer Vorteil.

Nehmen wir an, daß es uns nicht gelingt, die Gleichung (24.10) zu beweisen, oder daß $\varkappa^+(\lambda_0) = \varkappa^-(\lambda_0)$ gilt, aber bekannt ist, daß derartige beliebig nahe an λ_0 liegende Werte λ existieren, für die 1 kein Eigenwert des Operators $B(\lambda)$ ist. Aus (24.11) folgt dann, daß in einer beliebigen Umgebung von λ_0 solche Werte λ existieren, für die $|\gamma(\lambda)| = 1$ ist. Deshalb ist die Bedingung (24.8) erfüllt, falls $|\gamma(\lambda_0)| \neq 1$ ist. Die einfachsten Sätze über die Berechnung des Index $\gamma(\lambda_0)$ sind im § 14 angegeben. Der Algorithmus für die Reduzierung der Aufgabe zur Berechnung des Index $\gamma(\lambda_0)$ im allgemeinen Fall auf die Analyse endlichdimensionaler Felder ist in der Arbeit von P. P. Sabreiko und M. A. Krasnoselski [2] ausgearbeitet worden.

Übung 24.2. Der Index $\gamma(\lambda, \theta)$ sei gleich γ^+ für alle nahe an λ_0 liegenden Werte von λ, die größer als λ_0 sind (es sei $\gamma(\lambda, \theta) = \gamma^-$ für alle nahe an λ_0 liegenden Werte von λ, die kleiner als λ_0 sind). Es ist zu zeigen, daß die Gleichung (24.2) von Null verschiedene kleine Lösungen besitzt für alle nahe an λ_0 liegenden Werte von λ, die größer (kleiner) als λ_0 sind, falls $\gamma(\lambda_0) \neq \gamma^+$ ($\gamma(\lambda_0) \neq \gamma^-$) ist.

24.3. Zur Anwendung der Verzweigungsgleichung. Die Sätze aus dem Punkt 24.2 lassen sich auf den Fall verallgemeinern, wenn der in der Gestalt (24.3) dargestellte Operator $A(\lambda, x)$ nicht die Eigenschaft der Vollstetigkeit besitzt, aber der stetige Operator $T(\lambda, x)$ nicht nur der Abschätzung (24.4) genügt, sondern auch der natürlichen Glattheit:

$$||T(\lambda, x) - T(\lambda, y)|| \leqq q(\varrho)\, ||x - y|| \qquad (\lambda_1 \leqq \lambda \leqq \lambda_2;\ ||x||,\ ||y|| \leqq \varrho)\,,$$

wobei $q(\varrho) = o(1)$ ist, d. h.

$$\lim_{\varrho \to 0} q(\varrho) = 0$$

gilt.

Wir merken nur eine Tatsache an.

Es sei 1 ein isolierter Eigenwert des Operators $B(\lambda_0)$ endlicher Vielfachheit m. Wir nehmen an, daß die Zahlen $\varkappa^+(\lambda_0)$ und $\varkappa^-(\lambda_0)$ (genau so, wie im Punkt 24.2) erklärt sind. Dann bleibt die Behauptung des Satzes 24.3 bestehen. Für den Beweis muß man zu einer Verzweigungsgleichung übergehen (danach kann man den Satz 24.3 anwenden, da die Verzweigungsgleichung eine Operatorgleichung in einem endlichdimensionalen Raum ist).

Eine Reihe allgemeinerer Behauptungen über Bifurkationspunkte für Gleichungen mit hinreichend glatten Operatoren (ohne Voraussetzung über ihre Vollstetigkeit) ist in dem Artikel von P. P. Sabreiko, M. A. Krasnoselski und A. W. Pokowski [1] bewiesen worden.

24.4. Amplitudenkurven. Bei der Aufstellung einer Operatorgleichung, die die eine oder andere physikalische Erscheinung, irgendeinen realen Prozeß usw. beschreibt, werden immer gewisse Seiten der Erscheinung vernachlässigt, unwesentliche Zusammenhänge nicht berücksichtigt, auf „kleine" Kräfte nicht geachtet. Im Zusammenhang damit ist es wichtig, zu wissen, wie sich die Lösungen der Operatorgleichungen ändern, wenn diese Gleichungen schwach gestört werden.

Übung 24.3. Der vollstetige Operator A bilde die Kugel $||x|| \leqq \varrho$ in sich ab und besitze in dieser Kugel den einzigen Fixpunkt x^* mit $||x^*|| < \varrho$. Es ist zu zeigen, daß jedem $\varepsilon > 0$ ein derartiges $\delta > 0$ entspricht, daß jeder vollstetige Operator B, der der Bedingung

$$||Bx - Ax|| < \delta \qquad (||x|| \leqq \varrho)$$

genügt, in der Kugel $||x|| \leqq \varrho$ wenigstens einen Fixpunkt besitzt, wobei alle Fixpunkte x^{**} des Operators B der Ungleichung $||x^* - x^{**}|| < \varepsilon$ genügen.

In diesem Punkt versuchen wir zu klären, was mit dem Bifurkationspunkt geschieht, falls die Gleichung eine kleine Störung erfährt. Wir beschränken uns auf die einfachste Gleichung

$$x = \lambda A x + \varepsilon f, \tag{24.12}$$

wobei $A\,\theta = \theta$, f ein festes Element und ε ein kleiner skalarer Parameter ist. Wir nehmen an, daß

$$A x = B x + C_k x + T x, \tag{24.13}$$

wobei B ein linearer stetiger Operator und C_k eine homogene Form der Ordnung k ist und $T x$ aus Gliedern höherer Ordnung als k besteht.

Es sei λ_0^{-1} ein isolierter einfacher Eigenwert des Operators B und e_0 der diesem Eigenwert entsprechende normierte Eigenvektor:

$$\lambda_0 B e_0 = e_0, \quad ||e_0|| = 1. \tag{24.14}$$

Mit l bezeichnen wir das durch die Bedingung $l(e_0) = 1$ normierte Eigenfunktional des adjungierten Operators B^*, der diesem Eigenwert λ_0^{-1} entspricht: $\lambda_0 B^* l = l$ oder, was dasselbe ist, $\lambda_0\, l(B x) \equiv l(x)$ für $x \in E$. Der lineare Operator

$$P_0 x = l(x)\, e_0 \qquad (x \in E) \tag{24.15}$$

projeziert auf den eindimensionalen Unterraum E_0 der Elemente $t\, e_0$ $(-\infty < t < \infty)$. Der Operator $P^0 = I - P_0$ projeziert auf den Unterraum E^0, der für B invariant und dergestalt ist, daß die Einschränkung des Operators $I - B$ auf E^0 den inversen Operator Γ^0 besitzt.

Wie in den vorangegangenen Paragraphen führen wir die Bezeichnungen $\lambda = \lambda_0 + \nu$, $u = P_0 x$ und $v = P^0 x$ ein. Die Gleichung (24.12) kann man dann in der Gestalt des Systems

$$0 = \nu u + (\lambda_0 + \nu) P_0 [C_k (u + v) + T (u + v)] + \varepsilon P_0 f, \tag{24.16}$$

$$v = (\lambda_0 + \nu) B v + (\lambda_0 + \nu) P^0 [C_k (u + v) + T (u + v)] + \varepsilon P^0 f \tag{24.17}$$

schreiben.

Unten wird vorausgesetzt, daß das Element $P_0 f$ verschieden von Null ist, — das ist der allgemeine Fall. Ohne Einschränkung der Allgemeinheit kann man dann annehmen, daß die Gleichung

$$P_0 f = e_0 \tag{24.18}$$

erfüllt ist, da wir im entgegengesetzten Fall anstelle des Parameters ε den neuen skalaren Parameter $\varepsilon_1 = \varepsilon\, l(f)$ eingeführt hätten. Aus (24.16) und (24.18) resultiert

$$\varepsilon = -\nu\, l(u) - (\lambda_0 + \nu)\, l\, [C_k (u + v) + T (u + v)].$$

Deshalb ist die Gleichung (24.12) äquivalent dem System, das wir erhalten, wenn wir zu (24.16) die Gleichung

$$\begin{aligned} v = {} & (\lambda_0 + \nu) B v - \nu\, l(u) P^0 f + (\lambda_0 + \nu) P^0 [C_k (u + v) + T (u + v)] \\ & - (\lambda_0 + \nu)\, l\, [C_k (u + v) + T (u + v)]\, P^0 f \end{aligned} \tag{24.19}$$

hinzufügen.

Im gesamten Punkt werden wir voraussetzen, daß die Operatoren C_k und T glatt sind:

$$||C_k x + T x - C_k y - T y|| \leqq q_0 r^{k-1} ||x - y|| \quad (||x||, ||y|| \leqq r \leqq r_0). \quad (24.20)$$

Die Gleichung (24.19) kann man in der Form

$$v = \Gamma^0(\nu)\, Q(\nu; u, v) \quad (24.21)$$

schreiben, wobei $\Gamma^0(\nu)$ der zu der Einschränkung von $I - (\lambda_0 + \nu) B$ auf E^0 inverse Operator ist und

$$Q(\nu; u, v) = -\nu\, l(u)\, P^0 f + (\lambda_0 + \nu)\, P^0 [C_k (u + v) + T (u + v)]$$
$$- (\lambda_0 + \nu)\, l\, [C_k (u + v) + T (u + v)]\, P^0 f. \quad (24.22)$$

Aus (24.20) folgt die Ungleichung

$$||Q(\nu; u, v_1) - Q(\nu; u, v_2)||$$
$$\leqq ||\Gamma^0(\nu)|| \cdot |\lambda_0 + \nu|\, (||P^0|| + ||l|| \cdot ||P^0 f||)\, 2^{k-1} q_0 r^{k-1} ||v_1 - v_2|| \quad (24.23)$$
$$(||u|| \leqq r;\ ||v_1||, ||v_2|| \leqq r;\ r \leqq r_0).$$

Da für kleine ν

$$||\Gamma^0(\nu)|| = ||(I - \lambda_0 B - \nu B)^{-1}|| = ||\Gamma^0 (I - \nu B \Gamma^0)^{-1}||$$
$$\leqq ||\Gamma^0|| \cdot ||I + \nu B \Gamma^0 + \nu^2 (B \Gamma^0)^2 + \cdots|| \leqq \frac{||\Gamma_0||}{1 - |\nu| \cdot ||B \Gamma^0||}$$

ist, so folgt aus (24.23), daß der Operator $\Gamma^0(\nu)\, Q(\nu; u, v)$ auf der Kugel $||v|| \leqq r$ mit kleinem Radius (für kleine u und ν) ein Kontraktionsoperator ist. Er genügt der Lipschitz-Bedingung mit beliebig kleiner Konstanten. Aus (24.20) ergibt sich die Abschätzung

$$||\Gamma^0(\nu)\, Q(\nu; u, \theta)|| \leqq ||\Gamma^0(\nu)|| \cdot |\nu| \cdot ||P^0 f|| \cdot ||l|| \cdot ||u||$$
$$+ |\lambda_0 + \nu|\, (||P^0|| + ||l|| \cdot ||P^0 f||)\, q_0 ||u||^k,$$

d. h. für kleine ν und kleine u gilt

$$||\Gamma^0(\nu)\, Q(\nu; u, \theta)|| \leqq a|\nu| \cdot ||u|| + b||u||^k, \quad (24.24)$$

wobei a und b Konstanten sind. Für kleine ν und u läßt deshalb der Operator $\Gamma^0(\nu)\, Q(\nu; u, v)$ die Kugel $||v|| \leqq r$ mit einem gewissen festen kleinen Radius invariant. Aus dem Kontraktionsprinzip folgt, daß man die Gleichung (24.21) (oder, was dasselbe ist, die Gleichung (24.19)) bezüglich v lösen kann. Die Lösung

$$v = R(\nu, u) \quad (24.25)$$

ist für kleine ν und u eindeutig. Aus (24.24) ergibt sich für kleine ν und u die Abschätzung

$$||R(\nu, u)|| \leqq a_0 |\nu| \cdot ||u|| + b_0 ||u||^k. \quad (24.26)$$

Da die Gleichung (24.19) der Relation (24.25) äquivalent ist, so ist die Gleichung (24.12) äquivalent dem System, das man erhält, wenn man zu (24.16) die Gleichung (24.25) hinzufügt.

Indem wir (24.25) in die rechte Seite von (24.16) einsetzen, erhalten wir die Gleichung

$$0 = \nu u + (\lambda_0 + \nu) P_0 \{C_k [u + R(\nu, u)] + T [u + R(\nu, u)]\} + \varepsilon e_0 , \quad (24.27)$$

aus der man die Projektion $u = P_0 x$ der Lösung x für die Gleichung (24.12) bestimmen muß, falls natürlich die Lösung existiert. Nach der Formel (24.25) kann man dann die zweite Projektion $v = P^0 x$ der Lösung finden.

Im Grunde genommen haben wir die Herleitung der Verzweigungsgleichung für die spezielle Gleichung (24.12) mit zwei Parametern λ und ε wiederholt.

Aus der Abschätzung (24.26) resultiert, daß für kleine ν die Projektion $u = P_0 x$ der Nichtnullösung x den Hauptbestandteil dieser Lösung bildet. Demzufolge kann man die allgemeine Beschreibung aller kleiner Lösungen der Gleichung (24.12) durch die Analyse der einen Gleichung (24.27) erhalten.

Wenn wir $u = \xi e_0$ (oder, was dasselbe ist, $\xi = l(u)$) setzen, dann kann man die Gleichung (24.27) als skalare Gleichung schreiben:

$$0 = \nu \xi + (\lambda_0 + \nu) l \{C_k [\xi e_0 + R(\nu, \xi e_0)] + T [\xi e_0 + R(\nu, \xi e_0)]\} + \varepsilon . \quad (24.28)$$

Die Hauptrolle in den weiteren Überlegungen spielt die Zahl

$$\varkappa_0 = l(C_k e_0) . \quad (24.29)$$

Wir nehmen an, daß sie verschieden von Null ist, — das ist der allgemeine Fall.

Wir schreiben die Gleichung (24.28) in der Form

$$0 = \nu \xi + \lambda_0 \varkappa_0 \xi^k + \varepsilon + \varphi(\nu, \xi) \quad (24.30)$$

mit

$$\varphi(\nu, \xi) = \varkappa_0 \nu \xi^k$$
$$+ (\lambda_0 + \nu) l \{C_k [\xi e_0 + R(\nu, \xi e_0)] - C_k(\xi e_0) + T [\xi e_0 + R(\nu, \xi e_0)]\} . \quad (24.31)$$

Da C_k eine homogene Form der Ordnung k ist, gilt

$$||C_k x - C_k y|| \leqq q_1 (||x|| + ||y||)^{k-1} ||x - y|| .$$

Deshalb haben wir

$$||C_k [\xi e_0 + R(\nu, \xi e_0)] - C_k(\xi e_0)|| \leqq q_1 [|\xi| + ||R(\nu, \xi e_0)||]^{k-1} ||x - y||$$

und wegen (24.26)

$$||C_k [\xi e_0 + R(\nu, \xi e_0)] - C_k(\xi e_0)||$$
$$\leqq q_1 [(1 + a_0|\nu|) |\xi| + b_0|\xi|^k]^{k-1} (a_0|\nu| \cdot |\xi| + b_0|\xi|^k) ,$$

woraus folgt, daß für kleine ν und ξ

$$||C_k [\xi e_0 + R(\nu, \xi e_0)] - C_k(\xi e_0)|| \leqq q_2 (|\nu| \cdot |\xi|^k + |\xi|^{2k-1}) . \quad (24.32)$$

Der Operator T setzt sich aus Gliedern höherer Ordnung als k zusammen. Für kleine x sei

$$||T x|| \leqq q_2||x||^{k+1} .$$

Aus (24.26) resultiert dann die Abschätzung

$$\|T[\xi e_0 + R(\nu, \xi e_0)]\| \leqq q_2 [|\xi| + a_0|\nu| \cdot |\xi| + b_0|\xi|^k]^{k+1}$$

und ferner

$$\|T[\xi e_0 + R(\nu, \xi e_0)]\| \leqq q_3(\xi) |\xi|^k, \tag{24.33}$$

mit $q_3(\xi) \to 0$ für $\xi \to 0$.

Aus (24.32) und (24.33) folgt, daß für kleine ν und ξ die Funktion (24.31) die Abschätzung

$$|\varphi(\nu, \xi)| \leqq |\nu| \cdot |\varkappa_0| \cdot |\xi|^k + q_2 (|\nu| \cdot |\xi|^k + |\xi|^{2k-1}) + q_3(\xi) \cdot |\xi|^k$$

zuläßt. Demzufolge kann man die Gleichung (24.30) in der einfacheren Form

$$0 = \nu \xi + \lambda_0 \varkappa_0 \xi^k [1 + \psi(\nu, \xi)] + \varepsilon \tag{24.34}$$

schreiben, wobei $\psi(\nu, \varepsilon)$ der Bedingung

$$\lim_{\nu, \xi \to 0} \psi(\nu, \xi) = 0 \tag{24.35}$$

genügt.

Für $\varepsilon = 0$ besitzt die Gleichung (24.34) offensichtlich die Nullösung $\xi = 0$. Für jedes kleine ξ besitzt diese Gleichung auch die Nichtnullösung $\nu \approx -\lambda_0 \varkappa_0 \xi^{k-1}$. Deshalb ist λ_0 ein Bifurkationspunkt.

Die Lösungen $\xi = \xi(\nu, \varepsilon)$ der Gleichung (24.34), die als Funktionen der Variablen ν für verschiedene feste ε betrachtet werden, heißen *Amplitudenfunktionen* und ihre Grafiken *Amplitudenkurven*, da ihrer Konstruktion in der Theorie der nichtlinearen Schwingungen große Aufmerksamkeit geschenkt wird. Die Amplitudenfunktionen sind natürlich mehrdeutig.

Wie die Amplitudenkurven aussehen, wird in der Abb. 24.1 gezeigt. Alle diese Grafiken sind für einen ähnlichen Fall (A ist vollstetig; es gibt aber keine Voraussetzung über die Glattheit des Operators T) in der Arbeit von M. A. Krasnoselski [6] aufgezeigt worden.

Die Konstruktion der Amplitudenkurven wird nach einem allgemeinen Rezept durchgeführt, dessen Hauptidee darin besteht, daß ν als Funktion der Variablen ξ gesucht wird.

Aus (24.34) resultiert die Relation

$$0 = \nu + \frac{\varepsilon}{\xi} + \lambda_0 \varkappa_0 \xi^{k-1} [1 + \psi(\nu, \xi)]. \tag{24.36}$$

Wegen (24.35) gilt für ein beliebiges aber festes und beliebig kleines δ in einer gewissen festen Umgebung des Nullpunktes

$$-\delta < \psi(\nu, \xi) < \delta.$$

Wir konstruieren die beiden Kurven

$$\nu_1(\xi) = -\frac{\varepsilon}{\xi} - \lambda_0 \varkappa_0 (1 - \delta) \xi^{k-1},$$

$$\nu_2(\xi) = -\frac{\varepsilon}{\xi} - \lambda_0 \varkappa_0 (1 + \delta) \xi^{k-1},$$

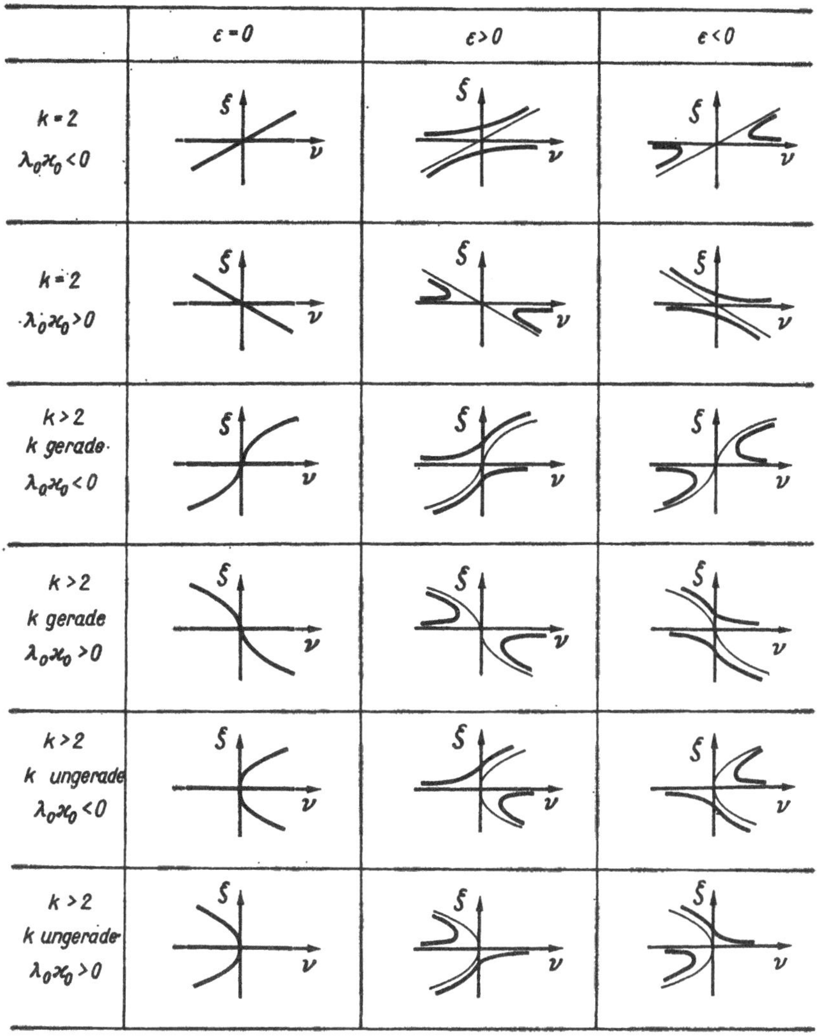

Abb. 24.1

die für kleine δ „fast zusammenfallen“. Es sei

$$\left.\begin{aligned} \nu_+(\xi) &= \max\,\{\nu_1(\xi), \nu_2(\xi)\}\,, \\ \nu_-(\xi) &= \min\,\{\nu_1(\xi), \nu_2(\xi)\}\,. \end{aligned}\right\} \tag{24.37}$$

Die Grafiken dieser Funktionen fallen ebenfalls fast zusammen. Sie unterscheiden sich wenig von der Grafik der Funktion

$$\nu_0(\xi) = -\frac{\varepsilon}{\xi} - \lambda_0\,\varkappa_0\,\xi^{k-1}\,. \tag{24.38}$$

Für $\nu \geqq \nu_+(\xi)$ ist die rechte Seite der Gleichung (24.36) offensichtlich positiv, und für $\nu \leqq \nu_-(\xi)$ negativ. Deshalb existiert für jedes kleine ξ eine Lösung $\nu(\xi)$ der Gleichung (24.36).

Übung 24.4. Es ist zu zeigen, daß in einer festen kleinen Umgebung von Null die Funktion (für kleine ξ) eindeutig ist.

Die Grafik der Funktion $\nu(\xi)$ liegt zwischen den Grafiken der Funktionen (24.37). Deshalb unterscheidet sie sich wenig von der Grafik der Funktion (24.38). Die entsprechenden Grafiken findet man in Abb. 24.1. Diese Kurvenbilder braucht man sich natürlich nicht einzuprägen. Man muß nur die endgültige Regel kennen: Wenn die Zahl (24.29) verschieden von Null ist, dann muß man zur Konstruktion (mit einer Genauigkeit bis auf Glieder höherer Ordnung) der Amplitudenkurven $\xi = \xi(\nu)$ die Grafiken der inversen Funktionen $\nu = \nu_0(\xi)$ finden, die durch die Formel (24.38) bestimmt sind.

Zum Abschluß sei angemerkt, daß man die Gleichung (24.38) recht einfach aus der Gleichung (24.12) erhalten kann. Man muß (für kleine ν und ε) die Lösungen der Gleichung (24.12) in der Gestalt $x = \xi\, e_0$ aus der Gleichung

$$\xi = (\lambda_0 + \nu)\, l[A(\xi\, e_0)] + \varepsilon\, l(f)$$

suchen, oder, was dasselbe ist, aus der Gleichung

$$0 = \nu\, \xi + \lambda_0\, l[C_k(\xi\, e_0)] + \nu\, l[C_k(\xi\, e_0)] + (\lambda_0 + \nu)\, l[T(\xi\, e_0)] + \varepsilon\, l(f)\,,$$

wobei man in dieser Gleichung alle Glieder höherer Ordnungen fortlassen muß. Die Gleichung

$$0 = \nu\, \xi + \lambda_0\, l(C_k\, e_0)\, \xi^k + \varepsilon\, l(f)$$

die man danach erhält, stimmt mit (24.38) überein.

Dieser Punkt ist in Übereinstimmung mit dem Artikel von P. P. Sabreiko, M. A. Krasnoselski und A. W. Pokrowski [1] geschrieben worden.

LITERATURVERZEICHNIS

ABRAMOW, A. A. (Абрамов, А. А.)

[1] Об одном способе ускорения итерационных процессов. ДАН СССР **74**, № 6 (1950).

ACHIESER, N. I., GLASMAN, I. M. (Ахиезер, Н. И., Глазман, И. М.)

[1] Теория линейных операторов в гильбертовом пространстве. Moskau 1966 (dt. Übers., Theorie der linearen Operatoren im Hilbertraum, 5. Aufl., Berlin 1968).

ACHMEDOW, K. T. (Ахмедов, К. Т.)

[1] Аналитический метод Некрасова-Назарова в нелинейном анализе. УМН **12**, вып. 4 (1957).

AISENGÄNDLER, P. G. (Айзенгендлер, П. Г.)

[1] Некоторые вопросы теории ветвления решений нелинейных уравнений. УМН **21**, вып. 1 (1966).

AISENGÄNDLER, P. G., WAINBERG, M. M. (Айзенгендлер, П. Г., Вайнберг, М. М.)

[1] Теория ветвления решений нелинейных уравнений в многомерном случае. ДАН СССР **163**, № 3 (1965).

ALEXANDROW, P. S. (Александров, П. С.)

[1] Комбинаторная топология. Moskau 1947 (engl. Übers., Combinatorical Topologie, New York 1956).

ALEXIEWICZ, A., ORLICZ, W.

[1] Analytic operations in real Banach spaces. Stud. Math. **14** (1953).

ALTMAN, M.

[1] On the approximate solution of non-linear functional equations. Bull. Acad. polon. sci. **5**, № 5 (1957).
[2] Concerning approximate solutions of non-linear functional equations. Bull. Acad. polon. sci. **5**, № 5 (1957).
[3] On the approximate solutions of operator equations in Hilbert space. Bull. Acad. polon. sci. **5**, № 6 (1957).
[4] Concerning the approximate solutions of operator equations in Hilbert space. Bull. Acad. polon. sci. **5**, № 7 (1957).
[5] On the generalisation of Newton's method. Bull. Acad. polon. sci. **5**, № 8 (1957).

ANTONOWSKI, M. J., BOLTJANSKI, W. G., SARYMSAKOW, T. A. (Антоновский, М. Я., Болтянский, В. Г., Сарымсаков, Т. А.)

[1] Топологические полуполя. Ташкент 1960.
[2] Метрические пространства над полуполями. Научн. тр. Там. ГУ, вып. **191** (1961).

[3] Конечномерные модули над полуполями. Научн. тр. Таш. ГУ, вып. **208** (1962).
[4] Топологические алгебры Буля, Ташкент 1963.

Bachtin, I. A. (Бахтин, И. А.)
[1] Об одном классе уравнений с положительными операторами. ДАН СССР **117**, № 1 (1957).
[2] Об одном критерии нормальности конуса. Тр. семинара по функц. анализу, вып. **6**, Воронеж, 1958.
[3] Об одном классе положительных операторов. Тр. семинара по функц. анализу, вып. **6**, Воронеж, 1958.
[4] О нелинейных уравнениях с вогнутыми и равномерно вогнутыми операторами. ДАН СССР **126**, № 1 (1959).
[5] Об одном классе нелинейных интегральных уравнений. Тр. семинара по функц. анализу, вып. **3—4**, Ростовск. н/Д. ун-т, Воронежск. ун-т, 1960.
[6] Об уравнениях с равномерно вогнутыми операторами. Сб. Функциональный анализ и его применения, Изд-во АН АзербССР, Баку 1961.
[7] Исследование уравнений с положительными операторами. Диссертация, ЛГУ 1966.

Bachtin, I. A., Krasnoselski, M. A. (Бахтин, И. А., Красносельский, М. А.)
[1] К задаче о продольном изгибе стержня переменной жесткости. ДАН СССР **105**, № 4 (1955).
[2] К теории уравнений с вогнутыми операторами. ДАН СССР **123**, № 1 (1956).
[3] Метод последовательных приближений в теории уравнений с вогнутыми операторами. СМЖ **2**, № 3 (1961).

Banach, S.
[1] Über homogene Polynome in L^2. Studia Math. **7** (1938).
[2] Lehrgang der Funktionalanalysis. (ukrainisch) Kiew 1948.

Bartle, R. G.
[1] Singular points of functional equations. Trans. Amer. Math. Soc. **75**, № 2 (1953).

Beresin, I. S., Shidkow, N. P. (Березин, И. С., Жидков, Н. П.)
[1] Методы вычислений. тт. 1, 2, Moskau 1959—1960 (dt. Übers., Numerische Methoden 1, Berlin 1970).

Bessmertnych, G. A. (Безсмертных, Г. А.)
[1] Об одновременном отыскании двух собственных чисел самосопряженного оператора. ДАН СССР **128**, № 6 (1959).
[2] О двух приближенных методах решения операторных уравнений в гильбертовом пространстве. ДАН СССР **131**, № 2 (1960).
[3] О поведении поправок в некоторых методах приближенного вычисления границ спектра самосопряженного оператора. ДАН СССР **136**, № 6 (1961).

Birman, M. S. (Бирман, М. Ш.)
[1] Некоторые оценки для метода наискорейшего спуска. УМН **5**, вып. 3 (1950).
[2] О вычислении собственных чисел методом наискорейшего спуска. Уч. зап. Ленингр. горного ин-та **27**, вып. 1 (1952).

Bobrow, S. W. (Бобров, С. В.)
[1] Волшебный двурог. Moskau 1949.

Bochner, S., Martin, U. T. (Бохнер, С., Мартин, У. Т.)

[1] Several Complex Variables. Princeton 1948 (russ. Übers., Функции многих комплексных переменных, Moskau 1951).

Bogorjan, O. K. (Богорян, О. К.)

[1] О сходимости невязки методов Бубнова-Галеркина и Ритца. ДАН СССР **141**, № 2 (1961).

Bonsall, F.

[1] Linear operators in complete positive cones. Proc. London Math. Soc. **8**, № 8 (1958).

Bourbaki, N. (Бурбаки, Н.)

[1] Eléments de mathématique. Paris 1968 (russ. Übers., Элементы математики. Функции действительного переменного, Moskau 1965).

Browder, F. E.

[1] Nonexpansive nonlinear operators in Banach space. Proc. Nat. Acad. Sci. USA **54** (1965).

Browder, F. E., Petryshyn, W. V.

[1] The solution by iteration of nonlinear functional equations in Banach spaces. Bull. Amer. Math. Soc. **72**, № 3 (1966).

[2] The solution by iteration of linear functional equations in Banach spaces. Bull. Amer. Math. Soc. **72**, № 3 (1966).

Bugajew, N. W. (Бугаев, Н. В.)

[1] Различные применения начала наибольших и наименьших показателей в теории алгебраических функций. Матем. сб. **14** (1888).

Collatz, L. (Коллатц, Л.)

[1] Funktionalanalysis und Numerische Mathematik. Berlin–Göttingen–Heidelberg 1964 (russ. Übers., Функциональный анализ и вычислительная математика, Moskau 1969).

Cronin, J.

[1] Branch points of solutions of equations in Banach space. Trans. Amer. Math. Soc. I, **69** (1950), II, **76** (1954).

[1] Fixed points and topological degree in nonlinear analysis. Providence Amer. Math. Soc., 1964.

Dunford, N., Schwartz, J. T. (Данфорд, Н., Шварц, Дж. Т.)

[1] Linear Operators I. New York 1958 (russ. Übers., Линейные операторы. Общая теория, Moskau 1962).

Daugawet, I. K. (Даугавет, И. К.)

[1] Применение общей теории приближенных методов к исследованию сходимости метода Галеркина для некоторых граничных задач математической физики. ДАН СССР **98**, № 6 (1954).

[2] О быстроте сходимости метода Галеркина для обыкновенных диференциальных уравнений. Изв. вузов, Математика, № 5 (1958).

[3] О методе моментов для обыкновенного дифференциального уравнения. СМЖ **6**, № 1 (1965).

Dawidenko, D. F. (Давиденко, Д. Ф.)

[1] О применении метода вариации параметра к обращению матриц. ДАН СССР **131**, № 3 (1960).

[2] О применении метода вариации параметра к вычислению определителей. ДАН СССР **131**, № 4 (1960).
[3] Об одном методе численного решения систем нелинейных уравнений. ДАН СССР **88**, № 4 (1953).
[4] О приближенном решении систем нелинейных уравнений. Укр. матем. Ж. **5**, № 2 (1953).
[5] О приложении метода вариации параметра к теории нелинейных функциональных уравнений. Укр. матем. ж. **7**, № 1 (1955).
[6] О применении метода вариации параметра к построению итерационных формул повышенной точности для определения численных решений нелинейных интегральных уравнений. ДАН СССР **162**, № 3 (1965).
[7] О применении метода вариации параметра к посроению итерационных формул повышенной точности для определения элементов обратной матрицы. ДАН СССР **162**, № 4 (1965).

DOWBYSCH, L. N. (Довбыш, Л. Н.)
[1] Устойчивость метода Ритца для задач спектральной теории операторов. Тр. Матем. ин-та АН СССР **84** (1965).
[2] Устойчивость метода Ритца для задач спектральной теории операторов. Диссертация, Ленинград, 1965.

DSHISCHKARIANI, A. W. (Джишкариани, А. В.)
[1] Оценки погрешности метода Ритца для собственных значений и собственных функций дифференциального уравнения. Сообщ. АН ГрузССР **25**, № 1 (1960).
[2] Оценки погрешности метода Ритца для неоднородного дифференциального уравнения. Сообщ. АН ГрузССР **25**, № 3 (1960).
[3] О быстроте сходимости метода Бубнова-Галеркина, Ж. вычисл. матем. и матем. физ. **4**, № 2 (1964).

EDELSTEIN, M.
[1] A remark on a theorem of M. A. Krasnoselski. Amer. Math. Monthly **73**, № 5 (1966).

FADDEJEW, D. K., FADDEJEWA, W. N. (Фаддеев, Д. К., Фаддеева, В. Н.)
[1] Вычислительные методы линейной алгебры. Moskau 1963. (dt. Übers., Numerische Methoden der linearen Algebra, Berlin 1964).

FADDEJEWA, W. N. (Фаддеева, В. Н.)
[1] Вычислительные методы линейной алгебры. Moskau 1950.

FENYÖ, I.
[1] Über die Lösung der im Banachschen Raume definierten nichtlinearen Gleichungen. Acta math. Acad. Sci. Hung., № 1—2 (1954).

FRIDMAN, W. M. (Фридман, В. М.)
[1] Метод последовательных приближений для интегрального уравнения Фредгольма. 1-го рода, УМН **11**, вып. 1 (1956).
[2] Об одном приближенном методе определения частот колебаний. Сб. Колебания в турбомашинах, Изд-во АН СССР, 1956.
[3] Новые методы решения линейного операторного уравнения. ДАН СССР **128**, № 3 (1959).
[4] Итеративный процесс с минимальными ошибками для нелинейного операторного уравнения. ДАН СССР **139**, № 5 (1961).
[5] Метод минимальных итераций с минимальными ошибками для системы линейных алгебраических уравнений с симметрической матрицей. Ж. вычисл. матем. и матем. физ. **2**, № 2 (1962).

[6] О сходимости методов типа наискорейшего спуска, УМН **17**, вып. 3 (1962).

Fux, B. A. (Фукс, Б. А)

[1] Теория аналитических функций многих комплексных переменных. Moskau 1948.

Fux, B. A., Schabat, B. W. (Фукс, Б. А., Шабат, Б. В.)

[1] Функции комплексного переменного и некоторые их приложения, Moskau 1959.

Gantmacher, F. R. (Гантмахер, Ф. Р.)

[1] Теория матриц, Moskau 1966 (dt. Übers., Matrizenrechnung I—II, Berlin 1965/66).

Gantmacher, F. R., Krein, M. G. (Гантмахер, Ф. Р., Крейн, М. Г.)

[1] Осцилляционные матрицы и ядра и малые колебания механических систем, Moskau 1950 (dt. Übers., Oszillationsmatrizen und Oszillationskerne und kleine Schwingungen mechanischer Systeme, 2. Aufl., Berlin 1960).

Gawurin, M. K. (Гавурин, М. К.)

[1] Применение полиномов наилучшего приближения для улучшения сходимости итерационных процессов. УМН **5**, вып. 3, (1950).
[2] Аналитические методы исследования нелинейных функциональных преобразований. Уч. зап. ЛГУ, серия матем. **19** (1950).
[3] Нелинейные функциональные уравнения и непрерывные аналоги итеративных методов. Изв. вузов, Математика, № 5 (1958).

Gelman, A. E. (Гельман, А. Е.)

[1] Метод малого параметра для операторных уравнений. ДАН СССР **123**, № 5 (1958).
[2] Теоремы о неявных абстрактных функциях и вопросы устойчивости для операторных уравнений. ДАН СССР **127**, № 5 (1959).
[3] Теоремы о неявной абстрактной функции. ДАН СССР **132**, № 3 (1960).
[4] Об аналитических решениях существенно нелинейных уравнений. ДАН СССР **144**, № 1 (1962).
[5] О простых решениях операторных уравнений в случае ветвления. ДАН СССР **152**, № 5 (1963).
[6] Об аналитических решениях одного класса операторных уравнений. ДАН СССР **153**, № 6 (1963).

Gochberg, I. Z., Krein, M. G. (Гохберг, И. Ц., Крейн, М. Г.)

[1] Основные положения о дефектных числах, корневых числах и индексах линейных операторов. УМН **12**, вып. 2 (1957).

Gontscharow, W. L. (Гончаров, В. Л.)

[1] Теория интерполирования и приближения функций. Moskau 1954.

Goursat, E. (Гурса, Э.)

[1] Cours d'analyse mathematique. Teil 1, 5. Aufl., Paris 1956, Teil 2, 7. Auflage, Paris, 1949 (dt. Übers., Lehrbuch der Analysis, Leipzig 1914; russ. Übers., Курс математического анализа, Moskau 1933).

Graves, L. M.

[1] Remarks on singular points of functional equations. Trans. Amer. Math. Soc. **79**, № 1 (1955).

GRAWE, D. A. (Граве, Д. А.)

[1] Элементы высшей алгебры. Киев 1911.

[2] Трактат по алгебраическому анализу. ч. II, Киев 1939.

GUDOWITSCH, N. N. (Гудович, Н. Н.)

[1] Об абстрактной схеме разностного метода. Ж. вычисл. матем. и матем. физ. **6**, № 5 (1966).

[2] О сходимости двойственных методов. Тр. семинара по функц. анализу, вып. 10, Воронеж 1968.

HAMMERSTEIN, A.

[1] Nichtlineare Integralgleichungen nebst Anwendungen. Acta Math. **54** (1930).

HEINZ, E.

[1] Beiträge zur Störungstheorie der Spektralzerlegung. Math. Ann. **123** (1951).

HILDEBRANDT, T. H., GRAVES, L. M.

[1] Implicit functions and their differentials in general analysis. Trans. Amer. Math. Soc. **29** (1927).

HILLE, E., PHILLIPS, R. (Хилле, Э., Филлипс, Р.)

[1] Funktional analysis and semi-groups. New York 1957 (russ. Übers., Функциональный анализ и полугруппы, Moskau 1963).

HODGE, W., PIDO, D. (Ходж, В., Пидо, Д.)

[1] Methods of algebraic geometrie. (russ. Übers., методы алгебраической геометрии, Teil I—III, Moskau 1952—53).

IGLISCH, R.

[1] Zur Theorie der reellen Verzweigungen von Lösungen nichtlinearer Integralgleichungen. Journ. für reine und angew. Math. **164**, № 3 (1931).

[2] Zur Theorie der Schwingungen. Monatshefte für Math. und Phys. **37** (1930), **39** (1932), **42** (1935).

ILF, I. A., PETROW, E. P. (Ильф, И. А., Петров, Е. П.)

[1] Собр. соч., Гослитиздат, т. 2, 1961.

IMOMNASAROW, B. (Имомназаров, Б.)

[1] Об априорной оценке погрешности округления в методе последовательных приближений. Докл. АН ТаджССР **8**, № 11 (1965).

IMOMNASAROW, B., STEZENKO, W. J. (Имомназаров, Б., Стеценко, В. Я.)

[1] О разрешимости уравнений второго рода и априорной оценке ошибок округления в методе последовательных приближений. Тезисы докл. Конф. по применению функц. анализа, Баку 1965.

JASKOWA, G. N., JAKOWLEW, M. N. (Яскова, Г. Н., Яковлев, М. Н.)

[1] Некоторые условия устойчивости метода Петрова-Галеркина. Тр. Матем. ин-та им. Стеклова **66** (1962).

JERUGIN, N. P. (Еругин, Н. П.)

[1] Неявные функции. Moskau 1956.

JESAJAN, A. R. (Есаян, А. Р.)

[1] Об оценке спектра одного класса линейных операторов. Тр. семинара по функц. анализу. вып. 7, Воронеж 1963.

[2] Применение теории конусов к оценке спектра неположительных операторов. Диссертация, Воронеж 1964.
[3] Об оценке спектра суммы положительных полукоммутирующих операторов. СМЖ **7**, № 2 (1966).

JESAJAN, A. R., SABIROW, T. (Есаян, А. Р., Сабиров, Т.)
[1] О несовместимости некоторых соотношений полуупорядоченности. Докл. АН ТаджССР **6**, № 4 (1963).

JESAJAN, A. R., STEZENKO, W. J. (Есаян, А. Р., Стеценко, В. Я.)
[1] Оценки спектра интегральных операторов и бесконечных матриц. ДАН СССР **157**, № 2 (1964).
[2] О сходимости последовательных приближений для уравнений второго рода. Докл. АН ТаджССР **7**, № 2 (1964).
[3] Оценки спектрального радиуса линейных операторов снизу. УМН **20**, вып. 5 (1965).

KANTOROWITSCH, L. W. (Канторович, Л. В.)
[1] О методе наискорейшего спуска. ДАН СССР **56**, № 3 (1947).
[2] Функциональный анализ и прикладная математика, УМН **3**, вып. 6 (1948).
[3] О методе Ньютона. Тр. Матем. ин-та им. Стеклова **28** (1949).
[4] Принцип мажорант и метод Ньютона. ДАН СССР **76**, № 1 (1951).
[5] Некоторые дальнейшие применения метода мажорант. ДАН СССР **80**, № 6 (1951).
[6] Приближенное решение функциональных уравнений. УМН **11**, вып. 6 (1956).
[7] Некоторые дальнейшие применения метода Ньютона. Вестник ЛГУ **7**, сер. матем., мех. и астр. вып. 2 (1957).

KANTOROWITSCH, L. W., AKILOW, G. P. (Канторович, Л. В., Акилов, Г. П.)
[1] Функциональный анализ в нормированных пространствах. Moskau 1959 (dt. Übers., Funktionalanalysis in normierten Räumen, Berlin 1964).

KANTOROWITSCH, L. W., KRYLOW, W. I. (Канторович, Л. В., Крылов, В. И.)
[1] Приближенные методы высшего анализа. Moskau 1962 (dt. Übers., Näherungsmethoden der höheren Analysis, Berlin 1956).

KANTOROWITSCH, L. W., WULICH, B. S., PINSKER, A. G. (Канторович, Л. В., Вулих, Б. З., Пинскер, А. Г.)
[1] Функциональный анализ в полуупорядоченных пространствах. Moskau 1950.

KARLIN, S.
[1] Positive operators. J. Math. Mech. **8** (1955).

KARPILOWSKAJA, E. B. (Карпиловская, Э. Б.)
[1] О сходимости интерполяционного метода для обыкновенных дифференциальных уравнений. УМН **8**, вып. 3 (1953).
[2] О сходимости метода коллокаций. ДАН СССР **151**, № 4 (1963).
[3] О сходимости метода коллокации для некоторых граничных задач математической физики. СМЖ **4**, № 3 (1963).

KARTAN, A. (Картан, А.)
[1] Элементарная теория аналитических функций одного и нескольких комплексных переменных, ИЛ 1963.

Kato, T.

[1] On the pertubation theory of closed linear operators. J. Math. Soc. Japan **4** (1952).

Katschurowski, R. I. (Качуровский, Р. И.)

[1] Нелинейные уравнения с монотонными и другими операторами. ДАН СССР **173**, № 3 (1967).

[2] Нелинейные монотонные операторы в банаховых пространствах. УМН **23**, вып. 2 (1968).

Keldysch, M. W. (Келдыш, М. В.)

[1] О методе Б. Г. Галеркина для решения краевых задач. Изв. АН СССР, сер. матем., **6** (1942).

Kirk, W. A.

[1] A fixed point theorem for mappings which do not increase distance. Amer. Math. Monthly **72** (1965).

Kis, O.

[1] О сходимости интерполяционного метода для дифференциальных и интегральных уравнений. Magyar tud. acad. Mat. kutato int közl. **3**, № 1—2 (1958).

[2] О сходимости метода совпадения. Acta Math., Acad. scient. Hung., **17**, № 3—4 (1966).

Kiwistik, L. A. (Кивистик, Л. А.)

[1] О методе наискорейшего спуска для решения нелинейных уравнений. Изв. АН ЭстССР, сер. физ.-матем. и техн. н., **9**, № 2 (1960).

[2] О некоторых итерационных методах для решения операторных уравнений в пространстве Гильберта. Изв. АН ЭстССР, сер. физ.-матем. и техн. н., **9**, № 3 (1960).

[3] Об одной модификации итерационного метода с минимальными невязками для решения нелинейных операторных уравнений. ДАН ССР **136**, № I (1961).

Koschelew, A. I. (Кошелев, А. И.)

[1] Метод Ньютона и обобщенные решения нелинейных уравнений эллиптического типа. ДАН СССР **91**, № 6 (1953).

Kostartschuk, W. N. (Костарчук, В. Н.)

[1] Об одном методе решения систем линейных уравнений и отыскания собственных векторов матриц. ДАН СССР **98**, № 4 (1954).

[2] Метод нормальных хорд решения линейных операторных уравнений. Тр. семинара по функц. анализу, вып. 3—4, Ростовск. н/Д. ун-т, Воронежск. ун-т, 1960.

Kostartschuk, W. N., Pugatschew, B. P. (Костарчук, В. Н., Пугачев, Б. П.)

[1] Точная оценка уменьшения погрешности на одном шаге метода наискорейшего спуска. Тр. семинара по функц. анализу, вып. **2**, Воронеж, 1956.

Krasnoselski, M. A. (Красносельский, М. А.)

[1] О дефектных числах замкнутых операторов. ДАН СССР **56** (1947).

[2] Сходимость метода Галеркина для нелинейных уравнений. ДАН СССР **73**, № 6 (1950).

[3] К задаче о точках бифуркации. ДАН СССР **79**, № 3 (1951).

[4] Некоторые задачи нелинейного анализа. УМН **9**, вып. 3 (1954).

[5] Два замечания о методе последовательных приближений. УМН **10**, вып. 1 (1955).
[6] Об уравнении Некрасова из теории волн на поверхности тяжелой жидкости. ДАН СССР **109**, № 3 (1956).
[7] О некоторых приемах приближенного вычисления собственных значений и собственных векторов положительно определенной матрицы. УМН **11**, вып. 3 (1956).
[8] Топологические методы в теории нелинейных интегральных уравнений. Moskau 1956.
[9] О применении методов функционального анализа к задачам о нелинейных колебаниях. Тр. 3-го Всесоюзн. матем. съезда, т. 3 (1958).
[10] О решении методом последовательных приближений уравнений с самосопряженными операторами. УМН **15**, вып. 3 (1961).
[11] Положительные решения операторных уравнений. Moskau 1962.
[12] Оператор сдвига по траекториям дифференциальных уравнений. Moskau 1966.
[13] Об апостериорных оценках погрешности. ДАН СССР **178**, № 5 (1968).

KRASNOSELSKI, M. A., KREIN, S. G. (Красносельский, М. А., Крейн, С. Г.)
[1] Итерационный процесс с минимальными невязками. Матем. сб. 31(73) (1952).
[2] Замечание о распределении ошибок при решении системы линейных уравнений при помощи итерационного процесса. УМН **7**, вып. 4 (1952).

KRASNOSELSKI, M. A., LADYSHENSKI, L. A. (Красносельский, М. А., Ладыженский, Л. А.)
[1] Структура спектра положительных неоднородных операторов. Тр. Моск. матем. о-ва, **3** (1954).

KRASNOSELSKI, M. A., PEROW, A. I., POWOLOZKI, A. I., SABREIKO, P. P. (Красносельский, М. А., Перов, А. И., Поволоцкий, А. И., Забрейко, П. П.)
[1] Векторные поля на плоскости. Moskau 1963 (dt. Übers., Vektorfelder in der Ebene, Berlin 1966).

KRASNOSELSKI, M. A., RUTIZKI, J. B. (Красносельский, М. А., Рутицкий, Я. Б.)
[1] Выпуклые функции и пространства Орлича. Moskau 1958.
[2] О некоторых приближенных методах решения нелинейных операторных уравнений, основанных на линеаризации. ДАН СССР **141**, № 4 (1961).
[3] О некоторых приближенных методах решения нелинейных операторных уравнений. Тр. 4-го Всесоюзн. матем. съезда, т. **2** (1964).
[4] О некоторых методах приближенного решения нелинейных операторных уравнений. Тр. семинара по функц. анализу, вып. 11 (Проблемы математического анализа сложных систем), Воронеж 1968.

KRASNOSELSKI, M. A., SABREIKO, P. P., PUSTYLNIK, E. I., SOBOLEWSKI, P. E. (Красносельский, М. А., Забрейко, П. П., Пустыльник, Е. И., Соболевский, П. Е.)
[1] Интегральные операторы в пространствах суммируемых функций. Moskau 1966.

KRASNOSELSKI, M. A., SOBOLEWSKI, P. E. (Красносельский, М. А., Соболевский, П. Е.)
[1] О неотрицательной собственной функции первой краевой задачи для эллиптического уравнения. УМН **16**, вып. 1 (1961).

KRASNOSELSKI, M. A., STEZENKO, W. J. (Красносельский, М. А., Стеценко, В. Я.)
[1] Замечания о методе Зейделя. Ж. вычисл. матем. и матем. физ. **9**, № 1 (1969).
[2] К теории уравнений с вогнутыми операторами. СМЖ **10**, № 3 (1969).

Krasnoselski, M. A., Tschetschik, W. A. (Красносельский, М. А., Чечик, В. А.)

[1] Об одной теореме Л. В. Канторовича. Тр. семинара по функц. анализу, вып. 3—4, Ростовск. н/Д ун-т, Воронеж. ун-т, 1960.

Krassowski, N. N. (Красовский, Н. Н.)

[1] Некоторые задачи теории устойчивости движения. Moskau 1959.

Krein, M. G., Krasnoselski, M. A. (Крейн, М. Г., Красносельский, М. А.)

[1] Основные теоремы о расширении эрмитовых операторов и некоторые их применения к теории ортогональных полиномов и проблеме моментов. УМН 2, вып. 3 (1947).

[2] Устойчивость индекса неограниченного оператора. Матем. сб. 30, № 1 (1952).

Krein, M. G., Krasnoselski, M. A., Milman, D. P. (Крейн, М. Г., Красносельский, М. А., Мильман, Д. П.)

[1] О дефектных числах линейных операторов в банаховом пространстве и о некоторых геометрических вопросах. Сб. Трудов Ин-та математики АН УССР, № 11 (1948).

Krein, M. G., Rutman, M. A. (Крейн, М. Г., Рутман, М. А.)

[1] Линейные операторы, оставляющие инвариантным конус в пространстве Банаха. УМН 3, вып. 1 (1948).

Krein, S. G. (Крейн С. Г.),

[1] Линейные дифференциальные уравнений в банаховом пространстве. Moskau 1968.

Krein, S. G., Prosorowskaja, O. I. (Крейн, С. Г., Прозоровская, О. И.)

[1] Аналог метода Зейделя для операторных уравнений. Тр. семинара по функц. анализу, вып. 5, Воронеж 1957.

Krylow, N. M. (Крылов, Н. М.)

[1] Избранные труды, тт. I—III, Kiew 1961.

Kurepa, G.

[1] Tableaux ramifiés d'ensembles. Espaces pseudodistanciés, C.R. 198 (1934).

Kurpel, N. S. (Курпель, Н. С.)

[1] Проекционно-итеративные методы решения операторных уравнений. Kiew 1968.

Kussakin, I. A. (Кусакин, И. А.)

[1] О сходимости некоторых итерационных методов. Уч. зап. Азерб. ун-та, сер. физ-матем. н., № 6 (1965).

[2] Про збіжність деяких методів в наближенного розв'язання операторних рівнянь. Докл. АН УССР, № 7 (1965).

Lamson, K.

[1] A general implicit function theorem with an application to problems of relative minima. Amer. Journ. of Math. 42 (1920).

Lanczos, C.

[1] An iteration method for the solution of the eigenvalue problem of linear differential and integral operators. J. Res. Nat. Bur. Standards 45, № 4 (1950).

LEFSCHETZ, S. (Лефшец, С.)

[1] Differential Equations. Geometric theory. New York 1957 (russ. Übers., Геометрическая теория дифференциальных уравнений, Moskau 1961).

LEHMANN, N. J.

[1] Eine Fehlerabschätzung zum Ritzschen Verfahren für inhomogene Randwertaufgaben. Numer. Math. 2, № 2 (1960).

LERAY, J., SCHAUDER, J. (Лере, Ж., Шаудер, Ю.)

[1] Топология и функциональные уравнения. УМН 1, вып. 3—4 (1946).

LEWIN, A. J. (Левин, А. Ю.)

[1] О многоточечной краевой задаче. Канд. диссертация, Ленинград 1962.

LEWIN, A. J., LIFSCHIZ, E. A. (Левин, А. Ю., Лифшиц, Е. А.)

[1] К принципу обощенного сжатия М. А. Красносельского, Проблемы матем. анализа сложных систем, вып. 1, Воронежск. ГУ, 1967.

LEWIN, A. J., STRYGIN, W. W. (Левин, А. Ю., Стрыгин, В. В.)

[1] О быстроте сходимости метода Ньютона-Канторовича. УМН 17, вып. 3 (1962).

LICHTENSTEIN, L.

[1] Vorlesungen über einige Klassen nichtlinearer Integralgleichungen und Integro-Differentialgleichungen nebst Anwendungen. Berlin 1931.

LJAPUNOW, A. M. (Ляпунов, А. М.)

[1] Собр. соч. т. IV, Изд-во АН СССР, 1959.

LJUSTERNIK, L. A. (Люстерник, Л. А.)

[1] О сходимости при случайных начальных данных и накоплении ошибок итерационного процесса решения системы алгебраических уравнений. Вычисл. матем. и вычисл. техн. 1 (1953).

[2] Замечания к численному решению краевых задач уравнения Лапласа и вычислению собственных значений методом сеток. Тр. Матем. ин-та АН СССР 20 (1947).

LJUSTERNIK, L. A., SOBOLEW, W. I. (Люстерник, Л. А., Соболев, В. И.)

[1] Элементы функционального анализа, Moskau 1965 (dt. Übers., Elemente der Funktionalanalysis, 4. Aufl., Berlin 1968).

LOSINSKI, S. M. (Лозинский, С. М.)

[1] Обратные функции, неявные функции и решения уравнений. Вестник ЛГУ, № 7 (1957).

LURJE, A. I., TSCHEKMAREW, A. I. (Лурье, А. И., Чекмарев, А. И.)

[1] Вынужденные колебания в нелинейной системе с характеристикой, составленной из двух прямолинейных отрезков. Прикл. матем. и мех. 1, № 3 (1938).

LUTSCHKA, A. J. (Лучка, А. Ю.)

[1] Теория и применение метода осреднения функциональных поправок. Изд-во АН УССР, Kiew 1963.

MARKUSCHEWITSCH, A. I. (Маркушевич, А. И.)

[1] Теория аналитических функций. Moskau 1950.

Martschenko, N. W. (Марченко, Н. В.)

[1] Существование решений у некоторого класса нелинейных интегральных уравнений. ДАН СССР **137**, № 3 (1961).

Mazur, S., Orlicz, W.

[1] Grundlegende Eigenschaften der polynomischen Operationen. I, II, Stud. Math. **5** (1934).

Melamed, W. B. (Меламед, В. Б.)

[1] О вычислении индекса неподвижной точки вполне непрерывного векторного поля. ДАН СССР **126**, № 3 (1959).
[2] О вычислении вращения вполне непрерывного векторного поля в критическом случае. СМЖ **2**, № 3 (1961).
[3] Об аналитических решениях некоторых нелинейных интегральных уравнений. ДАН СССР **140**, № 4 (1961).
[4] К задаче о ветвлении решений нелинейного аналитического уравнения. ДАН СССР **145**, № 3 (1962).
[5] О формальных решениях некоторых нелинейных уравнений. СМЖ **6**, № 1 (1965).

Melamed, W. B., Perow, A. I. (Меламед, В. Б., Перов, А. И.)

[1] Обобщение теоремы М. А. Красносельского о полной непрерывности производной Фреше вполне непрерывного оператора. СМЖ **4**, № 3 (1963).

Michal, A. D., Clifford, A. H.

[1] Fonctions analytiques implicites dans les espaces vectoriels abstraits. C.R. Acad. Sci., Paris, **197** (1933).

Michlin, S. G. (Михлин, С. Г.)

[1] Некоторые достаточные условия сходимости метода Галеркина. Уч. зап. ЛГУ, сер. матем. н., **135**, вып. 21 (1950).
[2] Прямые методы в математической физике. Moskau 1950.
[3] Проблема минимума квадратичного функционала. Moskau 1952.
[4] По поводу метода Ритца. ДАН СССР **106**, № 3 (1956).
[5] Вариационные методы в математической физике. Moskau 1957 (dt. Übers., Variationsmethoden der math. Physik, Berlin 1962).
[6] Об устойчивости метода Ритца. ДАН СССР **135**, № 1 (1960).
[7] Некоторые условия устойчивости метода Ритца. Вестник ЛГУ, № 13 (1961).
[8] Численная реализация вариационных методов. Moskau 1966 (dt. Übers., Numerische Realisierung von Variationsmethoden, Berlin 1969).

Muchamadijew, E. (Мухамадиев, Э.)

[1] К теории периодических вполне непрерывных векторных полей. УМН **22**, вып. 2 (1967).

Muchamadijew, E., Pokorny, J. W. (Мухамадиев, Э., Покорный, Ю. В.)

[1] О монотонных операторах с несколькими неподвижными точками. Докл. АН ТаджССР **10**, № 4 (1967).

Muchamadijew, E., Stezenko, W. J. (Мухамадиев, Э., Стеценко, В. Я.)

[1] Принцип неподвижной точки в обобщенном метрическом пространстве. Изв. АН ТаджССР **10**, № 4 (1969).

MUCHTAROW, S. N. (Мухтаров, С. Н.)

[1] Об уравнениях с неразложимыми вогнутыми операторами. Докл. АН ТаджССР **9**, № 10 (1966).

MYSOWSKICH, I. P. (Мысовских, И. П.)

[1] К вопросу о сходимости метода Ньютона. Тр. Матем. ин-та им. Стеклова, **28** (1949).

[2] О сходимости метода Л. В. Канторовича для решения нелинейных функциональных уравнений и его применениях. Вестник ЛГУ, № 11 (1953).

NASAROW, N. N. (Назаров, Н. Н.)

[1] Исследование решения уравнения $\varphi(x) = \lambda \int_0^1 \Gamma(x, y, \varphi(y))\, dy$ в окрестности точки разветвления. Тр. Узб. филиала АН СССР **4**, № 2 (1941).

[2] Нелинейные интегральные уравнения типа Гаммерштейна. Тр. САГУ **5**, вып. 33 (1941).

[3] Точки разветвления периодических решений нелинейных уравнений теории колебаний. Тр. Узб. филиала АН СССР **4**, № 2 (1941).

[4] Точки ветвления решений нелинейных интегральных уравнений. Тр. ИМАН УзССР, вып. 4 (1948).

NATANSON, I. P. (Натансон, И. П.)

[1] К теории приближенного решения уравнений. Уч. Зап. Ленингр. гос. пед. ин-та им. А. И. Герцена, **64** (1948).

[2] Конструктивная теория функций. Moskau 1951 (dt. Übers., Konstruktive Funktionentheorie, Berlin 1955).

NEKRASSOW, A. I. (Некрасов, А. И.)

[1] О волнах установившегося вида. Изв. Ивановск. политехн. ин-та **6** (1922).

[2] Точная теория волн установившегося вида на поверхности тяжелой жидкости. Изд-во АН СССР, 1951.

NIIRO, F.

[1] On indecomposable operators in l_p $(1 < p < \infty)$ and a problem of H. Schaefer. Scienc. Papers Coll. Gen. Educ. Univ. Tokyo **14**, № 2 (1964).

[2] On in decomposable operators in L_p $(1 < p < \infty)$ and a problem of H. H. Schaefer. Scienc. Papers Coll. Gen. Educ. Univ. Tokyo **16**, № 1 (1966).

OPIAL, Z.

[1] Weak convergence of the sequence of successive approximations for nonexpansive mappings. Bull. Amer. Math. Soc. **73**, № 4 (1967).

[2] Nonexpansive and monotone mappings in Banach spaces. Center for dynamical systems. Brown University, 1967.

PANOW, D. J. (Панов, Д. Ю.)

[1] О применении метода Б. Г. Галеркина для решения некоторых задач теории упругости. Прикл. матем. и мех. **3**, № 2 (1939).

PEROW, A. I. (Перов, А. И.)

[1] О задаче Коши для системы обыкновенных дифференциальных уравнений. Сб., Приближенные методы решения дифференциальных уравнений, Киев 1964.

PEROW, A. I., KIBENKO, A. W. (Перов, А. И., Кибенко, А. В.)

[1] Об одном общем методе исследования краевых задач. Изв. АН СССР **30**, № 2 (1966).

PETERSEN, I. (Петерсен, И.)

[1] О сходимости приближенных методов интерполяционного типа для обыкновенных дифференциальных уравнений. Изв. АН ЭстССР, **1** (1961).

POKORNY, J. W. (Покорный, Ю. В.)

[1] Про деякі ознаки стиснення і розтягнення конуса. Докл. АН УССР, № 6 (1963).
[2] О В-положительных и В-монотонных операторах. Проблемы матем. анализа сложных систем, вып. 1, ВГУ, 1967.
[3] О некоторых условиях существования решений у нелинейных операторных уравнений в пространстве с конусом. Диссертация, Воронеж 1957.
[4] О некоторых оценках функции Грина многоточечной краевой задачи. Матем. заметки **3**, вып. 5 (1968).

POKORNY, W. W. (Покорный, В. В.)

[1] О сходимости формальных решений нелинейных интегральных уравнений. ДАН СССР **120**, № 4 (1958).
[2] О двух аналитических методах в теории малых решений нелинейных интегральных уравнений. ДАН СССР **133**, № 5 (1960).
[3] Об аналитичности решений некоторых нелинейных уравнений. Тр. семинара по функц. анализу, вып. 2, Воронеж 1956.
[4] О построении уравнения разветвления. Тр. семинара по функц. анализу, вып. 5, Воронеж 1957.

POKORNY, W. W., RYBIN, P. P. (Покорный, В. В., Рыбин, П. П.)

[1] О стабилизации процесса отыскания формальных неявных функций, УМН **15**, вып. 4 (1960).

POLJAK, B. T. (Поляк, Б. Т.)

[1] Градиентные методы решения уравнений и неравенств. Ж. вычисл. матем. и матем. физ. **4**, № 6 (1964).

POLSKI, N. I. (Польский, Н. И.)

[1] Про збіжність методу Б. Г. Гальоркіна. Докл. АН ЧССР, № 6 (1949).
[2] О сходимости некоторых приближенных методов анализа. УМЖ **7**, № 1 (1955).
[3] Метод Галеркина и его обоснование. Тр. 3-го Всесоюзн. матем. съезда, т. 1 (1956).
[4] Об одной общей схеме применения приближенных методов. ДАН СССР **111**, № 6 (1956).
[5] Про необхідні і достатни умови збіжності одного узагальнення методу Гальоркіна. Научн. зап. Житомирск. пед. ин-та (1957).
[6] Проекционные методы в прикладной математике. ДАН СССР **143**, № 4 (1962).
[7] Проекционные методы решения линейных задач. УМН **18**, вып. 2 (1963).

PONTRJAGIN, L. S. (Понтрягин, Л. С.)

[1] Основы комбинаторной топологии. Moskau 1947 (dt. Übers., Grundzüge der kombinatorischen Topologie, 1956).

PUGATSCHOW, B. P. (Пугачев, Б. П.)

[1] О двух приемах приближенного вычисления собственных значений и собственных векторов. ДАН СССР **110**, № 3 (1956).
[2] Об одном способе одновременного вычисления двух границ спектра. Тр. семинара по функц. анализу, вып. 5, Воронеж 1957.

[3] К вопросу о быстроте сходимости метода нормальных хорд. Тр. семинара по функц. анализу, вып. 3—4, Ростовск. н/Д. ун-т, Воронежск. ун-т, 1960.
[4] Исследование одного метода приближенного вычисления собственных чисел и векторов. Тр. семинара по функц. анализу, вып. 3—4, Ростовск. н/Д. ун-т, Воронежск. ун-т, 1960.
[5] Об ускорении сходимости итеративных процессов второй степени. Ж. вычисл. матем. и матем. физ. **2**, № 4 (1962).
[6] Замечания по обоснованию некоторых итерационных процессов. Ж. вычисл. матем. и матем. физ. **2**, № 5 (1962).
[7] О сходимости методов, локально близких к методу Ньютона-Канторовича. Тр. семинара по функц. анализу, вып. **7**, Воронеж 1963.

Puiseux, V.

[1] Recherches sur les fonctions algebraiques. J. math. pures et appl. **15** (1950).

Riesz, F., Sz.-Nagy, B. (Рисс, Ф., Секефальви-Надь, Б.)

[1] Лекции по функциональному анализу. Übers. aus dem Franz., Moskau 1954 (dt. Übers., Vorlesungen über Funktionalanalysis, 2. Aufl., Berlin 1968).

Rybin, P. P. (Рыбин, П. П.)

[1] О сходимости рядов, получаемых при решении нелинейных интегральных уравнений. ДАН СССР **115**, № 3 (1957).
[2] Особые решения возмущунного линейного интегрального уравнения. Вестник ЛГУ **19** (1957).

Sabirow, T. (Сабиров, Т.)

[1] К вопросу о возмущении собственных значений и собственных векторов линейных операторов. Докл. АН ТаджССР **9**, № 3 (1966).

Sabreiko, P. P. (Забрейко, П. П.)

[1] О вычислении индекса Пуанкаре. ДАН СССР **145**, № 5 (1962).
[2] Нелинейные интегральные операторы. Тр. семинара по функц. анализу, вып. **8**, Воронеж 1966.

Sabreiko, P. P., Krasnoselski, M. A. (Забрейко, П. П., Красносельский, М. А.)

[1] О вычислении индекса изолированной неподвижной точки вполне непрерывного векторного поля. ДАН СССР **141**, № 2 (1961).
[2] Вычисление индекса неподвижной точки векторного поля. СМЖ **5**, № 3 (1964).
[3] К теории неявных функций в банаховых пространствах, УМН **21**, вып. 3 (1966).
[4] Об уравнениях разветвления. Тр. семинара по функц. анализу, вып. 11 (Проблемы математического анализа сложных систем), Воронеж 1968.
[5] Асимптотические приближения в теории неявных функций. Тр. семинара по функц. анализу, вып. 11 (Проблемы математического анализа сложных систем), Воронеж 1968.
[6] Об асимптотических приближениях в теории неявных функций. Тезисы докл. Конф. по применению функц. анализа, Баку 1965.
[7] Простые решения операторных уравнений. Проблемы математического анализа сложных систем, вып. 2, Воронеж 1968.

Sabreiko, P. P., Krasnoselski, M. A., Pokrowski, A. W. (Забрейко, П. П., Красносельский, М. А., Покровский, А. В.)

[1] К задаче о точках бифуркации. Проблемы математического анализа сложных систем, вып. 2, Воронеж 1968.

SABREIKO, P. P., KRASNOSELSKI, M. A., STEZENKO, W. J. (Забрейко, П. П., Красносельский, М. А., Стеценко, В. Я.)
[1] Об оценках спектрального радиуса линейных положительных операторов. Матем. заметки **1**, вып. 4 (1967).

SAMADOW, K., STEZENKO, W. J. (Самадов, К., Стеценко, В. Я.)
[1] К оценке решений линейных операторных уравнений. ДАН Тадж.ССР **11**, № 3 (1968).

SCHAEFER, H. H.
[1] Spektraleigenschaften positiver linearer Operatoren. Math. Zeitschr. **82**, № 4 (1963).

SCHMIDT, E.
[1] Zur Theorie linearer und nichtlinearer Integralgleichungen, 3. Teil, Über die Auflösung der nichtlinearen Integralgleichungen und Verzweigung ihrer Lösungen. Math. Ann. **65** (1908).

SINTSCHENKO, A. I. (Зинченко, А. И.)
[1] Про деякі методи наближеного роз'язання рівнянь з недифференційовними операторами. Докл. АН ЧССР, № 2 (1963).
[2] Об устойчивости одного метода приближенного решения уравнений с недифференцируемыми операторами. Тр. семинара по функц. анализу, вып. 7, Воронеж 1963.

SMIRNOW, N. W. (Смирнов, Н. В.)
[1] Введение в теорию нелинейных интегральных уравнений. ONTI 1936.

SMIRNOW, W. I. (Смирнов, В. И.)
[1] Курс высшей математики, т. III, 1957 (dt. Übers., Lehrgang der höheren Mathematik, Teil 3; Bd. 1, 5. Aufl., Berlin 1967; Bd. 2, 6. Aufl., Berlin 1968).
[2] Курс высшей математики, т. V, 1959 (dt. Übers., Lehrgang der höheren Mathematik, Teil 5, 2. Aufl., Berlin 1967).

SOBOLEW, S. L. (Соболев, С. Л.)
[1] Некоторые применения функционального анализа в математической физике, Moskau 1950 (dt. Übers., Einige Anwendungen der Funktionalanalysis auf Gleichungen der mathematischen Physik, Berlin 1964).

SOKOLOW, J. D. (Соколов, Ю. Д.)
[1] Метод осреднения функциональных поправок. „Наукова думка", Киев, 1967.

STAPAN, A. E. (Стапан, А. Э.)
[1] Разветвления решений нелинейных интегральных уравнений. Уч. зап. Рижск. пед. ин-та 4 (1957).

STEIN, M.
[1] Sufficient conditions for the convergence of Newton's method in complex Banach space. Proc. Amer. Math. Soc. **3** (1952).

STEZENKO, W. J. (Стеценко, В. Я.)
[1] Об оценке спектра некоторых классов линейных операторов. ДАН СССР **157**, № 5 (1964).
[2] Об одном способе оценки спектра линейного оператора. УМН **19**, вып. 2 (1964).

[3] Об одном итерационном методе отыскания спектрального радиуса линейных положительных операторов. Матем. сб. **67**, № 2 (1965).
[4] Критерии неразложимости линейных операторов. УМН **21**, вып. 5 (1966).
[5] Об одном спектральном свойстве неразложимого оператора. УМН **22**, вып. 3 (1967).
[6] О спектральных свойствах неразложимых операторов. ДАН СССР **178**, № 3 (1968).
[7] Об одном методе ускорения сходимости итерационных процессов. ДАН СССР **178**, № 5 (1968).

STEZENKO, W. J., IMOMNASAROW, B. (Стеценко, В. Я., Имомназаров, Б.)
[1] О существовании собственных векторов у нелинейных не вполне непрерывных операторов. СМЖ **8**, № 1 (1967).

STEZENKO, W. J., JESAJAN, A. R. (Стеценко, В. Я., Есаян, А. Р.)
[1] К вопросу о приведении нормы оператора к спектральному радисуу. Докл. АН ТаджССР **6**, № 9 (1963).

SZONE, M. H.
[1] Linear transformations in Hilbert space and their applications to analysis. New York 1932.

SUBOW, W. I. (Зубов, В. И.)
[1] К вопросу существования и приближенного представления неявных функций. Вестник ЛГУ 19, № 4, серия матем., мех. и астр. (1956).

STEGÖ, G. (Сеге, Г.)
[1] Orthogonal Polynominals. New York **1939** (russ. Übers., Ортогональные многочлены, Moskau 1962).

SZ.-NAGY, B.
[1] Perturbations des transformations autoadjontes dans l'espace de Hilbert. Comment. Math. Helv. **19** (1946—1947).

TAMME, E. E. (Тамме, Э. Э.)
[1] О неявных операторах. ДАН СССР **120**, № 2 (1958).

TAYLOR, A. E.
[1] Analytic functions in general analysis. Ann. Rend. Scuola Norm. Sup. Pisa **2**, № 6 (1936).
[2] Analysis in complex Banach spaces. Bull. Amer. Math. Soc. **49** (1943).

THOMPSON, A. C.
[1] On certain contractions mappings in a partially ordered vector spaces. Proc. Amer. Math. Soc. **14**, № 3 (1963).

TRENOGIN, W. A. (Треногин, В. А.)
[1] Разветвление решений нелинейных уравнений в банаховом пространстве. УМН **13**, вып. 4 (1958).
[2] О разветвлении решений нелинейных уравнений в аналитическом случае. Тр. Моск. физ.-тех. ин-та, вып. **3** (1959).
[3] Уравнение разветвления и диаграмма Ньютона, ДАН СССР **131**, № 5 (1960).
[4] Возмущение линейного уравнения малым нелинейным слагаемым, ДАН СССР **140**, № 2 (1961).

[5] Возмущение собственных значений и собственных элементов линейных операторов. ДАН СССР **167**, № 3 (1966).

Troitzkaja, E. A. (Троицкая, Е. А.)

[1] О собственных числах и собственных векторах вполне непрерывных операторов. Изв. вузов, Математика, № 3 (1961).

Tschebotarow, N. G. (Чеботарев, Н. Г.)

[1] Многоугольник Ньютона и его роль в современном развитии математики, Сб. статей к 300-летию со дня рождения И. Ньютона, Изд-во АН СССР, 1943.
[2] Теория алгебраических функций, Гостехиздат, 1948.

Uryson, P. S. (Урысон, П. С.)

[1] Труды по топологии и другим областям математики, т. I. Moskau 1951.

Van der Waerden, B. L.

[1] Einführung in die algebraische Geometrie. Berlin 1938.
[2] Moderne Algebra. 4. Aufl., Berlin–Göttingen–Heidelberg 1955 (russ. Übers., Современная алгебра, Moskau 1947).

Wainberg, M. M. (Вайнберг, М. М.)

[1] О сходимости процесса наискорейщего спуска для нелинейных уравнений. СМЖ **2**, № 2 (1961).

Wainberg, M. M., Trenogin, W. A. (Вайнберг, М. М., Треногин, В. А.)

[1] Методы Ляпунова и Шмидта в теории нелинейных уравнений и их дальнейшее развитие. УМН, **17**, № 2 (1962).
[2] К теории неявных функций. УМН **17**, № 5 (1962).
[3] К теории ветвления решений нелинейных уравнений. УМН **18**, № 5 (1963).

Wainikko, G. M. (Вайникко, Г. М.)

[1] Оценки погрешности метода Галеркина для линейного дифференциального уравнения. Уч. зап. Тартуск. ун-та, 129 (1962).
[2] Некоторые оценки погрешности метода Бубнова-Галеркина, I. Асимптотические оценки. Уч. зап. Тартуск. ун-та, **150** (1964).
[3] Некоторые оценки погрешности метода Бубнова-Галеркина, II. Оценки n-го приближения. Уч. зап. Тартуск. ун-та, **150** (1964).
[4] Асимптотические оценки погрешности проекционных методов в проблеме собственных значений, Ж. вычисл. матем. и матем. физ. **4**, № 3 (1964).
[5] Оценки погрешности метода Бубнова-Галеркина в проблеме собственных значений. Ж. вычисл. матем. и матем. физ. **5**, № 4 (1965).
[6] О сходимости и устойчивости метода коллокации. Дифференц. уравнения **1**, № 2 (1965).
[7] Необходимые и достаточные условия устойчивости метода Галеркина-Петрова. Уч. зап. Тартуск. ун-та, **177** (1965).
[8] К вопросу о сходимости метода Галеркина. Уч. зап. Тартуск. ун-та, **177** (1965).
[9] О сходимости метода коллокации для нелинейных дифференциальных уравнений. Ж. вычисл. матем. и матем. физ. **6**, № 1 (1966).
[10] О быстроте сходимости некоторых приближенных методов типа Галеркина в проблеме собственных значений. Изв. вузов, Математика, № 2 (1966).

[11] Возмущенный метод Галеркина и общая теория приближенных методов для нелинейных уравнений. Ж. вычисл. матем. и матем. физ. **7**, № 4 (1967).
[12] Об устойчивости метода Галеркина-Петрова для нелинейных уравнений. Проблемы матем. анализа сложных систем, вып. 1, Воронеж (1967).
[13] О быстроте сходимости приближенных методов в проблеме собственных значений. Ж. вычисл. матем. и матем. физ. **7**, № 5 (1967).
[14] О быстроте сходимости метода моментов для обыкновенных дифференциальных уравнений. СМЖ **9**, № 1 (1968).
[15] О сходных операторах. ДАН СССР, **179**, № 5 (1968).
[16] О связи между методами механических квадратур и конечных разностей. Ж. вычисл. матем. и матем. физ. **9**, № 2 (1969).
[17] Компактная аппроксимация линейных вполне непрерывных операторов операторами в факторпространствах. Уч. зап. Тартуск. ун-та, **220** (1968).
[18] Принцип компактной аппроксимации в теории приближенных методов. Ж. вычисл. матем. и матем. физ. **9**, № 4 (1969).
[19] Об аппроксимации линейных и нелинейных операторов и приближенном решении операторных уравнений. Докт. диссертация, Воронеж 1969.

WAINIKKO, G. M., DEMENTJEWA, A. M. (Вайникко, Г. М., Дементьева, А. М.)
[1] О быстроте сходимости метода механических квадратур в проблеме собственных значений. Ж. вычисл. матем. и матем. физ. **8**, № 5 (1968).

WAINIKKO, G. M., UMANSKI, J. B. (Вайникко, Г. М., Уманский, Ю. Б.)
[1] Правильные операторы. Функц. анализ и его приложения **2**, № 2 (1968).

WEIL, A.
[1] Foundations of algebraic geometry. New York 1948.

WERTGEIM, B. A. (Вертгейм, Б. А.)
[1] Об условиях применения метода Ньютона. ДАН СССР **110**, № 5 (1956).
[2] О некоторых условиях сходимости метода Ньютона и о применении метода к решению систем уравнений. Науч. тр. Пермск. горного ин-та, сб. № 1 (1956).
[3] О некоторых методах приближенного решения нелинейных функциональных уравнений в пространствах Банаха, УМН **12**, № 1 (1967).

WIARDA, G. (Виарда, Г.)
[1] Integralgleichungen. Leipzig–Berlin 1930 (russ. Ausg., Интегралные уравнение, Moskau 1933).

WISCHIK, M. I., LJUSTERNIK, L. A. (Вишик, М. И., Люстерник, Л. А.)
[1] Решение некоторых задач о возмущении в случае матриц и самосопряженных и несамосопряженных дифференциальных уравнений. УМН **15**, вып. 3 (1960).

WOKER, R.
[1] Алгебраические кривые. Übers. aus dem Englischen, Moskau 1947.

WOROBJOW, J. W. (Воробьев, Ю. В.)
[1] Операторные ортогональные многочлены и приближенные методы определения спектра линейных ограниченных операторов. УМН **9**, вып. 1 (1954).

[2] Применение операторных ортогональных многочленов к решению неоднородных линейных уравнений. УМН **10**, вып. 1 (1955).
[3] Метод моментов в прикладной математике. Moskau 1958 (dt. Übers., Die Momentenmethode in der angewandten Mathematik, Berlin 1961).

Wulich, B. S. (Вулих, Б. З.)
[1] Введение в теорию полуупорядоченных пространств. Moskau 1961 (engl. Ausg., Introduction to the theory of partially ordered spaces, Groningen 1967).

Zaanen, A. C.
[1] Linear analysis. New York–Amsterdam 1953.

Zariski, O., Samuel, P. (Зарисский, О., Самюэль, П.)
[1] Commutative algebra. Vol. 1, Princeton/New York 1958. Vol. 2, Princeton/Toronto/London/New York 1960 (russ. Übers., Коммутативная алгебра. тт. I, II, Moskau 1963).

SACHVERZEICHNIS